现代烹饪科学

魏跃胜　杨军◎编著

華中科技大學出版社
http://press.hust.edu.cn
中国 · 武汉

内 容 简 介

本书共分为10章，内容包括烹饪科学发展概要、食物风味与吃的享受、食物风味的形成与发展、食物颜色与保护、食物化学成分及其功能、食物质地与构建原理、烹饪原理与新技术、食品原料对风味与质地的影响、烹饪营养与安全、烹饪的传承与发展。

本书内容翔实，深入浅出地阐述了烹饪科学的理论与应用，可为烹饪工作者、烹饪爱好者提供理论参考。

图书在版编目(CIP)数据

现代烹饪科学/魏跃胜，杨军编著. —武汉：华中科技大学出版社，2023.2
ISBN 978-7-5680-9219-7

Ⅰ. ①现…　Ⅱ. ①魏…　②杨…　Ⅲ. ①烹饪　Ⅳ. ①TS972.1

中国国家版本馆CIP数据核字(2023)第030726号

现代烹饪科学　　魏跃胜　杨　军　编著
Xiandai Pengren Kexue

策划编辑：汪飒婷
责任编辑：李　佩　李艳艳
封面设计：廖亚萍
责任校对：李　琴
责任监印：周治超
出版发行：华中科技大学出版社(中国·武汉)　　电话：(027)81321913
　　　　　武汉市东湖新技术开发区华工科技园　　邮编：430223
录　　排：华中科技大学惠友文印中心
印　　刷：湖北新华印务有限公司
开　　本：787mm×1092mm　1/16
印　　张：21.75　插页：2
字　　数：542千字
版　　次：2023年2月第1版第1次印刷
定　　价：128.00元

《现代烹饪科学》

——吃得快乐与健康，献给热爱烹饪的人们

“理论的基础是实践，又转过来为实践服务。”

——摘自毛泽东《实践论》

前言

一个国家和民族的饮食文化是指这个国家和民族的饮食、饮食加工技术以及以饮食为基础的思想与哲学(美食学、养生学)。饮食既是文化,又是科学,更是一门艺术。中国饮食以"盛、雅、艺、精、奇"屹立于世界之巅,在文化、艺术领域独树一帜,学派纷呈并自成体系。然而,美中不足的是对烹饪科学的研究难以与之媲美。纵观欧洲,文艺复兴以来,很多伟大的科学家因热爱饮食而研究美食,获得了一定的成就,推动了相关科学领域的发展。回顾国内,烹饪理论研究的匮乏导致了在一定程度上目前烹饪行业形成重经验轻理论、多技术少科学的局面,制约着烹饪行业的发展。

本书立足于自然科学的研究成果,对传统烹饪技术进行科学理论循证,围绕烹饪科学发展概要、食物风味与吃的享受、食物风味的形成与发展、食物颜色与保护、食物化学成分及其功能、食物质地与构建原理、烹饪原理与新技术、食品原料对风味与质地的影响、烹饪营养与安全、烹饪的传承与发展等方面,全方位阐述烹饪科学理论与应用,给烹饪工作者、爱好者实践提供理论参考。

作为生命重要活动——摄食,主要依赖于人的感觉。本书在分子水平上阐明了味觉、嗅觉、触觉、温度觉以及痛觉形成的机制。人体感觉在摄食过程中的复杂关联性和融合性,是食物风味形成的理论基础。食盐为"百味之王",鲜味和甜味"调和百味",以及辣味"兴奋作用"机制揭示了食物滋味调和的途径。不仅如此,在食品营养、健康方面,风味感知控制着人们对食物的喜欢、饱腹感和摄入量。这为烹饪营养学、食疗保健研究提供新的思路。

人们对于一道菜的评价具有主观性,就像一顿饭吃得好不好取决于个人喜欢的程度。然而,在食物变成真正美味之前,必须满足某些条件,这其中包括食物的组成成分。食物"有水就嫩,有油就滑,有糖则黏,有蛋白质则成形"就是基于其成分与功能性质的运用。

在厨房里一旦有了原料,开始分切、混配、烹饪,一系列化学反应就开始发挥作用,一些组分物质被破坏,而生成另一些新的风味化合物。特有的气味和颜色是反映一种食物的特殊标签。本书在食物风味的形成与发展、食物颜色与保护部分,重点介绍烹饪中重要的物理、化学变化和控制因素,以满足不同的饮食需要。

人们对于美食的欲望是强烈的,甚至是充满激情的。一流的厨师通过菜肴的制作表达他们自己的情感和愿景。一些厨师严格遵循传统,另一些厨师则极具创新性。从这个意义上说,美食被认为是一种类似于绘画和音乐的艺术形式。显然,每种食物应该有它独特的味道和质地,对于一道菜品的风味,风味分子释放的顺序,质地对于风味的影响……这些问题都涉及食物体系的构建。如何将气体、液体、固体在一个物理层面上形成一个稳定(至少是亚稳定)的分散系,食物质地与构建原理章节将为厨师制作一道令人愉悦、美味的菜肴提供所需的知识。

美味的核心是化学,这已经成为美食学家、饮食文化学者、厨师的共识。化学变化的前提是热量,食物烹饪需要加热,厨师所掌握的是加热温度和时间。温度、热量、化学变化三者互相关联。烹饪原理与新技术章节将阐述烹饪中热量的传递、化学变化、温度三者之间的关系。烹饪中以水、油介导传热和辐射传热,其核心是实现"湿热传递",即利用温度差、压力差(水分浓度差)实现热量与水分的转移,通过食物水分的增加和减少,完成食物的质地构建和形成相应风味物质所需要的化学变化。烹饪中有必要牢记:加热功率(热量)与食物量的匹配,专心致志的操作是必不可少的保证。

当准备一顿大餐或日常饭菜时,第一步是对食材的选择与加工,而食材的很多性质在开始加工之前就已经发生变化,这通常是无法控制的。有经验的厨师总是千方百计地寻找理想的食材,生活中我们也是如此,青睐新鲜的或原生态生产的食材。研究食品原料对风味与质量的影响,本书利用有限的研究数据,简要讨论特定食材的选择与贮藏会在多大程度上影响菜的味道。

完成了烹饪科学之旅,回归烹饪基本目的——营养、安全、愉悦。营养是人类摄食的根本目的,食物烹饪中需清除有害成分,保证饮食安全,赋予其特定的风味,满足进食者的情感需求。但是,食物的复杂性使得"营养、安全、愉悦"既统一又对立。因此,在食物烹饪中还需保持清醒的头脑。

最后,本书提出了烹饪科学潜在的新研究领域,即食物的复杂性、大师与厨师、味道语言属性、烹饪教育、分子烹饪学等问题。烹饪是一生的事业,需要我们努力创造出新的、更营养、更健康、更美味的食物。

在本书的定稿过程中,得到了张韵博士、裴亚琼博士、丁辉教授、王婵和戴涛老师的大力支持,他们对一些关键理论、技术问题进行了认真的审阅并提出了宝贵的建议。本书的出版也凝结了编辑的心血,他们付出了辛勤的劳动,在这里表示衷心的感谢!由于作者知识水平的限制,本书涉及领域较广,必然会存在不足与错误,敬请广大读者谅解并批评指正,以促烹饪科学技术的蓬勃发展。

目录

第 1 章　烹饪科学发展概要

人类学和考古学研究表明，在人类进化历程中，食物起到了关键作用，烹饪发展史就是一部人类发展史。科学是推动人类社会发展进步的动力，烹饪科学是对人类一切科学的传承和发展，其目的是为人类带来快乐与健康。

1.1 早期社会烹饪的发展

100 多万年以前，人类最早的祖先从非洲大陆一路走来，在边走边吃的过程中，逐步从动物演化到人。他们吃什么？怎样吃？我们不得而知。但有一点是肯定的，在寻找食物的过程中，吃成为某种语言，某种家庭和部落聚集、沟通的最初主题和起源。

火的出现使人类从生吃到熟吃，带来了人类进化史上的巨大飞跃。用火熟制的食物更容易消化，大大减少了因进食消化过程而产生的能量消耗。加热使有毒的食物变得可以食用，延长了人类的寿命。

接下来的数十万年中，食物种类越来越丰富，同时，火的使用有助于人类在某些气候寒冷的地区居住，也有助于延长人类白天活动时间，夜晚围着火堆聚集，火促进了交谈与语言的出现。

又经历了数十万年，在公元前 1 万年左右的亚洲，陶器首先出现，陶器的出现源自多种饮食方面的需要：一是储存谷物等食物的需要，主要有罐、缸、壶、瓮等；二是火的运用和控制的需要，主要有釜、鼎、鬲、甑等；三是人口的增多对吃、喝容器的要求，有碗、豆、钵、盘、杯等。我国考古学家发现，公元前 1 万年至公元前 7000 年之间，水稻的种植已经开启，人类开始饲养猪、犬、鸡等动物，同一时间出现了大量的陶器用具。人类在北方的黄河流域和南方的长江流域既从事农业，又从事饲养业。在河姆渡遗址发现了猪骨骼化石和水稻粒。在河南贾湖遗址，人们发现了公元前 7000 年左右最早的人工控制发酵饮料的痕迹——野生葡萄籽、山楂、大米和蜂蜜的残留物。

又经过了数千年，地球上的人口越来越多，这就需要获得更多的食物、生产越来越多的工具，因而出现了分工，这一切要求产生一种新的组织形式——国家。公元前 2340 年至公元前 2200 年，萨尔贡建立的城邦征服了其他王国而创建了第一个帝国。在我国也相继出现了夏、商、周王朝。

吃成为谈话的主题，众多人聚集在一起吃而诞生了宴会。说文解字中“宴”安也，“会”，合也。英文“宴会(banquet)”一词源于客人坐在凳子上的某种聚会。从中外对宴会的注释可以知晓：吃已经成为社会组织的重要活动，在吃的过程中人们为了更好地统治而交谈，宴会的安排会模仿为神举行，并制定一套复杂的规则。在古巴比伦的宇宙起源说中，这种盛宴用来任命去征服海神提亚马特的英雄。在中国最早出现的一套完整宴会规则见于《周礼》，为经史学家、饮食学家所称道。

当吃变为一种权力的宴会后，烹饪由此产生。在我国，“烹饪”一词最早见于约公元前 2600 年的《易经》：“以木巽火，亨饪也。”宴会还需要大量的工作人员，由此产生了厨师，使烹饪朝着专业化的方向发展。《周礼》记载了我国上古最完整最系统的饮食制度，有“掌和王之六食、六饮、六膳、百羞、百酱、八珍之齐”的食医；有“亨人掌共鼎镬，以给水、火之齐。职外，内饔之爨亨煮，辨膳羞之物。”亨人掌管烹器鼎、镬，掌握烹煮时用水量和火候。将外

饔和内饔所供食物在灶上烹煮，辨别所烹煮的各种牲肉和美味。亨人、饔人、饔子、饔夫等成为现在的厨师或厨工。

最早的较系统的烹饪理论见于公元前239年吕不韦的巨著《吕氏春秋》，在《吕氏春秋·本味》中有记载："汤得伊尹，祓之于庙，爝以爟火，衅以牺猳。明日，设朝而见之，说汤以至味。汤曰：可对而为乎？对曰：君之国小，不足以具之；为天子然后可具。夫三群之虫，水居者腥，肉攫者臊，草食者膻。恶臭犹美，皆有所以。凡味之本，水最为始。五味三材，九沸九变，火为之纪。时疾时徐，灭腥去臊除膻，必以其胜，无失其理。调和之事，必以甘、酸、苦、辛、醎。先后多少，其齐甚微，皆有自起。鼎中之变，精妙微纤，口弗能言，志弗能喻。若射御之微，阴阳之化，四时之数。故久而不弊，熟而不烂，甘而不哝，酸而不酷，醎而不减，辛而不烈，淡而不薄，肥而不腠。"伊尹作为当时最高级别的厨师，系统地阐明了烹饪中的三大要素（食材、水、火）的功能作用和正确运用方法，烹饪中甘、酸、苦、辛、咸五味的调和。

春秋战国时期，饮食仍遵行《周礼》的礼制，《论语·乡党》中记载："食不厌精，脍不厌细，食噎而餲，鱼馁而肉败，不食。色恶，不食。臭恶，不食。失饪，不食。不时，不食。割不正，不食。不得其酱，不食。肉虽多，不使胜食气。唯酒无量，不及乱。"其系统地论述了食物烹饪、饮食的基本要求。

到两汉魏晋南北朝时期，我国已经开始对饮食烹调技术进行专门的研究。如汉代的《盐铁论》、西晋的《安平公食学》、南齐的《食珍录》、北齐的《食经》。在隋唐宋元明清时期，烹饪技艺不断发展，并形成了中国特有的民族食品风味和有浓厚地域特色的烹饪流派。

最早的烹饪营养学见于春秋时期的《黄帝内经·素问》，其中记载："肝色青，宜食甘，粳米、牛肉、枣、葵皆甘。心色赤，宜食酸，小豆、犬肉、李、韭皆酸。肺色白，宜食苦，麦、羊肉、杏、薤皆苦。脾色黄，宜食咸，大豆、豕肉、栗、藿皆咸。肾色黑，宜食辛，黄黍、鸡肉、桃、葱皆辛。辛散、酸收、甘缓、苦坚、咸耎。毒药攻邪，五穀为养，五果为助，五畜为益，五菜为充。气味合而服之，以补精益气。此五者，有辛、酸、甘、苦、咸，各有所利，或散，或收，或缓，或坚，或耎。四时五脏，病随五味所宜也。"这本超越时空的伟大著作，用最简短的文字，揭示了食物、颜色、滋味、营养与健康的关系，直到今天仍影响着人们的饮食生活。医药学家、化学家、生物学家不断用新的理论研究去诠释它。

14世纪意大利营养学家根据食物自然特性对其进行分类，其中较具影响的著作是《味道手册》(*Opusculum de saporibus*)和《健康指南》(*Regimen Sanitatis*)。

在接下来的帝国时代，餐桌既是权力的象征，也是交谈与谈判的舞台。1520年法国国王弗朗索瓦一世和英国国王亨利八世聚会，48小时内，共有248道菜上桌，消耗掉2000头羊、700条鳗鱼、50只鹭，红酒无数。在清朝皇宫内，日常用餐有50道菜，1761年乾隆皇帝50岁生日，盛宴安排800桌。诸如此类的宴会数不胜数。

1.2 烹饪走向科学

18世纪中叶以前，人们对于食物烹饪中的变化的认识多是表象的、感性的和经验的积累，直到法国的"化学革命"开启了现代意义的食物研究，人们开始对食物成分、变化、营养进行分析和应用，烹饪带着它的历史使命走在近代科学的中心。法国作为近代化学革命的发源地，主要是因为法国一直是以农业为主的国家，法国人的餐桌一直受到文艺复兴时期带来的人道主义和科学理性的思想影响。

1775 年前后法国的“化学革命”，涌现出大批的化学家、医学家。他们因对食物、对烹饪的热爱而对物质变化原因、结果、规律进行研究。

被称为“近代化学之父”的化学家安托万·拉瓦锡(A. L. Lavoisier)，是推动化学发展不可替代的核心人物，他关于气体的许多发现都极大地推进了化学的发展。他用定量化学实验阐述了燃烧的氧化学说，开创了定量化学时代。正如他所言，他致力于“消除一切延宕化学发展的障碍”。拉瓦锡发展了一套化合物的系统命名法，并且一直沿用至今。他还首次简明扼要地提出了质量守恒定律，即在化学反应中，参与反应的各物质的质量总和等于反应后生成的各物质的质量总和。他本人对烹饪情有独钟，身为包税人，负责巴黎多家医院的物质供应，很早就意识到汤对患者的营养作用，是因为肉食被萃取到汤汁中以及在长时间煨煮过程中发生的反应，他还进行了物质测定，设计了专门浓度计，从而掌握需要进食的肉量以保证基本健康。

与拉瓦锡同时代的安托万·帕芒蒂耶(A. A. Parmentier)同样热衷于烹饪，他不断潜心研究用来制作面包的各种面粉，最终将土豆引入法国的日常餐食。

1806 年法国药剂师、化学家路易·尼克拉·沃克兰(Louis Nicolas Vauquelin)和他的学生皮埃尔-让·罗宾凯特(Pierre-Jean Robiquet)从芦笋中分离得到一种氨基酸，并命名为天冬酰胺。一个世纪后，德国化学家赫尔曼·埃米尔·费歇尔(Hermann Emil Fischer)和弗朗茨·霍夫迈斯特(Franz Hofmeister)发现了蛋白质是由氨基酸构成的长链大分子，并由此进行了深入的研究。

法国化学家米歇尔·舍夫勒尔(M. E. Chevreul)在染料研究取得成果后，于 1809 年开始专心研究油脂，他首先用盐酸处理猪油制成的钾肥皂，得到了一种类似珍珠母的酸性结晶体，称为珠脂酸(即十七烷酸)，并从母液中提取出油酸。1817 年他和布拉孔诺(H. Braconnot)合作把硬脂酸(硬脂酸甘油酯)和软脂酸(软脂酸甘油酯)区分开，并且制备了硬脂酸。在 1818—1823 年期间，他从牛乳脂中提取丁酸、山羊脂中提取己酸和癸酸、海豚脂中提取异戊酸。舍夫勒尔指出：油脂是一种化合物——脂肪酸和甘油组成的酯。差不多花了 2 年时间，他制得了三戊酸甘油酯和三丁酸甘油酯。

“食品化学开创者”德国化学家尤斯蒂斯·冯·李比希(J. V. Liebig)也是汤的研究者，他甚至以自己的名字开办了一家专门生产“肉精”的公司，该产品长期在食品加工中广泛使用。1847 年由李比希编写出版的食品化学领域第一部著作《食品化学研究》，将食品分为含氮化合物(植物蛋白、酪蛋白)和不含氮化合物(脂肪、糖)。在 20 世纪上半叶，科学家已经研究得到了大部分食品的基本成分，并对它们的性质进行了分析。

法国化学家路易斯·美拉德(L. C. Maillard)致力于研究蛋白质，他发现，在加热的条件下，氨基酸会与糖分子发生化学反应。1912 年，他将这一发现正式发表。这个反应的产物是什么？早期的研究并没有给出确切的答案，产物中有太多的化合物。由于受到当时分析仪器的局限，美拉德只知道自己得到了一种新的棕色物质，且该物质不易溶于水。1953 年美国化学家约翰·爱德华·霍齐(John Edward Hodge)成为第一个弄清这些反应基本细节的科学家，每一种来自美味食物的独特香气都能找到对应的化合物。20 世纪 80 年代，美食作家哈罗德·麦基重做了一个实验，该实验只涉及最简单的美拉德反应，他在平底锅中加热糖浆，在里面放纯的单一氨基酸，发现半胱氨酸会散发出明显的油炸洋葱和肉汤

的气味，而赖氨酸闻起来有烤面包片的气味，苯丙氨酸一开始散发出熔化塑料味，令人无食欲，继续加热后又释放出杏仁露的味道。

早在公元前5世纪，人们就有了关于坏血病的记载。这种疾病最常见于水手，且饮食不周是致病的主要原因。到了15世纪，人们采用柑橘类水果治疗该病。20世纪20年代匈牙利生理学家圣捷尔吉·阿尔伯特(Szent-Györgyi Albert)在研究水果切面褐变的现象时发现，柠檬汁能够阻止褐变的过程，而稀释的酸则不能。他发现这中间可能含有某种能抗坏血病的成分，经过无数次实验，以褐变反应作为指示，最终发现这种物质是由6个碳原子组成的酸性小分子，他称之为“抗坏血酸”，也就是今天所熟知的维生素C。1932年的某晚，圣捷尔吉·阿尔伯特因提纯抗坏血酸工作毫无进展，回家后其妻子用红辣椒为他做菜时，他意识到自己还没有尝试用辣椒来提取抗坏血酸，当晚返回实验室，终于发现辣椒中富含易于纯化的抗坏血酸，接下来的几周，他提取到了1300多克抗坏血酸。1937年他因发现抗坏血酸而获得诺贝尔奖。

18世纪至20世纪，世界科学发生了巨大的变化，其中许多科学技术研究围绕食物以及烹饪食物中的变化开展。烹饪开启了以食物为主的化学研究，化学研究也不断丰富着烹饪技术。

1.3　工业化产生下的烹饪

人类进入20世纪初，由于工业的发展需要成千上万的劳动力，劳动人口的聚集推动了对食物的需求，促进了食品工业的形成与发展。为了提高、改善食品的品质和产量，食品添加剂、饲料添加剂、农药开始大量使用，由此引起了人们对食品安全的关注，推动了食品化学与分析的发展，使传统食品科学研究中心由最初的烹饪转变为食品的工业生产。一些具有影响的杂志如*Journal of Food Science*、*Journal of Agricultural and Food Chemistry*和*Food Chemistry*等相继创刊发行，标志着现代食品科学的诞生。

在资本经济学理论下的资本营养学中，人们只需要按照推荐的营养素摄入量摄入食物。这给食品工业化发展奠定了理论基础，推出了一种全新的美式饮食模式——快餐(也称为速食)。食物味道变得不再重要了，人们需要统一食物并使之简单化，家庭厨房也失去了功能而慢慢消失。这一模式成为希望实现工业化的国家纷纷模仿的榜样。因而吃饭不再为了交谈，而是为了更快地工作。结果不是吃少了，而是吃得更多，不是健康而是引发更多的肥胖和疾病。

为了吸引更多的消费者，食品行业催生了对食品风味的创新，也充斥着资本主义的影子，存在着诸多的营养与安全的隐忧，表现在过度营销和利益的追求上，现代工业化食品生产中对甜味和鲜味的使用表现得尤为突出。甜味与鲜味都具有进食“奖赏机制”，可以刺激人体的进食欲望；其次，两者同为GPCRs家族，并且共有T1R3受体，在呈味上两者相互促进，甜可以增鲜，鲜可以增甜。鲜味物质的使用可以替代糖的使用，产生所谓“低卡路里”，甚至是“无卡路里”的食品。鲜味受体的配体主要是氨基酸、肽类和嘌呤代谢物质(核苷酸)，而过多摄入这类物质带来的危害不仅仅是能量过多，可能比糖类物质的影响更深。

对于中国人而言，吃饭是一件大事。随着人们生活方式(家庭模式、工作方式、消费方式等)的改变,餐饮业出现了前所未有的挑战。一方面是食品消费每年高速增长,给餐饮业带来了发展的机遇。另一方面是资本向餐饮的加速扩张,食品工业化给传统餐饮业带来巨大压力。如何保持传统饮食及饮食文化,坚持快乐健康地吃,成为今天每一个人,尤其是食品从业工作者、科学家面临的课题。

1.4 分子烹饪学的兴起

以法国为中心的欧洲家庭和餐馆烹饪科学已经从少数感兴趣的业余爱好者的范围圈进入严肃的科学研究领域。一些著名的学者都开设了自己的烹饪工作坊,进行烹饪教学和研究。法国物理化学家埃尔韦·蒂斯(Hervé This)于1988年提出"分子与物理美食"理论,成立分子厨艺工作坊,并相继出版《厨房探秘》《分子厨艺》。2005年Hervé This与匈牙利物理学家Nicholas Kurti共同创立了分子美食(molecular gastronomy)工作研究室,定期进行分子烹饪讲座和演示。耶鲁大学医学院神经学教授、著名杂志*Journal of Neuroscience*前主编Gordon M. Shepherd于2012年出版了《美食神经学》(*Neurogastronomy:How the Brain Creates Flavor and Why It Matters*),2010年英国布里斯托尔大学的物理学教授、哥本哈根大学生命科学学院分子烹饪学荣誉教授Peter Barham等发表了《分子烹饪学:一门新兴学科》,首次提出了分子烹饪学的概念。

分子烹饪学的目的是利用物质分子的物理、化学性质,在不改变食物结构、性质的前提下,创造食物的多种感官体验,以使人们在进食中产生快感。分子烹饪学内容包含:①对原料的选择;②食物滋味、风味、色泽的形成、保护以及食物呈现的方式;③食物烹饪方法、方式以及对科学技术的运用;④就餐环境。要阐明它们之间的关系需要进行有效的科学研究,解决这些问题的核心是对组成食物的分子的研究,即分子学。

法国美食家布里亚-萨瓦兰在其烹饪名著《厨房里的哲学家》中提出:"美食学是所有与人类饮食有关的理性学问,其目的在于通过尽可能精美的食物来体现人的价值。为了达到这一目的,美食通过一些既定的原则,研究、处理或烹煮所有可以转化为食物的材料……美食学融合了多种学科,自然史学家对食材进行细致分类;物理学家努力研究食材的构成和性质;化学家则致力于对食材进行分析和分解;厨艺大师潜心研究如何提高烹饪技艺,使食物更加可口;商业人士则琢磨如何以最低的价格买进,再以最高价格卖出;政治经济家的眼中美食学则意味着食材贸易和税收。"所有这些充分地说明烹饪是复杂的,是科学的,也是社会的。烹饪科学也将永远伴随着人类的进步向更高级的方向发展。

第 2 章　食物风味与吃的享受

在研究食物的风味与吃的享受关系之前，我们简要地回顾进餐时对食物的实际感受。是什么让我们喜欢或不喜欢某些特别的食物？是什么让我们觉得某一家餐厅的饭菜比其他餐厅更好？……诸如此类问题，答案在很大程度上是主观的，尽管如此，大家都会有相同的看法，主要是基于我们的感觉。人们用感觉来诠释食物的滋味、香气、色泽和质地，人体感觉器官在就餐前、进食中、用餐后对各种食物分子进行检测并产生满足感，这些都与食物在口腔中的咀嚼是分不开的。古人在进餐时倡导“食不厌精，脍不厌细”“食不语”，经过细嚼慢咽，食物中的各种成分在口腔中缓慢释放，让食者充分感受。

2.1 口腔生理

2.1.1 口腔对食物的加工与感知

口腔是人体消化道的起端，由牙、颌骨、唇、颊、腭、舌、唾液腺、神经等组织组成，是进食时加工食物、感知品鉴食物的主要器官。

牙齿是人体内最坚硬的器官，有咬切、撕裂、磨碎食物的作用，并有辅助发音功能。成人牙齿由28～32颗恒牙组成，分为切牙、尖牙、磨牙。切牙位于口腔前面，对食物进行咬切，尖牙位于切牙两侧，发挥撕裂食物的作用，尖牙的后面是两组磨牙，牙面较宽，负责对食物进行碾磨。牙齿主要担负对食物的切割、撕裂、咀嚼，使食物中风味物质得到充分释放，利于感受器的检测、吞咽、消化。

进食时，舌、颊、唇进行协调运动，将食物与唾液充分搅拌，输送到上下牙齿间进行咀嚼。舌是由横纹肌组成的肌性器官，被由口腔底返折上来的黏膜所覆盖。肌纤维呈纵横、上下方向排列，通过根部固定于舌骨，呈半游离状态，因此，舌借助肌肉收缩能灵活进行伸缩、卷曲、上下左右活动，改变其形状，起到说话、辅助发声和搅拌食物的作用。颊由皮肤、颊肌、黏膜组成，为口腔前庭侧壁，与上颌磨牙相对的颊黏膜处有腮腺的导管开口，进食时腮腺分泌液体有利于磨牙对食物的碾磨、粉碎、湿润、搅拌。腭为口腔固有上壁，前2/3为硬腭，后1/3为软腭，硬腭附着致密的黏骨膜组织，能耐受软性食物的压力和摩擦。软腭由几束小肌和腱膜组织组成，可以活动，表面覆盖黏膜组织，并含有大量的黏液腺，分泌的黏液可有效地减少食物机械摩擦，降低温度的伤害。

口腔中有着丰富的黏膜、腺体。口腔黏膜覆盖在口腔表面，由上皮层、固有层和黏膜下层组成，上皮层由复层鳞状上皮细胞构成，固有层由结缔组织、血管和神经组成，黏膜下层由疏松的结缔组织组成，含有大血管、淋巴管、腺体和脂肪组织。口腔中分布有三对大的唾液腺和无数小唾液腺。三对大的唾液腺为腮腺、下颌下腺和舌下腺（图2-1）。小唾液腺以其所在部位命名，有唇腺、颊腺、腭腺等。唾液是一种透明带黏性的液体，属于假塑性液体，其黏度随剪切速率的增加而降低。正常成人每天分泌量为1000～1500 mL，唾液中的主要成分有水分、黏液素和唾液淀粉酶，有机物质有黏蛋白、白蛋白、球蛋白，无机物质有钠、磷、钾、钙、镁、氯化物和碳酸盐。唾液有湿润口腔、帮助消化和清洁口腔的作用，唾液还具有缓冲作用，对酸性、碱性食物唾液能够很快地中和，使之保持偏中性，降低酸碱的刺激。

分布在口腔颌面部的脑神经主要是三叉神经、面神经和舌咽神经。三叉神经是第五对脑神经，是脑神经中最大者，起于脑桥，主要负责颌面部感觉和咀嚼肌运动。自颅内三叉神经半月节分三支出颅，即眼支、上颌支、下颌支（图 2-2），除了一个小的运动神经根外全部为感觉神经，三叉神经传导来自头面部皮肤和黏膜的触觉、温度觉、痛觉感受器的冲动。

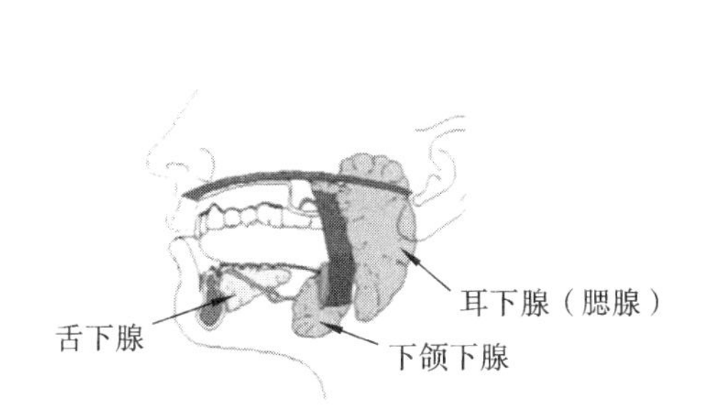

图 2-1　口腔中三对大的唾液腺

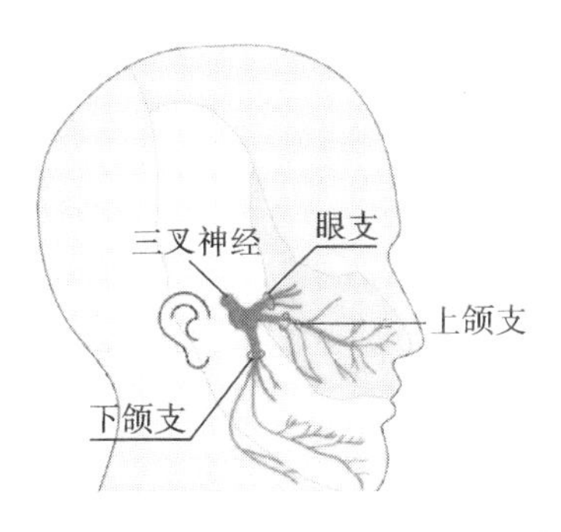

图 2-2　三叉神经在口腔颌面的分布

面神经为第七对脑神经，是混合性神经，支配面部表情肌和头皮肌，还支配鼻、口腔、腭、咽的腺体分泌，面神经支配舌前 2/3 的味蕾感觉。第九对脑神经舌咽神经起始于延髓侧面，既有感觉神经，又有运动神经，主要分布于咽、扁桃体的舌后 1/3 的味蕾，舌咽神经和面神经元共同支配舌体味觉，两神经元的轴突进入脑干，在丘脑换神经元到达大脑颞叶海马回味觉感觉中枢。

2.1.2　感受器

检验食物是通过所有的感官来实现的，包括熟悉视觉、听觉、嗅觉、味觉和触觉，以及可能不太熟悉的化学感觉。当视觉和触觉在感受食物时，可以提高对食物整体风味的期望，这是不容忽视的。试着用两种方式吃相同的食物，一种采用精美的瓷盘或银制餐具，另一种是简易的纸制盘子或塑料餐具，会感觉到使用所期望的餐具吃起来对食物的感觉好像更好。同样，颜色会影响对食物味道的感知。如果将牛排染成蓝色或黄色，是一种什么感受？

人们对食物品质的鉴别，虽然不能达到众人合一，但对高品质的食物几乎有着相同的趋向。食物的各种信息是如何反映出来的呢？首先是机体内、外环境中各种刺激作用于相应细胞的感受器，通过感受器的换能作用，将各种刺激所包含的能量转换为相应的电信号，引起神经冲动，神经冲动再沿着特定的神经传入通路到达大脑皮质特定部位，经中枢神经系统的整合，产生相应的感觉。目前的研究已经揭示了细胞间这种信号的产生主要是以各种类型的化学物质作为载荷体，也包括一些物理性的信号，如光、机械牵张、压力等。

感受器（receptor）是分布于组织内部的一些专门感受体内、外环境变化的结构或装置。感受器的结构形式多种多样，最简单的一类是感觉神经末梢，例如，体表皮肤与触觉有关的神经末梢。其次是一些神经末梢周围由结缔组织构成的薄膜样结构，如环层小体、触觉小体、肌梭等。另外一类，是体内一些结构和功能高度分化的感觉细胞，如视网膜上的视杆细胞和视锥细胞、耳蜗声音感受毛细胞，以及鼻腔中的嗅细胞、舌体上的味觉细胞。这些感受细胞连同附属结构，就构成了复杂的感觉器官。

感受器按在机体内的分布部位不同分为外感受器和内感受器。外感受器中视觉、嗅觉、听觉等远距离感受器，触觉、温度觉、味觉、痛觉等接触感受器。内感受器有本体感受器和内脏感受器，主要感受机械压力、化学变化。

感受器把作用于它们的各种刺激能量转换为传入神经的动作电位，这种能量转换称为感受器的换能作用（transducer function）。将感受器细胞产生的膜电位变化称为感受器电位，在神经末梢产生的膜电位变化则称为发生电位。因此，可以把感受器看作生物换能器。所有感受器细胞对外来不同刺激信号的跨膜转导，主要是通过膜上通道蛋白或G蛋白偶联受体系统来完成。例如，肌梭感受器电位的产生是由于机械牵拉造成肌梭感觉神经末梢变形，从而使细胞膜机械门控钠钙通道开放，Na^+、Ca^{2+}内流，使细胞去极化，产生感受器电位。感受器电位以电紧张的形式扩布至传入神经末梢，使该处的电压门控钠通道开放，Na^+内流而产生动作电位。细胞间电位的传递就产生了电信号。

现代分子生物学根据细胞信号转导机制将其分为三类，离子通道型受体介导的信号转导、G蛋白偶联受体介导的信号转导和酶联受体介导的信号转导。它们的共同特点是细胞膜上的受体（主要是蛋白质）与特定化学物质（配体）结合或在物理性刺激作用下产生离子的跨膜运动，引起膜电位的去极化，从而将各种形式的刺激能量转化为电位，实现了信号的转导。

离子通道型受体介导的信号转导（图2-3(A)）：离子通道型受体是由多个亚基组成的受体离子通道复合物，其本身既是信号分子结合位点又是离子通道，故其跨膜信号传递无需中间环节。受体与信号分子（配体）结合，受体亚基组成筒状寡聚体结构，形成阳离子（Na^+）或阴离子（Cl^-）跨膜通道。阳离子（Na^+）内流引起细胞去极化，产生动作电位，阴离子（Cl^-）内流，使细胞产生超极化，不能产生动作电位，有抑制作用。

G蛋白偶联受体介导的信号转导（图2-3(B)）：G蛋白偶联受体分布于所有真核细胞，人类基因组中编码这类受体的基因多达2000个，它们是人体细胞膜上最大的受体分子超级家族。G蛋白偶联受体为单一肽链，含有7个疏水结构域，7次横跨细胞膜，N端位于胞外侧，C端位于胞内侧。G蛋白偶联受体介导许多胞外信号分子的细胞应答，主要信号分子包括蛋白质、多肽、神经递质、氨基酸和脂肪酸的衍生物。与该受体蛋白相连的有G蛋白，激活细胞内酶促反应，产生一系列的反应物（cAMP、IP_3、cGMP等），这些物质能够打开受体细胞膜上的Na^+或Ca^{2+}通道，导致细胞的去极化，产生特定的动作电位，这些电位能够反映风味分子的信息（类型、数量），经过大脑编码完成信号的识别与反应。

酶联受体介导的信号转导（图2-3(C)）：酶联受体本身是一种具有跨膜结构的酶蛋白，酶联受体有多种类型，其中较重要的有酪氨酸激酶受体、酪氨酸结合型受体、鸟苷酸环化酶受体。受体多肽链分为胞外与信号分子结合区，胞内具有酶活性的结构区以及连接两个部分的一次跨膜疏水区。受体的信号分子同样有蛋白质、多肽、神经递质、氨基酸和脂肪酸的衍生物。

细胞动作电位产生的机制：正常细胞膜内、外离子的分布是不均匀的，细胞内阳离子以K^+为主，细胞外阳离子以Na^+、Ca^{2+}为主。细胞在静息状态下，细胞膜内、外各有一层负电荷和正电荷，形成静息电位。不同细胞的静息电位不同，骨骼肌细胞静息电位为－90 mV，神经细胞静息电位为－70 mV。发生膜电位变化的原因是离子产生跨膜流动引起内、外层电荷的改变。物理学上将阳离子移动的方向表示电流方向，当细胞受到刺激引起阳离子向

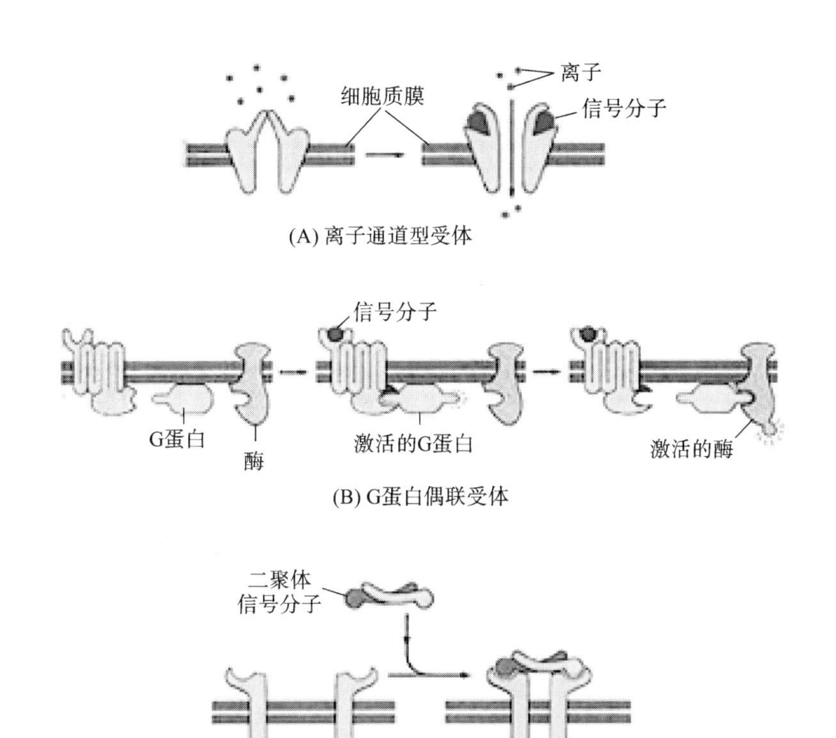

图 2-3　生物细胞信号跨膜转导三种路径

膜内流动时，生理学称为内向电流。内向电流使细胞膜内的负电荷减少，从而引起膜去极化，通常由细胞外的 Na^{+}、Ca^{2+} 内流产生。反之，如果细胞内的 K^{+} 外流，造成正电荷由胞内流向胞外，称为外向电流，外向电流使细胞内外电位差增大，引起膜复极化或超极化，信号传递被抑制(图 2-4)。

所有的感官中，最重要的是化学感觉，它包含味觉、嗅觉和痛觉。这三个不同的系统协调感受存在于环境中的化学物质信息。味觉利用分布于口腔的感受器官检测溶解在液体中的化合物。嗅觉检测空气中传播的化学物质，既来自外部世界，也来自食物在口腔内释放的化学化合物。痛觉通过黏膜、神经末梢感受器检测人体和环境之间接触处的各种刺激信号。

食物中信号分子(配体)与感受器通道受体的结合存在一一对应的关系，分子结构起着决定性的作用。如图 2-5 所示，柠檬烯、γ-蒎烯和香芹酮的对映体具有明显不同的气味特征(阈值)，这与对映体的结构有关。*R*-(－)-香芹酮是留兰香精油的主要成分，而 *S*-(＋)-香芹酮是卡罗威和小茴香挥发油的主要成分。*R*-(＋)-柠檬烯是柑橘鲜皮挥发油的主要成分，*S*-(－)-柠檬烯则存在于杉木油、白桦树(松科)针叶和嫩枝中。而 1*R*,5*R*-(＋)-蒎烯与 1*S*,5*S*-(－)-蒎烯具有相同的菠萝香味。

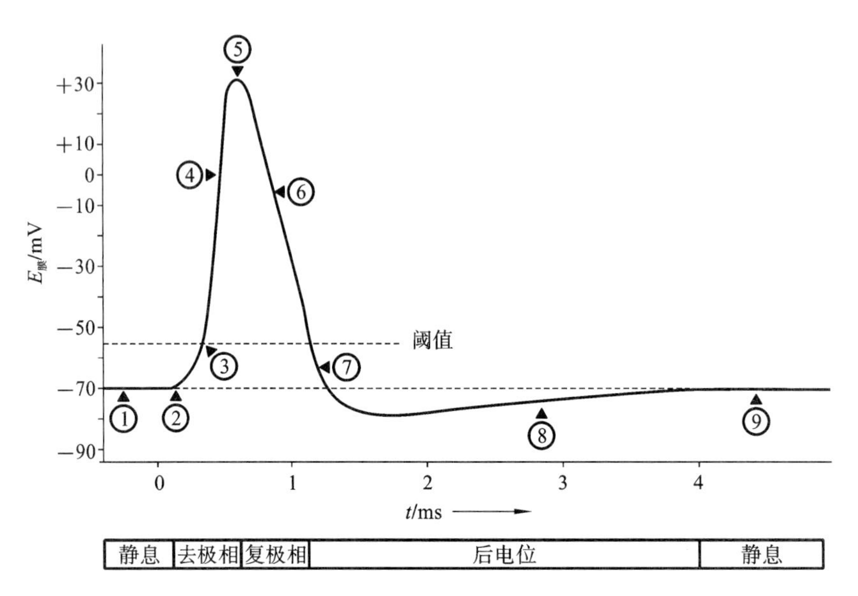

图 2-4　生物细胞动作电位产生过程

注：①表示细胞处于静息电位时，Na^+通道关闭，K^+外流，保持外正内负的极化状态；②表示受到去极化刺激；③表示Na^+通道激活瞬间开放，Na^+内流，电压门控K^+通道开始缓慢开放；④表示膜电位由−70 mV增加至0 mV，产生去极化形成动作电位；⑤表示当膜电位上升到30 mV，Na^+通道关闭，K^+通道开放；⑥表示K^+外流，使细胞复极化；⑦表示膜上Na^+泵工作，将Na^+泵出膜内，回到静息电位；⑧表示此时K^+仍然向外扩散，产生超极化电位；⑨表示细胞恢复到静息电位水平。

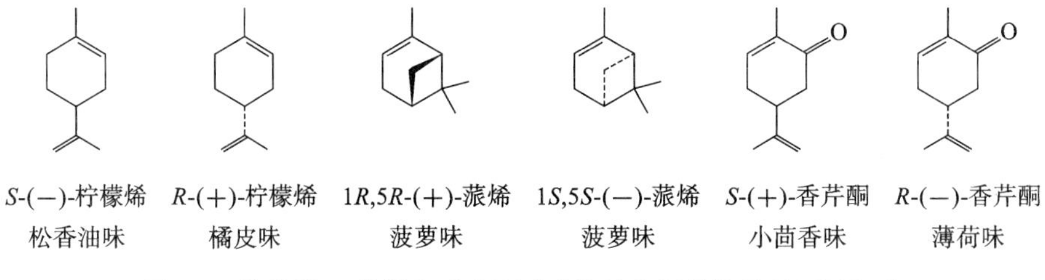

图 2-5　柠檬烯、γ-蒎烯和香芹酮对映体的分子结构呈现不同气味

2.2　食物味道

对食物的检验是通过感官来调节的，食物的整体“味道”不仅仅取决于味觉，而是由口腔和鼻腔、咽部多种刺激的组合决定的。重要的感觉有味觉、嗅觉、触觉以及痛觉，而味觉、嗅觉、痛觉是由具体化学物质刺激产生的，因此，通常将其归属于化学感觉，化学感觉在“味道”感觉中具有重要的作用。触觉主要是物理感觉，反映食物的质地，不同质地影响着化学物质的释放。

特殊的化学感受器如位于舌头、上颚、上颚软组织和上咽喉的部分区域可以探测到不同味道。苦味来自生物碱和许多离子型化合物盐类；酸味大多数来自有机酸；咸味来自碱金属中性盐类；甜味来自单糖或低聚糖；鲜味来自氨基酸和核苷酸。每一种味觉能够提供关于食物的信息，有的是很需要的（如盐、糖、氨基酸），有的是不受欢迎的（如有毒生物碱）。

2.2.1 味觉

味觉(gustation)感受器是味蕾，主要分布在舌背部的表面和舌缘，在口腔和咽部黏膜的表面也有味蕾散在分布。味蕾，顾名思义，是像花蕾一样的细胞团，分布在舌面菌状乳头、叶状乳头和轮状乳头。呈味剂分子进入味蕾顶端的小孔，被味细胞微绒毛吸收，由此产生不同的味觉。人的舌头上的味蕾平均为 5235 个，味细胞的顶端有纤毛，是味觉感受的关键部位，味细胞更新率很高，平均 10 天更新一次。每一个味细胞大致可分为 4 类(型)，即暗细胞(Ⅰ型)、明细胞(Ⅱ型)、中间细胞(Ⅲ型)和基底细胞(Ⅳ型)，如图 2-6 所示。不同类(型)的味细胞具有不同的功能。Ⅰ型味细胞顶端是钠钾离子泵，介导咸味传导，而高盐味觉可能由感受酸味刺激的Ⅲ型味细胞和部分感受苦味刺激的Ⅱ型味细胞介导；Ⅱ型味细胞对甜味、鲜味和苦味刺激有反应，传导甜、鲜、苦等味觉。Ⅲ型味细胞能被氢离子激活，介导酸味传导。人们在进食过程中，适宜的咸味、甜味、鲜味可诱发机体愉悦的反应，而酸味、苦味则会使机体产生厌恶、拒食反应。

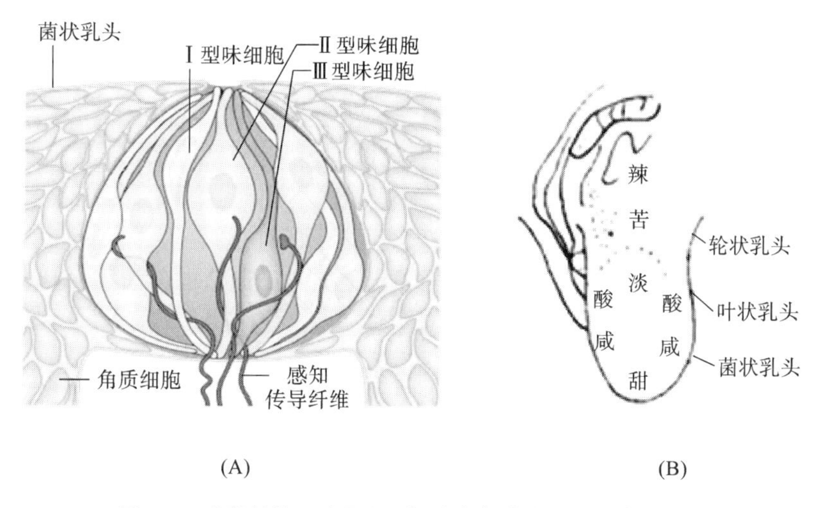

图 2-6　味蕾结构示意图(A)与舌头各味感区域示意图(B)

舌头表面不同部位对不同味道的刺激敏感程度不一样，原因可能与舌乳头分布有关。舌尖部对甜味较敏感，舌两侧对酸味较敏感，舌两侧前部则对咸味较敏感，软腭和舌根部对苦味较敏感。鲜味感受器分布较为复杂，不仅分布于舌、口腔，内脏组织、大脑也存在。

味觉的敏感度受食物或刺激物本身温度的影响，当食物温度为 20～30 ℃时，味觉敏感度最高。当食物温度超过 30 ℃时，口腔对味道的感觉大大降低。温度降低味觉感受的一个例子是火锅：由麻、辣、烫刺激温度觉感受器产生了痛觉，引起人体对伤害的应激反应，此时的味觉变得不那么重要了，味觉受到抑制。人们在应激状态下进食，产生了自然的紧张(兴奋)，兴奋后随之而来的是放松与舒适。这种紧张-松弛的体验，刺激了火锅美食业的繁荣。

尽管化学物质的种类繁多，食物风味也千变万化。但是，食物存在五种基本味，即酸、甜、苦、咸、鲜。味觉与呈味分子的结构有关，特定的分子结构与味觉受体结合产生动作电位，信号传递到达大脑味觉中枢产生相应的一种独特的、能够区分的味觉。化学物质的浓度不同，所产生的味觉也不同，0.01～0.03 mol/L 的食盐溶液呈微弱的甜味，浓度大于

0.04 mol/L 时才引起纯粹的咸味，而更高浓度的食盐溶液则呈苦味。味觉的敏感度受人们对某种食物的偏爱和血液中化学成分的影响。例如肾上腺皮质功能低下的人，血液中钠离子减少，这种人喜欢咸味食物。味觉的强度还与唾液腺的分泌有关，唾液可稀释味蕾处的刺激物，改变味觉强度的功能。

近几年通过对单一味细胞的研究证明，味细胞上存在多种电压门控离子通道。静息时味细胞电位为−40～60 mV，当给予刺激时，不同离子的膜电导增加或减小，从而产生去极化电位。目前已成功用微电极在单一味细胞上记录到感受器电位。实验证明，一个味觉感受器并不只对一种呈味物质起反应，而是对酸味、甜味、苦味、咸味、鲜味均有反应，只是反应的强度不同而已。

在过去的 20 多年里，分子生物学的研究揭示了味觉感知机制，酸味、咸味的感知与甜味、苦味、鲜味的感知过程是不同的。酸味和咸味离子都直接与味细胞膜上的离子通道型受体发生作用。咸味由 Na^+ 与 Na^+ 通道受体结合，直接进入细胞内，改变细胞膜内外的电位，细胞去极化。酸味由质子(H^+)通过离子通道型受体直接进入细胞，细胞酸化导致了 K^+ 通道的关闭和 Na^+ 通道的开放，细胞去极化。苦味、甜味和鲜味的受体蛋白共有几个结构上具有同源性的代谢性谷氨酸受体(mGluRs)，受体由两个主要结构域通过一个富含半胱氨酸的结构域组成。一个大的细胞外结构域(ECD)也称为“捕蝇草”模块，包括配位体结合位点和一个 7-跨膜结构域。苦味、甜味和鲜味受体同属于 G 蛋白偶联受体(G protein coupled receptor，GPCR)超级家族，它们被分为 T1Rs 和 T2Rs。通过外部信号分子刺激激活 GPCRs，以在细胞内的多种蛋白质之间一系列相互作用为起点，释放细胞内的化学物质，即第二信使(cAMP 等)，引起细胞膜上电压门控阳离子通道的开放，使细胞去极化。

2.2.1.1 咸味

咸味由低浓度食盐溶液(NaCl 的浓度小于 100 mmol/L)引起，当 Na^+ 作用于味蕾咸味受体细胞(salt taste receptor cell，sTRC)时，由表达 Na^+ 通道(ENaC)的味细胞(Ⅰ 型)介导。ENaC 由 α、β、γ 3 个亚基构成，Na^+ 与 ENaC 结合形成孔状结构，使 Na^+ 进入细胞内，细胞去极化，钙稳态调节蛋白 1/3(calcium homeostasis modulator 1/3，CALHM 1/3)电压门控通道开放并释放神经递质三磷酸腺苷(ATP)。ATP 作用于传入神经元上的嘌呤受体(P2X2、P2X3)，神经纤维去极化经过换元上行投射至大脑味觉中枢，经过大脑皮质对信息编码、整合而形成咸味记忆。ENaC 可被阿米洛利(amiloride)阻断，故低浓度钠味觉也称阿米洛利敏感(amiloride-sensitive，AS)咸味觉。

高浓度食盐溶液(NaCl 的浓度大于 300 mmol/L)诱发高盐味觉，高盐味觉对阿米洛利不敏感。目前研究显示介导高盐传感细胞并不存在特异性，既可以产生苦味，也可以产生酸味。高浓度盐可能激活苦味受体，酸味则与高浓度盐改变酸碱平衡有关，其机制还需要探索和研究。

低盐味觉可诱发机体的喜好反应；过高浓度食盐对机体产生伤害作用，故高盐味觉可诱发机体的厌恶反应。

咸味物质是中性的无机盐，以碱金属盐和铵盐为主，如 NaCl、KCl、NH_4Cl。其次是碱土金属盐，既能产生咸味也能产生苦味。NaCl 产生的咸味最为纯正，研究表明，咸味与其阴、阳离子的半径相关，总离子半径小于 0.658 nm 时，NaCl、KCl 咸味较正，随着总离子半

径增加，咸味减弱，苦味增强。总离子半径为0.658 nm的KBr既有咸味又有苦味；总离子半径大于0.658 nm的$MgCl_2$、$MgSO_4$等呈现相当的苦味。

产生咸味的中性盐中，阳离子产生咸味，而阴离子则起到修饰咸味的作用。阴离子通过抑制阳离子的呈味来修饰咸味，它们本身也能产生一定的味感。食盐中Na^+产生咸味，而Cl^-不产生味感，对咸味的抑制作用很小，因此，食盐(NaCl)的咸味最为纯正。柠檬酸钠和磷酸钠都为钠盐，但两者不产生咸味，主要是其阴离子柠檬酸根、磷酸根的修饰作用，而柠檬酸根比磷酸根的抑制作用强。阴离子对咸味的影响也表现在烘烤食品的风味上，加入脂肪酸盐(长链脂肪酸钠或长链磺酸钠盐，作为乳化剂使用)产生肥皂味，正是脂肪酸根阴离子产生的味感对咸味的掩盖作用。

2.2.1.2 酸味

酸味主要通过味蕾中Ⅲ型味细胞和上颚上皮味细胞感知。酸味受体与质子(H^+)和弱有机酸产生电化学反应，目前认为：无机酸解离的H^+与味蕾酸味细胞(sour taste cell, sTRC)表面的受体(OTOP1)结合，通过瞬时受体电位(transient receptor potential, TRP)离子通道进入细胞内，有机酸则直接渗透进入胞内电离产生H^+。H^+增加使细胞膜上K^+通道关闭，阻止K^+外流导致细胞去极化，Na^+通道开放产生动作电位，电压门控Ca^{2+}通道开放导致神经递质释放，神经纤维去极化，电信号上传至大脑味觉中枢形成酸味感觉(图2-7)。

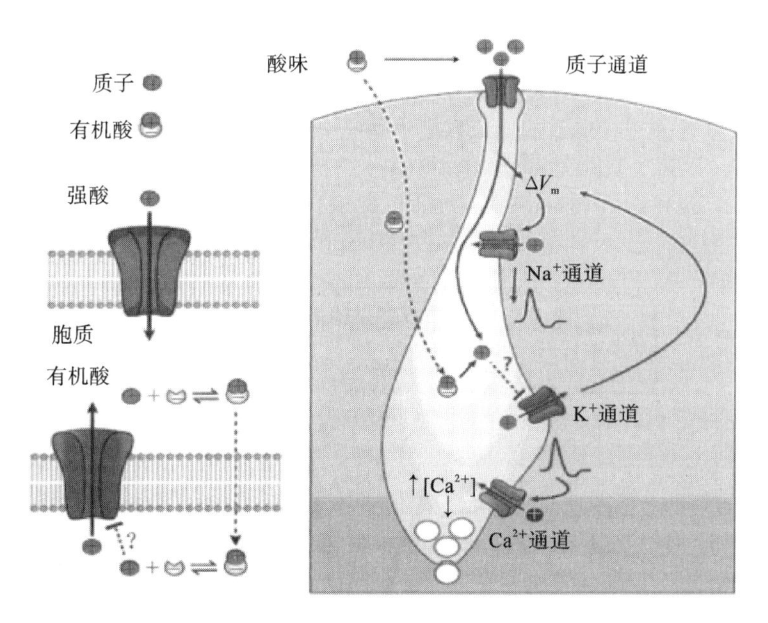

图2-7 H^+穿入细胞膜导致K^+通道关闭、Na^+通道开放产生膜去极化作用示意图

烹饪中主要使用的是有机弱酸(如柠檬酸、醋酸)，与无机酸(如盐酸)相比，其酸味较强，味感较好。其机制有可能是弱有机酸容易穿透细胞膜进入酸味感觉细胞，释放更多H^+，更大程度引起细胞壁酸化。因此，酸味不仅与酸性溶液中的pH值相关，与酸的性质关系更密切，相同pH值条件下酸味强弱顺序：醋酸>甲酸>乳酸>草酸>盐酸。酸味细胞(Ⅲ型)有突触，它可以释放5-羟色胺(5-HT)、γ-氨基丁酸(GABA)，而不分泌ATP。5-HT、GABA为抑制性递质。酸味细胞直接对酸刺激产生反应，且受到甜味、苦味、鲜味的间接刺激。TRP离子通道型受体是一种“伤害性受体”，诱发个体先天性厌恶行为，避免摄入有害(变馊、发霉)食物。

2.2.1.3　甜味

甜味主要由味蕾中Ⅱ型味细胞感知。甜味受体属于G蛋白偶联受体(GPCR)第一家族，由T1R2/T1R3形成异二聚体。甜味物质与T1R2/T1R3受体结合，甜味分子与细胞膜G蛋白结合，βγ亚基从活化的α亚基上释放下来，进而激活胞内磷脂酶(PLCβ2)，PLCβ2将磷脂酰肌醇-4,5-二磷酸(PIP_2)水解为二脂酰甘油(DAG)和肌醇三磷酸(IP_3)，IP_3结合至内质网上的IP_3受体引起内质网释放Ca^{2+}。细胞内Ca^{2+}水平升高使瞬时受体电位M5(transient receptor potential melastatin 5，TRPM5)和TRPM4通道开放，Na^+内流使细胞去极化，产生动作电位(图2-8)。动作电位打开电压门控Ca^{2+}通道，导致神经递质释放ATP，感觉神经纤维中的离子型嘌呤能受体2和3(P2X2/P2X3)激活，触发神经纤维动作电位，味觉信息经面神经、舌咽神经和迷走神经传递至大脑高级中枢(岛叶、杏仁核脑区)。甜味觉物质诱发的喜好反应可促进食欲。

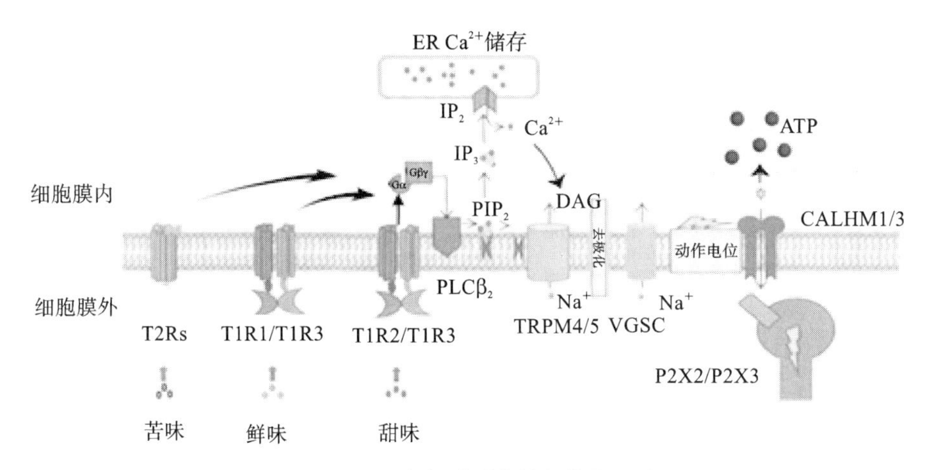

图2-8　G蛋白偶联受体信号转导通路

注：甜味、鲜味、苦味信号通路，所有这些受体都属于GPCR，苦味受体为T2Rs，属于A类GPCR，甜味和鲜味受体都属于C类GPCR，具有一个较大的N末端结构域，该结构域形成一个所谓的“捕蝇草”结构。甜味和鲜味受体都以异二聚体的形式发挥作用，即T1R2/T1R3传递甜味；T1R1/T1R3则传递鲜味。

引起甜味的物质大多数是有机化合物，包括葡萄糖、果糖、蔗糖、麦芽糖等天然糖物质，还有人工甜味剂(如糖精、阿斯巴甜、环乙胺磺酸铵盐等)、甜味氨基酸(D-色氨酸、D-苯丙氨酸、D-丝氨酸等)以及甜味蛋白质。在研究引起甜味的物质的化学结构时，R. B. Shallenberger和T. E. Acree在20世纪70年代前后提出了AH/B理论，该学说认为所有具有甜味感的物质都有一个负电性的原子A，如O、N、S，这个原子上连有一个质子氢，以共价键连接，所以A—H可代表—OH、—NH_2、—SH等，它们为质子供给体。从A—H起的0.25～0.4 nm的距离内，必须有另外一个电负性的原子B(O、N)，则甜味物质中的AH-B单位可与味蕾上的AH-B单位相作用，形成氢键结合，产生甜味感。

甜味物质] —A—H··············B— [味觉感受器
　　　　] —B··············H—A— [

用 AH/B 理论可以解释常见的甜味分子(如果糖、葡萄糖、某些呈甜味的氨基酸、糖精、氯仿等)的呈味机制。但是不能解释同样具有 AH/B 结构的化合物甜度相差较大的原因(图 2-9)。

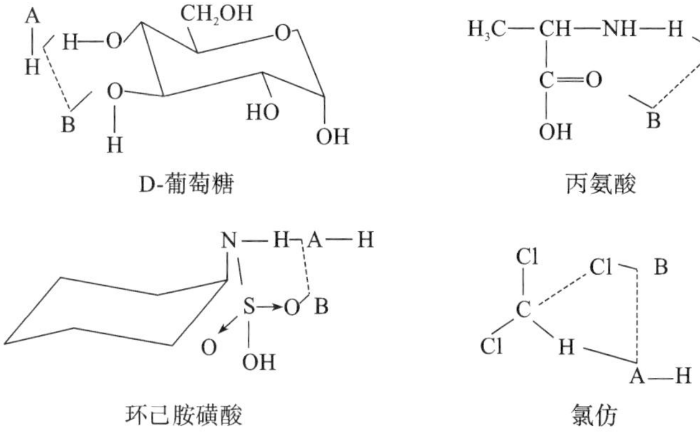

D-葡萄糖　丙氨酸

环己胺磺酸　氯仿

图 2-9　葡萄糖、丙氨酸、环己胺磺酸、氯仿呈味结构

在此基础上 Kier 提出三点接触学说:除 AH/B 结构外,分子具有一个适当的亲脂区域 γ,通常是—CH_2CH_3、—C_6H_5 等疏水性基团;γ 与 A—H、B 两个基团的关系在空间位置上有一定要求(图 2-10)。这个经过补充后的学说称为 AH-B-γ 学说,它解释了甜度差异以及甜味与苦味形成的差别。

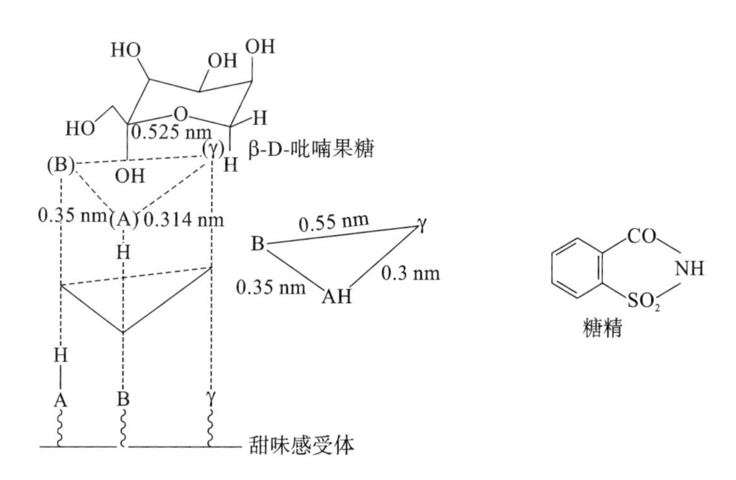

图 2-10　甜味物质分子中 AH-B-γ 学说结构关系

甜味受体广泛存在于胃肠道组织细胞中,在胰岛 β 细胞、脂肪细胞、肠道 L 细胞和 EC 细胞中都有表达。已经有证据表明甜味受体可能涉及胃肠道对糖的吸收、代谢的控制。肠绒毛细胞在摄取葡萄糖等甜味营养物时,激活甜味受体,刺激胰岛素的分泌,而肠道分泌细胞通过分泌胰高血糖素样肽-1(GLP-1)和葡萄糖依赖性促胰岛素肽发挥生理作用。许多物种都可以被甜味觉吸引并产生愉悦体验,甜味觉能帮助生物体检测能量物质糖的存在,甜度的高低是判断能量物质可得性的一个较为基础的指标。

2.2.1.4 苦味

苦味受体属于G蛋白偶联受体第2家族(T2Rs),苦味最显著的特点是阈值最低。苦味物质主要是有机化合物,如奎宁、咖啡因、尼古丁等,由于引起苦味的物质结构不同,其换能机制也不一样(图2-11)。该转导有两条通路,一条通路是α-味导素(G蛋白亚基)-PDE-cNMP通路,苦味分子与受体G蛋白结合,α亚基从G蛋白分离,活化的α亚基激活磷酸二酯酶(PDE)水解环核苷酸(cNMP),解除cNMP对离子通道的抑制作用,使Ca^{2+}内流,细胞内Ca^{2+}浓度升高,细胞膜去极化导致神经递质释放;另一条通路是G蛋白βγ亚基-PLCβ2-PIP_2-IP_3-TRPM5通路。其中,G蛋白的βγ亚基从活化的α亚基释放下来与细胞膜G蛋白偶联受体结合,进而激活三磷酸肌醇(IP_3),IP_3引起内质网中储存的Ca^{2+}释放,细胞内Ca^{2+}浓度升高,进而使TRPM5通道和TRPM4通道开放,引起Na^+内流,导致细胞膜去极化和神经递质释放。苦味觉信息传递至中枢后先在孤束核和内侧臂旁核中继,上行经丘脑腹后内侧核,最终到达岛叶和杏仁核,岛叶主要编码味觉品质信息,介导苦味觉产生。杏仁核主要编码味觉价态信息,引起对苦味刺激的厌恶反应,降低食欲。

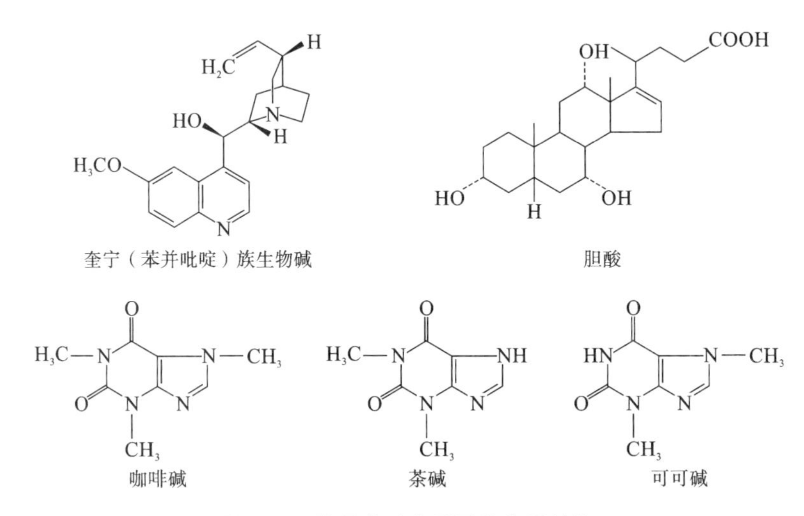

图2-11 常见苦味物质及其分子结构

从化学结构来看,一般苦味物质都含有—NO_2、—NH、—SH、—S—S—、>C=S、—SO_3H等基团。另外无机盐类中的Ca^{2+}、Mg^{2+}、NH_4^+等阳离子也有一定程度的苦味。食物原料中所含的天然苦味物质,植物来源的有生物碱和糖苷两大类,动物来源的主要是胆汁。

在AH-B-γ理论中,苦味的产生是由于呈味物质分子内的疏水基受到了空间阻碍,即苦味物质分子内的氢供体和氢受体之间的距离在0.15 nm以内,远小于甜味化合物AH-B之间的距离(大于0.2 nm),从而形成了分子内氢键,使整个分子的疏水性增强,而这种疏水性又是与细胞膜中多烯磷酸酯组合成苦味受体相结合的必要条件,因此给人以苦味感。食物中的苦味物质多为植物性多酚、黄酮类化合物,都具有抗氧化、降血脂和抑制肿瘤发病的作用。药物中的生物碱、萜烯类、糖苷类、苦味肽等与苦味受体结合,促进Ca^{2+}内流,从而舒展平滑肌,对疾病有缓解、治疗起作用。因此,苦味受体成为药物研究的筛选靶点。

2.2.1.5　鲜味

经过二十多年的发展，人们对鲜味受体的研究取得了较大成果。鲜味觉受体主要包括味觉受体 T1R1/T1R3、代谢型谷氨酸受体1(metabotropic glutamate receptor 1，mGluR1)和 mGluR4，均为G蛋白偶联受体家族。T1R1/T1R3、mGluRs 分别表达于味蕾中Ⅱ型味细胞、舌叶状乳头和轮状乳头。T1R1/T1R3 可特异性识别谷氨酸及其钠盐。mGluRs 可感知谷氨酸及其盐类和5′IMP。鲜味分子与受体结合后，分别通过G蛋白βγ亚基-PLCβ2-PIP_2-IP_3-TRPM5 通路和G蛋白α亚基-PDE-cNMP 通路引起味细胞去极化和神经递质释放ATP。鲜味觉信息的传入神经为分布于舌前的面神经和分布于舌后的舌咽神经，经过丘脑更换神经元，依次传递初级味觉皮质岛叶、次级味觉皮质眶额皮质和高级味觉皮质前扣带回皮质，共同完成鲜味觉识别、编码、感觉强弱及鲜味觉的情感调控。

值得注意的是，鲜味觉与其他基本味觉在信号传递时具有类似的机制，甚至在某些组分上存在重叠。最显著的一个例子就是鲜味和甜味共用一个受体亚基 T1R3，T1R2/T1R3 组成异源二聚体来感知甜味，这可能解释了有时感觉谷氨酸也具有甜味，过多的谷氨酸摄取也会对甜味产生排斥作用，因此研究鲜味和甜味信号传递时可能会聚到一点而出现味觉交叉现象。研究还发现，鲜味、甜味和苦味在信号传递时都是通过G蛋白来进行传递的，当一种离子通道或者PLC(磷酸酶C)基因剔除后，3种味觉感知都受到影响。

一些研究表明，鲜味物质的风味增强特性是由于其共同占据了酸味、甜味、咸味、苦味相关的受体部位。通过对受体基因的研究表明，在酸味、甜味、咸味、苦味受体上存在部分谷氨酸受体(mGluRs)基因系列，这也解释了鲜味物质在调和各种味道中的作用。Tilak 根据鲜味受体的特点，提出了酸味、甜味、苦味、咸味四种味觉感受器分别位于四面体的边缘、表面、内部和邻近四面体处，而鲜味感受器独立于四面体外部的模型(图2-12)。该模型说明了鲜味既是一个独立的感受器，同时又对其他味觉感受器产生影响。

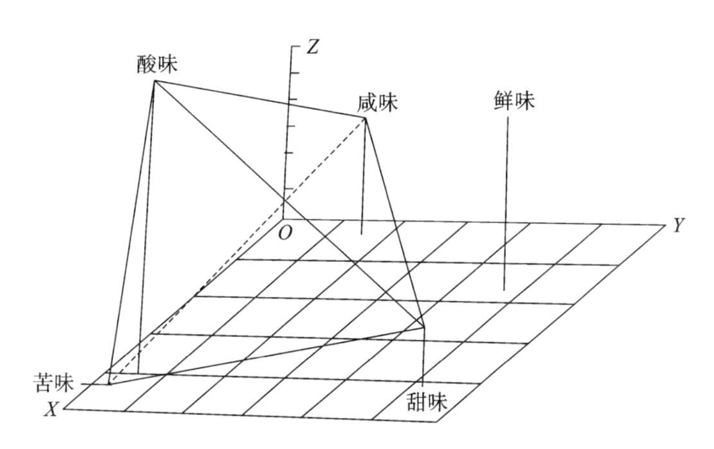

图2-12　Tilak 提出鲜味与其他四种味的相对位置

产生鲜味的主要物质有L-谷氨酸单钠盐(MSG)和5′-核糖核苷酸类(5′-IMP、5′-GMP、5′-AMP)。而D-谷氨酸和2′-或3′-核糖核苷酸无增强风味的活性，目前商业化的味精是L-谷氨酸单钠盐，主要从小麦粉蛋白中提取制成；鸡精是5′-核糖核苷酸类，大部分从酵母水解物中获得。目前还有从蕈类或蘑菇中提取L-鹅膏蕈氨酸和L-口蘑氨酸作为风味增强剂。

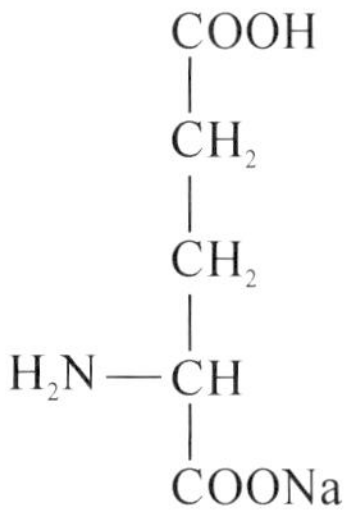

COOH
|
CH_2
|
CH_2
|
H_2N—CH
|
COONa

L-谷氨酸钠
有鲜味

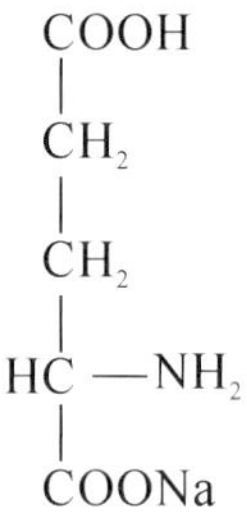

COOH
|
CH_2
|
CH_2
|
HC —NH_2
|
COONa

D-谷氨酸钠
无鲜味

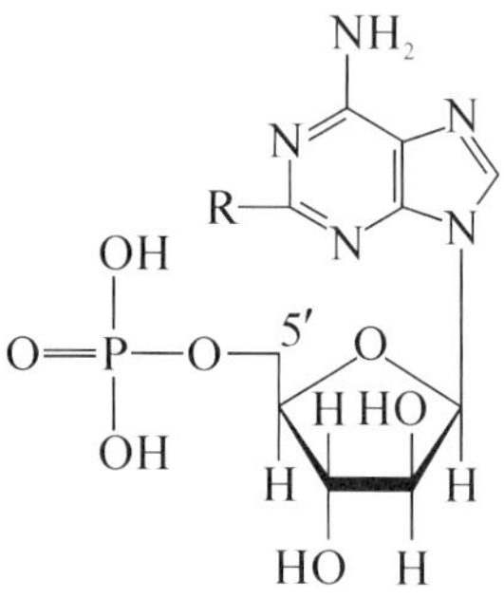

R=H，　5′-肌苷酸
R=NH_2，　5′-鸟苷酸
R=OH，　5′-黄苷酸

烹饪实践中，鲜味物质的使用量超过其单独使用的检出阈值时，将使食物产生非常强烈的美味；鲜味物质的使用量低于其单独使用的检出阈值时，仅有改善和增强风味作用，因此，烹饪中将鲜味看作“具有调和百味的作用”的风味。

了解了味觉的生理基础，再回到烹调工艺中来，烹饪中各种汤料是呈味物质集中的地方，汤属于天然型复合鲜味剂。其制作方法主要是通过加热水解得到浸出物。如动物性浸出物，采用的原料为畜禽类和水产类的肌肉、内脏和骨架，浸出物中以谷氨酸、肌苷酸、鸟苷酸或腺苷酸为鲜味的中心物质，还包括氨基酸、乳酸、琥珀酸等有机酸，而且还有糖类、肽类以及脂肪等物质，当然食盐是不可缺少的，这些呈味物质构成了独特的风味。除了动物性浸出物外，还有蔬菜类浸出物、海藻类浸出物，采用的原料根据风味的需要也各不相同。

味觉的研究使人们对感觉器官的生理作用机制有了较深入的认识，随着分子生物学的发展，对味觉的信号传递有一个全面的理解。一个显著的应用就是对饮食的调味，通过不同的组合，产生一系列新的味道。此外，对于因某些疾病而使味觉受到影响的患者，调味也可能使其品尝到食物的美味。

2.2.2 嗅觉

2.2.2.1 嗅觉感受器

为了表彰“气味受体的发现和组织嗅觉系统”方面的研究，2004 年诺贝尔生理学或医学奖授予了 Linda Buck 和 Richard Axel。他们的研究发现每一种气味神经元只表达一种气味受体，气味受体属于 G 蛋白偶联受体（GPCR）家族。通过在老鼠的上皮细胞上原位杂交嗅觉神经元，他们绘制了一幅嗅觉图谱。大约 1000 个嗅觉受体细胞都是相同的类型，它们的神经信号汇聚到嗅球中不同的微细小球。这些小球是将外部世界与大脑联系的最直接枢纽。

目前认为嗅觉感受器（气味受体）检测、识别气味分子的方式为“组合受体编码”。即一个气味受体识别相同一个系列的气味物质，一种气味物质可由许多气味感受器识别。不同气味的识别由气味物质的结构激活气味受体的模式产生。因此，气味物质分子结构细小的变化或气味物质浓度的微小变化可以改变气味物质的特性，与食品有关的一个著名例子是 *R*-（—）-香芥酮和 *S*-（＋）-香芹酮之间的明显感知差异，这两种对映体只在化合物结构的手性上存在差异。这两种化合物分别被认为是薄荷和香菜的特征气味。然而，并非所有对映体都有不同的气味。

2.2.2.2 气味分子

口腔中味觉感受器检测溶解于液体中小分子的同时,嗅觉感受器检测空气中的分子。嗅觉受体对挥发性分子具有宽泛的敏感度。一些高效的硫醇可以在浓度低至 6×10^7 个分子/毫升(2-丙烯-1-硫醇)的空气中被检测到,而乙醇需要大约 2×10^{15} 个分子/毫升的空气。因此,对于最"臭"与最低闻到"臭"味分子,敏感度存在8个数量级的巨差。不同人嗅觉的敏感度有着非常大的差异。不同的人不仅对特定的气味有不同的敏感度,某些人还患有嗅觉丧失,对特定的气味是嗅盲。人们也可以通过训练对某些气味剂变得敏感,比如动物雄烯酮的气味。更复杂的是,嗅觉在人的一生中是发展变化的,在年老时失去敏感度,尤其是在七十岁之后。

气味分子在结构、性质上具有一定的相同点,一般分子量较小、沸点低、具有一定的亲水性或亲脂性(双亲性)。在其较小的分子量中官能团所占的比例较大,往往决定其气味的形成,这些官能团称为发香团。气味不仅与官能团有关,还与分子的结构、形状、分子量大小等有关。一些分子量小的极性分子(如 H_2S、NH_3、CH_3NH_2 等)在与嗅觉细胞接触时,很容易进入受体的结合位置,从而产生强烈的嗅感。随着分子量增加,分子的体积增大,嗅感分子与细胞受体的结合变得具有选择性,产生的嗅觉信息也就变得简单且相对稳定。例如芳香烃都具有较为稳定的香气。当分子中含有不饱和键时,其气味反应性增强,气味也变得特别。某些顺反异构体的嗅感也不相同,如6-顺壬烯醇具有甜瓜清香气味,6-反壬烯醇则具有花样香气。

气相色谱-质谱联用仪(GC-MS)是分析物质分子的有效工具。然而分子气味强度与其浓度之间几乎没有关系,某种食物最有特色的气味也许来自一种含量极其低的气味分子,心理物理学家通过实验说明,人体嗅觉可以闻到那些连GC-MS都检测不到的物质的气味。

2.2.2.3 嗅觉与味道

感官科学家通常把气味物质经鼻孔到达嗅觉细胞作为"鼻前知觉",而气味物质经鼻咽进入嗅觉上皮(即分子在口腔释放)被称为"鼻后感知"。后者经常被错误地称为"味道"。它应该更准确地称为"风味"。虽然人们更喜欢把风味认为是在口腔中对滋味的感知,其实风味是口腔中对滋味的感知和鼻后对香气感知的组合。

品尝食物时,最初的嗅觉刺激发生在食物进入口腔之前,闻到食物香味。因此,鼻前知觉常被认为是外部世界。相比之下,鼻后感知的气味被认为是口腔(内部世界)的气味。

Small和他的同事比较了鼻前、鼻后两种明确气味传递的途径,发现了不同的神经激活模式,取决于气味物质经鼻前还是鼻后传递。此外,一些实验验证了两种气味传递路径的感觉不同,这些结果相当不稳定。在一项研究中,奥布里(Aubry)和他的同事发现,训练有素的感官评价小组成员在描述一组勃艮第葡萄酒的能力上并没有整体上的差异。相比之下,其他关于"剂量—行为"反应研究显示:风味物质经鼻前、鼻后传递存在差异,它们强烈地依赖于芳香化合物的物理特性。还有一种现象,食物最初的气味(鼻前刺激)不同于它们的"味道"(鼻后的刺激组合)。一个典型例子:水果榴莲的"臭"味是美食家们所熟知的,对大多数人来说,当用鼻子闻时,是一种很不愉快的气味(粪臭味),但是,当放入口腔中时,气味是通过鼻后部来检测的,对许多人来说,这是一种非常令人愉悦的味道。人们对臭豆腐的喜欢也是同样的道理,当食物在口腔中充分咀嚼时,除了感受不同味觉外,气味物质通过稀释缓慢地释放,在鼻后部得到了检测,与口腔中味觉一起产生了令人愉快的味道。因而美食家们认为真正的美食需要慢嚼细品。

嗅觉神经是单纯的感觉神经。嗅觉细胞为双极神经上皮细胞，位于鼻腔嗅黏膜内，其树突接受刺激，并通过胞体传至中枢突或轴突，由轴突形成嗅神经的无髓纤维束，纤维束在黏膜下形成丛，由此发出的嗅神经到达大脑嗅球（二级神经元），并在嗅小球中与僧帽细胞形成突触，僧帽细胞的纤维从嗅球开始投射到大脑嗅觉中枢（图 2-13）。

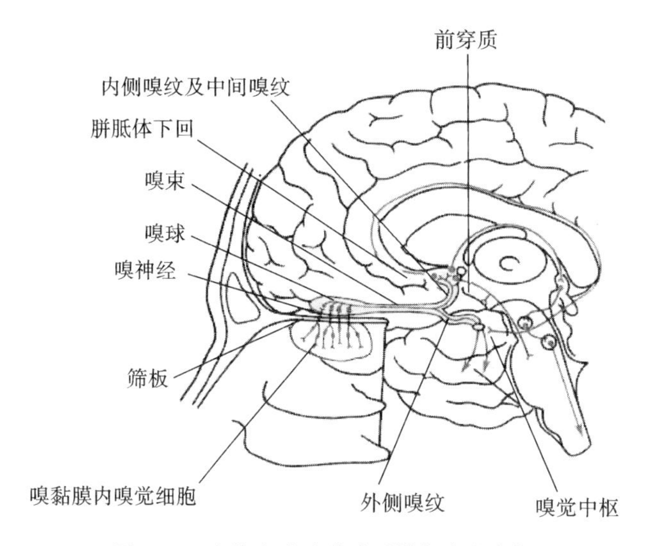

图 2-13　人体大脑嗅觉感受器与嗅觉中枢

来自嗅球的信号以一定模式传递到大脑的其他区域。嗅觉中枢位于大脑半球内侧面，在扣带沟与胼胝体之间的扣带回有嗅联合中枢。位于大脑半球下面侧副沟内侧的海马回，海马回的前端转向内形成一个钩，此钩为嗅觉中枢（Brodmann 34 区），颞叶的海马回也是味觉中枢（岛叶、杏仁核、扣带回等脑区）。因此，食物的气味对味觉的影响还需要做更多的研究。大脑半球内侧面的扣带回、海马回、海马回钩连接起来形成穹隆状，位于大脑和间脑交接处边缘，称为边缘叶。边缘叶及其附近的某些皮质以及皮质下的结构（丘脑上部、下部、前核），在结构上与功能上有密切的联系，构成了一个统一的功能系统——边缘系统（limbic system）。边缘系统的功能与嗅觉及联合反射有关，即与内脏活动（与呼吸、循环、消化吸收等）、躯体活动、情绪活动，以及条件反射等均有密切关系。因此，气味对诸如呼吸器官、消化器官、循环器官等都有明显的影响。气味能促使各种动物在行为上做出反应，人类的嗅觉行为不单是一种生理现象，由此会产生情绪、行为，被称为气味生理学。

杏仁核是重要的“边缘系统”，是大脑进化中最古老的部分，是与人类情感有密切关系的大脑组织。最近的研究表明，杏仁核不仅在评价情感刺激作用中起着重要作用，似乎也参与了计算、嗅觉和味觉感知强度的表示。嗅觉系统则是由大脑的颞叶和额叶组成的一个系统。眼窝额叶皮质尤其重要，因为这个区域的神经细胞在检测气味刺激的性质中起着重要作用，也与食物风味表征有关。眼窝额叶皮质的嗅觉—味觉敏感神经元通常也会受到饱腹感信号的调节。因此，它在确定饱腹感觉特异性方面起着重要作用。这种作用表现在当对一种食物有饱腹感时，对它的鉴赏力会下降，而对具有其他感官特性的食物的鉴赏力却没有下降。

2.2.3　触觉

Szczesniak 将食物的质地定义为通过视觉、听觉、触觉和运动觉感受到的食物的感官性状、结构、机械性能和表面特性。这个定义清晰地传达了质地是一种感官属性，其中，触觉是感受食物质地的主要感受器。触觉感受器分布全身，以口腔最为丰富，感受食物软硬，黏弹、滑糙或松脆，大小等物理性状。

2.2.3.1　触觉感受器

2021 年诺贝尔生理学或医学奖被授予给两位美国神经生物学家 David Julius 和 Ardem Patapoutian，以表彰他们发现温度和机械压力感受器的突出贡献。David Julius 利用可引起灼痛感的辣椒素（capsaicin）鉴定出皮肤神经末梢中的热感受器（sensor）；Ardem Patapoutian 则利用压力敏感的细胞发现皮肤和内脏中的一种新的机械刺激感受器。他们的突破性发现阐明了神经系统感受温度和机械刺激的分子机制。三叉神经主要传导来自头面部皮肤、黏膜的触觉、痛觉、热觉和冷觉感受器的冲动，它还含有特殊内脏传出纤维和本体感觉纤维。因此，通常将触觉、温度觉与痛觉又称为三叉神经感觉。

给皮肤、黏膜以触、压的机械刺激所引起的感觉称为触觉或压觉。触觉感受器可以是游离神经末梢、毛囊感受器或带有附属结构的环层小体、Meissner 小体、Ruffini小体等。触觉的敏感度与感受器分布数量和阈值相关。触觉感受器分布于身体各个部位，其结构有所不同，主要是感觉神经元末梢的变体（图 2-14）。鼻、口唇、指尖等部位触觉感受器分布密度最高，阈值最低，触觉分辨率高。

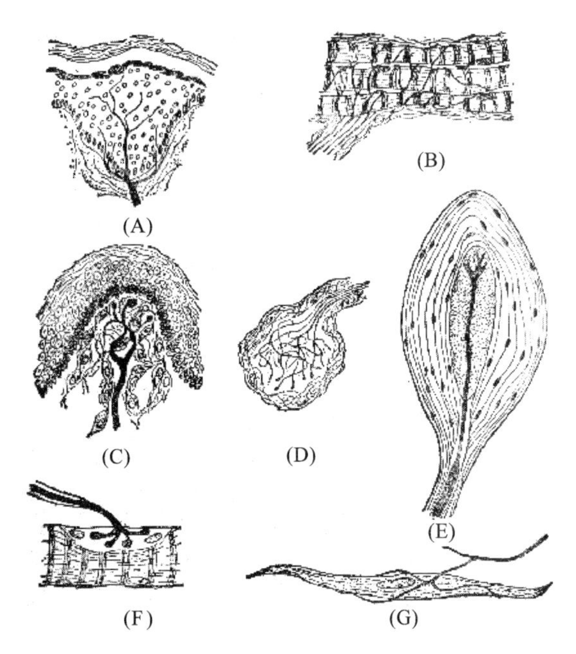

图 2-14　人类常见触觉感受器

（A）神经末梢；（B）神经肌梭；（C）皮膜 Meissner 小体；（D）结膜 Krause 小体；（E）Pacinian 小体；（F）骨骼肌纤维运动终板；（G）平滑肌纤维运动终束

20 世纪 80 年代，科学家在大肠埃希菌中发现了机械(压力)感应器，它在对外界机械力刺激和内部渗透压改变的感应中起关键作用。为了寻找哺乳动物中的压力感应受体，Ardem Patapoutian 的团队通过新的基因筛选技术，最终成功地鉴定出这个基因，该基因失活导致细胞失去对机械压力刺激的敏感性(图 2-15)。这个全新的压力敏感离子通道基因被命名为 PIEZO1（源于希腊语“压力”píesi）。根据与 PIEZO1 的序列同源相似性，Patapoutian 又发现了第 2 个压力敏感离子通道基因，命名为 PIEZO2，它们在感觉神经元中高表达。在感觉神经元和其他细胞上发现的 PIEZO1 和 PIEZO2，让人们逐渐认识这些压力敏感离子通道在触觉、痛觉、血压调节和本体感觉等各方面压力感知中的作用。分布于内脏器官感觉神经的压力传感器，参与调控机体的许多重要生理过程。如支气管和细支气管壁的 PIEZO2 参与呼吸控制；PIEZO1 和 PIEZO2 作为动脉压力感受器参与血压调节。其中最令人感到新奇的是，与本体感觉相关的研究。

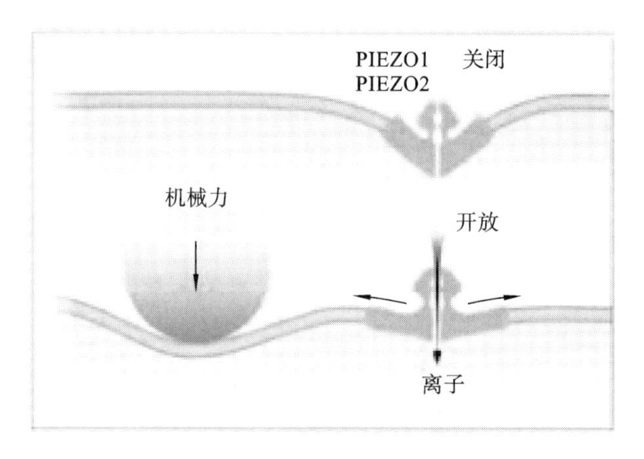

图 2-15　压力敏感离子通道 PIEZO1 和 PIEZO2 受体

2.2.3.2　触觉与味道

食品质地特征分为三类，一是力学特性，包含硬度、凝聚性、黏性、弹性和黏附性；二是几何特性，包含颗粒形状、大小、方向；三是其他特性，如水分含量(多汁感)、脂肪含量(油腻感)。Szczesniak 领导的研究小组一直致力于将感官分析数据与仪器测量数据进行相关分析，以建立感官指标的客观测量方法。触觉提供了食物质地的感知，视觉在质地感知方面也发挥作用，听觉、体觉和运动觉在处理食物时也具有作用。在进食过程中，触觉、视觉、听觉、运动觉保持活跃状态。质地在食物的认知中起着重要的作用。例如在给 56 名被蒙住眼睛的年轻人和老年人呈现混合食品时，他们平均只能正确识别其中的 40%。在实验室条件下，口腔对质地的敏感度非常高，对溶液中粒子的感觉非常灵敏，只有粒子直径小于 3 μm时才无法感觉到。这一发现已经在许多脂肪替代品和模拟产品中得到了应用，通常直径为 0.1～3 μm 的球形微粒是主要的功能成分。当颗粒如此之小时，它们被认为是光滑的，并可能促进乳化。有人认为，这些小颗粒的功能在于它们在口腔剪切力的作用下做相对旋转，提供了具有“球轴承”效应的颗粒流动性。

此外，进入口腔的食物和被吞下的湿润食团之间有明显的区别。对食物质地的感知是从看到食物开始，把食物放进嘴里进行咀嚼，最后咽下整个过程中感觉印象的总和，被称为“崩溃哲学”。在这种观点下，食物在被咀嚼的过程中，随着时间的推移，或咀嚼次数的增

加，食物沿着“结构程度”“润滑程度”特定的轴线路径进行。在进食过程中，唾液润滑食物，唾液中的酶会影响半固体和液体的黏度。例如，在半固体食物中添加 α-淀粉酶，可使淀粉水解生成麦芽糖和异麦芽糖（因产生乳香味而最受欢迎）。

2.2.3.3　另一种味觉——涩味

当品尝葡萄酒或是品茶时，会产生另一种味觉——涩味（astringency）。涩味同样是由神经末梢触觉感受器受到刺激后产生的，它被认为是由食物中脯氨酸含量丰富的蛋白质（PRPs）和多酚之间的相互作用产生的。多酚使 PRPs 沉淀，导致蛋白质絮凝并失去润滑性。

鞣酸分子具有很大的横截面（图 2-16），易与蛋白质分子发生疏水结合，形成更大分子的沉淀物或聚合物，引起黏膜的收缩，导致机械门控钠离子通道开放，Na^+ 内流，产生感受器电位。食品中的涩味物质主要是鞣酸，其次是草酸、醛类、酚类、多价金属离子和不溶性无机盐。有涩味的食品饮料有茶叶、葡萄酒。茶叶的涩味主要来自茶多酚，葡萄酒的涩味主要来自单宁，存在于葡萄的皮和籽中。

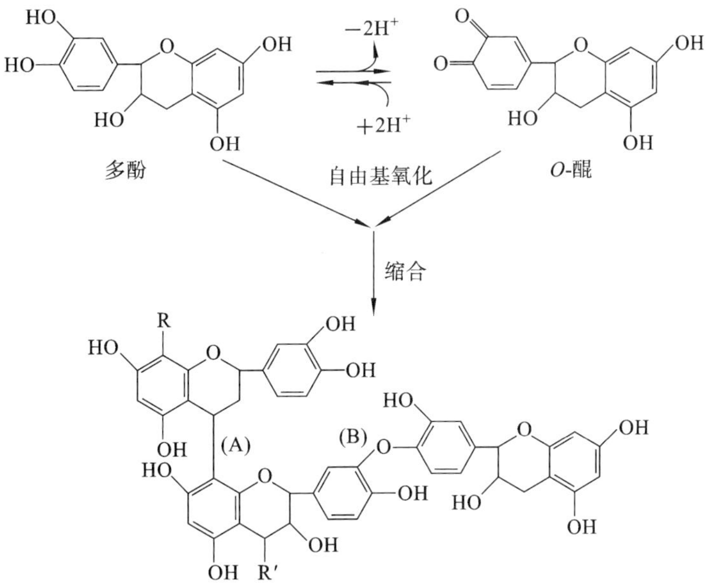

图 2-16　原青花素中浓缩的鞣酸横截面积的增大

2.2.4　温度觉与痛觉

炎热夏天的冰淇淋，冬天溜冰场运动后一杯热气腾腾的咖啡，温度是食物感知的一部分。顾客对大多数食物和饮料的食用温度都有一个预期，提供一个不合适温度的食品会降低顾客的喜爱程度，甚至拒绝这些食物和饮料。温度通过口腔中的神经末梢感知，热信息的编码主要通过瞬时受体电位（transient receptor potential，TRP）离子通道超家族成员被激活产生。

2.2.4.1　温度觉与痛觉感受器

20 世纪 90 年代后期，科学家们发现，辣椒素可以激活感觉神经细胞，引起胞膜内外的

离子流改变,但机制不明。美国加州大学旧金山分校 David Julius 以辣椒素受体为切入点进行痛觉信号转导的机制研究,借助新兴的分子克隆技术,经过反复的筛选,最终鉴定出了一个对辣椒素敏感的新基因(图 2-17)。该基因编码是一个完整的具有 6 个跨膜螺旋结构域的膜蛋白,属于瞬时受体电位(TRP)离子通道超家族成员。Julius 将其命名为 TRP 香草酸家族成员 1(TRP vanillic acid subfamily member 1,TRPV1)。Julius 进一步研究发现,TRPV1 实际上是一个新的热敏感受体,激活阈值为 40 ℃,可以被引起疼痛的灼热激活,引起细胞 Ca^{2+} 内流,揭开了"热与痛"如影相随的答案。Julius 和 Patapoutian 还分别独立确认了 TRPM8 是一种会对薄荷醇和寒冷产生反应的受体。越来越多的发现表明,TRP 受体家族在进化史上是一个非常古老的体系。人们也认识了更多的家族成员,包括"芥末感受器"TRPA1、百里香等香料激活的 TRPA3 等。

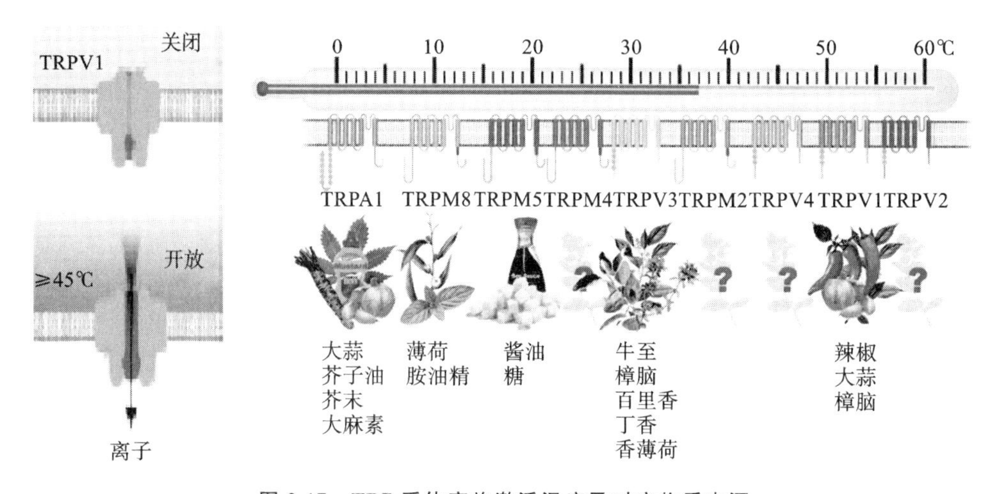

图 2-17 TRP 受体家族激活温度及对应物质来源

温度感觉共有 6 种不同的热敏离子通道存在(图 2-17)。它们有不同的热激活阈值,TRPV1>43 ℃,TRPV2>52 ℃,34 ℃<TRPV3<38 ℃,27 ℃<TRPV4<35 ℃,25 ℃<TRPM8<28 ℃,TRPA1<17 ℃,并在初级感觉神经元和其他组织中表达。

人对于 32~34 ℃的温度既无冷感也无热感,该温度范围称为中间范围区。超出这个范围区,就会有冷、热感觉。温度超过 43 ℃和低于 15 ℃是伴随着一种疼痛的感觉,然而,日常饮用的热饮远远高于疼痛和组织损伤温度。在一项摄取热咖啡的行为研究中,对啜饮和进入口腔中的咖啡温度进行耦合测量,结果表明:在啜饮和摄入过程中出现了最低程度的冷却。对该结果,作者的假设是在饮用时,热咖啡在嘴里的时间不够长,不足以加热上皮表面引起疼痛或组织损伤。

口腔对温度变化的感知非常精确。在实验条件下敏感被试者感到的温度变化为 1 ℃左右。温度感觉感知变化的能力是不对称的,温度升高时感知能力比温度下降时快得多。温度变化的速度也影响感知,当温度变化速度很快时,人们很容易感觉到,当温度变化速度较慢时,感觉的阈值会大大提高。实验证明,当以 0.4 ℃/min 的速度冷却皮肤时,经过 11 min的冷却,温度下降 4.4 ℃才感觉到冷感。以同样的速度升温,皮肤感觉温度变化的时间更长。"温水煮青蛙"就是利用温度缓慢的变化使感受器的阈值大大提高,降低了感受器对温度的反应。温度的感觉还受到各种化学因子的影响,著名例子有薄荷醇能激活冷感受器引起冷感觉,而辣椒素则产生热效应。

食物或饮料的温度会影响分子的挥发，随着温度的升高，其挥发性增强。因此，感官评价标准推荐产品的特定温度，例如，牛奶和其他液体乳制品的特定温度为(14±2)℃。

痛觉(pain sense)不是一个独立的单一感觉，它由体内、外化学物质刺激所引起，常伴有情绪活动和防卫反应。痛觉的感受器是游离的神经末梢，在电子显微镜下可见神经纤维外裹有一层施万细胞膜，在表皮内，这些游离的神经末梢脱去施万细胞膜，更容易直接接受化学物质的刺激。内源性致痛化学物质有因损伤或炎症反应产生的5-羟色胺、缓激肽、前列腺素、组胺以及 K^+、H^+ 等物质，而外源性致痛化学物质有强酸、强碱、辣椒、生姜、芥末和辣根等。

2.2.4.2 辣味与味道

提到"辣"会有一种"热"的感觉，红辣椒会让口腔感觉灼烧痛。高温和辣椒素同为TRPV1 激活剂，因此，烹饪中辣总是和热联系在一起。TRPV1 广泛分布在脊髓背根神经节、三叉神经节和迷走神经节的中、小神经元上，因此被认为是一种神经系统特异的受体。近年来研究发现，一些非神经组织也有 TRPV1 的分布，如膀胱上皮、肝、肺、胃肠道等。这就解释了为什么进食辛辣的食物时会带来全身温度升高的感觉。

TRPV1 参与机体对刺激的感知、疼痛和镇痛机制。将辣椒素外敷于周围神经或神经节，甚至皮肤上，会出现明显的兴奋作用，并呈剂量相关性地释放 K^+、P 物质，缓激肽等神经肽样神经递质。P 物质已被确认为初级传入神经元的神经递质，因其可刺激上级神经元向上传递痛觉；P 物质从神经纤维的外周端释放，可扩张血管，加速血流，导致皮肤潮红，腺体分泌。Julius 进一步研究还揭示了 TRPV1 对炎症过程中产生的化学物质很敏感，与炎症相关的疼痛敏感反应有关，这为癌症疼痛和其他疾病的治疗开辟了新的潜在途径，也为食疗产品的开发带来了新的方向。

没有辛辣味，许多食物会变淡。想象一下，如果辣根不加热、大蒜不咬是什么味道？很明显，辛辣味在评价任何食物的适口性时起着非常重要的作用。口腔的辛辣感在许多方面与味觉不同。例如，辛辣感通常发作缓慢，但也有可能持续数分钟至数十分钟。这与味觉相反，味觉是食物在嘴里的几秒内感觉最强烈。当考虑到食物的适口性和提供的整体满足感时，辛辣感和味觉这种短暂的差异性非常有意义。

在许多情况下，长时间辛辣影响使食物更可口、更美味。辣味会在舌头上制造痛苦的感觉，为了平衡这种痛苦，人体会分泌内啡肽，消除舌头上痛苦的同时，在人体内产生了快感，很多人因此喜欢辣味食物。

根据辣味成分和辣感的不同，将辣味物质分为两类，热辣味物质和辛辣味物质。辛辣味一般伴随有挥发性物质的产生，主要作用于黏膜。辛辣味物质主要有含硫化合物，重要的有丙基二硫化物、异硫氰酸酯类化合物。

热辣味物质主要有辣椒素，是一类碳链长度不等(3～11 个碳原子)的不饱和单羧酸香草基酰胺化合物，其活性成分为 8-甲基-*N*-香草基-6-壬烯酰胺。辣椒素是双亲分子，其极性头部是定味基、非极性尾部是助味基。大量研究表明：分子的辣味与非极性尾部碳链长度有关，当碳原子数为 9 左右时，辣味达到高峰，然后逐步下降，这一规律有学者称为 C_9 最辣规律。辣椒中辣椒素含量越高，其辣味越浓，红辣椒含辣椒素约为 0.06%，牛角红椒含辣椒素约为 0.2%，印度萨姆椒含辣椒素约为 0.3%，乌干达辣椒含辣椒素高达 0.85%。热辣味物质还有胡椒碱、花椒素，都是酰胺类化合物。

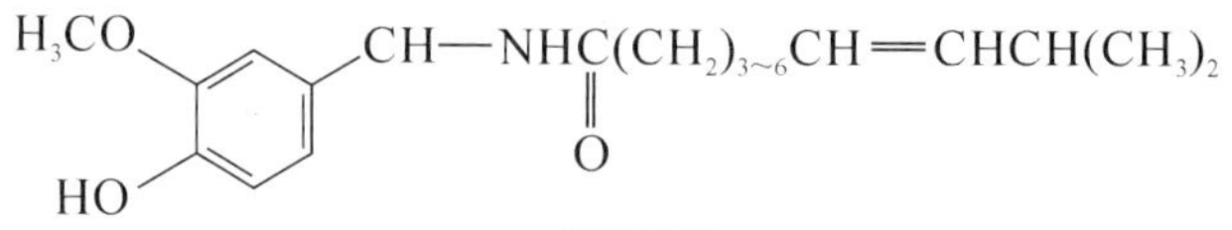

H_3CO —— $CH—NHC(CH_2)_{3\sim6}CH═CHCH(CH_3)_2$（C＝O）

HO

辣椒素

$CH_2═CHCH_2—S—S—CH_2CH═CH_2$

二烯丙基二硫化物

$CH_3—S—S—C_3H_7$

甲基丙基二硫化物

$CH_2═CHCH_2—NCS$

异硫氰酸烯丙酯

$CH_3CH═CH—NCS$

异硫氰酸丙烯酯

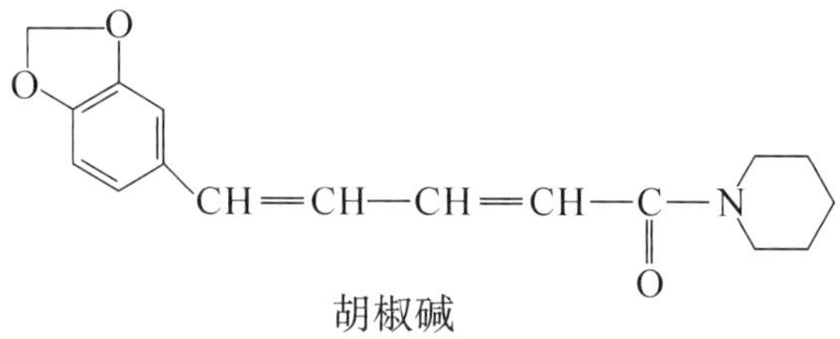

O O

$CH═CH—CH═CH—C—N$（C＝O）

胡椒碱

$CH_2═CHCH_2—S—S—C_3H_7$

丙基烯丙基二硫化物

$C_3H_7—S—S—C_3H_7$

二丙基二硫化物

$CH_3(CH_2)_3—NCS$

异硫氰酸丁酯

$C_6H_5CH_2—NCS$

异硫氰酸苄酯

虽然辣味感受到的是一种痛，但由于辣味物质一些独特的生理功能，辣椒素通过刺激痛觉神经产生疼痛，提高了人体的应激反应，激发唾液分泌，肠胃蠕动，大脑释放内源性吗啡肽，在烹调中能够构成食物的特殊风味，因此，世界各国烹饪原料中辣椒是重要的调味物质之一，辣味的运用在中国川菜中尤为显著。适当的辣味可以加强食物的感觉，掩盖异味，解腻增香，刺激唾液分泌和消化功能的提高，从而增进食欲。

2.3 食物风味

食物提供多种刺激，它让人多个感觉系统兴奋。在进食过程中，五种感觉器官都被用到。中国人在生活中常用“味道”一词来描述对食物的感知，体现了人们对食品风味认知的复杂性和包容性。但从科学的角度来看，风味中可以被检测、定义的物质主要是气味物质和呈味物质，因此，可将风味视为“嗅觉、味觉的复杂组合”。但当品尝食物时，由味觉、嗅觉和三叉神经感觉共同参与，风味受到触觉、温度觉、痛觉和/或运动觉的影响，以及对产品视觉呈现的期望。因此，风味是一种多模式的感官体验，风味的概念很难与食物的化学成分联系起来。

风味是食物重要的品质之一，从食物给人们的综合感受来定义，食物风味是人们对食物颜色、香气、滋味、质地、营养的追求，既有感官的享受，也是生理、心理的满足。因此，食物风味概念有广义和狭义之分，广义的风味是指人们对食物的色、香、味、形、质等的综合感觉，我们称之为味道。而狭义的风味单指食品的滋味和气味。目前有关食物风味的研究集中于特征风味成分的分析、风味在加工中的变化机制、风味的释放、风味的检测手段等(图 2-18)。

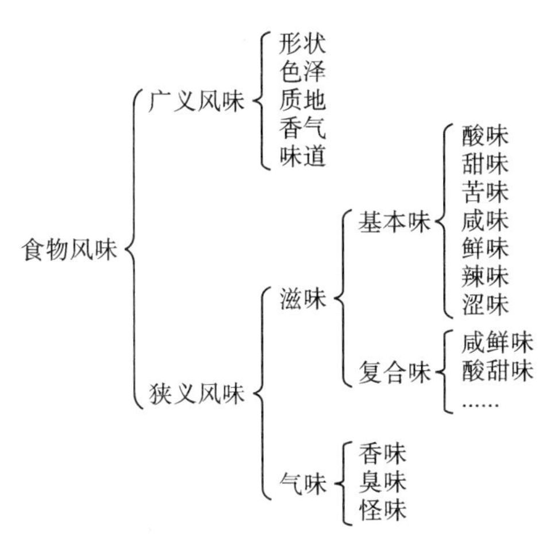

图 2-18　食物风味示意图

由于气相色谱和质谱检测仪器的广泛使用，风味物质的研究得到了空前的发展，形成了食物风味化学(food flavor chemistry)。对食物风味的评定在人的感官基础上，加上质构仪、电子鼻等设备的广泛使用，形成了食物感官学(food sensory evaluation)、食物质构学(food texture)等专门学科，系统研究食物风味物质、风味形成机制和食物感官(风味)评价方法。多学科交叉研究是食物风味研究的重要方向，如运用组学、质谱、波谱等技术解密风味的构成及特性，利用脑科学、神经科学、生理学以及大数据、新型算法等更深入地解析风味感知和需求，结合神经科学、分子生物学领域的研究开发新型的生物传感器对风味进行检测、评价。

2.3.1　风味模式

味道(广义风味)是一种多感受的感觉。味道不仅仅是将不同感觉进行简单的累加，从受体开始一直向上到达大脑皮质的过程中，不同感觉之间透过不同的方式进行交流，产生交互作用，形成各式各样的风味模式。这种作用是复杂的，也使食物风味变得更丰富多彩。

在食物中，有许多例子可以说明一种感觉与另一种感觉相互作用。食物中的香气化合物可以增强人们对味道一致性的感知强度，例如鲜奶油中的甜味可以通过加入草莓味而增强，加入花生酱味就没有这种作用，在品尝过程中捏住鼻孔可以消除这种效果。香气对味觉的增强特性取决于作用条件，通过香气和风味的重复搭配达到增强效果。与增味剂复配的全新气味只在一次暴露下就具有促味剂的特性。在过去的十年中，多种感觉融合领域的研究出现了爆炸式增长。这在很大程度上源于神经科学的进步，最近，研究已经从视觉、听觉和躯体感觉的整合扩展到包括化学感觉。有些特定的感官属性比其他感官更复杂，而且这些特性涉及不止一种感官。食物的风味会受到质地变化的影响，其中具有重要作用的是乳状液，最初认为其只是一种质地属性。在过去的十年中，人们进行的深入研究表明：虽然乳化可能是决定质地的最关键因素，但它的感知涉及多种感官，至少包括视觉、嗅觉、味觉和触觉。

温度对食物风味的影响是巨大的，一杯热饮和一杯凉茶给人不仅是风味感受，也会产生更复杂的情绪反应。正常的口腔温度(22～37 ℃)可以保持味觉、触觉的灵敏性，低温或高温都会影响味觉、触觉的感知；温度的升高可以使食物中呈味物质释放增多以及黏度下降，使味蕾的刺激反应增强；高温有利于食物中气味物质的释放，鼻后嗅觉更加强烈。这就是为什么热的食物味道更浓烈，尤其是肉类和热咖啡。

刺激物（如辣椒）对食物风味的影响也集中于味觉、嗅觉和触觉上。辣椒可以增强对温度的感知，而疼痛感会降低不同味觉（酸、甜、苦、咸、鲜）的敏感性。辣味刺激物存在情况下，会抑制嗅觉的感知。

2.3.2 适应与抑制

除了来自不同感受器的实际信号外，周围环境会以令人惊讶的程度影响食物的味道。其中最重要的机制是适应和抑制，适应是对一个持续存在着的刺激产生忽略，所谓的“习以为常”。抑制是一个刺激的效果在混合物中低于它单独刺激的效果。两者在食物风味形成中都有一定的重要性。

神经元之间的连接由突触来完成，突触严格控制着信号的转导。突触是相邻的神经元轴突与树突之间形成的一个间隙（约 200 nm），信号从上一级神经元向下一级神经元传递需要神经递质来完成。当信号从上一级神经元向下一级神经元传递时，上一级神经元末端（突触前膜）释放神经递质（乙酰胆碱、去甲肾上腺素、5-羟色胺、γ-氨基丁酸等），下一级神经元末梢（突触后膜）有特异性蛋白受体，神经递质与受体结合，使下一级神经元去极化或除极化，产生兴奋或抑制，从而实现电信号的传递和中止。神经突触严密地控制着信号传递，还能被某些药物加速和抑制。

2.3.2.1 适应

当某一恒定强度的刺激持续作用于一个感受器时，感觉神经纤维上的动作电位的频率会逐渐减弱，这一现象称为感受器的适应（adaptation）。适应的程度因感受器的类型、功能不同存在较大的差别，常将它们分为快适应感受器和慢适应感受器。皮肤上的触觉感受器，如果给皮肤的环层小体（压力感受器）施加稳定的压力刺激时，在刺激的开始，短时间内（几秒至几十秒）有传入冲动电发放，以后刺激仍然存在，但传入冲动的频率却很快降到零。快适应感受器对刺激非常敏感，适合传递快速信息，对于生命活动来说十分重要。最简单的实验是用手指试着接触加热的铁锅，反应是快速的。慢适应是在刺激持续作用时，刺激开始后不久冲动频率稍有降低，以后在较长时间内维持在一个水平，感觉变得不那么灵敏。当把蔗糖含在嘴里不动时，经过一段时间，就会变得不再如之前那样甜了。

感受器发生适应的机制比较复杂，可以发生在感受信息转换的每个阶段。感受器的适应现象很容易被忽略，每当外出较长一段时间，回到家中就会发现，家里有一股轻微的“霉味”。需要打开窗户，给房子“通风”，气味很快就消失了。当然，事实上，家里总是有这种气味。由于它总是存在于环境中，人们很快就适应了它，根本没有注意到它的存在。吃饭时，如果长时间处于一种相同的味道或香味中，人们很快就会对一道菜失去它的味道而感到“无聊”。

意识到这一现象，烹饪时可以通过增加种类使所有的食物变得更有趣。大量不同口味或质地的小菜式比单一的大菜式更能引起人们的兴趣。许多餐馆在每一道菜上都提供了各种各样的元素，将一个较大的菜单可以分解为一些非常小的菜单，提供必要的变化刺激，以保持用餐者的兴趣。在美食厨房里，一些厨师已经认识到这种适应现象，试图创造出不断提供一系列刺激的菜肴，以保持（并希望增强）用餐者的兴趣。来自法国著名的肥鸭餐厅的一个例子——花椰菜烩饭。吃一种蔬菜，很多人认为基本没什么意思。但是如果准备一

道菜,使它有各种不同的质地和口味,不断刺激大脑,防止任何适应,则可以使其变成一道非常美味和令人兴奋的菜。为了达到预期的效果,赫斯顿·布卢门撒尔(Heston Blumenthal)使用了多种不同的由花椰菜制成的组合,有干花椰菜、花椰菜奶油、泡沫花椰菜、生花椰菜,以及用花椰菜高汤和可可凝胶等对比鲜明的原料制成的烩饭,创造了一种让食客不会感到厌倦的新奇菜肴。

2.3.2.2 抑制

对于感觉世界来说,神经系统通过神经元之间的回路对信息进行处理,侧抑制实现"对比增强""时间瞬态""中央-周围拮抗"以及"特征萃取"形成感觉图像。视觉中,视觉细胞间侧抑制产生明暗之分和对比增强效果。听觉中,每一个听神经纤维都带有"最优化"频率资讯,侧抑制有助于纯化频率反应。触觉中,通过更密集的神经纤维分布以及中枢通道中的侧抑制,可增强分辨能力,有助于口腔对食物特征进行萃取,感觉丝滑与粗糙、干燥与湿润、硬与软等。嗅觉中,嗅小球通过增强信噪比,当某一受体活化,相同受体细胞反应都集中到这些分子上。目前广泛应用的人脸识别技术就是基于视觉的侧抑制产生对比增强效果的设计。

混合抑制是指个体的味觉和嗅觉特征在混合物中没有单独感觉时那么强烈的现象。因此,当准备一个复杂的食谱和混合几种不同风味或口味的食物时,其相对于相同口味或香气的单独食材,风味感知强度会降低。从混合抑制中释放,是一个非常有趣和有用的例外现象,当适应一个混合组分时,其他组分受到的抑制较少,感受得更强烈。调味师和调香师经常使用这种方法来分析竞争对手的混合物。

值得强调的是,意识到这一问题可以提供改善烹饪的新思路。比如说与其把所有的原料混合在一个锅里,还不如把它们分开。例如一道菜可能有几种不同的酱汁或蘸料。如果把它们分别放在不同的容器中,单独使用,而不是组合使用,它们的影响会更大。

中国习惯上将烹饪称为烹调,强调了调和的重要性。烹饪中需要对原辅料进行颜色、营养搭配和滋味调和。各种感觉之间没有加和性,但具有融合性,利用不同的味觉相互融合而形成一种新味感(复合味)。

2.3.3 味的调和——复合味

烹调工艺通常将味与味之间的融合归纳为"对比、相消、相乘、转化"四种现象,虽然对滋味调和有一定的指导作用,但实际上味觉形成过程非常复杂,简单地按照其操作往往达不到效果,也不具科学性。在进行味的调和或评价味与味的相互作用原理时,通常需要考虑3个层次因素:一是呈味物质的化学作用;二是味觉感知机制的相互作用;三是神经递质的调节作用。

2.3.3.1 呈味物质的化学作用

常用呈味物质有氯化钠、醋酸、柠檬酸、蔗糖、甜味剂、谷氨酸钠、核苷酸、辣椒(素)以及食物中苦味物质多酚、生物碱类。当这些化合物以各种方式混合时,可能会发生化学反应进而形成新的物质,使原本的呈味强度或类型发生改变。

最常见的是酸碱中和,例如,谷氨酸钠增鲜作用的最适 pH 值为 6~7,呈鲜效果最好,原因是谷氨酸钠以离子形式存在;pH<6 时,谷氨酸钠的解离度下降,离子浓度减小,呈鲜

效果减弱；pH＝3.2时，谷氨酸钠在等电点，解离度最低，呈鲜效果最差；pH＞7时，谷氨酸钠易生成谷氨酸二钠，没有增鲜作用。因此，酸味剂对鲜味剂具有失鲜作用。食物中苦味物质一般呈弱酸(多酚)或弱碱(生物碱)性，添加酸后苦味会出现增强或减弱。其次是热分解反应，加热条件下糖与酸发生水解反应、烯醇化反应，形成复合糖，使甜味增加；苦味物质(鞣酸、生物碱)加热水解，使苦味减弱。最后是呈味物质与食物中脂质、蛋白质、有机酸等之间的物理作用(如氢键、疏水缔合)，引起呈味分子结构的改变或发生沉淀、包埋，导致味觉减弱或增强。将鞣酸与溴苯那敏马来酸盐络合，能够很好地掩盖溴苯那敏马来酸盐的苦味。大多数呈味物质具有水溶性，它们分配在水相时很容易被人体感知，脂质取代水相与呈味物质形成疏水缔合会影响味觉，脂质也可能覆盖味觉受体而阻碍呈味物质向味蕾移动。

2.3.3.2 味觉感知机制的相互作用

(1)食盐的提味、提鲜作用：在蔗糖溶液中加入0.017%的食盐，结果其甜味感觉更甜，烹调工艺将这种现象称为对比。鸡汤或食物中只加入味精，没有盐时无鲜味感，加入少量的食盐后其鲜味更明显。因此，烹饪实践中常将食盐视为“百味之本”。

食盐的这种对比现象非常普遍，从细胞去极化机制来看，味觉的产生伴随着Na^+内流。因此，在食物中保持一定浓度Na^+，对于味觉的产生是必要的，在甜味、鲜味中增加少量食盐(Na^+)，提高细胞外Na^+浓度，有利于去极化，并产生动作电位，给人感觉甜味、鲜味加强。这很好地解释了食盐的提味、提鲜作用。当然，当食盐浓度达到其阈值时，激活了咸味受体细胞钠离子通道受体(ENaC)，Na^+咸味被感知，形成咸甜味、咸鲜味的复合味觉。而高浓度的食盐可能激活瞬时受体电位(TRP)离子通道，出现酸味或苦味，使人产生不愉快的感觉。因此，当在酸味、苦味中加入过多食盐时，会使酸味、苦味感觉增强，产生厌恶的感觉。

(2)鲜味的调和作用：鲜味的调和作用在烹饪中应用越来越普遍，主要基于对鲜味受体研究的结果。鲜味受体除T1R1/T1R3异二聚体外，mGluRs也是人体重要鲜味受体之一。鲜味受体存在于身体多种细胞、组织，在酸味、甜味、苦味、咸味受体细胞和脑组织细胞中有部分或全部mGluR4基因，故鲜味不仅本身具有协同作用，还与其他味觉相互作用。因此，鲜味具有“调和百味”的功能。在不同味觉食物中加入鲜味物质，相当于激活了两个受体通道，它们对Na^+、Ca^{2+}等阳离子的竞争作用，影响不同味细胞去极化，相应地呈现了咸味、酸味、苦味减弱的效果。同时，存在于胃肠道、脑组织中的鲜味受体被激活，释放内激素、神经肽，产生兴奋、愉快感觉，对各种味觉反应起到了调节作用。实践表明，当鲜味物质的浓度低于其阈值时，对各种味具有修饰作用，使其味道更完美。当鲜味物质的浓度高于其阈值时，鲜味与其他味形成复合味。

甜味受体T1R2/T1R3和鲜味受体T1R1/T1R3具有重叠基因系列T1R3，当甜味与鲜味复合时，鲜味、甜味感觉都会增强。但由于甜味的阈值大于鲜味，鲜味感觉更强烈些。鲜味对苦味的抑制可能是因为鲜味肽竞争性阻断苦味分子与受体结合。研究发现谷氨酸钠(MSG)为丙磺舒(苦味抑制剂)部分可逆性抑制剂，鲜味肽、5′-IMP、有机酸为不可逆性抑制剂。

鲜味的协同作用体现在烹调实践中，将味精与核苷酸按比例共用，结果所呈现的鲜味强度呈倍数增加，烹调工艺称之为相乘。原因在于谷氨酸钠与核苷酸使人体鲜味受体T1R1/T1R3、mGluRs得到了全面的结合，动作电位出现超射，从而产生强烈的味感。烹饪中利用鲜味的协同作用较为多见，特别是炖汤时，多选用富含核苷酸的鸡、鸭、蹄髈、猪骨等

和富含谷氨酸的竹笋、冬笋、香菇、蘑菇、草菇等混合在一起，这样可以大大提高汤的鲜度。

(3)辣味的兴奋作用：辣味在中餐烹饪中占据重要位置。Julius 将辣椒素敏感受体命名为瞬时受体电位香草酸家族成员 1(TRPV1)。TRPV1 实际上是热敏感受体，温度阈值为40 ℃，除了高温外，辣椒素、胡椒碱、酸也是这一受体的激活剂。辣味受体为“伤害性”受体，该受体广泛存在于人体面部三叉神经感觉神经末梢，故有学者称之为三叉神经感觉器。川菜(尤其是火锅)多采用麻、辣、烫结合，其感觉效果是在辣与热的共同作用下，TRPV1 通道信号传递放大，痛觉感加强。周围神经组织快速释放 K^+、P 物质、缓激肽等神经肽样递质，产生强烈痛觉。随着外周 P 物质、缓激肽等消耗殆尽，机体很快由疼痛转为镇痛状态，形成疼痛后的轻松感觉。花椒中柠檬烯类物质则激活低温受体 TRPM8，产生清凉感，有缓解热感觉的作用。由 P 物质释放引起的血管扩张、血流加速、皮肤潮红、腺体分泌增加，可使人体循环系统、消化系统、免疫系统功能得到增强，极大地刺激了食欲。此外，进餐时各种信号经大脑中枢整合，痛觉转导反应占优势，其他味觉信号受到抑制，为了平衡这种痛苦，人体会分泌内啡肽，制造类似于快乐的感觉。因此，食用辣度较高的食物时，人们对其他味觉感知降低，这也是川菜流行的原因之一。

2.3.3.3　神经递质的调节作用

咸味、酸味、苦味、甜味、鲜味、辣味之间虽然受体分子不同，但信号传递是通过化学递质来实现的。味蕾中味细胞间信号传递通过突触连接和细胞自反馈机制实现(图 2-19)。涉及的神经递质有三磷酸腺苷(ATP)、乙酰胆碱(ACh)、5-羟色胺(5-HT)和 γ-氨基丁酸(GABA)等。神经递质调节分为味觉受体细胞间调节和中枢神经细胞调节。

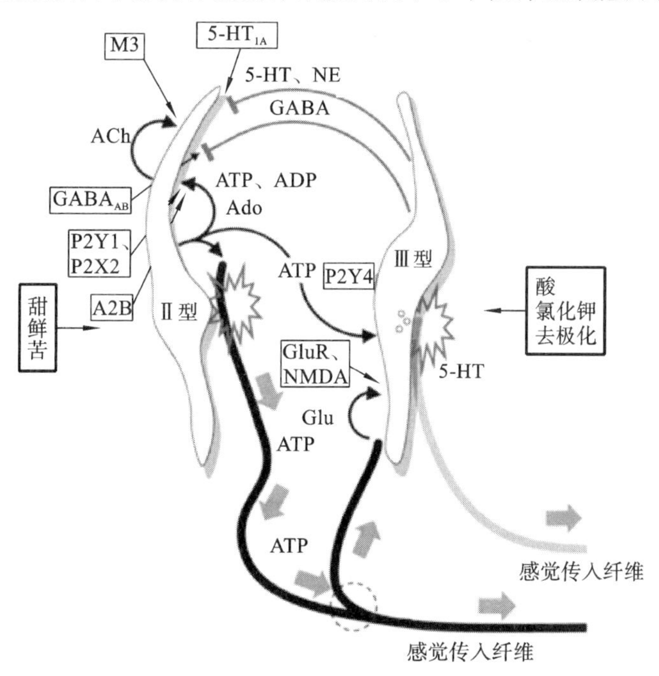

图 2-19　味细胞间神经递质、信号转导相互作用

(1)味细胞间调节：Ⅱ型味细胞是甜味、鲜味和苦味信号转导者，其信号可能通过细胞表面下光滑内质网空隙与神经系统交流，以取代细胞间突触传递。ATP 是主要的神经递质，甜味、鲜味和苦味分子作用于Ⅱ型味细胞时，引起细胞去极化释放递质 ATP，ATP 有两个靶点：一是受体细胞本身的 P2Y1 和 P2X2 受体，产生正反馈作用促进 ATP 分泌。二是邻近突触前细胞(Ⅲ型)的 P2 嘌呤能受体(P2Y4),因此,酸味细胞也会对甜味、苦味和鲜味的刺激产生反应。

酸味细胞(Ⅲ 型)突触可能是感觉传入纤维。它释放 5-HT、去甲肾上腺素(NE) 和 GABA,而不分泌 ATP。Ⅲ型味细胞在受到酸味、去极化、ATP 刺激后引起 5-HT 释放,通过作用于 5-HT_{1A}受体对受体细胞起抑制作用。

Ⅰ型味细胞是咸味感受器,其表面膜外 2-三磷酸核苷水解酶(NTPDase2) 可迅速将 ATP 降解为 ADP 和 AMP,两者均限制 ATP 的扩散。咸味可看作一个相对独立的味觉。

GABA 几乎在所有的中间神经元表达。GABA 由突触前(Ⅲ 型) 细胞释放,它的释放可以减少味觉诱发 ATP 分泌。ACh 由受体细胞分泌,通过自分泌或旁分泌刺激同一或邻近受体细胞上的毒蕈碱受体(M3),反馈性增加 ATP 释放。

(2)中枢神经细胞调节:味觉信号由舌咽神经舌支接受舌后 1/3 的味觉、舌神经接受舌前2/3的味觉和迷走神经舌支接受会厌味觉沿脑神经行走,通过孤束止于孤束核,由孤束核发出纤维经交叉至对侧并在内侧丘系上行终止丘脑腹后内侧核,最后投射到岛叶和中央后回的味觉皮质,岛叶和中央后回也发出纤维投射至孤束核、丘脑腹后内侧核、杏仁核(图 2-20)。大脑皮质接收来自味觉、触觉和嗅觉的信息,并对其进行整合和编码,最终形成综合"味道"信息。在信号的传递过程中通过释放 ATP、ACh、5-HT 和 GABA 等递质进行信号的放大或抑制,引发喜好或厌恶反应。

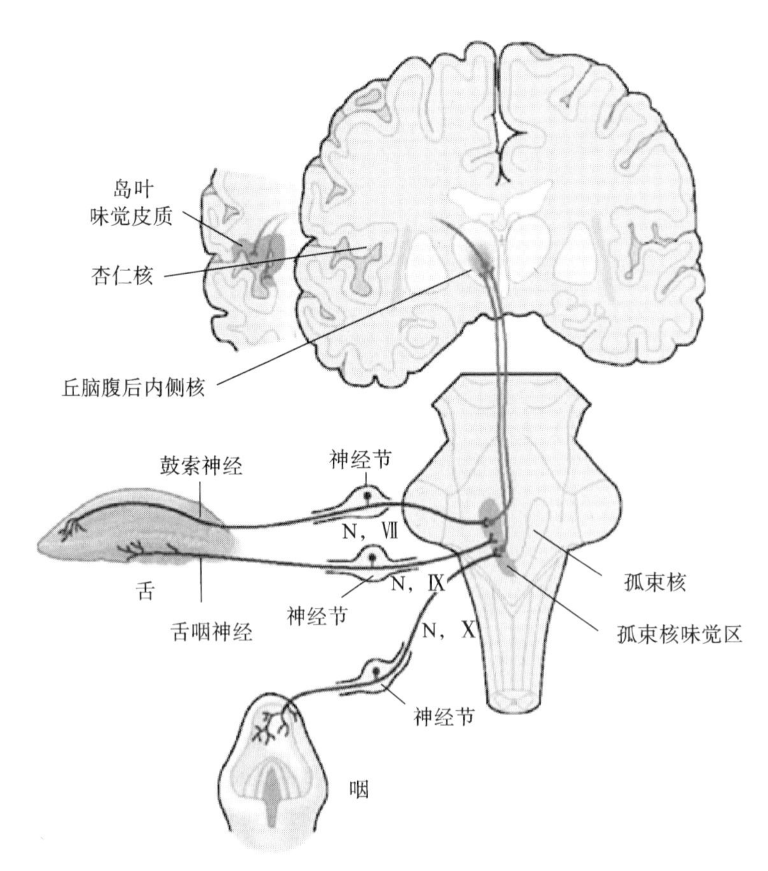

图 2-20　味觉信号传递路径

第一神经元止于孤束核,第二神经元止于丘脑腹后内侧核,第三神经元到达中央后回岛叶皮质

综合以上研究结果，甜味、鲜味、苦味、酸味之间通过神经递质建立起“交流”机制，对相应味觉起到促进或抑制作用。

2.3.3.4 其他因素影响

除了上述因素外，影响味感的因素还包括溶解度、食品温度、食品组成和质地、人体生理状态。

(1)溶解度：呈味物质具有一定的溶解度是必要的，它首先溶于水或唾液才能进入味蕾与味细胞受体结合产生电化学反应，否则只能产生物理感觉（如触觉、温度觉）。通常溶解度大的呈味物质味感产生快，消失也快；而溶解度小的呈味物质味感响应慢，持续时间长，后味作用明显。

人体感受器对各种味觉的反应浓度是不同的，这与人类的进化、摄食有关，咸味、甜味、鲜味给人产生的喜好感觉，可促进食欲，感受的浓度阈值相对较高；酸味、苦味以及辣味（痛觉）给人产生的厌恶感觉，有抑制进食的作用，其感受的浓度阈值相对较低。因此，呈味物质阈值越低，对风味的影响越大。

(2)食品温度：食品温度对味觉的影响是广泛的。首先，温度对味觉的灵敏度有显著的影响。一般来说，最能刺激味觉的温度是22～37 ℃，最敏感的温度是25 ℃左右。温度过高或过低都会导致味觉的减弱。表2-1为呈味物质在不同温度下的味觉阈值。其次，温度觉是人体的重要躯体感觉，由三叉神经转导，经丘脑换神经元后温度觉信号投射除到达大脑中央后回外，还投射到同侧的岛叶。无疑会对该区域的味觉中枢产生影响。苦味、酸味随着温度升高而加强，低温下苦味、酸味减弱。苦味、酸味和高温作为伤害因子，三者表现出明确的协同性。甜味、鲜味、咸味在食品温度为10～40 ℃时，影响较小。

表2-1 呈味物质在不同温度下的味觉阈值

味觉	呈味物质	25 ℃阈值/(%)	0 ℃阈值/(%)
苦味	盐酸奎宁	0.0001	0.0003
酸味	柠檬酸	0.0025	0.003
咸味	食盐	0.08	0.25
甜味	蔗糖	0.5	0.8
鲜味	谷氨酸钠	0.03	0.11

(3)食品组成和质地：绝大多数呈味物质易溶于水，脂类可能会改变味觉刺激物的分布而影响味觉，也可能覆盖味觉受体而阻碍刺激物向味蕾移动。食品质地也是影响味觉的一个因素，对于食物在口腔中的动态情形，存在呈味物质的运动问题。影响运动的因素包括结构（例如黏度、凝胶强度和脆性）、脂类熔点、表面更新速率（混合、粉碎、水合或溶解）和表面积等。Mosca等研究凝胶特性和蔗糖的空间分布对甜味感知的影响时发现，不同凝胶层（软质、中等和硬质凝胶）的机械性能和破裂特性不同，蔗糖在凝胶中不均匀分布时的感知甜度高于均匀分布时的甜度。

(4)人体生理状态：由于人体各种感觉神经是互相交联的，生理、心理状态对味觉的影响较明显。年幼时味蕾数量多，味感敏锐；随着年龄的增长味蕾数目递减，老年人味感较差；生病时由于体内液体成分发生变化，引起味觉的变异，味感阈值发生改变，出现对某一呈味物质味感的增强或减弱。

2.3.3.5 复合味

复合味的产生以及目前使用的一些复合调味料产品，都是根据味与味之间的关系按一定比例复配而成的，例如咸鲜味、麻辣味、酸甜味等。还有的复合味将嗅觉也纳入其中，例如鱼香味、怪味、葱油味、面包味等。复合味的形成除了各种味感物质的作用产生相应的味感外，当同时品尝多种味感物质时，味觉神经中枢对信号产生了整合，最终反映出来的味觉纷繁多样，彼此互不相同，这也是调味的魅力所在。

2.3.4 风味增效剂

食盐（NaCl）能够显著增强和改善许多食品的风味，常被厨师称为“百味之王”。尽管食盐有特殊的受体细胞，人们认为它通过改善其他风味受体细胞的去极化和通过改善口腔中的神经系统（三叉神经）产生的触觉来起到风味增强作用。

日本人引用了一个术语“kokumi”，用来表示那些不产生四种基本味觉和鲜味，但是能通过使味感具有丰满、调和、持续、醇厚、形体等特征来增强食品美味的物质所产生的味感。例如，大蒜和洋葱的特征挥发性风味的主要前体物质是水溶性硫代半胱氨酸亚砜类氨基酸，这些化合物具有很强的“kokumi”特性，能显著影响食品风味。因此，尽管有许多食品（酱料、煎肉等）的风味可能不会表现出能辨别的挥发性大蒜味，但是由于硫代半胱氨酸亚砜的存在，它们的风味极具调和性。

能产生 kokumi 风味的物质除了硫代半胱氨酸亚砜外，还有一些含有半胱氨酸的多肽、谷胱甘肽。琥珀酸广泛存在于海产品（如生蚝）中，除了酸味外，还呈现一种类似肉汤的特征风味。商业上已经用它来提供肉汤所特有的风味，特别是肉类调味料中。目前许多天然和合成的物质具有风味增效作用，它们的化学结构有一些相似性。香草醛风味是一种世界范围内较流行的风味，香草醛和乙基香草醛所产生的香味受到了大多数人的喜爱。除了产生香味，香草醛类物质还可增强食物的圆润度、丰满度和柔滑度，特别是对于含有糖和脂肪的食品（如冰淇淋）。麦芽酚和乙基麦芽酚在水果、甜食、烘焙食品中作为风味增效剂使用，高浓度时具有令人愉快的焦糖香味，低浓度（50 mg/kg）时不产生焦糖香味，但能够使甜食、果汁等制品产生圆润、柔和的口感（图 2-21）。目前食品科学家还发现牛乳和反刍动物肉中天然存在的苯酚，即使在很低的浓度（纳克级）下也能增强牛奶的丰满、多汁味感。在所有的苯酚类化合物中，含有 *m*-烷基取代基的苯环的风味增效作用最强。

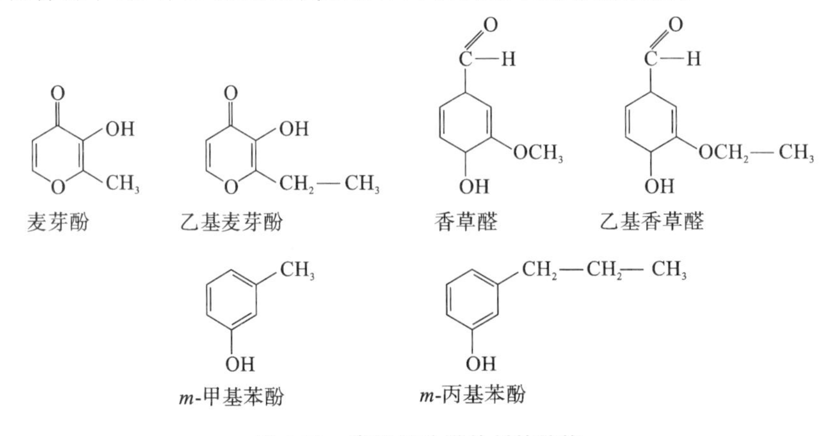

图 2-21 常用风味增效剂的结构

2.4　进食的享受与愉悦

进食使人产生快感，是人体对食物“感知—认识—情绪”的过程，这一过程包含对食物的物理、化学处理，风味物质释放对感受器的刺激，信号经过编码、储存形成我们的认识。本节以神经科学研究探讨美食形成的机制，特别是影响人们对“快乐”的感知和对食物的享受的因素。

2.4.1　风味物质的释放

在烹饪实践中，食物化学物质的组成和风味分子的构成都是非常重要的。然而，仅仅简单存在这些风味成分并不足以描述对食物风味的感知。进食时，为了产生感觉和知觉，风味物质需要被传递到化学感受器。因此，这些分子的结合、释放、传递都是影响味觉的重要因素。人们在进食时感受到的味道来自一种复杂的时间依赖模式，即从食物基质中释放挥发性和非挥发性成分，这一过程对特定的食物有不同的特征。非挥发性化合物可以溶解在味觉感受器周围的唾液中，通过可逆地与味觉感受器蛋白结合来刺激感受器细胞。挥发性化合物通过鼻咽返回到鼻腔。挥发物的传递是通过嘴的运动、吞咽和呼吸来促进的，这使得空气可以从嘴到鼻后逆向地移动到鼻腔中。除了在口腔中释放外，吞咽后残留在咽部的食丸中挥发物的释放也是一个重要的途径。风味物质的释放与其溶解性相关联，气体中的风味物质最容易释放，液体次之，而固体中的风味物质则需要通过咀嚼才得以释放。

除了与食物成分的相互作用外，挥发性物质从食物基质向水相或气相转移的动力学过程也很重要。食物一旦进入口腔，就会被一层薄薄的唾液浸湿。即使是咀嚼时的碎片也会很快被唾液覆盖。因此，固体食物中的风味物质必须通过水层输送到空气中。简单的扩散不太可能单独解释固相、液相、气相物质的释放，因为咀嚼会干扰扩散梯度并生成新的界面。根据食物是液体、半固体还是固体，不同的转运机制得到应用，其中一些已经从动力学角度建立模型，食用温度越高，气味和味道的释放速度就越快。

2.4.2　风味释放的热力学

只有在气-液相（或固相）之间的分配平衡受到干扰时，风味物质才会在进食过程中释放出来。一个重要的因素是在咀嚼过程中舌头的水平运动从上颚挤压和释放食物。这一过程产生了压力差和一个短暂的新的空气-水界面，从而激发挥发性分子的释放。

各组分与食品基质的相互作用对食物风味的变化有显著影响。控制香气感知的一个重要因素是某些溶剂（油或水）的浓度与某些香气成分的平衡分压之间的关系。由于大多数香气挥发物是非极性分子，即使在水中浓度很小，也会产生相对较大的分压，因此可以认为香气分子在含水较多的食品中具有很强的挥发性。相反，当溶剂是油时，需要更大的浓度才能产生相同的分压。根据亨利定律，在理想状态（等温等压，气体溶解度较小）下，某种挥发性溶质在溶液中的溶解度与液面上该溶质的平衡压力成正比。其公式为

$$p_g = H \cdot X$$

式中，H——亨利常数；

X——气体摩尔分数溶解度；

p_g——气体的分压。

严格来说，亨利定律只是一种近似规律，不能用于压力较大的体系。在这个意义上，亨利常数只是温度的函数，与压力无关。非理想状态下，对水和油中香气进行详细热力学分析，亨利常数、分配系数更为复杂。一般来说，以油为溶剂的香气识别浓度阈值要比以水为溶剂的香气识别浓度阈值高。许多食物是分散体系，包含水相和脂相，脂质含量对风味释放的影响会降低顶部空间挥发物的浓度，在低脂食物中去除脂类可使释放增加。

在相似溶剂交互作用的基础上，风味物质可能与食品成分结合在一起，由于只有自由移动的风味分子才会产生蒸气压，因此，与食品结合的风味物质对风味感知有显著的影响。例如将风味分子嵌入玻璃态材料中(糖果和谷物)。在食品储藏过程中，某些风味化合物，如醛类能与蛋白质以共价键结合。其他类型的结合力包括范德华力、氢键、离子键，以及蛋白质和糖螺旋结构相互产生的疏水作用。相对较高浓度的单糖和盐会增加较低极性挥发物的释放，这一现象被归因于“盐析”效应。较高温度下通常平衡偏向于将更多气味物质转变为气体，因为分子结合和增溶反应通常是放热反应。

除了存在于食物基质中的风味化合物外，唾液中的消化酶、微生物产生的消化酶，以及食物制备中添加的消化酶，都在特定风味成分的修饰和生成中发挥着重要作用。在咖啡中发现的硫醇，如 2-呋喃甲硫醇，会迅速氧化，导致挥发物通过鼻后反流途径进入鼻腔产生变化。同样，酯类化合物也能被唾液中的酶快速水解。此外，其通过脂肪氧合酶的作用可能在咀嚼过程中形成醛。因此，在咀嚼时食物中香气挥发物的特征并不一定反映食物中挥发物对化学感官的刺激作用。利用大气压化学电离质谱(APCI-MS)和质子传递反应质谱(PTR-MS)等仪器分析方法，测量鼻腔中风味物质的释放，使得在低灵敏度和高选择性的情况下实时评价风味成分浓度的变化成为可能。

影响鼻后风味物质释放和传递的因素很多，将物理化学原理应用于实践是分子美食学的一大挑战，设计出独特的风味物质传递系统有助于提高菜肴的质量和感官体验。

2.4.3 食品风味复杂而美味

风味是一种多模式的感官体验，很难与食物的化学成分联系起来，因此，中国常将其称为“味道”。这样可以更好地理解除了味觉以外，其他各种感官在进食时对感官体验的影响。例如橙子的“味道”是大脑中味觉、嗅觉、触觉和视觉信号的高级区域整合的结果。除了味觉，而闻到(嗅觉)、触摸到(触觉)和化学反应(如热)都对食物的“味道”起着重要作用。事实上，嗅觉对于感知和享受食物是至关重要的，这可以通过在进食阻断它的功能来证明。如果吃饭时捏着鼻子，整个味道很快就会消失，只留下甜味、酸味等。这就是为什么感冒时，食物失去了它的“味道”；香气分子进入鼻子的流量减少意味着对香气化合物的采样要少得多，这样就不能融合全部的味道。

味觉由五种基本味即咸味、甜味、酸味、苦味、鲜味组成，嗅觉有更多的维度，人类鼻子里大约有 1000 种不同的受体类型，这些受体打开了一个非常丰富的嗅觉/香气体验空间，此外，触觉的作用使人能够感知硬、弹、黏、脆、松、软等，在食物的语境中，质感感知通常被称为“口感”。如果将味觉、嗅觉、口感所感知的结果组成一个排列组合，其复杂性可想而知。

有些食物如果没有热辣的感觉就完全失去了吸引力，例如中国川菜、泰国菜和印度菜。

痛觉、温度觉是由三叉神经受到刺激而产生的。视觉和听觉对用餐的体验感没有那么重要，但是，通过它们给食客带来的预期，可以影响人们对食物的看法。形状与大小是食物的属性，而颜色是最重要的属性。

大脑具有某种模块化功能结构，尤其是在提取环境信息的最初处理步骤。每一种感觉在大脑中都有自己的神经系统，只有在稍后的处理过程中，才会出现来自不同感觉系统的信号大规模整合。从功能的角度来看，大脑的任务通常被细分为感知、认知、情感和行为。每一种感官都执行一个类别任务。每一种感官都有认知过程，但认知对“高级感官”（视觉和听觉）更为重要。此外，情感过程似乎对味觉、嗅觉、触觉和化学反应等“低级感官”更为重要。任何对愉悦性或享乐性刺激的判断都是情绪化的，感官是这一过程的核心，而感官与对食物的感知与评价密切相关。这些感官情绪的活动对所有动物都是至关重要的，构成了满足生物最基本需求的动力：食欲。因此，人与长时间进化的动物有许多共同的负责情感活动的神经结构，就不足为奇了。不过，人类大脑更大，在新大脑皮质中有自己的结构，而新大脑皮质是人类特有的，它赋予人类更多的特征，比如语言。然而，事实上人们与其他动物都享有情感神经结构。这些结构存在于中脑的边缘系统，以及前脑和基底神经节（尾状核、屏状核和豆状核）的许多结构中。

奖励机制本质上是一种情感机制，这些机制可能进化为保证参与对生存至关重要的行为。多种多样的能量供应是生存所必需的，而在大多数情况下，甜食、乳脂状食物和鲜味食物能带来满足感和快乐。长期以来，人们都知道依赖多巴胺作为神经递质的神经结构对奖赏机制至关重要。大脑中的多巴胺主要存在于黑质-纹状体系统、中脑边缘系统，参与躯体运动、情绪活动。在动物实验中，当猴子得到食物或是获得果汁奖励时，多巴胺神经元释放神经冲动。然而，最近出现了一种新的奖励神经学，其中，奖励被认为由可分离的神经基质中可区分的神经活动过程组成。根据这种观点，喜欢（情感）与想要（动机）是分开的，每一种都有显性和隐性的成分。外显过程是主观感知的，而内隐过程是无意识的。与之前的观点相反，吃美味食物的愉悦感不是由多巴胺介导的，而是由阿片类物质在包括伏隔核、苍白球、屏状核和孤束核在内的神经网络中传递的。此外，“想要”（欲望、激励动机）被认为依赖多巴胺能系统，该系统具有从腹侧被盖区到伏隔核的投射，以及涉及杏仁核和前额皮质区域的回路。喜欢和想要之间的区别最初是基于对啮齿动物的研究，但是对人类的心理学和神经成像研究支持这种区别。

由于饮食对生存至关重要，与进食相关的激励机制和奖励机制非常强大。因此，在整个进化史上，进食和癖嗜的生物学机制同时发生。对啮齿动物的研究表明，食物和安非他明（一种兴奋剂）会诱导伏隔核多巴胺的增加。多巴胺对两种刺激的反应在性质上是相同的，尽管对安非他明的反应更大。在人类的神经影像学研究中也得到了类似的结果。除了多巴胺能系统外，胆碱能系统也与食品和药物的摄入有关。

人类有许多饱腹感机制，最终都是由大脑控制的，但经典的体内平衡饱腹感机制始于胃肠道系统的活动。体内平衡饱腹感机制是一种生物负反馈系统，它的工作原理很像恒温器。饥饿的信号分子是一些激素物质，如胃饥饿素、神经肽（NPY）、胃泌素释放肽和下丘脑调节肽。下丘脑核被认为控制饥饿和饱腹感以及相关的行为。摄入食物会抑制饥饿信号，导致诸如缩胆囊素（CCK）、GLP-1、胰岛素和瘦素等饱腹感信号分子的增加。然而，下丘脑内的平衡调节回路不能完全控制食物的摄入。

现实中为什么会暴食暴饮呢？关于人类大脑味觉的形成机制可以帮助给出答案。首先是感觉超载，现代食品（速食）对于感觉刺激十分强烈，同时热量高。正常饮食中含有更多的粗粮（非能量物质，如纤维素等），能够更快感受饱腹感。速食组成更为精细，往往还搭配高能量的饮料。其次是速食中含有多种多样食物类型，被称为超市效应或自助餐效应。研究表明，食物只有一种口味时，会迅速产生饱腹感而不再进食；当有新的味感刺激时又产生食欲。这正如参加自助餐或宴会，每上一道菜品都会忍不住去品尝，说明大脑对变化事物感兴趣，这种效应存在所有的感觉系统中。这些研究越来越多地被用于食品加工业，造成许多国家越来越多的人口出现超重或肥胖（BMI＞25 kg/m^2）。正如 Berthoud 所认为的，“在当今富足的食物世界里，思想战胜了新陈代谢”。这种状况通常被称为“肥胖流行病”，对肥胖患者个人构成了严重的问题，对社会也带来了严峻的挑战，包括缩短了工作年限和增加肥胖的治疗费用。

传统上认为控制食物摄入的下丘脑系统与大脑中参与感觉和奖励机制的其他部分有着丰富的联系，有证据表明，这些皮质边缘系统可以支配下丘脑内的自我平衡调节回路。对参与控制食物摄入量的不同系统之间的相互作用有更精确的了解，对于制订行为策略和药物干预以控制不适当的食物摄入量是重要和必要的。

除了体内平衡饱腹感机制，人类还拥有所谓的感觉特异性饱腹感机制。感觉特异性饱腹感机制是指在不影响对其他食物的欣赏的情况下，对某一食物的喜爱程度下降到饱腹感的程度。具有这种机制的动物往往会吃各种各样的食物，这反过来又会抵消营养不良的风险。这些机制也强调了奖励食物摄入的重要性。因此，了解不适当饮食的神经生物学和心理学基础对于努力从饮食中获得极好的体验和快乐具有重要意义，反之亦然。

最近的研究表明，有不同类型的感觉特异性饱腹感机制。有些是针对特定的产品，有些是针对特定的产品类别，还有一些是针对特定的感官，由甜味、酸味等基本感官属性决定。这些可以用来指导对不同的食物进行组合，从而产生最大的满足感，以及以最低的能量产生最大的饱腹感。神经成像也应用于揭示与进食有关的特定感觉饱腹感和享乐、快感的潜在神经结构和机制。与之相关的一项研究也证明了热香料（辣椒素、胡椒碱等刺激物）对新陈代谢以及饱腹感的影响：使用热香料不仅能增加用餐的乐趣，还能促进新陈代谢，增加饱腹感。

研究表明，新生儿对甜味和脂肪味有强烈的偏好，而不喜欢苦味。从发育的角度来看，偏爱甜食和脂肪有利于母乳喂养。对苦味的厌恶被解释为对自然界中苦味有毒生物碱的天生防御。大多数人要到成年后才学会品尝啤酒、咖啡和许多蔬菜的苦味。这样的体系使人类成为杂食性动物，并能够适应其所在的环境而发现可食用的原料。不同的种族和文化在神经系统方面没有差异，但是却根据自然界提供的东西形成了完全不同的菜系或饮食文化。这很清楚地表明，食物偏好是后天习得的，而不是天生的。

学习始于胎儿时期和哺乳期间，并在童年和以后的生活中持续。条件学习，即非条件刺激与条件刺激配对，是人类对食物偏好形成的重要机制。学习（和记忆）不仅在形成偏好的过程中起着重要作用，而且在偏好形成后，对选择行为也起着重要作用。最近关于食物记忆的研究表明，老年人对食物的记忆和年轻人一样生动，符合记忆的偶然性和内隐性。这些记忆似乎也建立在一种“新奇感检测”的基础上，在这种检测中，人们特别擅长检测他们之前接触过的食物刺激的细微变化，而不是由先前刺激的表现是否与后接触到的刺激相同确定。刺激和事件的记忆对提高预期很重要，并能对感知到的东西以及如何评价它有很大的影响，对神经成像的研究证明了一种同样的化学物质被用作气味刺激时，它会激活嗅

觉大脑的不同部分，结果取决于实验对象是被引导去期待“切达奶酪”的气味还是“体臭”气味。

化学感官意义上的学习和记忆，对饮食行为很重要，可能与学习和记忆在更高的感官（视觉和听觉）上有很大的不同，这可能对生产出既能给人美的享受又健康的食品有重要意义。

人类的偏好是习得的，每一个人有自己独特的编码记忆，因此，没有一顿“终极大餐”能吸引所有即使具有共同饮食文化的成员。但是，可能还有更基本的原则来决定什么能给人类带来快乐。在不同的饮食文化中，揭示这些原理很可能需要不同的物理化学材料和制作过程，但是，究竟是什么激活了大脑中的奖励系统，可能还有更根本的决定因素。

新鲜事物似乎是另一个与奖励密切相关的普遍概念。最近的神经学研究发现，中脑区域对新鲜事物有优先反应，并表明新鲜事物可以作为自己的奖励，仅仅是对新鲜事物的期待似乎就会激发奖励机制。然而，很容易想象新奇的食物也会让人产生厌恶而不是快乐的感觉。作为烹饪科学研究的一个重要组成部分，如何在空间和时间上连接不同的感觉，以获得最佳的快乐感受的原理是研究的核心。将物理学和化学应用于研究使用各种复杂的原料来构成食物，再结合现代心理学和神经生理学对快乐和饱腹感研究，有助于对人类奖励系统有更深入的了解，以及开发新的食品，可以给消费者带来更多的快乐和更健康的生活。

第3章　食物风味的形成与发展

制作一种食物时，首先需要准备好原料（食材），然后把它们组合起来，以适当的方式烹饪，一份食物的真正品质才会得到展现。有些食材会产生风味，有些食材产生质地，有些食材两者兼有。本章将集中探讨食物中的风味物质，其分为食物原始风味物质和食物烹饪加工过程中产生的风味物质两个部分，以及针对特定质构食物的风味修饰和创建。

3.1 风味物质的特点

从本质上讲，决定食物风味的是食物的成分。食物中所有的成分，都对其风味产生一定的影响，往往只有少数成分对食物的风味起到重大的作用，通常它们具有以下特性：分子量较小，沸点低，具有一定的亲水性或亲油性。在其较小的分子量中，官能团所占的分量较大，往往决定其风味形成，这些官能团称为发香团。食物中的发香团有羟基（—OH）、羧基（—COOH）、醛基（—CHO）、酯基（—COOR′）、羰基（—CO—）、酰胺基（$—CONH_2$）、异氰基（—CN）、苯基（$—C_6H_5$）。

含有 N、S、P 等原子的官能团往往能产生风味。含硫化合物是一大类风味物质，且阈值很低，大部分低级的硫醇和硫醚有难闻的臭气或令人不快的嗅感；大多数易挥发的二硫或三硫化合物能产生有刺激性的葱蒜气味。含氮化合物中，与食物风味有关的主要是胺类，如甲胺、二甲胺、三甲胺、乙胺、腐胺、尸胺等均有令人厌恶的臭气。

3.2 风味物质的分类

根据风味物质分子结构中官能团的不同，风味物质可分为脂肪族类、含硫化合物类、含氮化合物类和杂环化合物类。

3.2.1 脂肪族类

(1)醇类：分子结构中带有羟基。当分子量较小，由 C_1～C_3 组成时，醇表现为愉快香气，如乙醇的醇香味；由 C_4～C_6 组成的醇有近似麻醉的气味，如丁醇、戊醇具有醉人的香气；由 C_7～C_{10} 组成的醇具有芳香气味。C_{10} 以上分子组成的醇，气味逐步减弱至无嗅感。挥发性较强的不饱和醇具有特别的芳香味，往往比饱和醇更强烈，但多元醇一般没有气味。

(2)酮、醛类：酮与醛是许多食物风味物质的组成成分。其风味不仅受分子大小的影响，还与浓度相关。通常低分子酮类具有薄荷味，高分子（C_{15} 以上）甲基酮有油脂酸败味即“哈喇味”；低浓度丁二酮有奶油香味，但高浓度时则具有酸臭味。低分子醛类物质具有刺鼻气味，如甲醛有强烈的刺鼻气味。随着分子量增加（C_4～C_{12}），浓度低时醛类物质产生愉悦香气，如壬醛低浓度时具有愉快的玫瑰香味和杏仁香气，浓度高时具有不愉快的刺激味；而大分子（C_{12} 以上）醛类物质，味感减弱，浓度高时产生不愉快气味。

(3)酸类：低级饱和脂肪酸具有刺鼻的气味，如甲酸、乙酸具有较强的刺激性气味。酸类物质浓度低时产生欣快感，浓度高时则产生刺鼻感。随着酸类物质分子量的增加，其带有酸味和脂肪气味，如丁酸有酸败味，己酸有汗臭味。C_{16} 以上的酸类物质，由于挥发性弱而无明

显嗅感。不饱和脂肪酸低浓度时具有愉快的香气，如 2-己烯酸具有愉快油脂香味；浓度高时则产生腥味，如蓖麻籽油、海水鱼油中的不饱和脂肪酸含量高，是其腥臭味的来源物质。

(4)酯和内酯：低级酯类具有愉快的水果香气。它们是形成水果、蔬菜植物性食物香气的主要成分，如甲酸乙酯、乙酸乙酯、乙酸丁酯等是梨、苹果的香气成分。酯类也是发酵食品的风味物质，如白酒、食醋、酸奶等的香气，是由于其都含有乙酸戊酯、乙酸丁酯、乙酸乙酯等酯类。

内酯也具有特殊的香气，尤其是 γ-内酯和 δ-内酯，其大量存在于水果中，能产生特殊的香气。如香豆素具有樱花香气；芹菜籽油内酯是芹菜香气的主体成分；γ-十一烷酸内酯有桃子的香气。

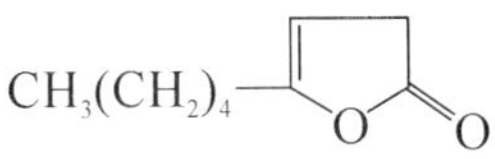

$CH_3(CH_2)_4$—(五元环内酯，O，=O)

椰子香气物质

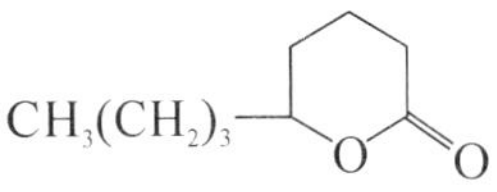

$CH_3(CH_2)_3$—(六元环内酯，O，=O)

坚果香气物质

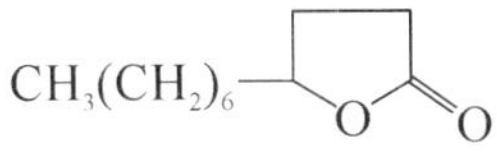

$CH_3(CH_2)_6$—(五元环内酯，O，=O)

桃子香气物质

(苯并五元环内酯，—$(CH_2)_3CH_3$，O，O)

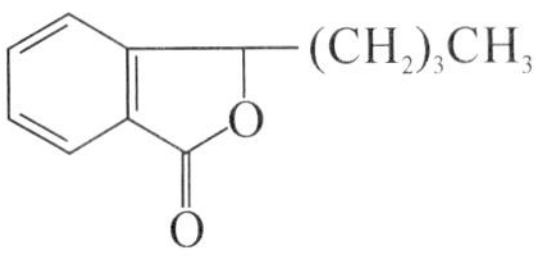

芹菜香气物质

(5)芳香族类：芳香族化合物多有特殊的嗅感。如苯甲酸具有杏仁香气；苯丙烯醛具有肉桂香气；丁香酚具有丁香香气；苯甲酸异丁酯有玫瑰香气。酚类及酚醚多有强烈的香气，多属于香辛料的香气成分。除苯酚、苯甲酚有酚臭外，茴香脑有茴香香气，丁香酚有丁香香气，黄樟脑有香草醛香气，百里香酚和香芹酚则有特殊的辛香香气。

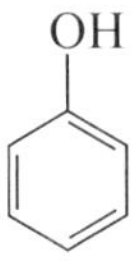

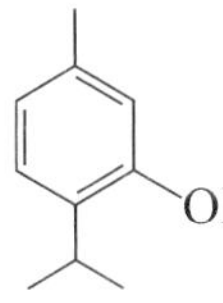

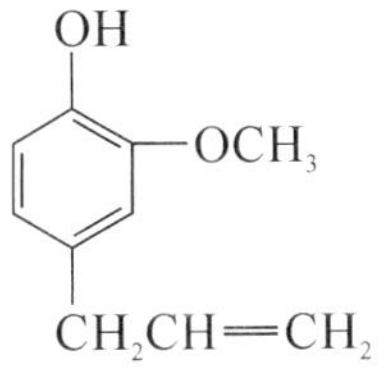

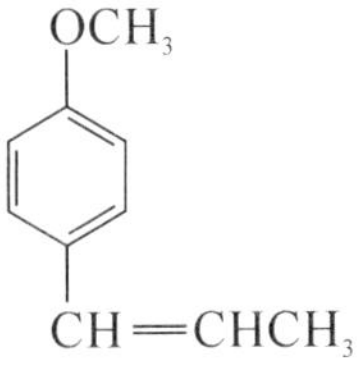

OH　　　OH　　　OH，OCH_3，$CH_2CH{=}CH_2$　　　OCH_3，$CH{=}CHCH_3$

苯酚，酚臭味　百里香酚，辛香香气　丁香酚，丁香香气　茴香脑，茴香香气

(6)萜类：萜类化合物是从植物内提取的一系列具有香气的物质。这些物质往往具有挥发性，可用水蒸气蒸馏法或乙醚提取，是许多植物香精油的主要成分，如薄荷油、松节油等。分子式为 $C_{10}H_{16}$，这类萜类分子中含有双键，所以称它们为萜烯。萜类化合物从结构上可划分为若干个异戊二烯单元，大多数萜类分子由异戊二烯头尾相连而成，少数由头头相连或尾尾相连而成(图 3-1)。

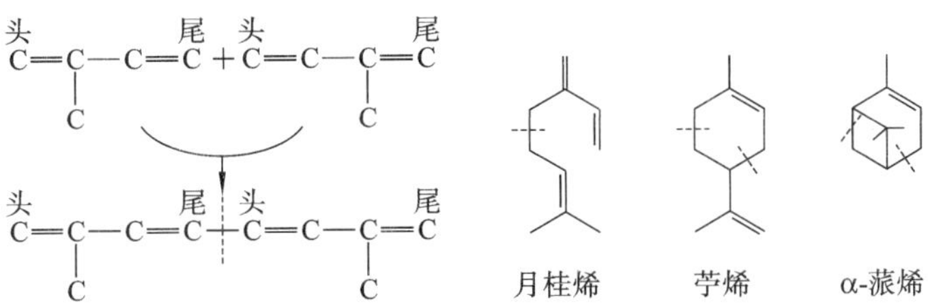

头 C═C—C═C 尾 + 头 C═C—C═C 尾
头 C═C—C═C 尾 ⁝ 头 C═C—C═C 尾

月桂烯　苧烯　α-蒎烯

图 3-1　萜烯分子的结构示意图

萜类化合物多存在于中药、水果、蔬菜以及全谷粒食物中。富含萜烯类的食物有柑橘、芹菜、胡萝卜、茴香、番茄、辣椒、茄子、苦瓜、西葫芦等。

3.2.2 含硫化合物

食物中的含硫化合物主要为硫醇、硫醚、异硫氰酸酯。含硫化合物是一类嗅感非常强的化合物,挥发性含硫化合物大多很臭,只有当其浓度很低(微量)时,才产生让人接受的气味。如硫化烯类是米饭香气物质;洋葱、蒜、葱、韭菜中存在的半胱氨酰烷基衍生物,在酶的作用下,可产生许多具特征香气的丙烯类硫化物。异硫氰酸酯类是芥子油的主要成分。此类化合物具有催泪性刺激性辛香气,植物中的含硫化合物主要有以下类型。

$CH_2{=}CHCH_2NCS$　　异硫氰酸丙烯酯

$CH_3(CH_2)_3NCS$　　异硫氰酸丁酯

$C_6H_5CH_2NCS$　　苯甲基异硫氰酸酯

$CH_3CH{=}CHNCS$　　丙烯基异硫氰酸酯

最典型的基本肉香气物质是含硫化合物。它们包括3-呋喃硫醇类、3-巯基-2-丁醇、α-巯基酮类、1,4-二噻烷类、四氢噻吩-3-酮类等。

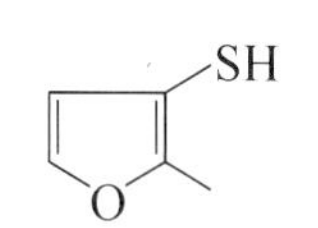

2-甲基-3-呋喃硫醇(烤肉香气)

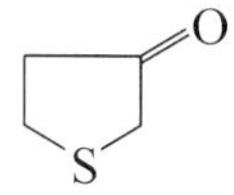

四氢噻吩-3-酮(炖肉和蔬菜香气)

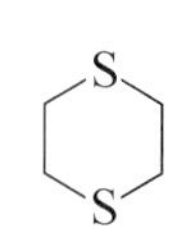

1,4-二噻烷类(火鸡肉香气)

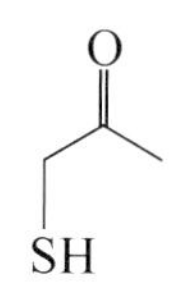

α-巯基-2-丙酮(猪肉汤、鸡汤香气)

3.2.3 含氮化合物

食物中的含氮化合物有蛋白质、氨基酸、核苷酸。蛋白质无气味,核苷酸和部分氨基酸有特殊气味。当蛋白质、核苷酸分解生成胺类物质(甲胺、二甲胺、三甲胺、丁二胺、尸胺、吲哚、甲基吲哚)时,则产生腐臭味。它们是食物腥臭的主要成分。

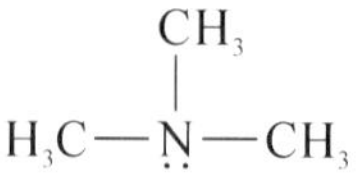

三甲胺

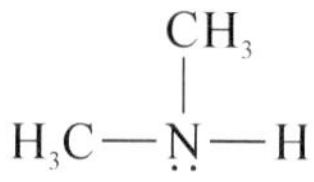

二甲胺

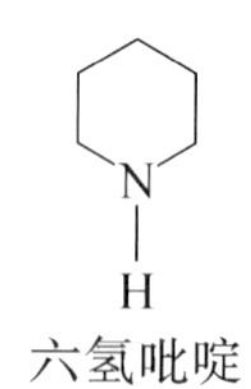

六氢吡啶

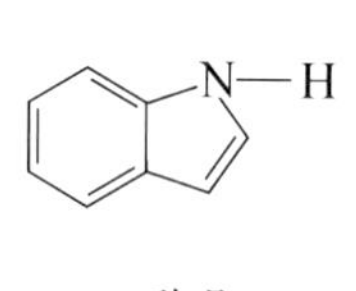

吲哚

3.2.4 杂环化合物

杂环化合物是指组成环状化合物的原子除碳原子以外,还有其他元素的原子,常见的原子是N、O、S(图3-2)。杂环化合物以微量存在于食物中,香气种类复杂多样,气味强烈。烘焙食品、肉制品典型的香气成分与杂环化合物有关。这类物质的嗅感一方面与其所含N、S、O有关,另一方面与其环状结构有关,同时也与其在食物中的浓度有关。如吲哚浓度高时,产生强烈的恶臭气,浓度低时,则产生茉莉花香气。

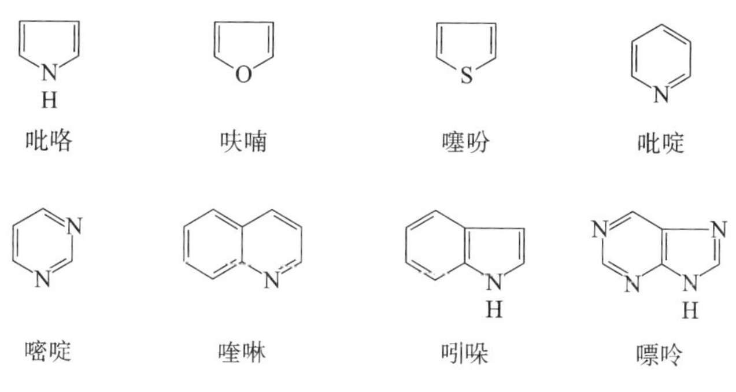

图 3-2 食品中部分杂环化合物

3.3 食物原料风味物质

烹调的目的之一就是希望给食者以愉悦气味或保持食物原料中自然的气味，去掉那些令人厌恶的气味，从而达到齿颊留香的嗅觉效果。为此，必须了解和掌握天然食物原料中的呈香物质及其变化规律。

3.3.1 蔬菜、水果风味物质

蔬菜、水果中香气的主要成分通常是低级脂肪酸、酯类、醛类、醚类、萜烯类以及含硫化合物。新鲜水果、蔬菜都有各自独特的浓郁香气。

3.3.1.1 葫芦科、茄科蔬菜

葫芦科、茄科蔬菜主要是一些瓜果类蔬菜，包括黄瓜、青椒、番茄、马铃薯等。它们含有青香气味。黄瓜的青香气味源于它所含有的少量游离的有机酸，从而使人获得清爽的口感。黄瓜的香精油含量约为 10 mg/kg，香气的主体成分为 2，6-壬二烯醇和 2，6-壬二烯醛（图 3-3）。另外还含有乙醛、丙醛、正己醛、2-己烯醛、2-壬烯醛等醛类化合物，它们对黄瓜的青香气味也有贡献。

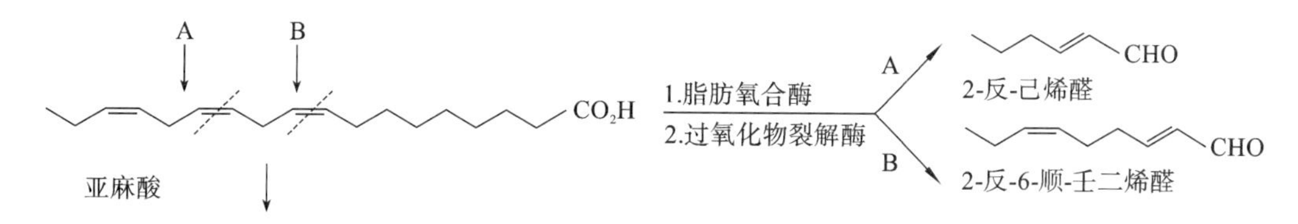

图 3-3 黄瓜香气的主体成分 6-壬二烯醛的形成

番茄中香气成分的含量较低，为 2～5 mg/kg，而且随其成熟程度不同而不同。已鉴定出的番茄中香气成分有 300 多种，主要是醇类、酯类、醛类、含硫化合物，其次是烃类、酚类和胺类。如青草香气主要成分是青叶醇（$CH_3CH_2CH{=}CHCH_2CH_2OH$）和青叶醛（$CH_3CH_2CH_2CH{=}CHCHO$）。特征香气物质是顺-3-己烯醇、反-2-己烯醛和顺-3-己烯醛。

马铃薯香气成分种类较少，2-异丙基-3-甲氧基吡嗪是生马铃薯香气的特征化合物。苯乙醛和 2，5-二甲氧基吡嗪也是马铃薯的挥发性成分，但对其香气影响不大。马铃薯经烹饪加热处理，香气物质有近 50 种，包括 $C_2 \sim C_8$ 的饱和与不饱和醛、酮、芳香醛等羰基化合物，硫醇、硫醚、噻唑类含硫化合物。油炸马铃薯所产生的香气成分主要来自使用的油脂。烘烤产生的香气物质主要来自美拉德反应。

3.3.1.2 十字花科蔬菜

十字花科蔬菜包括卷心菜、花茎甘蓝、芜菁、芥菜以及萝卜和辣根。十字花科蔬菜含有挥发性辛辣成分，产生特殊芳香气味。组织被破坏后的新鲜风味是由硫代葡萄糖苷前体在硫代葡萄糖苷酶作用下生成的异硫氰酸酯产生的（图 3-4）。

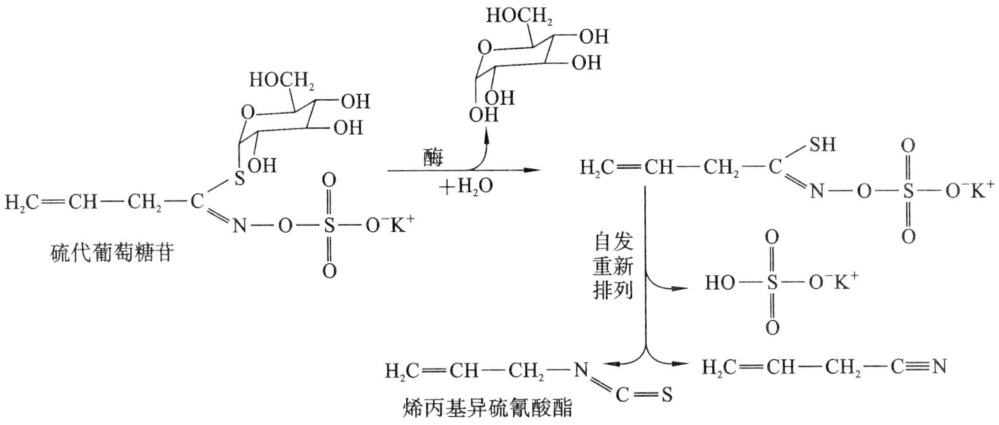

图 3-4 十字花科蔬菜香气主体成分异硫氰酸酯的形成

甘蓝的青草气味源于青叶醇和青叶醛，而轻微的辛辣味则由异硫氰酸烯丙酯所产生，从新鲜甘蓝中已检出异硫氰酸酯、硫醚和二硫化物共 20 多种，也有少量黑芥子苷，但在干燥的甘蓝中则全部丧失。若在某些甘蓝品种的干品中加入黑芥子硫苷酸酶后重新复水，则会出现新鲜的甘蓝气味，检出的呈香物质都是含硫有机物，不同品种的成分也不相同，如红紫色甘蓝中含 3-丁基异硫氰酸酯。

萝卜的温和辛辣味是由芳香化合物 4-甲硫基-3-反式-丁烯基异硫氰酸酯产生的。如刨萝卜丝时产生的辛辣气味由异硫氰酸烯丙酯所产生，放置时间过长，就会分解甲硫醇产生臭气。辣根和黑芥末的主要辛辣成分是异硫氰酸烯丙酯。2-苯乙基异硫氰酸酯是水田芥的重要芳香化合物。

尽管卷心菜和花茎甘蓝没有明显的辛辣味，但它们都含有异硫氰酸丙酯和烯丁腈，而且其浓度随生长条件、可食部位和加工程度的变化而变化。

3.3.1.3 百合科蔬菜

百合科蔬菜有大蒜、葱、洋葱、韭菜等，它们都具有浓烈的辛辣气味，其主体成分都是含硫化合物。这些化合物由其风味前体物质经过酶的作用转变而来。在大蒜中，当组织结构完整时，气味并不浓烈，因为此时含硫化合物以蒜氨酸形式存在（含量约占 0.24%），当组织破损时，蒜氨酸经过一系列反应生成大蒜素（图 3-5）。

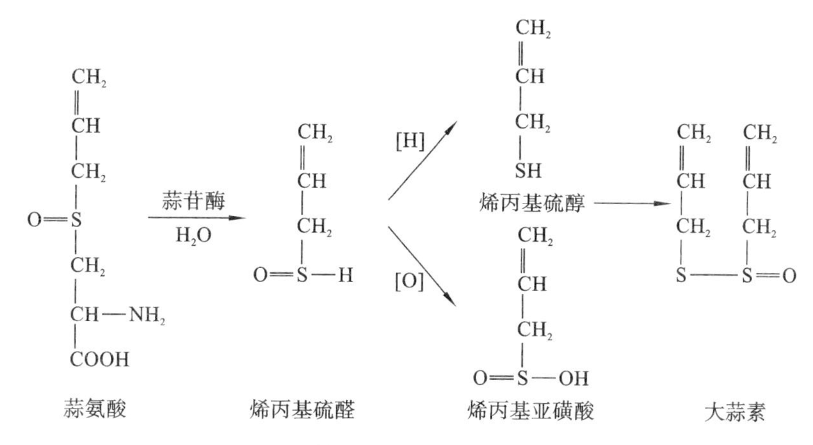

图 3-5　蒜氨酸转化为大蒜素的反应

大蒜素的学名为(＋)-S-烯丙基-L-半胱氨酸亚砜。其进一步被还原,生成丙烯类含硫化合物(表 3-1),从而产生大蒜的特征气味。

表 3-1　葱、蒜等的气味组成成分

蔬菜名称	二甲基二硫化物	二烯丙基硫醚	甲基丙基二硫化物	甲基烯丙基二硫化物	二丙基二硫化物	丙基烯丙基二硫化物	二烯丙基二硫化物
西洋长葱叶	0	2	54	2	38	3	<1
洋葱	0～4	0	2～25	1～2	60～93	4～9	<1
韭菜	87	<1	9	2	<1	<1	<1
葱(白)	9	5	15	2	65	4	<1
早生种蒜	1	3	<1	22	<1	<1	74
晚生种蒜	3	3	<1	33	<1	<1	61
独头蒜	4	<1	3	31	<1	5	55

注:表中数值表示质量分数,单位为%。

目前,已知大蒜的挥发物有 20 多种,洋葱有 40 多种,它们按一定的比例混合,形成大蒜和洋葱的特殊风味。蒜氨酸等是这些风味物质的前体物质,经过烹调加热等操作,形成它们的特殊风味。

3.3.1.4　伞形科蔬菜

伞形科蔬菜有芹菜、香芹菜等,它们都具有浓郁的香气,其中芹菜的特征香气物质有瑟丹内酯(苯并呋喃类化合物)、丁二酮、3-己烯基丙酮酸酯等,香芹菜(荷兰芹)的特征香气成分是洋芹脑。香菜(芫荽)的主香物质为芫荽醇、蒎烯、香叶醇、癸醛等(图 3-6)。这些成分都容易挥发,一经加热便大量挥发。有些人不喜欢香菜,主要是对癸醛反感。

许多具有辛辣气味的蔬菜,其香气前体物质除蒜氨酸以外,黑芥子苷也是一种产生辛辣气味的化合物,异硫氰酸酯即由它而产生(图 3-7)。

现代检测技术发现:各种蔬菜在烹调时所发出的香气,几乎都含有硫化氢、甲醛、乙醛、甲硫醇、乙硫醇、丙硫醇、甲醇、二甲硫醚等,当它们以不同比例混合时,便产生蔬菜品种熟制时所发出的特征香气。部分蔬菜的香气成分见表 3-2。

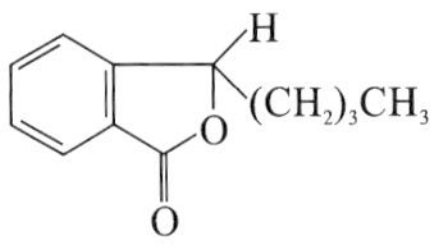

瑟丹内酯 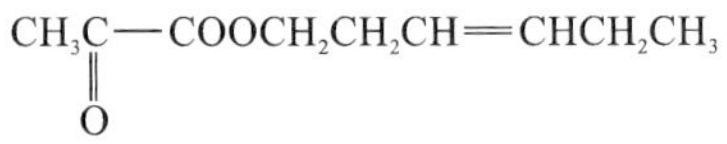　　3-己烯基丙酮酸酯

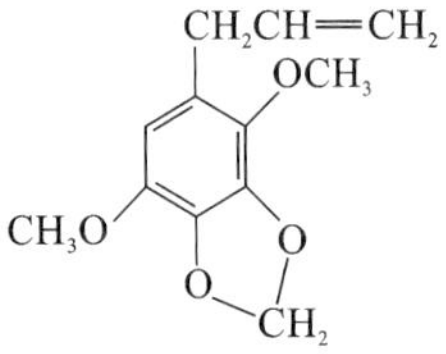

洋芹脑 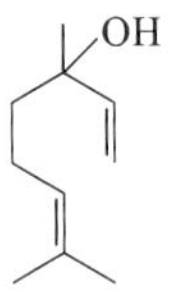　　芫荽醇

图 3-6　伞形科蔬菜主要香气成分

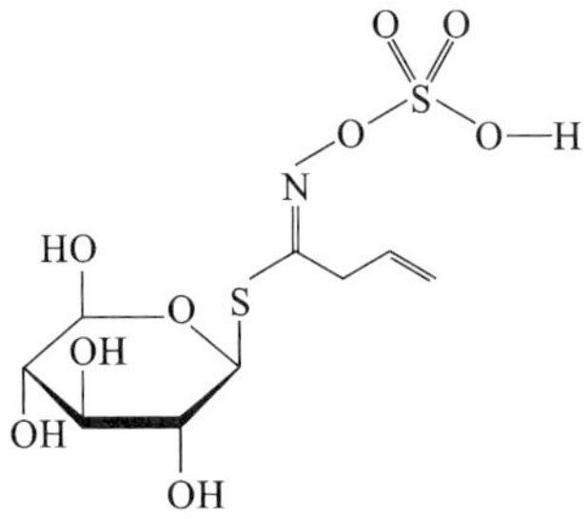

图 3-7　黑芥子苷

表 3-2　部分蔬菜的香气成分(主体香气或特征香气)

蔬菜名称	化学成分	气味
萝卜	甲硫醇、异硫氰酸烯丙酯	刺激辣味
蒜	二丙烯基二硫化物、甲基丙烯基二硫化物、丙烯硫醚	辛辣气味
葱类	丙烯硫醚、丙基丙烯基二硫化物、甲硫醇、二丙烯基二硫化物、二丙基二硫化物	辛香气味
姜	姜酚,姜萜、莰烯	辛香气味
椒	天竺葵醇、香茅醇	蔷薇香气
芥类	硫氰酸酯、异硫氰酯、二甲基硫醚	刺激性辣味
叶菜类	叶醇	青香气味
黄瓜	2,6-壬二烯、2-壬烯醛、2-己烯醛	青香气味
番茄	青叶醇和青叶醛	青香气味
芹菜	瑟丹内酯(Ⅰ)	强烈气味
荷兰芹	洋芹脑(Ⅱ)	强烈气味
香菜	芫荽醇、蒎烯、香叶醇等	强烈气味

3.3.1.5　水果类

水果香气的主要成分是有机酸酯类,除了有机酸酯类之外,还有醛类、萜类、醇类、酮类

和一些挥发性的弱有机酸等。

(1)苹果：已鉴定出 320 多种挥发性化合物，以丙醇至已醇的酯类为主，以戊酸戊酯、丁酸戊酯、乙酸异戊酯、戊酸乙酯为辅，配合丁醇、戊醇、已醇等。

(2)柑橘：柑橘风味主要由几类风味成分产生，包括萜烯类、醛类、酯类和醇类物质。不同品种的风味成分有较大的差异。例如甜橙中主要风味物质有辛醇、壬醛、柠檬醛、丁酸乙酯、D-苧烯、α-蒎烯。

(3)香蕉：目前已知有 230 种以上的香气成分，香蕉香气为带有霉味的甜蜜水果香气。香气成分为 C_4～C_6 的醇的低沸点酯类，特征香气化合物一般是酯类，如乙酸异戊酯、戊醇的酯和乙酸、丙酸、丁酸的酯等。

其他水果如梨的特征香气成分是不饱和脂肪酸的酯类，如顺-2-反-4-癸二烯酸的甲酯及其乙酯；葡萄特征香气成分是邻氨基苯甲酸甲酯；桃子的特征香气成分为苯甲醛、苯甲醇；哈密瓜的特征香气成分为顺-3-壬二烯醛和顺-6-壬二烯醇。

3.3.2　蕈类风味物质

香菇、冬菇等食用菌类，它们的香气成分有香菇精、肉桂酸甲酯、1-辛烯-3-醇（$CH_2{=}CH{-}CH(OH){-}(CH_2)_4CH_3$）等 20 多种化合物。其主要风味化合物香菇精的前体是由硫代-L-半胱氨酸亚砜与 γ-谷氨酰基结合形成的肽，首先在 γ-谷氨酰转移酶的参与下产生香菇氨酸类，进一步在裂解酶作用下生成风味物质——香菇精(图 3-8)。这些反应只有在组织破损后，经过干燥的组织放置一段时间后才能产生。由此可见，香菇特有香气的形成经历了一系列复杂的生物化学反应过程。

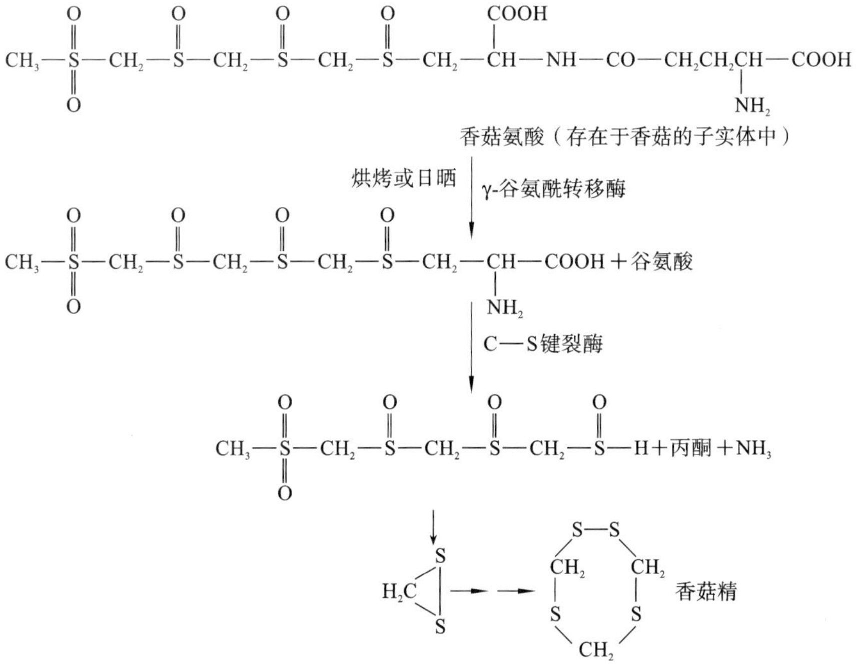

$$CH_3{-}S(=O)_2{-}CH_2{-}S(=O){-}CH_2{-}S(=O){-}CH_2{-}S(=O){-}CH_2{-}CH(COOH){-}NH{-}CO{-}CH_2CH_2CH(NH_2){-}COOH$$

香菇氨酸（存在于香菇的子实体中）

烘烤或日晒 ↓ γ-谷氨酰转移酶

$$CH_3{-}S(=O)_2{-}CH_2{-}S(=O){-}CH_2{-}S(=O){-}CH_2{-}S(=O){-}CH_2{-}CH(NH_2){-}COOH + \text{谷氨酸}$$

↓ C—S键裂酶

$$CH_3{-}S(=O)_2{-}CH_2{-}S(=O){-}CH_2{-}S(=O){-}CH_2{-}S(=O){-}H + \text{丙酮} + NH_3$$

$$\downarrow$$

$$H_2C\langle S,S\rangle \longrightarrow \longrightarrow \text{(S—S, CH}_2\text{, CH}_2\text{, S, S, CH}_2\text{ 环)}\ \text{香菇精}$$

图 3-8　蕈类主要的香气成分香菇精的生成

海藻的主要香气成分是二甲基硫醚，它在海藻中的前体物质是二甲基巯基烯丙酸，分解后即产生二甲基硫醚，即

$$(CH_3)_2S—CH═CH—COOH \xrightarrow{\triangle} CH_3—S—CH_3 + CH_2═CH—COOH$$

海藻的鱼腥气味则来自三甲胺。此外，海藻中也含有萜类化合物。烤紫菜的香气中含有一定量因美拉德反应而生成的芳香物质，因为紫菜中有较多的氨基酸。

3.3.3　水产品风味物质

水产品风味物质随着种类（鱼类、贝类、甲壳类）的不同而不同。通常新鲜鱼有淡淡的清香气味，由内源酶作用于不饱和脂肪酸生成中等分子不饱和羰基化合物产生。风味成分含有 $C_6 \sim C_9$ 的醛、酮、醇类化合物，它们由特定的脂肪氧合酶催化不饱和脂肪酸生成（图3-9）。水产品加热熟制后，产生二甲基硫化物，它是一些海产品加热后的主要风味化合物。如二甲基硫醚在低浓度时，产生蟹香味。鱼肉中脂肪含量较多，加热可使多不饱和脂肪酸分解产生醛、酮、醇类化合物。

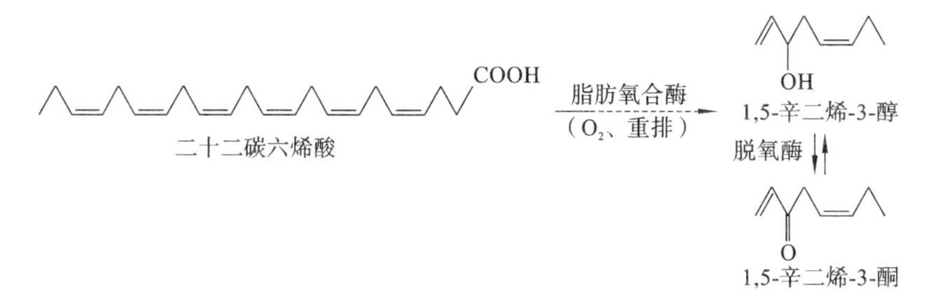

图 3-9　海产品风味物质的形成过程

一旦水产品腐败，其气味会发生巨大变化，含氮化合物与品质和气味变化有关。淡水鱼腥臭味的主体成分为六氢吡啶类化合物（尸胺），该成分是赖氨酸在细菌作用下的分解产物，同时它又可进一步分解为 δ-氨基戊酸和 δ-氨基戊醛。鱼体表面和血液中均含有 δ-氨基戊酸和 δ-氨基戊醛，它们都具有强烈的腥臭味。淡水鱼表面黏液中含有蛋白质、磷脂、氨基酸等物质，当细菌繁殖时会产生氨、甲胺、硫化氢、甲硫醇、六氢吡啶、吲哚等（图 3-10）。这些物质不仅造成鱼的臭味，当含量较高时还能够导致食物中毒的发生。

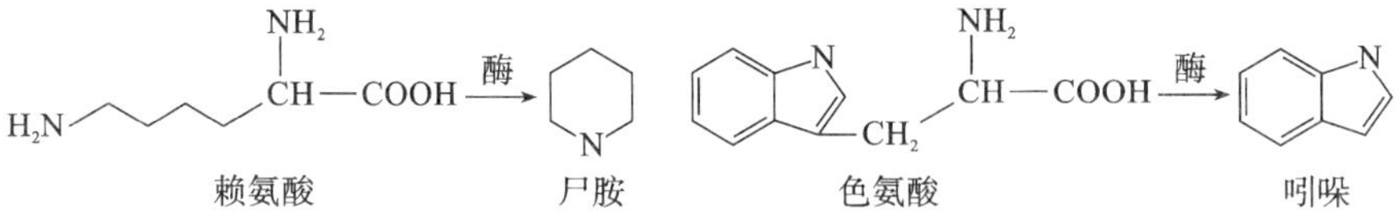

赖氨酸 $\xrightarrow{酶}$ 尸胺　　色氨酸 $\xrightarrow{酶}$ 吲哚

图 3-10　变质鱼中尸胺和吲哚的产生

海水鱼中不愉快气味的形成主要是微生物和酶作用的结果。海水鱼中含有三甲胺氧化物，它的作用与调节鱼体中的渗透压有关。三甲胺氧化物本身没有气味，但是，在微生物的作用下其转化为甲胺、二甲胺、三甲胺、胺和甲醛，产生典型的鱼臭味。其反应过程见图3-11。

鲨鱼鲜度降低时会产生强烈的腐败腥臭味，这是由于肌肉中含有的大量氧化三甲胺都被还原成三甲胺。一般淡水鱼中所含的氧化三甲胺较海水鱼中少，故其新鲜度降低时，腥臭味不如海水鱼那样强烈。

腥臭味的综合嗅感还来源于新鲜鱼贝类体内所含的一定量的尿素，以及黏液中所含的蛋白质、氨基酸等和鱼体脂肪中的不饱和羧酸在细菌作用下氧化分解产生的氨、甲胺、硫化

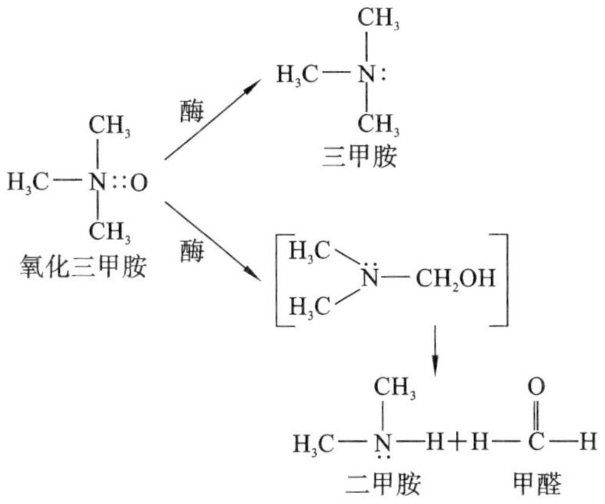

$$(CH_3)_3N{::}O \xrightarrow{\text{酶}} (CH_3)_3N{:}$$

氧化三甲胺 → 三甲胺

$$(CH_3)_3N{::}O \xrightarrow{\text{酶}} \left[(H_3C)_2\ddot{N}-CH_2OH\right] \rightarrow (CH_3)_2\ddot{N}-H + H-\overset{O}{\overset{\|}{C}}-H$$

二甲胺 甲醛

图 3-11 海水鱼中三甲胺氧化物的分解过程

氢、甲硫醇、吲哚、粪臭素、四氢吡咯、六氢吡啶、甲酸、丙烯酸、2-丁烯酸、丁酸、戊酸等，这些物质的综合气味便是腥臭味。所以鱼贝类在烹饪前用醋洗，或烹饪时加醋、加酒，都可以使腥臭味大为减弱。一是大多数腥臭物质为碱性，酸可起到中和作用；二是通过乙醇的溶解作用可促进腥臭物质的挥发。

在水产品的品质分析鉴定中，鱼组织中所含挥发性氨、三甲胺、吲哚、组胺的浓度，可以作为判断产品新鲜度的指标。

3.3.4 畜肉类风味物质

新鲜畜肉，一般都带有家畜原有的生臭气味。产生生臭气味的主要成分有硫化氢、甲硫醇、乙硫醇、乙醛、氨、丙酮等挥发性化合物。畜肉的气味各有特点，差异较大。这取决于它们所含有的特殊的挥发性脂肪酸，如乳酸、丁酸、己酸、辛酸、己二酸等的浓度。这些化合物的浓度随牲畜的品种、性别、饲料、管理状况等而变化。

羊肉膻气的主要成分是 4-甲基辛酸和 4-甲基壬酸，绵羊肉的膻气较轻，山羊肉的膻气中带有氨味，而羔羊肉则和母羊肉相似，具有类似牛奶的气味。猪肉的气味比较淡，但母猪肉有腥臊气。牛在饲养了 8～11 个月到 30～32 个月期间，生牛肉的挥发性成分除包括乳酸等脂肪酸外，还有乙醛、丙酮、丁酮、乙醇、甲醇和乙硫醇等。牲畜在宰杀前若吃了一些带有特殊气味的饲料，则在肉体中也会出现这些气味，但经过冷藏一段时间后，这些气味便会消失。

宰杀的畜肉经后熟，由于乳酸的增多，肉中的 pH 值降低，蛋白质水溶性增强，脂肪水解反应产生低级脂肪酸风味物质，导致次黄嘌呤、醚类、醛类等化合物的聚积，肉的气味得到了较大改善。

肉类经加热制熟后产生的香气，组分复杂。例如清炖牛肉的香气成分含有 300 多种化合物，几乎包括所有类型的小分子化合物。而且加热的温度不同，香气成分也不相同。因此现在已经鉴定的香气成分，很难确定谁是主香物质，只能说是多种成分综合的结果。肉香气中的主要化合物有脂肪酸、醛、酮、醇、醚、吡咯、呋喃、内酯（γ-丁内酯、γ-己内酯）、芳香烃，还有含硫化合物（噻唑、噻吩）、含氮化合物（噁唑、吡嗪）600 余种。

不管这些化合物的结构如何复杂，种类如何多，肉香气的前体物质就是肉中水溶性提取物，包括氨基酸、多肽、核酸、糖类、脂类等。这些前体物质通过如下三种途径生成肉香气成分：①脂类物质的氧化、水解、脱羧反应；②糖类物质、氨类物质的美拉德反应、分解和氧化反应；③上述两类反应生成物之间的二次反应（聚合反应、缩合反应、酯化反应）。美拉德反应是综合性反应，呋喃类、吡嗪类衍生物以及含硫化合物都在其中生成。例如含硫氨基酸与糖类之间的美拉德反应导致肉香气主要成分的形成，如图3-12所示。

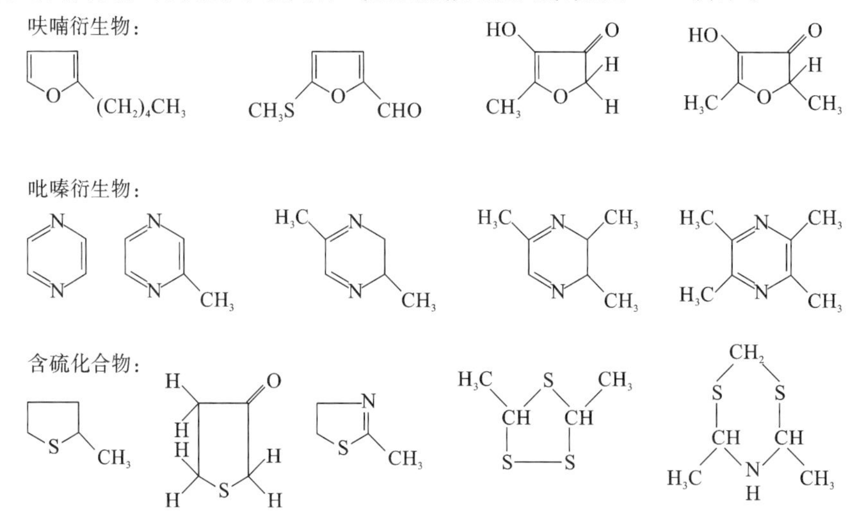

图3-12　含硫氨基酸与糖类之间的美拉德反应导致肉香气主要成分的形成

3.3.5　乳和乳制品风味物质

新鲜牛奶的香气成分很多，但主体物质是二甲硫醚（阈值很低），另外还有低级脂肪酸、丙酮酸、甲醛、乙醛、丙酮、2-戊酮、2-己酮等。若二甲硫醚含量过高，便有乳牛臭气和麦芽臭气产生。另外，饲料和牛厩中的草腥臭、樟脑臭、葱蒜臭等不良气味，也会转移到牛奶中来。

酸败后的乳品，因有较多的丁酸等成分，故有强烈的酸败气味。乳中脂肪被氧化后所产生的臭气，其主体成分是C_5～C_{11}的醛类，尤以2,4-辛二烯醛和2,4-壬二烯醛为甚。牛奶经日光暴晒后产生的气味，与氨基酸和肽有关，例如蛋氨酸在维生素B_2（核黄素）的作用下，生成β-甲硫基丙醛，有类似甘蓝的气味。

$$\underset{\text{蛋氨酸}}{CH_3SCH_2CH_2CH(NH_2)COOH} \xrightarrow{\text{光/核黄素}} \underset{\beta\text{-甲硫基丙醛}}{CH_3-S-CH_2CH_2CHO} + CO_2 + NH_3$$

乳制品加工过程中，如加热过度，便会形成不良气味，其中含有甲酸、乙酸、丙酸、丙酮酸、乳酸、糠醛、羟甲基糠醛、糠醇、麦芽醇、乙二醛、硫化氢、硫醇、δ-癸内酯等。δ-癸内酯具有乳香气味，现已人工合成用作调香剂和增香剂。

经过发酵的乳制品，其气味的主体成分是丁二酮、3-羟基丁酮等（图3-13）。

3.3.6　发酵食品风味物质

发酵食品为经过微生物作用生成的食品，品种很多，典型食品有泡菜、腐乳、臭豆腐等，除食品之外，烹饪中常用的酒类、酱油和食醋也是利用发酵产生风味物质。

3.3.6.1　酒类

酒是烹调时常用的调料，酒的香气成分非常复杂，近30年来对我国的各种名酒进行研究，已确认的呈香物质已达100多种。而国外已发现酒类的呈香物质总数逾600种。它们的

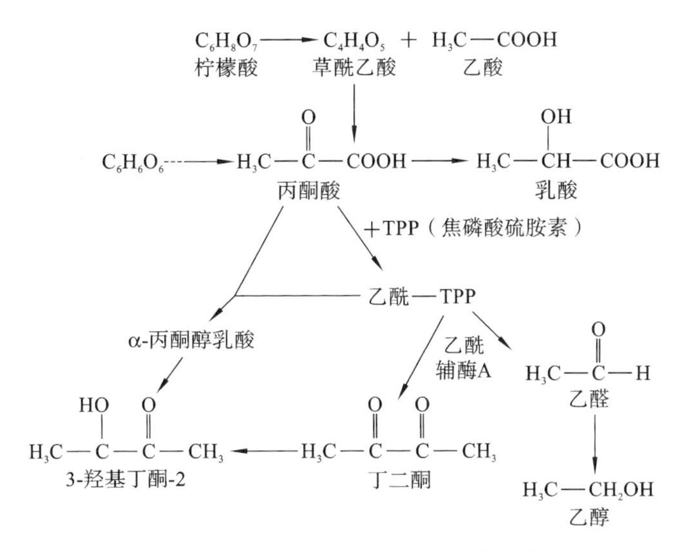

图 3-13　乳制品发酵过程中风味物质的形成途径

主要来源：①原料中原有的呈香物质，在发酵过程中转入酒中。②原料中原有的前体物质，经发酵后转变成新的呈香物质。③原料中原有的呈香物质，经发酵后转变成新的呈香物质。④在熟化、陈化、窖藏等工艺过程中生成的呈香物质。由此可见，酒类的香气成分，与酿造工艺、原料种类等有密切关系。以白酒为例，我国食品界把它分为酱香型、浓香型、清香型、花香型等类别。

酒类呈香物质中，以各种酯类为主体，其他还有醇类、酸类、羰基化合物、含氮化合物、含硫化合物等。每种酒呈香物质的种类和配比不尽相同。在一般的白酒中，各种酯的平均含量为 0.2～0.6 mg/100 ml。

酒被用作烹饪调料，其主要目的：①利用乙醇的溶解性促进不良气味物质的挥发。②利用乙醇的强挥发性，降低香气物质的蒸气压，使它们更容易散发出来。③调料酒用得最多的是黄酒，其本身就含有可以增加菜肴香气的多种羰基化合物，特别是焦香气味。④利用乙醇与食物中的有机酸通过酯化作用形成酯类物质，增加食品风味。

3.3.6.2　酱油

酱油和酱都是以大豆、小麦等粮食为原料，经霉菌、酵母等的综合作用所得到的调味料，是我国和东亚地区各国的传统调味品。酱油和酱的香气成分是制醪后期发酵形成的，已经检出的香气成分有 300 多种。按照香型分类，酱油有焦糖香型、花香型、水果香型、肉香型、酒香型等。酱油香气的主体物质是酯类化合物。与酒类相似，酱油和酱的香气成分与生产工艺和原料种类有密切关系，其中一些重要成分如表 3-3 所示。

表 3-3　酱油和酱香气的主要成分

香气物质分类	主要成分
醇类	乙醇、正丁醇、异戊醇、β-苯乙醇
酚类	4-乙基愈创木酚、4-乙基苯酚、对-羟基苯乙醇
羧酸类	乙酸、丙酸、异戊酸、己酸、乳酸
酯类	乙酸戊酯、乙酸丁酯、乙酸乙酯
羰基化合物	乙醛、丙酮、丁醛、异戊醛、糠醛、其他不饱和醛或酮

续表

香气物质分类	主要成分
缩醛类	α-羟基异己醛二乙缩醛、异戊醛二乙缩醛
含硫化合物	硫醇、硫醚
其他	呋喃类、内酯类、吡啶类、噻唑类、萜类等

在烹调中加入酱油后再加热，醇、酯和羰基化合物等成分易于蒸发逸去，酯和缩醛等也会水解，从而失去其香气。因此添加酱油时要注意加热的温度和时间。

3.3.6.3 食醋

食醋的香气来源于发酵过程中产生的各种酯类以及人工添加的各种香味剂。酯类以乙酸乙酯为主，另外乙酸异戊酯、乙酸丁酯、异戊酸乙酯、乳酸乙酯、琥珀酸乙酯等也较重要。由于酯化反应速率较慢，而酿醋的新工艺生产发酵周期短，故酯含量低，香气不足；老法酿醋生产发酵周期长，故醋的香气浓郁，陈醋更胜一筹。我国制醋历史悠久，风味多样，在世界上独树一帜，老陈醋的酯香、熏醋的独特焦香，令人神往。在酿醋过程中，若生成的丁二酮和3-羟基-2-丁酮量较多，就会有馊饭味。而这两者却是发酵乳制品的主香成分。发酵面食（如馒头等）的清淡香气，其主香成分是醇和有机酸，也有少量的酯。

3.3.7 烘焙、油炸食品风味物质

烘焙食品特别是焙炒的食品如炒咖啡豆、炒茶叶、炒麦茶、炒花生、炒芝麻、炒瓜子、炒黄豆、炒面粉等，其主香成分均为吡嗪类化合物。吡嗪类化合物的生成与美拉德反应的中间产物——3-脱氧-D-葡萄糖醛酮有关，此化合物与氨基酸反应，生成醛和烯胺醇，进而环化生成吡嗪类化合物。具体过程如图3-14所示，这类化合物有很多种，更多内容参见“美拉德反应”。

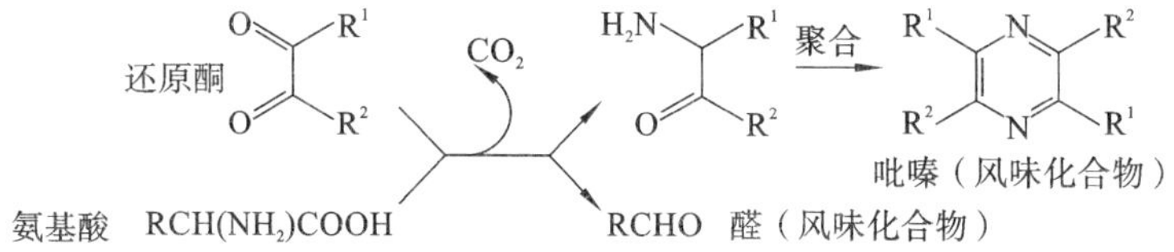

图3-14 烘烤食品中吡嗪类化合物的生成

油炸食品香气形成的主要途径除了美拉德反应以外，研究证实，油炸食品香气还来自油脂的高温分解产物，其主香成分是羰基化合物。例如，将三亚油酸甘油酯加热至185 ℃，每隔30 min通入2 min水蒸气，前后加热共74 h。从其挥发物中分离出77种化合物，其中2,4-二烯醛和内酯呈现油炸物特有的香气。从棉籽油、大豆油、牛油、猪油脱臭的馏出物中则检出了2,4-癸二烯醛。若单用油酸甲酯与水共热使之分解，分解产物中羰基化合物的主要成分也是2,4-癸二烯醛，其香气阈值在空气中为0.07μg/L。

在油炸食品的香气成分中，小麦粉中的游离氨基酸和油脂中的亚油酸含量对香气也有影响。研究者用大豆油、玉米胚油和橄榄油来炸食品时，都证实了这一点。

3.3.8 米饭风味物质

大米中存在的维生素B_2对米饭香气的形成有较大的贡献。在L-半胱氨酸和L-胱氨酸的水溶液中加入维生素B_2，并暴露在日光下，就形成了米饭香气。关于米饭的挥发性成分，过去

认为是 H_2S、乙醛和 NH_3。对新蒸煮的米饭进行实验，测得其挥发性成分达 40 种，绝大多数是低分子量的醇、醛、酮类化合物，还有芳烃和氯仿。放凉以后的米饭，其香气和米糠的挥发成分相似，其中含量较多的是乙醇、正己醛、正壬醛、乙酸乙酯和乙烯基苯酚，另外还有脂肪烃、芳烃、醇、醛、酮、脂肪酸、酯、内酯、缩醛、酚和呋喃、噻吩、噻唑、吡啶、吡嗪、吲哚、喹啉等杂环化合物，总数超过 150 种。

3.4　烹饪风味物质的形成与发展

伴随人类文明进程，在食品的发展过程中形成了特定食品具有的特殊的香气，如咖啡、面包的香气。人们通常将香气作为食品可接受的一个特性。对食品化学家而言，风味是通过分析食品中的香气分子和非挥发性分子来确定的。根据食品中挥发性分子所提供的芳香气味(肉味、水果味、苦味、坚果味等)对食品进行分类是可行的，在某些情况下甚至更为具体。利用香精稀释分析法(AEDA)，Grosch 和他的同事成功识别出一系列食品中对香气有影响的关键化合物。图 3-15 给出了加热食品和未加热食品的例子。

荷兰国家应用科学研究院(TNO)收集的食品中挥发性化合物(VCF)超过 10400 个条目，但只有 90 个条目中的化合物真正有助于食物中的主要风味。

影响食品香气产生的因素很多，包括原料组成、预处理方法、烹饪工艺、添加物等，在对极具地方风味的苏式红烧肉、毛氏红烧肉和东坡肉三个品种的红烧肉进行风味物质检测时，三种红烧肉中共检出 65 种挥发性风味物质。其中，共同含有 11 种挥发性化合物，包括 3 种醛：壬醛、苯甲醛、2-十一烯醛。1 种烯烃：茴香烯。1 种醇：(2*R*,3*R*)-(－)-2,3-丁二醇。2 种酸：醋酸、正癸酸。1 种酮：3-羟基-2-丁酮。1 种烃：正二十烷。2 种酯：正己酸乙烯酯、2-糠酸甲酯。有 13 种风味物质在两种红烧肉中都有检出。三种红烧肉各自独有风味物质共计 41 种，检测结果见表 3-4，三种红烧肉的挥发性化合物在种类和数量上存在差异，特别是在数量上差异显著，并且各自有独特的物质产生。

表 3-4　三种红烧肉挥发性化合物数量

化合物类别	红烧肉类别		
	苏式红烧肉	毛氏红烧肉	东坡肉
醛类	8	12	8
烯烃	3	2	2
呋喃	0	2	0
醇类	3	6	3
酸类	4	7	3
酮类	2	2	1
烷烃	3	9	3
酯类	4	5	8
合计	27	45	28

三种红烧肉制作方式和调料添加的不同，造成其共有风味成分含量的不同，各自独有成分的不同造成三种红烧肉风味的差异。

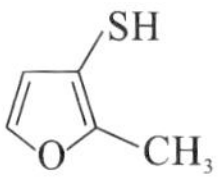

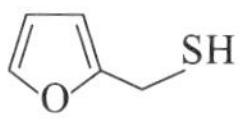

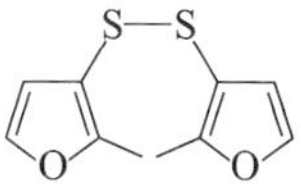

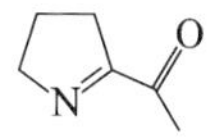

2-甲基-3-呋喃硫醇 2-硫代呋喃甲醇 双（2-甲基-3-呋喃基）二硫化物 2-乙酰基-（1*H*）-吡咯啉

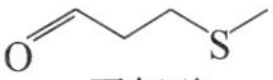

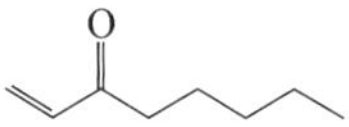

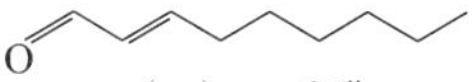

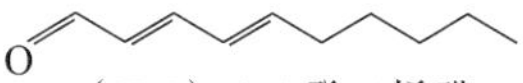

蛋氨酸 1-辛烯-3-酮 （*E*）-2-壬醛 （*E,E*）-2,4-癸二烯醛

清炖牛肉

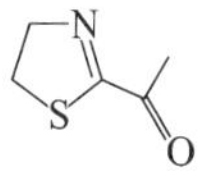

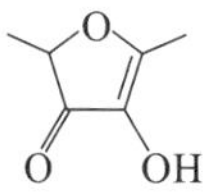

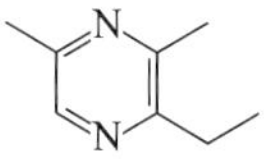

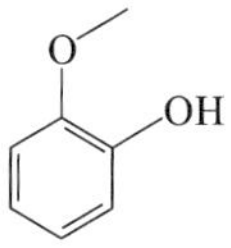

2-乙酰基-2-噻唑啉 4-羟基-2,5-二甲基-3-（2*H*）-呋喃酮 2-乙基-3,5-二甲基吡嗪 愈创木酚

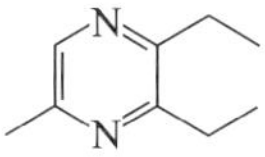

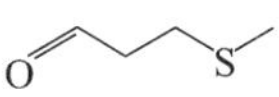

2,3-二乙基-5-甲基吡嗪 蛋氨酸

烤牛肉

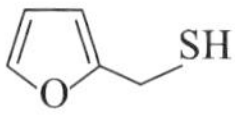

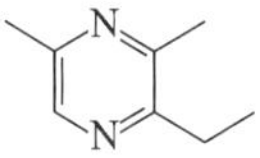

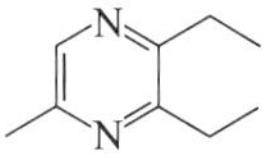

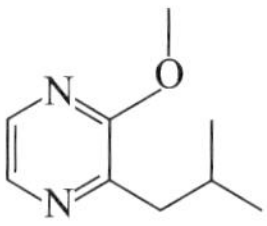

2-硫代呋喃甲醇 2-乙基-3,5-二甲基吡嗪 2,3-二乙基-5-甲基吡嗪 2-甲氧基-3-异丙基吡嗪

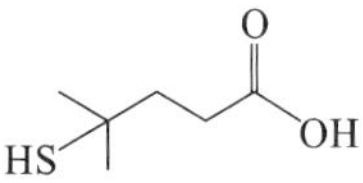

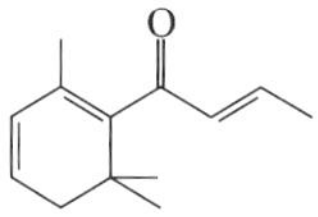

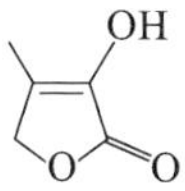

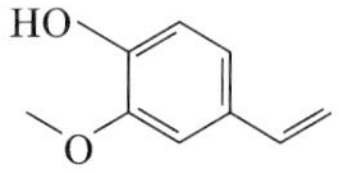

4-巯基-4-甲基戊酸 （*E*）-β-大马酮 3-羟基-4-甲基-2-（5*H*）-呋喃酮 4-乙烯基愈创木酚

炒咖啡

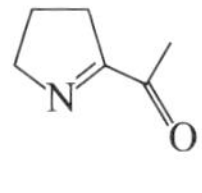

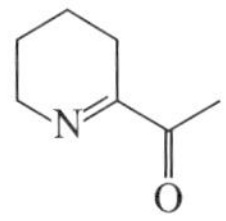

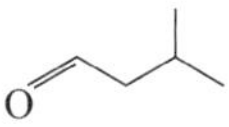

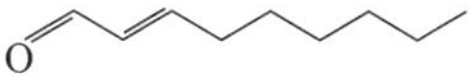

2-乙酰基-（1*H*）-吡咯啉 6-乙酰基四氢吡啶 3-甲基丁醛 （*E*）-2-壬烯醛

小麦面包

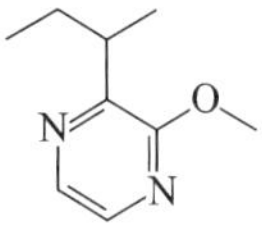

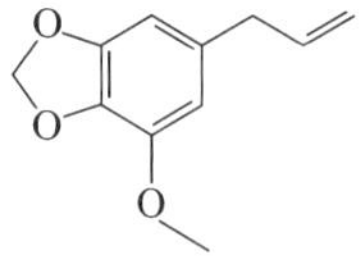

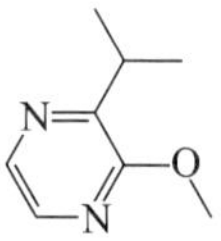

2-仲丁基-3-甲氧基吡嗪 肉豆蔻醚 2-甲氧基-3-异丙基吡嗪

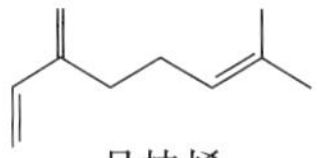

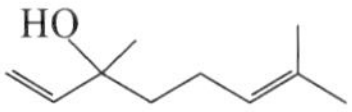

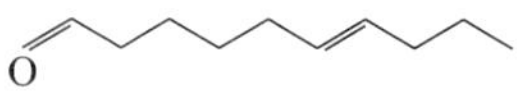

月桂烯 芳樟醇 （*E*）-6-癸烯醛

图 3-15 某些加热食品和未加热食品中的香味化合物

西芹

1-辛烯-3-醇　1-辛烯-3-酮

蘑菇

(*E*,*Z*)-2,6-壬二烯醛　(*E*)-2-壬烯醛　(*Z*)-2-壬烯醛

黄瓜

(*E*)-β-大马酮　β-回香醚　苯基乙醛　2,4,5,7α-四氢-3,6-二甲基-苯并呋喃

椴树蜜

续图 3-15

苏式红烧肉独有成分有 6 种:(顺)-2,4-癸二烯醛、5-羟甲基糠醛、棕榈醛、1,4-丁二醇、3,4-二羟基-3,4-二甲基-2,5-己二酮、3,4-二羟基-3,4-二甲基-2,5-己二酮。

毛氏红烧肉独有成分有 29 种:(反)-2-辛烯醛、(反)-2-壬醛、(*Z*)-3,7-二甲基-2,6-辛二烯醛、柠檬醛、十三醛、对甲氧基苯甲醛、反式肉桂醛、2-正戊基呋喃、2,3-二氢苯并呋喃、正己醇、芳樟醇、3-莰醇、肉桂醇、己酸、庚酸、壬酸、2-辛烯酸、对甲氧基苯基丙酮、正二十一烷、戊基环己烷、正十八烷、(反)-1,2-二甲基环戊烷、正十九烷、2,6,10,14-四甲基十九烷、十二烷、正十七烷基环己烷、苯甲酸乙基己酯、酞酸二甲酯、辛酸乙烯酯。

东坡肉独有成分有 6 种:十四烷醛、2,6,10-三甲基十五烷、癸酸乙酯、己酸丁酯、邻苯二甲酸二异丁酯、乙酸丁香酚酯。

人们试图揭示产生这些挥发性香气分子的化学反应的机制,但是这似乎是一个无法确定的工程。也正是这种不确定的变化,成就了食物的多样性和烹饪工艺的独特性。

科学研究的特点是,结果的客观性和实验的重复性。尽管成分不同,但结果仍然可以合理地重现。一个主要的问题是,没有任何科学的方法来描述风味的细微差别。

香气值,反映一种嗅感物质对食品嗅感风味贡献大小的指标。它既不取决于嗅感物质的浓度,也不取决于其阈值大小。有些组分虽然在食品中的浓度很高,但如果该组分的阈值也很大,那它对嗅感风味的贡献也不会很大。例如,用水蒸气蒸馏法从胡萝卜中所提取的挥发性组分中,异松油烯浓度为 38%,但其阈值为 200 μg/L,它在胡萝卜的香气中所起的作用仅占 1%左右;而组分中 2-壬烯醛的浓度虽只有 0.3%,因其阈值为0.08 μg/L,它在胡萝卜的香气中所起的作用却为 22%左右。判断一种嗅感物质在体系中香气作用的大小,常用香气值(或嗅感值)来表示,它是嗅感物质的浓度与其阈值的比值:

$$香气值(FU)=嗅感物质的浓度/阈值$$

若某组分的 FU 小于 1.0,说明该组分没有引起人们的嗅感;若某组分 FU 较大,说明它是该体系的特征嗅感化合物。

相比之下,厨师的经验方法,虽然还不能量化,但通常会起到更好的参考作用。厨师对味道的理解是建立在经验的基础上的,烹饪过程中,厨师对味道产生的直觉是建立在每一次他们对食品品尝的基础上。

然而，厨师为了得到他们想要的味道，往往会盲目地遵循一条已知且经过实践的路线，但只要对关键的化学反应以及它们产生不同类型香气分子的条件有一些基本的了解，厨师至少有可能尝试并成功地开发出新的方法来得到他们想要的最终味道(甚至可能沿着这种途径发现不同的风味来吸引食客)(表3-5)。

表3-5　从食物中发现的香气组分

化合物	香气描述	香气阈值/(μg/L H_2O)	存在例子
乙醛	辛辣味、水果味、甜味	15	Strecker反应中
甲基丙醛	麦芽味	0.7	Strecker反应中
2-苯基乙醛	蜂蜜味	4	Strecker反应中
4-羟基-2,5-二甲基呋喃酮	草莓味、菠萝味	ca.1	啤酒、面包、菠萝、草莓
2-乙酰基噻唑	爆米花味	10	油炸食物
2-异丁基噻唑	番茄香味	3	油炸食物
2-乙酰基-(1*H*)吡咯啉	稻米香味	0.1	爆米花
3-乙基-3-甲基吡嗪	焦糊味	130	烤花生
2-异丁基-3-甲氧基吡嗪	马铃薯味	0.002	马铃薯产品
2-异丁基-3-甲氧基吡嗪	红辣椒味	0.002	红辣椒粉
2-乙基-3,6-二甲基吡嗪	榛子味	20	葡萄糖浆
2-甲氧基-4-乙烯基苯酚	丁香味	5	咖啡、啤酒、芦笋
4-甲氧基-2-甲基-2-丁硫醇	黑加仑味	0.000002	橄榄油

对食物气味的分类是一个非常复杂的问题，能够使人产生嗅感的物质种类很多，同时，嗅感还受物质浓度的影响，对这些嗅感物质进行准确分类非常困难。目前分类的方法较多，有物理法、化学法、生理学法和心理学法。较为著名的是Amoore分类法，通过比较嗅感物质的物理、化学特性，提出了7种基本气味，在此基础上又增加了甜香气味，成为8种基本气味(原嗅)，其他气味则是由这几种气味产生的复合气味(表3-6)。

表3-6　8种基本气味所代表的化合物(Amoore分类法)

气味	代表化合物
樟脑气味	龙脑、叔丁醇、D-樟脑、桉树脑、戊基甲基乙醇
辛辣气味	脂肪醇类、氰气、甲醛、甲酸、异硫氰酸甲酯
酒香气味	丙醇、二氯乙烯、四氯化碳、氯仿、乙炔
花香气味	乙酸苄酯、香叶醇、α-紫罗酮、苯乙醇、松油醇
薄荷气味	叔丁基甲醇、环己酮、薄荷醇、三甲基-环-5-己酮
麝香气味	雄甾烷-3-α-醇、17-甲基雄甾烷-3-α-醇、环十六烷酮、十五烷内酯
腐烂气味	戊硫醇、1,5-戊二胺、硫化氢、吲哚、3-甲基吲哚
甜香气味	果糖、蔗糖、葡萄糖、麦芽糖、麦芽酚

现实生活中，人们根据气味的特点，将气味又详细分为水果味、肥皂味、醚味、樟脑味、芳香味、香料味、薄荷味、柠檬味、杏仁味、甜味、麝香味、蒜味、鱼腥味、焦味、石炭酸味、汗味、草味、腐败味、粪味、树脂味、油味、腐臭味等。不论如何对气味进行描述，烹饪科学首先要掌握气味物质的来源和产生途径。

3.4.1 微生物发酵

由酵母和细菌引起的微生物反应早在2000多前就被发现，这对整个烹饪的发展至关重要。引起酒精发酵的酵母被用来制作日常饮食中一些重要的主食，尤其是面包、啤酒和葡萄酒。如今我国很多农村地区仍然保留着传统的发酵方法来制作各式各样的食品，菌种的选择遵循古老的方法，从植物茎叶、果蔬中获得酵母、细菌，通过对发酵温度、时间的控制形成特色食品。较典型的发酵食物有北方的甜面酱和南方黄豆酱等。

发酵过程的主要反应是糖分解为二氧化碳，使面包起泡、啤酒起泡，而产生适量的酒精(乙醇)，以增加食物风味，同时有保存啤酒和葡萄酒的作用，并对消费者产生积极的影响。然而，还有许多副反应发生，产生其他挥发性化合物。正是这些化合物赋予了我们所熟悉的各种奶酪、面包、白酒、啤酒和葡萄酒等独特而迷人的风味。

最初，这些发酵反应的酵母是存在于空气、植物茎叶、水果表皮或储藏谷物种子仓库中的野生酵母。这不仅给生产食品的过程带来困难，而且还导致食品的风味和质量存在巨大差异。如今大多数制造商依靠培养酵母来提供稳定的菌种。仍有些人试图在家里酿造啤酒，他们会遇到这样的问题：有些批次的啤酒风味各不相同，有时甚至不能饮用。虽然一些野生酵母确实能酿造出令人愉悦的啤酒，但一般来说，最好坚持使用经过多年精心培育的酵母，以生产高质量的啤酒、面包等。

乳酸菌将苹果酸转化为乳酸时，还会伴随另一种不同的发酵过程，即苹果酸-乳酸发酵。在葡萄酒酿造过程中，苹果酸-乳酸发酵尤其具有优势，因为乳酸的口感比苹果酸更柔和，而苹果酸被认为"酸"性更强。因此，经历了苹果酸-乳酸发酵的葡萄酒往往显得更柔和、口感更佳，带有苹果酸-乳酸发酵过程中产生的双乙酰的黄油味。相反，由于苹果酸有苹果的味道，没有苹果酸-乳酸发酵的葡萄酒往往带有青苹果味。

苹果酸-乳酸发酵有时会在葡萄酒装瓶后无意中发生。其结果是使葡萄酒微带酸味，口感较差，因为野生酵母可以导致苹果酸-乳酸发酵产生大量"异味"。因此，许多酿酒师倾向于在大桶中接种理想的细菌培养，以防止此类不良风味发生的可能。

目前乳酸菌最大的应用是在乳制品的发酵过程中产生酸奶、酸乳膏、酸化牛奶、奶酪。乳酸菌将牛奶中的乳糖转化为乳酸，从而降低牛奶的pH值，使其聚集。不同的菌株遵循不同的路线，可以产生一系列的副产物，包括双乙酰(带有黄油味道)、乙醛(具有酸奶特征)以及二氧化碳和乙醇。一些瑞士奶酪的特殊孔洞是由产生二氧化碳的细菌造成的。

利用发酵的方式生产面包、啤酒、葡萄酒、发酵乳制品最初依赖的野生菌株，一般由当地工厂(加工坊)和家庭生产中培养，通过简单的工艺，在前一批发酵产品留取少量样本添加到下一批中(老酵)。现今，随着大多数乳制品的集中生产，许多这种独特的品系连同它们独特的风味一起消失了。这也许可以解释小型"精品"生产商越来越受欢迎的原因，他们利用传统的方法，生产出一系列不同的、独特的风味食品。

发酵乳制品的风味来自各种各样的分子，这些分子在反应过程中形成。然而，在大多数发酵过程中会产生一系列小分子的氧化物。例如，在黄油生产过程中，甜黄油和酸黄油的区别在于发酵产生的双乙酰。甜黄油通常是某些菜肴的首选，因为它的气味比较温和。另一个例子是由于乙醛的产生，酸奶通常会产生酸味，在水果酸奶中添加糖，导致甜味成为主要风味，形成酸甜味。

发酵所用的牛奶是非常复杂的体系，其中包括脂肪、蛋白质、糖、矿物质，已有多种挥发性化合物从乳制品中鉴定出来。影响酸奶风味的物质主要是发酵菌种嗜热链球菌和保加利亚乳杆菌产生的乳酸和各种挥发性芳香化合物。主要成分是羰基化合物和 $C_2 \sim C_8$ 的挥发性脂肪酸。到目前为止，已经有多种与风味有关的挥发性化合物被鉴定和报道，包括糖类、醇类、醛类、酮类、酸类、酯类、内酯类、含硫化合物、吡嗪类、呋喃衍生物。尽管在酸奶中有很多挥发性芳香物质被检出，但只有含量高的少数几种物质作为酸奶风味形成的决定性因素。余华等的研究认为，酸奶的主要风味物质是乙酸、丁二酮、双乙酰、乳酸和挥发性脂肪酸。也有研究者的观点有所不同，认为只有当乙酸含量很低时，双乙酰才是酸奶风味形成的主要成分。而另一些研究者认为双乙酰是酸奶风味形成的关键部分。它们是由不同微生物在酸奶生产的不同阶段产生的。其中，乙醛是构成酸奶特征风味的物质之一。它主要是保加利亚乳杆菌在酸奶生产的前发酵过程中由乳糖产生的。但生产酸奶的另一发酵菌种——嗜热链球菌影响着保加利亚乳杆菌的生长代谢。嗜热链球菌和保加利亚乳杆菌在牛奶发酵过程中的协同共生是彼此代谢产生的几种促生长因子的相互交换和互相利用的结果。嗜热链球菌为保加利亚乳杆菌提供甲酸、丙酮酸、叶酸等，甲酸和叶酸对保加利亚乳杆菌的促进作用与嘌呤的合成有关。甲酸是嘌呤合成的前体物质，而叶酸是嘌呤和氨基酸合成的辅因子，是合成天冬氨酸、谷氨酸、精氨酸和核苷酸的前体。而保加利亚乳杆菌具有良好的耐酸特性和水解蛋白质的特性，可以将蛋白质水解为肽类，肽类可被嗜热链球菌的生长所利用。

两菌种只有保持良好的共生关系和协同作用，才能使酸奶获得良好的风味。双乙酰是酸奶后发酵过程中某些香味细菌产生的。它使酸奶产生类似坚果仁的风味。常见的香味细菌有噬柠檬酸明串珠菌、腐橙链球菌、葡聚糖明串珠菌、乳链球菌双乙酰亚种等。其形成途径如图 3-16 所示。

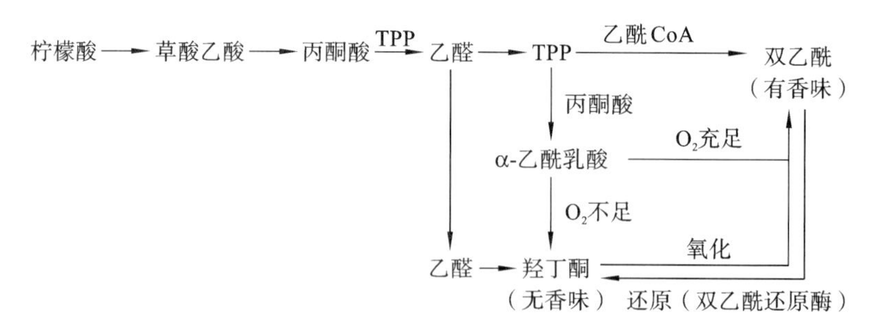

图 3-16 酸奶风味物质双乙酰形成途径

四川泡菜是另一种发酵食物。它以新鲜蔬菜为原料，添加一定的辅料和盐，利用蔬菜表面和自然界中存在的乳酸菌发酵而成，具有清新爽脆、开胃解腻等特点。泡菜经过乳酸菌的发酵，会产生大量的挥发性风味物质，这些风味物质也是泡菜感官评定的重要指标之一。四川泡菜多为蔬菜类，产生的风味物质有所差别，但主要风味物质如下：①醇类物质，在整个发酵周期含量较大，占 25% 以上，醇类物质的阈值较大，是醇香味的来源。②含硫

化合物，包括醚类、含硫的酯类以及甲硫醇，具有韭菜、大蒜的辛香味。③醛类物质，己醛、庚醛、壬醛含量较高，具有清香味。④酸类物质，主要为乙酸，乙酸具有良好的酸爽口感，还能降低泡菜的 pH 值，有利于其储藏，除此之外，酸类物质还有利于保持植物细胞壁的完整性，使泡菜保留新鲜蔬菜的脆嫩口感。

四川泡菜中挥发性风味物质主要由醇、醛、酮、烯等构成，其含量占总量的 90%。挥发性风味物质中，烯类、醛类、二甲基硫化物对泡菜的主体风味影响较大。醇类及酯类对泡菜的风味影响较微。对不同发酵方法所得的风味物质进行分析，自然发酵泡菜、老盐水发酵泡菜、功能菌发酵泡菜之间主体风味成分存在较大的差异(图 3-17)。自然发酵泡菜中硫化物的含量较高，直接投放功能菌发酵泡菜中醛类、烯类化合物含量较高。

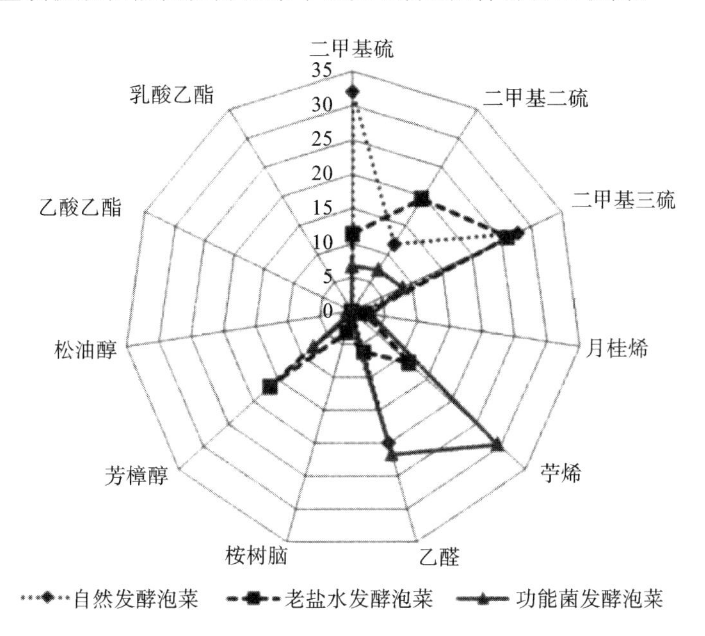

图 3-17　不同发酵工艺的四川泡菜中主体风味成分的含量

香肠的制作过程也有类似的现象。在南欧地区，香肠通常用添加的香料发酵，然后风干，以产生特定的风味且能长时间良好储藏。而在北欧地区，常用烟熏方法来干燥香肠，可给香肠带来其他风味，同时也赋予香肠优良的防腐性能。在中欧地区，如匈牙利，发酵香肠在较低的温度下进行，成熟时间更长，并被霉菌覆盖以帮助保存。

3.4.2　化学反应

虽然食物原料中含有大量的天然风味成分，例如芳香的草莓、甜的胡萝卜、酸甜的苹果和酸味强烈的柠檬。还有许多风味实际上并不是直接在自然界中产生的，而是在收获后通过食物成分和成分之间的化学反应产生的。没有化学反应，就不会有巧克力、咖啡等的风味。产生这些风味需要很多不同的化学反应，因食材、温度和制作工具不同，很难一一列出发生的所有化学反应，因此，产生的风味物质有微妙的差别。

烹制食物时所发生的各种化学反应形成了物质不同的风味，有些在开始烹饪之前就能发生。例如当原料被切开时，酶与作用的底物发生接触，它们就会发生反应。

在一系列不同类型的化学反应中，有些化学反应将大分子分解成小分子挥发性化合物，当进一步加工食物时（通常是在加热的条件下），这些化合物能够极大地影响食物的风味。不同类型的化学反应主要包括水解反应、热分解反应、氧化反应、美拉德反应和焦糖化反应。在烹饪过程中，这些反应可能同时发生。

3.4.2.1 物理处理

大部分新鲜食材加工的第一阶段都是将它们切分成小块。很多情况下，细胞壁的破裂会立即导致酶的释放和酶促反应的发生，从而改变食物的风味。许多植物中，正常情况下由于细胞壁的隔离作用，酶与底物是分离的，以避免在植物生长过程中发生反应。然而，当细胞结构被破坏时，如厨师对原料进行切割或研磨，或用餐者的咀嚼，酶与底物接触，产生风味物质的反应就可能发生。

十字花科蔬菜，包括芥菜、辣根和芥末，其辛辣味是通过硫代葡萄糖酸盐的分解反应产生的。当植物组织受到机械破坏或损伤（如咀嚼/粉碎/摩擦）而释放芥子酶（硫代葡萄糖苷水解酶）时，硫代葡萄糖苷水解为异硫氰酸酯，异硫氰酸酯是产生辛辣味的重要物质。

洋葱、韭菜和大蒜等葱属植物也有类似的过程，当植物组织被破坏时，洋葱、韭菜和大蒜就会释放蒜氨酸酶，从而产生独特的大蒜风味。在这个过程中释放的酶催化分解无臭的风味前体物质——*S*-1-丙烯基-L-半胱氨酸亚砜为丙烯基次磺酸和丙酮酸，前者不稳定重排成硫代丙醛亚砜，具有辛辣和热催泪特征，同时，部分次磺酸重排为硫醇、二硫化物、三硫化物和噻吩等含硫挥发物（图 3-18），它们均对洋葱的香味有贡献。硫代丙醛亚砜在加热条件下，继续分解生成硫醇类化合物，其辛辣味和催泪作用消失，产生了甜味。烹饪中经常利用洋葱、韭菜和蒜这一变化特性，将其作为加热食物的底料，使食物在不同阶段产生不同的风味。

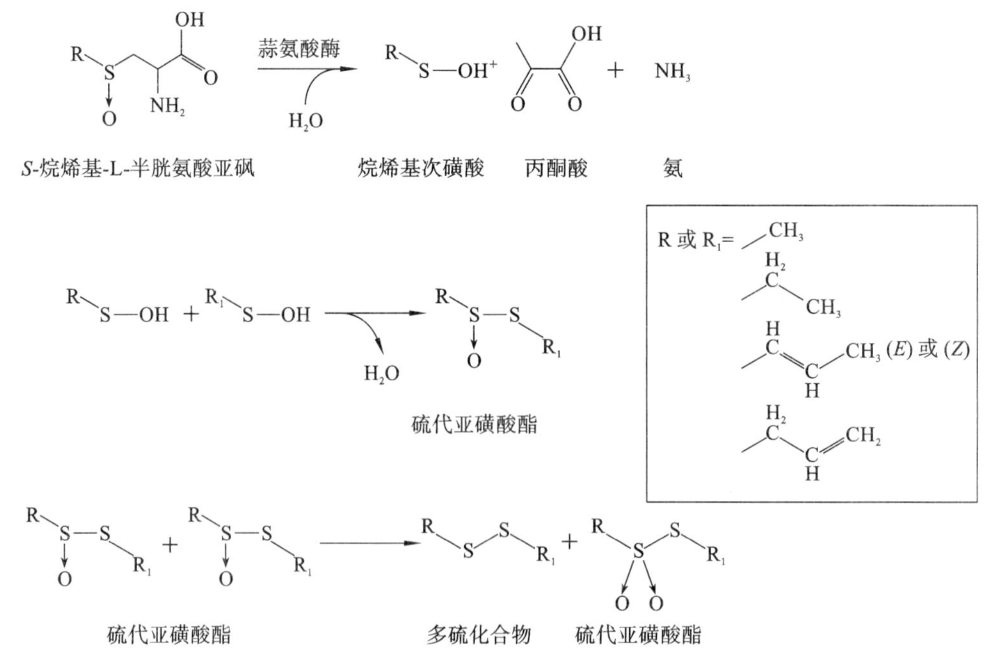

图 3-18 葱属植物中风味成分——含硫化合物的形成

需要注意的是，蔬菜的热加工可使这些反应的酶发生热变性，因此酶促反应需以一种温和的方式进行，随着反应程度的不同，产生多种不同风味。例如，在烤箱中烹制完整的洋葱和大蒜，此时蒜氨酸酶快速灭活，洋葱和大蒜的风味变得不再辛辣。蒜氨酸酶可以在低pH值（低于3）下不可逆地灭活，以防止酶促反应的发生。因此，直接将大蒜切割和粉碎后浸泡在酸中会产生一种较温和的风味。

3.4.2.2 水解反应

食物中的许多重要营养成分是高分子聚合物，例如淀粉和蛋白质，它们既不完全溶解，也不易挥发，所以几乎没有任何可感知的味道或香气。只能通过食物的质地来检测它们的存在。然而，当它们被分解成更小的分子时，就会产生大量的呈味物质。虽然食物中的高分子聚合物有几种不同的降解途径，水解反应可能是其中最重要的。

食物中的三大营养素——糖、蛋白质和脂肪，都能与水发生水解反应，从而使大分子化合物分解成小分子化合物，这些小分子化合物可能具有香气或风味（可能令人愉快，也可能在某些情况下令人不快）。淀粉是一种高分子聚合物，其中单体（单糖）通过糖苷键连接在一起，糖苷键可以通过酸催化或酶催化水解。例如，啤酒酿造的初始阶段淀粉在淀粉水解酶的作用下生成麦芽糖，麦芽糖进一步水解产生更小的葡萄糖，酵母可以将葡萄糖转化为酒精和二氧化碳。面包的甜味同样是由淀粉水解产生的小分子糖产生的。食物中还含有一些其他糖苷类物质，例如硫代葡萄糖苷分解产物会增强食物风味。

除了酶催化和酸催化蛋白质水解外，还可以通过碱催化蛋白质水解产生氨基酸。例如，蛋白质可以在奶酪成熟或肉类煮沸的过程中发生水解反应。在这个过程中，蛋白质先水解为低肽，最终被分解成氨基酸。一般来说，氨基酸疏水性越强，其味道越苦，而亲水性强的氨基酸无味或有甜味。因此，与特定的疏水性氨基酸组合的多肽可能非常苦，如果大量生成，可能会破坏奶酪的风味。谷氨酸（以及含有谷氨酸的小分子肽）常在烹调肉类、汤和美味奶酪时形成。它们是特别重要的物质，因为它们可刺激舌头味蕾上特定的味觉受体，带给人鲜味感受。大多数食物呈酸性或中性，碱性食物相对少见。然而，在用石灰或其他碱性物质处理过的鱼中，碱催化水解对风味的形成起着重要作用。对一些硬蛋白很难用常规的胀发，在加工中往往也加入碱水进行碱发。

脂肪水解酶可以水解脂质形成游离脂肪酸。当考虑到油脂的酸败时，这些反应尤其重要。例如，橄榄油由高脂含量的果肉提炼制成，这些油脂很容易被酶水解，所以油脂中含有大量的游离脂肪酸。油脂中游离脂肪酸含量越高，煎炸时热稳定性越弱，油脂中游离脂肪酸的含量会影响其风味。同样，黄油发生酸败变臭，是由于油脂水解产生的短链脂肪酸（如丁酸）破坏了其风味。

在一些香肠中，发酵和成熟过程中脂质的水解提供了一种具有肥皂味的风味，它对整体风味的影响不一定是负面的。部分水解的脂质形成脂肪酸盐，其具有表面活性，可作为乳化剂使用，在面包中可减少淀粉的结晶和老化。干酪发霉成熟产生非常复杂的风味。最初的成熟是蛋白质水解，然后是脂肪分解，而对于蓝奶酪来说，游离脂肪酸对风味的贡献很大。

3.4.2.3 热分解反应

1. 糖的热分解反应

单糖、低聚糖及多糖都能在高热（200～300 ℃）下裂解产生风味物质。分子量较小的单糖、低聚糖裂解的温度较低，产物更易挥发。糖热分解的产物主要有各种呋喃衍生物，如5-甲基糠醛、羟甲基糠醛、乙酰呋喃等（图 3-19）。焦糖化反应是典型的糖热分解反应，在食品加工、烹饪中应用很广，可将焦糖香气作为高温加热后食品的一个标志和特征。

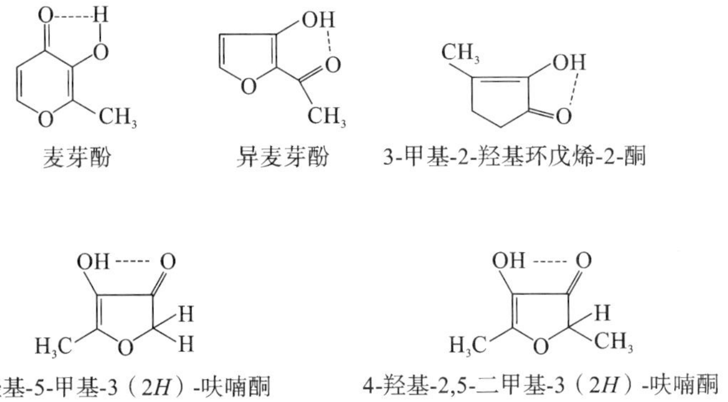

麦芽酚
异麦芽酚
3-甲基-2-羟基环戊烯-2-酮
4-羟基-5-甲基-3（2H）-呋喃酮
4-羟基-2,5-二甲基-3（2H）-呋喃酮

图 3-19 糖热分解产生的主要风味物质

2. 氨基酸的热分解反应（Strecker 降解反应）

氨基酸加热时的脱氨、脱羧及侧链基团的反应，使其生成的风味物质更多、更具特征。一般食品加工或模拟加工时产生大量的风味物质，目前还难以从化学角度来解释它们形成的机制。烷基吡嗪是焙烤食品和类似加热食品的重要风味物质，它们形成的直接途径是 α-二羰基化合物与氨基酸的氨缩合，即发生 Strecker 降解。蛋氨酸作为 Strecker 降解反应的氨基酸，其分子中含有硫原子，可以生成甲磺醛，甲磺醛被认为是煮马铃薯和干酪饼干的重要风味物质（图 3-20）。

还原糖
Strecker降解
α-二羰基
甲磺醛
甲烷硫醇
二甲基二硫化物
2,5-二甲基-乙基吡嗪

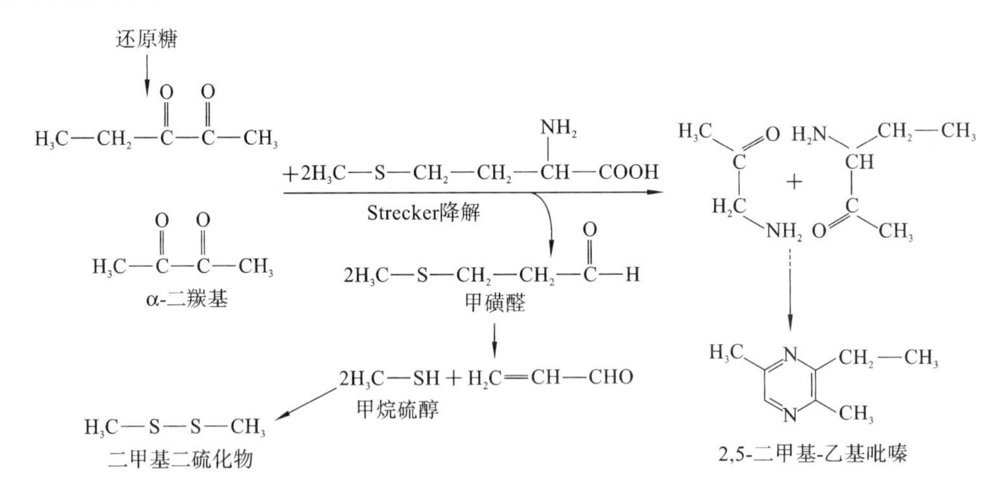

图 3-20 蛋氨酸的 Strecker 降解过程

3. 脂肪的热分解反应

脂肪在水中加热水解生成脂肪酸。一些小分子脂肪酸对物质的风味有较大的贡献。C_4～C_{12}的脂肪酸对干酪、乳制品的风味形成极为重要，其中丁酸是影响最大的化合物。脂肪酸水解后产生内酯类化合物，赋予焙烤食品理想的椰子般或桃子般风味。动物原料熬制的高汤具有鲜香的风味，也是利用这一原理。

原料经过油炸后常产生诱人的香气。各种羰基化合物是油炸食品香气的重要成分，其

中 2,4-癸二烯醛是油炸食品的特有香气成分，其阈值为 5×10^{-4} mg/kg。油炸食品的香气还包括吡嗪类和酯类物质的香气，以及油脂本身的香气。但是，油脂经过长时间的加热处理，例如高温油炸，可导致各种化学反应的发生，包括氧化反应、分解反应、聚合反应和热缩合反应。这种脂肪的热分解反应是烹饪过程中应该避免的反应，一般油炸食品油温应控制在 180 ℃以下。

4. 糖、蛋白质、油脂的相互反应

糖与蛋白质除自身的分解反应外，它们之间还会发生一些反应，产生更复杂的风味成分。美拉德反应是还原糖、氨基酸等相互作用的重要反应，它不仅在生成色素方面发挥作用，在食品风味物质的生成方面也发挥重要作用。油脂加热分解产生大量的羰基化合物（醛、酮），加快了美拉德反应速率。美拉德反应能产生各种杂环化合物，主要有吡啶类、内酯、呋喃类和吡嗪类。在 strecker 降解反应中，可产生吡嗪、醛、酮、烯醇胺等产物（图3-21）。

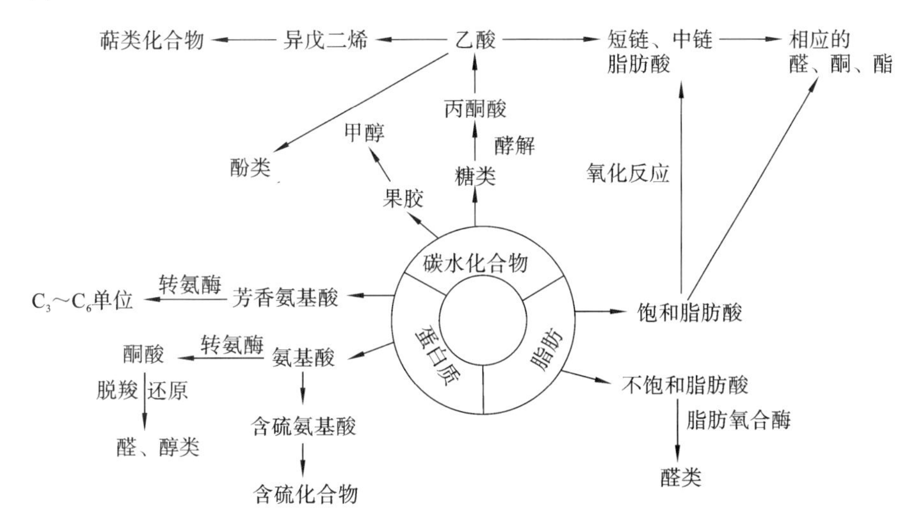

图 3-21　糖、蛋白质、油脂的相互反应

美拉德反应产生的色泽和香气成为某些加工食品特征性的标志。研究表明：不同氨基酸与不同糖之间的反应，通过生成不同的内酯、吡嗪等杂环化合物，产生不同的气味（表 3-7）。

表 3-7　氨基酸和糖共热时产生的气味

温度	糖	甘氨酸	谷氨酸	赖氨酸	蛋氨酸	苯丙氨酸
100 ℃	葡萄糖	焦糖味(+)	旧木料味(++)	炒甘薯味(+)	煮过度的甘薯味(+)	酸败后的焦糖味(−)
	果糖	焦糖味(−)	轻微旧木料味(+)	烤奶油味(−)	切碎的甘蓝味(−)	刺激性臭味(−−)
	麦芽糖	轻微焦糖味(−)	同上	烧湿木料味(−)	煮过度的甘蓝味(−)	甜焦糖味(+)
	蔗糖	轻微氨味(−)	焦糖味(++)	腐烂马铃薯味(−)	燃烧木料味(−)	同上
180 ℃	葡萄糖	燃烧糖果味(++)	鸡舍味(−)	油炸马铃薯味(+)	甘蓝味(−)	同上
	果糖	牛肉汁味(+)	鸡粪味(−)	油炸马铃薯味(+)	豆汤味(+)	犬臊臭味(−−)
	麦芽糖	牛肉汁味(+)	炒火腿味(+)	腐烂马铃薯味(−)	山嵛菜味(−)	甜焦糖味(++)
	蔗糖	牛肉汁味(+)	烧肉味(+)	水煮后的肉味(++)	煮过度的甘蓝味(−)	巧克力味(++)

注：(++)表示良；(+)表示可接受；(−)表示不愉快；(−−)表示极不愉快。

5. 维生素的分解反应

除了糖、脂肪、蛋白质三大营养素外，某些维生素的分解反应也是食物风味形成的重要途径。维生素C在有氧热降解过程中，生成糠醛、乙二醛、甘油醛等。糠醛类化合物是熟牛肉、茶叶、炒花生香气的重要风味物质之一。低分子醛本身具有良好的香气，同时也参与其他反应生成新的嗅感物质。

硫胺素分解产生的成分十分复杂，至今尚未完全清楚。但是硫胺素分解产生的物质具有特征气味，经检测主要成分有呋喃类、噻吩类、噻唑类、咪啶类和含硫化合物。其中，二硫化物(2-甲基-3-呋喃)阈值最小，是真正的具有硫胺素气味的成分。硫胺素分解生成的呋喃类化合物和含硫化合物大多是肉类受热产生香气的成分。

3.4.2.4 氧化反应

食物加工的第二个过程是氧化反应。与水解反应不同的是，几乎所有情况下，氧化反应都会产生不受欢迎的味道。所以通常会在储存和加工新鲜原料时尽量减少或避免氧化反应的发生。

食物的氧化反应最初可以通过酶的方式启动，例如，在收获后的蔬菜中，通过过渡金属离子的催化作用激发氧化反应。例如用铜锅或铁锅煎炸时，铜离子、铁离子会起催化作用以加快氧化反应速率，食物暴露在光照下，也会发生氧化反应。大多数食物成分都容易被氧化，氧化可改变其风味、颜色和营养价值。

厨房中最熟悉的氧化是脂类的氧化反应。植物油和猪油在储存过程中可能会酸败，而猪肉和家禽肉在再次加热时会产生所谓的“过热味”。在脂类中，不饱和度是至关重要的。鱼类的油脂对氧化极为敏感，反刍动物的油脂则不敏感，猪油和植物油具有中等敏感度。脂质氧化的倾向取决于脂质中脂肪酸的不饱和度、水平以及抗氧化性。含有大量不饱和脂肪酸的油，如葵瓜籽油和核桃油，在加热时很容易氧化，不应该用来煎炸，但它们温和独特的味道非常适合作为调料。由单不饱和脂肪酸组成的油，如棕榈油、菜籽油和橄榄油，是煎炸油的完美选择。橄榄油为油炸蔬菜或肉类增添了一种独特的风味，而菜籽油则更为中性，因此受到一些人的青睐。而葡萄籽油和大豆油应该小心使用，因为油脂中含有丰富的多不饱和脂肪酸。

煎炸用油重复使用时，会产生特殊的新风味。但通常这些风味是令人不愉快的，并被归类为“异味”。ω-9油酸系列的脂肪酸主要的氧化产物是壬醛，ω-6系列的脂肪酸的氧化产物主要是己醛，ω-3系列的脂肪酸的氧化产物主要是丙醛。己醛是一种重要的“过热味”风味物质。

厨房中食物氧化的另一个途径是多酚类物质的氧化聚合，它会导致鳄梨和苹果的酶促褐变。酶促褐变的控制对茶叶的生产也很重要。绿茶是通过加热新鲜采摘的茶叶使多酚氧化酶失活而获得的，红茶的颜色来自多酚氧化酶的活性作用，而乌龙茶则是通过加热严格控制酶的活性而获得浅棕色的(即通常所说的绿茶为非发酵茶，红茶为发酵茶，乌龙茶为半发酵茶)。值得注意的是，在茶叶中类胡萝卜素的共同氧化对发酵茶的花色特点形成至关重要。

脂质的氧化是自由基作为反应中间体的链式反应。脂质的氧化依赖于活性氧或自由基对脂质的攻击，形成无风味的脂质氢过氧化物。脂质氧化所形成的主要氧化产物如图3-22所示。由金属离子催化产生的活性氧形成羟基自由基，能够引发脂质氧化的链式反应。

脂肪氧合酶(图 3-22(D))直接催化形成脂质过氧化氢,叶绿素和其他色素的光敏作用(图 3-22(C))也很重要。二次脂质氧化产物是由过氧化氢裂解形成感官阈值较低的醛类和酮类。

金属催化氢过氧化物的裂解可能是由于血红素的氧化还原活性。传统北欧人在烹饪中用百里香给血香肠增香是天然抗氧化剂应用的一个例子。百里香中含有酚类化合物,可以提供抗氧化保护。维生素 E 也属于酚类抗氧化剂,它们将一个氢原子提供给脂质自由基,导致链断裂,如图 3-22(A)所示。另一个传统的天然抗氧化剂是迷迭香,由于迷迭香中含有酚类物质,其本身就具有预防"过热味"作用。

有趣的是,脂肪氧合酶即使在低温下也能保持活性。这就是在冷冻储藏前对蔬菜进行焯水可保持其鲜味的重要原因。焯水可以抑制脂肪氧合酶引发的脂质氧化(图 3-22(D))。

类胡萝卜素与植物细胞叶绿体中的叶绿素一起产生光氧化保护作用(图 3-22(C))。光氧化是一个相对缓慢的过程,在厨房中很少发生。然而,光氧化引起的变化可以在有光照条件下储藏的食物中发生。例如,初榨橄榄油和其他绿色植物油不应该在光照下储存,因为它们会慢慢被氧化。

第三种抗氧化机制依赖于类黄酮对促氧化金属离子的络合作用(图 3-22(B))。洋葱富含槲皮素,当添加到高脂肪的新鲜香肠中时,这种抗氧化作用机制可能被激活。富含儿茶素的绿茶有可能在其他菜肴中发挥类似的潜在作用。

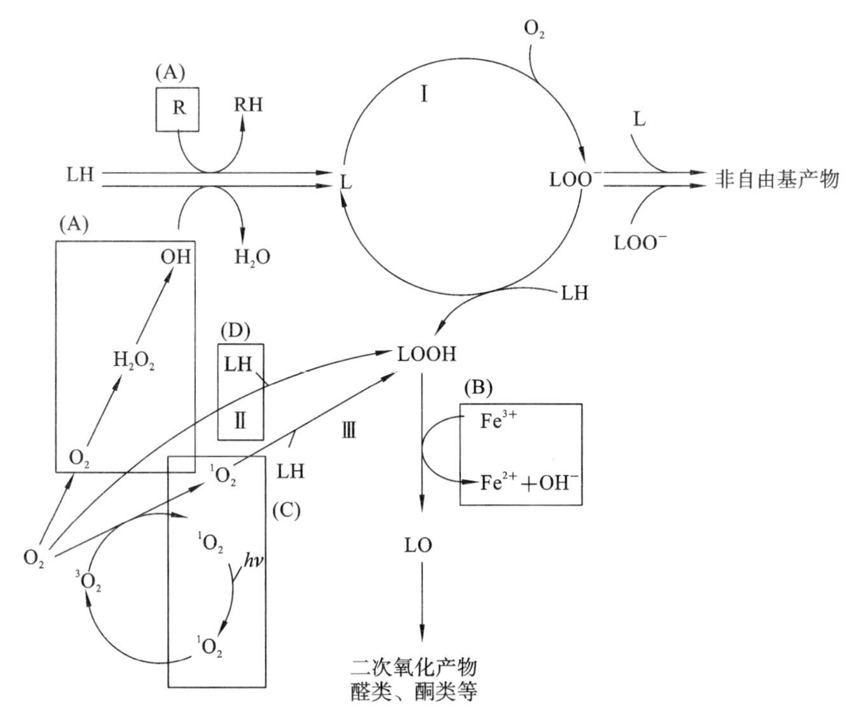

图 3-22　由自由基或酶(A)、过渡金属催化(B)、光化学(C)或脂肪氧合酶(D)引发的脂质氧化

原料的质量对原料稳定性至关重要。对于非反刍动物来说,物质的稳定性与进食方式密切相关。饲料中大量的不饱和脂肪酸会增加肉类氧化的风险,而草药或橡子等其他来源的饲料含有丰富抗氧化物质,能提供保护作用。在伊比利亚半岛上所生长的猪,用来生产干腌火腿获得很高的评价,因为它们以富含抗氧化物质的橡子为食。其猪肉产品的脂质氧化具有滞后的特征,持续时间取决于喂养的饲料和方式。只要抗氧化剂含量足够,脂质就会得到保护,而当抗氧化剂耗尽时,氧化作用就会开始,肉很快发生酸败。

3.4.3 美拉德反应、Strecker 降解反应和焦糖化反应

烹饪(加热)食物时发生的化学反应会生成风味物质。其中,美拉德反应、Strecker 反应和焦糖化反应不仅是形成熟肉风味的主要原因,而且也是巧克力风味、咖啡风味、果糖焦糖风味、新鲜烤面包等风味形成的主要原因。这些味道都是通过化学反应产生的,并不是天然的。大多数人会认为这些味道完全是天然的,同时认为一些被提取出来的基本风味物质(例如柑橘类水果风味物质)重新被添加到食品中是人工的。烹饪科学的挑战之一是帮助人们更好地理解风味是如何产生的,并判别所谓的“天然风味物质”和“合成风味物质”产品之间的细微差别。

加热食物时,还原糖和其他羰基化合物与氨基酸(或其他胺类化合物,包括肽和蛋白质)进行复杂的反应,产生挥发性和分子量较高的化合物,包括色素和非均相聚合物。1912年,Louis Maillard 首次描述了在加热氨基酸和葡萄糖的混合水溶液时形成了棕色产物。从那时起,美拉德反应就成为许多食品和食品模型系统研究的对象。美拉德反应及其相关反应非常复杂,很难完全理解或预测。然而,这些反应产物的抗氧化、毒理学和抗诱变特性却有大量的文献记载。

大多数食物是复杂的系统,其中许多成分在加热时会发生反应。因此,美拉德反应经常与其他反应同时发生,如 Strecker 降解反应和焦糖化反应。美拉德反应也与脂类的热降解有关,因其产生具有脂肪族侧链的杂环化合物,导致理想风味产生不足。

3.4.3.1 美拉德反应

美拉德反应又称羰氨反应,其过程非常复杂,各个阶段的反应机制至今并未完全研究清楚。反应产物的种类也很多,主要的终产物一类为类黑色素,另一类是杂环化合物。由于目前类黑色素的结构不太清楚,大多从反应时段上将羰氨反应分为三个阶段。

(1)初期阶段:主要特征为有少量水分产生,pH 值下降;但从食品宏观现象来看,并无多大变化,没有类黑色素产生。这一阶段的化学反应包括以下几个类型。

羰氨缩合反应:氨基化合物的氨基与羰基化合物的羰基发生加成、脱水等反应;例如,氨基酸中的氨基与葡萄糖的醛基反应,可生成 *N*-葡萄糖胺(Schiff 碱)。这个反应是可逆的,一般碱性条件有利于正反应发生。

分子重排(Amadori 重排)反应:羰氨缩合产物快速自身发生分子内基团的重新组合,即分子重排,产生一种较稳定的产物,此时反应不可逆。*N*-葡萄糖胺(醛糖胺),经过分子重排反应,转变成 1-氨基-1-脱氧-2-酮糖(果糖胺)。该物质还可与葡萄糖反应,生成双果糖胺(图 3-23)。

同样,若用果糖反应,缩合产生的 *N*-果糖胺可经 Heyenes 分子重排,使 *N*-果糖胺进一步反应生成 2-氨基-2-脱氧葡萄糖(图 3-24)。

(2)中期阶段:Amadori 重排产物可以通过两种途径分解。1,2-烯醇化是由 Amadori 重排产物中的 N 原子质子化促进的,在酸性条件下,N 原子质子化有利于 3-脱氧酮的形成。在碱性较强的环境中,Amadori 重排产物的质子化效果较弱,间接发生 2,3-烯醇化。因此,碱性条件有利于通过 2,3-烯醇化形成羟基呋喃酮和 1-脱氧酮(图 3-25)。

①1,2-烯醇化途径:果糖胺经 1,2-烯醇化,生成胺类物质,自身脱水、环化生成羟甲基糠醛(HMF)。HMF 的积累与褐变速率关系密切,HMF 的含量积累到一定程度时会快速进入反应末期,从而产生褐变,因此可以根据 HMF 的生成量、生成速率来监测食品中褐变

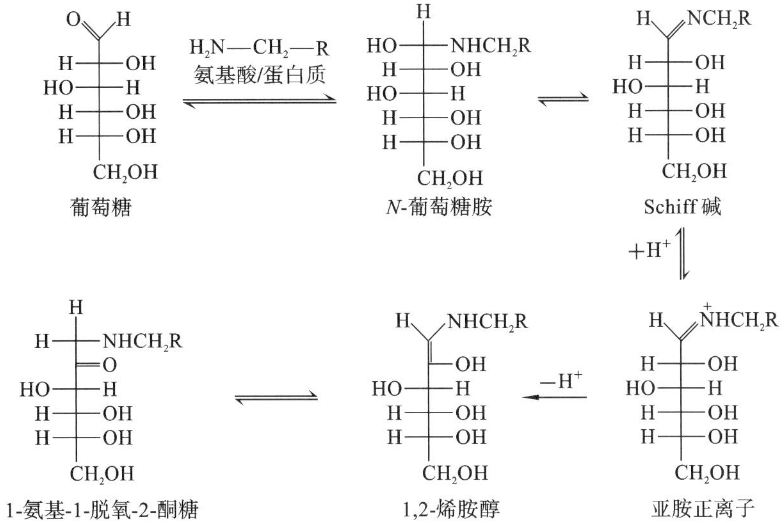

$H_2N—CH_2—R$
氨基酸/蛋白质
葡萄糖
N-葡萄糖胺
Schiff 碱
$+H^+$
$-H^+$
1-氨基-1-脱氧-2-酮糖
1,2-烯胺醇
亚胺正离子

图 3-23　Amadori 重排反应

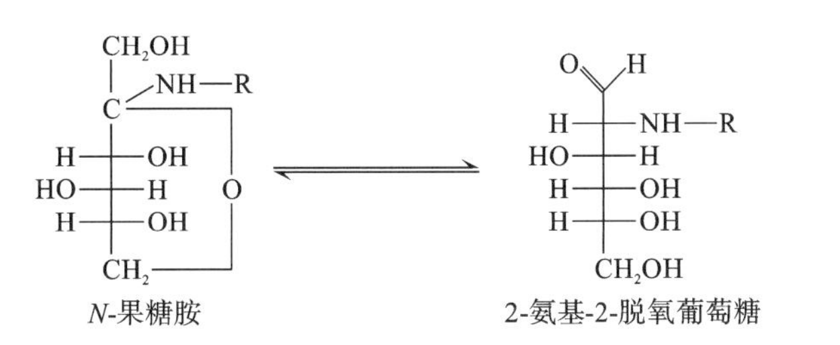

图 3-24　Heyenes 分子重排

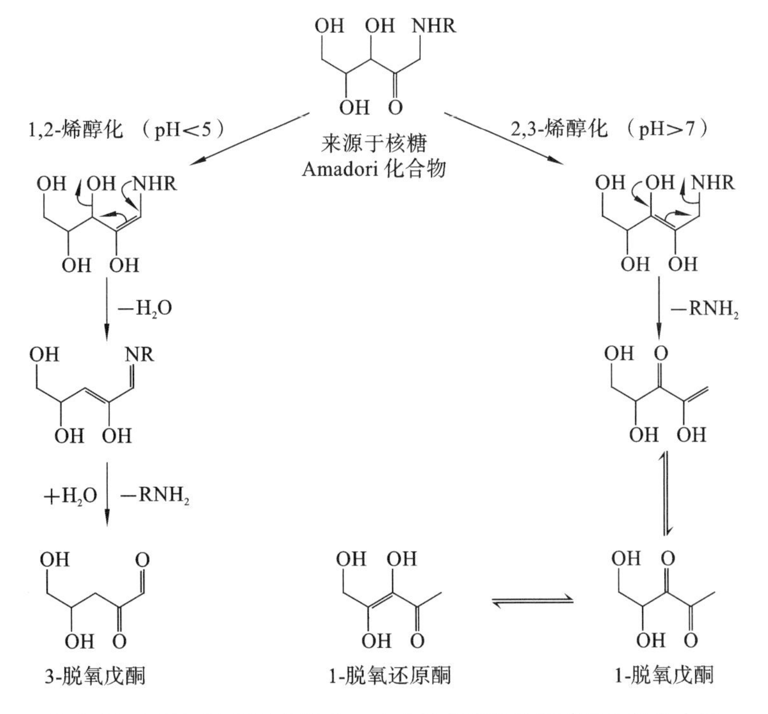

图 3-25　不同 pH 值条件下 Amadori 重排产物的烯醇化途径及产物

反应的发生情况。同时，HMF 也能分解成活性更大的物质（图 3-26）。

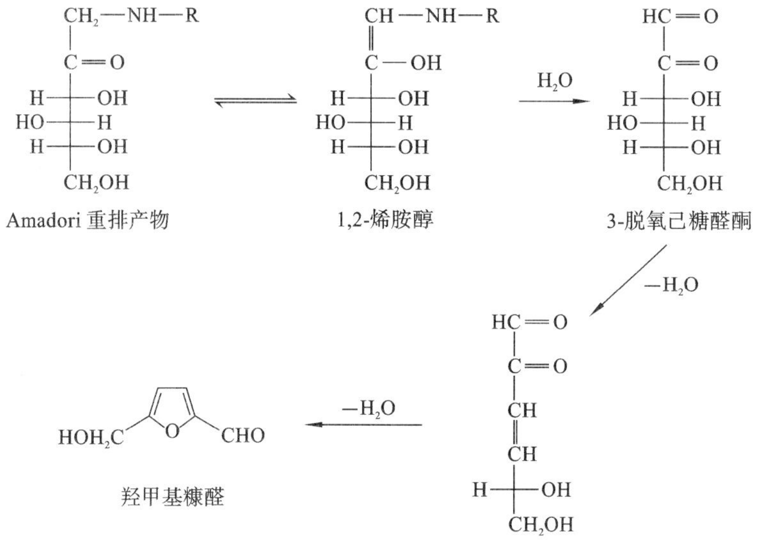

图 3-26　羟甲基糠醛（HMF）的生成

②2，3-烯醇化途径：果糖胺经 2，3-烯醇化，生成还原酮（图 3-27），还原酮化学性质非常活泼，可产生一系列羰基化合物，如乙醛、2-氧丙基、羟丙酮和丁二酮。图 3-28 所示为脱氧戊酮降解的过程。正是在美拉德反应的这个阶段，许多不同风味物质在相互竞争的各种反应中形成。

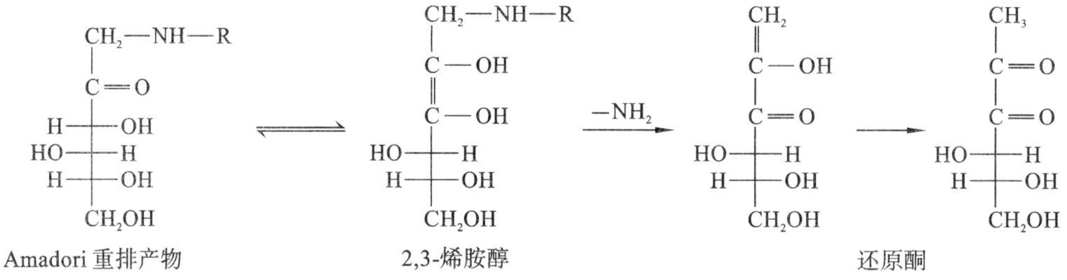

图 3-27　Amadori 重排产物经 2，3-烯醇化形成还原酮

③Strecker 降解：果糖胺直接发生裂解，产生二乙酰、丙酮醛等产物。其中，有些中间产物是 α-二羰基化合物，它能与氨基酸进一步反应，使氨基酸分解，这个反应称为斯特莱克降解（Strecker 降解）。反应如图 3-29 所示。

在 Strecker 降解中，α-氨基酸分解为 CO_2 和少了一个碳原子的相应的醛，它们都能挥发；特别是醛反应活性高，又有气味。而 α-二羰基物变成氨基还原酮，它的反应活性也高，加热时通过烯醇化异构化为烯醇胺。烯醇胺分子间缩合环化生成一种新的杂环化合物——吡嗪类物质；这个物质是加热香味的主要成分和特征成分。其形成过程如图 3-30 所示。

控制食品 Strecker 降解反应的程度非常重要，这不仅是因为反应超出一定限度会给食品的风味带来不利的影响，而且因为降解的产物可能属于有害物质，大量的氨基酸也在该反应中分解。

美拉德反应中还原产物的形成与氨基酸的 Strecker 降解有关。该反应涉及 α-氨基酸

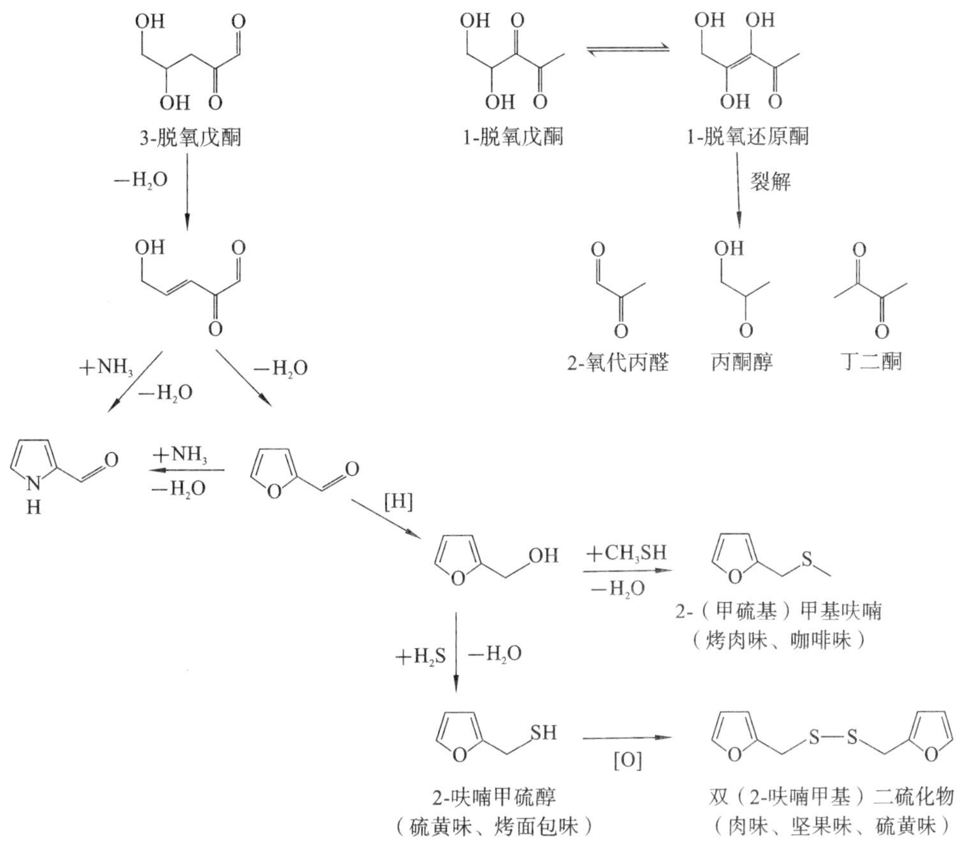

图 3-28　脱氧戊酮的一些可能的降解产物

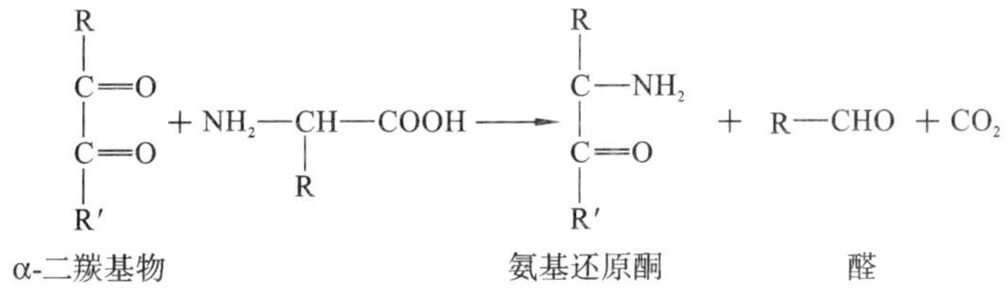

图 3-29　Strecker 降解生成酮和醛

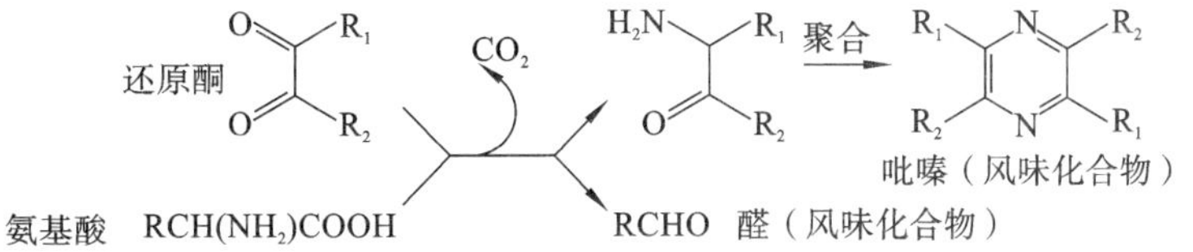

图 3-30　Strecker 降解生成吡嗪类物质

与共轭二羰基化合物缩合形成席夫碱(Schiff 碱),Schiff 碱烯醇化生成易脱羧的氨基酸衍生物。少一个碳原子的新 Schiff 碱水解分裂成胺和醛,新生的胺和醛是对应的原始氨基酸少一个碳原子的产物。Strecker 降解反应的实质是一种转氨作用,这是氮与类黑色素结合的一个重要反应。

脯氨酸和羟脯氨酸等次生氨基酸由于转氨受阻而能抵抗 Strecker 降解反应。然而,在与糖的加热反应中,脯氨酸是具有谷类风味化合物的重要前体。半胱氨酸的 Strecker 降解反应产生氨、乙醛、2-巯基乙醛和硫化氢，它们是杂环类风味化合物的重要前体。蛋氨酸还可以通过进一步降解形成氨、甲硫基丙醛、甲硫醇和二甲基二硫化物。在Strecker降解过程中生成的氨基酮可以通过缩合反应形成不同种类的烷基吡嗪，通常存在于烘烤食品中，如坚果、面包和烤肉类。

美拉德反应和中间阶段的相关反应提供了一个复杂的化合物体系，这些化合物经过重排和进一步的反应，产生了一些杂环(挥发性)化合物，其中有几种对烹调风味非常重要。此即为美拉德反应的最后阶段。该阶段还不可逆地生成羰基化合物，即通过与胺或不涉及胺的还原醛生成高分子量(棕色)杂环聚合物——类黑色素。

糖的焦糖化也会引起褐变和挥发性风味化合物的产生，并涉及烯醇化、脱水反应和裂解反应。当温度高于150 ℃时，糖脱水生成2-糠醛(戊糖)和5-羟甲基-2-糠醛(己糖)。在较高的温度下会产生类黑色素和一些挥发物，包括呋喃、羰基化合物等。在美拉德反应中，胺类化合物可以在较温和的条件下发生同样的反应，并作为生成其他杂环化合物的来源。

除了经典的美拉德反应外，人们还提出了其他反应途径，其中一些涉及反应的早期阶段，如氨基脱氧酮的双取代与氨基酸的再生。其他途径包括在Amadori重排之前，Schiff碱的糖基部分早期裂解。该路线似乎发生在中性和碱性条件下，涉及形成 C_2 和 C_3 羰基烷基胺碎片，通过聚合形成 *N*-杂环聚合物。利用质谱和同位素示踪法(^{13}C 标记的糖)进行反应机制的研究提供了更多关于美拉德反应中糖分子可能的裂解细节。

在反应的中间阶段，除了生成还原酮外，氨基酮糖或氨基醛糖还可以通过其他途径形成各种杂环化合物，包括吡啶、苯并吡啶、呋喃、含硫环状化合物、含氮环状化合物等。同时，还生成大量的裂解产物，它们是风味物质的一个重要来源(图3-31)。

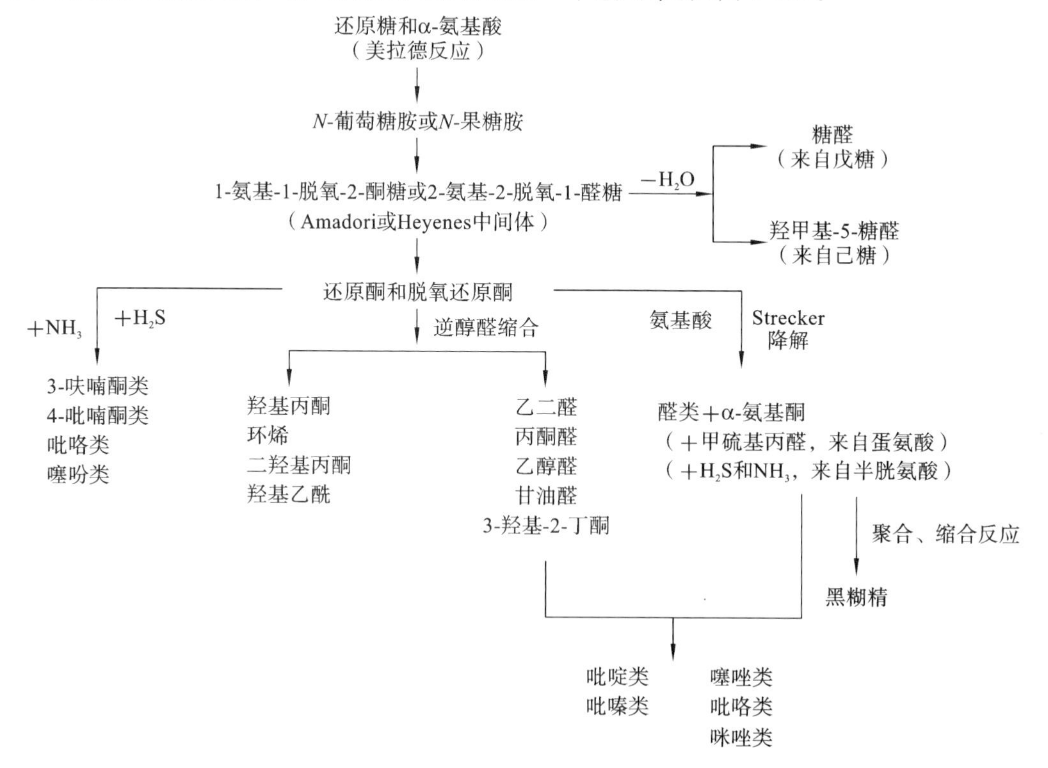

图3-31 美拉德反应历程和重要产物示意图

(3)终期阶段:主要发生醇醛缩合反应、醛胺缩合反应,逐渐形成高分子量的有色物质——类黑色素。它是中期阶段各种产物的随机缩聚产物,分子量不定,而且往往与蛋白质中赖氨酸共价交联,形成含蛋白质的黑糊精。这个阶段最明显的特征是颜色迅速变深;另外不溶物的量增加,黏性也明显增强。

3.4.3.2　影响美拉德反应速率和方向的因素

美拉德反应强烈依赖反应条件和反应物浓度。影响挥发性风味物质产生较重要的参数是温度、时间、含水率、pH 值以及胺和羰基前体类型与组合。绝大多数食品是由不同物质组成的混合物,反应可能存在反应物某一局部强烈而另一局部受到抑制的现象。美拉德反应通常在产品表面最为严重,原因在于表面局部含水量降低,导致前体物浓度迅速增大、反应速率增快。此外,产品表面局部温度可能超过 100 ℃。在烹饪过程中,水分从产品内部向表面移动也可能有助于美拉德反应前体物向表面移动,如单糖和氨基酸,这些前体物由于在产品表面不断地参与反应而相应性地减少。美拉德反应所引起的食物物理性质的变化,也有助于食品颜色和风味的形成。从液态到橡胶态、玻璃状态的相变,显著影响反应的过程。当温度在玻璃态转变温度(T_g)以下时,反应速率通常较小,温度接近或高于 T_g 时,反应速率增大。不同的单糖反应速率不同,而反应速率与氨基酸的损失率关系不明显。当低于玻璃态转变温度(T_g)时,玻璃态小分子物质的流动性降低,可能是限制美拉德反应有效进行的一个因素。表 3-8 总结了美拉德反应不同阶段发生的变化。

表 3-8　美拉德反应不同阶段发生的变化

反应	初期阶段	中期阶段	终期阶段
颜色产生或变色	—	+	+++
风味产生或异味产生	—	+	++
脱水	+	+	+
pH 值降低	+	+	+
抗氧化活性	+	+	+
维生素 C 活性损失	+	—	—
蛋白质生物价损失	+	+	+
荧光反应	—	+	+

(1)糖的种类:羰基化合物中,羰基越活泼,美拉德反应越易进行。α、β-不饱和醛容易发生反应,α-二羰基化合物、维生素 C 等也容易发生反应。单糖比双糖反应速率快,醛糖比酮糖反应速率快,还原糖比非还原糖反应速率快。戊糖比己糖反应速率快约 10 倍。各种单糖的褐变反应速率顺序如下:五碳糖>六碳糖;醛糖>酮糖。戊糖中,核糖>阿拉伯糖>木糖;己糖中,半乳糖>甘露糖>葡萄糖>果糖。

(2)氨基化合物的种类:一般胺类较氨基酸易于发生褐变反应。在氨基酸中,则以碱性较强的氨基酸反应速率较快。蛋白质分子中所含氨基能与羰基化合物发生美拉德反应,但其反应速率要比肽和氨基酸缓慢。通常反应速率大小顺序:胺>氨基酸>肽>蛋白质。含 ε-NH_2 的氨基酸反应活性远远大于含 α-NH_2 的氨基酸;氨基酸侧链不同,其发生褐变反应的程度也不同,碱性氨基酸有高褐变反应活性。氨基酸反应速率大小顺序:赖氨酸>色氨酸>精氨酸>谷氨酸>脯氨酸。因此,可以预料,在美拉德反应中赖氨酸损失是非常严重的。例如鲜牛奶在100 ℃加热几分钟，赖氨酸损失超过5%，脱脂奶粉在150 ℃加热几分钟则损失40%。

(3)温度的影响：美拉德反应受温度影响比较大，遵循van't-Hoff经验规律，温度每升高10 ℃，其褐变反应速率增加2～4倍。因此，烹饪中火候的控制对菜点色香味的影响很大，这与温度影响美拉德反应速率有关。一般来说，由于反应速率受温度变化影响大，因此在技术上准确控制美拉德反应速率较困难。这也是烹饪中火候难以控制的原因之一。

美拉德反应一般在30 ℃以上有褐变发生，当温度为120 ℃时，不论有氧或无氧存在，其褐变速率相同。而20 ℃以下则进行较慢，在10 ℃以下能较好地抑制反应，所以许多食品可冷冻保存。不过，有些食品，特别是油脂类食品，在冷冻时，因局部浓缩效应，仍会发生褐变，如冷冻鱼肉、乳品、蛋粉等。

(4)pH值的影响：pH值是控制美拉德反应的重要因素。pH值影响游离氨基酸（硫醇和氨基）的反应活性和Amadori重排产物的烯醇化。在煮熟的肉类中，初始pH值变化较小(4.0～5.6)，但香味和挥发物的变化较大。挥发性化合物的总量随着pH值的降低而增大。在酸性条件下，呋喃硫醇及其氧化产物优先生成。其中一些化合物具有浓郁的肉香味。其他杂环化合物，如噻唑和吡嗪的形成，在较高的pH值条件下容易发生。在谷物挤压蒸煮中，食物中添加氢氧化钠而改变pH值，香气挥发物的范围和水平也有显著变化。然而，与温度和湿度的综合影响相比，这些变化并不明显。

当pH值为4～9时，美拉德反应速率随pH值的升高而加快。pH值过低(pH<5)时，反应速率较慢或不发生褐变。此时氨基酸或蛋白质中的氨基被质子化，以$-NH_3^+$形式存在，阻碍了氨基与羰基形成氨基糖。当pH值为6～9时，最适合美拉德反应的发生，这恰好是大多数食品的pH值。很多酸性食品，例如泡酸菜，因pH值低而不易褐变。烹饪过程中为了防止食品褐变有时加入食醋，减少褐变程度，例如，炒土豆丝或土豆片时，加入食醋或柠檬酸，能有效控制褐变。

(5)金属离子：Fe^{3+}、Cu^{2+}等对美拉德反应有促进作用，因此，食品加工处理、储藏过程中要防止金属离子的混入。有些金属离子（如Mn^{2+}、Sn^{2+}等）对美拉德反应有抑制作用。在卵清蛋白-葡萄糖-金属离子组成的模拟体系中，研究表明，当温度为50 ℃、相对湿度为65%时，Fe^{3+}、Cu^{2+}等对褐变反应有促进作用，而Na^+对褐变反应无影响。

(6)水分活度的影响：水分活度对美拉德反应影响较大，水分活度过高或过低都不利于美拉德反应的发生。当食品中水分活度为0.6～0.85时，反应最容易发生。完全干燥情况下（水分活度低于0.2），美拉德反应难以进行，容易褐变的奶粉或冰淇淋粉的水分需控制在3%以下，才能抑制美拉德反应。而液体食品水分较高，其美拉德反应速率较缓慢，原因是水分活度大大降低了反应物的浓度，也阻碍了温度的上升，从而降低了反应速率。

(7)氧气：虽然氧气并不能直接影响美拉德反应，但它对脂肪含量高以及酚类物质含量高的食品的变色有明显的促进作用。低氧或无氧降低了脂肪和酚类物质的氧化速率，减少了羰基化合物的生成。氧气虽然对早期羰氨反应没有影响，但对反应中、后期影响较大。因此，容易褐变的食品，在10 ℃以下的真空储存，可以减慢褐变的发生。

(8)褐变抑制剂：一些物质能抑制美拉德反应，起到防止食品褐变的作用，称为褐变抑制剂。常用的褐变抑制剂是SO_2、亚硫酸盐等还原剂。亚硫酸根与羰基结合形成加成化合物，其加成物能与氨基化合物缩合，缩合物不能进一步生成Schiff碱和*N*-葡萄糖胺，从而阻止美拉德反应的发生（图3-32）。一些钙、镁盐有时也用作褐变抑制剂。这主要是利用氨

基酸与 Ca^{2+} 或 Mg^{2+} 形成不溶性盐，从而阻止其与羰基接近，避免反应的发生。

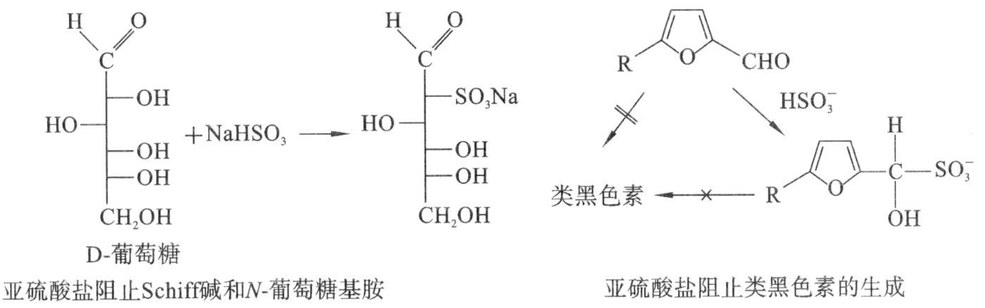

D-葡萄糖

亚硫酸盐阻止Schiff碱和*N*-葡萄糖基胺　　　亚硫酸盐阻止类黑色素的生成

图 3-32　亚硫酸盐作为褐变抑制剂的作用机制

3.4.3.3　美拉德反应与脂质的相互作用

一些研究指出脂质降解的化合物参与了美拉德反应。已鉴定出的许多挥发物中，大多数为环中含有氮或硫的长链烷基取代杂环。这些脂质降解产物与美拉德反应化合物相互作用的机制研究已经在前面进行了综述。其中一些烷基取代杂环的风味特征曾被描述为“脂肪”“脂肪样”“绿色”“蔬菜样”的术语。然而，它们的香气阈值通常比美拉德反应化合物高得多，而美拉德反应化合物具有令人满意的香味。因此，在竞争反应中间体时，脂质降解产物可能会减少烹饪过程中的美拉德风味物质。不饱和脂肪酸和共轭碱的含量可能是这些反应发生的重要原因。

例如，2,4-癸二醛与氨或二硫化氢反应生成 2-戊基吡啶、2-己基噻吩和 2-戊基-2*H*-噻吩，如图 3-33 所示。在焙烤谷物中，当二级脂质氧化产物含量相对较高时，已鉴定出 *N*-乙基、*N*-丁基和 *N*-戊基-2*H*-硫吡喃。Elmore 等在食用添加鱼油或亚麻油的熟制牛肉中发现了许多烷基噻唑和烷基-3-噻唑类化合物：4、5 位取代基为甲基或乙基，2 位取代基为异丙基、异丁基，C_4～C_9 的正烷基。添加食用鱼油的牛排中 2-*N*-烷基-3-噻唑啉的浓度远远高于对照组。这些噻唑类化合物也可能是美拉德反应的中间产物与脂质降解产生的醛相互作用形成的。

3.4.3.4　美拉德反应衍生物及其在食品中的存在

在美拉德反应中，风味物质的形成只是一个次要的反应。因为大多数反应物会转化为二氧化碳、类黑色素和大量的中间产物，而不是挥发物。然而，在美拉德反应中可能会产生大量的挥发性和非挥发性化合物，其中许多已被发现并鉴定出具有感官特征。将美拉德反应产生的挥发物可分为三类，以提供一种方便的方法来观察复杂混合物的来源。这些化合物按其形成和起源阶段进行分类，包括：①单糖脱水形成的产物，有呋喃、环戊烯、羰基化合物等物质；②氨基酸降解产物，如 Strecker 降解生成的醛类；③进一步相互作用的产物。

这些化合物中有许多具有较高的香气阈值，量较大时才能形成风味。然而，属于第三类的化合物包括各种小分子、杂环化合物（吡咯、吡啶、吡嗪、咪唑、噁唑、噻吩、噻唑、噻嗪、呋喃硫醇和硫化物）。其中一些化合物的香气阈值相当低，它们的风味通常以“坚果味”“烘烤味”“烤面包味”为特征，“煮熟的蔬菜味”“焦糖味”和“肉味”的香气通常出现在经过热处理的食物中，如咖啡、巧克力、坚果、蔬菜、肉类和谷物。美拉德反应中产生的风味物质所组成的混合物通常非常复杂。单个化合物对美拉德反应风味的贡献是难以预测的，因为它们能在混合物中产生不同的效果，如抑制作用、促进作用，在少数情况下甚至有协同作用。此

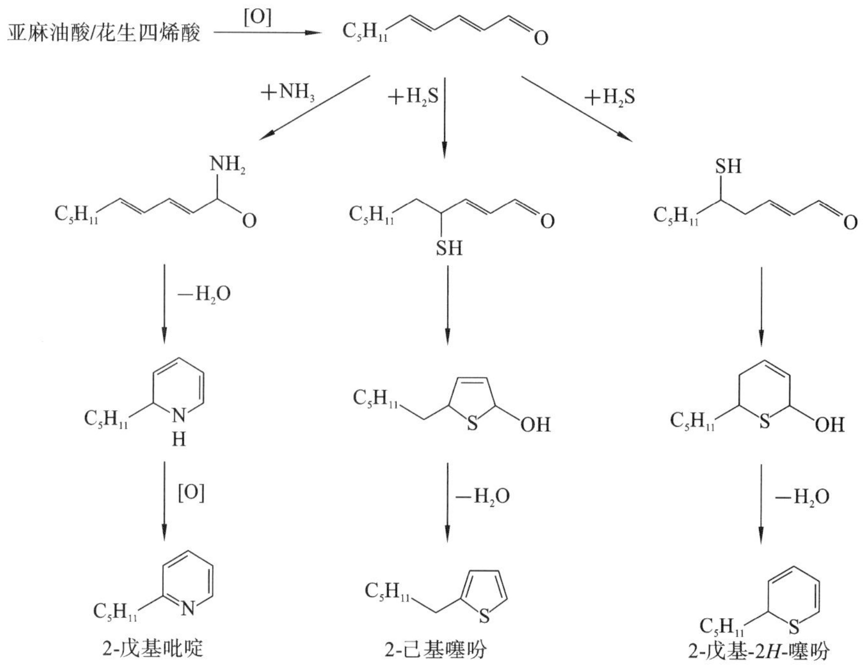

图 3-33　来自多不饱和脂肪酸 2,4-癸二烯醛与硫化氢或氨水反应生成长链烷基支链杂环化合物的反应途径

外，这些化合物既能产生嗅觉，也能产生味觉。

在少数情况下，美拉德反应化合物被认为是典型食物风味的主要来源。例如，2-呋喃基甲硫醇是一种影响新烤咖啡香气的化合物，而 2-乙酰-1-吡咯啉和稍低浓度的 6-乙酰-2,3,4,5-四氢吡啶已被确定为面包皮和爆米花关键香气化合物。这些与强烈的“烘烤”香气相关的化合物所产生的化学反应在前面已经做了综述。烷基吡嗪通常是美拉德风味在烹饪过程中发展程度的标志。

肉类由于可以不同的方式烹调，而且来源的物种不同，因此很难确定关键化合物。牛肉、鸡肉和猪肉经美拉德反应产生的风味比其他物种的肉类的美拉德反应产生的风味得到更广泛的研究。美拉德反应产生的风味已经被证明取决于原料肉的质量和烹饪方法，许多不同的杂环化合物都得到了确认。肉的风味前体物不同于植物原料的风味前体物，肉中的脂肪可以与美拉德反应的中间体相互作用，动物死后的酶反应也会增高美拉德反应重要前体物的水平。包括一磷酸腺苷（AMP）在内的核糖核苷酸在动物死后的酶解可导致相对较高的核糖水平。这种醛糖是典型的“肉味”风味化合物的有效前体物，其香气阈值非常低，如 2-甲基-3-呋喃硫醇（MFT）和双（2-甲基-3-呋喃基）二硫醚（MFT-MFT），如图 3-34 所示。虽然这些化合物早已从核糖和半胱氨酸的模型反应中为人所知，它们也已在熟牛肉中被鉴定出来。此外，磷酸化的单糖和多肽在动物屠宰后被水解，在牛肉处理过程中可以产生更高水平的磷酸化单糖和多肽。在猪肉中，核糖是不稳定的，葡萄糖和果糖是较重要的美拉德反应前体物。

对牛肉中主要风味化合物的研究表明了美拉德反应的重要性。在水煮牛肉中，2-甲基-3-呋喃硫醇（MFT）、2-呋喃基甲硫醇、2-乙酰-1-吡咯啉、双（2-甲基-3-呋喃基）二硫醚（MFT-MFT），以及蛋氨酸和部分脂质降解产物对感官影响较大。在烤牛肉中，其他美拉德反应

化合物在感官上更为重要，包括2-乙酰-2-噻唑啉、4-羟基-2,5-二甲基-3(2*H*)-呋喃酮、2-乙基-3,5-二甲基吡嗪、2,3-二乙基-5-甲基吡嗪和甲基吡嗪(图3-34)。

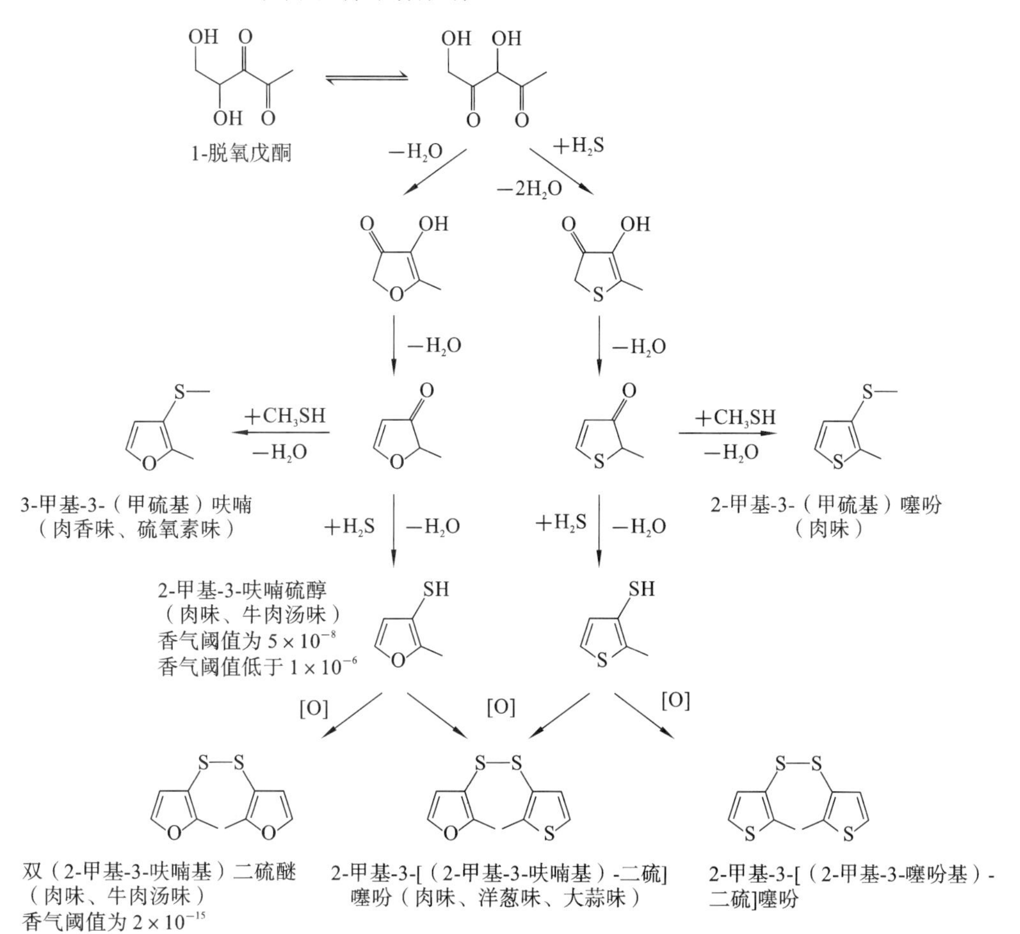

图3-34 从核糖的Amadori重排产物中形成一些重要的风味化合物

虽然在美拉德反应体系中已经鉴定出许多挥发性化合物，并与许多食物的香气有关，但它们对苦味的影响也应提到。糖脱水产物如2-糠醛、5-羟甲基-2-糠醛、2-甲基-3-羟基-4*H*-吡喃-4-酮具有苦味，烷基吡嗪和一些噻唑类也具有苦味。

在羰基化合物与脯氨酸反应的生成物中鉴定出特有的苦味化合物环[b]氮杂䓬-8(1*H*)-酮和吡咯烷基-2-环戊酮-1-酮，在脯氨酸模型反应体系和啤酒中鉴定出同样的生成物。在富含脯氨酸的面团的面包皮中也发现了环[b]氮杂䓬-8(1*H*)-酮和大量2,3-二氢-1*H*-吡咯烷类。除了美拉德反应生成的挥发性苦味化合物外，还发现了一些非挥发性的苦味化合物，例如，可可中的二酮吡嗪。近年来，通过味觉稀释分析鉴定了多种苦味化合物。噻吩衍生物显示极低苦味阈值，在水溶液中低于 6.3×10^{-5} mmol/L。

美拉德反应和焦糖化反应是烹饪食物时产生各种风味的重要反应。虽然许多美拉德反应前体物和条件已经被确定会影响不同食物中反应的过程，但在烹饪中仍将依赖于实验对这些前体物和条件的控制来实现理想的结果。尽管美拉德反应中风味物质的形成受到广泛关注，但对有毒化合物生成的控制也非常重要。例如，色氨酸可以有效地阻止咪唑喹啉类化合物的生成，而烹饪方法可以针对天冬酰胺生成丙烯酰胺进行优化。无论是从消费者的角度，还是从厨师的角度，烹饪人员在准备食材时都应该注意这点。有些有毒的化合物在烹饪过程中会蒸发，可能无法进入食物，但需要从烹饪环境中有效去除，以保障厨师的健康。

3.5 肉汤的制作与风味形成研究

烹饪中的化学成分是极其复杂的，因此很难确切地预测在烹饪过程中风味会如何发展。不仅原料本身会随着批次的不同而变化，而且对这些原料的实际加工过程也不会完全一致，烹饪过程的温度和时间也不会完全一致。虽然可以理解一般原理，但不可能仅根据基本的化学知识就能掌握烹饪过程。这就是厨师在烹制菜肴时不断品尝的原因之一。然而，这是一项有价值的学习，至少可以一个较为标准的烹饪过程，研究其中的化学反应，并试图理解烹饪过程中发生的化学变化是如何转化为厨房的所见所闻。为此，本节以最基础的肉汤制作为例，说明其中的化学原理。

厨房里引人注目的工序之一是高汤的准备。最初，风味分子只是简单地通过水（有时是酒）（溶剂）从基本原料（肉、蔬菜等）中提取出来，但是，当液体继续煨煮时，会发生一些事情：味道会发生变化。更让人吃惊的是，随着煨煮过程的进行，汤汁不断减少（水蒸发），厨房里充满了汤的香气，并且香气不断增强，更加浓郁。人们自然会认为产生了挥发性的分子，其蒸发导致整体汤汁风味的降低。然而，在实际操作中，则是通过缓慢水蒸发实现对汤汁的浓缩，从而提高汤的风味。

如此一个复杂的过程显然很难完全解释清楚，但它说明了风味形成的几个特点，说明了烹饪化学的复杂性。在下面讨论的各种研究中，使用了不同的原料配方。一些人制作典型高汤原料是将肉、骨头和蔬菜一起煮；而另一些人则更倾向于将重要的特殊原料分离开来，倾向于只用肉类（或肉和骨头）来制高汤，而不使用蔬菜。

当研究汤的秘诀时，很多事情都可以被问及：什么时候加盐最好？加多少盐？水开始温度重要吗？烹饪时间多长？肉和骨头的比例以及原料与水的比例如何影响汤的味道？……当汤料进一步煮沸成为浓缩液体时，哪些风味化合物会因蒸发而损失？在烹饪过程中汤中还有哪些化合物形成？

生活经验会告诉你从冷水开始煨煮，定时撇去脂肪和浮渣。McGee 认为，用冷水煨煮，可使可溶性蛋白质从固体中逸出，再缓慢凝结，形成聚集物，这些聚集物要么浮到表面，很容易被撇去，要么沉到底部和容器两侧，使汤汁变澄清。采用热水开始煮会使蛋白质变性，分离出来的可溶性蛋白质形成微小的蛋白质颗粒，这些颗粒会悬浮在水里，使汤变得浑浊；而沸腾则会把这些颗粒和脂肪滴变成浑浊的悬浮体和乳状液，汤汁呈现乳白色。McGee 建议不盖锅盖的原因：通过水分蒸发使表面冷却，这样可减少汤汁的沸腾，还能使表面浮渣脱水析出，更容易撇去。此外，水分蒸发加快了浓缩的过程，这将使汤料具有更强烈的风味。

人们对牛肉的风味进行了大量的研究，试图确定构成牛肉汤香味的关键香气成分。在鸡肉和海鲜等其他肉类上也有相当多的类似研究。为了识别某一食物中重要的香气和滋味化合物，必须有合适的分离挥发性和非挥发性化合物的技术（GC），并确定其组成成分，

以及确定这些成分对感官影响的方法(嗅觉测量法)。虽然有一些研究关注高汤的烹饪程序对高汤风味的影响,但对高汤烹饪过程研究较少。一般来说,感官评价与高浓度的肌苷一磷酸(IMP)、肌苷、乳酸和游离氨基酸呈正相关。

Cambero 等研究了烹饪温度对牛肉汤风味的影响,并确定了一些形成肉汤风味的化合物。Seuss 等发现 85 ℃时烹饪,肉汤味道最浓。化学分析表明,大量的游离脂肪酸、低分子量(<300)多肽和 IMP 均对肉汤的风味有重要影响。

Cambero 等进一步研究了不同烹饪温度下牛肉汤成分与风味的关系。感官研究(9 名训练有素小组成员的描述性分析和等级顺序测试)和化学分析显示,小分子非氨基酸氮化合物、肌酸、GMP、IMP 和 AMP 使牛肉汤风味强度显著增加。牛肉汤在 85 ℃烹饪获得的感官分析风味最佳,推测与游离糖、氨基酸以及其他反应产物有关。在温度高于 95 ℃时,汤汁风味变化很容易被感官评价小组检测到。

此外,Cambero 等通过研究烹饪温度、烹饪时间、肉与水的比例和 NaCl 浓度对汤风味的影响,更详细地研究了牛肉汤的风味发展。他们发现烹饪温度很重要,因为较低的热处理会产生生肉味、血腥味和金属味,而在较高温度下烹饪的高汤则会产生酸味、涩味和过热味(WOF)。在较高温度下获得的高汤,需要较短的蒸煮时间以获得较好的风味;然而,烹饪温度比烹饪时间在一个良好感官特性的牛肉汤中起着更重要的作用。最好的汤是在 85 ℃下烹煮 60 min,加盐量为 7.5 g/L,肉∶水(质量)为 1∶2。

Pereira-Lima 等对牛肉汤的风味进行了类似的研究,将不同烹饪条件(烹饪温度和时间)下的感官结果与牛肉汤的化学物质含量(氨基酸、游离脂肪酸、肌肽和鹅肌肽)进行了比较。结果显示具有良好风味的牛肉汤与谷氨酸(Glu)、天冬酰胺(Asn)、赖氨酸(Lys)和蛋氨酸(Met)水平呈正相关,与半胱氨酸(Cys)、脯氨酸(Pro)、丝氨酸(Ser)、甲基组氨酸(M-His)、酪氨酸(Tyr)、缬氨酸(Val)、精氨酸(Arg)、天冬氨酸(Asp)水平呈负相关,可解释为反应产物(美拉德反应、Stecker 反应)与牛肉汤风味呈正相关关系。肌肽和鹅肌肽的含量随蒸煮温度的升高而显著增加,但不随蒸煮时间的延长而增加。感官评价表明,增加肌肽和鹅肌肽水平可以改善风味。

Cambero 等后来的一项研究中,研究了烹饪条件对鲜虾汤风味的影响,以及不同的 NaCl 浓度、虾-液比、烹饪温度、烹饪时间等对鲜虾汤风味的影响,以确定最佳的烹任条件,产生最佳的汤汁风味。鲜虾汤的最佳烹饪条件为使用整只虾,在 0.5%氯化钠溶液中,虾-液比为 1∶2,85 ℃烹调 30 min。通过感官评价小组(11 名训练有素的小组成员,等级顺序测试)对汤进行评估,并对化学成分进行分析。结果表明,游离脂肪酸对汤感官评价具有重要意义(FFA 水平最高时汤风味最佳)。整个过程烹饪温度比烹饪时间更重要,结果与对牛肉汤的研究一样。

在厨房里准备汤汁是重要的操作之一。几乎所有的酱汁都是由汤汁制成的,所以厨师们在汤汁准备过程中投入了大量的时间和精力。有关烹饪书籍在准备肉汤时使用的最佳方法存在很大差异。例如,一些人指出把肉放在冷水中加热是必要的,而另一些人则将肉直接放在热水中;一些人建议在煮之前把肉加热成棕色,而另一些人则不这么认为。大多数烹饪试验建议"煨"而不是"煮",这表明他们建议使用低温来达到更好的效果。到目前为止,很难对不同制汤方法的相关优点做出任何明确的结论。然而,从目前有限的科学研究中,确实出现了一些普遍原则。例如,肌肽的数量更多地取决于温度而不是时间,建议采用高压锅(温度超过 100 ℃)来制汤是有效的,事实上,这是大多数餐馆制汤中使用的技术,而采用长时间低温(不高于 90 ℃)更适合家庭厨房。

肉汤风味的形成是复杂化学反应的结果,肉汤烹饪过程中经历两个化学反应过程。第一阶段,主要是蛋白质、糖、脂类的水解,生成一系列小分子化合物。蛋白质在长时间加热过程中水解生成多肽、低聚肽、氨基酸,低聚肽、氨基酸,具有明显的呈味性,其中疏水性强的低聚肽、氨基酸通常呈现苦味,而亲水性低聚肽、氨基酸呈现鲜味、甜味;核苷酸类物质分解为肌苷、核酸,呈现鲜味。因而,肉汤制备中原料的选择最为重要。淀粉在长时间加热中也会水解生成低分子糊精、麦芽糖,使汤汁变得黏稠而具有甜味,增强汤的风味;脂肪在加热中水解生成脂肪酸,脂肪酸发生酯化反应生成酯类,如糖脂等,长时间加热脂肪氧化与降解产生醇、醛等物质。第二个阶段,水解产物在加热条件下进行再分解、聚合,形成风味物质。氨基酸和肽类的 Strecker 降解、硫胺素的分解、糊精继续水解为麦芽糖,以及脂肪分解产物形成一个复杂的反应池,美拉德反应随时进行,所产生的含氧(氮)杂环化合物以及在此基础上形成的烯醛、硫醇、噻吩等是构成肉汤风味特征的重要物质。肉汤的制作中,油脂的乳化也是形成风味的一个重要方面。油脂的乳化程度决定汤的浓度,即浓汤与清汤。肉汤在沸水中大火炖煮,水与油脂充分乳化,形成乳白色的汤汁,浓稠而润滑,油而不腻,风味饱满;肉汤经过漫长的小火煨煮,油脂乳化程度低,水与油互相影映,汤清味淡,风味突出。

第 4 章　食物颜色与保护

人们对食物风味的感知受到许多因素的影响，其中影响因素之一是食物的颜色，红色水果似乎更成熟，绿色蔬菜更新鲜，(对有些人来说)红紫色肉意味烹调得更完美。因此，有必要对肉类、水果和蔬菜在加工过程中的颜色变化规律有一个清晰的认识，以便在某种程度上控制这些变化，为用餐者提供一种最容易接受的颜色。

4.1 食物天然颜色

4.1.1 可见光与颜色

光是一种电磁波，根据其波长不同，可以分为射线、紫外线、可见光、红外线、无线电波等。人视觉能观察到的只是电磁波中极小的一部分，也就是波长为 380～780 nm 的可见光(图 4-1)。

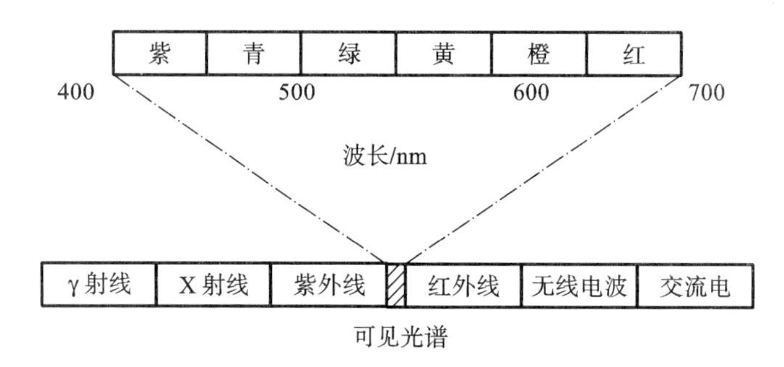

图 4-1 各种电磁波及可见光的范围

不同的物质能吸收不同波长的电磁波。如果物质吸收可见光区域内的某些波长的光线，则它们就能反射出未被吸收的可见光线，从而表现出特定的颜色。反射出来的颜色是被吸收的颜色的补色，也就是能够看到的颜色。例如，某种有机物选择吸收的波长为 510 nm的绿色光，那么人们看到它的颜色便是紫色，即紫色是绿色的补色；如果某物质能吸收可见光区域内所有波长的电磁波，则该物质必定表现为黑色，如果物质不能吸收光则表现出来的是白色。不同波长吸收光的颜色及其补色见表 4-1。

表 4-1 不同波长吸收光的颜色及其补色

波长/nm	吸收光的颜色	吸收光的补色
400～450	紫	黄～绿
450～480	蓝	黄
480～490	绿～蓝	橙
490～500	蓝～绿	红
500～560	绿	紫～红
560～580	黄～绿	紫
580～595	黄	蓝
595～605	橙	绿～蓝
605～760	红	蓝～绿

物体呈现出一定颜色的关键在于它选择性吸收可见光的一部分，而没有吸收的光则按三色原理形成看见的颜色。当白光通过棱镜后被分解成多种颜色逐渐过渡的色谱，颜色依次为红、橙、黄、绿、青、蓝、紫。其中人的视网膜上有三种视锥细胞，分别含有对红、绿、蓝敏感的视色素。人的眼睛就像一个三色接收器的体系，大多数的颜色可以通过红、绿、蓝三色按照不同的比例合成产生。同样绝大多数单色光也可以分解成红、绿、蓝三种色光。这是色度学的最基本原理，即三色原理。三种基色是相互独立的，任何一种基色都不能由其他两种颜色合成。红、绿、蓝是三种基色，这三种颜色合成的颜色范围最为广泛。红、绿、蓝三种基色按照不同的比例相加合成的混色称为相加混色(图4-2)。

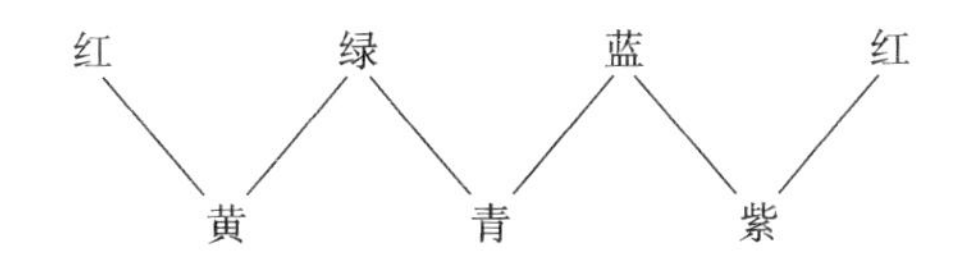

图4-2　三色原理混色图

4.1.2　食物色素与分类

色素是生物在生长过程中次级代谢产物，广泛存在动、植物中，全球年产量在数十亿吨以上。作为食品原料的谷物、蔬菜、水果、藻类、动物都含有相应的色素。食品原料提供人体营养素的同时，多彩的颜色也增强了人们的食欲。随着对类胡萝卜素、多酚类色素生理功能的研究，结果显示它们有着广泛的抗氧化作用，在调节人体内脂肪代谢，预防心血管等慢性疾病以及预防衰老、美容等方面有良好的作用。

由于食物颜色种类较多且烦琐，通常根据天然食物色素的化学结构不同，食物色素可分为四类。

(1)四吡咯化合物类：其分子结构中含有四个吡咯环，也称为卟啉结构，主要有叶绿素、血红素、胆汁色素等，呈现绿色、红色。

(2)异戊二烯衍生物类：分子主要由碳、氢两种元素组成，有些分子中含有氧元素，其特征结构单元为异戊二烯，主要有胡萝卜素、叶黄素等，呈现红、黄、橙颜色。

(3)苯并吡喃衍生物类：这类色素分子的结构特征：①含有苯并吡喃环，②苯环结构上含有多个羟基，因此也称为多酚类色素，主要有花青苷类、黄酮类化合物、儿茶素类和单宁。这类色素呈色最为丰富，从无色到蓝色。

(4)酮、醌类色素：这类色素的化学结构没有统一特征，其结构中含有酮、醌等基团，暂时无法归属于以上任何一类。例如红曲色素、姜黄、甜菜红等。

以上色素在自然界中以前三种存在量最多，广泛分布在动物、植物性食物中，赋予食物以各种不同的色泽，特别是植物性食物的色泽，在保持食物新鲜和营养方面尤为重要，随着植物化学研究的不断深入，蔬菜、水果中的天然色素以及色素合成前体物的功能作用越来越受到重视。

4.2 肌肉的颜色与保护

肉的质量常通过它的外观来判断。因此，对许多消费者来说，肉类任何明显的变色都是拒绝该食品的主要原因。在烹饪过程中，颜色的变化被进一步用来跟踪其热处理过程。当菜品上桌时，每一种肉类食品应该有其特有的外观颜色。热处理过程中，肉类只是菜肴的一部分，每一位用餐者都有自己个人的喜好。例如，许多人采用牛排的内部颜色来表示牛排的"熟度"：紫色表示牛排生了，红色表示牛排中等熟，粉红色表示牛排熟透了，灰色或棕色表示牛排烤过度了。

动物性肌肉的颜色取决于血红素，血红素与球蛋白结合为肌红蛋白，血红素主要功能是与氧结合，氧参与能量代谢为肌肉活动提供能量。因此，不同动物肌肉的血红素含量不同，含量高的颜色较深，如猪肉、牛肉、羊肉等，习惯上称为红肉；含量低的称为白肉，如鱼肉、鸡肉等。

4.2.1 肌红蛋白的分子结构与性质

肌红蛋白是一种血红素结合蛋白。血红素是铁离子和卟啉构成的铁卟啉化合物，肌红蛋白是由球蛋白与血红素组成的复合体，球蛋白的组氨酸残基与中心铁原子以配位键结合，其结构见图 4-3。

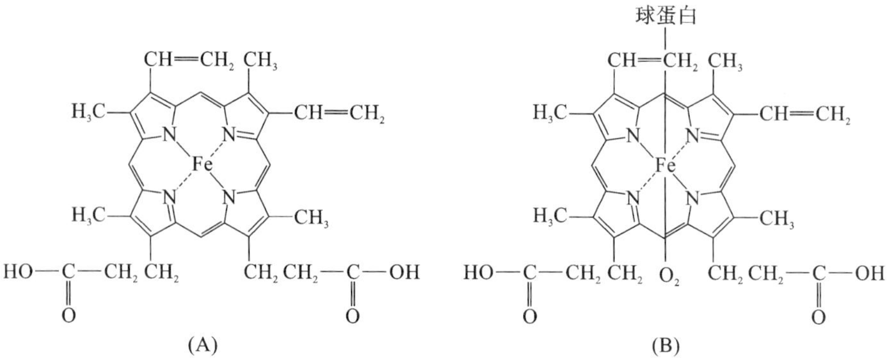

图 4-3 血红素结构(A)与氧合血红蛋白结构(B)

肌红蛋白是由单条多肽链组成的球状蛋白质，由 153 个氨基酸组成。血红素存在于球蛋白的疏水区并与组氨酸相连，位于中间的铁原子共有六个配位部分，其中四个分别被四个吡咯环上的氮原子占据，一个与球蛋白键合，剩余的第六个可与其他配基提供的电负性原子配位。

诱人的樱桃红肉的颜色是由于肌肉中含有稳态聚合的氧合肌红蛋白($MbFe(Ⅱ)O_2$)，即铁原子第六个配位键与氧气结合。氧合肌红蛋白(Fe^{2+})在特定的酸催化作用下被氧化成棕色的高铁肌红蛋白(Fe^{3+})，高铁肌红蛋白($MbFe(Ⅲ)$)在辅酶 NADH 的作用下，将 Fe^{3+} 还原为 Fe^{2+}，又形成氧合肌红蛋白($MbFe(Ⅱ)O_2$)，并保持稳态聚合氧合肌红蛋白，这一过程对酸的依赖明显小于自动氧化(氧合肌红蛋白—高铁肌红蛋白)。

影响肌肉颜色变化的因素主要是氧气。新鲜肉由于氧合血红蛋白的存在而呈红色，在

储存过程中通过两个阶段变为褐色。一是动物屠宰放血后，肌肉组织停止供给氧，由于组织环境变化，此时肌肉的色素为肌红蛋白（MbFe(Ⅱ)），因而呈现紫红色；肌肉切割后放置在空气中时，表面肌红蛋白迅速与氧气结合形成氧合肌红蛋白（MbFe(Ⅱ)O_2），氧合肌红蛋白的稳定性比肌红蛋白高，组织呈现鲜红色；不过由于肌肉内部仍处于缺氧状态，因而内部肌肉呈现紫红色。在有氧（高氧分压）或氧化剂存在时，氧合肌红蛋白可被氧化为高铁肌红蛋白（MbFe(Ⅲ)），形成暗红色（棕褐色），此时它不能够结合氧分子，第六个配位键由水分子占据（图 4-4）。

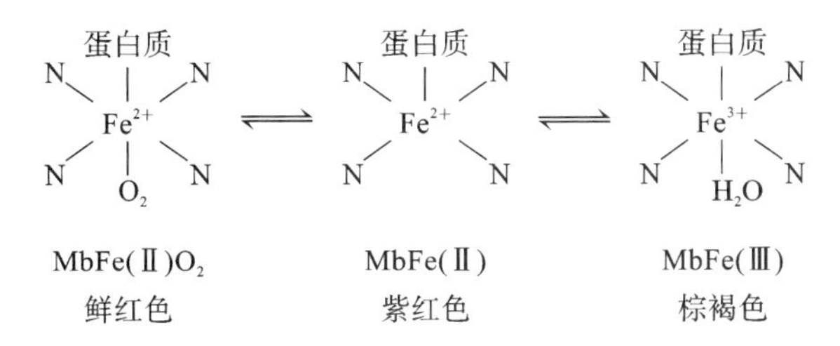

图 4-4　血红素配位情况与颜色变化

4.2.2　肉类加工颜色变化与保护

除了氧气外，pH 值是影响肉类颜色的另一个重要因素。当氧气充足时，紫色的肌红蛋白会进一步转化为氧合肌红蛋白。稳态聚合的氧合肌红蛋白依赖于 pH 值，因为降低肉类 pH 值后，肌红蛋白自动氧化加速作用大于酶还原肌红蛋白的加速作用。稳态聚合的氧合肌红蛋白还取决于还原辅酶的存在以及酶的活性，因为还原辅酶的耗尽或酶的失活将阻止高铁肌红蛋白（MbFe(Ⅲ)）还原到氧合肌红蛋白（Fe^{2+}）状态。图 4-5 展示了各种形式肌红蛋白的吸收光谱。

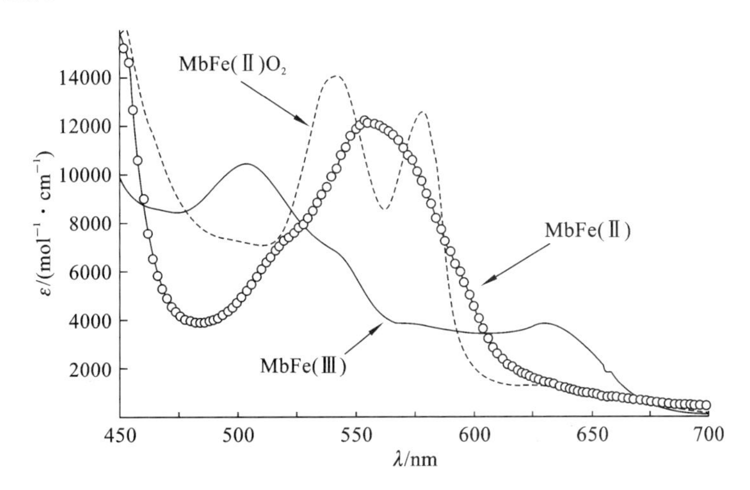

图 4-5　各种形式肌红蛋白的吸收光谱

盐处理降低了氧合肌红蛋白的稳态聚合，也是影响肌肉颜色的一个因素。酸性条件下，自动氧化反应显示出与盐动力学效应一致的效果，带正电荷铁中心的质子化决定其转化速率。紫色和红色形式的 Fe(Ⅱ)肌红蛋白之间的平衡依赖于氧分压。在肉的表面，红色的氧合肌红蛋白（MbFe(Ⅱ)O_2））占主导地位，而在肉的内部，代谢活动消耗氧气，紫色的肌红蛋白（MbFe(Ⅱ)）决定了肉的颜色。

氧以及强氧化剂与血红素卟啉中还原 Fe(Ⅱ)中心共同作用，由于卟啉具有单电子转移风险，产生超氧化物阴离子自由基和高铁肌红蛋白，高铁肌红蛋白呈现褐色和非生理活性 Fe(Ⅲ)形式。

大多数人把未煮熟的棕色肉和腐败肉联系在一起。然而，熟肉中的棕色与熟度有关，肉的颜色越深，煮得越熟，保存起来就越安全。因此，依靠气味来检测储存熟肉的变质更科学，而不是依靠颜色。切一片牛肉就可以很容易地观察到这种惊人的颜色变化。一旦紫色的内部暴露在空气中，它很快就会变成樱桃红色，当真空包装的牛肉被打开时，氧气迅速到达牛肉表面，肉表面也会出现类似的颜色变化。

对新鲜切好的牛肉仔细检查后发现，可以根据三种肌红蛋白的颜色判断其在肉中的位置：肉内部的紫红色肌红蛋白和表面的鲜红色肌红蛋白被一条狭窄的棕褐色肌红蛋白带分隔开。肉中高铁肌红蛋白的生成速率最大，部分氧分压使氧合肌红蛋白和肌红蛋白浓度相等，这是由于主要的生物分子将电子转移到氧，产生过氧化氢所致。

$$\mathrm{MbFe(II)O_2 + MbFe(II) + 2H^+ \longrightarrow 2MbFe(III) + H_2O_2}$$

氧从表面扩散到肌肉内部(通常遵循 Ficks 定律)和肌肉中仍残存的生理代谢活动耗氧量之间的平衡，决定了两种 Fe(Ⅱ)型肌红蛋白(氧合肌红蛋白、肌红蛋白)的浓度保持平衡，这一过程中形成 Fe(Ⅲ)型肌红蛋白的速率最快。

肉类可能是人类营养素中蛋白质的主要来源，以一种被广泛接受的方式生产尽可能高质量的肉类是大家都关心的问题。在这种情况下，值得注意的是，在屠宰场屠宰前没有压力的动物肌肉糖原水平较高，而糖原水平较高的肉类中又有大量的还原辅酶，这些辅酶被认为具有更好的颜色质量。

自由放养的动物，如伊比利亚橡树沟里自由放养的猪或高原地区放牧的牛，以及山区自然放养的山羊，食用高维生素 E 含量的饲料，这进一步保护了肉类在储存和烹饪过程中的色素和脂质不被氧化，再次证明了饲养动物的方式与烹饪、用餐过程中体验到的肉的质量之间的直接联系。

肉中过氧化氢的产生是肉类颜色循环动态变化和肉表面乳酸菌存在、生长的原因，进而影响蛋白质和脂质。过氧化氢能将高价铁肌红蛋白氧化成超高价铁肌红蛋白，超高价铁肌红蛋白是一种强氧化剂。其中一种是四价铁(Ⅳ)化合物，可以引起脂质氧化；另一种是五价铁(Ⅴ)化合物，可以分裂先期形成的脂质过氧化氢。肌红蛋白的过氧化循环与颜色循环有关，如图 4-6 所示。肌肉中的色素氧化、脂质氧化和蛋白质氧化之间形成了一种耦合作用。因此，肉的棕色持续变色表明产物中的还原辅酶消耗殆尽，积累的肌红蛋白可以转化为高价铁肌红蛋白和促氧化肌球蛋白。辅酶(NADH)和其他还原剂也能有效清除高价铁肌红蛋白，有效保护脂质和蛋白质不被氧化。肌肉的颜色发生持续褐变，质量会下降，肉可能很难吃。还原辅酶的缺失直接指示脂质氧化的开始，导致肉质败坏，蛋白质氧化形成二聚体，导致肉嫩度下降。

在挪威将肉储存在充有较低含量一氧化碳的环境中是合法的，也是一种常见的做法。一氧化碳能与肌红蛋白(MbFe(Ⅱ))紧密结合。一氧化碳与肌红蛋白的结合速率是氧气结合速率的 300 倍。羰基肌红蛋白呈强烈的红色，在正常条件下不会氧化成肌红蛋白，因此肉制品具有显著的颜色稳定性。

为了使鲜肉具有更好的色泽稳定性，这种在包装袋中充入一氧化碳的做法被美国零售肉商引用。然而，羰基肌红蛋白的形成阻碍了肉的颜色循环，颜色不再是肉产品氧化状态

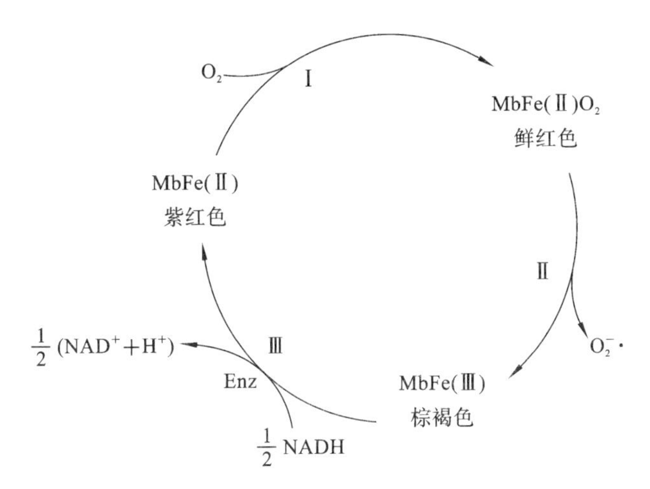

图 4-6　正常肌肉颜色循环变化图

的直接指标。

在其他国家，一些肉制品被包装在含氧量高达 80%的气调环境中进行零售贸易，以增加肉深层的氧合肌红蛋白（$MbFe(Ⅱ)O_2$）浓度，从而改善肉的红色外观。然而，这种做法已经被证明可以增强肉中的脂质氧化和肌球蛋白的氧化聚合作用，肌球蛋白是肉嫩度的重要组成部分。对于一种特定的肉类产品，与产品质量相关的其他任何影响因素相比较，使用气调包装更有利。

目前大多数国家对肉类的保鲜采用低氧包装，销售前将包装袋中的氧气抽出，保持肉类在低氧环境下呈现肌红蛋白的颜色（紫红色），一旦打开包装袋，肌肉表面接触高浓度的氧气形成氧合血红蛋白，呈现良好鲜红色。

多年来，肉类的保存已经从简单的盐腌制发展成为一个主要的产业。在这一过程中，人们偶然地将含硝酸盐的降解有机物引入盐中，导致亚硝酸盐和硝酸盐在肉类腌制处理中的广泛应用。这种腌制方法不仅能使肉保鲜，而且还产生了一种诱人的红色。在德国术语"umrotung"中，处理过程中颜色方面的重要性是公认的。腌肉的粉红色是由于亚硝基肌红蛋白（MbFe(Ⅱ)NO），一种二价铁（Ⅱ）肌红蛋白与一氧化氮结合，通过添加维生素 C 或肉中存在的辅酶（NADH）等固有还原剂还原亚硝酸盐而形成。亚硝基肌红蛋白是一种抗氧化剂，而氧合肌红蛋白是一种促氧化剂。因此，应避免在有氧气、光照条件下观察腌肉的颜色，腌肉的褐色或灰色表明亚硝基肌红蛋白的氧化保护作用已经消失。只要肉类具有还原性，亚硝基肌红蛋白就可以被转化，而且腌肉仍然具有抗脂质和蛋白质氧化的能力。亚硝基肌红蛋白的抗氧化循环如图 4-7 所示。

由于亚硝酸盐还原剂保护作用的消失，或是亚硝酸盐过量使用，其可以与氨基酸类物质反应生成亚硝胺类物质，而亚硝胺是目前发现的最为确定的致癌物。因此，在肉类产品的腌制、储藏过程中要保证还原性物质（抗氧化剂）的存在，以有效阻止亚硝胺类物质的生成。

$$RNH_2 + NaNO_2 \longrightarrow \underset{\text{亚硝胺}}{RNHNO} + Na^+ + H_2O$$

相比之下，帕尔玛火腿不含亚硝酸盐或硝酸盐，肌红蛋白通过未知的反应过程转化为锌原卟啉，这是这种干腌肉的主要着色剂。用亚硝酸盐制作的干腌火腿，其颜色向锌原卟啉颜色的转化完全被一种未知的机制所阻断。在意大利的帕尔玛火腿和西班牙的塞拉诺

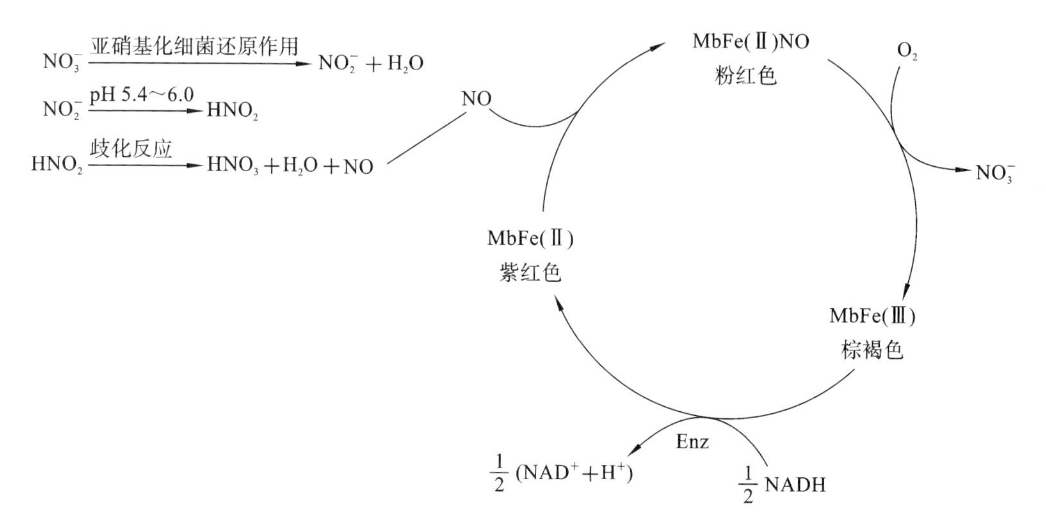

图 4-7　亚硝基肌红蛋白的抗氧化循环

火腿中，从肌红蛋白中释放出来的铁显然被锌固定或失去活性，因为这些干腌肉制品具有惊人的抗脂质氧化能力，脂质氧化通常由包括 Fe(Ⅱ)和 Fe(Ⅲ)离子在内的简单铁化合物催化。这些干腌火腿良好的烹饪价值取决于在长达 18 个月的成熟过程中，肉的质地发生非常复杂的化学变化。

细菌污染引起肉类的腐败变质，肉类颜色发生变化。微生物繁殖导致蛋白质、脂肪分解，产生硫化氢、过氧化氢等物质。肌红蛋白被细菌的过氧化氢酶氧化，卟啉结构被破坏，生成肌绿蛋白或硫代肌红蛋白，呈绿色光泽，使肌肉腐败变色。

$$\text{MbFe(Ⅱ)}O_2 + H_2O_2 \xrightarrow{\text{过氧化氢酶}} \text{绿胆蛋白(绿色)}$$

$$\text{MbFe(Ⅱ)}O_2 + H_2S + O_2 \longrightarrow \text{硫代肌红蛋白(绿色)}$$

4.3　果蔬的颜色与保护

果蔬色素在植物体内具有重要的生理作用。只要植物体叶绿素与阳光的最佳光谱相匹配，就可以将光能转化为化学能。与此同时，人们已经适应了把绿色作为植物新鲜的指标，而绿色的褪色则是枯萎、变坏的标志。植物中的蓝色色素、红色色素和黄色色素是重要的化合物，其中类胡萝卜素和多酚类是较重要的。类胡萝卜素与叶绿素有关，是光合作用中辅助吸光色素，是单线态氧的猝灭剂和自由基的清除剂，在高光通量时起保护作用。多酚类物质具有过滤紫外线和保护昆虫的作用，是酶损伤保护系统的一部分，也是抗氧化剂。

4.3.1　叶绿素

4.3.1.1　叶绿素的结构与性质

叶绿素是绿色植物、海藻和光合微生物进行光合作用的必需色素。它是一种镁卟啉衍生物。其结构见图 4-8。叶绿素由 4 个吡咯环经单碳键连接而成，其中 4 个 N 原子与

Mg^{2+}配位。根据其化学组成，叶绿素为镁卟啉二羧酸叶绿醇甲醇二酯，即叶绿素是由叶绿酸与叶绿醇、甲醇构成的含 20 个碳原子的高级二元酯。高等植物中叶绿素主要有两种类型，叶绿素 a 和叶绿素 b，两者含量之比为 3∶1。差别是环上 3 位碳原子上的取代基不同，叶绿素 a 为甲基，而叶绿素 b 为甲醛基。但在藻类中，叶绿素 b 含量相对较高。

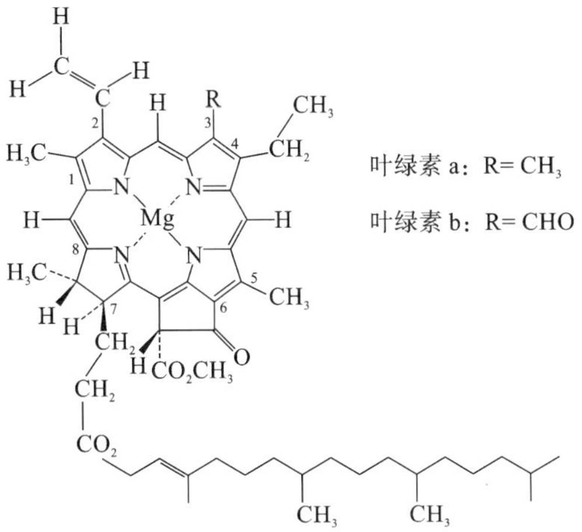

叶绿素 a：R= CH_3

叶绿素 b：R= CHO

图 4-8　叶绿素的分子结构

对于植物来说，叶绿素位于植物细胞内器官的薄层中，与蛋白质、类胡萝卜素、脂质相结合，进行光合作用。叶绿素与其他分子间的连接作用较弱（非共价键），容易发生断裂，因而可将植物组织置于有机溶剂中将其萃取出来。叶绿素不稳定，对光、热、酸等多个因素敏感，极易发生分解反应。

（1）加热和酸的影响：叶绿素在加热或热处理过程中形成叶绿素衍生物。加热时，叶绿素分子中的镁离子极易被两个氢质子所取代，形成橄榄褐色的脱镁叶绿素（图 4-9），这个反应在水溶液中是不可逆的。脱镁叶绿素在有足量的铜离子或锌离子存在时，可与锌离子或铜离子形成绿色的配合物。

叶绿素分子受热时还可发生异构化，10 位碳上的甲氧甲酰基（—CO_2CH_3）被转化，形成叶绿素的异构体。甲氧甲酰基进一步降解脱除并被氢取代，生成焦脱镁叶绿素和焦脱镁叶绿酸，呈现暗橄榄色（图 4-9）。

在酸性条件下，叶绿素不稳定，容易失去与卟啉配位的镁离子，由两个氢质子取代生成脱镁叶绿素，颜色由绿色变为暗橄榄褐色。蔬菜的腌渍过程中，由于 pH 值下降，叶绿素Mg^{2+}被H^+取代生成脱镁叶绿素，因此蔬菜的腌渍中很难保持蔬菜的绿色。

人类对蔬菜的新鲜度要求在很大程度上受到其颜色的影响。烹饪加热过程中蔬菜组织中叶绿素降解，受组织中酸碱性的影响，在碱性介质（pH＞7）中加热，叶绿素脱去甲醇和植醇形成叶绿酸盐，对热非常稳定。用微碱性的水煮青菜可以防止其绿色变化，例如加入小苏打，叶绿素水解脱去植醇转化为亲水脱植酸叶绿酸，烹饪过程中增加了绿叶蔬菜的绿色浸出。而在酸性介质（pH＝3.0）加热过程中所释放出的酸可使体系的 pH 值降低一个单位，这时对叶绿素的降解速率产生较大的影响。所以，烹饪过程中如果加热过度，会使蔬菜变色，主要原因是加热时叶绿体水解生成叶绿素与蛋白质，叶绿素在有机酸作用下脱镁变色。如果加盖烹煮则更不利于有机酸的挥发，色泽变化更快更深。

（2）酶促反应：叶绿素酶是能够促使叶绿素分解的酶。该酶在水、乙醇或丙酮中有活

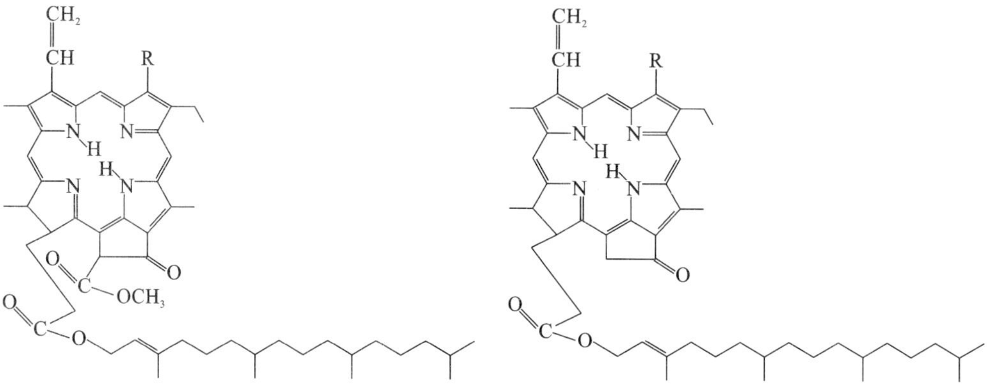

脱镁叶绿素（橄榄绿色）　焦脱镁叶绿素（暗橄榄绿色）

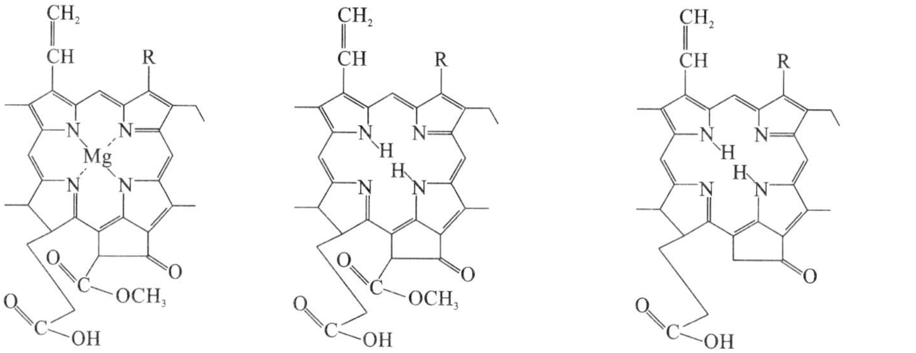

脱植醇叶绿素（绿色）　脱镁脱植醇叶绿素（橄榄绿色）　焦脱镁脱植醇叶绿素（暗橄榄绿色）

图 4-9　叶绿素的分子结构与呈色变化

性。作为一种脂酶，它可以催化植醇从叶绿素及其无镁衍生物（脱镁叶绿素）中解离，分别形成脱植醇叶绿素和脱镁脱植醇叶绿素。蔬菜中叶绿素酶最适温度为 60～82.2 ℃，当植物组织受热温度超过 80 ℃时，酶的活性降低，当受热温度超过 100 ℃时，叶绿素酶完全失活。

叶绿素在酶促反应下转化为脱植醇叶绿素，可达到保留绿色的目的。绿色蔬菜的干制，特别是绿茶的干制称为“杀青”。早期研究表明，罐装菠菜在 71 ℃ 下热烫 20 min 具有良好的绿色保留率，原因就是叶绿素酶在该温度有较高的活力，经过热激活，将叶绿素转化为脱植醇叶绿素。图 4-10 所示为不同温度热处理后菠菜中叶绿素转化为脱植醇叶绿素的进程曲线。未经杀青的菠菜萃取液中只含有叶绿素 a 和叶绿素 b（图 4-10（A））。在 71 ℃ 热烫下，形成了脱植醇叶绿素（图 4-10（B））。菠菜在 88 ℃热烫下，由于酶失活，没有脱植醇叶绿素生成（图 4-10（C））。

叶绿素具有亲脂性，被认为是初榨橄榄油的绿色。然而，从叶绿体中分离出类胡萝卜素后的叶绿素则使油对光敏感，因为，叶绿素可作为光敏剂产生单线态氧，单线态氧极易氧化油酸，产生类似干草味的异味。如果植物油中具有生理功能的叶绿素与类胡萝卜素分离，则会失去了类胡萝卜素抗自由基和单线态氧的保护作用，这种保护作用在植物果实生长成熟期间非常重要。

4.3.1.2　烹饪中蔬菜的护绿技术

为了保持蔬菜的绿色而采取的措施主要集中在以下几个方面：叶绿素的保留；叶绿素

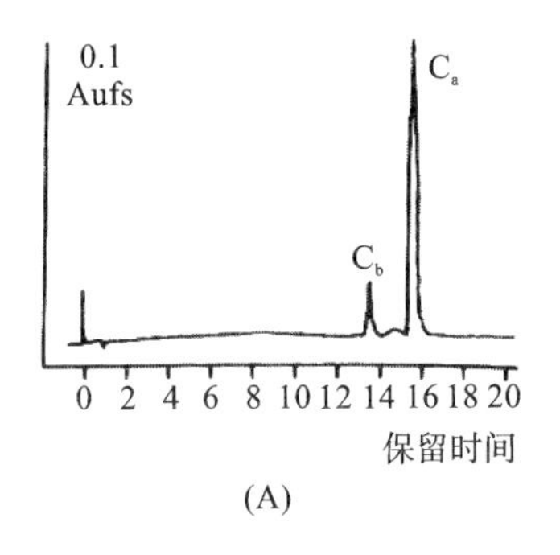

(A)

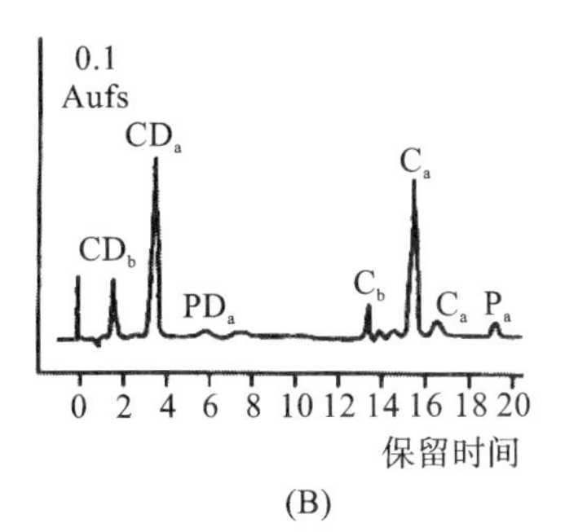

(B)

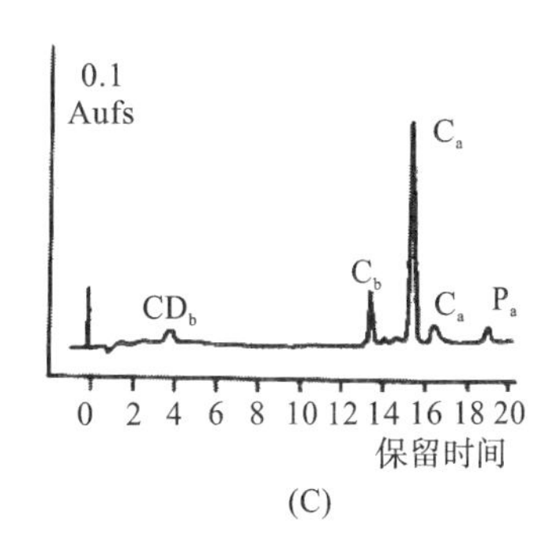

(C)

图 4-10　不同温度热处理后菠菜中叶绿素转化为脱植醇叶绿素的进程曲线

注：C_a、C_b分别表示叶绿素 a 和 b；CD_a、CD_b分别表示脱植醇叶绿素 a 和 b；PD_a表示脱镁脱植醇叶绿素；P_a表示脱镁叶绿素。

绿色衍生物即叶绿酸盐的形成和保留；通过生成金属配合物形成一种可以接受的绿色。蔬菜的护绿技术有以下几种。

(1)中和酸护绿：叶绿素与碱生成叶绿酸盐，食品加工中常用氧化钙、磷酸二氢钠作护绿剂，使产品的 pH 值保持或升高到 7.0。钙离子对蔬菜的质地有硬化作用，但是由于碱的添加可能导致植物组织的软化并产生碱味。碱对食物的营养素也会造成损失，如维生素的降解、脂肪在碱性下分解产生的酸败等。

(2)高温处理护绿：食物高温汽蒸或焯水是杀菌和使酶失活的重要手段。但加热时间过久会导致叶绿素的变化，因而要尽可能缩短加热时间。采用超高温瞬时杀菌比常规温度下杀菌所需时间短，因而与常规加热处理食品相比，它们具有维生素、风味和颜色的保留率高的特点。

(3)金属配合物的应用：在蔬菜的加工中，加入足量的 Cu^{2+}、Zn^{2+}，与叶绿素生成铜配合物或锌配合物，得到很好的绿色，这一过程称为“绿再生”工艺。其结果主要是由于蔬菜经加热处理后叶绿素 a 迅速减少，而脱镁叶绿素 a 锌和焦脱镁叶绿素 a 锌配合物增加，进一步加热后焦脱镁叶绿素 a 锌含量继续增加，最终产品中绿色物质主要是焦脱镁叶绿素 a 锌配合物。由叶绿素转变为焦脱镁叶绿素 a 配合物的过程中，Cu^{2+} 比 Zn^{2+} 更容易形成叶绿素配合物。

(4)蔬菜的储藏：在蔬菜的储藏过程中，还可以通过以下方法来减少叶绿素的分解，以保护绿色。一是降低水分活度，使 H^+ 活度降低，从而达到护绿作用；二是采用低温保存技术，降低酶的活性和抑制植物体内衰老激素乙烯的生成，延缓植物的衰老过程等。

烹饪中绿色保护主要根据蔬菜烹制方法不同而采用相应的技术。需要烧煮类的蔬菜，熟制时应敞开锅盖，有利于有机酸的挥发。新鲜蔬菜需要采取高温油脂，急火爆炒，并不断翻炒，尽量缩短烹饪时间，以减少细胞的破坏，降低脱镁叶绿素的生成量。有些蔬菜需要较长时间保持其绿色，则通过对其焯水(或滑油)，使其叶绿素酶失活，水(或油)温度要高于酶的失活温度(80 ℃以上)。烹饪中焯水处理时间为 3～5 min，为了提高焯水温度，可加入植物油，焯水也有利于去除某些物质中的草酸和鞣酸。烹饪也常采用控制 pH 值的方法护绿，绿色蔬菜熟制前用弱碱液处理，生成不变色的叶绿酸盐，然后再高温烹制。不过加碱会使植物细胞壁破坏，蔬菜发生软化，需要注意碱的加入量和作用时间。烹制好的绿色蔬菜表面淋上一层油，以防止其氧化、失水，使颜色更鲜亮。

4.3.2 类胡萝卜素

4.3.2.1 类胡萝卜素的结构与性质

类胡萝卜素只在植物和藻类中合成。类胡萝卜素根据其结构中是否有氧原子分为两类:烃类类胡萝卜素和氧合叶黄素。前者由C、H两种元素组成,主要有番茄红素、α-胡萝卜素、β-胡萝卜素、γ-胡萝卜素;后者为含氧衍生物,常见的取代基有羟基、环氧基、醛基和酮基。如叶黄素、虾黄素、玉米黄素、辣椒红素等。

由于类胡萝卜素的存在,成熟的番茄和胡萝卜呈现出诱人的红色。类胡萝卜素也可沿着食物链传递,为其他生物提供颜色。例如,在海洋中,由浮游植物合成的虾青素被转移到虾类和鲑鱼中,为它们提供了独特的淡红色。在日本,虾的红色是非常受人喜爱的颜色,而在冻藏时虾壳中形成的碳酸钙水合物(六水碳酸钙)白色斑点被认为是一种严重的缺陷,尽管它对味道没有影响。

三文鱼的粉红色也会出现在烟熏、煮鲑鱼或烹制鳟鱼的菜肴中。为了满足市场的需求,鲑鱼和鳟鱼的养殖越来越多。在养殖场中,通过在鱼饲料中添加类胡萝卜素,可以确保粉红色的色素沉着。虾青素在肉中的生理功能尚不确定,但均匀的色素沉着被认为是高质量的表现。

然而,类胡萝卜素在大多数生物组织中的分布不均匀。事实上,许多食物的色素在很大程度上受饲料中类胡萝卜素季节性(和其他因素)变化的影响。其中一些化合物的结构如表4-2所示。例如鸡蛋蛋黄的颜色变化,由于母鸡的饲料不同,蛋黄的颜色可能从浅黄色到鲜红色。一般来说,自由放养的母鸡可以吃到各种各样的饲料,它们倾向于吃颜色更鲜艳的食物,从而产生更红的蛋黄。

表4-2 类胡萝卜素结构及其在食物中的分布情况

颜色	名称	结构式	存在
橙黄色	β-胡萝卜素		胡萝卜、柑橘、南瓜、蛋黄、绿色植物
	叶黄素	HO / OH	柑橘、南瓜、蛋黄、绿色植物
	玉米黄素	HO / OH	玉米、肝脏、蛋黄、柑橘

续表

颜色	名称	结构式	存在
红色	番茄红素	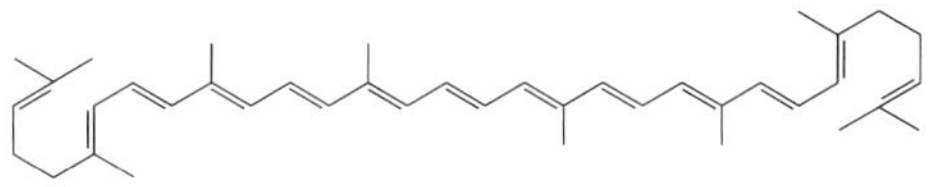	番茄、西瓜
	虾黄素	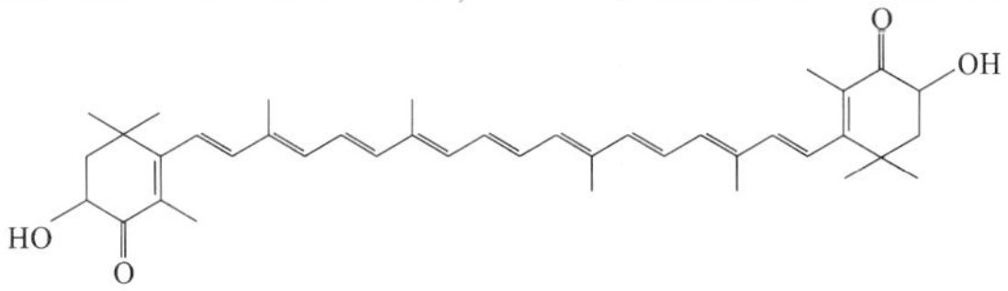	虾、蟹、鲑鱼
	辣椒红素	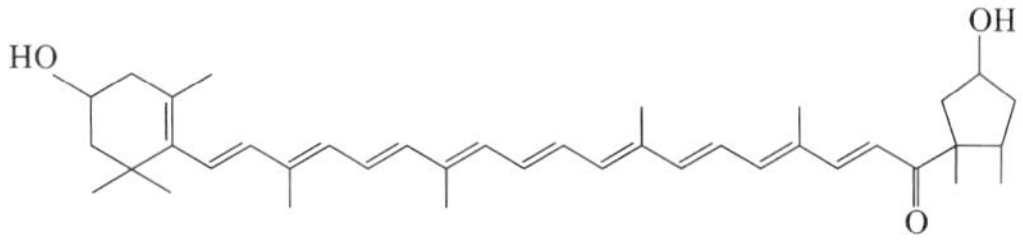	辣椒

近几十年来，人们已经知道类胡萝卜素对于植物组织的光合作用和光保护作用非常重要，在所有含叶绿素的植物组织中，类胡萝卜素在捕捉光能量的过程中起第二级色素的作用。类胡萝卜素还可以猝灭并使活性氧失活。因此，许多绿色植物只有在秋天叶绿素分解后，类胡萝卜素的颜色才被表现出来。

类胡萝卜素因其分子中含有多个碳碳双键，故又称为多烯类色素。其活性部分是异戊二烯。类胡萝卜素为亲脂性化合物，因而它们可溶于脂肪和有机溶剂中。类胡萝卜素有中度的热稳定性，但遇氧化剂后易变色。类胡萝卜素因热、光、酸的作用发生异构化(图4-11)。

(1)氧化：类胡萝卜素分子基本骨架为头-尾或尾-尾共价连接的异戊二烯单元，因而包含较多的共轭双键，极易被氧化。此反应是导致食品中类胡萝卜素褪色、降解的原因。由于类胡萝卜素高度的共轭和不饱和结构，其氧化降解的产物非常复杂。其被氧化的过程为首先形成环氧化合物和羰基化合物，再氧化为短链单环或双环氧合物，使作为维生素A原的胡萝卜素失去活性。酶，尤其是脂肪氧合酶，可加速类胡萝卜素的氧化降解。这一反应的反应机制：脂肪氧合酶首先催化不饱和或多不饱和脂肪酸氧化生成过氧化物，再与类胡萝卜素反应，使其氧化降解。

(2)异构化：通常类胡萝卜素的共轭双键多为全反式构型，只发现数量极少的顺式异构体存在于天然藻类中。天然的类胡萝卜素经热处理、暴露于有机溶剂、与某些活性表面剂长期接触、酸处理以及光照极易异构化。类胡萝卜素的异构化导致其吸收光谱的变化，例如全反式类胡萝卜素结构中引入一个或多个顺式双键，将会导致最大吸收峰蓝移，同时色泽变浅。

4.3.2.2 类胡萝卜素的增色作用

大多数果蔬在储藏和加工过程中，类胡萝卜素的性质相对稳定。冷冻对其影响甚微。热烫(焯水)可以使脂肪氧合酶失活，对类胡萝卜素有保护作用。植物通过热烫处理，可以提高类胡萝卜素的提取效率。

类胡萝卜素是良好的天然着色剂，烹饪中通过油脂加热提取，最为常见的是辣椒红油

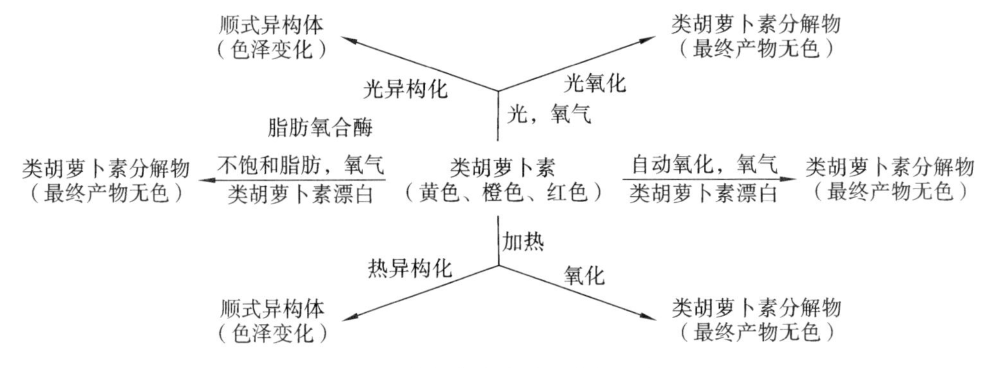

图 4-11　类胡萝卜素分解变化示意图

的制作，将干制的红色辣椒(或辣椒粉)与油共同加热，辣椒红素溶于油脂中，呈现自然的红色，加上辣椒素的火辣味，红与辣赋予了红油视觉与味觉的强烈冲击。同样，也可以利用其他天然类胡萝卜素制成风味独特的调味品，使用虾黄和蟹黄制作鲜味虾油和蟹黄油，具有调色、调味的作用。

4.3.3　多酚类色素

多酚类色素的结构特点是含有苯并吡喃环，它是植物水溶性色素的主要成分，大量存在于自然界，具有不同的色泽——黄色、橙色、红色、紫色、蓝色。常见类型有花青素、类黄酮、儿茶素、鞣质，它们均属于多酚类化合物，所以将其称为多酚类色素。

4.3.3.1　花青素的结构与性质

花青素是多酚类色素中的一大类，多与糖形成糖苷，故又称为花青苷。花青素的基本结构母核是 2-苯基苯并吡喃，即花色苷元(图 4-12)。自然界中有 20 种花青素，较重要的有 6 种，即天竺葵色素、矢车菊素、飞燕草色素、芍药色素、牵牛花色素、锦葵色素。其区别在于花青素 B 环上 3′,5′位的取代基团不同，以及所连接糖苷的种类、位置不同和是否被羧酸酰化。B 环上 3′,5′位的取代基团不同可以造成花青素的色泽不同，以结构最简单的天竺葵色素为例，当它的取代基羟基数目增加时，最大吸收波长增大(蓝移)；当羟基被甲氧基取代时，其最大吸收波长减小(红移)。

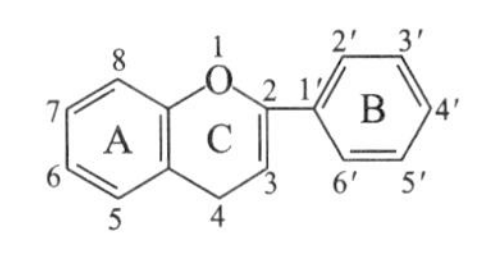

图 4-12　花青素的基本母核结构

食品中的花青素主要存在于花、叶、果类蔬菜和水果中，如红菜薹的紫色、茄子皮的蓝紫色、苹果的红色等色素。葡萄汁色素由 7 种以上的花青素组成，主要为锦葵-葡萄糖苷色素，呈现紫红色。

花青素一般呈红色，最大吸收波长在 520 nm 附近，但其稳定性很差，在各种因素的影响下，花青素色泽会发生改变。

(1)pH 值的影响：花青素在不同的 pH 值条件下，其化学结构发生变化，导致其色泽变化。在较低的 pH 值(pH=1)时，花青素以红色的离子形式存在；介质 pH 值升高(pH 4～6)时，花青素以无色的假碱形式存在；更高的 pH 值(pH 8～10)时，花青素与碱作用形成相应的酚盐，呈现出蓝色(图 4-13)。例如，矢车菊素在 pH 值为 3 时为红色，pH 值为 8.5 时为紫色，pH 值为 11 时为蓝色。虽然这些变化均是可逆的，但经过较长时间，假碱结构开环

生成浅色的查耳酮，花青素的变化将不可逆。所以要维持花青素的红色，必须使花青素保持在酸性条件下。饮料、色酒等保持在酸性条件下即基于此原理。

被昆虫破坏的苹果会更快地变红，这表明多酚类色素在活的植物中起着保护作用。黄色、红色和紫色的浆果对于各种甜点和水果饮料都很重要。正常情况下，新鲜水果的颜色有一定的稳定性，但保鲜后会褪色。在罐装食品中，金属罐中的锡有时会溶解，并与水果中的花青素形成复合物，从而有效地稳定颜色。花青素的颜色随 pH 值的变化而变化，所以在酸性条件下，红色会占主导地位，比如在甜点或果汁中加入柠檬汁。这种颜色的变化使厨师有机会通过改变酸度来改变这些水果的颜色。对于花青素来说，pH 值对颜色的影响是由于复杂的酸碱平衡导致的(图 4-13)。花青素的酸形式与相应的碱和假碱形式相互平衡，假碱形式是由羟基的加入而形成的。假碱和碱之间的平衡与 pH 值无关，但取决于水分的活度。花青素分子骨架杂环可以同时为碱基和假碱基打开。分子堆积现象使平衡更加复杂，进而影响颜色。在厨房中，pH 值很容易控制，而且以水果为主的甜点或者饮料的颜色也很容易进行相应的调整。

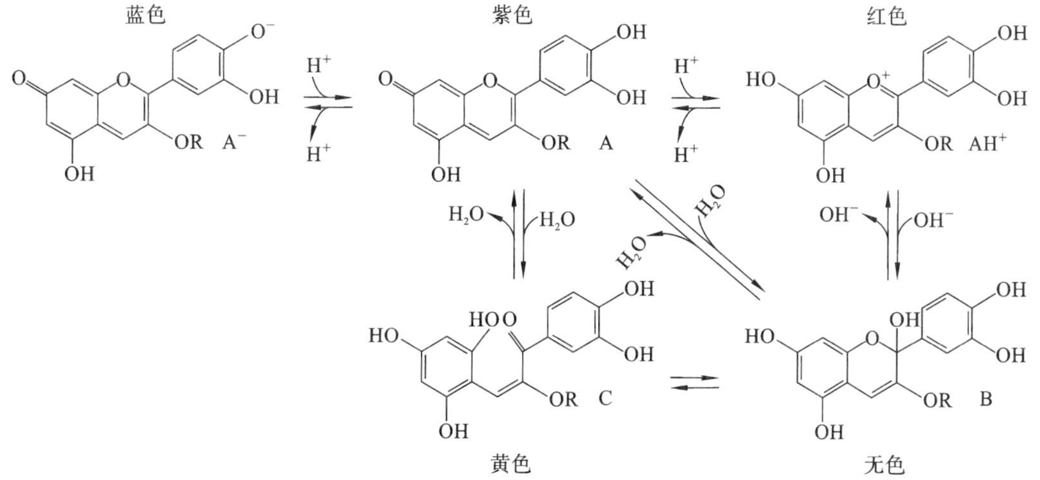

蓝色　紫色　红色

黄色　无色

图 4-13　不同类型花青素之间的平衡及其颜色

注：AH^+ 是黄酮类阳离子；A 是醌基；A^- 是脱水碱基；B 是假碱基；C 是查耳酮。

(2)取代基的影响：花青素的 B 环上存在不同的取代基，会导致花青素最大吸收波长的变化，从而导致其色调的变化。从天竺葵色素到矢车菊素再到飞燕草色素，B 环上的羟基数目依次增加，羟基具有供电子作用，色素所显示的蓝色加深；从飞燕草色素到牵牛花色素再到锦葵色素，甲氧基的数目依次增加，色素所显示的红色加深，这是由于甲氧基的供电子能力大于羟基，因此，导致相应的颜色加深(图 4-14)。另外，花青素与糖结合生成糖苷时，其吸收光谱也会发生改变。

(3)稳定性：花青素是一个不稳定的色素，受到酸、温度、氧、水分活度、金属离子的影响，主要是结构中 2 位碳原子受到邻位氧原子的影响，容易与各种活性基团作用发生反应，还容易在此处打开环状结构。花青素稳定性受温度影响较大，在高温下，其降解速率增加。已知其热降解反应是一级反应。光对花青素的降解具有促进作用，这与花青素所含的糖基数目、脂肪酸数目有关，其糖基数目、脂肪酸数目较多时，花青素的稳定性较高。另外，水分活度、抗氧化剂、酶对花青素的稳定性也有较大的影响。

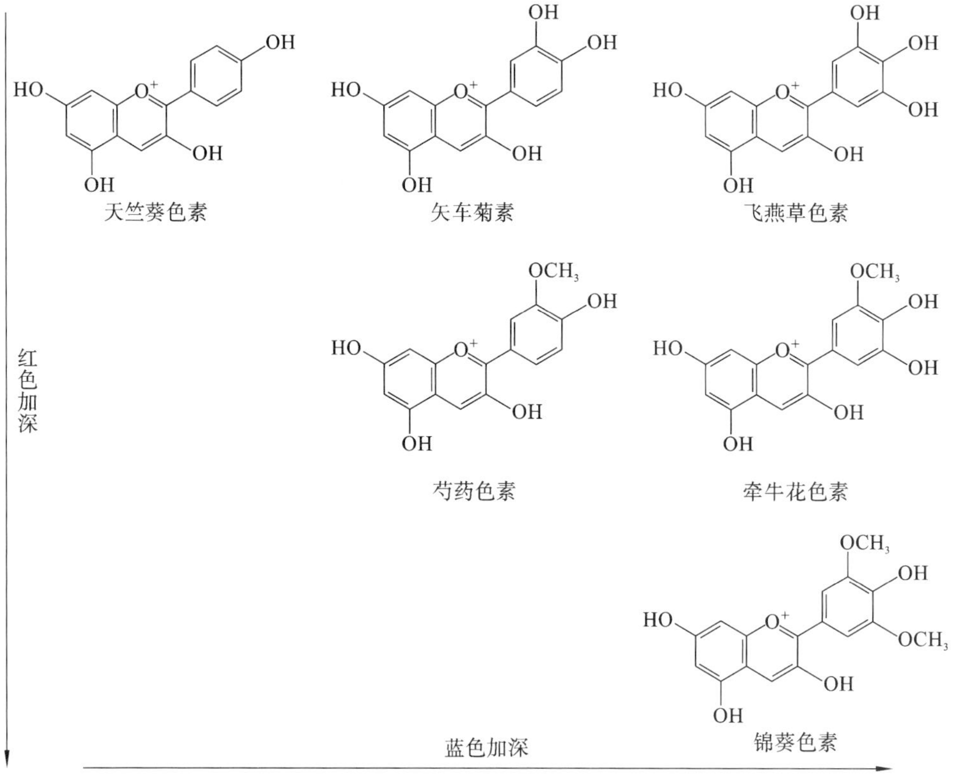

红色加深

天竺葵色素　矢车菊素　飞燕草色素

芍药色素　牵牛花色素

锦葵色素

蓝色加深

图 4-14　不同取代基造成花青素颜色的变化

4.3.3.2　类黄酮的结构与性质

类黄酮和花青素属于多酚类色素，对花和水果的颜色很重要。食物中比较常见的类黄酮有橙皮素、柚皮素、芹菜素、槲皮素、杨梅黄酮、异黄酮等，存在于水果、蔬菜中。类黄酮含量较高的有茶叶、葡萄、苹果、柑橘、玉米、芦笋、柚子、柠檬、大豆等。

(1)结构：类黄酮又称黄酮类色素，广泛分布于植物界，是一大类水溶性天然色素，呈浅黄色或橙黄色。其也具有苯并吡喃结构，与花青素不同之处是母体结构为苯并吡喃酮。最为典型的类黄酮结构如图 4-15 所示。类黄酮一般与糖类如葡萄糖、鼠李糖、木糖、半乳糖等结合成糖苷，糖基的结合位置常在 7 位，也有 5 位和 3′、4′、5′位。

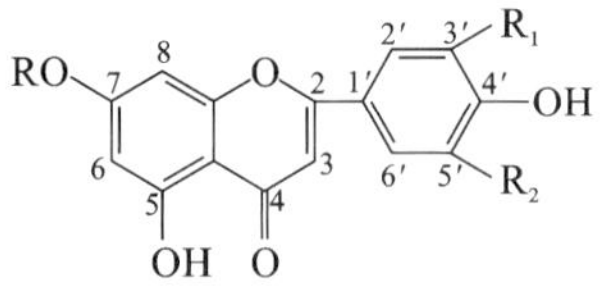

图 4-15　类黄酮的结构单元

自然界有上千种类黄酮，其中具有典型类黄酮结构的是黄酮、黄酮醇、异黄酮、黄烷酮、黄烷酮醇(图 4-16)。

(2)性质：天然的类黄酮多以糖苷的形式存在，类黄酮苷易溶于水、甲醇和乙醇，难溶于有机溶剂。但游离的类黄酮难溶于水，易溶于有机溶剂和稀碱溶液。类黄酮为多酚类物质，在不同环境下其颜色易发生变化。

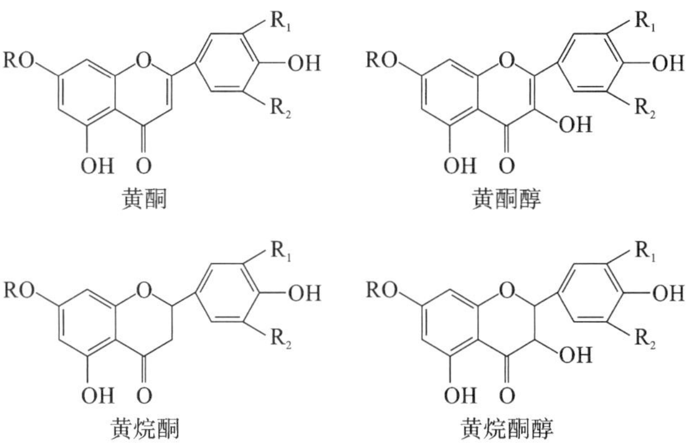

黄酮　　黄酮醇　　异黄酮

黄烷酮　　黄烷酮醇

图 4-16　五种典型的类黄酮结构

在自然情况下，类黄酮的颜色自浅黄色至无色，鲜见明显黄色，一些因素可使其结构发生改变，从而引起色泽的变化。从化学结构上看，类黄酮都含有酚羟基，是弱酸性化合物，可以与强碱作用。但它遇碱时却变成明显的黄色，其机制是类黄酮在碱性条件下苯并吡喃酮的 C_1、C_2 位的 C—O 键断开，生成查耳酮（图 4-17），各种查耳酮的颜色自浅黄色至深黄色。在酸性条件下，查耳酮又恢复为闭环结构，于是颜色消失。例如，做点心时，面粉中加碱过量，蒸出的面点外皮呈黄色，这就是类黄酮在碱性溶液中呈黄色的缘故。马铃薯、稻米、芦笋、荸荠等在碱性水中烹煮变黄，也是由于类黄酮在碱作用下形成查耳酮所致。

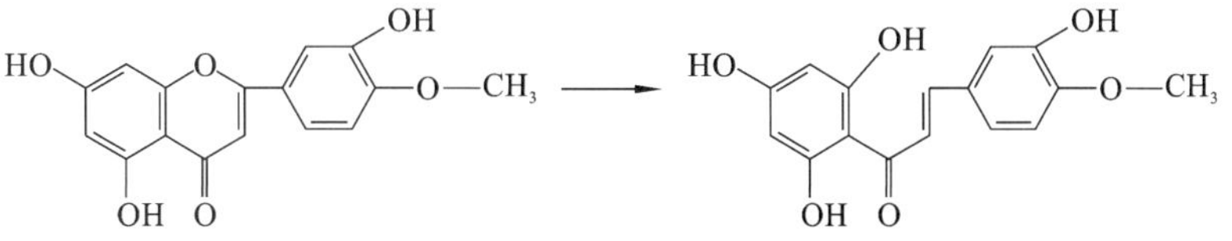

橙皮素（白色）　　橙皮素查耳酮（金黄色）

图 4-17　类黄酮与碱的作用

大多数类黄酮与金属离子（Al^{3+}、Pb^{2+}、Cr^{3+} 等）结合并形成深色的化合物，例如类黄酮与 Fe^{2+} 结合形成颜色很深的螯合物，这往往是食品在烹饪过程中颜色异常的原因之一。类黄酮能够被氧化剂氧化，生成有颜色的化合物（通常为褐变），这也是常见果蔬类食物变色的原因。

目前对类黄酮的研究较多，主要集中在其功能性质上，包括抗氧化、清除自由基、降血脂、降胆固醇、免疫促进作用和防治心血疾病等。类黄酮存在于红茶、绿茶、红葡萄酒等饮料中，显示出较强的心脏保护功能。其机制一是类黄酮具有很好的抗氧化性，二是类黄酮可以抑制血小板凝聚。

4.3.3.3　儿茶素的结构与性质

（1）结构：这是一类黄烷醇的总称，此类化合物大量存在于茶叶中，绿茶与红茶均含有，红茶中以茶黄素和茶红素为主，其含量为茶叶中多酚类总量的 60%～80%。儿茶素基本结构为 α-苯基苯并吡喃（图 4-18）。

茶叶的儿茶素主要有四种：儿茶素、棓儿茶素、表儿茶素和表棓儿茶素。区别在于 3 位上羟基数目、位置不同，儿茶素都可与没食子酸发生酯化反应生成表儿茶素没食子酸酯、表棓儿茶素没食子酸酯（图 4-19）。

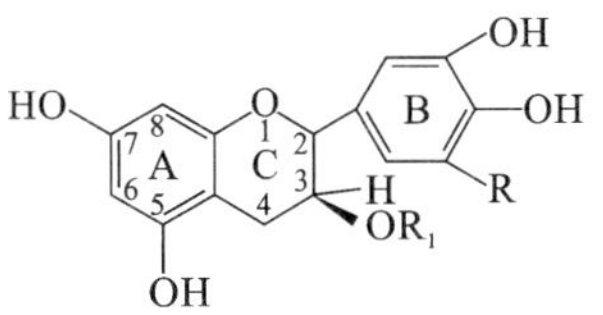

图 4-18　儿茶素的结构

注：当 $R=R_1=H$ 时，B 环为儿茶酚基，则为儿茶素。当 $R=OH$、$R_1=H$ 时，B 环为焦没食子酸基，则为棓儿茶素。

表儿茶素（EC）

表棓儿茶素（EGC）

表儿茶素没食子酸酯（ECG）

表棓儿茶素没食子酸酯（EGCG）

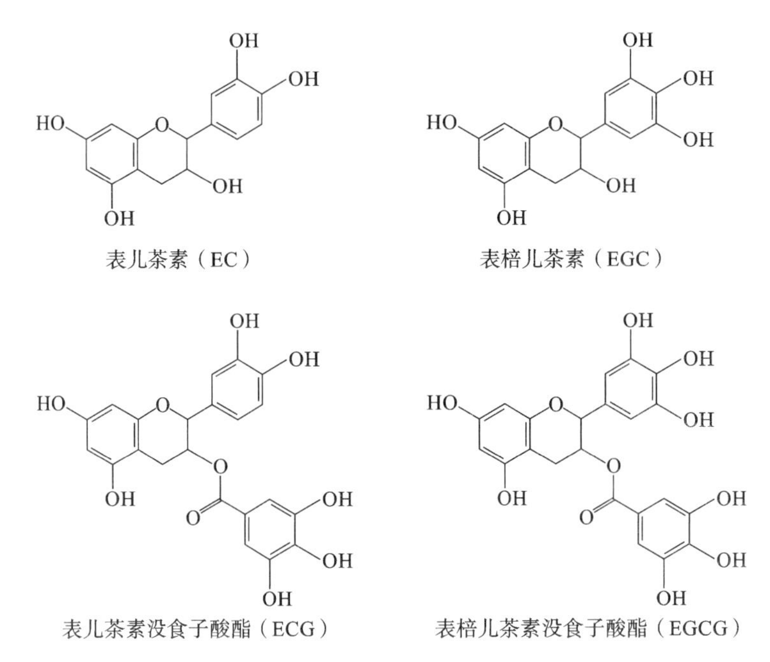

图 4-19　表儿茶素、表棓儿茶素及其没食子酸酯

(2)性质：儿茶素本身无色，有涩味，可与蛋白质生成沉淀，或与金属离子生成有色沉淀，具有较强的还原性。例如，儿茶素与 Fe^{3+} 生成绿黑色沉淀，遇醋酸铅生成灰黄色沉淀。

儿茶素含有酚羟基，由于其具有还原性，儿茶素很容易被氧化为有色物质，这就是茶水放置在空气中容易变色的原因。某些果蔬中由于存在多酚氧化酶，儿茶素在多酚氧化酶的催化下氧化发生褐变，即酶促褐变。茶叶的生产过程中，对于褐变的控制直接影响到茶叶的品质。例如红茶中存在的茶黄素与茶红素的比例，决定了红茶的色泽；绿茶的杀青效果影响绿色，它们均与多酚氧化酶的催化有关（表 4-3）。

表 4-3　绿茶、红茶中多酚物质的含量

成分	绿茶	红茶	成分	绿茶	红茶
EGCG	10%～15%	4%～5%	黄烷双醇	2%～3%	—
ECG	3%～10%	3%～4%	黄酮醇	5%～10%	6%～8%
EGC	3%～10%	1%～2%	酚酸和缩酚酸	3%～5%	10%～12%
EC	1%～5%	1%～2%	茶黄素	—	3%～6%
			茶红素	—	10%～30%

注：以上含量为干重时的百分含量。

茶作为世界三大饮料之一，主要是茶叶中含有氨基酸、矿物质、维生素和茶多酚等物质，茶多酚的还原性能明显抑制亚硝基化合物的合成，能抑制多种致癌物质对人体的致癌作用，也能抑制或减少某些肿瘤的发生和生长，绿茶中所含的表棓儿茶素没食子酸酯是主要抗癌物质，因而茶饮广受人们的喜欢。目前茶叶的保健作用研究集中在茶叶的抗氧化、降血脂、预防糖尿病和抑菌作用上。

4.3.3.4 鞣质的结构与性质

(1)结构：植物中含有一种具有鞣革性能的物质，称为植物鞣质，简称鞣质或单宁。其化学结构属于高分子多酚衍生物，鞣质主要由下列单体组成(图4-20)。

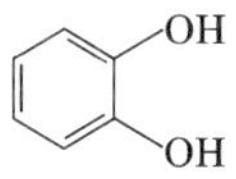

儿茶酚 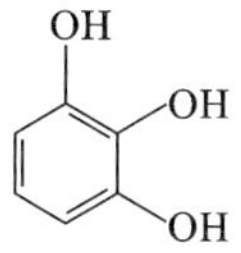　　焦棓酚，即焦性没食子酸 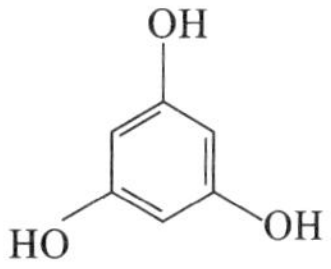　　根皮酚

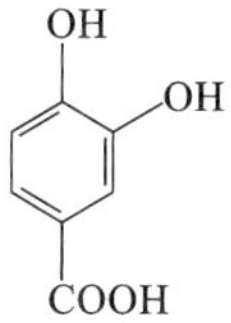

原儿茶酸 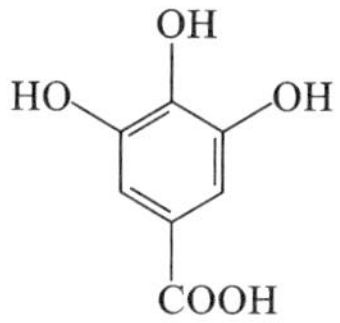　　棓酚（鞣质、没食子酸、五棓子酸）

图4-20 植物中常见的鞣质组成单体

鞣质主要存在于柿子、茶叶、咖啡、石榴、魔芋等植物组织中，这些植物在尚未成熟时，鞣质含量尤其高。虽然鞣质的化学结构复杂，但其水解后通常生成三类物质：葡萄糖、没食子酸或其他多酚酸(鞣酸)，说明鞣质是糖苷类化合物。鞣质可分为两类，一是缩合鞣质，二是葡萄糖的没食子酸酯，即水解鞣质(图4-21)。

(2)性质：鞣质作为色素，颜色较浅，一般为淡黄色、褐色。其对食品的重要性主要表现为易被氧化，发生褐变作用。酶、金属离子、碱性环境及加热都可促进它褐变。所以对含鞣质较多的果蔬，加热、储放时要特别注意这一现象。另外，鞣质有涩味，是植物可食部分涩味的主要来源，如石榴、咖啡、茶叶、柿子等都存在涩味。

鞣质是无定形粉末，易溶于水中。除儿茶素外，鞣质具有收敛作用，能使蛋白质凝固。鞣质与明胶生成沉淀或浑浊液，用这种方法可检出0.01%的鞣质。生物碱及某些有机碱可使鞣质沉淀，重金属离子可与鞣质生成不溶性盐，鞣质也容易被氯化钠或氯化铵等盐类析出。

4.3.4 其他色素

4.3.4.1 红曲色素

红曲色素是存在于红曲米中一类微生物色素的总称。这类色素为酮类衍生物。红曲色素传统的制作工艺是大米经过浸泡、蒸熟、接种(红曲霉菌、紫红曲霉菌、安卡红曲霉菌)进行发酵而成，制得的产品称为红曲。红曲经粉碎后可直接用于食品着色，也可以通过乙醇提取其中的色素作为着色剂使用。

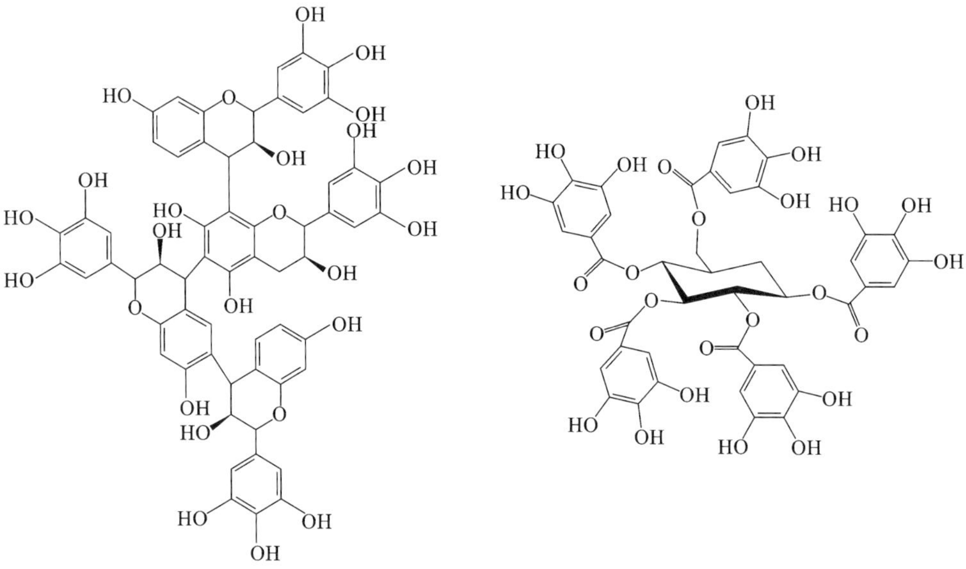

(A)　　　　(B)

图 4-21　缩合鞣质(A)和部分水解鞣质(B)

红曲色素有六种，分别属于黄色红曲色素、橙色红曲色素和红色红曲色素，主要区别在于其 R 基团不同。其化学结构如图 4-22 所示。

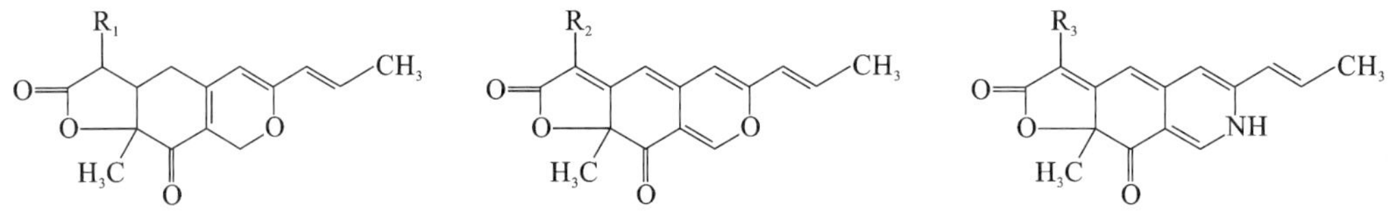

（黄色）	（橙色）	（红色）
R_1=COC_5H_{11}	R_2=COC_5H_{11}	R_3=COC_5H_{11}
红曲素	红斑红曲素	红斑红曲胺
R_1=COC_7H_{15}	R_2=COC_7H_{15}	R_3=COC_7H_{15}
安卡 红曲黄素	红曲玉红素	红曲玉红胺

图 4-22　红曲色素的六种结构

红曲色素易溶于水，具有很好的耐光、耐热和耐碱性质，在 pH 值为 11 时颜色稳定，且颜色不随 pH 值变化而变化。红曲色素还不与金属离子、氧化剂和还原剂发生反应，具有很强的着色能力，尤其对蛋白质的着色。但次氯酸盐对红曲色素有强漂白作用。红曲色素现广泛用于肉制品(粉蒸肉)、糕点、糖果的着色，我国允许按正常生产的需要量添加于食品中。

4.3.4.2　姜黄素

姜黄素是存在于草本植物姜黄的根茎中的一种黄色色素。它是自然界中比较少的一种二酮类色素，其结构如下：

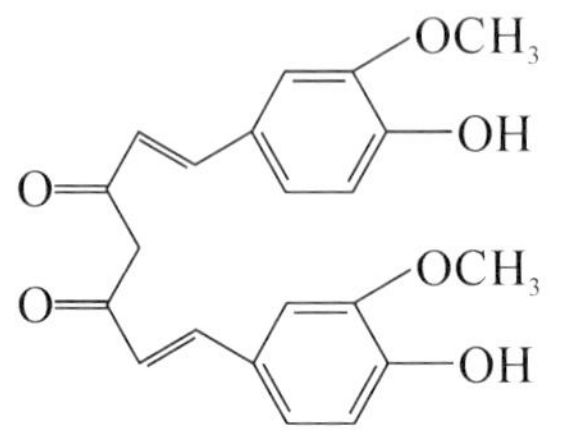

姜黄素在姜黄中的含量为3%～6%，为橙黄色的结晶粉末，不溶于水，但溶于乙醇等有机溶剂，可溶于稀碱溶液，具有特殊的风味和芳香。姜黄素有较强的还原性，对食品的着色能力强，尤其是蛋白质，但耐热性和耐光性较差。姜黄素在不同的pH值时呈现不同的颜色，在中性或酸性条件下为黄色，在碱性条件下呈红褐色。由于具有相邻的羟基和甲氧基，姜黄素具有与金属离子配位的能力，如与铁离子配位而变色。目前我国允许添加量以姜黄素计一般为10 mg/kg。

4.4　食品褐变

褐变是食品加工和烹饪过程中普遍存在的颜色加深的一种变色现象。有些褐变对食品有益，是加工和烹调过程中所希望的。例如，油炸食品、糕点、炒咖啡豆等食品在烘烤过程中生成的焦黄色和由此引起的香气等，它可增强人们的食欲；但在多数情况下，褐变是有害的，因为它使食品原料丧失其固有的色泽，影响外观，降低营养价值，特别是对水果、蔬菜和某些肉制品而言，褐变是判断其腐败的重要标志之一。

食品褐变可以分为酶促褐变和非酶促褐变两种类型。酶促褐变发生于植物性食品原料在离株以后、动物性食品原料在死亡或离体以后的加工和储存过程中，由于酶的作用，其代谢过程呈不可逆的变化趋势，结果普遍呈现褐变现象。而非酶促褐变是在没有酶参与的情况下，食品在加工、储存过程中发生的颜色不断变深的现象，主要由食品中化学反应引起，如美拉德反应、焦糖化反应等。

4.4.1　酶促褐变

酶促褐变是一种由酶所催化的变色现象。生鲜果蔬原料在采收后，组织中仍在进行生命代谢活动。在正常情况下，完整的果蔬组织中氧化还原反应是偶联进行的，但当发生机械性损伤(削皮、切分、压伤、虫咬等)或处于异常环境变化(如受冻、受热等)下时，其原有的代谢转变为异常代谢，甚至为不受控制的酶促反应，导致氧化产物的积累，造成变色。

大多数情况下，酶促褐变是一种不希望出现的颜色变化，如香蕉、苹果、梨、茄子、马铃薯等都很容易在削皮切开后产生褐变。但茶叶、可可豆、蜜饯等食品，适当的褐变则是形成其良好的风味与颜色所必需的条件。

4.4.1.1　酶促褐变的机制

酶促褐变的产生是植物细胞内酚类物质被多酚氧化酶催化氧化聚合的结果。正常植物中的酚类物质虽然也被氧化，但其氧化产物醌又可被其他还原物还原成酚，不会产生积累。在异常情况下，由于细胞中还原物减少，多酚氧化酶又以游离态形式出现，加上组织破损后，与氧气接触面大大增加，氧气直接可将酚氧化成醌；大量醌便自动聚合成吸光性强的高分子化合物，即黑色素。其变化过程可简单表示如下：

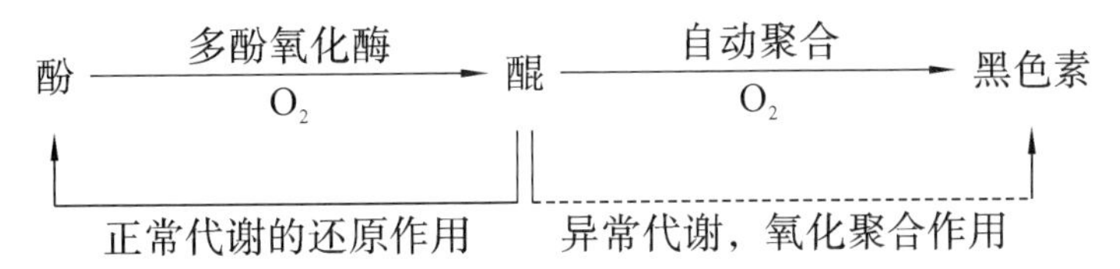

例如，马铃薯切开后，其自身的一种酚类化合物——酪氨酸，在其多酚氧化酶催化下，被空气中氧气迅速氧化，其过程如图 4-23 所示。

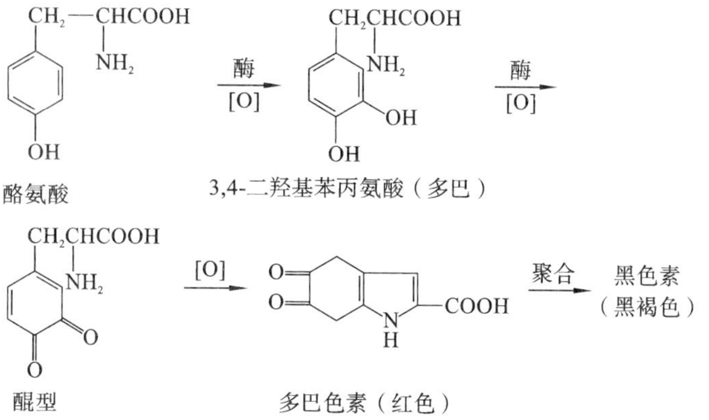

酪氨酸 $\xrightarrow[\text{[O]}]{\text{酶}}$ 3,4-二羟基苯丙氨酸（多巴） $\xrightarrow[\text{[O]}]{\text{酶}}$ 醌型 $\xrightarrow{\text{[O]}}$ 多巴色素（红色） $\xrightarrow{\text{聚合}}$ 黑色素（黑褐色）

图 4-23　马铃薯酶促褐变的过程

氨基酸及类似的含氮化合物与邻二酚作用可产生颜色很深的复合物。其机制是酚类物质先经酶促氧化形成相应的醌。然后，醌和氨基酸发生非酶催化的缩合反应，导致褐变。如白洋葱、蒜、大葱在加工中出现的粉红色就属于此变化。

另外一些结构较复杂的酚类衍生物如花青素、类黄酮、儿茶酚都能作为多酚氧化酶的底物。例如，红茶加工中鲜叶中的儿茶酚经酶促氧化、缩合等作用，生成茶黄素和茶红素，是构成红茶色泽的主要成分。

从酶促反应过程来看，果蔬类食物发生酶促褐变必须具备三个要素：①酚类底物，花青素、类黄酮、儿茶素、含有酚结构的氨基酸等酚类物质，都是酶促褐变的底物。②多酚氧化酶，植物体内多酚氧化酶是一个寡聚体，每一个亚基含有一个铜离子作为辅基，以氧为受氢体，多酚氧化酶可以催化两类反应，一类是羟基化作用，产生酚的邻羟基；另一类是氧化作用，使邻二酚氧化为醌。因此，多酚氧化酶是一个多酚体系。③反应条件，酶促褐变需要有氧气参与。氧气既是多酚氧化酶的受氢体，也是醌聚合的氧化剂。食品若发生酶促褐变，以上三个条件都需具备，否则不会发生。例如有些瓜果（柠檬、柑橘及西瓜等），由于不含多酚氧化酶，故不会发生酶促褐变。

4.4.1.2　酶促褐变的预防

食品发生酶促褐变除了需要酚类物质（底物）、多酚氧化酶、空气中的氧气外，还同时存在植物组织结构破坏等异常代谢状态。例如，马铃薯较容易发生酶促褐变。具体的控制酶促褐变的方法如下。

(1)热处理：在适当的温度和时间条件下通过热处理（烫漂、汽蒸、焯水等）新鲜果蔬，使多酚氧化酶及其他酶失活。热处理是最广泛使用的控制酶促褐变的方法。来源不同的多酚氧化酶对热的敏感度不同，但在 70～95 ℃加热约 7 s 可使大部分多酚氧化酶失去活性。

热处理的关键是要在最短时间内达到钝化酶的要求，否则易因加热过度使细胞间的果胶水解而影响食品的质量；相反，如果热处理不彻底，热烫虽破坏了细胞结构，但未钝化酶，反而会强化酶和底物的接触而促进褐变。例如，白洋葱如果热烫不足，变粉红色的程度比未热烫的还要厉害。炒藕片时，如果温度不够，随着时间延长会导致明显的变色。

但热处理也有缺点，水果和蔬菜经过热处理后，会影响它们原来的风味。所以必须严格控制加热时间，以既能使酶失去活性，又不影响食品原有的风味为宜。微波能的应用为热处理钝化酶提供了新的有力手段，可使组织内外迅速一致受热，对质构和风味的保持极为有利。

应该注意的是，食品加工或烹饪中初加工的原料不能通过冷冻来防止褐变。因为，酶在低温下仍然有活力，而且冷冻会导致原料组织结构更大的破坏，反而容易发生褐变。

水分活度也是影响酶活性的重要因素，当水分活度低于 0.85 时，多酚氧化酶活性降低，但降低水分主要应用于果蔬干燥储藏，不适合新鲜果蔬。

(2)酸处理：多酚氧化酶的最适 pH 值为 6～7，pH 值低于 3.0 时已基本无活性，所以利用酸处理控制酶促褐变也是广泛使用的方法，常用的酸处理试剂有柠檬酸、苹果酸、磷酸以及维生素 C 等。柠檬酸除降低 pH 值外，还有螯合多酚氧化酶的 Cu^{2+} 辅基的作用。一般柠檬酸与维生素 C 混用，即 0.5%柠檬酸+0.3%维生素 C。维生素 C 除了有调节 pH 值的作用外，还具有还原作用。当维生素 C 存在时，醌能被维生素 C 还原，重新转化为相应的酚，以防止褐变发生。其反应原理参见图 4-24。维生素 C、异抗坏血酸、脱氢抗坏血酸以及维生素 C 与磷酸的复合剂对防止酶促褐变效果较好。

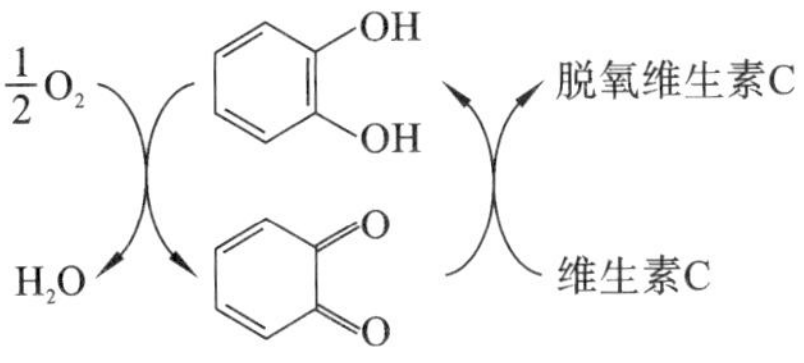

$\frac{1}{2}O_2$　　OH　　脱氧维生素C

H_2O　　O　　维生素C

图 4-24　酸处理防止酶促褐变

(3)酶促褐变的抑制：二氧化硫及常用的亚硫酸盐(如 Na_2SO_3、$NaHSO_3$)、焦亚硫酸钠($Na_2S_2O_5$)、连二亚硫酸钠($Na_2S_2O_4$)都是广泛使用于食品工业的多酚氧化酶抑制剂，且它们还是还原性漂白剂，对变色有很好的抑制作用。实验结果表明，SO_2 及 Na_2SO_3 在 pH 值为 6 时，效果最好，1 mg/kg 的 SO_2 可降低约 20%的酶活性，浓度达到 10 mg/kg 时几乎可以完全抑制酶的活性。但考虑到其本身的挥发、反应损失等，一般增加到 300 mg/kg，残留应低于 20 mg/kg。但添加此类试剂会造成食品褪色和维生素 B_1 的破坏。

如果食品不宜采用热处理，可采用亚硫酸盐法，此法不仅可以防止酶促褐变，并有一定的防腐作用，还可以避免维生素 C 的氧化失效。使用亚硫酸及其盐类也有一些不利的方面，因为亚硫酸及其盐溶液受热会释放出 SO_2，使食品产生令人不愉快的气味，并使食品褪色(尤其是含有花青素的苹果、芹菜、草莓等不能用此法，因为 SO_2 对它们有漂白作用)。其浓度较高时，还影响人体健康，因此使用量一般不能超过 3 g/kg。

乙二胺四乙酸(EDTA)和巯基化合物能直接使多酚氧化酶失活。其作用机制主要源于它们与酶中 Cu^{2+} 形成配合物，从而使酶失去活性。使用氯化钠抑制褐变应用的范围有限。为了保持果蔬的形态，可以把去皮的果蔬泡在氯化钠溶液中。氯化钠一般多与柠檬酸和维生素 C 混合作用。单独使用氯化钠抑制果蔬中多酚氧化酶的活性，浓度须达到 20%才有效，这样高的浓度会破坏食品的风味，因此在使用上受到很大限制。

此外，用多酚氧化酶底物类似物，如肉桂酸、对香豆酸、阿魏酸等酚酸可以有效地控制苹果汁的酶促褐变(图 4-25)。这三种酸都是水果、蔬菜中天然存在的芳香族有机酸，无添加安全问题。肉桂酸钠盐的溶解性好，控制褐变的时间长。

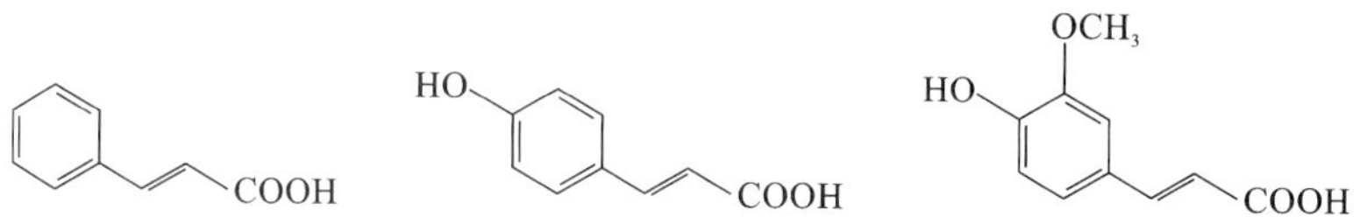

肉桂酸　　对香豆酸　　阿魏酸

图 4-25　多酚氧化酶底物类似物

(4)隔氧法:隔氧法最简便的操作是将果蔬放入水中,与空气隔绝,从而达到抑制酶促褐变的目的。可以将去皮或切分的果蔬浸入清水、糖水或盐水中,为了达到有效防止酶促褐变的目的和保持果蔬的风味,采用维生素 C 溶液浸泡,以消耗切开的水果表面组织中的氧,并在切开的表面组织形成一层阻氧的扩散层,以防止组织中氧引起酶促褐变;可以对切分的水果涂上人造奶油,做成水果沙拉,将其与空气中的氧隔开,以防止酶促褐变发生;还可以使用壳聚糖等多糖物质浸泡后沥干,在果蔬表面形成一层膜结构,与氧气隔离,并具有防腐作用。

(5)保持组织结构的完整性:保持组织的完整性,能有效防止酶促褐变。这其中主要有两方面的原因:一是细胞结构完整时,酶与底物被正常结构分隔;二是细胞中存在还原性物质,能有效地将氧化物还原为酚类物质,保持色泽正常。对于新鲜果蔬,若不是马上食用,尽量不要损伤其组织,不要让微生物、昆虫等侵蚀。冷藏能够降低多酚氧化酶的活性,减缓酶促褐变的速率。但要注意其最适温度,温度过低会导致果蔬的冻伤,使酶促褐变反应加快。烹饪加工时,应尽量缩短生鲜果蔬加工时间,做到即做即食。

4.4.2　非酶促褐变

4.4.2.1　美拉德反应褐变

美拉德反应是羰基化合物与氨基化合物经过脱水、裂解、缩合、聚合等,最终生成深色物质和挥发性成分的一系列反应的总称。

食品中的羰基化合物包括含有醛基、酮基、羧基的化合物,氨基化合物包括游离氨基酸、肽类、蛋白质、胺类等。实验证明活性的醌、二酮、不饱和醛酮等羰基化合物单独存在时,也发生褐变。而与氨基酸、蛋白质等共存时,褐变作用更明显。几乎所有食品中都含有羰基化合物与氨基化合物,所以食品发生反应十分普遍。食品加工、储藏中美拉德反应也是引起食品变色的重要化学反应之一。

美拉德反应中 Amadori 重排产物 1-氨基-1-脱氧-2-酮糖(邻酮醛糖)也会像醛类、酮类糖一样形成环式结构,在适宜的温度条件下,发生脱水反应生成呋喃衍生物 5-羟甲基-2-糠醛,通常称为羟甲基糠醛(HMF)(图 4-26),如果是戊糖则生成糠醛。在弱酸性条件下(pH >5),此活性环状化合物与含有氨基的化合物快速聚合生成不溶性的深色含氮物质,称为黑色素。随着黑色素的聚集,颜色也出现由浅到深的变化。

烹饪中美拉德反应对产生良好的色泽和气味有重要作用。但有时需要防止食品褐变,特别是在食品储藏过程中,变色是质量降低的重要指标。这就要阻止羟甲基糠醛类物质的产生,常用 SO_2、亚硫酸盐等还原剂。亚硫酸根与羰基结合形成加成化合物,其加成化合物能与氨基化合物缩合,缩合物不能再进一步生成 Schiff 碱和 *N*-葡萄糖胺,从而阻止邻酮醛糖的环化。一些钙盐、镁盐有时也作为美拉德反应的抑制剂。这主要是利用氨基酸能与

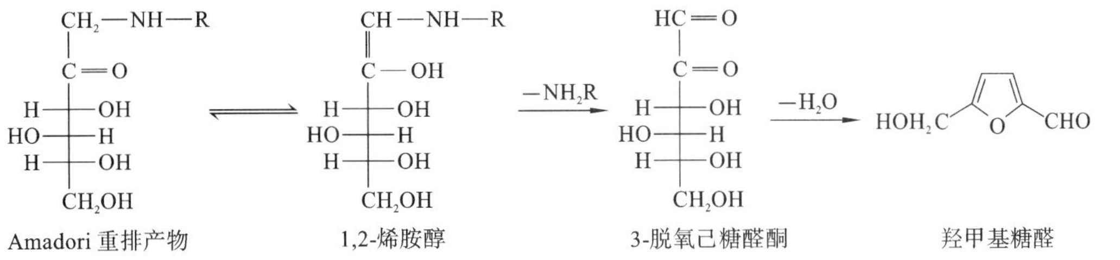

Amadori 重排产物 ⇌ 1,2-烯胺醇 $\xrightarrow{-NH_2R}$ 3-脱氧己糖醛酮 $\xrightarrow{-H_2O}$ 羟甲基糖醛

图 4-26 羟甲基糠醛生成

Ca^{2+} 或 Mg^{2+} 形成不溶性盐来阻止氨基酸与羰基的接近从而避免反应发生。

4.4.2.2 焦糖化反应褐变

糖类物质(还原糖或非还原糖)在不含氮化合物的情况下直接加热到熔点以上温度时,发生焦化变黑的现象,称为焦糖化反应。少量的酸和某些盐类(胺盐)可以加速焦糖化反应。虽然焦糖化反应不涉及氨基酸和蛋白质参与,但与美拉德反应有许多相似之处,其最终产物焦糖素也是一种复杂的混合物,它由不饱和的环状(五元环或六元环)化合物产生的高聚物组成。其与美拉德反应褐变一样,产生诸如3-脱氧邻酮醛糖和呋喃中间体,即麦芽酚、异麦芽酚等风味物质和香气物质。在焙烤、油炸食品中,焦糖化反应控制得当,可以使产品得到悦人的色泽及风味。所谓的“糖色”就是指焦糖化反应所产生焦糖素的色泽。

焦糖化反应在过往的烹饪工艺中起着重要的作用,通过熬糖制备焦糖是食品上色的主要途径。焦糖化反应根据其变化过程和反应产物分为三个阶段:以蔗糖为例说明烹饪中糖色的形成过程。

第一阶段:蔗糖分子脱水。蔗糖加热达到其熔点(160~186 ℃)开始熔化,经一段时间分子内脱水,第一次起泡,蔗糖脱去一分子水形成异蔗糖酐,异蔗糖酐无甜味,稍有苦味感,大约0.5 h起泡暂时停止,其反应式如下:

$$C_{12}H_{22}O_{11} \longrightarrow C_{12}H_{20}O_{10} + H_2O$$

第二阶段:生成焦糖酐。继续加热,异蔗糖酐分子间继续脱水,产生第二次起泡,持续时间更长,失水量约为9%,形成焦糖酐。焦糖酐平均分子式为$C_{24}H_{36}O_{18}$,熔点为138 ℃,浅褐色,有明显苦味。

$$2C_{12}H_{22}O_{11} \longrightarrow C_{24}H_{36}O_{18} + 4H_2O$$

第三阶段:生成焦糖素。焦糖酐进一步发生分子间脱水并第三次起泡,形成焦糖烯($C_{36}H_{50}O_{25}$),继续加热分子间脱水缩合成高分子量的难溶性深色物质焦糖素($C_{125}H_{188}O_{80}$)。

$$3C_{12}H_{22}O_{11} \longrightarrow C_{36}H_{50}O_{25} + 8H_2O$$

焦糖素的等电点通常为3.0~4.9。对于食品加工而言,焦糖素的等电点有着重要的意义。例如,用焦糖使饮料食品上色,如果pH值达到其等电点时,会发生絮凝、浑浊、沉淀等现象,影响感官质量。目前商业上有四种产生焦糖的方法,主要的区别是制作工艺中是否加入铵或亚硫酸盐。第一类焦糖,也称普通焦糖或耐酸焦糖,不加入铵盐或亚硫酸盐,可能会在加入酸或碱的条件下,直接用糖制备,这是传统的焦糖制备方法。第二类焦糖为耐硫化焦糖,是在亚硫酸盐存在的条件下,不含有铵根离子,可能会加入酸或碱,加热糖制备焦糖。这种焦糖为红棕色,可以增加啤酒或含醇饮料的色泽,含有略带负电荷的胶体颗粒,溶液的pH值为3~4。第三类焦糖为铵化焦糖,含有铵根离子,不含亚硫酸盐,可能会加入酸或碱，加热糖制备焦糖。这种焦糖为红棕色，可以用于焙烤食品、糖浆和布丁中，含有略带正电荷的胶体颗粒，溶液的 pH 值为 4.2～4.8。第四类焦糖为硫铵焦糖，同时加入亚硫酸盐和铵根离子，可能会加入酸或碱，加热糖制备焦糖。这种焦糖为棕色，可以用于焙烤食品、糖浆、可乐或其他酸性饮料中，含有略带负电荷的胶体颗粒，溶液的 pH 值为 2～4.5。

在烹饪或食品加工过程中，焦糖反应与美拉德反应会同时发生，这样会大大促进食物颜色的变化。例如，烘烤食品，制备巧克力、奶油软糖的过程。

第 5 章　食物化学成分及其功能

食品中所含的各种化学成分，具有不同的功能。按其营养性质来分，一部分是人体必需营养素，如蛋白质、脂类、糖类、维生素、水、无机盐类。另一部分是人体非必需的物质，如有机酸、有机碱、色素等。按分子量大小来分，小分子物质包括水、矿物质、色素、气味物质、滋味物质等，由于分子量小，性质比较活泼，在食品中稳定性较差，对食品的感官性状影响较大；大分子物质包括蛋白质、脂肪、淀粉、纤维素、果胶等，是食品质地的组成物质，对食品的物理性质影响较大。按物质在烹饪中的功能来分，呈形物质有水、蛋白质、脂肪、糖类等；呈色物质有叶绿素、血红素、花青素等；呈味物质有低糖、有机酸、生物碱类、辣椒素；呈香物质有醇类、硫化物和芳香化合物等。食品中呈色、呈味、呈香物质通常称为风味物质。

食品中除了天然成分外，还有一些外源性成分。为了改善食品的性状，在食品加工时人为添加的化学物质，如食品添加剂(food additive)。也有食品经微生物发酵而产生的物质，这些物质大多数对食品是有利的。还有由于环境、设备污染等造成食品生产、加工过程中产生的化学污染物。例如农药残留、工业"三废"造成的重金属污染、加工过程中生成的有害物质等。

食品中的天然成分通常称为内源性食品成分，它是动植物天然生长过程中生成的各种物质。食品中添加或污染而混入的成分称为外源性食品成分。

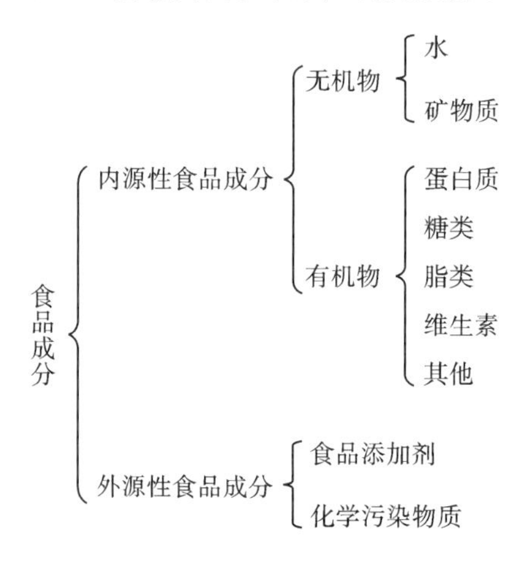

5.1 水

5.1.1 水的结构与性质

水分子是由两个氢原子和一个氧原子构成的，三个原子构成"V"形结构(图 5-1)，H—O 共价键由于氧原子对电子的吸引力强，共用电子对强烈地偏向氧原子一端，氢原子几乎成为裸露的带正电荷的质子。水分子中氧原子带有部分负电荷(δ^-)，两个氢原子各带部分正电荷(δ^+)。因此，H—O 共价键为极性共价键，水分子是典型的偶极分子，具有两个离子特性的 σ 键。水分子可以发生电离，通常水中除 H_2O 外，还存在 H_3O^+、OH^-。因此，水通常作为化学反应中最重要的介质。

由于水分子是极性分子，在常温下水呈液态，它由若干个水分子缔合为水分子簇

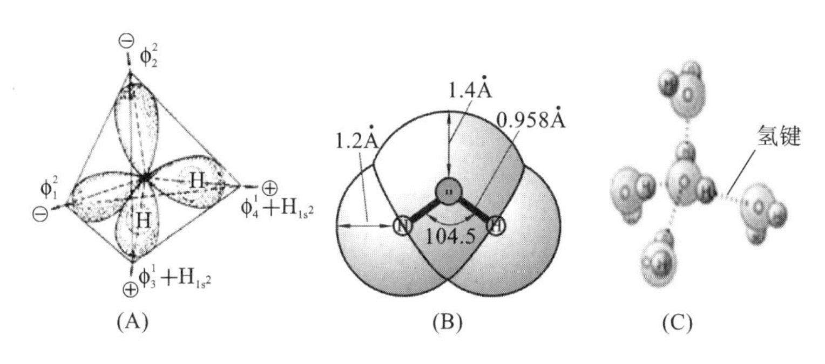

图 5-1　水分子的结构

(A)sp3 杂化类型;(B)气态水分子范德华半径(1 Å=0.1 nm);(C)水的缔合体

$(H_2O)_n$,这是由于水分子间强烈的氢键作用的结果,当发生相转变时,必须获得额外的能量破坏水分子间的氢键。与氧族元素氢化物相比,水具有较高比热容和相变热,以及良好的导热性。水的比热容为 4.18 kJ/(kg·℃)(或 1 cal/(g·℃)),20 ℃时,其热传导率为 5.983×10^2 J/(m·s·K)。水所具有的高比热容和良好的导热性对于烹饪来说是非常必要的,用水来传热效率高,同时还有恒温作用。

冰是水分子有序排列成的晶体,是水分子依靠氢键连接在一起的刚性结构。每一个冰晶由一个水分子与周围四个水分子以氢键相连,呈四面体包围,四面体指向作用力使冰晶形成一个开放的、低密度结构。水结冰时体积增大,其膨胀系数为 9%。水结冰对冷冻储藏食品的质量有较大的影响,由于水结冰体积膨胀,水果、蔬菜或动物肌肉细胞组织被破坏,解冻后会导致汁液流失、组织溃烂、滋味改变。含水量高的加工食品,冷冻储藏也会因水结冰发生膨胀,当外层结构不能承受内部膨胀压力时,就会产生龟裂现象。

水的化学性质活泼,20 ℃时其电离常数为 80.36。水分子与离子或离子基团(Na^+、Ca^{2+}、Cl^-、NH_4^+、NO_3^- 等)可以形成离子-离子、离子-偶极结合,与蛋白质、淀粉、果胶、纤维素分子中的—OH、$—NH_2$、—SH、—COOH、$—NH_2$ 等极性基团通过氢键而结合。水分子与疏水基团(烷烃基、脂肪酸、蛋白质非极性基团等)产生排斥作用,即疏水作用或疏水效应(hydrophobic interaction)。疏水作用的结果,使疏水基附近的水分子之间氢键作用增强,水分子结合更紧密,疏水基团之间聚集也加强,与水的接触面积减少,形成了笼形水合物(clathrate hydrates)(图 5-2)。

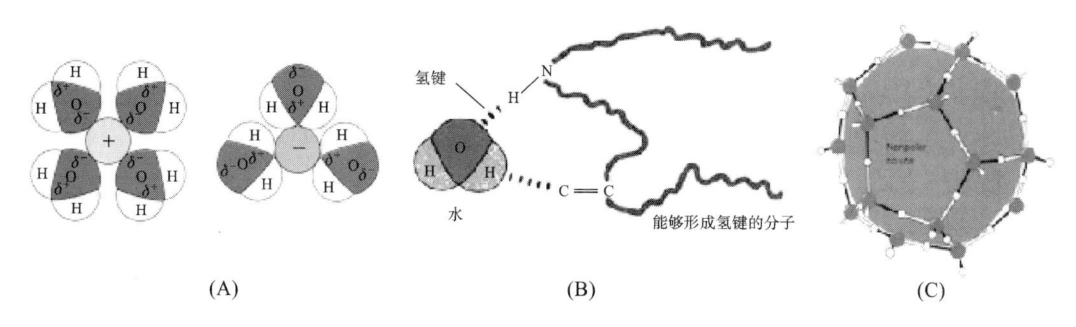

图 5-2　水与离子、极性基团、疏水基团的结合

(A)水与离子形成离子-偶极;(B)水与极性基团形成氢键;(C)疏水作用形成笼形水合物

5.1.2 水在食品中的存在状态

食品中的水不可能单独存在，它与食品中的其他成分发生化学或物理结合，因而发生性质改变。按照食品中水与其他成分之间相互作用的强弱，食品中的水可分成结合水和自由水两大类。

(1)结合水(又称束缚水)：存在于食品中与非水成分通过化学键结合的水，是食品中结合较牢固的水。食品中大多数结合水是水分子与食品中的无机离子以及蛋白质、淀粉、果胶等有机物分子中的羰基、氨基、亚氨基、羟基、巯基等亲水性基团通过离子-偶极作用或氢键键合作用产生的。它与同一体系中的自由水相比，分子动能减小，并且水的物理性质明显发生改变，例如不易挥发、不能作为溶剂等。根据水与食品中非水组分之间作用力的强弱，结合水可分为构成水、单层水和多层水。

①构成水：与食品中非水物质结合得最牢固，并且与非水物质构成了一个整体，通常以离子键或离子-偶极作用结合，成为分子结构的一部分。

②单层水(又称邻近水)：亲水物质的强亲水基团周围缔合的单分子水化膜。它与非水成分主要依靠离子-偶极作用、极强氢键缔合作用结合在一起，是食品中蛋白质、糖类非水成分的强极性基团羧基、氨基、羟基等直接以氢键结合的第一个水分子层。单层水与非水成分之间的结合能力较强，很难蒸发，也不能被微生物所利用。一般说来，食品干燥后安全储藏的含水量要求为该食品的单层水。

③多层水：单分子水化膜外围绕亲水基团形成的另几层水分子，主要依靠水分子间的氢键缔合在一起。虽然多层水与亲水基团的结合强度不如单层水，但由于它们与亲水物质靠得足够近，性质也大大不同于纯水的性质。

(2)自由水(也称体相水)：食品中未与非水成分结合的水，是一种被物理作用截留的水。根据食品中自由水的分布情况，其可分为游离水、截流水和毛细管水。

①游离水：在食品原料中可以自由流动的水。游离水没有与非水物质进行化学或物理结合，所以这部分水可自由流动。

②截留水：被生物组织中的显微和亚显微结构或组织膜所截留在细胞、大分子凝胶、骨结构中的水。这部分水不能自由流动。当显微结构被破坏时，截留水才会流出。有些被物理截留的水即使是对食品组织进行切割或剁碎时也不会流出。然而，在食品加工中，这部分水表现出与纯水相似的性质。在干燥时易被除去，在冷冻时易转变为冰，并可作为溶剂。也就是说，这部分水整体上流动性受到严格限制，但水分子的运动基本与纯水相同。在组织或凝胶中截留的水对食品质量有重要的影响。凝胶的脱水收缩、冷冻食品的解冻水渗出，以及宰后动物组织因生理活动使肌肉 pH 值下降导致含水量的降低，都是因为组织截留水的损失引起食品质量的降低。

③毛细管水：生物组织中由于天然形成的毛细管而保留的水分，是存在于生物体细胞间隙的水。毛细管的直径越小，持水能力越强，当毛细管直径不大于 0.1 μm 时，毛细管水实际上已成为结合水；而当毛细管直径大于 0.1 μm 时，毛细管水则为自由水，大部分毛细管水为截留水。

以鲜猪肉为例，说明水在鲜肉中的存在情况。通常 100 g 鲜猪肉总含水量为70～75 g，蛋白质含量为 16～20 g，脂肪含量为 5～15 g。在总含水量中，有 10 g 左右的水是被蛋白

质吸附的结合水，其余的60～65 g水仍是自由水，不过这些自由水会因肌肉组织中各种细胞结构、纤维结构、膜结构、脂肪组织、渗透压、毛细管虹吸作用、表面吸附力等固定在各种微观结构中，所以肉中的水几乎都不能流动。如果用刀切开肉或沥干肉时，也只有少许自由水流失，大约15 g。向肉中加入大量食盐，可使更多的水渗出，这些水是因渗透压改变而从肌肉的凝胶结构或细胞结构中流出的，这部分水是肌肉中含量最多的一种水，可达40 g左右。

5.1.3 水对食品稳定性的影响

食品中结合水与自由水之间的界限很难进行定量区分。只能根据其物理、化学性质做定性区别。一般来说，结合水与食物中有机大分子中极性基团的数量有比较固定的关系。例如，1 g蛋白质可结合0.3～0.5 g水；1 g淀粉能结合0.3～0.4 g水。结合水稳定，不易流失，即使用压榨的方法也不能将其除去。结合水有以下性质：①冰点低于0 ℃，甚至在−40 ℃时也不结冰。②不易蒸发，沸点要高于纯水的沸点（标准大气压下），要使水分蒸发必须克服分子间作用力。③一般不参与化学反应和生物化学反应，也不被微生物利用。④不具有溶剂性质，不能溶解溶质。而自由水具有以下特点：①容易流失，温度升高或降低压力，都能引起水分蒸发而减少。②冰点略低于0 ℃。③具有良好的溶剂作用，可溶解溶质。④可被微生物利用。

食品中水分存在的形式与食品的稳定性、感官性状有较大的关系。食品中含水量越高，食品越容易变坏。但是，仅仅用含水量来判断食品的稳定性在很多情况下是错误的。例如，具有相同含水量的面包和馒头，室温下放置，馒头很快就会出现“回生”。甚至有些含水量高的食品比含水量低的食品还要稳定，原因就在于自由水与结合水的性质不同，活动能力不同。结合水由于受到各种分子间作用力的影响，限制了水分子运动，因此，有能力活动的水分子少，即自由水少，食品性质稳定；反之若自由水多，则食品稳定性较差。食品中自由水与结合水的测定是比较困难的，目前通过测定食品中的水分活度（water activity，A_W）来反映其中自由水的含量。

5.1.3.1 水分活度

水分活度可以解释为食品中能够移动的水分的含量。美国化学家路易斯（Lewis）根据热力学平衡定律严密推导出物质的活动性，随后被开拓性地应用于食品，水分活度可用下式表示：

$$A_W = \frac{f}{f_0} \tag{5-1}$$

式中，A_W——水分活度；

f——溶剂逸度（溶剂从溶液中逸出的趋势）；

f_0——纯溶剂的逸度。

在低温条件下（室温下），f/f_0和p/p_0之间的差值较小（低于1%）。所以食品水分活度可以定义为在一定温度下，食品中水分的饱和蒸气压与纯水的饱和蒸气压的比值，用公式表示如下：

$$A_W = \frac{p}{p_0} \tag{5-2}$$

式中，p——某种食品在密闭容器中达到平衡状态时的饱和蒸气压；

p_0——在同一温度下纯水的饱和蒸气压。

对于纯水来说，因 $p=p_0$，故 $A_W=1$。对于溶液来说，其饱和蒸气压低于溶剂的饱和蒸气压，即 $p<p_0$，故 $A_W<1$。溶液的浓度越大，则 p 越小，A_W 越小。由于食品原料中非水成分（小分子盐类及有机物）较多，其水分的饱和蒸气压低于纯水的饱和蒸气压，因此，食品原料的 A_W 永远小于 1。

由于蒸气压和平衡相对湿度都是温度的函数，所以水分活度也是温度的函数。水分活度与温度的函数可用克拉佩龙-克劳修斯（Clapeyron-Clausius）方程来表示：

$$\frac{\mathrm{d}\ln A_W}{\mathrm{d}(1/T)} = -\frac{\Delta H}{R} \tag{5-3}$$

经整理可导出：

$$\ln A_W = -\Delta H/RT + C \tag{5-4}$$

式中，T——热力学温度，K；

R——摩尔气体常数；

ΔH——在样品的含水量下的等量净吸附热。

从式(5-4)可以得出，水分活度（A_W）与温度（T）构成固定关系，$\ln A_W$ 与 $1/T$ 为线性关系，说明样品的 $\ln A_W$ 在一定的温度范围内随着温度的升高而成比例地升高。

水分活度也可以用溶剂的物质的量分数表示。根据拉乌尔（Raoult）定律：溶质的分压与其物质的量分数成正比，即

$$p = p_0 \cdot x \tag{5-5}$$

则

$$A_W = \frac{p}{p_0} = x = \frac{n_1}{n_1 + n_2} \tag{5-6}$$

式中，x——溶液中溶剂的物质的量分数；

n_1——溶液中溶剂的物质的量；

n_2——溶液中溶质的物质的量。

式(5-6)说明食品的水分活度与其组成有关。食品中的含水量越大，水分活度越大；食品中的非水物质（亲水物质）越多，结合水越多，水分活度越小。式(5-6)很好地解释了果脯制作的原理，通过加入高浓度的糖，降低水分活度，提高了保藏性。食品冷藏中为了防止结冰，同样加入溶质，降低冰点。

水分活度也可以用平衡相对湿度（ERH）表示，平衡相对湿度是指大气中水分蒸气压与相同温度下纯水的饱和蒸气压之比。在一定温度下，当食品中的水分与周围环境水分平衡时，即食品中的水分蒸气压与食品周围环境中水分蒸气压相等，则

$$A_W = \mathrm{ERH}/100 \tag{5-7}$$

式(5-7)意味着食品周围环境的相对湿度对食品的水分活度有较大的影响，即当食品的水分活度乘以 100，其值比环境的相对湿度低时，食品在流通过程中吸湿。梅雨季节的高湿度环境下，干燥食品极易吸湿、发霉就是这个原理。相反，高水分活度食品在低湿度下放置，水分活度也会下降。因此，为了维持适当的水分活度，必须用各种包装材料抑制食品水分的变化。

5.1.3.2 水分活度的实际应用

水分活度反映的是食品中最活泼的那部分水，在大多数情况下食品的稳定性与水分活度紧密相关。研究食品水分活度与微生物生长、化学反应速率间的关系，不仅可以预测食品的货架期，分析食品腐败的原因，而且可以利用水分活度的变化研究控制食品腐败的方法。

(1)评估食品中微生物的生长繁殖。

各类微生物生长都需要一定的水分活度。一般来说，食品中各种微生物的生长繁殖由其水分活度所决定，只有当食品中水分活度大于某一临界值时，特定的微生物才能生长。从微生物生长总体规律来看，细菌对低水分活度最敏感，酵母次之，霉菌敏感性较差。普通细菌要求水分活度大于0.91；酵母要求水分活度大于0.87；霉菌要求水分活度大于0.80。而一些耐渗透压、耐干性微生物则要求水分活度较低，当水分活度为0.65左右时，耐干性酵母和霉菌仍能生长。通常只有当水分活度小于0.60时，微生物才无法生长。表5-1列举了食品中常见微生物生长所需的最低水分活度。

表5-1 微生物生长所需的最低水分活度

微生物	水分活度	微生物	水分活度	微生物	水分活度
普通细菌	0.91	嗜盐细菌	0.75	耐高渗酵母	0.61
普通酵母	0.87	沙门菌	0.93	耐干性酵母	0.65
普通霉菌	0.80	大肠杆菌	0.95	耐干性霉菌	0.65

当食品中水分活度在0.91以上时，以细菌繁殖引起的腐败为主。但并不意味着酵母和霉菌不能生长发育，而是细菌的繁殖能力显著增强，抑制了其他微生物的生长繁殖。在食品中加入食盐、糖后，水分活度下降，一般细菌不能生长，酵母、霉菌却能生长，也会造成食品的腐败。水分活度小于0.90的食品的腐败主要是由酵母和霉菌引起的。

在研究食品的腐败与水分活度的关系时，了解食品中腐败菌、病原菌生长的最低水分活度有着很重要的意义。研究表明：大多数食品中病原菌生长的最低水分活度为0.86～0.97，肉毒杆菌生长的最低水分活度为0.93～0.97。因此，在食品生产、加工、储藏过程中采用必要工艺和技术控制水分活度，可以防止食品腐败。表5-2给出了不同水分活度下食品中可能生长的微生物。

表5-2 不同水分活度下食品中可能生长的微生物

水分活度范围	一般抑制的微生物	该范围内常见食品
0.95～1.00	铜绿假单胞菌、大肠杆菌、变形杆菌、志贺菌属、芽孢杆菌、产气荚膜梭状菌、一些酵母	新鲜蔬菜、水果，鲜肉，鲜鱼，牛奶，熟食；40%蔗糖或含盐7%的食品
0.91～0.95	沙门菌属、副溶血弧菌、肉毒梭状芽孢杆菌、沙雷菌、乳酸杆菌、一些霉菌、酵母	干酪、腌制肉、水果浓缩汁；55%蔗糖或含盐12%的食品
0.87～0.91	大多数酵母、微球菌	发酵香肠、蛋糕、人造奶油；65%蔗糖或含盐15%的食品

续表

水分活度范围	一般抑制的微生物	该范围内常见食品
0.80～0.87	大多数霉菌、金黄色葡萄球菌、大多数酵母	浓缩果汁、水果糖浆、面粉、大米、豆类
0.75～0.80	大多数嗜盐菌、产毒素的曲霉	果酱、果冻、糖渍水果
0.65～0.75	嗜旱霉菌、二孢酵母	果干、坚果、糖类、牛轧糖
0.60～0.65	耐渗透压酵母、少数霉菌	含水量15%～20%的果干、蜂蜜
0.50～0.60	微生物不能增殖	含水量12%的酱、含水量10%的调味品
0.40～0.50	微生物不能增殖	含水量5%的全蛋粉
0.30～0.40	微生物不能增殖	含水量3%～5%的曲奇、脆饼干、硬皮面包
0.20～0.30	微生物不能增殖	含水量2%～3%的全脂奶粉、含水量5%的脱水蔬菜

(2)评估食物中酶的活性。

水分活度对酶活性的影响主要体现在两个方面，一是水分活度影响酶促反应底物的可移动性；二是水分活度影响酶的构象。当水分活度小于0.85时，食品中自由水的含量较低，同时可使大部分酶失去活性。如多酚氧化酶、过氧化物酶、维生素C氧化酶、淀粉酶等。然而，脂肪氧合酶较为特殊，水分活度为0.25～0.30时，脂肪氧合酶活性降低，酶促反应降至最低；当水分活度大于0.7时，脂肪氧合酶活性又增加。脂肪氧合酶的这种性质与脂肪非极性有关。食品中水分活度为0.25～0.30时，处于单层水状态，脂肪氧合酶被单层水包围，阻止了酶与底物的结合，酶促反应不易发生。当水分活度低于0.25或高于0.50时，都有利于酶与底物的结合，促进酶促反应的发生。

(3)评估化学反应速率。

食品中的化学反应是影响食品稳定的另一个重要的因素。生鲜食品储存中普遍存在着氧化反应、酶促反应，加工后的食品存在着非酶促反应、脂肪氧化、淀粉老化、蛋白质变性与水解、色素和维生素的分解等化学反应。这些重要的化学反应与水分活度有着密切的关系。

①脂肪的氧化：脂肪氧化酸败与水分活度之间呈现由高到低，再由低到高的过程。当水分活度较低(<0.1)时，脂肪氧化速率很快；随着水分活度的增加，脂肪氧化速率逐渐减小，水分活度接近0.2时达到最小；当水分活度进一步增加时，脂肪的氧化速率呈现上升趋势。脂肪氧化速率先高、后低、再高的原因：低水分活度下，食品中增加少量的水，加入的水与脂肪氧化反应中的过氧化物形成了氢键，氢键阻碍了过氧化物的分解，明显干扰了脂肪的氧化过程。另外，增加的少量水分与食品中存在的可能对脂肪氧化起催化作用的微量金属离子发生缔合作用，使其催化作用降低，也减缓了脂肪的氧化速率。当水分活度大于0.8时，随着水分活度的增加，脂肪氧化速率减小，这主要是因为水对反应物和催化剂的稀释作用。

②蛋白质的变性：蛋白质分子中通常存在大量的亲水基团和疏水基团，这些基团自身相互作用使蛋白质分子各自保持特有的、有规律的高等级结构。当这一结构发生改变时，蛋白质的许多性质也发生改变，这种变化称为蛋白质的变性。水作为极性分子，对蛋白质具有较强的亲和力，随着水分的增加，蛋白质分子膨胀，暴露出肽链中可能被氧化的基团。研究发现，当食品中水分活度为0.04时，蛋白质的变性仍然会缓慢发生，当水分活度控制

在0.02以下，蛋白质的变性才会停止。

③非酶褐变：非酶褐变是食品中普遍存在的变色现象，主要有美拉德反应和焦糖化反应。当水分活度小于0.2时，非酶褐变难以发生；当水分活度大于0.2时，非酶褐变随着水分活度的增大而加速；水分活度为0.6～0.8时，非酶褐变最为严重。水分活度在此范围内，一些重要化学反应(脂类的氧化、维生素的分解等)的反应速率都达到最大，也促进了食品的非酶褐变。当水分活度进一步增大(大于0.9)时，食品中的各种化学反应速率呈减小趋势。其原因是水分活度增大产生了稀释效应，从而减慢了化学反应速率。

④色素的氧化分解：食品的色泽决定了其感官质量和商品价值。色素的稳定性与水分活度有关。食品原料中最常见的色素是脂溶性色素(叶绿素、类胡萝卜素等)。这类色素一般与脂肪性质相同，在单分子层水分活度下其性质最稳定；随着水分活度的增大，叶绿素、类胡萝卜素分解速率加快。而一些水溶性色素(花青素、类黄酮、儿茶素等)溶于水，其性质很不稳定，水分活度较大(>0.9)的情况下，1～2周其特征色泽都会发生改变；当水分活度较小时，表现为水分活度越小，色素越稳定。

从上述讨论可见，水分活度与化学反应的关系非常紧密，水分活度过小或过大，对食品中化学反应具有减缓或阻止作用；化学反应的最大速率发生在中等水分活度范围。要使食品中化学反应速率达到最小，通常将水分活度控制在吸附等温线的区域Ⅰ内，此时食品中含水量是单分子层水值，可以通过单分子层水值的计算准确地预测干燥食品最稳定状态下的含水量。

根据布仑奥(Brunauer)等提出的方程可以得出食品的单分子层水值。

$$\frac{A_W}{m(1-A_W)}=\frac{1}{m_1 c}+\frac{c-1}{m_1 c}A_W \tag{5-8}$$

式中，A_W——水分活度；

m——含水量；

m_1——单分子层水值；

c——常数。

利用$\frac{A_W}{m(1-A_W)}$对A_W作图，可得一直线，称为BET直线，此直线的截距为$\frac{1}{m_1 c}$，斜率为$\frac{c-1}{m_1 c}$。通过测定某一食品在恒定温度下不同水分活度时的含水量，可以求得该食品在此温度时的单分子层水值。

$$\text{单分子层水值}(m_1)=\frac{1}{\text{截距}+\text{斜率}} \tag{5-9}$$

(4)评估食品的质地与储藏方式。

食品质地与含水量特别是自由水的含量有直接的关系，食品因其成分和结构不同，含水量各异，自由水与结合水的构成比例也不同；即使是同样的含水量，水分活度也不一样。水分活度大的食品比水分活度小的食品具有更高的可塑性和湿润性，这是因为水分的状态不同而形成的。水分活度对于干燥食品质地影响非常大，干燥食品理想的水分活度为0.3～0.5。当食品水分活度从0.3增大至0.65时，大多数食品的硬度降低而黏度增加。因此，要保持干燥食品的理想性质，水分活度应为0.3～0.5。例如，饼干、爆米花、油炸马铃薯片等脆性食品，还有糖粉、奶粉、速溶咖啡等干性饮品，需要使产品保持相当低的水分活度。当水分活度增加时就会出现结块、变软、发黏等变化。含水量较高的食品(蛋糕、面包、馒头等)需要保持合理的水分活度，当发生失水引起水分活度减小时，就会变硬；当发生吸水引起水分活度增加时，就会变软、变形、发黏。研究表明，将一些肉类食品（火腿、牛肉、香肠等）的水分活度从0.70增加至0.99时，能获得更令人满意的食品质地。

根据食品中的水分活度不同，食品可分为三类：高含水量食品，含水量大于50%，水分活度大于0.85；中含水量食品，含水量为15%～50%，水分活度为0.50～0.85；低含水量食品，含水量小于15%，水分活度小于0.50。现实生活中，通常将水分活度在0.60～0.85之间的食品作为中含水量食品，其含水量为20%～40%。

综合水分活度与微生物、酶活性、化学反应、食品质地之间的关系，可得水分活度与食品稳定性的关系，如图5-3所示。

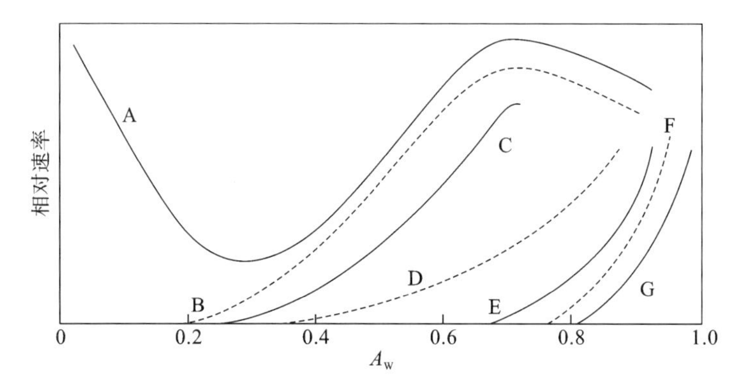

图5-3 水分活度与食品稳定性的关系

注：A表示氧化反应与水分活度的关系；B表示美拉德反应与水分活度的关系；C表示物质水解与水分活度的关系；D表示酶的活性与水分活度的关系；E表示霉菌生长与水分活度的关系；F表示酵母生长与水分活度的关系；G表示细菌生长与水分活度的关系。

5.1.3.3 降低水分活度的方法

由于食品的水分活度与其感官性状和稳定性有直接关系，为了保持食品特有的性质或延长它的储藏期，需要控制其水分活度。低水分活度条件下食品的储藏性较好，所以对那些季节性强、不宜存放的食品常采用降低水分活度的方法进行储藏，加工中采用浓缩或脱水干燥的方法除去食品中的部分或全部自由水。

最常用的方法是干燥，直接去除食品中的水分，降低食品的水分活度。直接干燥法有加热干燥，例如，日晒、接触干燥、喷雾干燥、流化床干燥；间接干燥法有真空干燥、冷冻干燥、真空冷冻干燥等。以真空冷冻干燥效果最优，对食品中热敏感物质（蛋白质、维生素等）破坏最小。

其次是利用盐、糖、糖醇、甘油、乳化剂等与水有良好结合的添加物，来降低食品的水分活度，如糖渍、盐渍。其原理是拉乌尔定律，增加溶质的量，从而降低溶液的水分活度。

除此之外，对那些要求保持一定水分活度的食品，也可采用适当的包装材料进行控制。高吸湿食物吸湿性强，必须用玻璃瓶或用阻水塑料包装，如糖粉、速溶咖啡等。低吸湿物料吸湿性差，且在正常储藏条件下不易变质，可以用聚乙烯材料包装。对于高水分活度食品（水分活度一般高于大气相对湿度），包装可防止水分散失，但由于这类食品容易因微生物生长而败坏，所以应配合低温储藏。此外，当环境（或同一储存容器）中同时存放几种不同食品时，还应注意由于各种食品间水分活度不同导致的水分迁移而使某些食物劣变。例如干燥的腊肠、冻干脱水蔬菜、淀粉等食物混放时，易发生水分移动而串味，原本得到控制的

化学反应速率加快。

而烹饪中，经常利用水分来改变食物组织性状，截留水的量反映了烹饪原料的持水能力和可塑性，这部分水对某些加工产品（如灌肠、鱼丸、肉饼）的质量有直接的影响，往往通过增强水与脂肪乳化作用来实现截留水的增加。对于生鲜类食品，原料中的毛细管半径大于1 μm时，毛细管截留水很容易被挤压出来。由于生鲜原料的毛细管半径大多为10～100 μm，所以加工很容易造成其汁液的流失，一般不宜长时间加热，也不宜进行冷冻。由于结冰后体积增大，冰晶会对烹饪原料产生一定的膨压，使组织受到一定的破坏，解冻后组织不能复原，就容易造成汁液的流失、烹饪原料的持水能力降低，直接影响烹饪产品的质量。

5.1.4　水在烹饪中的作用

水的性质决定了它在烹饪中的“核心”作用。烹饪食品时最讲究“鲜”与“嫩”，含水量是判断食品新鲜程度的一个重要的指标，食品中含水量越高，表明食品越鲜嫩。水具有良好的溶剂作用和增塑作用，烹饪中灵活运用水的性质改变食品中的含水量，可使食物达到理想的质地。通过增加水分，食品黏性增加、变软、变嫩；适当调节水分可提高食品弹性，使其变得更有咀嚼性；减少食品中的水分，食品变硬、变酥（脆）。食品中水分的“得”（结合）与“失”（分离）贯穿烹饪工艺的整个过程。水在烹饪中的作用主要有增塑、分散和传热。

5.1.4.1　分散作用和水解作用

水是强极性分子，是良好的溶剂，在食品烹饪中起分散作用。烹调中需要对食品调味、上色等，水的分散作用必不可少。例如，对食品进行调味时，食盐、味精、糖等调味物质通过水得以分散，味道更加均匀。对食品的上色也需要水的分散作用，以利于色泽均匀。食品在烹饪过程中，水参与蛋白质、多糖等物质的水解、分散，使食物汤汁浓厚。水的分散作用在提高食品营养性上更为重要，通过水加热，加快食品中蛋白质、淀粉水解成低分子量的物质（低聚肽、氨基酸、糊精、麦芽糖等），有利于人体消化吸收。水使得矿物质溶解，提高其吸收利用率。

5.1.4.2　增塑作用

水是食品中最重要的成分，也是可塑性最大的组分。食品按含水量可分为高含水量食品、中含水量食品和低含水量食品。高含水量食品可呈现液态、半固态两类。液态食品包括溶液、溶胶和乳状液，如蔗糖溶液、牛奶、豆浆、果汁、汤汁等，它们具有流动性。半固态食品有凝胶、生物组织体、糊状体（或膏状）食物，如肌肉组织、果冻、稀饭等，它们几乎没有流动性，但有良好的黏弹性。

食品中含水量的多少直接影响食品的感官性状和流变学性质，通常与食品的硬度、弹性、黏性、咀嚼性有密切相关。其中水对半固态食品感官性状和流变性质影响最大。含水量较高时，食品有软、黏、滑等“嫩”的特点；含水量适中时，食品富有弹性、韧性，具有咀嚼性高等特点；少水或无水食品则表现为硬、脆、酥、粉的特点。果蔬类食品含水量高，果实饱满，具有多汁、鲜嫩、组织结构紧密的特点。一旦失去水分，就变得枯萎、干瘪，口感也会发生变化。

5.1.4.3 烹饪工艺中的增水、保水、减水

天然食品的含水量有多有少，烹饪过程中根据菜品品质特色，需要进行增水和减水，才能达到烹制预期的结果。因此，许多烹饪工艺、技法的目的都是对食品中的含水量进行控制。含水量低的食品往往需要增加水分。除了自然水浸泡法外，物料的胀发有化学方法和物理方法。化学方法有酶解、酸碱处理、上浆、腌渍。通过改变食品中蛋白质、糖类的结构，释放更多亲水基团或改变其带电性，以增强其与水的结合。发生的化学变化有蛋白酶的水解、蛋白质的电离、淀粉的糊化等。例如牛蹄筋的"碱发"，牛蹄筋的主要成分是胶原蛋白，亲水性差，通过普通的胀发工艺难以达到烹饪所要求的效果，利用碱性物质（氧化钙、碳酸钙）对牛蹄筋进行碱化，破坏部分蛋白质的结构，增加亲水基团数目，使蛋白质分子吸水溶胀，以实现含水量的提高，从而达到黏弹度的适口性。物理方法有机械锤打、切分、搅拌，通过外力改变蛋白质、细胞组织结构，达到增加水分的目的。

烹饪工艺中除了增加食品中的水分外，还有保水工艺。例如通过对食品进行挂糊、拍粉、上浆、勾芡、乳化等工艺，使食品中的水分在烹饪加热中不被丢失，保持食品的鲜嫩。

对于含水量高的食品，有时需要减少水分以得到良好适口性。化学方法主要是利用盐渍或糖渍，使食品中的水分转化为离子化水，去除部分与蛋白质、糖类结合的水分。物理方法则是利用加热使食品水分蒸发或脱水，有"煸""炸""焙"等工艺，食品失水或脱水后变"硬""脆""酥"。

食品含水量不同，烹饪工艺也不相同。老龄动物肌肉组织含水少，肉质硬，采用"煨""炖"等工艺，食品在水中长时间烹制，让其充分吸收水分、水解，使肉质变得酥嫩，汤汁香浓。幼嫩的禽畜肉含水多，采取"烧""煮"等工艺，旺火短时，就能达到烹饪效果，如果时间长，反而减少了水分，变得老、柴。水分适中的食物，可中火进行"烧""炒"等，以保持水分不变。而水分高的蔬菜宜大火爆炒，并不断翻锅，以缩短加热时间和避免蔬菜温度升得过高，造成水分丢失而失去其新鲜性。

5.1.4.4 水的传热作用

水具有良好的导热性、高比热容、高渗透、低黏度等物理性质，加之有较恒定的熔点、沸点，能够保持加热的稳定性和均匀性。因此，在食品加工中，水是良好的传热介质。

利用水的黏度低、流动性好的特点，在加热过程中，水形成热对流，通过水分子的运动，使热量传递变得更为迅速。水分子小，其渗透力强，处于沸点的水分子有很强的机械作用力，对食品的烹制、物质的溶解、脂类的乳化都有较强的作用力。

水的比热容高，沸点恒定（标准大气压下），能够将热能快速而且恒定地传递给食品或环境，并且在一定范围内，即使热源功率增大或减小，传热稳定性也不受影响。因此，水的传热具有恒定的特点。水的沸点受压力的影响较大。其沸点和压力遵循热力学定律，压力越大，沸点越高。通常情况下，温度升高 10 ℃时，化学反应速率增大 2～4 倍。因此，在食品烹饪过程中，为了提高熟制的速率，通常采用增加压力的烹饪方法。也可以利用这一特点，通过减压技术，在低温下使水达到沸点，以降低食品的含水量，快速干燥食品。

5.2 蛋 白 质

蛋白质是重要的生命活性物质。它是构成生物体细胞原生质的主要成分，是一切生命现象的物质基础。在生命过程中，蛋白质是活性中心，参与生物体的各种物理化学变化。食品的烹饪离不开对蛋白质化学多样性及其功能的掌握和运用，这对食品的色、香、味、形以及营养有着至关重要的作用。

不同的食品中蛋白质种类、数量不同。动物体内蛋白质含量为16%～20%，植物体相对于动物体而言，蛋白质含量较少，大多数为1%～2%，而植物种子蛋白质含量非常高，如黄豆中蛋白质含量高达35%以上。常见烹饪原料中蛋白质的平均含量见表5-3。

表5-3 常见烹饪原料中蛋白质的平均含量

原料(100 g)	蛋白质平均含量/g	原料(100 g)	蛋白质平均含量/g	原料(100 g)	蛋白质平均含量/g
猪肉	13.2	鸡蛋	12.7	四季豆	2.0
猪肝	19.3	牛奶	3.0	胡萝卜	1.0
牛肉	18.1	豆腐	5.0	马铃薯	2.0
带鱼	17.7	豆浆	1.8	菜花	2.1
对虾	18.6	黄豆	35.1	花生仁	25.0

蛋白质除了营养作用外，食品中蛋白质的数量与质量对食品的质构、风味、加工性能有着不可替代的作用。美食的创造大多是对食材中蛋白质的合理配比与加工。例如北京全聚德的烤鸭，选料为北京填鸭，肌肉纤维细腻，脂肪在肌肉与皮下分布均匀，经过烤制后皮香脆可口，其肉肥而不腻，吃起来令人余味饶舌，三日不绝，回齿留香。杭州名肴东坡肉，采用猪五花肉，肥瘦比例适当，经过烹制，形成油、润、酥、糯，香郁味透、肥而不腻的绝佳食肴。

5.2.1 蛋白质分子的结构

5.2.1.1 蛋白质的组成

蛋白质是一种特殊的大分子生物活性物质，具有特殊的生物化学性质。蛋白质主要由碳、氢、氧、氮和硫元素组成。蛋白质分子中各元素组成相对稳定，碳的含量为50%～55%，氢为6%～8%，氧为19%～24%，氮为15%～18%，硫为0～2.2%，除此之外，还有些蛋白质还含有少量P、Fe、Cu、Zn、Mn、Co等元素。根据蛋白质的元素组成特点，通常采用测定食物中氮元素的含量来粗略地计算蛋白质含量。设定100 g蛋白质中含氮16 g，即1 g氮相当于6.25 g蛋白质，6.25称为蛋白质系数。

蛋白质分子量的范围为1万到几百万，是典型的高分子有机物，蛋白质分子经过彻底水解，得到L-α-氨基酸(图5-4)。因此，组成蛋白质的单体是氨基酸。氨基酸是组成蛋白质的基本单元。自然界中的蛋白质是由20种氨基酸组成的。氨基酸是一种非常特殊的化合物，除脯氨酸外，在其结构中至少含有一个羧基、一个氨基和一个侧链R基团，它们以共价键与碳原子连接，使其具有酸碱两性。与其他化合物相比，氨基酸具有更多的特殊性质。

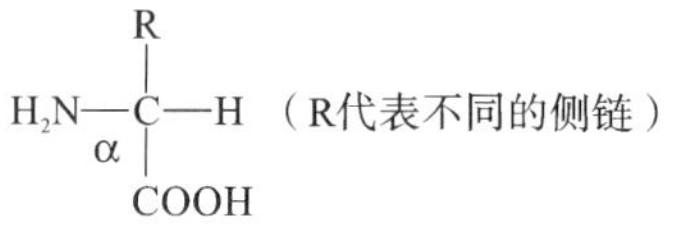

$$\begin{array}{c} \quad R \\ \quad | \\ H_2N—\underset{\alpha}{C}—H \\ \quad | \\ \quad COOH \end{array}$$

（R代表不同的侧链）

图 5-4 L-α-氨基酸结构

构成蛋白质的氨基酸共有 20 种，根据其侧链基团（R 基团）的结构不同分为脂肪族、芳香族、杂环族三类。根据氨基酸侧链（R 基团）的极性，蛋白质可分为四类：①非极性氨基酸，该组氨基酸的 R 基团为非极性疏水基团，包括丙氨酸（Ala）、缬氨酸（Val）、亮氨酸（Leu）、异亮氨酸（Ile）、脯氨酸（Pro）、苯丙氨酸（Phe）、蛋氨酸（Met）和色氨酸（Trp）。②极性氨基酸，该组氨基酸的 R 基团在中性溶液中不发生解离，但含极性基团（羟基、巯基、酰胺基），可与水分子形成氢键，其水溶性比非极性氨基酸大，包括甘氨酸（Gly）、丝氨酸（Ser）、苏氨酸（Thr）、酪氨酸（Tyr）、半胱氨酸（Cys）、天冬酰胺（Asn）、谷氨酰胺（Gln）。③极性带负电荷氨基酸，该组氨基酸 R 基团在中性溶液中解离，生成带负电荷的氨基酸残基，包括天冬氨酸（Asp）、谷氨酸（Glu）。④极性带正电荷氨基酸，该组氨基酸的 R 基团在中性溶液中可解离，生成带正电荷的氨基酸残基，包括赖氨酸（Lys）、精氨酸（Arg）、组氨酸（His），通常将其称为碱性氨基酸。不同极性氨基酸的组合形成了蛋白质结构、性质的多样性。

营养学上将 20 种氨基酸分为两类，即必需氨基酸和非必需氨基酸。必需氨基酸是指人体不能合成必须从食物中获取的一类氨基酸，它们有亮氨酸、异亮氨酸、赖氨酸、蛋氨酸、苏氨酸、色氨酸、缬氨酸、苯丙氨酸 8 种。其他 12 种氨基酸为非必需氨基酸。

5.2.1.2 蛋白质的四级结构

蛋白质的空间结构通常分为四级，即一级结构、二级结构、三级结构和四级结构（图 5-5）。

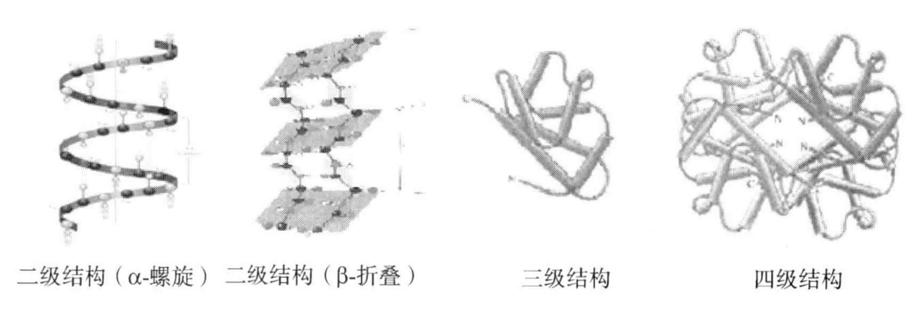

图 5-5 蛋白质的空间结构

蛋白质的一级结构，又称为蛋白质的化学结构，是蛋白质分子中氨基酸按照一定的顺序通过酰胺键（肽键）构成的多肽链结构。一级结构中包含氨基酸的数目、种类、排列顺序，N 端氨基酸、C 端氨基酸、肽链间的二硫键位置和数量等信息。

蛋白质二级结构是指多肽链借助氢键作用排列成的一个具有方向性、周期性结构的构象，主要的构象是 α-螺旋和 β-折叠。规则的 α-螺旋是一种有序且稳定的构象，由 3.6 个氨基酸残基构成螺旋的一圈，螺旋表观直径为 0.6 nm，螺旋间距为 0.54 nm，相邻两个氨基酸残基距离为 0.15 nm。蛋白质的酰胺键中的氢与下一圈螺旋的羰基氧形成氢键，所以 α-螺旋中氢键的方向和偶极的方向具有一致性。β-折叠是一种锯齿状结构，该结构比 α-螺旋伸展，蛋白质在加热时 α-螺旋转化为 β-折叠。

三级结构是多肽链在二级结构的基础上进一步盘旋、折叠而形成的复杂又有特定专一性的空间结构。四级结构是由两条或多条具有三级结构的多肽链缔合在一起形成的特定结构，每一条多肽链称为蛋白质的亚基，担负不同的功能。

蛋白质是一个高分子物质，其分子量很大，分子直径为 1～100 nm。要维持蛋白质稳定的构象，其的作用力较多，根据作用力大小分为分子间作用力和化合键。

(1)氢健：蛋白质结构中，无论是分子内还是分子间，都有大量的氢键，尤其是 α-螺旋和 β-折叠中，氢键是形成螺旋和折叠的基础。氢键键能大小为 8～40 kJ/mol，它取决于所涉及的电负性原子对和键角的大小。

(2)范德瓦尔斯力：范德瓦尔斯力随着原子间距离变化而变化。当原子间距离超过 0.6 nm时，可以忽略不计。各种原子对的范德瓦尔斯力为 1～9 kJ/mol。范德瓦尔斯力主要由分子间的色散力、诱导力、取向力组成。在蛋白质分子中，范德瓦尔斯力对于多肽链的折叠和稳定有相当大的作用。

(3)疏水作用：蛋白质分子中的疏水作用缘于氨基酸残基侧链具有的非极性结构，主要由一些脂肪族与芳香族氨基酸侧链产生。这些基团不能与极性水分子相互作用，它们力图避免与水接触，在蛋白质分子内部形成疏水区域。疏水程度越大，越易占据蛋白质的内部，其疏水力也越大，形成了一种笼形包合物。在球状蛋白质中，每个氨基酸残基的平均疏水自由能约为 10.5 kJ/mol。可见，非极性基团的疏水作用是蛋白质三级结构形成的重要力量。

(4)静电作用：在蛋白质分子中带有一些可解离的基团，如 N 端氨基、C 端羧基和侧链上氨基、羧基(谷氨酸、天冬氨酸、赖氨酸、精氨酸、组氨酸)均可发生解离，形成$—COO^-$、$—NH_3^+$。而非极性基团也有部分正、负电荷的分离现象，所以多肽链上存在不同的电荷分布，从而产生分子内的离子-偶极、偶极-偶极静电引力。静电作用能量为 40～84 kJ/mol，这取决于基团间的距离和局部介电常数。因此，盐离子和蛋白质溶液的 pH 值是影响分子间静电作用的主要因素。通常向蛋白质溶液中加入极少量的盐或改变 pH 值就能改变蛋白质空间结构，影响其水溶性。

(5)化学键：主要为共价键，键能通常为 330～480 kJ/mol，主要是二硫键(—S—S—)、酰胺键(—CO—NH—)。由蛋白质中极性基团间产生。其中，二硫键由两分子半胱氨酸(Cys)形成，对“锁定”蛋白质某种特定的骨架折叠有重要作用。

总之，一个独特的蛋白质三维结构的形成是各种分子间作用力以及共价键共同作用的结果(图 5-6)。

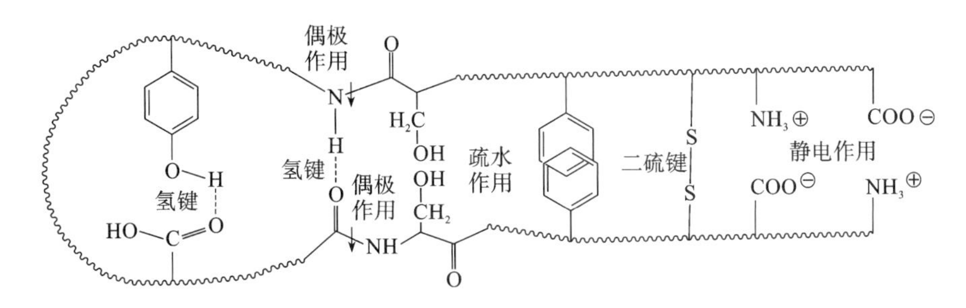

图 5-6 蛋白质分子空间结构的作用力示意图

5.2.2 蛋白质的重要性质

5.2.2.1 蛋白质的酸碱两性

组成蛋白质的氨基酸分子具有酸、碱两性。因此，蛋白质分子同样具有酸、碱两性，不同 pH 值下氨基酸可作为碱接受一个质子(H^+)，也可作为酸解离出一个质子(H^+)，所以一个单氨基单羧基的氨基酸全部质子化以后，可将其看作一个二元酸，因此它有两个解离常数 pK_{a_1}、pK_{a_2}，分别对应羧基、氨基的解离。

$$\underset{\displaystyle NH_3^+}{R—\overset{|}{CH}—COOH} \xrightarrow{pK_{a_1}} \underset{\displaystyle NH_3^+}{R—\overset{|}{CH}—COO^-}$$

$$\underset{\displaystyle NH_3^+}{R—\overset{|}{CH}—COO^-} \xrightarrow{pK_{a_2}} \underset{\displaystyle NH_2}{R—\overset{|}{CH}—COO^-}$$

对于酸性或碱性氨基酸而言，分子可以看作三元酸，因此存在 pK_{a_3}。蛋白质的水溶液在酸性、碱性条件下发生电离，其分子带电性发生改变，蛋白质的性质也随之发生改变。

由于蛋白质分子中含有不同性质的氨基酸，因此，蛋白质溶液在等电点时，其 pH 值不为 7。蛋白质的等电点(pI)是指在水溶液中，蛋白质分子完全解离，其分子净电荷为 0 时溶液的 pH 值。对于只有一条多肽链的蛋白质分子而言，除了有一个游离的羧基末端和一个游离的氨基末端外，蛋白质分子中还含有大量的酸性、碱性侧链基团。如赖氨酸的 ε-氨基、精氨酸的胍基和组氨酸的咪唑基，能接受质子成为带正电荷的基团；谷氨酸、天冬氨酸的 γ-羧基可以供给质子成为带负电荷的基团。所以，不同的蛋白质分子等电点不同。

蛋白质处于等电点时，分子没有电性，对水的吸引力小，造成水合作用减弱，溶解度下降；分子间静电排斥力最弱，分子更紧凑，与水的接触面小，所以渗透压降低，溶胀能力、黏度都降到最低点。蛋白质分子间吸引力大于排斥力，分子间引力增大，蛋白质分子更容易聚集在一起产生聚沉，即所谓“等电点沉淀”。

烹饪中为了提高蛋白质的水合作用和溶解度，必须使溶液偏离蛋白质的等电点。一般动物性蛋白质等电点处于偏酸性状态，烹饪中一般采用加碱方法而不是加酸方法来改善食品的水合作用。加碱更能远离蛋白质的等电点，使其带电量更多，有利于蛋白质的水合作用，这是烹饪中很多蛋白质食物致嫩、发胀所采用的方法。当然，过量使用碱可使蛋白质结构发生异构化而产生有害作用。常见食品中蛋白质的等电点见表 5-4。

表 5-4 常见食品中蛋白质的等电点

蛋白质	来源	等电点(pI)	蛋白质	来源	等电点(pI)
胶原	牛	8～9	小麦胶蛋白	小麦面粉	6.4～7.1
白明胶	动物皮	4.80～4.85	米胶蛋白	大米	6.45
乳清蛋白	牛奶	5.12	大豆球蛋白	大豆	4.6
乳球蛋白	牛奶	4.5～5.5	伴大豆球蛋白	大豆	4.6
酪蛋白	牛奶	4.6～4.7	肌红蛋白	牛肌肉	7.0
卵清蛋白	鸡蛋	4.5～4.9	肌球蛋白	牛肌肉	5.4

续表

蛋白质	来源	等电点(pI)	蛋白质	来源	等电点(pI)
伴清蛋白	鸡蛋	6.1	肌动蛋白	牛肌肉	4.7
卵清球蛋白	鸡蛋	4.8～5.5	肌溶蛋白	牛肌肉	6.3
卵清溶菌酶	鸡蛋	10.5～11.0	肌浆蛋白	牛肌肉	6.3～6.5
卵类黏蛋白	鸡蛋	4.1	血清蛋白	牛	4.8
卵黏蛋白	鸡蛋	4.5～5.0	胃蛋白酶	猪胃	2.75～3.0
麦清蛋白	小麦粉	4.5～5.5	胰蛋白酶	猪胰液	5.0～8.0
麦球蛋白	小麦粉	5.5～6.5	鱼精蛋白	鲑鱼精子	12.0～12.4
麦谷蛋白	小麦粉	6～8	丝蛋白	蚕丝	2.0～2.4

5.2.2.2 蛋白质的变性及意义

当破坏蛋白质分子内作用力时，蛋白质空间结构就会发生改变，其功能、性质也会随之改变。蛋白质变性是指蛋白质空间结构的改变(二、三、四级结构有较大变化)，但并不伴随一级结构多肽链的断裂，从而导致其原有的性质和功能发生部分或全部改变。

蛋白质变性是食品加工中最重要和最常见的一种变化。在烹制蛋白质类食物时，烹制到什么程度才认为“熟了”？这可能是困惑很多初学者的问题。对于不同口味的人来说，显然没有一个标准的答案，但从化学的角度看，只要蛋白质发生变性就可以食用。例如，吃牛排，人们需要从所谓的“五分熟到十分熟”，只是一个加热程度而已，而没有一个固定的标准。甚至有些食物，如三文鱼，不通过加热，而是经过低温冷冻，或酸性条件下使蛋白质变性，就可以食用。烹饪中天然蛋白质由于温度、酸、碱、机械力(搅打、擀、捏等)等作用，其维持构象的各种次级键受一些因素影响而发生变化，从而改变原有的空间结构，引起蛋白质的理化性质发生改变和丧失原有生物功能(图 5-7)，以达到所期望的结果。例如，通过搅打蛋清使蛋白质变性，以增强其乳化性和起泡性；通过加热变性使存在于大豆中的胰蛋白酶抑制剂失去活性，以显著提高豆类蛋白质的消化率。

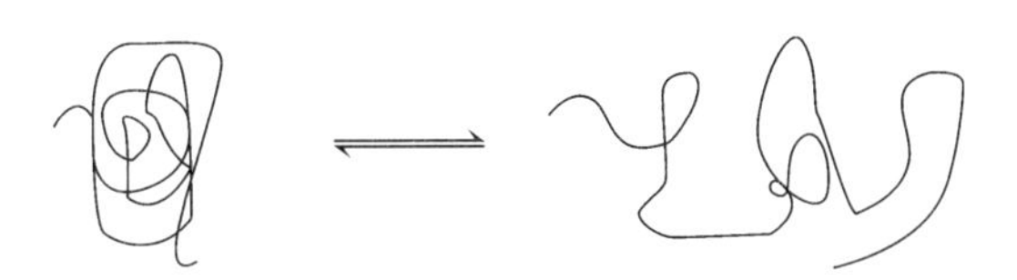

图 5-7　蛋白质变性和复性时分子结构变化示意图

蛋白质变性在烹饪中有着重大的意义。由于蛋白质空间构象发生改变，变性后的蛋白质的性质发生一系列变化，包括生物性质、化学性质和物理性质变化。

(1)生物性质变化：蛋白质变性，其二、三、四级结构发生了改变，使蛋白质的生物活性发生了改变。例如，酶的活性消除，其抗原性消失，抗体失去其功能，食品安全性提高；同时，由于肽键的暴露，容易被体内消化酶结合与消化，增强了蛋白质对酶的敏感性，有利于蛋白质的消化、吸收。

(2)化学性质变化：蛋白质表面性质发生改变，由于疏水基团(或亲水基团)暴露在分子表面，引起溶解度降低(或增加)，蛋白质凝胶性(组织性)、乳化性、起泡性也发生改变。

(3)物理性质变化:蛋白质分子伸展,黏度增大,表面电荷的改变使分子间的排斥力减小,吸引力增大,分子聚集,甚至交联,该变化有利于蛋白质的重组加工。

因此,从烹饪的角度来讲,蛋白质变性意味着蛋白质类食品的成熟;从食品安全意义讲,蛋白质变性标志着其生物活性消失,食品的安全性提高;从营养学的意义上讲,蛋白质变性有利于消化与吸收。

蛋白质的变性程度可以通过测定蛋白质的光学性质、沉降性质、黏度、电泳性和热力学性质来判断。天然蛋白质的变性有时是可逆的,当导致变性的因素解除后,蛋白质恢复原来的性质,这一过程称为复性。一般来说,蛋白质在较温和条件下的变性容易复性,而在一些剧烈条件下的变性是不可逆的,当稳定蛋白质构象的二硫键被破坏时就很难复性。

烹饪中导致蛋白质变性的因素可以分为物理因素和化学因素。物理因素有温度(加热或冷冻)、高压、辐照、剪切(振动、挤捏、搅打)等;化学因素有酸、碱、表面活性剂、重金属离子、有机溶剂等。但无论何种因素导致蛋白质变性,蛋白质分子一级结构都没有变化。

5.2.3 食品蛋白质

目前对生物体中蛋白质的种类和数量还没有完全认识清楚,通常根据蛋白质形状、溶解性来分类。根据其形状不同,蛋白质可分为纤维蛋白和球蛋白。

(1)纤维蛋白:这类蛋白质的外形似纤维状或细棒状,分子轴比(长轴/短轴)大于10,主要作为动物体的结构和功能成分,如皮肤中的胶原蛋白、骨骼肌中的肌球蛋白和肌动蛋白等。这类蛋白质的分子多为有规则的线形结构,蛋白质的二级结构往往是其主体。这类蛋白质一般溶解性较差。

(2)球蛋白:这类蛋白质的外形为球状或椭球状。外形为球状的蛋白质都具有三级及以上的结构。在大部分所研究的球蛋白分子中,亲水基团倾向于暴露在蛋白质分子的表面,疏水基团倾向于埋在蛋白质分子的内部。球蛋白表面亲水基团与疏水基团所占区域之比,影响其水溶性。亲水基团占比大的球蛋白较易溶解在水中。非极性基团位于蛋白质表面且占比大时,则具有疏水作用,呈球状。极性基团位于球体内部的蛋白质,当蛋白质变性、结构破坏时,大量的亲水基团暴露出来,从而表现出较强的吸水性。食品中的许多蛋白质属于球蛋白,例如某些脂蛋白、豆球蛋白、麦球蛋白、肌红蛋白、乳球蛋白等。

根据分子结构和分子组成,蛋白质可分为单纯蛋白质和结合蛋白质。单纯蛋白质是指分子中仅含有氨基酸的蛋白质。不同的单纯蛋白质,其性质有所不同,根据其溶解性共分为七类,清蛋白(白蛋白)、球蛋白、谷蛋白、醇溶谷蛋白、精蛋白、组蛋白、硬蛋白。单纯蛋白质和结合蛋白质的溶解性、特性、在食品中分布情况分别见表5-5、表5-6。

表5-5 单纯蛋白质的分类及特性

类别	溶解性	特性	在食品中分布情况
清蛋白(白蛋白)	溶于水,但加硫酸铵至饱和后沉淀	加热凝固,可结晶,多为功能蛋白或球状蛋白	所有生物中存在,如卵清蛋白、乳清蛋白、豆清蛋白、麦清蛋白等
球蛋白	不溶于水和饱和硫酸铵溶液,但溶于稀盐溶液	可结晶,动物球蛋白加热可凝固,植物球蛋白不易凝固	所有生物中存在,如大豆球蛋白、乳球蛋白、肌球蛋白、血清球蛋白、麦球蛋白等

续表

类别	溶解性	特性	在食品中分布情况
谷蛋白	不溶于水、醇和盐溶液，但溶于稀酸、稀碱	加热可凝固，多为储存蛋白，其中谷氨酸含量高	仅存在于谷禾植物种子中，如米谷蛋白、麦谷蛋白、玉米谷蛋白等
醇溶谷蛋白（胶蛋白）	不溶于水、盐溶液，但溶于稀酸、稀碱和 70%乙醇	加热可凝固，多为储存蛋白，在无水乙醇中不溶	仅存在于谷禾植物种子中，如米胶蛋白、麦胶蛋白、玉米醇溶蛋白等
精蛋白	溶于水、稀酸，氨水中不溶	加热不凝固，为碱性蛋白，含大量精氨酸	细胞中与核酸结合，主要存在于鱼类成熟精子中，其他食品中含量很少
组蛋白	溶于水、稀酸，但不溶于稀氨水	加热不凝固，为碱性蛋白	细胞中与核酸结合，例如动物胸腺中存在，其他食品中含量很少
硬蛋白	不溶于水、盐溶液、稀酸和稀碱	不溶性蛋白，多为纤维状蛋白，动物的支持材料	动物结缔组织或分泌物中存在，如胶原蛋白、弹性蛋白、角蛋白、硬蛋白、丝蛋白

表 5-6　结合蛋白质的分类及特性

类别	非蛋白部分	特性	在食品中分布情况
核蛋白	核酸	组蛋白与核酸的结合	广泛存在，但含量少，如染色体、核糖体
脂蛋白	脂肪和类脂	一般用于脂肪的运输或乳化	广泛存在，如细胞膜脂蛋白、血浆脂蛋白、卵黄脂蛋白、牛奶脂肪球蛋白等
糖蛋白	糖类	许多功能蛋白，有些种类黏度大	广泛存在，如卵黏蛋白、卵类黏蛋白、血清类黏蛋白等
磷蛋白	磷酸	磷酸酯形式，加热难凝固	广泛存在，如酪蛋白、卵黄磷蛋白、胃蛋白酶等
色蛋白	色素	多为酶等功能蛋白	如血红蛋白、肌红蛋白、叶绿蛋白、细胞色素等
金属蛋白	与金属直接结合	多为酶或运输功能蛋白	广泛存在，如运铁蛋白、乙醇脱氢酶

5.2.4　蛋白质功能性质在烹饪中的应用

蛋白质有着特殊的化学结构，其性质具有多样性、复杂性，在食品加工中往往是多个性质综合作用的结果。例如，在一定温度范围内，加热可增加蛋白质的水合作用，提高持水能力；但温度过高蛋白质会变性，水溶性降低，含水量下降。因此，烹饪加工中对蛋白质性质的掌握尤其重要，它是食品原料正确加工处理的基础，决定着食品的品质。

蛋白质的功能性质是指在食品加工、储藏、烹制过程中对食品特性生产所提供的特征性物理、化学性质。如蛋白质的胶凝作用、水合作用、乳化性和起泡性、黏性等对食品硬度、弹性、咀嚼性、润滑性、黏性以及色泽和风味等性状起重要作用。根据蛋白质功能作用的特点，其功能性质可分为四类。

(1)水合性质(亲水性)：取决于蛋白质同水分子间的相互作用，包括水的吸收与保留、湿润性、持水性、溶胀性、黏性、分散性和溶解性等。

(2)表面性质：取决于蛋白质分子的结构，包括蛋白质表面张力、乳化性、起泡性及泡沫稳定性、成膜性、气味吸收与保留性等。

(3)分子间相互作用性质(胶凝性)：取决于蛋白质分子相互作用的方式和程度，包括胶凝作用、弹性、聚沉等。

(4)风味作用性质：包括色泽、气味、适口性、咀嚼性、爽滑性等。

蛋白质这些性质不是完全独立的，而是相互关联的，它们是蛋白质与水、蛋白质与蛋白质以及蛋白质与其他物质共同作用的结果。

食品中蛋白质与不同成分相互作用的结果产生了各种食品特有的感官性状，为人们评价食品质量和选择消费提供了重要的依据。在食品诸多成分中，蛋白质的作用最为显著。例如，烘烤食品的质地与小麦中面筋蛋白质的数量和质量有关；乳制品的质地取决于酪蛋白独有的束状胶体性质；蛋糕的结构与卵清蛋白的起泡性密切相关；肉制品的质地与多汁性取决于蛋白质的水合性质。

5.2.4.1 蛋白质的水合作用

从蛋白质的化学结构来看，其表面有大量的极性基团，因而很容易与水发生作用。蛋白质的许多功能性质，如分散性、湿润性、溶胀性、溶解性、黏性、吸附保水能力都取决于水与蛋白质之间的相互作用。蛋白质分子中各种极性、非极性基团结合水的能力与其带电性有关。蛋白质结合水的能力(即水合能力)可以通过氨基酸的组成来估算，通常 1 mol 含带电基团的氨基酸残基结合约 6 mol H_2O，1 mol 不带电的极性残基结合约 2 mol H_2O，而 1 mol 非极性残基结合 1 mol H_2O。因此，蛋白质的水合能力与它的氨基酸组成有关——带电的氨基酸数目越大，水合能力越强。蛋白质的水合能力可以按下列经验式计算：

$$a=f_c+0.4f_p+0.2f_n \tag{5-10}$$

式中，a——水合能力，克水/克蛋白质；

f_c、f_p、f_n——蛋白质分子中带电、极性、非极性残基所占的百分比。

影响蛋白质水合作用的因素较多，主要有以下几个方面。

(1)蛋白质自身结构：蛋白质的水溶性与分子形态、分子表面积大小、空间结构的疏密以及极性基团的数目相关。

(2)温度：在一定温度范围内，温度升高，有利于蛋白质的水合作用。但温度超过一定范围时，可破坏蛋白质与水之间的氢键，蛋白质变性，水合作用减弱。但高温有时也提高蛋白质的水合能力，如结构致密的胶原蛋白，加热发生亚基的解离和分子的伸展，极性基团数目增加，水合能力提高(胶原蛋白通过油发)。通常温度低于 40 ℃时，随着温度的升高，蛋白质水溶性增强；当温度高于 50 ℃时，随着温度的升高，水溶性减弱。

(3)pH 值：当 pH＞pI 时，蛋白质带负电荷；当 pH＜pI 时，蛋白质带正电荷；当 pH＝pI 时，蛋白质不带电荷。可见，溶液的 pH 值低于或高于蛋白质的 pI 都有利于蛋白质水溶性的增强。一方面是带电性增强了蛋白质与水分子的相互作用；另一方面蛋白质多肽链之间的相互排斥作用增强。等电点时蛋白质分子易产生沉淀，主要是蛋白质水合作用降低和分子间产生聚集的结果。例如，肌肉在等电点(pI＝5.4)时含水量处于最低状态，即所谓的僵直(图 5-8)。

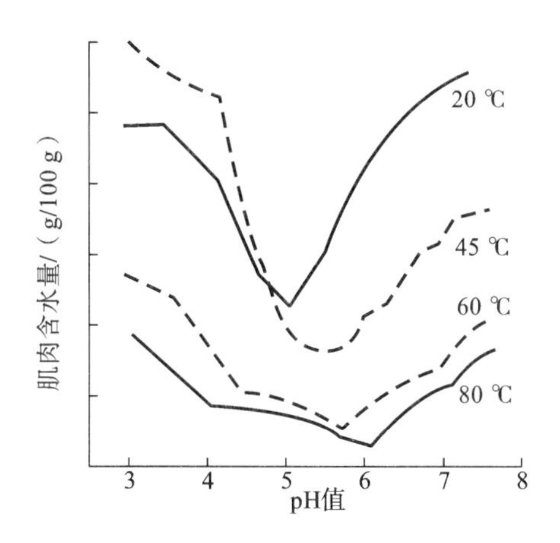

图 5-8 肌肉在不同温度和 pH 值下的含水量

(4)离子浓度：离子浓度直接影响蛋白质的水合作用。离子作用大小与离子浓度和离子的化合价相关，离子效应可以根据以下公式计算：

$$\mu=0.5\sum C_iZ_i^2 \quad (5\text{-}11)$$

式中，C_i——离子浓度；

Z_i——离子的化合价数。离子效应越大，吸水性越强，渗透压越大。离子对蛋白质的水合作用视离子效应的大小表现为盐溶和盐析。

(1)盐溶：在盐浓度很小的范围(0.1～1 mol/L)内，盐离子效应较小，随着盐浓度增加，蛋白质的溶解度也增加，这种现象称为盐溶。蛋白质盐溶的作用机制：蛋白质表面电荷吸附某种盐离子后，带电表层使蛋白质分子彼此排斥，而蛋白质分子与水分子间的相互作用却加强，因而蛋白质的溶解度增加。当溶液中的中性盐浓度为 0.5 mol/L 时，蛋白质的溶解度增加。

(2)盐析：当中性盐浓度增加到一定程度(>1 mol/L)时，离子效应增大，蛋白质的溶解度明显下降，沉淀析出，这种现象称为盐析。盐析的作用机制：大量盐的加入产生离子化水，使水的活度降低，原来溶液中的大部分自由水转变为离子化水，从而降低了蛋白质极性基团与水分子间的相互作用，破坏了蛋白质分子表面的水化层。当溶液中的中性盐浓度大于 1 mol/L 时，蛋白质会沉淀析出，这是盐与蛋白质竞争水分子的结果。不同盐类对蛋白质的盐析作用强弱不同。这种强弱顺序称为感胶离子序。

阳离子：$Mg^{2+}>Ca^{2+}>Sr^{2+}>Ba^{2+}>NH_4^+>K^+>Na^+>Li^+$

阴离子：$SO_4^{2-}>Ac^->Cl^->Br^->NO_3^->I^-$

盐溶与盐析是烹饪工艺中应用很广的技术。盐溶用于增加蛋白质的水合作用，增加其含水量，使食品质构发生改变，硬度降低，黏性增加，产生良好的咀嚼性，即通常所说的变得“嫩”些。例如，肉类食品烹制前的腌制码味，就是在肉中加入少量的中性盐和适量的水以及其他调味料，经过搅拌和静置后，蛋白质吸收水分，其含水量增加，肉的质感变得嫩滑。盐析则相反，加入大量中性盐，使食物中的水分由于渗透压作用，形成离子化水，食品中蛋白质含水量减少，食物变硬、弹性增加、咀嚼性增加，即感觉有“嚼劲”。例如，传统腊鱼、腊肉的腌制，使用大量的盐，使蛋白质中的水分分离出来形成离子化水，通过降低食品的含水量，改变食品性状，同时也增强食品的防腐性，有利于食品的保存。

5.2.4.2 蛋白质的乳化性和起泡性

蛋白质表面具有亲水基团与疏水基团，蛋白质是天然的乳化剂。亲水基团与疏水基团的比例及分布决定了蛋白质的乳化能力，理想的活性蛋白质具有三种性能：①能快速吸附到界面；②能快速地展开并在界面再定向；③一旦到达界面，能与邻近分子相互作用形成具有强的黏合和黏弹性质，并能忍受热和机械运动的膜。亲水基团与疏水基团在蛋白质表面的分布方式决定了蛋白质在气-水或气-油界面的吸附速率。

如果蛋白质的表面非常亲水，并且不含可辨别的疏水小区，在这样的条件下，蛋白质处在水相比处在界面或非极性相具有较低的自由能，那么吸附或许就不能发生。随着蛋白质表面疏水小区数目的增加，蛋白质自发地吸附在界面成为可能（图 5-9）。随机分布在蛋白质表面的单个疏水残基既不能构成一个疏水小区，也不具有能使蛋白质牢固地固定在界面所需要的相互作用的能量。即使蛋白质整个可接近的表面的 40% 被非极性残基覆盖，如果这些残基没有形成隔离的小区，那么它们仍然不能促进蛋白质的吸附。

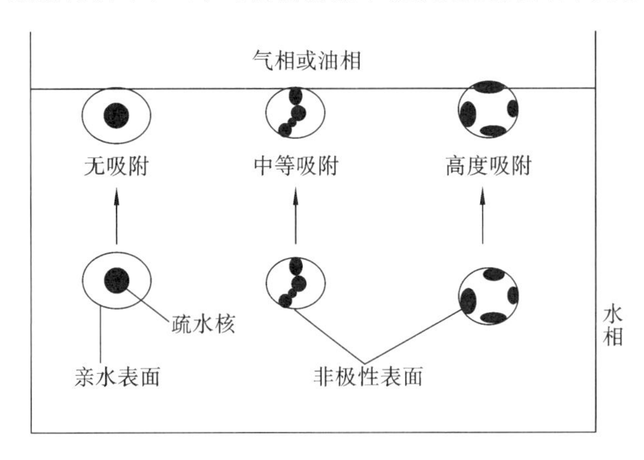

图 5-9 蛋白质分子界面吸附能力示意图

柔性蛋白质与脂肪表面接触时容易展开和分布，并与脂肪形成疏水相互作用，这样在界面可以产生良好的单分子膜，能很好地稳定乳状液。球蛋白具有很稳定的结构和较大的表面亲水性，因此它们是良好的乳化剂，例如血清蛋白和乳清蛋白。酪蛋白由于其结构特点（无规卷曲），多肽链上有高亲水区域和疏水区域，所以是一种良好的乳化剂。大豆蛋白分离物、肉和鱼肉蛋白质的乳化性能也较高。

蛋白质作为起泡剂的机制：蛋白质是高分子极性物质，具有界面特性，在气-液混合物中，分子快速吸附到气-水界面形成分子膜，且不断交联形成黏膜，当在搅动过程中，膜包裹了空气，形成气泡。蛋白质乳化作用有助于降低界面张力和起泡，而表面成膜黏度大，又有助于提高膜的机械强度，不易破裂（图 5-10）。

5.2.4.3 胶凝性作用

蛋白质是高分子化合物，其分子量很大，故分子体积也大，分子直径为 1～100 nm，通常带有弱电性，蛋白质能够形成稳定的亲水胶体。蛋白质溶胶稳定的因素是蛋白质分子间的相互排斥作用和蛋白质表面完整的水化膜。因此，凡是能够破坏这两个因素的因子都会影响溶胶的稳定（图 5-11）。当对蛋白质溶胶加热或改变 pH 值或添加金属离子时，蛋白质发生变性，通过降低分子间的排斥力，增强吸引力，使蛋白质分子发生聚集、交联，形成三维

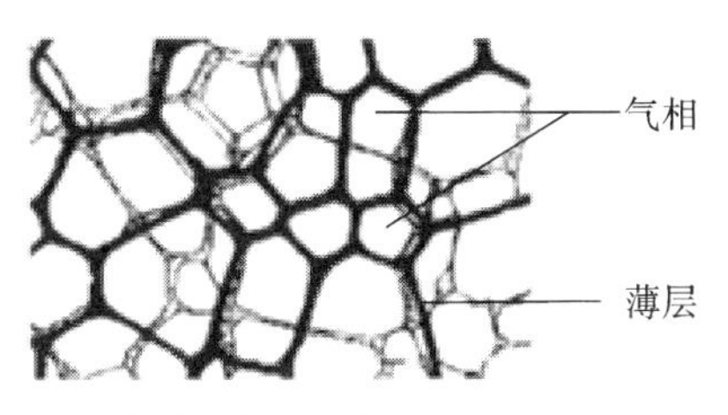

泡沫的稳定状态

图 5-10　蛋白质分子泡沫形成示意图

网络结构，这就是蛋白质凝胶（蛋白质凝胶形成详见第 6 章）。

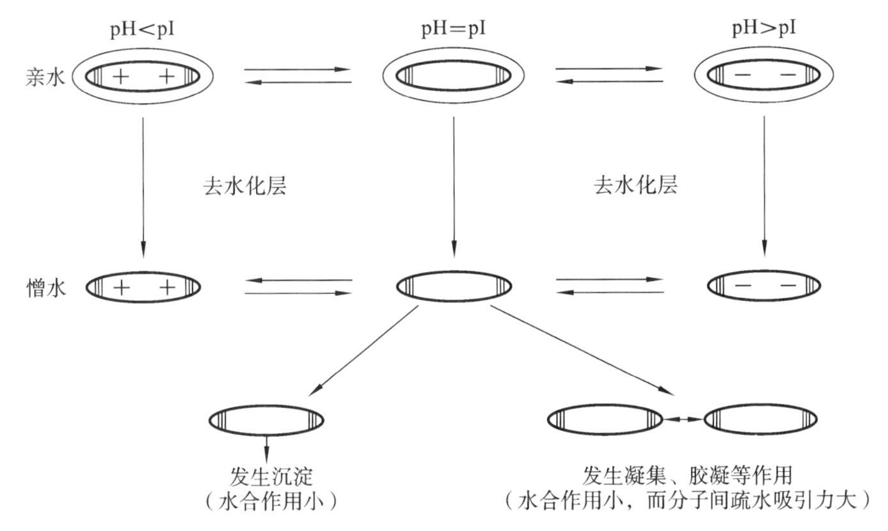

蛋白质去水化、沉淀和凝集
（大椭圆圈代表水化层，小椭圆圈为蛋白质分子，阴影部分为疏水区域）

图 5-11　蛋白质的聚沉

蛋白质凝胶的强度、弹性、膨润性取决于蛋白质-蛋白质分子间的相互作用力、蛋白质-水之间的相互作用，以及在相邻多肽链的吸引力和排斥力。蛋白质分子间的相互吸引力越大，分子间结合点越多，凝胶强度就越大，稳定性越高。

5.2.4.4　风味保留作用

蛋白质本身没有气味，但它们能与风味物质结合，进而影响食品的感官品质。蛋白质与风味物质的结合分为物理结合和化学结合。物理结合有范德瓦尔斯力，如非极性风味物质（配位体）与蛋白质表面疏水小区空穴的相互作用，通常是一个可逆结合。化学结合中涉及氢键、共价键、静电作用，由于键能较大，通常是不可逆的。极性风味物质（羟基或羧基）与蛋白质通过氢键和静电作用结合，而醛、酮类化合物能扩散至蛋白质分子疏水内部与氨基酸侧链基团以共价键结合。

现在认为，蛋白质结构中具有一些相同但又相互独立的结合位点，这些位点可以与风味物质产生作用而产生不同方式的结合。由于风味物质主要通过疏水作用和水合作用与蛋白质结合，因此，任何影响蛋白质疏水作用或蛋白质表面疏水性的因素都会影响其与风味物质的结合。热变性蛋白质有较强的结合风味物质的能力。盐溶使蛋白质疏水作用减弱，从而减弱其与风味物质的结合，盐析则增强了蛋白质与风味物质的结合。pH 值对其与风味物质结合的影响与蛋白质构象变化有关。通常碱性环境比酸性环境更能促进蛋白质与风味物质结合，因为碱性条件下蛋白质发生更为强烈的变性。水解能够破坏和减少蛋白质中疏水区域的数量，从而减弱其与风味物质结合。这一方法是去除油料种子蛋白质中不良风味的主要方法。

蛋白质与风味物质的结合具有双重性，既能结合良好风味物质，也可以结合不良风味物质。不良风味物质主要是不饱和脂肪酸氧化产生的醛、酮、醇、酚和酸类化合物。一旦形成，这些羰基化合物可与蛋白质结合，从而影响蛋白质的风味特性。例如大豆蛋白质制品的豆腥味和青草气味归因于己醛的存在。蛋白质与风味物质的结合也有有利的一面。在制作食品时，蛋白质可以用作风味物质的载体和改良剂，在加工植物蛋白的仿真肉制品中，蛋白质与风味物质结合，成功地模仿肉类食品的风味并受到消费者欢迎。

蛋白质的功能性质不是完全独立的，而是相互关联的，它们是蛋白质与水、蛋白质与蛋白质以及蛋白质与其他物质共同作用的结果。食品中蛋白质与不同成分相互作用的结果产生了各种食品特有的感官性状，为人们评价食品质量和选择消费提供了重要的依据。在食品诸多成分中，蛋白质的作用最为显著。表 5-7 为各种蛋白质在不同食品中的功能作用。

表 5-7　各种蛋白质在不同食品中的功能作用

功能作用		机制	食品	蛋白质种类
水合性质	溶解性	亲水性	饮料	乳清蛋白
	黏度	水结合、流体动力性	汤、肉汁、色拉调味料、甜食	明胶
	结合水的能力	氢键、离子化水	肉肠、蛋糕、面包	肌肉蛋白、鸡蛋蛋白
分子间作用	胶凝作用	水截留与固定、网状结构形成	肉制品、凝胶、蛋糕、焙烤食品、干酪	肌肉蛋白、鸡蛋蛋白、乳蛋白
	黏合-黏结	疏水结合、离子结合、氢键	肉类、香肠、面条、焙烤食品	肌肉蛋白、鸡蛋蛋白、乳蛋白
	弹性	疏水结合、二硫键交联	肉制品、焙烤食品	肌肉蛋白、谷物蛋白
表面性质	乳化	界面吸附和形成膜	香肠、大红肠、汤、蛋糕、蛋黄酱	肌肉蛋白、鸡蛋蛋白、乳蛋白
	起泡	界面吸附和形成膜	蛋糕、冰淇淋、蛋泡糊	蛋清蛋白、乳蛋白
风味作用	脂肪与风味物质结合	疏水结合功能截留	低脂肪焙烤食品和油炸食品	乳蛋白、肌肉蛋白、谷物蛋白

5.2.5　特殊蛋白质——酶

酶(enzyme)是由生物体活细胞产生的，在细胞内、外均能起催化作用并且有高度专一性的特殊蛋白质。生物体内各种生物化学变化都须酶参与，由生物酶所催化的反应称为酶促反应(enzymatic reaction)。在酶促反应中被催化的物质称为反应底物，反应生成物称为反应产物。

酶对食品加工、储藏保鲜也有着重要的意义。动物屠宰放置一段时间后，肌肉会出现僵直，再经过后熟软化，如果不做相应的处理最终会出现自溶。新鲜的大米放置久了会出现“陈化”，品质显著下降。蔬菜、水果采摘后的存放过程中，会发生颜色、滋味和口感的改变，同样是酶作用的结果。在烹饪中一方面要对酶进行处理，使其失去活性，另一方面如果对酶的作用利用得当，可使肌肉嫩化、多汁、富有弹性，肉香味浓郁。

食品中的酶有两类，内源性酶和外源性酶。外源性酶是人为添加到食品中以引起某些期望变化的酶。如烹饪中使用木瓜蛋白酶对动物肌肉进行嫩化，用酵母产生糖酶来发酵食品等。外源性酶可以从其他生物体中获取。内源性酶是指存在于食品原料细胞中的酶。如谷物中存在的淀粉酶、脂肪氧合酶等。

烹饪中除了要对原料的品质、性状、储藏性进行了解外，还常为改善食品的结构使用酶制剂。因此，掌握影响酶活性的因素极其重要。酶的本质为蛋白质，所以酶促反应过程势必容易受到环境因素对它的制约和影响。这些因素主要包括温度、pH 值、酶浓度、底物浓度、压力、水分活度等。

5.2.5.1　影响酶促反应的因素

(1)温度:温度是酶促反应的重要影响因素之一，主要表现为两个方面:第一阶段，在低温范围内随着温度的升高，酶促反应速率增大，达到最大值。其原因是温度的升高，酶促反应的活化分子数增加，酶促反应速率增大。当升高到某一温度时，酶促反应速率达到最大。第二阶段，当温度升高到一定值时，若继续升高温度，酶促反应速率则不再提高，反而降低(图 5-12)。这是由于当超过某一温度时，酶发生变性而失去活性，酶促反应速率迅速下降。

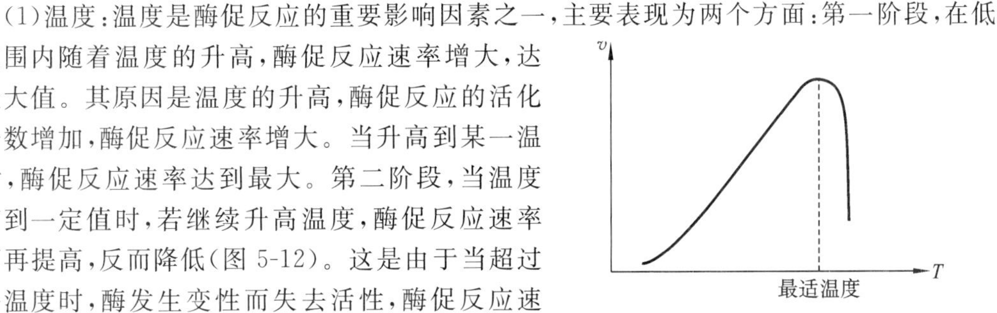

图 5-12　温度对酶促反应速率的影响

每一种酶都有它最适宜的活性温度。酶促反应速率达到最大值时的温度称为酶促反应的最适温度。通常植物体内的酶，最适温度一般在 45～50 ℃;动物体内的酶，最适温度一般在 37～40 ℃。

酶对温度的敏感性与酶分子的结构和大小有一定的关系，一般来说，低分子量的单条多肽链结构并且含有二硫键的酶对温度的敏感性较低。而结构复杂、分子量较大的酶对温度敏感性较高。食物中的酶存在于生物体内组织中，酶的结构可以被其他物质如蛋白质、脂肪、淀粉、果胶等所包围保护，使酶更加耐热。最适温度不是酶的特征常数，它与实验条件有关。影响最适温度的因素有反应时间的长短、酶的浓度以及 pH 值等。例如，反应时间长，最适温度降低;反之则较高。

低温也使酶的活性降低，但不能破坏酶。当温度回升时，酶的催化活性又可恢复。例如，在 8～12 min 内将活鱼速冻至－50 ℃后可以保鲜储藏较长时间，食用时再进行解冻可使酶的性质得到恢复，这就从根本上保证了鱼的鲜活度，使人们能够随时吃到新鲜的鱼。这就是应用了低温使酶发生可逆变性的原理。

当温度较高时，酶的变性一般不可逆。食品生产中的巴氏消毒、煮沸、高压蒸汽灭菌、烹饪加工中蔬菜的焯水、滑油等处理，就是利用高温使食品或原料内的酶受热变性，从而达到食品加工的目的。

（2）pH 值：pH 值对酶促反应速率的影响是复杂的，它不但影响酶的稳定性，而且还影响酶的活性部位中重要基团的解离状态、酶-底物复合物的解离状态，从而影响酶促反应速率。绝大多数酶促反应速率随着 pH 值的变化往往呈钟罩形曲线，如图 5-13 所示。曲线的最高峰是酶促反应速率最大时的 pH 值，称为最适 pH 值。此 pH 值条件下，酶促反应速率最大。

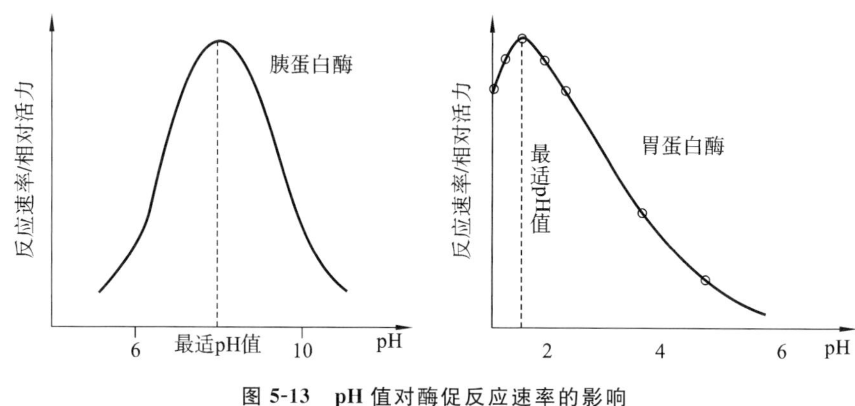

图 5-13　pH 值对酶促反应速率的影响

各种酶的最适 pH 值各不相同，一般酶的最适 pH 值为 4～8。植物和微生物体内的酶，其最适 pH 值多为 4.5～6.5；动物体内大多数酶，其最适 pH 值接近中性，一般为 6.5～8.0。个别酶的最适 pH 值可在较强的酸性或碱性区域，如胃蛋白酶的最适 pH 值为 1.5，精氨酸酶的最适 pH 值为 9.7。另外，同是蛋白酶，由于来源不同，它们的最适 pH 值差别也很大。所谓中性蛋白酶、碱性蛋白酶、酸性蛋白酶是指它们的最适 pH 值分别在中性、碱性、酸性的范围。

与酶的最适温度一样，酶作用的最适 pH 值也不是一个特征常数。它也受其他因素的影响。影响最适 pH 值的因素：酶的纯度、底物的种类和浓度、缓冲液的种类和浓度等。所以，酶的最适 pH 值只有在一定条件下才有意义，表 5-8 所示为食物中常见酶的最适 pH 值。

表 5-8　食物中常见酶的最适 pH 值

酶	最适 pH 值
胃蛋白酶	1.5
组织蛋白酶（肝）	3.5～5
凝乳酶（牛胃）	3.5
β-淀粉酶（麦芽）	5.2
α-淀粉酶（细菌）	5.2
果胶酶（植物）	7.0
胰蛋白酶	7.7
过氧化物酶（动物）	7.6
蛋白酶（栖土曲霉）	8.5～9.0
精氨酸酶	9.7

(3)水分活度:水是生物细胞的重要组成部分,在酶促反应中既是溶剂,也是水解酶类的底物。水合作用起到活化酶和底物的效果,使底物与酶分子接近。酶的催化作用受水分活度的影响,水分活度低时,酶促反应受到抑制或停止,水分活度高时,酶的水合作用达到一定程度后,酶促反应速率加快。

在食品加工、储藏中,可通过降低食品的水分活度来提高食品的稳定性。低水分活度下酶的催化作用得到了控制,同时也阻止了微生物的生长繁殖。例如,大米储藏中,控制大米中水分活度在 0.3 以下,淀粉酶、氧化酶等受到很大的抑制,可以在一定时间内保证其质量,但仍然会发生缓慢的催化反应,故长期储藏的大米,由于其淀粉酶的微弱催化作用,其黏性会减弱。完整谷物中由于酶与底物分别存在于不同的组织中且相互不接触,降低水分活度,其储藏时间比大米的储藏时间要长。

(4)酶浓度:当底物足够过量,其他条件固定,反应体系中不含抑制酶活性的物质,以及无其他不利于酶发挥作用的因素时,酶促反应速率和酶浓度成正比。如图 5-14 所示。如果反应继续进行,酶促反应速率会下降,这主要是由于底物浓度下降以及生成物对酶的抑制作用增强。

(5)底物浓度:所有的酶促反应,如果其他条件恒定,则酶促反应速率取决于酶浓度和底物浓度。如果酶浓度保持不变,当底物浓度增加时,酶促反应的初速率随之增加,并以双曲线形式达到最大。图 5-15 的曲线表明,在底物浓度较低时,反应速率随底物浓度的增加而急剧加快,两者成正比关系(图 5-15 中阶段 1)。当底物浓度较高时,酶促反应速率虽然也随底物的增加而增加,但增加程度却不如底物浓度较低时那样明显,酶促反应速率与底物浓度不再成正比关系(图 5-15 中阶段 2)。当底物浓度达到一定程度时,酶促反应速率将趋于恒定,即使再增加底物浓度,酶促反应速率也不会增加(图 5-15 中阶段 3),即达到最大速率(v_{max})。这说明酶已达到饱和,所有的酶都有饱和现象,但酶达到饱和状态时所需要的底物浓度各不相同。

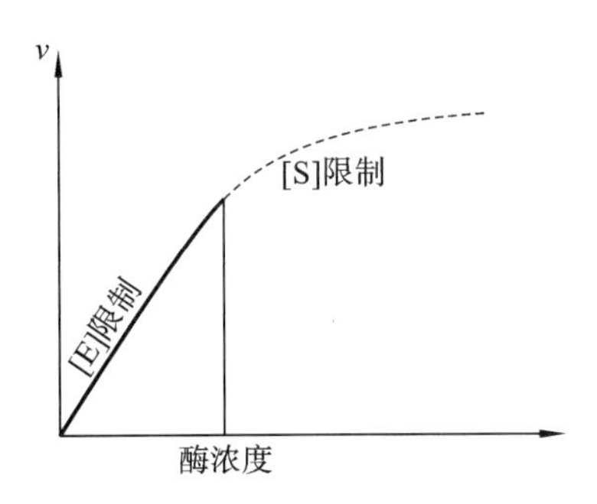

图 5-14　酶浓度对酶促反应速率的影响
([E]为酶浓度,[S]为底物浓度)

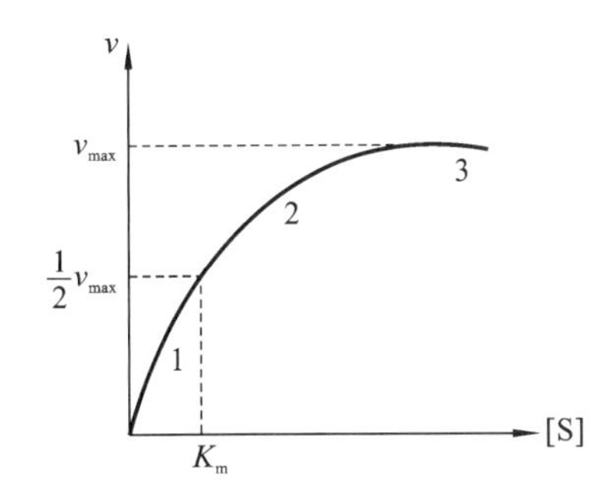

图 5-15　底物浓度对酶促反应速率的影响

底物浓度与酶促反应速率之间的这种关系,可用 Michaelis 和 Menten 提出的中间产物学说解释:按照中间产物学说,酶促反应速率取决于中间产物的浓度,而不是简单地与底物浓度成正比。当底物浓度很低时,底物的量不足以结合所有的酶,此时增加底物浓度,中间产物随之增加,酶促反应速率亦随之加快;当底物浓度增加至一定程度时,全部的酶都与底物结合成中间产物,酶促反应速率已达到最大值,此时即使再增加底物浓度也不会增加中间产物的浓度,酶促反应速率趋于恒定。

酶促反应关系式：

$$\underset{\text{酶}}{\mathrm{E}} + \underset{\text{底物}}{\mathrm{S}} \underset{K_{-1}}{\overset{K_1}{\rightleftharpoons}} \underset{\text{复合物}}{\mathrm{ES}} \overset{K_2}{\rightleftharpoons} \underset{\text{酶}}{\mathrm{E}} + \underset{\text{产物}}{\mathrm{P}}$$

根据酶促反应动力学的研究可推导出表示整个反应中底物浓度和酶促反应速率关系的公式，即米氏方程(Michaelis-Menten equation)，它描述了一条如图5-15所示的曲线。

$$v = \frac{v_{\max}[\mathrm{S}]}{K_{\mathrm{m}} + [\mathrm{S}]} \tag{5-12}$$

式中，$v_{\max}$——酶促反应的最大速率；

K_{m}——米氏常数；

[S]——底物浓度；

v——酶促反应速率。

米氏常数的意义：当底物的浓度$[\mathrm{S}] = K_{\mathrm{m}}$时，由式(5-12)可得$v = \frac{1}{2}v_{\max}$，因此，$K_{\mathrm{m}}$是酶促反应速率达到最大速率一半时的底物浓度。如果一种酶的K_{m}值较小，则它在低底物浓度下可达到最大催化效率。K_{m}是酶的特征常数，与酶的底物种类和酶作用时的pH值、温度有关，与酶的浓度无关。酶的种类不同，K_{m}值不同；同一种酶与不同的底物作用时，K_{m}值也不同。K_{m}值表示酶与底物之间的亲和程度，K_{m}值大，表示亲和程度小，酶的活性低；反之，则表示亲和程度大，酶的活性高。

5.2.5.2 食物中重要的酶及其应用

烹饪领域所涉及的酶主要有三种：①新鲜食品原料中的酶。它们的存在直接影响烹饪原料的质量。新鲜食品均含有一定数量的酶，这些内源性酶对食品的风味、质构、色泽等感官质量具有重要的影响，其作用有的是期望的，有的则是不期望的。如动物屠宰后，水解酶的作用使肉质嫩化，改善肉食原料的风味和质构；水果成熟时，内源性酶综合作用的结果使各种水果具有各自独特的色、香、味，但如果作用时间长，水果会变得过熟和酥软，甚至失去食用价值。②烹饪加工过程中所涉及的酶。在食品加工、储藏过程中，多酚氧化酶、过氧化物酶、脂肪氧合酶、维生素C氧化酶等氧化酶类引起的酶促褐变对许多食品的感官质量具有极为重要的影响。另外这些酶的存在还会直接或间接导致一些营养成分(如维生素A原、B族维生素、维生素C等)的损失。③烹饪加工过程中为了改善食物的性状、风味、营养而人为加入的酶，有淀粉酶、蛋白酶、多酚酶等。

1. 淀粉酶

淀粉酶广泛存在于动物、植物和微生物体中，其主要功能是水解淀粉、糖原及其衍生物中的α-1,4-糖苷键。根据其性质和作用不同，淀粉酶可分为α-淀粉酶、β-淀粉酶、葡萄糖淀粉酶、环麦芽糊精转移酶等。

(1)α-淀粉酶：α-淀粉酶作用于直链淀粉、支链淀粉及其他多糖内的α-1,4-糖苷键，将淀粉水解为更小分子的糊精、麦芽糖。α-淀粉酶的分子量为50000左右，每一个酶分子结合一个Ca^{2+}，使酶具有较高的活性和稳定性。α-淀粉酶的最适温度因来源不同而各有差异，一般为50～70 ℃，通常一些细菌的α-淀粉酶最适温度较高。加入Ca^{2+}可适度增加酶的反应温度和可控性。α-淀粉酶的最适pH值为4.5～7.0，不同来源的酶也存在差异。

α-淀粉酶以随机的方式从淀粉分子内部水解 α-1,4-糖苷键,使淀粉成为含 5~8 个葡萄糖残基的低级糊精,继而成为黏度较小的淀粉悬浮液。之后再缓慢水解,最终产物是麦芽糖和葡萄糖。

$$\text{直链淀粉}\xrightarrow{\alpha\text{-淀粉酶水解}}\text{低级糊精(DP}=5\sim8)\rightarrow\text{葡萄糖、麦芽糖、异麦芽糖}$$

支链淀粉与直链淀粉在结构上有一定的差异。直链淀粉主要由 α-1,4-糖苷键组成,而支链淀粉构成除 α-1,4-糖苷键外,还通过 α-1,6-糖苷键连接主链和支链。因此,其水解产物也与直链淀粉有所不同。α-淀粉酶是一种内切酶,能水解 α-1,4-糖苷键而使产物的构型保持不变,不能水解 α-1,6-糖苷键,但能越过该键继续水解 α-1,4-糖苷键。因此,α-淀粉酶水解支链淀粉的产物为麦芽糖、葡萄糖和具有 α-1,6-糖苷键的 α-极限糊精组成的混合物。

$$\text{支链淀粉}\xrightarrow{\alpha\text{-淀粉酶水解}}\text{麦芽糖、葡萄糖、}\alpha\text{-极限糊精}$$

(2)β-淀粉酶:β-淀粉酶主要存在于高等植物大麦、小麦、大豆、白薯中。β-淀粉酶的分子量高于 α-淀粉酶,热稳定性与其来源有关,最适 pH 值通常为 5.0~6.0。β-淀粉酶是一种外切酶,水解淀粉非还原末端的 α-1,4-糖苷键,依次将淀粉上的麦芽糖单位裂解下来,其糖单位构型由 α 型转变为 β 型。β-淀粉酶不能水解 α-1,6-糖苷键,也不能越过此键继续水解 α-1,4-糖苷键。因此,β-淀粉酶在水解直链淀粉时,产生麦芽糖和少量葡萄糖。

$$\text{直链淀粉}\xrightarrow{\beta\text{-淀粉酶水解}}\beta\text{-麦芽糖}+\text{少量}\beta\text{-葡萄糖}$$

β-淀粉酶作用于支链淀粉时,只能使外部支链分解到 α-1,6-糖苷键处为止,而对 α-1,6-糖苷键结合内部核心部分的 α-1,4-糖苷键不能起作用,最终产物是麦芽糖(约 54%)和较大的极限糊精。因而其反应时不能快速降低淀粉的黏度。

$$\text{支链淀粉}\xrightarrow{\beta\text{-淀粉酶水解}}\text{极限糊精}+\beta\text{-麦芽糖}$$

(3)淀粉酶在食品加工中的应用。

①淀粉的转化:淀粉酶现广泛用于商业化生产,例如玉米糖浆、糊精、高果糖浆以及其他甜味料如麦芽糖和葡萄糖浆等产品的生产。一般采用固相酶反应器进行转化,目前已发展到第三代产品,产品中果糖含量达到 90%,葡萄糖为 7%,高碳糖为 3%,固形物达到 80%。

烘焙食品中加入淀粉酶,制造面包时,面粉中的 α-淀粉酶为酵母提供糖分以改善产气能力,从而改善面团结构,延缓陈化时间。淀粉酶添加到生面团中可降解破损淀粉和/或补充低质面粉的内源性淀粉酶活性。现在认识到,直接添加到生面团的淀粉酶将降低生面团黏性、增加面包的体积、提高面包的柔软度(抗老化)以及改善外皮色泽。大部分这些效应归因于焙烤期间淀粉糊化时的部分水解。黏度减小(变稀)可以加快面团调制和烘焙中的反应,帮助改善产品的质构和体积。抗老化效应被认为是直链淀粉特别是支链淀粉的有限水解所产生的较大糊精,保持了面包中糊化淀粉网状结构的完整性(柔软但不黏糊),淀粉的有限水解在一定程度上迟滞了糊化淀粉的老化。

②酿制与发酵:自 1833 年在发芽的谷物中发现了“糖化”现象,淀粉水解酶一直被认为是酿造工业的必需酶。由于谷物内部的淀粉酶不足,其发酵后产物浓度不高、稳定性不强,因此,可在发酵过程中加入 α-淀粉酶和 β-淀粉酶,并对发酵过程进行控制,以保证产品的质量。

谷物中 α-淀粉酶还影响粮食的食用质量,米放久后出现陈化现象,煮熟的饭黏度低,没有新米好吃,其主要原因之一是淀粉在淀粉酶作用下水解,分子变小、糊化度变差。

2. 细胞壁降解酶

真核生物的细胞壁主要成分是纤维素和果胶，其次是半纤维素、木质。细胞壁的化学结构分为三层：①中胶层（胞间层），位于两个相邻细胞之间，为两相邻细胞所共有的一层膜，主要成分为果胶质；②初生壁，主要成分为纤维素、半纤维素，并有结构蛋白存在；③次生壁，位于质膜和初生壁之间，主要成分为纤维素，并常有木质存在（图 5-16）。这三层结构中，果胶起着非常重要的作用，通过果胶酯将纤维素、半纤维素交联在一起，起到稳定细胞壁的作用。如果果胶变为果胶酸，细胞壁结构被破坏，细胞得不到保护而破裂，引起组织溃烂。作用于细胞壁的酶有果胶甲酯酶（PE）、多聚半乳糖醛酸酶（PG）和木葡聚糖内糖基转移酶（XET）。

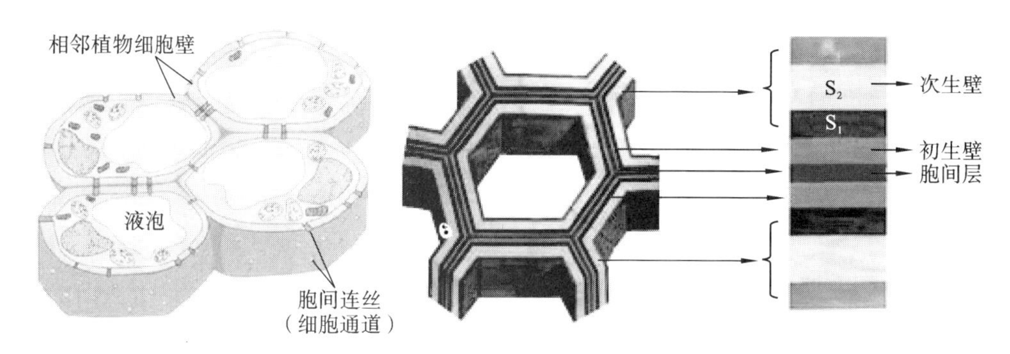

图 5-16　植物细胞壁（膜）结构示意图

（1）果胶甲酯酶（PE）：未成熟果实中，果胶以原果胶（甲酯化）的形式存在于细胞壁中，并与纤维素和半纤维素结合，不溶于水，将细胞紧密连接，组织坚硬；成熟时原果胶在酶的作用下逐渐水解而与纤维素分离，转变成醇或果胶酸渗入细胞液中，细胞间即失去连接，组织松散，硬度减小。

果胶甲酯酶主要作用于细胞壁的胞间层果胶类物质（多聚半乳糖醛酸酯）。作用机制：首先，在果胶甲酯酶的催化下，半乳糖醛酸羟基上的甲醇基脱去；再在多聚半乳糖醛酸酶的作用下多聚半乳糖醛酸将果胶水解。除果胶甲酯酶外，还有果胶酸裂解酶和果胶降解酶，它们都作用于多聚半乳糖醛酸，使其分解。

如果有二价金属离子 Ca^{2+} 存在，生成的果胶酸通过 Ca^{2+} 在分子间形成化学键（盐桥），能够防止细胞壁的破坏，以提高果皮的强度，这种技术已广泛应用于果蔬的硬化处理。

（2）多聚半乳糖醛酸酶（PG）：多聚半乳糖醛酸酶能水解果胶分子中脱水半乳糖醛酸单元间的 α-1，4-糖苷键。其作用结果是果胶的解聚。多聚半乳糖醛酸的逐步溶解，使细胞间屏障（细胞薄层）被破坏。如果该酶持续作用，果胶溶液的黏度将下降。

（3）木葡聚糖内糖基转移酶（XET）：木葡聚糖是构成细胞壁的半纤维素，紧密地结合在纤维素上，对细胞壁的膨胀性起限制作用。木葡聚糖内糖基转移酶的作用机制：切断木葡聚糖链，使细胞壁膨胀松软，促进细胞生长。

细胞壁中还有纤维素酶，纤维素是细胞壁的骨架，纤维素的结构单位是 β-D-葡萄糖。纤维素酶作用于 β-1，4-糖苷键从而达到分解纤维素的目的。

（4）细胞壁降解酶的应用：细胞壁降解酶对于维持细胞壁的稳定起到决定性的作用，对果蔬类食品原料来说，保持其固有的硬度、脆性、完整性和新鲜度与酶的活性有直接关系。因此，常常通过抑制或破坏果胶酶活性，减少果胶的水解，防止细胞的破裂。例如烹饪中用

焯水方法，破坏细胞壁降解酶的活性，以保持蔬菜天然的脆性和新鲜度。泡菜时利用酸降低 pH 值以抑制降解酶的活性，同时酸也阻止果胶水解成果胶酸，保持其脆度。

在果汁生产中，利用外源性果胶酶和细胞壁降解酶对细胞壁进行降解，以增加果汁产量或使提取液澄清。原始果汁较浑浊，是由含有蛋白质内核和处于外层的果胶（半乳糖醛酸残基部分解离带负电）构成的胶体颗粒，细胞壁降解酶溶解或破坏果胶层，使蛋白质可以与其他颗粒的果胶层产生静电作用，导致颗粒聚集、絮凝，从而使果汁澄清。

3. 蛋白酶

（1）水解蛋白酶：蛋白酶的种类较多，其中水解蛋白酶在烹饪中应用较广。凡是能水解蛋白质或多肽的酶都可称为水解蛋白酶。其作用方式是水解蛋白质多肽链中的肽键，使蛋白质分解为多肽或氨基酸。根据蛋白质的水解方式不同，水解蛋白酶分为内肽酶和外肽酶。内肽酶从多肽链内部水解肽键，结果主要得到较小的多肽碎片。外肽酶从多肽链的某一端开始水解肽键，其又可以分为两类：氨肽酶和羧肽酶。从多肽链的氨基末端开始水解肽键的外肽酶称为氨肽酶；从多肽链的羧基末端开始水解肽键的外肽酶称为羧肽酶。

目前烹饪中应用的水解蛋白酶来自植物性蛋白酶，通过水解部分蛋白质，使肉质变嫩。例如，从番木瓜胶乳中得到的木瓜蛋白酶，从菠萝汁和粉碎的基质中提取的菠萝蛋白酶，从无花果中得到无花果蛋白酶，这几种植物性蛋白酶都是内肽酶。

木瓜蛋白酶被认为在水解肽键时有广泛的选择性，木瓜蛋白酶是一种水解蛋白酶，分子量为 23406，由一条多肽链组成，含有 212 个氨基酸残基。至少有三个氨基酸残基存在于酶的活性中心部位，它们分别是 Cys25、His159 和 Asp158，另外六个半胱氨酸残基形成了三对二硫键，且都不在活性部位。木瓜蛋白酶作用于底物位点上的芳香/非极性残基（PHE）。其断裂多肽链氨基酸残基点集中在以下位点。

$$\text{Phe-Ala} \longrightarrow \text{Ala}$$
$$\text{Phe-Ala} \longrightarrow \text{Ala-Ala}$$
$$\text{Phe-Ala} \longrightarrow \text{Ala-Lys-Ala—NH}_2$$
$$\text{Ala-Phe-Ala} \longrightarrow \text{Lys-Ala—NH}_2$$
$$\text{Ala-Ala-Phe-Lys} \longrightarrow \text{Ala—NH}_2$$

在烹饪中，不同水解蛋白酶嫩化肉所需的酶量（酶单位/克肉）不同，木瓜蛋白酶为2.5，菠萝蛋白酶为 5.0，无花果蛋白酶为 5.0。

（2）组织蛋白酶：组织蛋白酶存在于动物体的组织细胞内，在肌肉中的含量比在其他组织中的含量低。这种酶在动物死亡后释放出来并被激活，产生催化作用，因而食用肉的质量与这种酶有密切的关系。动物消化道中的蛋白酶主要是胃蛋白酶、胰蛋白酶、胰糜蛋白酶等，它们都是内肽酶，都可将蛋白质水解为䏡、胨等低分子量的片段。①胃蛋白酶：胃分泌的胃蛋白酶原，在 H^+ 或已激活的胃蛋白酶作用下，脱去一段低聚肽而成为有活性的胃蛋白酶。它可以在胃酸这样的环境中（pH 1.5）起催化作用，而其他的酶在这样的条件下则会变性失活。②胰蛋白酶：胰腺分泌的胰蛋白酶原，在肠激酶或已有活性的胰蛋白酶作用下，脱去一个六肽片段而成为有活性的胰蛋白酶，其最适 pH 值为 7～9。③胰糜蛋白酶：胰腺分泌的胰糜蛋白酶原，在胰蛋白酶或已有活性胰糜蛋白酶的作用下，脱去两个二肽片段，成为有活性的胰糜蛋白酶，其最适 pH 值也是 7～9。烹饪中为了提高食物的安全性，需要对组织蛋白酶进行充分的破坏，使其失去生物活性。

(3)微生物蛋白酶:细菌、酵母、霉菌等微生物中都含有多种蛋白酶,是蛋白酶制剂的重要来源。我国目前主要用枯草芽孢杆菌1398和栖土曲霉3952生产中性蛋白酶,用地衣芽孢杆菌2709生产碱性蛋白酶等。生产用于食品和药品的微生物蛋白酶,其菌种目前主要限于枯草芽孢杆菌、黑曲霉、米曲霉三种。

(4)蛋白酶的应用:蛋白质在食品加工、烹饪中有较多的应用,其主要用于风味物质的生产与提取、肉的嫩化、蛋白质凝胶的形成。

①风味物质的生产与提取:通过蛋白酶水解蛋白质可以改善蛋白质/肽的功能特性,例如营养性质、风味/感官性质、质地和化学性质(溶液性、起泡性、乳化性、胶凝性)、生物性质(抗原性)。典型蛋白质水解产物的制备过程:蛋白质水解前进行预处理使其部分变性,这样有利于水解的进行;在选择性肽链内切酶的作用下进行水解,然后采用加热处理使酶失去活性。一般而言,功能性的运动食品和临床营养食品,蛋白质水解程度应控制在3%～6%,肽的平均分子量为2000～5000。婴儿食品和抗过敏食品,蛋白质水解程度达到50%～70%,平均分子量为1000。目前通过水解蛋白质得到功能性肽的研究较多。

②肉的嫩化:肌肉组织中的蛋白酶较多,在没有足够嫩化的肉或含肉组织中加入木瓜蛋白酶或巯基肽链内切酶(无花果蛋白酶、菠萝蛋白酶),肉组织中胶原蛋白和弹性蛋白发生水解,使肉得到很好的嫩化效果。可以将粉末状蛋白酶制剂直接涂抹在肉组织表面,也可以用蛋白酶的稀盐溶液注射或浸泡肉组织。但是,外源性肽链内切酶用于肉的嫩化存在两个缺陷。一是它们很容易添加过量,使蛋白质过度水解,肌肉失去组织性;二是与肉的自然熟化(嫩化)相比,其在风味上存在着差异。

③蛋白质凝胶的形成:谷氨酰胺转氨酶(TGs)存在于动物、植物和微生物中,谷氨酰胺转氨酶在动物体内的典型功能是使血纤维蛋白交联(血凝)和角质化。在加工食品重组肉制品生产中加入谷胺酰胺转氨酶,利用其交联功能性质,可使蛋白质分子通过交联作用成为更大网络结构的分子。在蛋、乳、大豆、面团等食品基质中添加谷胺酰胺转氨酶可以形成不可逆的、热稳定的凝胶。例如在肉类制品中,谷胺酰胺转氨酶能增加和控制鱼糜制品的凝胶强度,可以作为黏结剂将碎肉交联成整块肉产品,提高火腿、香肠、肉糕制品的凝胶强度。在焙烤食品中,向面团中加入谷氨酰胺转氨酶可以促进网络结构形成,提高面团的稳定性、面筋强度和黏弹性,使产品的体积、结构、面包屑质量均有改善。

4. 脂肪酶

(1)脂肪水解酶:粮油中含有脂肪酶(三酰甘油水解酶),它能把脂肪水解为脂肪酸和甘油。脂肪水解酶常使一定量的脂肪被催化水解而使游离脂肪酸含量升高,从而导致粮油的变质变味、品质下降。脂肪水解酶最适温度为30～40 ℃,最适pH值一般为8左右。脂肪水解酶在较低水分活度(A_W为0.1～0.3)下仍有较大的活性。在原料中,脂肪水解酶与它作用的底物在细胞中各有固定的位置,彼此不易发生反应。但制成成品粮食后,两者有了接触的机会,因此原料比成品粮食更易于储存。

(2)脂肪氧合酶:脂肪氧合酶广泛存在于植物、动物和真菌中,早期称为脂肪氧化酶或胡萝卜素氧化酶。脂肪氧合酶对食品的色泽、风味有较大的影响,它是大豆食品、玉米、蘑菇、黄瓜等食品产生不良气味的主要原因。豆类的制成品特别容易产生氧化性的腐臭,其原因是它们的脂肪氧合酶含量较高。果蔬储藏中色泽变化是由脂肪氧合酶破坏叶绿素和胡萝卜素造成的;含油脂的食物出现“哈喇味”也是脂肪氧合酶作用使脂肪氧化酸败的结果。

脂肪氧合酶对水果、蔬菜的成熟过程中风味的形成也有影响，例如，黄瓜中风味物质是2-反式己烯醛和2-反式-6-顺式壬二烯醛，它们是亚麻酸的酶促氧化产物。黄瓜中风味物质的酶促作用机制如图5-17所示。

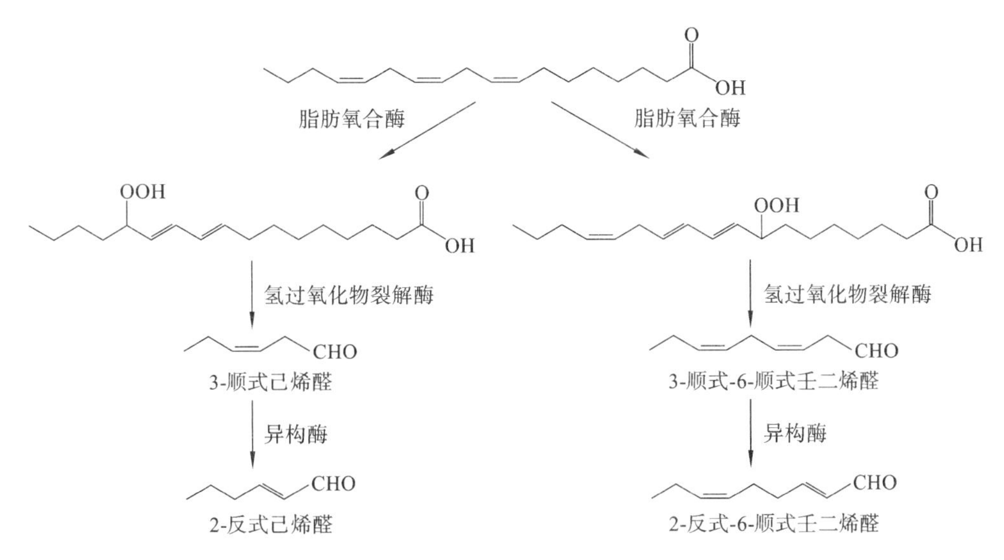

图5-17　黄瓜中风味物质的酶促作用机制

脂肪氧合酶对食品品质有重要的功能作用，其中一些作用有利于食品加工和风味形成，另一些则对食品品质不利。

有利方面：一是氧化或/和分解色素，产生漂白作用，例如在面粉中加入大豆粉使面粉漂白。二是面团形成过程中氧化面筋蛋白，促使二硫键形成，提高面团质量，同时面粉中脂肪的氧化产物及分解产物有利于面包风味的形成。

不利方面：①脂肪氧合酶破坏了叶绿素和胡萝卜素，使果蔬失去正常色泽；②脂肪氧合酶使脂肪氧化，产生羰基类化合物（酸、醛、酮），导致不良气味形成，如大豆制品中的豆腥味；③脂肪氧合酶使脂溶性维生素被破坏，降低了食品营养价值。

控制加工温度是使脂肪氧合酶失活的有效手段，例如大豆加工时，将原料在80～100 ℃的热水中研磨10 min，可以消除豆浆的不良气味，也可将大豆浸泡4 h后热烫处理10 min使脂肪氧合酶失活。其次是酸处理，大豆原料在pH值3.8左右进行研磨，可以使脂肪氧合酶失活。某些酚类抗氧化剂（维生素E、没食子酸丙酯等）对脂肪氧合酶也有抑制作用。

5. 食品风味相关的酶

（1）酚氧化酶：酶氧化酶以Cu为辅基，以氧为受氢体，它作用的底物为一元或二元酚。因此，一种观点认为酚氧化酶兼能作用于一元酚和二元酚两类底物；另一种观点认为它是由酚羟化酶（也称甲酚酶）和多元酚氧化酶（又称儿茶酚酶）构成的复合体。酚氧化酶能引起食品酶促褐变，其种类较多，有单酚氧化酶、多酚氧化酶等。

酚氧化酶广泛存在于植物性食物中，许多蔬菜、水果的酶促褐变都因它而引起。茶叶、可可豆等的饮料的色泽形成也与酚酶有关。水果、蔬菜中的酚氧化酶最适宜的pH值一般为4～7，最适温度为30～50 ℃，温度稳定性相对较高。在55～80 ℃的加热过程中，酚氧化酶可被激活，原因是 60～65 ℃的温度处理会使细胞发生渗漏(去隔离)，使酶与底物发生混合与接触。某些粮食类食物在烹饪中的变色现象，如甘薯粉、荞麦面蒸煮变黑，糯米粉蒸煮变红等，也与酚氧化酶有关。酚氧化酶作用于一元酚、二元酚，常见的底物有酪氨酸、咖啡酸、儿茶素等(图 5-18)。

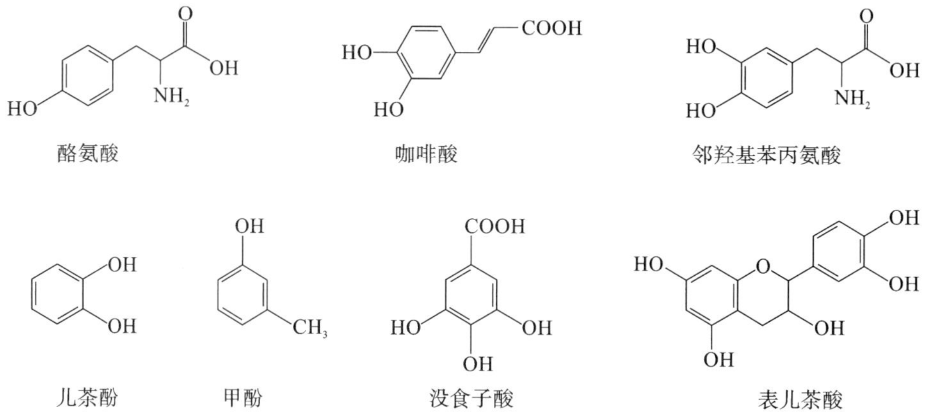

酪氨酸　咖啡酸　邻羟基苯丙氨酸

儿茶酚　甲酚　没食子酸　表儿茶酸

图 5-18　酚氧化酶作用的底物

酚氧化酶在有氧存在的条件下，与底物发生作用，生成醌类物质，醌类物质不断聚合，最后形成黑色素，此过程中，色泽不断加深，由黄色变为棕色、褐色，最后为黑色。

(2)叶绿素酶：叶绿素酶存在于植物和一些藻类生物体中。叶绿素酶是一种酯酶，能够催化叶绿素水解为叶绿醇和叶绿酸。叶绿素酶在水、乙醇、丙酮溶液中均有活性，在果蔬中最适宜的活性温度为 60～82 ℃，超过 80 ℃酶活性降低，到 100 ℃时则完全失去活性。从加热到酶活性丧失所用时间的长短对叶绿素的保留有重要的意义，它决定了菜品的色泽。时间越长，其酶的活性越高，加快了叶绿素的分解，时间短则叶绿素保留率高。因此，烹饪蔬菜一般宜采用大火、短时的爆炒方式，以减少叶绿素的水解。

植物性原料的储藏过程中，由于叶绿素酶的作用，植物的色泽由绿色转变为黄色，通常采用降低温度和水分活度的方法，阻止或减缓颜色的变化。

(3)蒜氨酸酶：又称为蒜氨酸裂解酶，存在于葱属植物，例如洋葱、大蒜、青蒜、香葱、韭菜和一些蘑菇之中。蒜氨酸酶促反应包括非蛋白质氨基酸衍生物的裂解，即 *S*-烷(烯)基-L-半胱氨酸亚砜(ASCO)的裂解(图 5-19)。反应中间产物为次磺酸(R—SOH)，自发凝聚形成硫代亚磺酸盐。在洋葱中，1-丙烯基次磺酸重排成丙烷基硫醛-S-氧化物，即所谓的催泪因子。该反应在植物组织破裂时发生，此时细胞质中的底物(ASCO)与液泡中的酶接触。

除了组织被破损后产生期望的风味外，蒜氨酸酶促反应还可以影响食品质量。切碎、储藏或酸化(腌渍)的葱属植物组织会褪色，或产生粉色/红色(洋葱)或蓝色(大蒜)。1-丙烯基-S-R 硫代亚磺酸盐是导致褪色的主要原因。

不同来源的蒜氨酸酶最适 pH 值不同。洋葱、青蒜、甘蓝和蘑菇中的蒜氨酸酶最适 pH 值为 7～8，大蒜中相关酶的最适 pH 值为 5.5～6.5。

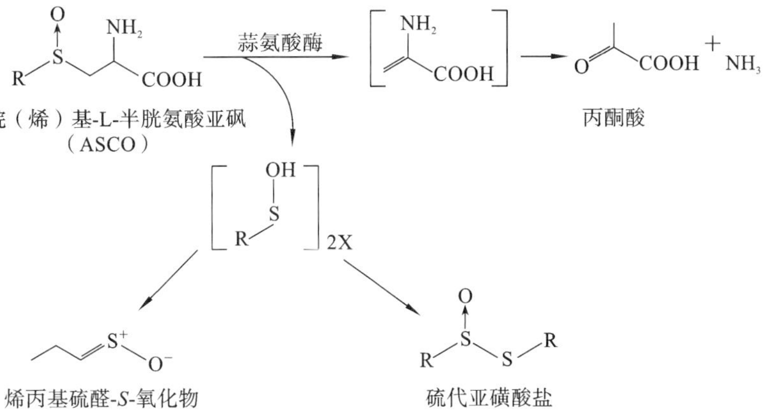

蒜氨酸酶

S-烷（烯）基-L-半胱氨酸亚砜（ASCO）

丙酮酸

烯丙基硫醛-*S*-氧化物

硫代亚磺酸盐

图 5-19　蒜氨酸酶的作用机制及风味的产生过程

5.3　糖　　类

5.3.1　食物中的糖类物质

糖类物质常称为碳水化合物，源于此类物质由 C、H、O 三种元素组成，且其分子中氢原子和氧原子的比例为 2∶1，同水分子（H_2O）的元素组成，这类物质好似由碳和水［$C_n(H_2O)_n$］组成的，故称为碳水化合物。随着化学科学的发展，人们发现这一称谓并不完全确切。一些物质具有糖的结构但并不属糖类物质，相反一些糖类物质并不符合糖的结构。糖类物质化学结构中含有羰基和多个羟基官能团，因此，现代化学将糖类物质定义为多羟基醛或多羟基酮及其衍生物。

糖类物质广泛存在于各种生物体内，是地球上存在最丰富的物质，通过绿色植物的光合作用形成，在植物体内含量较为丰富，占其干重的 90%以上。除了低分子的甜味物质（单糖、双糖）外，绝大多数糖类物质以高分子形式存在，例如淀粉、纤维素、果胶等。在节肢动物（如昆虫、蟹、虾）外壳中存在壳聚糖（甲壳质）。高等动物自身不能合成糖类，主要从植物中获取。糖是人体三大热量营养素之一，我国居民的膳食中由糖类物质提供的能量占 55%～65%，主要由植物性膳食提供。

糖类物质在烹饪中的应用非常广泛，除了日常作为甜味剂、增稠剂、稳定剂外，目前还不断通过化学和生物化学修饰，以改善它们的性质并扩大其用途。例如，淀粉经过酸处理，生成低黏度变性淀粉，以降低淀粉老化的发生。不溶性纤维素经过化学改性，生成可溶性羟甲基纤维素，可制成纤维素基食物胶。近几年来，从非传统食物中提取的多糖物质（黄原胶、结冷胶、卡拉胶等）广泛用于改善食品的性状。

根据糖类物质水解所产生的单糖分子数量的不同，糖类物质可分为单糖、低聚糖和多糖。

5.3.1.1　单糖

单糖（monosaccharide）是指不能被水解为更小单元的糖类物质。单糖是低聚糖、多糖构成的基本单位。根据所含碳原子数目的不同,单糖有丙糖、丁糖、戊糖和己糖等。其中戊糖和己糖是重要的单糖,在食品中含量较为丰富。戊糖有核糖、脱氧核糖、木糖和阿拉伯糖等,己糖有葡萄糖、果糖、半乳糖、甘露糖等。

(1)葡萄糖:葡萄糖广泛分布于自然界,根据其构型分为α-D-葡萄糖和β-D-葡萄糖,α-D-葡萄糖是淀粉的组成单元,β-D-葡萄糖是纤维素的组成单元。葡萄糖甜度为蔗糖的65%~75%,其甜味有凉爽之感,适宜食用。葡萄糖加热后逐渐变为褐色,温度在170 ℃以上,则生成焦糖。葡萄糖被人体直接吸收、利用,其升血糖指数较高,故糖尿病患者多不能直接食用葡萄糖。葡萄糖还是发酵工业的重要原料。工业上用淀粉为原料生产葡萄糖,经酸法或酶法水解而制得。

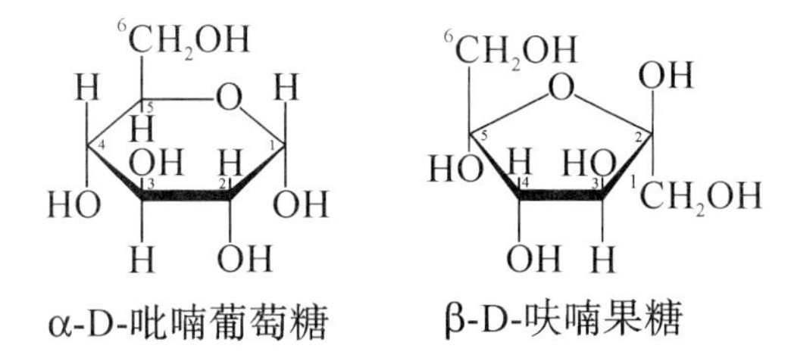

α-D-吡喃葡萄糖　　β-D-呋喃果糖

(2)果糖:果糖多与葡萄糖共存于果实及蜂蜜中。果糖易溶于水,吸湿性很强,因而从水溶液中结晶较困难。从酒精溶液中析出的果糖是无水结晶,熔点为102~104 ℃。果糖比糖类中其他糖都甜,尤其是β-果糖的甜度最大,为蔗糖的1.73倍。果糖很容易消化,适合幼儿和患者食用,它不需要胰岛素的作用,能直接被人体代谢利用。在食品工业上,异构化酶可在常温常压下使葡萄糖转化为果糖。

(3)半乳糖:半乳糖存在于母乳中,自然界中不多见。半乳糖很少以单糖的形式存在于食品中,主要以半乳聚糖形式存在于植物细胞壁中。牛乳中含有较多的乳糖,由半乳糖和葡萄糖组成,半乳糖主要由乳糖分解得到。半乳糖在体内转化为葡萄糖后被利用。

(4)其他单糖:食物中还存在一些其他的单糖,如L-阿拉伯糖,主要存在于植物分泌的胶黏质及半纤维素等多糖的结构单元中。D-木糖以缩聚状态广泛存在于自然界的植物中,如玉米、木屑、稻草等的半纤维素中。D -核糖和脱氧核糖存在于动物、植物的细胞中,作为RNA和DNA的组成部分。食品中还存在一些糖醇,如甘露醇、山梨醇、甜醇,存在于浆果、果实、海藻类中。糖醇都不含羰基,无还原性,现作为保健型甜味剂普遍应用于食品饮料中。

5.3.1.2 低聚糖

低聚糖也称寡糖(oligosaccharide)。其分子结构上很像苷,不过其中的糖基和配基两个部分都是糖。由于低聚糖仍属于小分子化合物,所以它们仍可以形成结晶体,可溶于水,有甜味,也有旋光性,在酸性溶液或酶作用下水解成单糖。低聚糖只有水解成单糖以后,人体才能吸收利用它。

根据分子结构是否保留有半缩醛羟基,低聚糖可分为还原糖和非还原糖。分子中仍然保留有半缩醛羟基的低聚糖,具有和单糖一样的性质,如有变旋光现象,具有氧化性和还原性,这种低聚糖称为还原糖。如果组成的单糖相互之间都以半缩醛羟基缩合,在形成的低聚糖分子中不再有半缩醛羟基,那么这类低聚糖不再具有上述性质,故称为非还原糖。

低聚糖一般由2~10个单糖通过糖苷键连接而成。食品中重要的低聚糖为二糖(或双

糖)，主要有蔗糖、麦芽糖和乳糖。

(1)蔗糖：蔗糖主要来源于甘蔗和甜菜。甘蔗中蔗糖的含量为16%～25%，甜菜中为12%～15%。蜂蜜中含有较多的蔗糖(30%左右)，水果中也含有一定量的蔗糖。烹饪中常用的白砂糖、绵白糖、冰糖等主要成分均是蔗糖。

①蔗糖分子结构：蔗糖是食物中存在的主要低聚糖，是一种典型的非还原糖。它由一分子α-D-吡喃葡萄糖和一分子β-D-呋喃果糖以半缩醛(酮)羟基相互缩合而成。形成的蔗糖分子中不再有半缩醛(酮)羟基，故蔗糖为非还原糖。

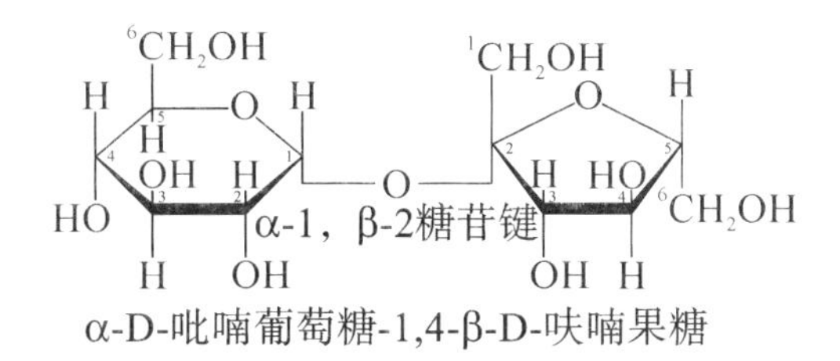

α-D-吡喃葡萄糖-1,4-β-D-呋喃果糖

②蔗糖的性质：蔗糖是烹饪中最常用的甜味剂，其甜味仅次于果糖。常温下，蔗糖是一种无色透明的单斜晶型的结晶体，易溶于水，较难溶于乙醇。蔗糖的相对密度为1.588，纯净蔗糖的熔点为180～186 ℃。蔗糖在水中的溶解度随着温度的升高而增大。加热至200 ℃时即脱水形成焦糖。

蜂蜜中存在蔗糖转化酶，故蜂蜜中含有大量的果糖，其甜度较大，比葡萄糖的甜度大一倍。烹饪过程中，转化作用也存在于面团发酵的早期。蔗糖可以被酵母分泌的蔗糖酶所水解，所以在烘制面包的面团中，蔗糖是不可缺少的添加剂。因为它不仅有利于面团的发酵，而且在烘烤过程中，所发生的焦糖化反应、美拉德反应能增进面包的颜色。

蔗糖的再结晶与玻璃体形成：蔗糖溶液在过饱和时，不但能形成晶核，而且蔗糖分子会有序地排列，被晶核吸附在一起，从而重新形成晶体。这种现象称作蔗糖的再结晶。烹饪中制作挂霜菜就是利用这一原理。其烹饪工艺：先对蔗糖溶液进行加热，在这个过程中，随着温度的升高，水分逐渐挥发，蔗糖溶液出现过饱和，蔗糖分子开始结晶，结晶体挂在菜点的表面，形成"糖霜"，增加菜点的美感。中餐中有一道甜菜"拔丝"，就是利用蔗糖熔化形成玻璃体附着在食物的表面。其工艺过程：将蔗糖放入水中或油中熬制，当蔗糖完全熔化(含水量为2%左右)时，停止加温，加入准备好的食品，熔化的糖液迅速冷却，这时蔗糖分子不易形成结晶，而只能形成非结晶态的无定形态——玻璃体。玻璃体不易被压缩、拉伸，在低温时呈透明状，并具有较大的脆性。烹饪中拔丝菜的制作就是依据此原理。

蔗糖在烹饪中的应用较广，除作为甜味剂外，还用作增黏剂、保湿剂、防腐剂、增色剂等等。

(2)麦芽糖：麦芽糖在新鲜粮食中并不会游离存在，只有谷物类种子发芽或淀粉储存时受到麦芽淀粉酶的水解才大量产生。利用大麦芽中的淀粉酶，可使淀粉水解为糊精和麦芽糖的混合物，其中麦芽糖占1/3。这种混合物称为饴糖。饴糖具有一定的黏度，流动性好，有光泽。在制作"北京烤鸭"时，需用饴糖涂在鸭皮上，待糖液晾干后进烤炉，在烤制过程中糖的颜色发生变化，使得鸭皮产生诱人的色泽。

现在工业上采用芽孢杆菌的β-淀粉酶水解淀粉制得麦芽糖。麦芽糖也可以还原为麦芽糖醇，用于无糖巧克力的生产。

①麦芽糖的分子结构：麦芽糖由两分子α-D-吡喃葡萄糖通过1,4-糖苷键结合而成，也

由一分子 α-D-吡喃葡萄糖和一分子 β-D-吡喃葡萄糖结合而成。

α-D-吡喃葡萄糖-1,4-α-D-吡喃葡萄糖　α-D-吡喃葡萄糖-1,4-β-D-吡喃葡萄糖

②麦芽糖的性质：麦芽糖为白色针状结晶，含一分子结晶水。熔点为 160～165 ℃，易溶于水而微溶于乙醇。麦芽糖的甜度仅为蔗糖的 46%左右。麦芽糖分子中仍保留了一个半缩醛羟基，所以它是典型的还原糖。

麦芽糖能被酵母发酵，直接、间接发酵均可。麦芽糖在酶催化下水解生成两分子葡萄糖，葡萄糖则是酵母生长所需的养料，发酵面团的制作是通过酵母的作用，先将淀粉分解为麦芽糖，麦芽糖再水解为葡萄糖，葡萄糖生物氧化为二氧化碳和水，起到起泡作用。

(3)乳糖：乳糖是哺乳动物乳汁中的主要糖分，主要以游离形式存在。牛、羊乳中主要含有乳糖，含量 4%～7%。人乳乳糖含量为 7%左右，乳糖是哺乳动物生长发育所需糖类物质的主要来源。就人类而言，乳糖占婴儿哺乳期消耗能量的 40%。牛乳中还含有 0.3%～0.6%的乳糖低聚糖，作为双歧杆菌生长的重要能量来源，双歧杆菌是母乳喂养的婴儿小肠中主要的微生物群落。

①乳糖分子结构：乳糖由 β-D-吡喃半乳糖和 D-吡喃葡萄糖以 β-1,4-糖苷键结合而成。乳糖具有还原性，有 α 型和 β 型两种立体异构体。

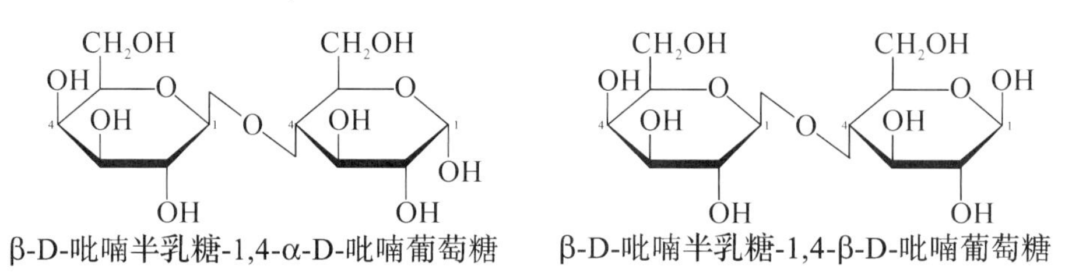

β-D-吡喃半乳糖-1,4-α-D-吡喃葡萄糖　β-D-吡喃半乳糖-1,4-β-D-吡喃葡萄糖

②乳糖的性质：乳糖为白色结晶，在水中的溶解度较小，α 型乳糖在 20 ℃时，其溶解度为 8 g/100 ml，100 ℃时为 70 g/100 ml；β 型乳糖在 20 ℃时，其溶解度为 55 g/100 ml，100 ℃时为 95/100 ml。这一特点在冷冻浓缩乳制品中会导致 α 型乳糖的结晶，影响其品质。乳糖的相对甜度仅为蔗糖的 39%。乳糖不能被普通酵母发酵，但能被乳酸菌作用产生乳酸发酵。酸奶的形成就是依据此。乳糖的存在可以促进婴儿肠道中双歧杆菌的生长。乳糖容易吸收香气成分和色素，故可用它来保留这些物质。例如，在面包制作时加入乳糖，则它在烘烤时因发生美拉德反应而形成面包皮的金黄色。

乳糖在稀酸或酶的作用下水解，生成等量的葡萄糖和半乳糖，婴幼儿时期由于体内缺少乳糖酶，用牛乳喂养时，乳糖不能水解为半乳糖和葡萄糖而被吸收利用，容易产生腹泻，即“乳糖不耐受”现象。

(4)大豆低聚糖：大豆低聚糖(soybean oligosaccharide)是指从大豆籽粒中提取的可溶性低聚糖的总称。其主要成分有水苏糖、棉籽糖和蔗糖等。棉籽糖是半乳糖以 α-1,6-糖苷键与蔗糖中葡萄糖相连接的三糖，水苏糖是棉籽糖的半乳糖基以 α-1,6-糖苷键与半乳糖连接的四糖(图 5-20)。它们都属于半乳糖苷类低聚糖。棉籽糖溶于水，甜度是蔗糖的 20%

～40%，吸湿性非常低，是低聚糖中吸湿性最差的，在空气中放置不会吸湿结块。因而有较好的热稳定性。

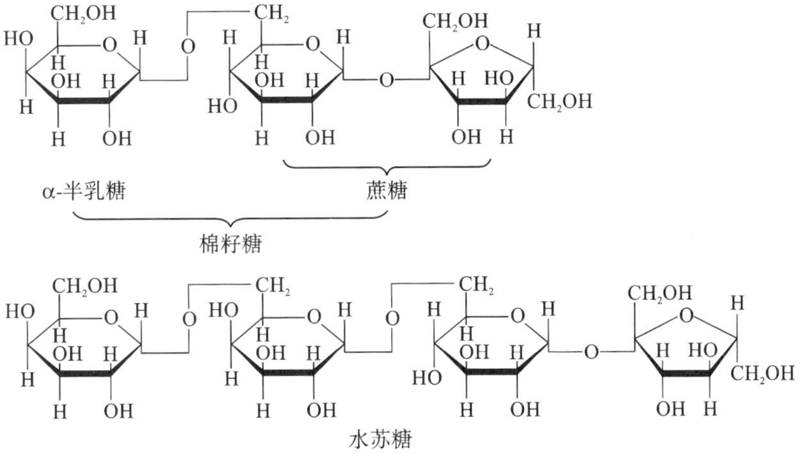

α-半乳糖　蔗糖

棉籽糖

水苏糖

图 5-20　大豆低聚糖中棉籽糖、水苏糖结构

大豆低聚糖广泛存在于各种植物中，以豆科植物中含量最多，大豆低聚糖不能被人体利用，但棉籽糖和水苏糖对大肠中双歧杆菌有增殖作用，现多作为益生菌素使用。二者能量值较低，稳定性好，在食品加工和保健食品中有较好应用前景。

(5)环糊精：环糊精又称为沙丁格糊精、环状淀粉或环多糖，是由 α-D-吡喃葡萄糖通过 α-1,4-糖苷键连接而成的一类环状低聚糖。环糊精由 6、7 或 8 个单糖单元组成，分别称为 α-环糊精、β-环糊精、γ-环糊精(图 5-21)。环糊精由人工合成，它是淀粉在 α-淀粉酶作用下降解为麦芽糊精，从芽孢杆菌得到的环麦芽糊精葡萄糖苷基转移酶，作用于麦芽糊精，使葡糖基转移至麦芽糊精的非还原末端，得到具有 6～12 个吡喃葡萄糖单位的非还原性环状低聚糖，以 β-环糊精应用最广。

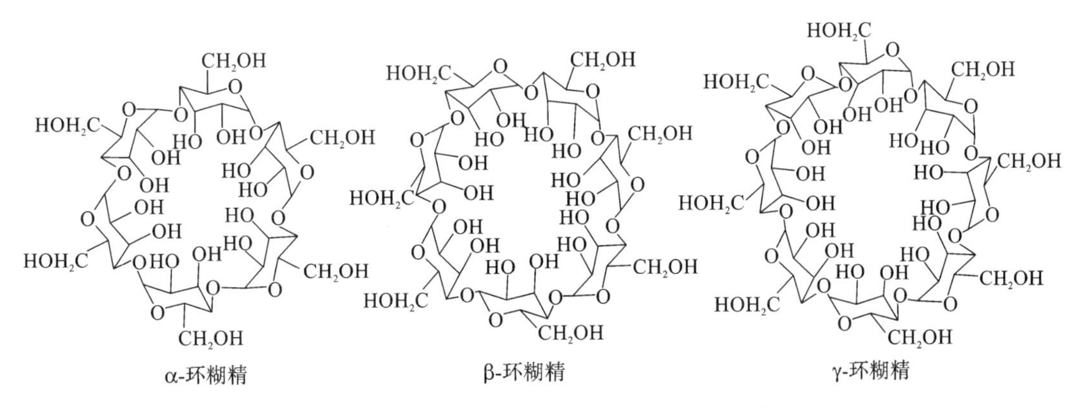

图 5-21　α-环糊精、β-环糊精、γ-环糊精结构示意图

环糊精的环形结构如同一个缺少顶部的漏斗，外侧为亲水基团，内部为疏水基团，形成空穴(图 5-21)。由于其分子表面存在羟基，因此环糊精具有水溶性，γ-环糊精水溶性最强。环糊精在食品加工中有广泛的应用。例如，利用内部空穴包埋风味物质、脂类和色素物质，也可以包埋一些不良成分，还可以防止脂类氧化，提高食品添加剂的稳定性。

5.3.1.3 多糖

多糖(polysaccharide)也称多聚糖，是由10个以上单糖分子由糖苷键结合而成的大分子糖类物质。自然界中的多糖一般由100个以上的单糖组成，例如淀粉、纤维素、半纤维素、果胶、卡拉胶等。多糖根据其分子中单糖的组成分为均多糖和杂多糖。均多糖(或均一多糖、同型多糖)由一种单糖组成，有淀粉，纤维素等，它们分别由α-D-葡萄糖和β-D-葡萄糖组成。由两种或两种以上单糖组成的多糖称为杂多糖(或混合多糖)，例如黄原胶、卡拉胶、果胶等。

1. 淀粉

淀粉以颗粒状存在于植物的种子(如小麦、大米、玉米等)、块茎(如薯类、莲藕、山药等)以及坚果(如栗子、白果等)中，也存在于植物的其他部位。它是植物最重要的储备性多糖，也是人体所需能量的主要来源。淀粉在植物中存在的状态不同，其结构性质有较大的差异，烹饪中常将淀粉分为地上淀粉和地下淀粉。从植物中分离得到的淀粉多呈白色粉末状，若在显微镜下观察，可以看到不同来源的淀粉颗粒的形状和大小都不相同，一般来说，地下淀粉(主要为一些植物的地下根、茎，含支链淀粉较多)多为大而圆滑的颗粒，地上淀粉(生长在地上植物的种子，含直链淀粉较多)多为小且有棱角的颗粒(图5-22)。

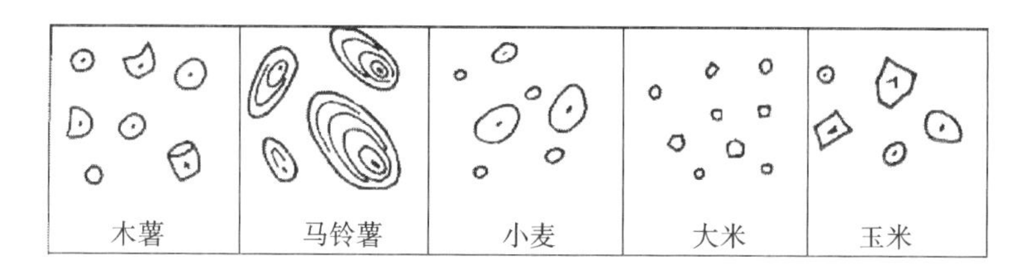

图5-22 部分淀粉颗粒的形状

每一个淀粉颗粒包含许多淀粉分子，而每一个淀粉分子又由许多个葡萄糖分子聚合而成。由于分子结构不同，淀粉可分为直链淀粉和支链淀粉两类，其性质也有所不同。

淀粉颗粒存在着结晶区和无定形区，Gildey和Bociek将单独以直链淀粉结构组成的区域定义为无定形区，以双螺旋结构组成的区域定义为结晶区。淀粉颗粒中结晶区占比为25%～50%，其余为无定形区。结晶区与无定形区无明显的界限，只是结构的不同。在偏光显微镜下观察淀粉颗粒时，淀粉颗粒呈黑色的“十”字形，将淀粉分成4个白色的区，称为偏光十字。这是由于淀粉颗粒内部存在的结晶区与无定形区在密度和折射率上不同而产生的差向异性现象。不同品种的淀粉的偏光十字的位置、形状有明显的差异，可以通过其偏光十字进行鉴别。图5-23为玉米淀粉和马铃薯淀粉的偏光显微镜照片。

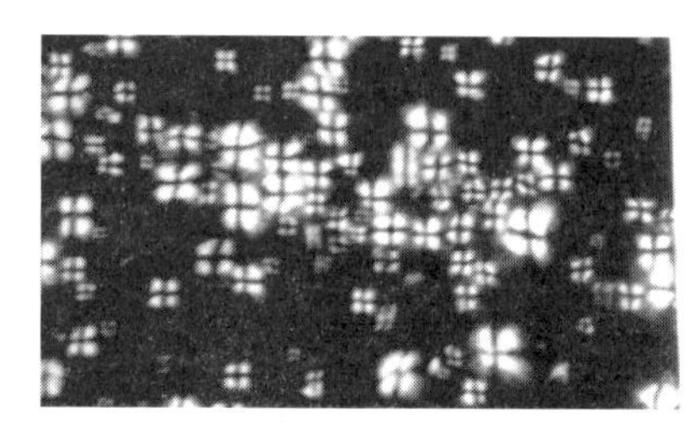 

图5-23 玉米淀粉(左)与马铃薯淀粉(右)颗粒的偏光显微镜照片(400倍)

淀粉经淀粉酶水解生成麦芽糖，进一步经酸水解生成葡萄糖。由此可见，淀粉是由葡

萄糖单元组成的链状结构。大多数淀粉颗粒是由两种不同的高聚物组成的混合物。一种是直链多糖，称为直链淀粉；另一种是具有高度支链的多糖，称为支链淀粉。

（1）直链淀粉：直链淀粉是 α-D-吡喃葡萄糖以 α-1,4-糖苷键连接起来的一条长而不分支的多糖链。每个直链淀粉分子有一个还原性端基（存在半缩醛羟基）和一个非还原性端基（图 5-24）。

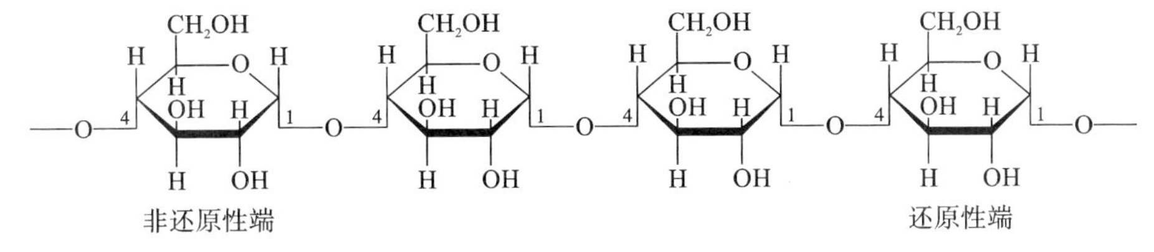

图 5-24　直链淀粉分子结构

直链淀粉的分子量约为 60000，相当于由 300～400 个葡萄糖分子缩合而成。直链淀粉不是完全伸直的，它的分子通常卷曲成螺旋形（图 5-25），呈右手螺旋结构，每一圈有 6 个葡萄糖残基。螺旋内部含有氢原子，具有亲油性，羟基位于螺旋外部。

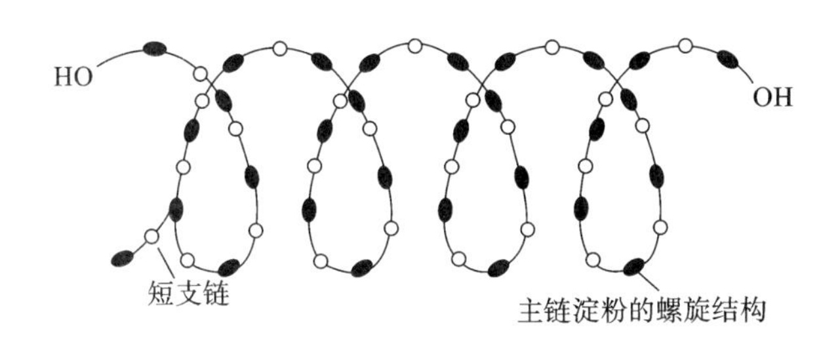

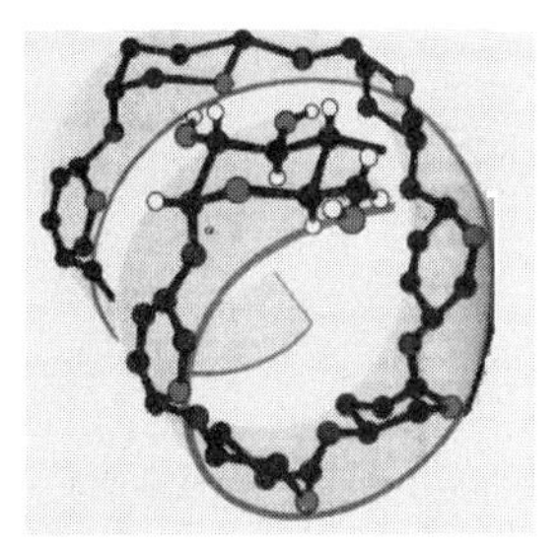

图 5-25　直链淀粉分子示意图

（2）支链淀粉：支链淀粉首先由 α-D-吡喃葡萄糖以 α-1,4-糖苷键连接成一条主链，除主链外，还有一些支链，以 α-1,6-糖苷键与主链相连，分支点的糖苷键占总糖苷键的 4%～5%，一般主链每隔 6～9 个葡萄糖残基就有一个支链，每个支链的长度为 15～18 个葡萄糖残基。这些支链又和第三层的支链相连。因此，支链淀粉的分子量很大，通常为 1×10^8～5×10^8。支链淀粉结构形态如同树枝一样（图 5-26）。

淀粉中一般都含有直链淀粉和支链淀粉两种淀粉。直链淀粉占 10%～30%，大多数淀粉含有 70%的支链淀粉（表 5-9）。普通玉米、马铃薯分别含有 28%和 21%的直链淀粉，其余部分为支链淀粉。蜡质玉米几乎全部为支链淀粉，而有的豆类（绿豆）淀粉全部是直链淀粉。

表 5-9　常见淀粉中直链淀粉的含量

性状	普通玉米	蜡质玉米	高直玉米	马铃薯	木薯	小麦	大米
颗粒直径/μm	2～30	2～30	2～24	5～100	4～35	2～55	2～8
直链淀粉含量/(%)	28	<2	50～70	21	17	28	14～32

马铃薯的支链淀粉具有独特性，它含有磷酸酯基，大多数（60%～70%）接在 O-6 位，其他（1/3）接在 O-3 位，每 215～560 个 α-D-吡喃葡萄糖基含有一个磷酸酯基。因此，马铃薯淀粉分子带有弱的负电性，其水溶性较其他淀粉高、黏度大、透明度和稳定性好。

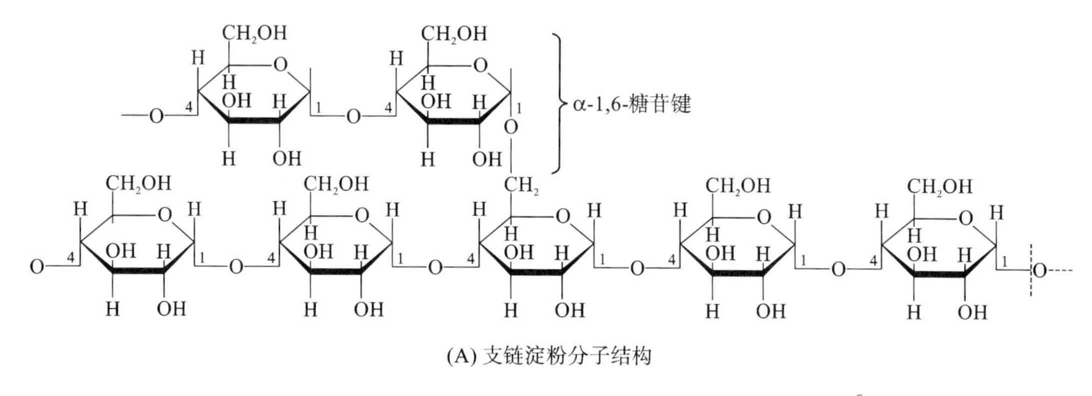

(A) 支链淀粉分子结构

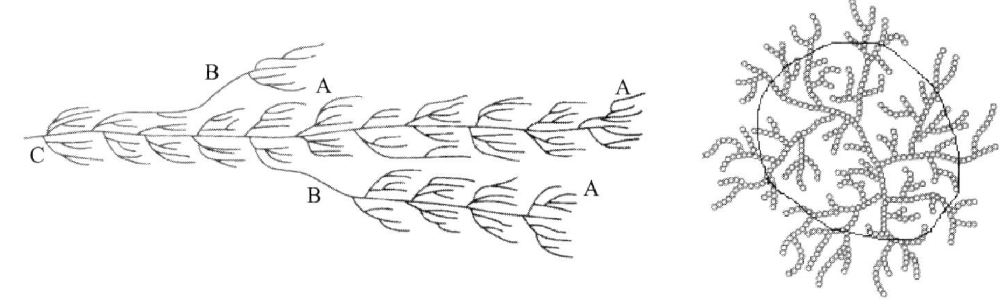

(B) 支链淀粉模拟结构（线圈内为洁晶区）

图 5-26　支链淀粉分子结构示意图

2. 纤维素

纤维素是植物组织中的一种结构性多糖。它是植物骨架和细胞的主要成分，在棉花、亚麻、木材等物质中含量均很高。纤维素通常和各种半纤维素、果胶、木质素结合在一起，其结合类型、结合程度影响着植物性食品的质地。纤维素还是膳食纤维的主要成分。

纤维素是无色、无臭、无味的具有纤维状结构的物质。纤维素像淀粉一样完全水解能生成D-葡萄糖，而部分水解则生成纤维二糖。纤维二糖由2分子的β-D-葡萄糖通过糖苷键结合而成。所以纤维素与淀粉不同，前者的构成单元是β-D-葡萄糖，后者的构成单元是α-D-葡萄糖。

纤维素分子是D-葡萄糖通过β-1,4-糖苷键相连而成的直链分子，含有10000～15000个葡萄糖残基，分子量为1600000～2400000。纤维素线形构象使分子容易按平行并排的方式牢固地缔合，用X射线衍射法研究纤维素的微细结构，发现纤维素是由60多条纤维分子平行排列，并且互相以氢键连接起来的束状物质(图5-27)。虽然氢键键能较小，但由于纤维素间氢键众多，因此纤维微晶束结合相当牢固，导致纤维素化学性质稳定，在水中不会溶解。

纤维素分子较大，具有如下特性：①很强的吸水性，纤维素不溶于水，但其亲水性却很强，容易吸水膨胀；②纤维素分子结构中有丰富的羟基，对阳离子有结合交换能力；③纤维素对有机化合物、金属离子有螯合作用。

纤维素在酸或纤维素酶的作用下水解生成β-D-葡萄糖。食草性动物体内有纤维素酶，故能够利用纤维素作为能量来源。人体缺乏纤维素酶，故不能利用纤维素，但大肠中某些细菌能够将纤维素分解，产生二氧化碳、水和能量。

$$\text{纤维素}+\text{水}\xrightarrow{\text{酸或纤维素酶}}\beta\text{-D-葡萄糖}$$

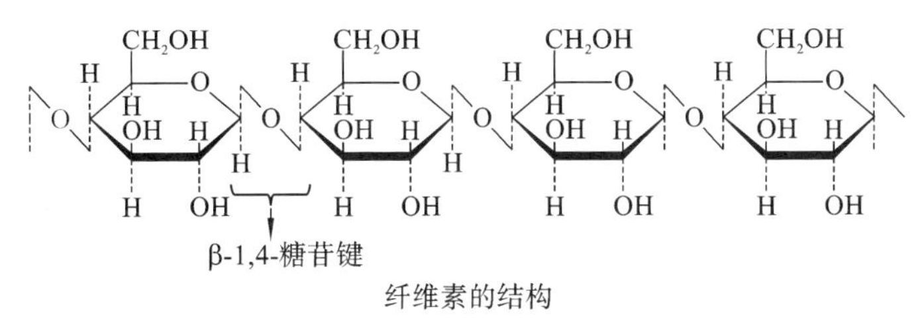

纤维素的结构

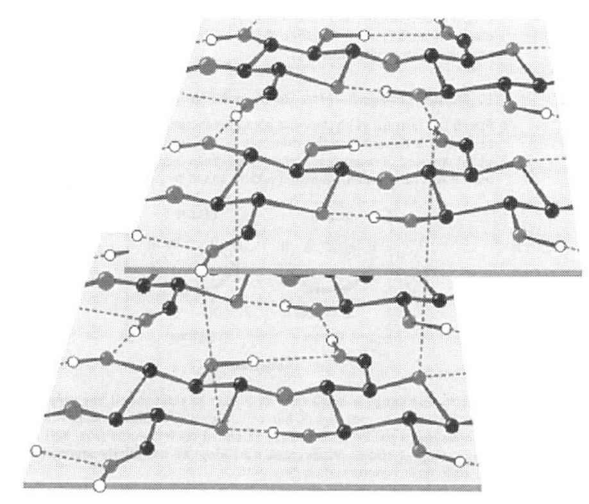

图 5-27 纤维素束状结构示意图

纤维素虽然不能给人体提供营养和热量，但却是人体重要的膳食纤维来源。膳食纤维是指植物的可食部分或糖类的类似物，它们不在人体小肠被吸收，但在大肠内完全或部分发酵。膳食纤维具有填充作用，可产生饱腹感，改善肠道细菌的菌群，调节血糖、胆固醇，促进排便、排毒。根据其溶解性不同，膳食纤维可分为水溶性膳食纤维和不溶性膳食纤维。水溶性膳食纤维有果胶、葡聚糖、半乳甘露糖、琼脂、卡拉胶、黄原胶等，不溶性纤维有纤维素、半纤维素、木质素、原果胶、甲壳素等。

纤维素有较强的吸水能力，纤维素粉末吸水后质量可达自身质量的3～10倍，将纤维素粉加入烘烤食品中，可有效减少焙烤后的收缩，增加食品的持水力，并延长其保鲜期。

纤维素经过化学改性，可制成纤维素基食用胶。目前应用最广泛的改性纤维素是羧甲基纤维素钠(纤维素—O—CH_2—COONa，CMC－Na)，它是用氢氧化钠-氯乙酸处理纤维素制成，羧甲基纤维素分子链长，具有刚性并带有负电荷，在溶液中因静电作用呈现高黏性和稳定性(图5-28)。羧甲基纤维素具有适宜的流变学性质、无毒又不被人体消化等特点，在食品中广泛应用。例如，其在布丁、馅饼、牛奶蛋糊、干酪中作为增稠剂和黏合剂。由于其对水结合容量大，在一些冷冻食品中可用于阻止水的结晶生成，延长货架期。

改性纤维素中还有甲基纤维素(纤维素—O—CH_3，MC)和羟丙基纤维素(纤维素—O—$CH_2CHOHCH_3$，HPMC)。甲基纤维素是在碱性条件下，纤维素与三氯甲烷反应制得。羟丙基纤维素是纤维素、三氯甲烷和环氧丙烷在碱性条件下制得。它们都有增强食品对水的吸收和保持的作用。

3. 半纤维素

与纤维素不同，半纤维素是含有D-木糖的一类杂聚多糖，它水解能产生戊糖、葡萄糖醛酸和一些脱氧糖。半纤维素存在于所有陆地植物中，而且经常在木质化部分存在。食品中最主要的半纤维素是由β-1,4-D-吡喃木糖基单位组成的木聚糖，通常含有β-L-呋喃阿拉

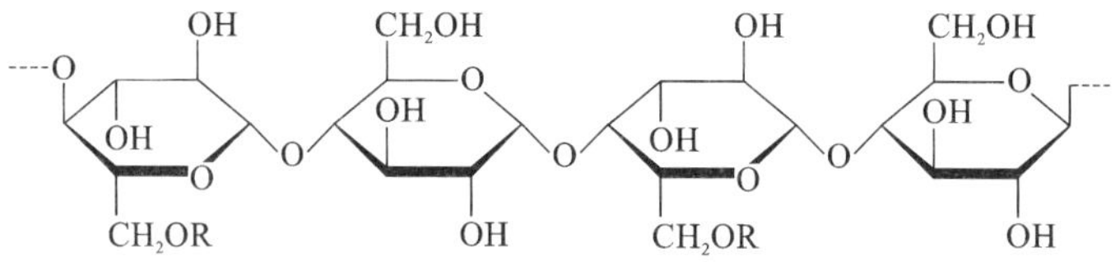

$R=CH_3$ 甲基纤维素

$R=CH_2CH_2OH$ 羟乙基纤维素

$R=CH_2COONa$ 羧甲基纤维素

图 5-28 纤维素衍生物的化学结构

伯糖基侧链(图 5-29)。

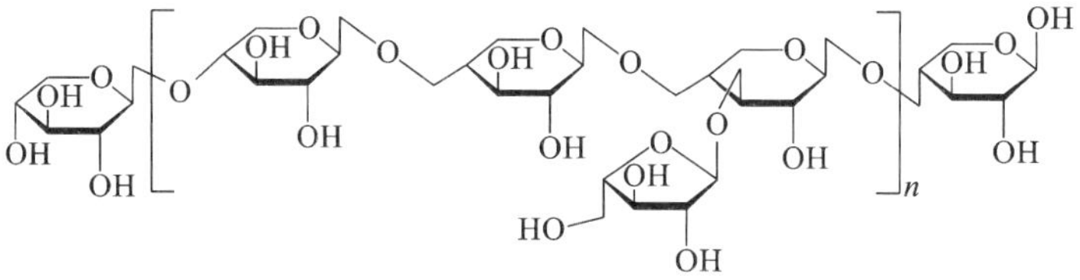

图 5-29 半纤维素结构图

半纤维素也是膳食纤维的重要来源。在焙烤食品中半纤维素作用较大,它能提高面粉结合水的能力,改进混合物的质量,降低混合物的总热量,有利于人体健康,并且有延缓面包老化的作用。在保健方面,半纤维素具有促进胆汁酸的排出和降低胆固醇含量的作用,有利于肠道蠕动和排便,对降低心血管疾病、结肠癌、糖尿病发病率有一定的作用。

4. 果胶

果胶是植物细胞壁的成分之一,存在于初生细胞壁和细胞间的中胶层,在初生细胞壁中与纤维素、半纤维素、木质素和某些伸展蛋白质交联,保持细胞的牢固性。细胞间的中胶层起着将细胞黏结在一起的作用。果胶广泛存在于植物中,尤以果蔬中含量多,但不同的果蔬果胶物质的含量不同。

果胶是 α-D-吡喃半乳糖醛酸以 α-1,4-糖苷键结合的长链聚合物,分子中主链常连接有 α-L-鼠李糖残基,侧链连接有 D-木糖和阿拉伯糖等,在结构上产生不规则性,从而限制了分子间的链间缔合,影响凝胶。半乳糖酸游离的羧基部分以甲酯化的状态存在,部分与钙、钾、钠等离子结合,其基本结构如图 5-30 所示。

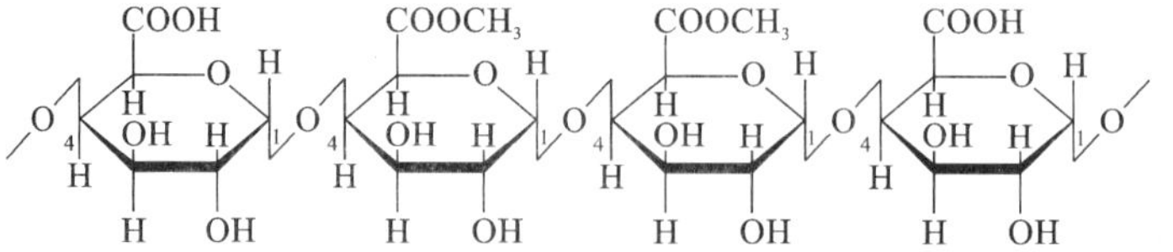

图 5-30 果胶主链结构图(甲酯化与游离羧基)

通常果胶在主链中相隔一定的距离含有 α-L-鼠李糖基侧链,因此果胶的分子结构由均匀区和毛发区组成(图 5-31)。均匀区是 α-半乳糖醛酸基,毛发区由含有支链的 α-L-鼠李糖基组成。

植物体内的果胶物质一般以三种形态存在,即原果胶、果胶、果胶酸。它们在植物中存在的状态与植物的成熟度相关。根据定义,一半以上的羧基以甲酯型($—COOCH_3$)存在的果胶称为高甲氧基果胶(HM);低于一半的羧基以甲酯型存在的果胶为低甲氧基果胶

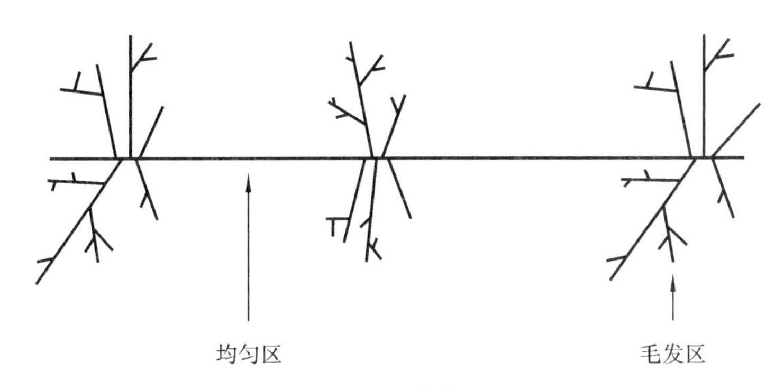

图 5-31 果胶结构示意图

(LM)。羧基被甲醇酯化的百分数为酯化度(DE)或甲基化度(DM)。

果胶是一种亲水的胶体物质,其水溶液在有适量的糖、有机酸存在时,能够形成凝胶。利用这一特性,可加工果酱、果冻等食品。在高糖、低 pH 值条件下,果胶在室温甚至在接近沸腾的温度下,也可以形成凝胶。

果胶的高凝胶强度与分子量和分子间缔合程度呈正相关。一般情况下,凝胶的强度与果胶的分子量成正比,分子越大,越有利于形成三维空间结构;果胶酯化程度从 30%增加到 50%将会延长胶凝时间,这是因为甲酯基的增加,使果胶分子间氢键键合的立体干扰增大。酯化程度为 50%~70%时,由于分子间排斥力减小,疏水作用增强,从而缩短了胶凝时间。果胶的胶凝特性与果胶酯化度的关系见表 5-10。

表 5-10 果胶酯化度对凝胶形成的影响

酯化度/(%)	凝胶形成条件			凝胶形成速率
	pH 值	糖含量/(%)	二价离子	
>70	2.8~3.4	65	无	快
50~70	2.8~3.4	65	无	慢
<50	2.5~5.6	无	有	快

5. 其他多糖

(1)甲壳素(chitin):又称几丁质、壳多糖,是含氮多糖类物质。甲壳素是甲壳类动物的外壳(如虾壳、蟹壳)及昆虫类外骨骼的结构成分。虾壳中含甲壳素 15%~30%,蟹壳中含甲壳素 15%~20%。甲壳素组成单位为 2-乙酰酸-2-脱氧葡萄糖,通过 β-1,4-糖苷键连接,其结构式如图 5-32 所示。

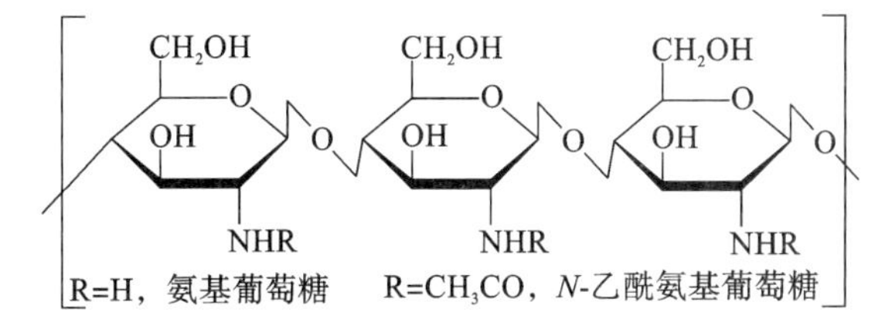

图 5-32 甲壳素结构图

甲壳素是白色或灰白色半透明片状固体,无毒、无味,不溶于水、稀酸、稀碱和一般溶剂,可溶于浓盐酸和浓硫酸。甲壳素在浓盐酸中加热水解,生成氨基葡萄糖和醋酸。甲壳素进行碱水处理去除乙酰基后，得到聚葡萄糖胺，即所谓壳聚糖。壳聚糖是溶于水的多糖，其分子带有游离的氨基，在酸性溶液中形成盐，呈阳离子形式。

甲壳素来源于虾壳、蟹壳的下脚料，通过浓酸、碱来提取甲壳素。只要控制好酸度进行水解，可以得到微晶甲壳素。

从甲壳素中制取的壳聚糖广泛应用于食品，可作为冷冻食品（凉菜、汤汁、点心）和室温存放食品（蛋黄酱、芝麻酱、花生酱和奶油）的增稠剂和稳定剂。壳聚糖有抑菌和抗氧化作用，在现代食品中作为天然防腐剂和抗氧化剂，是优良的食品保鲜剂。由于壳聚糖水溶液带游离氨基，还能作为果汁、食醋、酒类等液体食品的澄清剂。

（2）琼胶（agar）：又称作琼脂、洋菜、洋粉等，它存在于海藻（如石花菜属）细胞壁中。琼胶在习惯上被不正确地称为琼脂，但它是一种多糖类的胶质而非脂类物质。在烹饪中琼胶被广泛用作果冻和某些冻制凉菜的胶凝剂。在微生物学上，琼胶是最常见的培养基成分。

琼胶的主要成分是β-D-吡喃半乳糖和3，6-脱水-α-L-吡喃半乳糖。琼胶为非均匀多糖混合物，分子量变化范围较大，从1.1×10^4到3×10^6不等。在缩合的单糖中，包括9个分子的D-半乳糖和1个分子的L-半乳糖。L-半乳糖的C_4羟基与D-半乳糖相连，C_5羟基则成为硫酸酯的钙盐，其余D-半乳糖都是通过1，3-糖苷键相连的。其结构如图5-33所示。

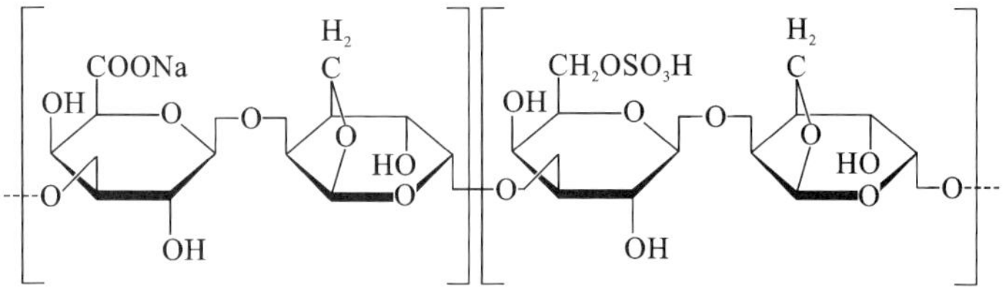

图5-33　琼胶结构示意图

琼胶是无色、无定形的固态物质。它不溶于冷水，但可吸水膨胀，可以溶于90 ℃以上的热水，具有很强的胶凝能力，溶液冷却即可凝固。琼胶是最强的胶凝剂，浓度在0.04%时仍可产生胶凝作用。凝胶的凝固性和稳定性随琼胶浓度的增加而增大，例如1.5%琼胶溶液在32～39 ℃时可形成凝胶，在97 ℃时也不会熔化。凝固琼胶几乎不被人体消化，是一种低热值的烹饪原料。

琼胶吸水膨润需要一定的时间，一般经过数小时后可吸收相当于自重（干物质）10～20倍的水分。吸水膨润的琼胶再加水并加热很容易分散形成溶胶，将溶胶逐渐冷却时，其黏度便会逐渐增大，最终失去流动性而成为凝胶。琼胶的浓度越高，所含蔗糖的浓度越大，则形成凝胶时的温度也越高（表5-11）。

表5-11　琼胶形成凝胶的温度　单位：℃

琼胶浓度/（%）	蔗糖浓度/（%）			
	0	10	30	60
0.5	28.0	28.0	29.6	32.5
1.0	32.5	32.8	34.1	38.5
1.5	34.1	35.0	34.0	40.0
2.0	35.0	34.0	37.7	40.7

当琼胶浓度一定时，蔗糖浓度越大，凝胶的强度也越大；但当蔗糖浓度超过75%时，凝胶的强度反而变小。琼胶的凝胶如长时间放置，便会出现离浆现象（失水）。当加入的琼胶量较多、加热时间较长时，则形成的凝胶不易离浆。

琼胶广泛用于食品中，主要基于其形成凝胶的作用以及乳化和稳定性质。在冷冻果汁、点心、糖果、牛奶和冰淇淋中，用量约0.1%，并通常与角豆胶、明胶混合使用。酸奶、干酪和软糖中用量为0.1%～1%。

(3)黄原胶(xanthan gum)：黄原胶是由黄杆菌（在甘蓝家族植物的叶子上发现的一种微生物）所合成的细胞外多糖。黄原胶与纤维素具有相同的主链，即由β-D-吡喃葡萄糖通过β-1,4-糖苷键连接主链，主链每隔一个β-D-吡喃葡萄糖基单元在O-3位上连接一个D-甘露糖基、D-葡萄糖基、D-甘露糖基的“三糖单元”侧链。部分侧链末端的甘露糖C-4,6位上连接有一个丙酮酸形成环乙酰，而部分连接主链的甘露糖在C-6位被乙酰化（图5-34）。天然黄原胶分子量很高，一般大于2×10^6。

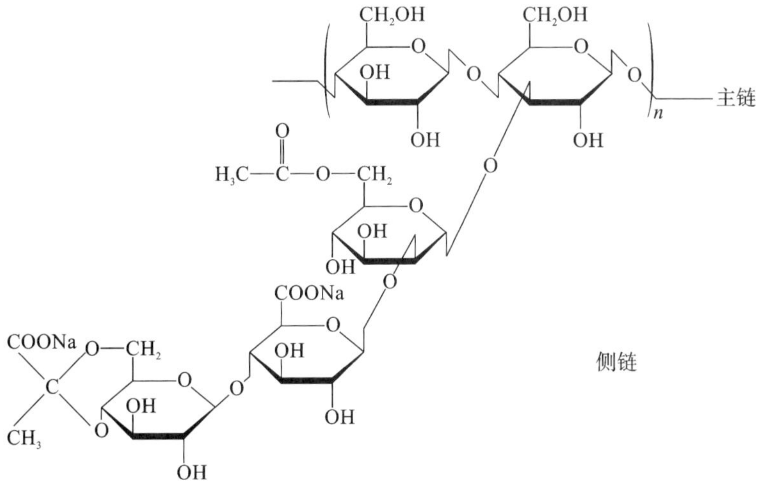

图5-34　黄原胶五糖重复单元结构

黄原胶的性质取决于分子中环乙酰基和乙酰基的含量。一般而言，黄原胶中丙酮酸取代基的含量为30%～40%，乙酰基的含量为60%～70%。两者在链上的分布并无规律，脱去丙酮酸基团后的黄原胶分子间作用力显著减小，丙酮酸基团在黄原胶分子中可能相互之间形成氢键，并与邻近侧链的乙酰基产生氢键，以此来稳定黄原胶的分子结构。而乙酰基通常被认为提供了分子内的相互作用力，因为脱去乙酰基后黄原胶分子变得更加柔顺。

黄原胶的二级结构是由侧链绕主链骨架反向缠绕，通过氢键、静电作用等所形成的五重折叠的棒状螺旋结构，从而稳定螺旋结构不受外界环境的影响。天然黄原胶可能具有一个相对较规整的双螺旋结构。在低离子强度下，黄原胶在热处理过程中能够发生螺旋-卷曲链的转变，也称为有序-无序的转变。经过长时间的热处理，黄原胶螺旋链会伸展为无序的卷曲链结构，该段温度通常称为构象转变温度；冷却后，螺旋和卷曲链在体系中均有相当程度的存在。

黄原胶是应用非常广泛的一种食品胶，这是因为它具有以下重要的特性：①能溶于热水或冷水；②低浓度的溶液具有较高的黏度；③在较大的温度范围（0～100 ℃）内溶液的黏度基本不变，这在食品胶中非常独特；④在酸性体系中保持溶解性和稳定性，在pH 3～11

范围内，黏度最大值和最小值相差不到 10%；⑤与盐具有很好的相溶性，黄原胶溶液能和许多盐溶液（钾、钠、钙、镁盐等）混溶，黏度不受影响，在较高盐浓度条件下，甚至在饱和盐溶液中仍保持其溶解性而不发生沉淀和絮凝，其黏度几乎不受影响；⑥与其他的胶（如瓜尔胶、刺槐豆胶）相互作用形成凝胶；⑦能显著地稳定悬浮液和乳状液以及具有很好的冻融稳定性；⑧假塑性非常突出，黄原胶水溶液在静态或低的剪切作用下具有高黏度，在高剪切作用下表现为黏度急剧下降，但分子结构不变。而当剪切力消除时，则立即恢复原有的黏度。剪切力和黏度的关系是完全可塑的。这种假塑性对稳定悬浮液、乳浊液极为有效。

黄原胶在食品工业中可用作稳定剂、稠化剂和加工辅助剂，包括制作罐装和瓶装食品、面包、奶制品、冷冻食品、色拉调味品、糖果、糕点配品等。黄原胶可被强氧化剂（如过氯酸）降解，随温度升高其降解速率加快。

（4）卡拉胶（carrageenan）：卡拉胶是从麒麟菜、石花菜、鹿角菜等红藻类海草中提炼出来的亲水性胶体，其化学结构由硫酸基化或非硫酸基化的半乳糖和 3,6-脱水半乳糖通过 α-1,3-糖苷键和 β-1,4-糖苷键交替连接而成，在 1,3 连接的 D-半乳糖单位 C-4 位上带有 1 个硫酸基。分子量为 20 万以上。卡拉胶的反应活性主要来自半乳糖残基上带有的半酯式硫酸基（$ROSO_3^-$）。它具有较强的阴离子活性，是一种典型的阴离子多糖，由于其中硫酸酯结合形态的不同，可分为 κ 型、ι 型、λ 型（图 5-35）。

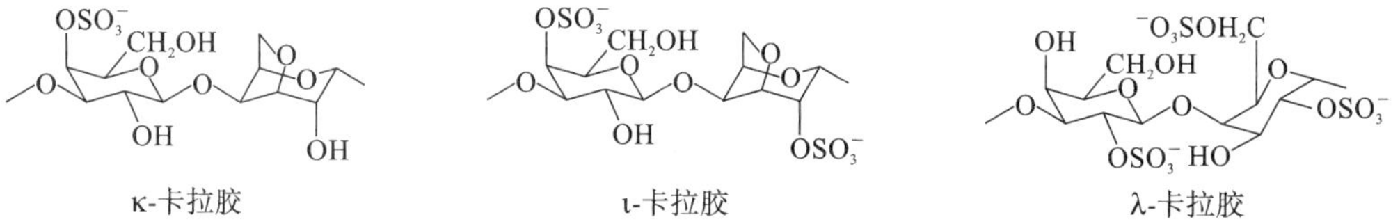

κ-卡拉胶　　ι-卡拉胶　　λ-卡拉胶

图 5-35　κ-卡拉胶、ι-卡拉胶、λ-卡拉胶理想的单元结构

卡拉胶的凝胶形成过程分为 4 个阶段：第一阶段，卡拉胶溶解在热水中，其分子形成不规则的卷曲状；第二阶段，当温度降到一定程度，其分子向螺旋化转化，形成单螺旋体；第三阶段，温度再下降，分子间形成双螺旋体，为立体网状结构，这时开始有凝固现象；第四阶段，温度进一步下降，双螺旋体聚集形成凝胶。硫酸酯基团对卡拉胶的理化性能影响非常大。一般认为硫酸酯含量越高越难形成凝胶。κ-卡拉胶含有较少的硫酸酯基团，形成的凝胶硬，不透明且脆性较高，胶体有脱水收缩现象。ι-卡拉胶中硫酸酯含量高于 κ-卡拉胶，形成弹性好、透明度高的软凝胶。λ-卡拉胶在形成单螺旋体时，C-2 位上含有硫酸酯基团，妨碍双螺旋体的形成，因而 λ-卡拉胶只起增稠作用，不能形成凝胶。

卡拉胶的凝胶强度、黏度和其他特性在很大程度上取决于卡拉胶的类型和分子量、体系 pH 值、含盐量、乙醇量、氧化剂量以及和其他食品胶共存的状况。卡拉胶中的 κ-卡拉胶和 ι-卡拉胶形成的凝胶一般是热可逆的，即加热凝胶融化成溶胶，溶胶冷却时又形成凝胶，即有凝胶-溶胶的可逆反应。此外，加入某些阳离子也能明显地增高凝胶强度。如 κ-卡拉胶中加入 K^+ 形成的凝胶强度高，硬而且脆；ι-卡拉胶中加入 Ca^{2+} 时形成的凝胶强度增大，弹性强但不脆。

温度是影响卡拉胶的一个重要因素。所有的卡拉胶水合物在高温下表现出低流动性的黏度，尤其是 κ-卡拉胶和 ι-卡拉胶。冷却过程中，卡拉胶在 40～70 ℃时形成不同的凝胶类型，凝胶类型取决于卡拉胶的种类和阳离子的浓度。

在酸性条件（pH＜4.3）下，卡拉胶溶液加热会失去黏度和凝胶强度。这是由于卡拉胶

在低 pH 值时发生水解，将3,4-脱水-D-半乳糖的连接断开。在高温和低阳离子浓度下，水解程度增加。然而，一旦溶液的温度低于凝胶温度，钾离子可与卡拉胶上的硫酸盐基团结合，这样可以阻止水解现象的发生。

卡拉胶与刺槐豆胶、魔芋胶、黄原胶等胶体产生协同作用，能提高凝胶的弹性和保水性。卡拉胶通过复配广泛用于制造果冻、冰淇淋、糕点、软糖、罐头、肉制品、羹类食品和凉拌食品。

(5)魔芋葡甘聚糖(KGM)：KGM 是继淀粉、纤维素之后，一种较为丰富的可再生天然高分子多糖，由于具有优良的胶凝性、成膜性、增稠性和持水性等特性而被广泛应用于食品领域。KGM 主要来源于天南星科魔芋属多年生草本植物——魔芋的块茎。魔芋块茎经过粗加工制成了魔芋粉，其已被我国确认为食品添加剂和原料。

KGM 是一种分子量高、非离子型葡甘聚糖，其平均分子量为20万～200万，在酸性 pH 值条件下可被淀粉酶、甘露聚糖酶和纤维素酶等水解，产生 D-葡萄糖和 D-甘露糖。两种糖按(1∶1.6)～(1∶1.8)的分子比，通过β-1,4-糖苷键聚合而成，在某些糖残基 C-3 位上存在并由β-1,3-糖苷键组成支链；主链上每32～80个糖残基有三条支链，每条支链有几个至几十个糖残基，主链上大约每19个糖残基上有1个以酯键结合的乙酰基。乙酰基是 KGM 结构的重要基团，其不仅影响 KGM 的亲水性，而且影响 KGM 的凝胶性质。其单元结构如图5-36所示。

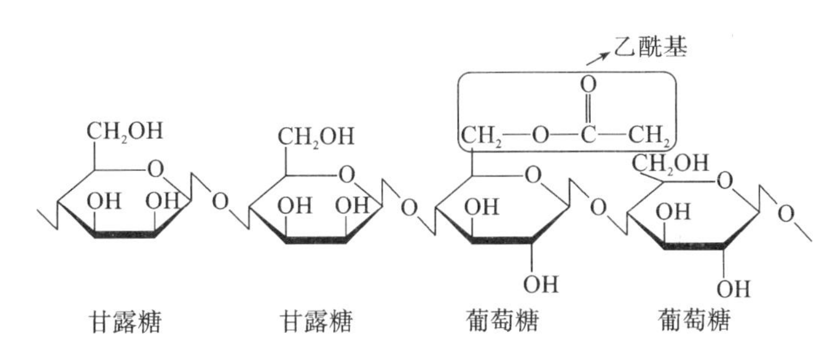

图5-36　KGM 单元结构

KGM 独特的结构决定了其具有许多优良的特性，其中最显著的特性是其凝胶性能。研究表明：其独特的凝胶性能主要是在一定条件下可以形成热不可逆(热稳定)凝胶和热可逆(热不稳定)凝胶。KGM 独特的凝胶行为主要表现在3个方面：①加碱形成热不可逆凝胶；②与黄原胶等其他胶复配协同，形成热可逆凝胶；③通过添加硼砂，形成热不可逆凝胶。

热不可逆凝胶形成的机制：通过添加碱性物质，如氢氧化钙、氢氧化钠等强碱或碳酸钠、磷酸钠等弱酸强碱盐形成碱性环境，在加热条件下，KGM 分子链上由乙酸与糖残基上羟基形成的酯键发生水解，即脱去乙酰基。这样 KGM 分子链变为裸状，糖链上的羟基与水分子形成分子内和分子间氢键而产生部分结晶，以这种结晶为结节点形成了网状结构体，即凝胶。所形成的热不可逆凝胶对热稳定，即使重复加热，其凝胶强度变化也不大，故称为热不可逆凝胶。

KGM 与黄原胶的复配：黄原胶在水溶液中达到一定浓度时，可以形成可逆的弱凝胶结构。黄原胶与 KGM 均为非凝胶多糖，在适当的条件下可形成热可逆凝胶。黄原胶与 KGM 复配具有增效作用，在40℃时呈固态，50℃以上呈半固态或液态。KGM 与黄原胶复配机制可以解释如下：KGM 和黄原胶在同一水介质中溶解时，经过一定的热处理形成初步的三维网状结构(图 5-37)。共混胶的黏度比相同浓度单一胶的黏度增加数倍,可形成胶冻状,通过协同作用形成热可逆凝胶。

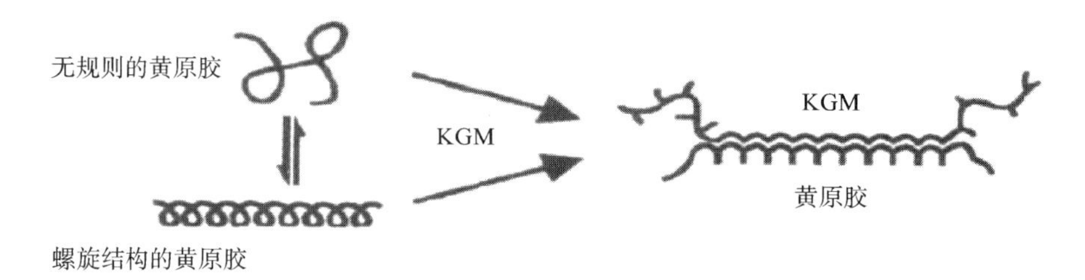

图 5-37 KGM 与黄原胶的复配结构模拟图

5.3.4 糖类物质功能性质在烹饪中的应用

糖类作为营养素,除给人体提供能量外,由于它们具有良好的亲水、增稠、调味、增色等性质,是食品烹饪加工的重要原料,用于食品调味、上色、赋形和保藏等方面。烹饪中常用的糖类物质有蔗糖、麦芽糖、淀粉,随着新食品的开发,近几年来改性纤维素、多糖胶的应用越来越广,在新食品、新口味的开发上得到成功应用。

5.3.4.1 调味、上色、增香作用

首先,单糖、低聚糖具有甜味,是烹饪中必不可少的调味品。糖有调和百味的能力,甜味能降低苦味、咸味,减少酸味刺激,糖和酸的适当配合,还可产生一种类似水果的酸甜味,开胃可口。如糖醋桂鱼、糖醋里脊、鱼香肉丝等菜肴制作中,先将一定量比例的蔗糖和食醋加热溶化,火候控制得当,发生烯醇化反应形成转化糖,转化糖具有不结晶的特点,再将原料进行翻炒,达到酸甜和谐的口感。糖在烹饪中可以和有机酸发生酯化反应,有增香和解腻的作用。著名的东坡肉在卤制过程中需要加入一定量的糖,糖与脂肪酸发生酯化作用,经过"慢着火,少着水,火候足时它自美"过程,形成了油、润、酥、糯,香郁味透,肥而不腻的口感。

烹饪中常利用糖的熔化、结晶性质增加菜品的风味。如甜菜类有拔丝香蕉、拔丝汤圆等,就是先将蔗糖熔化处于熔融状态,再放入处理好的食料快速颠锅翻炒,直至原料均匀地裹上糖汁,立即装盘,趁热食用,由于糖的黏性,在移动食物时产生了糖丝,出现了拔丝效果。同样利用糖熔化产生琉璃效果,如冰糖葫芦。挂霜则是利用熔化的糖在冷却过程中重新结晶,结晶体挂在食料的表面,形成一种像霜一样的白色晶体,产生良好的感官效果。

其次,大多数糖类物质作为食品风味的前体物质,参与美拉德反应,产生吡嗪类、吡咯类、咪唑类等气味物质和类黑糊精,形成食品特有的色泽和气味;糖类也可以通过焦糖化反应产生吡喃酮、吡喃、内酯、羰基化合物、麦芽酚、异麦芽酚等风味物质,所生成的焦糖素(糖色)是食物加工中重要色素的来源。食品烹饪加工中,在控制得当的条件下,通过这两个反应可使食品呈现良好的色泽和气味。现代研究证明,美拉德反应和焦糖化反应所产生的中间产物还具有良好的抗氧化作用,对食品的储藏保鲜有良好的作用。

最后,糖类物质可以与风味物质发生作用,保存、截留挥发性风味物质和小分子物质,特别是一些低聚糖和高分子多糖是有效的风味结合剂。如利用环糊精的结构制成微胶囊,对脂溶性风味物质进行保留,还有阿拉伯胶、褐藻酸盐通过对风味物质的截留,减少风味物

质的挥发，也可以降低氧化反应造成的风味物质损失。

5.3.4.2　保湿作用（润湿）

对水的亲和作用是糖类物质的基本性质之一。从化学结构来看，糖基单元中平均含有三个亲水基团——羟基，每一个亲水羟基都可以和水分子通过氢键方式结合。同时环氧原子以及糖苷键中氧原子也可以与水形成氢键。因此，单糖和低聚糖都具有良好的溶解性。除纤维素、淀粉有溶胀作用外，大部分多糖同水分子间也有较强的作用，能溶于水或在水中分散。

食品对水的结合能力通常以吸湿性或持水力来衡量。吸湿性是指食物在空气湿度较高的情况下吸收水分的情况。持水力是指食品保持水分的能力，通常用保湿性来描述，即食品在较高空气湿度下吸收水分而在较低空气湿度下不散失水分的能力。食品体系中水分的多少直接影响其流变性和质构，糖类是食品中重要亲水物质，糖类物质的种类、组成比例都影响着食品的性状。表 5-12 显示了不同环境下糖吸收空气中水分的情况。

表 5-12　不同环境下糖吸收空气中水分的情况

糖类	20 ℃下不同相对湿度（RH）和时间，糖的吸收率/（%）		
	RH=60%，1 h	RH=60%，9天	RH=100%，25天
D-葡萄糖	0.07	0.07	14.5
D-果糖	0.28	0.63	73.4
蔗糖	0.04	0.03	18.4
麦芽糖（无水）	0.80	7.00	18.4
乳糖（无水）	0.54	1.2	1.4

糖的结构对水的结合速率和结合量有极大的影响。结晶良好的糖吸湿性很低，如蔗糖。不纯的糖或糖浆对水有较强的吸收能力，如饴糖和玉米糖浆由于存在麦芽低聚糖，其吸湿能力更好，常作为保湿剂。多糖中，尤其是各种胶类多糖，分子链长，亲水基团多，并且具有形成三维网状结构（凝胶）固定水分子的能力，所以对水有更强的作用，亲水性更强。

烹饪中常将糖类物质作为吸水剂、增稠剂使用，以保持食品良好的性状。如在蛋糕、面包类糕点生产中加入一定比例的蔗糖，除了产生甜味效果，最重要的是利用糖黏性、亲水性能，起到稳定泡沫、保持水分的作用，这样有效地阻止了淀粉的老化和蛋白质的变性，保持面包柔软、黏弹的性状，延长了面包的货架期。

相反，对于一些干燥的含糖食品则需要防止糖的吸湿作用。如饼干，如果不加以防吸湿，因糖吸附环境中的水分而使其性状变得黏软。

5.3.4.3　增稠、赋形提高食物稳定性

多糖对食品质地有良好的稳定作用，包括乳化稳定、悬浮稳定、凝胶稳定。食品作为一种不稳定的体系，水分是造成其不稳定的重要因素之一。多糖能够通过氢键与水结合形成结合水，这种水的结构由于多糖分子的存在发生了显著的变化，其流动性受到限制，不会结冰，能使多糖分子产生溶胀，也称为塑化水。从化学角度看，这种水并没有被牢固地束缚，但它的运动受到了阻滞，它能与其他形式的水进行交换。这一点对凝胶类食品（肉糜、鱼

糜、火腿肠等)感官性状非常重要,提高或调节制品的嫩度、弹性和稳定性。

多糖的稳定作用主要表现在如下几点:①增稠作用,多糖与水结合后其黏度增加(如淀粉糊化),对食品中其他组分具有黏合作用。②胶凝作用,一些多糖(胶类)具有良好的胶凝性,一般使用0.25%~0.5%浓度的胶(多糖)即能达到一定黏度和形成凝胶。果冻、奶冻、果酱以及人造食品常使用多糖作为赋形剂或胶凝剂,实践中可以根据多糖的特点将其应用于不同的食品中。③多糖是冷冻稳定剂,多糖溶液冷冻时,非冷冻水是高度浓缩的多糖溶液的组成部分,由于黏性很强,水的运动受到了限制,水分子不能吸附到晶核或结晶长大的活性位置,因此抑制了冰晶的生长,提供了冷冻稳定性。在冷藏温度(低于-18 ℃)下,无论是大分子还是小分子糖类物质,都能有效保护食品的结构与质构不受破坏,提高产品的质量与储藏稳定性。

烹饪中多用淀粉作为增稠剂,来改善和/或控制食品的流动性与质构。汤汁中加入淀粉等多糖,能够提高汤汁的稠度,增加厚重感。使用淀粉勾芡可起到收汁作用,同时也作为黏稠剂,保持食物之间的黏合,稳定形状。

5.3.4.4 利用多糖胶凝性创新食物品种

在食品生产加工中,利用高聚物分子(多糖、蛋白质、脂类)通过氢键、疏水作用、离子桥联、缠绕或共价键形成联结区,形成三维网状凝胶结构,液相是由分子量低的溶质和部分高聚物链组成的水溶液。凝胶具有固体的性质,也具有液体的性质。根据营养和感官的需要,对体系中物质的组成进行复配,形成新的食品。如午餐肉、营养火腿肠等。

烹饪中为了增加食品花色,丰富食物品种,常利用多糖胶凝作用来制作新的食物,如鱼糕、肉糕,利用淀粉、蛋白质、脂肪高分子形成凝胶网状结构,通过加入水、油以及其他食物形成“嫩、爽、滑”的佳肴,有“吃鱼不见鱼,吃肉不见肉,胜似鱼和肉”的感觉。

亲水胶体在食品加工中应用研究较广。多糖凝胶可以作为黏结剂、增稠剂、膨松剂、结晶抑制剂、澄清剂、浑浊剂、成膜剂、脂肪代替品、泡沫稳定剂、持水剂、乳化剂、胶黏剂等。表5-13列举了多糖在食品加工和烹饪中的应用。

表5-13 多糖在食品加工和烹饪中的应用

食品加工应用	多糖选择
低脂人造黄油	卡拉胶
提高肉制品水结合能力及乳化稳定性	琼胶、淀粉
果冻	琼胶、卡拉胶、褐藻酸盐
调味料、蛋黄酱的稳定与增稠	黄原胶、褐藻胶、瓜尔胶、改性淀粉
果汁中悬浮物的稳定	果胶、褐藻胶、瓜尔胶
增加面团的结合水能力,抗老化	琼胶、瓜尔胶、卡拉胶
上浆、挂糊	淀粉
收汁、增稠	淀粉、琼胶、黄原胶

5.4 脂　　类

5.4.1 脂肪分子结构

脂类(lipids)是存在于生物体或食品中难溶于水而易溶于有机溶剂的一类化合物的总称。它包括脂肪和类脂。脂类与蛋白质、糖类一起构成食物的三大营养素，是食物中主要的组成成分之一。脂类分布很广，动植物组织中都有存在，是构成生物体的重要物质。

动物体内脂肪为结缔组织，一般储存于皮下、大网膜、肠系膜和脏器周围，具有保温和保护脏器作用。如猪皮下脂肪，俗称“猪肥膘肉或猪油”。植物体内脂肪主要集中储存在果实和种子中，花生、大豆、菜籽、葵花籽、核桃等都是脂肪含量较高的食物。

按物理状态通常将常温下呈固态的脂类称为脂(fat)，呈液态的称为油(oil)，两者合称为油脂。按化学结构不同，脂可分为简单脂(或单纯脂)、复合脂和衍生脂。简单脂有三酰甘油、蜡质；复合脂较多，主要有鞘脂类、脑苷脂类和神经节苷脂类；衍生脂有类胡萝卜素、固醇类、脂溶性维生素等(表 5-14)。

表 5-14　脂类物质根据组成分类

类别	种类	组成物质
简单脂	酰基甘油	甘油＋脂肪酸
	蜡质	长链醇＋长链脂肪酸
复合脂	磷酸酰基甘油	甘油＋脂肪酸＋磷酸＋含氮基团
	鞘磷脂类	鞘胺醇＋脂肪酸＋磷酸＋胆碱
	脑苷脂类	鞘胺醇＋脂肪酸＋糖
	神经节苷脂类	鞘胺醇＋脂肪酸＋糖类
衍生脂	类胡萝卜素、脂溶维生素	维生素 A、维生素 E、
	固醇类	维生素 D、胆固醇

脂肪由 C、H、O 三种元素组成，复合脂中还含有少量的 P、S、N 元素。通常脂肪是由一分子的甘油(丙三醇)与三分子的脂肪酸构成的酯，称为三酰甘油(triacylglycerol)，或甘油三酯。丙三醇分子含有三个羟基，是典型的亲水物质，能与水和乙醇混溶，不溶于有机溶剂。脂肪酸(fatty acid)为直链的一元羧酸，短链脂肪酸溶于水，具有挥发性，长链脂肪酸则不溶于水。甘油完全酯化后生成的三酰甘油不溶于水，溶于有机溶剂。

三酰甘油是多元酯。根据甘油与脂肪酸酯化的程度，酰基甘油可分为一酰甘油、二酰甘油和三酰甘油。如果甘油只部分酯化，其分子结构中还保留有亲水的羟基，因此，一酰甘油、二酰甘油分子结构具有亲水和亲油双重性，在油脂化学中常用作乳化剂。在食用油脂中，绝大多数为三酰甘油。例如，棕榈油中三酰甘油占 96.2%，其他酯占 1.4%。而可可脂中三酰甘油占 52%。

$$
\begin{array}{ccc}
\begin{array}{c} CH_2—OH \\ | \\ HO—C—H \\ | \\ CH_2—OH \end{array} + 3R_iCOOH \longrightarrow \begin{array}{c} CH_2OCOR_1 \\ | \\ R_2COOC—H \\ \beta| \\ \alpha CH_2OCOR_3 \end{array}
\end{array}
$$

组成三酰甘油的三分子脂肪酸可以相同,也可以不同。三酰甘油分为单纯三酰甘油($R_1=R_2=R_3$)、混合二酰甘油($R_1=R_2\neq R_3$)和混合三酰甘油($R_1\neq R_2\neq R_3$)。天然油脂中脂肪酸极少有相同的,多为含有不同脂肪酸的混合三酰甘油。

在天然油脂中,脂肪酸与甘油三羟基酯化不是完全随机的。绝大多数天然三酰甘油将β位优先提供给不饱和脂肪酸,饱和脂肪酸多出现在α位。因此,来源不同的油脂脂肪酸分布有其特点,植物油β位为不饱和脂肪酸,动物脂肪β位多为饱和脂肪酸,海洋生物油脂β位上多为多不饱和脂肪酸。

天然油脂的脂肪酸组成也不是一成不变的,会受到很多因素的影响。如植物种子中的油脂组成往往受气候、土壤、种植纬度、成熟度等因素的影响。动物脂肪受饲料、喂养方式、脂肪生长部位、动物健康状态等因素影响。脂肪是重要的营养素,具有生香、润滑、起酥的作用。食品加工中脂肪是重要的传热介质,其传热范围宽,温度可以从 0～300 ℃不等,能够满足不同温度加热的需要。

5.4.2 油脂的性质

5.4.2.1 物理性质

(1)色泽和气味:纯净的油脂无色。油脂通常带有颜色,与油脂中含有脂溶性的色素物质有关。植物性油脂中色素物质较多,分离提纯有一定的困难,因而色泽较深。如大豆油呈现黄色,与含有的维生素 A、大豆黄酮等色素相关;橄榄油呈黄绿色,与含有的维生素 A、叶绿素等色素相关。动物脂肪大多数色泽较浅,呈现乳白色,如猪油、牛油等。鸡油呈浅黄色或深黄色,这与其饲料有一定的关系。

纯净的油脂无味。日常生活中使用的油脂呈现不同的气味,主要是由油脂中游离的脂肪酸和一些脂溶性有机物产生的,特别是一些具有挥发性的低级脂肪酸(C_{10}以下)。不同油脂的脂肪酸组成不同,因此,油脂气味有着较大的差别。例如猪油、牛油、羊油各有其特殊气味。此外,有些油脂中含有一些非脂肪酸的挥发性成分,它们也产生了一些特殊的气味。如芝麻油的香气被认为是由乙酰吡嗪产生的。而菜籽油特殊的气味与芥子苷有关,芥子苷在酶作用下产生的异硫氰酸烯丙酯是菜籽油主要气味成分。椰子油的香气由壬基甲酮产生(图 5-38)。因此不同油脂发出不同的气味,通过气味也可以判断不同的油脂。

未经过精制或脱臭不彻底的油脂可能带有多种气味,主要由一些代谢中间产物或反应中间产物产生。如豆腥味、青草味、霉味等,是由酮、醛、酸物质产生的异味。

(2)油脂的物理特性:主要取决于脂肪酸的组成、分子间作用力及三酰甘油分子结构。分子间吸引力的强度,分子堆积的紧密程度决定其热敏性、密度和流变学特性。表5-15列举了 20 ℃下液态油(三酰甘油)和水的主要物理性质,可看出油脂具有特殊物理性质。

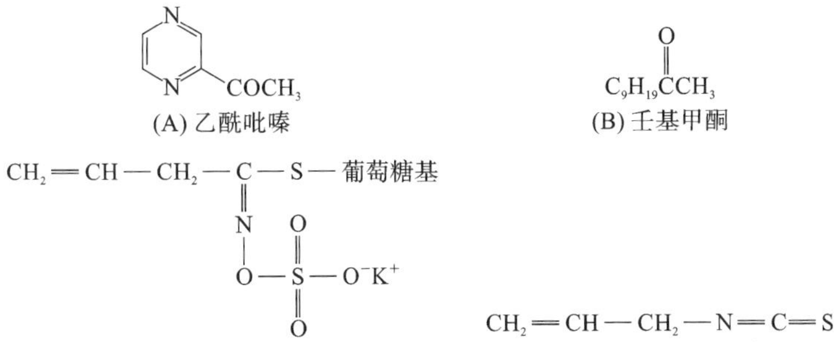

(A) 乙酰吡嗪

$C_9H_{19}CCH_3$（C 上为 =O）

(B) 壬基甲酮

$CH_2=CH-CH_2-C(=N-O-SO_2-O^-K^+)-S-$葡萄糖基

(C) 2-丙烯基硫代葡萄糖苷（芥子苷）

$CH_2=CH-CH_2-N=C=S$

(D) 异硫氰酸烯丙酯

图 5-38 各种香气分子

表 5-15 20 ℃下液态油(三酰甘油)和水的主要物理性质比较

物理指标	油	水
分子量	885	18
熔点/℃	5	0
密度/(kg/m³)	910	998
可压缩性/(m·s²/kg)	5.03×10^{-10}	4.55×10^{-10}
黏度/(mPa·s)	≈50	1.002
导热系数/(W/(m·s))	0.170	0.598
比热容/(J/(kg·K))	1980	4182
热膨胀系数/(1/℃)	7.1×10^{-4}	2.1×10^{-4}
介电常数	3	80.2
表面张力/(mN/m)	≈35	72.8
折射率	1.46	1.333

(3)油脂的结晶性:固态和液态三酰甘油分子的排列方式如图5-39所示。在特定的温度下,三酰甘油的物理性状依赖于它的自由能,自由能是关于焓和熵的代数和。$\Delta G_{s\to l}=\Delta H_{s\to l}-T\Delta S_{s\to l}$。焓$\Delta H_{s\to l}$表示三酰甘油由固态转变成液态时,分子之间相互作用的总作用力改变量,而熵$\Delta S_{s\to l}$表示由于熔化过程而引起的分子组织的改变量。固态时油脂分子间的结合力要强于液态时,固态时分子能更有效地堆积,因此$\Delta H_{s\to l}$是正值,更倾向于形成固态。相反,液态时分子的熵值要高于固态,因此$\Delta S_{s\to l}$是正值,倾向形成液态。在低温下,焓大于熵($\Delta H_{s\to l}>T\Delta S_{s\to l}$),因此固态具有最低自由能。随着温度的升高,熵的贡献逐渐变得重要,在高于某一特定温度(即熔点)时,熵值大于焓值($\Delta H_{s\to l}<T\Delta S_{s\to l}$),因此液态具有最低自由能。固态变为液态(熔化)是吸热的,因为必须提供能量使分子间相距更远。相反,液态变为固态(结晶)是放热的,当分子相互靠近时,体系需要释放能量。尽管在低于熔点时,还不能立即形成结晶,直到液态的油在熔点以下很好地被冷却,自由能还需提供晶核形成所需的能量。

油脂由液态变为固态时的温度称为油脂的凝固点。脂肪是长链化合物,当其温度处于凝固点以下时,通常会以一种以上的晶型存在,因而脂肪会显示出一个以上的熔点,天然脂

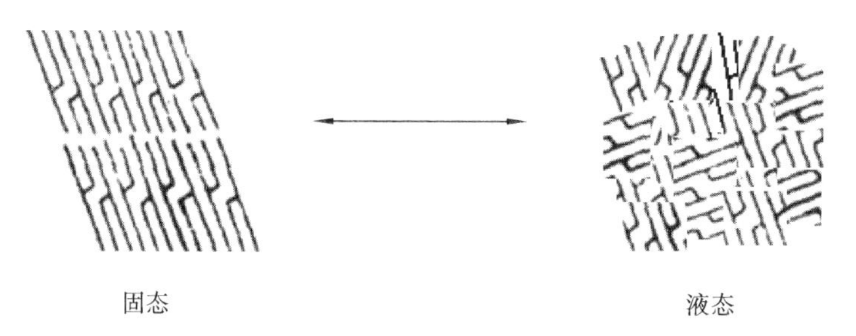

图 5-39　固态和液态三酰甘油的排列依赖于分子间的吸引力取向

肪的这种因结晶类型的不同而导致其熔点相差较大的现象称为同质多晶现象。不同晶型的自由能不同，因此表现出不同的物理性质，如熔点、相对密度和凝固点。它表明化学组成相同的物质可以有不同的晶体结构，而晶体熔化后变成相同的液体，诸多的不同点也随之消失。各同质多晶体的稳定性不同，稳定性较差的亚稳定态自发地向稳定性高的同质多晶体转化，天然脂肪一般具有此趋势，并且转化是单向的。

固态脂肪存在高度有序的晶体结构。天然油脂一般都存在 3～4 种晶型，按熔点增加的顺序依次为玻璃质固体（亚 α 型或 γ 型）、α 型、β′型和 β 型，其中 α 型、β′型和 β 型为真正的晶体。α 型熔点最低，密度最小，不稳定，为六方堆砌型；β′和 β 型熔点高，密度大，稳定性好，β′型为正交排列，β 型为三斜型排列（图 5-40）。

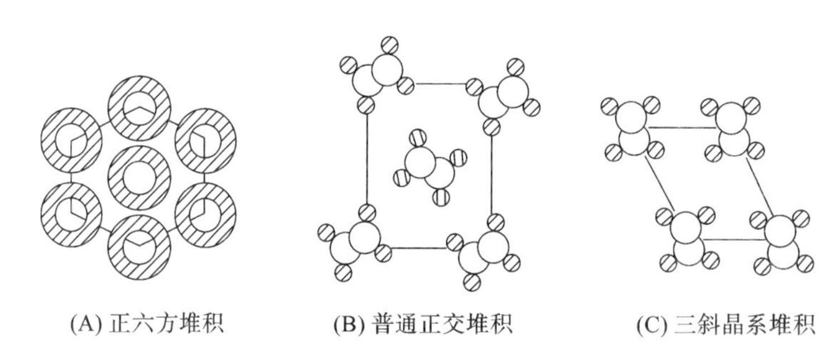

图 5-40　油脂三类晶胞堆积示意图

亚晶胞结构定义了烃基链的横向堆积模式。X 射线衍射发现 α 晶型中脂肪酸侧链排列呈现无序，六方形亚晶胞结构中，链堆积松弛，并且由于碳原子可以旋转一定角度使烃基链形成无序构象，特定链链相互作用消失。β′晶型的正交晶胞结构中，脂肪酸侧链有序排列，二维晶格呈矩形，这表明存在特定链链相互作用的紧密堆积。β 晶型中三斜晶胞结构有一个倾斜的二维晶格，脂肪酸侧链朝一个方向倾斜，表明结构中具有特定的链链相互作用紧密堆积链。

脂肪酸碳链交错排列的方式有两种，分别是 2 倍或 3 倍于脂肪酸的碳链长度。2 倍链长结构中，三酰甘油的脂肪酸相互交叉重叠（音叉式），而 3 倍链长结构中脂肪酸不交叉重叠。图 5-41 所示为 2 倍链长结构（β-2 型）和 3 倍链长结构（β-3 型）。通常三酰甘油的脂肪酸酰基相同或极其相似时形成 2 倍链长结构，当其中一种或两种脂肪酸的化学性质与其他脂肪酸有很大不同时形成 3 倍链长结构。

虽然 β 型晶体热力学最稳定，但是三酰甘油通常先形成 α 晶型，因为它形成晶核时所需的活化能最低。随着时间的推移，晶体以一定的速率逐步转变为稳定的晶型，这依赖于环境的温度、压力和晶体纯度。晶型转变所需的时间受三酰甘油成分同质化的影响，对于

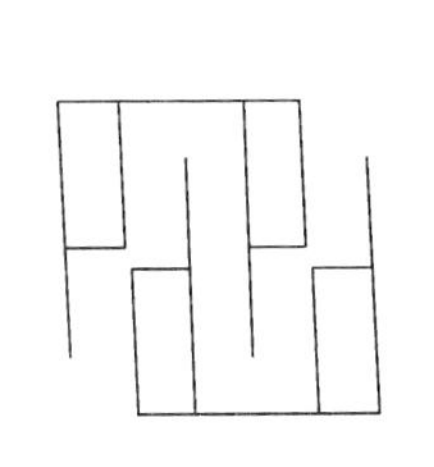

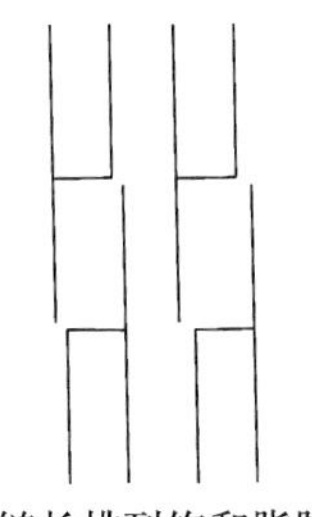

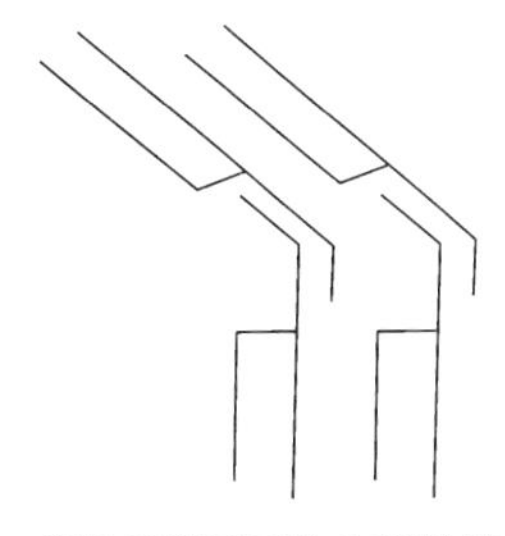

2倍链长排列饱和脂肪酸　3倍链长排列饱和脂肪酸　3倍链长排列不饱和脂肪酸

图 5-41　脂肪的晶型结构示意图

相似的分子结构，并且有相对同质组成的油脂，其 α 晶型转变发生较快。反之，晶型转变发生较慢。迅速冷却熔融的三酰甘油晶体转变的过程可表示如下：

$$\text{玻璃质} \rightarrow \text{熔融体} \rightarrow \alpha\text{型} \begin{cases} \nearrow \beta\text{型} \\ \searrow \beta'\text{型} \rightarrow \beta\text{型} \end{cases}$$

对油脂晶型的了解认识非常重要，晶型影响食品的物理化学性质和感官性状。某些食品优良的质构和外观（如人造黄油、巧克力、焙烤食品）取决于脂肪晶体的形成和保持合适的多晶型。人造黄油和用于涂抹的起酥油更希望形成精细的 β′ 晶体，因其要求口感细腻、光泽明亮、覆盖力强且表面光滑。大的 β 晶型常作为烘烤的起酥油（如猪油），可以形成大的“片状”。烹饪加工中，油脂可以通过工艺调配进行晶型的转变。

（4）油脂的塑性：塑性是指在一定外力作用下，表观固体物质具有的抗变形能力。油脂的塑性是指表观固体脂肪在外力作用下，当外力超过分子间作用力时开始流动，表现出流动性，外力撤走后，油脂重新恢复原来的状态。在室温下，油脂并非严格的固体，而是固态与液态两相的混合体。油脂中固-液两相的比例可用膨胀计来测量，常用固体脂肪指数（solid fat index，SFI）来表示。

固体脂肪通常表现为塑性材料的流变学特性，塑性材料在临界压力下表现为固体，该压力称为屈服应力（τ_0），当施加压力大于此压力时，塑性材料表现为液体（流动性）。理想材料（宾汉塑性体）的流变学特性满足下列公式：

$$\tau = G\gamma \quad (\tau < \tau_0) \tag{5-13}$$

$$\tau - \tau_0 = \eta\gamma' \quad (\tau > \tau_0) \tag{5-14}$$

式中，τ ——应力；

τ_0——屈服应力；

G ——剪切模量；

γ ——剪切张力；

η ——剪切黏度；

γ' ——剪切张力速率。

通常固体脂肪呈现非理想塑性特点：当 $\tau > \tau_0$ 时，脂肪不会如理想液体那样流动，可能呈现非牛顿液体流动，即剪切变稀。

当 $\tau < \tau_0$ 时，脂肪并不表现为理想固体特性，而表现出一些液体特性，如黏弹性。此外，屈服应力并不能在某一特定值时发生，而受脂肪晶体结构的影响。脂肪屈服应力与固体脂肪含量成正比。

固体脂肪的塑性主要是由于其能通过微小的脂肪晶体分散到液体油基质中形成三维

网络结构。在施加应力小于临界应力时，样品轻微变形，但脂肪晶体间的弱键并没有被破坏。当超过临界应力时，弱键被破坏，脂肪晶体相互滑动，导致样品的流动。除去应力后，样品停止流动，脂肪晶体重新与邻近晶体形成键。

油脂良好的塑性使其具有成膜性，能够形成一层疏水的油膜，增加润滑感和起酥作用。油脂对食品质构的影响主要取决于油脂的流变性（多晶、塑性和黏性）。菜点制作中，油脂的正确使用是产品质量的关键。食品中水与油的配比适当，形成特殊的“水包油”或“油包水”结构，使食品达到“嫩、爽、滑”的口感。油脂根据其脂肪酸的组成不同呈现出不同的黏度，油脂的黏度会增加口味的厚重、油腻感觉，是一些菜肴所需要的感官性状。如川菜火锅，其底料油脂的使用上，讲究滑而不薄、厚而不腻，对油脂有较高的要求。

（5）油脂的黏性：油脂除了塑性外还有一定的黏性。油脂黏性由酰基甘油分子侧链之间的作用力产生。影响油脂黏性的内因是三酰甘油脂肪酸碳链的长短及饱和度。脂肪酸碳链越长，油脂黏性越大；脂肪酸饱和度越高，油脂黏性越大。例如，牛油和羊油中饱和十八碳酸含量比猪油中高，而猪油中以十六碳酸为主，猪油的黏性较牛油、羊油低。相反，脂肪酸内双键结构阻碍了分子间的相互靠近，因而侧链间作用力减弱，黏度降低。

温度是影响油脂黏性的重要外因。一般来说，黏性随温度升高而降低，也就是温度较高时油脂流动性增强。表 5-16 所示为部分油脂在不同温度下的黏度。

表 5-16　部分油脂在不同温度下的黏度

油脂	温度/℃	黏度/（$\times 10^{-3}$，Pa・s）
大豆油	0	172
	10	99.7
	25	50.9
	50	21.36
	108	8.5
葵花籽油	20	60.2
	40	35.4
	60	15.5
	100	6.4
棉籽油	16	91.0
牛油	70	1540
猪油	50	2420

塑性与黏性是油脂的两个重要性质。塑性反映的是混合油脂的抗变形能力，黏性表示分子间的摩擦阻力，两者与油脂的分子结构相关，是对立统一的。

对油脂的塑性和黏性运用得当能够使菜肴达到预期的口感。饼干、糕点、面包等产品生产中使用的专用塑性油脂称为起酥油，具有 40 ℃不变软，在低温下不太硬、不易氧化的特点。

制作焙烤食品时，在面团调制过程中加入塑性油脂，其涂抹性好，则形成较大面积的薄膜和细条，使面团的延展性增强，油膜的隔离作用使面筋颗粒彼此不能黏合成大的块面筋，从而降低了面团的弹性和韧性，油膜的阻隔也降低了面团的吸水率，使面制品起酥；塑性油脂的另一个作用是在调制过程中包裹一定量的气体，使面团的体积增大，也起到起酥的

作用。

正确利用油脂的塑性与黏性在烹饪中具有很重要的意义。人们在摄取食物时希望得到不同的口感，有时期望滑润、爽快，有时又期望黏稠、厚重。因而在烹制工艺上要根据不同食材选用不同性质的油脂。例如，青菜中含油脂很少、纤维素多，缺乏滑润感。为了增加青菜的滑润性，通常烹调时要在植物油中加一点猪油，以改变油脂中固体与液体的比例，从而提高油脂的塑性，使含水量高、纤维多的青菜产生爽口、滑润感。

但在吃火锅时，又希望味道厚重些，有点黏稠感，油脂的黏性、塑性需要达到最佳口感状态，如果塑性过高，火锅油水太滑，食材粘不上底料的风味物质，麻辣味感不足；黏性过大，食材在口腔中黏度过高，黏膜上附着油脂过多，产生凝滞感，麻辣味过浓，感觉难受。由于油脂的塑性和黏性与油脂的饱和度、脂肪酸分子大小有关，因此，还要根据季节温度的变化进行油脂比例的调整。

因此，烹饪中需要根据原料的性质合理地使用油脂，从而起到良好的效果。通常含水量高的鲜嫩食物（青菜、鱼、虾类）选用塑性好的油脂烹制，而含水量相对少需要进行焖、烧、煮的食物则选用黏度较大的油脂。

(6)油脂的乳化：油脂难溶于水，可溶于有机溶剂。当油与水混合在一起时，由于表面张力和密度的不同，油、水会产生分层。即使充分搅动，静置后进入水相的油分子总是力图聚集在一起形成“油珠”。为了使两种互不相溶的混合物形成稳定的体系，必须降低其表面张力。向油-水混合液中加入一种乳化剂，油和水能够均匀地混合在一起，这种互不相溶的两相中的一相均匀稳定地分散到另一相的过程，称为乳化。组成的混合液为乳状液（图 5-42）。

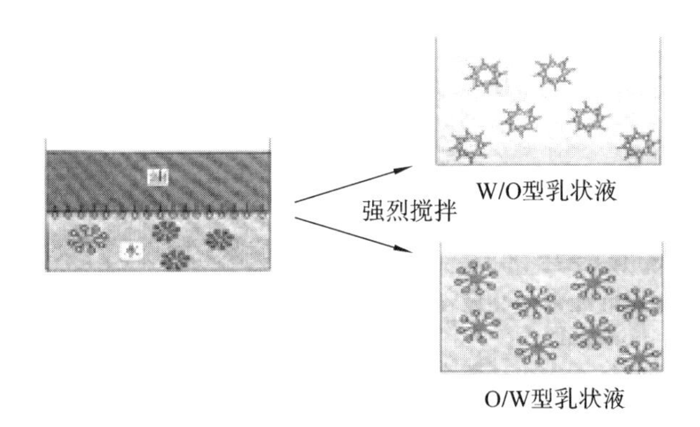

图 5-42　乳状液的形成过程

乳状液根据其形式分为两大类，一类为油包水型（W/O 型），水为内相或分散相，油为外相或连续相；另一类为水包油型（O/W 型），油为内相或分散相，水为外相或连续相。食品中常见的 W/O 型乳状液有奶油、人造黄油、冰淇淋等，其中含水量约为 16%，油占 80% 以上；O/W 型乳状液有牛奶、豆浆、色拉调味料、汤汁等。

食品加工中常用的乳化剂有天然乳化剂和人工合成乳化剂。天然乳化剂有脂肪酸盐类、一酰甘油、二酰甘油、磷脂、蛋白质等。天然乳化剂作为食品组成中的一部分，使用时可以按需配制。由于其安全性高，在食品加工和烹饪中应用较广。人工合成乳化剂有单脂肪酸甘油酯类、蔗糖脂肪酸酯类、山梨糖醇酐脂肪酸酯类、聚氧乙烯山梨醇酐脂肪酸酯类等。

乳化剂在烹饪中应用较为普遍，特别是在烘焙食品、巧克力、冰淇淋的制作生产中，乳化剂与水、蛋白质、糖类、脂类相互作用，在改善食品品质、保鲜、湿润、防止结晶（老化）等方面有非常重要的作用。

5.4.2.2 油脂化学性质

(1)油脂的酸败:油脂中多含不饱和脂肪酸,由于不饱和双键以非共轭结构存在,很容易受到亲电子基团的攻击发生反应,因此,油脂较其他物质更容易败坏。油脂在氧气的作用下,首先产生氢过氧化物,根据油脂氧化过程中氢过氧化物产生的途径不同,油脂的氧化可分为自动氧化、光敏氧化和酶促氧化。当过氧化物聚积达到一定浓度后,脂肪酸中碳链发生断裂,生成小分子化合物。油脂氧化是含油脂类食品品质劣化的主要原因之一,氧化可产生醛类、酮类、酸类、酚类、烷烃类物质和一些有害物质,这些变化统称为油脂的酸败(lipids rancidity)(图 5-43)。

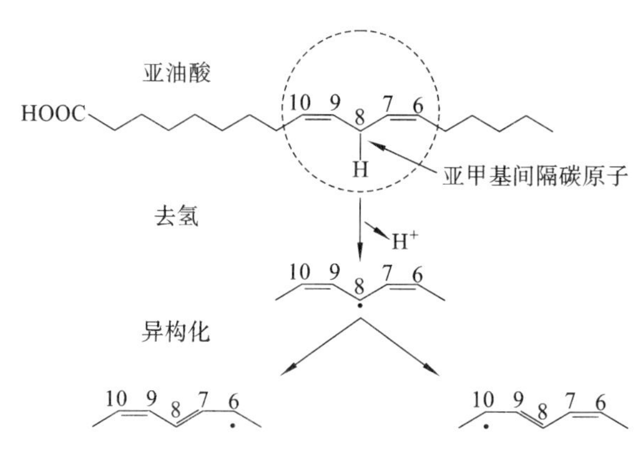

图 5-43 亚油酸的酸败

(2)油脂的水解:油脂不溶于水,但在高温、高压和有水存在的条件下,可水解生成甘油和脂肪酸。油脂在酸、碱、酶或金属离子(锌、铜)存在条件下较易发生水解。

$$\underset{\text{三酰甘油}}{\begin{array}{l} H_2C-O-\overset{O}{\overset{\|}{C}}-R_1 \\ R_2-\overset{O}{\overset{\|}{C}}-O-CH \\ H_2C-O-\overset{O}{\overset{\|}{C}}-R_3 \end{array}} + 3H_2O \xrightarrow[\text{金属离子}]{\text{酸、碱、酶}} \underset{\text{脂肪酸}}{\begin{array}{l} R_1-\overset{O}{\overset{\|}{C}}-O-H \\ R_2-\overset{O}{\overset{\|}{C}}-O-H \\ R_3-\overset{O}{\overset{\|}{C}}-O-H \end{array}} + \underset{\text{甘油}}{\begin{array}{l} CH_2OH \\ HOCH \\ CH_2OH \end{array}}$$

食物烹饪过程中,油炸含水量高的食品时,由于水和热量的双重作用,油脂的水解速率加快。因此,烹饪中要注意油脂的重复使用问题。水解后油脂中含有游离脂肪酸,引起酸值升高,同时,低级脂肪酸挥发产生不良气味,出现油脂酸败现象。酸败的程度,可用酸值来衡量。酸值(acid value,AV)是指中和 1 g 油脂中游离脂肪酸所消耗的氢氧化钾的毫克数。显然,酸值越高,酸败越严重,油脂的品质越差。

脂肪在碱性条件下能发生完全的水解反应,水解生成的游离脂肪酸与碱中和生成相应的脂肪酸盐,此反应是工业制作肥皂的主要化学反应,故称为皂化反应。这是油脂类食品在加碱过多的情况下产生肥皂味的主要原因。

5.4.3　食物中的类脂

脂类物质中除了三酰甘油外，还存在许多物理、化学性质类似脂肪的物质，即类脂。类脂主要包括磷脂、糖脂、固醇、蜡质等。本节主要介绍烹饪原料中重要的类脂类物质。

5.4.3.1　磷脂

磷脂(phospholipid)是分子中含有磷酸的复合脂。磷脂按其组成中含有的醇的不同，可分为甘油磷脂和非甘油磷脂(鞘氨醇磷脂)两类。从生物学上讲，两者都非常重要，但对食品生产加工来说，甘油磷脂更重要。在食品加工中使用较广泛的甘油磷脂有卵磷脂、脑磷脂、肌醇磷脂。其结构通式如下：

```
                         O
                         ‖
        O       CH—O—C—R1
        ‖        |
R2—C—O—CH       O⁻
                 |         |
                CH—O—P—O—X
                           ‖
                           O
```

式中，R_1、R_2 分别代表脂肪酸烃基；X 代表氨基醇或肌醇。

从甘油磷脂结构可以看出，一个甘油磷脂分子同时存在极性部位与非极性部位。甘油磷脂两条长的碳氢链构成非极性尾部，其余部分构成极性头部，属两亲分子。因此，磷脂可在细胞膜的表面按一定的方向排列，构成双磷脂层，对细胞膜的稳定性和通透性起重要作用，是重要的食品营养添加剂。

5.4.3.2　磷脂酰胆碱

磷脂酰胆碱俗称卵磷脂，是食品加工中常用的天然乳化剂。卵磷脂是动植物中分布最广泛的磷脂，主要存在于动物的卵、植物的种子(如大豆)及动物的神经组织中，因其在卵黄中含量最高，故得此名。卵磷脂的 X 基团是胆碱，其分子结构如下：

```
                          O
                          ‖
        O       CH2—O—C—R1
        ‖        |
R2—C—O—CH       O⁻
                 |         |                  +
                CH2—O—P—O—CH2CH2—N(CH3)3
                           ‖                  |
                           O                 OH
```

卵磷脂分子中的 R_1 脂肪酸是饱和脂肪酸，如硬脂酸或软脂酸；R_2 脂肪酸是不饱和脂肪酸，如油酸、亚油酸、亚麻酸或花生四烯酸等。由于卵磷脂中含有不饱和脂肪酸，稳定性差，遇空气容易氧化，所以在食品中常用作抗氧化剂。

卵磷脂还是食品中常用的乳化剂，在调配西餐蛋黄酱、调味汁时发挥重要作用。

5.4.3.3　磷脂酰乙醇胺

磷脂酰乙醇胺俗称脑磷脂，主要存在于动物的脑组织和神经组织中，以脑组织中含量最高，占脑干物质质量的 4%～6%。脑磷脂与卵磷脂结构非常相似，只是氨基乙醇替代了胆碱。脑磷脂同样是两亲物质，由于在自然界中分布较少，很少用于食品。脑磷脂分子结构如下：

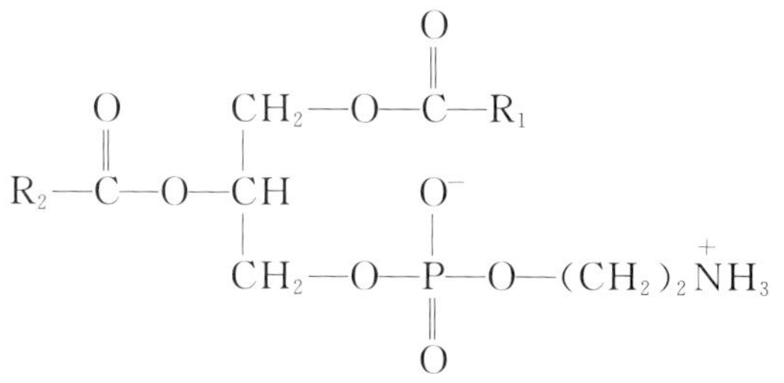

```
                                O
                                ‖
       O          CH₂—O—C—R₁
       ‖           |
R₂—C—O—CH        O⁻
                   |           |                 +
                  CH₂—O—P—O—(CH₂)₂NH₃
                               ‖
                               O
```

5.4.3.4　固醇类

食物中对人体健康影响最大的固醇类物质是胆固醇。胆固醇广泛存在于动物性食物中，在动物的神经组织中含量特别丰富，约占脑固体物质的17%，肝、肾和表皮组织中其含量也相当高，在蛋黄、海产软体动物中含量也较高。

胆固醇是人体正常的组成成分，是人体不可缺少的物质。其生理功能与生物膜的通透性、神经髓鞘的绝缘性、抗毒素的侵入、脂肪的消化吸收等有关。人类既能够吸收利用食物中的胆固醇，也能自行合成一部分。从食物中获得的胆固醇称为外源性胆固醇。如果从食物中获取的胆固醇过多，会抑制体内胆固醇的合成，并使体内胆固醇的正常调节机制发生障碍，导致血液胆固醇浓度升高，造成在血管内壁沉积引发心血管疾病。

胆固醇的化学性质相当稳定，基本不受酸、碱、热等烹饪加工因素的影响，所以烹饪原料加工后胆固醇几乎没有损失，可完全吸收进入体内。因此，对高胆固醇食物的摄取应有所控制。

5.4.4　烹饪对油脂功能性质应用

5.4.4.1　传热作用

油脂具有比热容低、升温快的特点，加之油脂燃点高(300 ℃以上)，加热范围广，可以满足烹饪中对不同温度的需要。烹饪中常通过调节油温来实现加热，厨师习惯上将油温分为10个层级，以闪点中间值200 ℃为标准，第4～5层为80～120 ℃，第6～7层为120～140 ℃，依次类推。具体操作还需要根据不同的油脂，不断在实践中体验和积累。

油炸食物是最经典的传热应用，当油炸食物时，期望食物获得外焦内嫩的质感，需要快速去除食物表面的水分，使食物表面温度快速升高，化学反应得以在较短的时间完成。利用在高温条件下，油脂与食物间形成高的温度差，在温度梯度的作用下外层物质快速脱水形成焦脆状，并发生美拉德反应形成漂亮的色彩和风味，而食物内部由于水分热效应，使食物快速熟制而保持成分不变或达到所需要的结果。

5.4.4.2　风味作用

(1)增加食品润滑感：油脂具有塑性和呈膜性，能在食物表面和口腔中形成一层疏水的油膜，增加润滑感。菜点制作中，油脂的正确使用是产品达到良好品质的关键，当混合油脂中固液比例适当时，油脂呈现良好的塑性，有利于附着在蔬菜表面形成润滑的油膜，咀嚼时也可以包覆舌头，从而提供一种特征油质感。脂肪晶体较大时通常表现为粒状或砂质感，

脂肪晶体较小时能够提供一种光滑的质地。脂肪晶体在口腔中熔化产生冰凉感觉，这也是许多脂肪产品重要的感官指标之一。

(2)添色增香：烹饪工艺中，油脂对菜品有保色和添色作用。烹饪好的菜肴出锅时淋上明油，利用油脂的疏水性、隔氧性，防止菜肴因失水、氧化变色、变形。同时利用油脂的折光性和半透明性，保持其色泽的亮丽。根据菜品需要，可淋上不同的有色油脂，如红辣椒油。油脂的增香作用来源于两个方面。一是天然油脂中含有的脂溶性气味物质，加热时挥发产生香气，例如花生油、芝麻油；二是油脂在加热过程中自身或与食品中其他成分发生热反应产生气味物质，例如，油炸马铃薯产生低分子脂肪酸、硫化物和吡嗪衍生物。

5.4.4.3 改善食品质构

食品在加工中通过增加水分来提高“嫩度”，添加油脂达到“润滑”。因此，油与水通常结合起来以改善食品的质构。油脂对食品质构的影响主要取决于油脂的状态特性，如块状脂肪、乳化脂肪和结构脂肪。

对于液体油脂，如烹调油或色拉油，其质构主要由不同温度范围时的黏度决定，通常油脂的黏度随着温度的升高而减小，对于某一菜品来说，保持一定的温度是必要的；对于部分结晶脂肪，如巧克力、黄油、起酥油和人造奶油，其质构主要由浓度、形态、脂肪晶体相互作用决定，而脂肪晶体的熔化特性对质构、稳定性、分散能力和口感均有很大的作用内。巧克力生产过程中通过对油脂的反复熔化与结晶，使之形成稳定的晶型。黄油、起酥油需要良好的塑性和涂抹性，因此，其固体脂肪指数、晶型和熔化温度需要控制在一定的范围。水包油型食品乳状液中的特征奶油质感取决于脂肪液滴的大小(如奶油、甜点、蛋黄酱)，液滴过小油腻感强烈，液滴过大产生粗糙感觉。在这些体系中，整个体系的黏度取决于油滴浓度。而油包水型食品体系中，体系的质构主要取决于油相的流变性质，在这一体系中，油相部分结晶并有塑性。油脂的乳化和疏水作用也能实现食品的保水功能，改变食品的质地。

油脂对食品质构的改善在面团的制作应用中最为突出。面团的形成是面粉中的谷蛋白和醇溶蛋白经过吸水溶胀，在外力作用下交联形成三维网络结构的蛋白质凝胶(即面筋)，面团具有良好的黏性、弹性、韧性。为了改善其黏性、咀嚼性和可塑性较差的状况，将面团制成水油面团。水油面团制作中加入黄油可增加面团的塑性，降低其弹性。加入黄油后，利用其良好的塑性和涂抹性，在面粉颗粒周围形成疏水的油膜，使蛋白质吸水率下降。实践表明，当面粉中加入8.64%油脂时，其吸水性由35.2%下降到32.4%；加入25.9%油脂，其吸水性下降到19.0%。同时，油脂还能将面团分隔成无数个小的面团，使其黏性、弹性减小，塑性增加。而油酥面团的制作只加入油脂，使面粉颗粒完全分隔，因而蛋白质不能形成面筋。利用油脂的黏性经反复打擦混入空气形成油面团，油面团失去黏性、弹性、韧性，经过烘焙后具有松、酥、脆的质感，并且经过口腔咀嚼不失滑润感觉。

5.5 维生素

5.5.1 维生素的种类与分布

维生素一词由波兰化学家卡西米尔·冯克(Kazimierz Funk)最先提出，由拉丁文生命

(vita)和氨(amine)缩写而来,当时认为维生素属于胺类物质。后来发现很多维生素不含氮,但最初的命名被延续使用。维生素有 3 种命名方式。早期维生素按发现的顺序及来源,使用拉丁字母和数字命名,出现了维生素 A 等名称;也有按维生素的生理功能来命名的,如抗佝偻病维生素、抗坏血酸维生素等;后来有按维生素的结构来命名的,如视黄醇(维生素 A)、硫胺素、钴胺素等。国际纯粹与应用化学联合会(IUPAC)与国际营养科学联合会(IUNS)先后规定过维生素的命名法则和建议,但人们还是沿用习惯名称。到目前为止,发现人体必需维生素有十几种。根据维生素的溶解性可分为两大类:水溶性维生素和脂溶性维生素。水溶性维生素中比较重要的有维生素 C、维生素 B_1、维生素 B_2、维生素 B_5、维生素 B_6、维生素 B_{11}、维生素 B_{12}。脂溶性维生素有维生素 A、维生素 D、维生素 E、维生素 K 四种。食物中主要维生素分类、命名、结构及在食物中的分布见表 5-17。

表 5-17 维生素分类、命名、结构及在食物中的分布

类别	习惯名称	化学特点	在食物中的分布
脂溶性维生素	维生素 A 及类胡萝卜素	β-紫罗宁二萜一元醇衍生物	动物的肝、肾,鸡蛋,鱼卵中。以肝、血液、视网膜分布较多;植物中没有维生素 A,可提供作为维生素 A 原的β-类胡萝卜素
	维生素 D	固醇(环戊烷多氢菲)衍生物	在鱼肝油中含量最高,鸡蛋、牛乳、黄油中含有少量的维生素 D_3
	维生素 E	苯并二氢吡喃衍生物	分布于动、植物性食品中,但大多来自谷类与植物油。谷物胚和坚果中含量非常高,肉、鱼、禽、蛋、乳、豆类、水果含有少量维生素 E
	维生素 K	2-甲基-1,4-萘醌衍生物	绿色蔬菜中含量丰富,鱼肉中也较多。人体所需的维生素 K 40%～50%由绿色蔬菜提供,其次是某些油类、动物内脏
水溶性维生素	维生素 B_1	嘧啶和噻唑环的衍生物	广泛存在于动、植物性食品中,动物肌肉、内脏中含量丰富,一些绿色蔬菜、谷物糊粉层中含量也非常丰富。鱼类中一般含量较低
	维生素 B_2	异咯嗪和核糖醇衍生物	动物内脏如肝、肾、心,奶、蛋中含量较高。植物中以绿色蔬菜、豆类、谷类糊粉层中含量较高
	维生素 B_3	二甲基丁酰-丙氨酸	广泛存在于食物中,肉类、蘑菇、坚果中含量丰富,其次是大豆、面粉,蔬菜、水果中含量较少
	维生素 PP(维生素 B_5)	吡啶-3-羧酸(烟酸和烟酰胺)	含量较高的食物有动物内脏,如肝、肾,及瘦肉、鱼、坚果、豆类及谷类,玉米中的烟酸为结合型,不利于吸收。绿叶蔬菜、谷物的麸皮及米糠中含量丰富。乳类、咖啡含有相当数量的维生素 PP
	维生素 B_6	吡啶衍生物	广泛存在于食物中,如肉类、全谷物类制品、蔬菜和坚果类食品

续表

类别	习惯名称	化学特点	在食物中的分布
水溶性维生素	维生素 B_{11}	蝶酰谷氨酸	天然叶酸广泛存在于动、植物性食品中，尤以酵母、肝及绿叶蔬菜中含量较高
	维生素 B_{12}	含钴的类叶啉化合物	来源主要为肉类、内脏、鱼类及蛋类，其次为乳类。植物性食品一般不含，但豆制品发酵后含有一定数量的维生素 B_{12}
	维生素 C	烯醇式古洛糖酸内酯	广泛存在于植物中，水果、绿色蔬菜以及浆果中含量极丰富，猕猴桃、番石榴中含量较高。动物性食品含量较少
	生物素	由脲基环和带戊酸侧链的噻吩组成	广泛存在于动、植物性食品中，肝、肾、大豆、奶类中含量丰富

5.5.2 维生素的功能与作用

维生素是维持人体细胞生长和正常代谢所必需的一类有机化合物，它们都存在于天然食物中，多数人体不能合成或合成不足，必须从食物中获取，但需要量极其微小且在体内不产生热量。维生素通常用毫克、微克计量。

维生素种类繁多、性质各异，但具有以下共同特点。①维生素或其前体物质都存在于天然食物中，但是没有一种天然食物含有人体所需的全部维生素，不同食物或同一食物的不同部位中维生素的分布情况不同。②维生素在体内不提供热量，一般不是机体的组成成分，但在机体内有着重要的作用，主要包括以下几个方面：a. 作为辅酶或其前体物，如B族维生素；b. 作为抗氧化保护体系的组成部分，如维生素C、维生素E、类胡萝卜素；c. 基因调节过程中的影响因子，如维生素A、维生素D；d. 一些特殊性功能，如维生素A对视觉的作用等。③缺乏维生素严重影响人体健康。

直到今天，即使是有各种维生素作为商品可供选用，但仍然存在维生素缺乏人群。造成维生素缺乏的原因除食物中含量不足外，还有机体消化吸收出现障碍和生理上需要量增加。由食物引起的维生素缺乏，一是摄入量少或挑食，二是食物加工的方法。

5.6 食物中矿物质

5.6.1 矿物质的分类

当食物经过高温灼烧后，除生成水、二氧化碳外，最后留下的残渣（灰分）即为矿物质。食物中除去C、H、O、N四种元素外，其他元素统称矿物质或无机盐。食物中的矿物质绝大多数以电解质的形式存在，是生物电位产生的物质基础。矿物质总量虽只占动物体和人体总重量的5%左右，不提供能量，却是构成机体的生理组织和维持正常生理功能不可缺少的成分。人体必须从日常膳食中获得足够的矿物质，来满足机体的生长和发育需求。

通常根据人体中矿物质的含量和在机体中的作用，进行分类。

(1)常量元素(或宏量元素)：人体中质量分数在0.01%以上的元素。常量元素每天的需要量很大，在100 mg以上，例如，构成骨骼的钙、镁，构成体液的钠、钾、氯等元素，以及参与构成蛋白质的磷和硫元素等。

(2)微量元素：人体中质量分数在0.01%以下的元素，人体每天的需要量少，为10～50 mg，甚至更少，例如，铁、锌、铜、锰、碘、硒、氟、钼、铬、钴10种元素。这些元素含量虽少，但通常是构成功能性大分子物质的重要成分，例如铁是血红蛋白重要的组成成分，碘是甲状腺素的合成元素，氟是牙齿重要的组成原料。

根据矿物质在人体的作用分为必需元素、非必需元素和有毒元素。

(1)必需元素：人体正常组织中都存在，而且含量比较固定，缺乏时会导致组织和生理功能异常，补充后生理活动得到恢复，或能防止异常情况发生的微量元素称为必需微量元素。目前确定有10种必需微量元素，即Fe、Zn、Cu、I、Mn、Mo、Co、Se、Cr、F。

(2)非必需元素：目前还没有证据证明对人体有益或有害的元素，如Sn、Ni、Si、V。

(3)有毒元素：现代医学证明，摄入这些元素会导致机体急、慢性中毒反应，如Hg、Pb、As、Cd、Al。

5.6.2 食物中矿物质存在形式及其作用

矿物质作为电解质在食物中主要以离子形式存在，表现出离子效应，部分以不溶性盐和胶体构成的动态平衡体形式存在，少数直接参与生物大分子构成。

(1)绝大多数以离子形式存在：大多数矿物质在食物中以离子的形式存在于细胞质基质和组织液中，以维持细胞、组织的渗透压平衡。主要的阳离子有K^+、Na^+、Ca^{2+}、Mg^{2+}，阴离子有Cl^-、CO_3^{2-}、NO_3^{2-}、PO_4^{3-}等。

(2)以不溶性盐和胶体构成的动态平衡体形式存在：部分多价元素以离子、不溶性盐和胶体构成的动态平衡体形式存在，例如骨骼中的钙和磷以羟基磷灰石[$Ca_{10}(PO_4)_6(OH)_2$]形式存在，并且受机体内激素水平、血液中Ca^{2+}浓度和环境酸碱度的影响，在机体不同生长发育阶段保持动态平衡。肉、乳中的矿物质常以胶体形式存在，例如牛乳中大部分钙与酪蛋白、磷酸或柠檬酸结合为酪蛋白胶粒构成胶体。

(3)参与有机体的构成：由磷、硫、氮等元素组成的磷酸根、硫醇基、氨基作为氨基酸、核酸等大分子结构的重要基团，参与蛋白质和核酸的构成。锰、钴、铬元素是金属酶的重要组成成分。

(4)多价金属元素以螯合物形式存在：过渡金属的离子多以螯合物形式存在于食物中。螯合物形成的特点是配位体至少提供两个配位原子与中心金属离子形成配位键，配位体与中心金属离子多形成环状结构。螯合物中常见的配位原子有O、S、N、P等。影响螯合物稳定的因素很多，如配位原子的碱性大小、金属离子电负性以及pH值等。一般来说，配位原子的碱性越大，形成的螯合物越稳定；pH值越小，螯合物的稳定性越低。食物中的叶绿素、血红素、维生素B_{12}和钙酪蛋白等都是六元环螯合物。植物性食物中草酸是常见的螯合剂，能与钙、镁、铁等金属离子形成螯合物(图5-44)。

虽然食物中矿物质含量较少，但却是人体获得矿物质的主要途径。乳品中的总矿物质

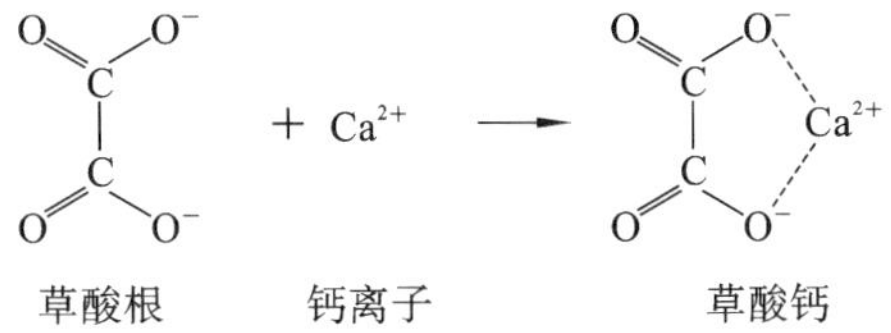

草酸根　　钙离子　　草酸钙

图 5-44　钙离子与草酸根作用形成草酸钙

含量比较固定，约为 0.7%，但乳品中各种矿物质含量受季节、饲养条件及乳牛个体等诸多因素的影响而有所变化。肉类的矿物质含量一般为 0.8%～1.2%。肉类中的矿物质一部分以氯化物、磷酸盐和碳酸盐等可溶性盐的形式存在，另一部分和蛋白质结合成非溶性复合物。肉类组织约含有 40%细胞内液、20%细胞外液和 40%的干物质。在细胞内液中主要分布着 K^+、Mg^{2+}、PO_4^{3-}、SO_4^{2-}，在细胞外液中有 Na^+、Cl^- 和 HCO_3^- 等。在冷冻和解冻过程中，肉的汁液流失，损失的是细胞外液中的矿物质，如 Na^+，其次还有少量 Ca^{2+}、磷酸盐及 K^+。烹调时，只有 Na^+ 损失，其他矿物质一般能保留下来。如果加入食盐，则基本上不发生矿物质损失。

肉类组织中的离子平衡对肉的持水性起重要作用。在尸僵或尸僵后期，肉的 pH 接近肌肉中肌球蛋白的等电点，这时蛋白质所带净电荷数目最少，肉的持水能力最低。如添加酸性盐或碱性盐，会使蛋白质交联断裂，电荷排斥力增大，蛋白质网络结构丧失，使更多的水与蛋白质以氢键结合，肉的持水能力提高。

植物中矿物质元素，大部分与植物中的有机物结合成复合物，或成为有机物的一部分。谷物和豆类中植酸含量较高，它是磷的主要存在形式。植酸是肌醇的磷酸酯衍生物，其结构如下：

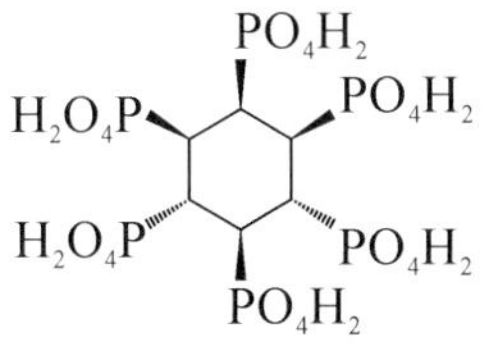

植酸(肌醇六磷酸)

植酸可以和金属离子形成盐，如不溶性的植酸钙镁复盐，阻碍人体对 Ca、Mg、P 的吸收，并对蛋白质的溶解性产生影响。

果蔬是人体所需各种矿物质的主要来源，尤其是蔬菜。果蔬的矿物质组成、含量与果蔬质量及耐储性有密切关系，例如影响苹果质量的矿物质元素有 Ca、Mg、N、P 等，特别是 Ca 含量直接影响苹果的硬度及储藏时间。利用 Ca 处理可以提高苹果硬度，延长储藏时间。另外，在果蔬烹饪加工时，为了保持果蔬的形状、维持一定的硬度，也可采取钙盐溶液浸泡或预煮的措施。

5.6.3　烹饪对矿物质的应用

(1)溶解与渗透作用：矿物质作为电解质有良好的水溶性，食品中绝大多数矿物质以离子形式存在于体液中，维持渗透压平衡和正常电位平衡。烹饪中对矿物质溶解性与渗透作用应用较普遍，常用的有码味和腌渍。原料经过码味和腌渍加工，其组织结构和化学性质都发生了变化，以满足烹饪加工的需要。经过码味和腌渍后，由于受到适当离子强度的作用，蛋白质水合作用增大，蛋白质吸水，非溶解状态或凝胶状态的蛋白质变成溶解状态或溶胶状态。进行加热熟制中，溶胶状态的蛋白质又变为凝胶状态，同时将大量的水固定在蛋白质的网状结构中，大大提高了肌肉的保水性，增加了肉的嫩度。腌渍工艺则是利用矿物质的渗透压作用，使原料失去部分水变干、变硬，弹性、咀嚼性增加，有利于食物质地改善和储藏，例如，腌鱼、腌肉。

(2)酸碱性：根据酸碱质子理论，能够提供质子的物质是酸，能够接受质子的物质是碱。电子理论进一步说明，阳离子或类阳离子都具有接受孤电子对的空轨道，表现为酸性，而电子对的给予体表现为碱性。矿物质所具有的酸碱性，可改变食物的 pH 和蛋白质、糖类、脂肪等物质的性质。

此外，不同的矿物质元素被人体吸收后，表现出不同的生理酸碱性。

①碱性食物。一般来说，金属元素 K、Na、Ca、Mg 等在人体内氧化成带阳离子的碱性氧化物，在人体内呈碱性。含金属元素较多的食物，在生理上被称为碱性食物。

②酸性食物。食物中所含 P、S、Cl 等非金属元素，在人体内氧化后，生成带阴离子的酸根，如 PO_4^{3-}、SO_4^{2-}、Cl^- 等，在人体内呈酸性。含非金属元素较多的食物，在生理上被称为酸性食品。大部分的果蔬、豆类、乳品等含金属元素较多，属于碱性食物。大部分的肉、鱼、禽、蛋等动物性食物含有丰富的含硫蛋白质，而谷物含磷较多，所以属于酸性食物。

(3)氧化还原性：食物中金属离子具有氧化作用，氧化作用的结果是使食物变色、变质，例如，肌肉中肌红素结合的 Fe^{2+} 氧化为 Fe^{3+}，肌肉的色泽由红色变为红褐色；Fe^{3+} 作为氧化剂，能催化脂肪的氧化酸败。食物中有些金属离子还具有还原作用，能够减缓物质的氧化，通常被称为抗氧化元素，例如，Se、Mn 元素。

(4)螯合效应：矿物质能与大分子有机物发生螯合反应，生成分子量更大的物质，影响营养素的吸收，从而降低食物的营养性，例如，脂肪与钙盐产生皂化反应，影响了脂肪酸的消化和吸收。植物性食物中的植酸与多种物质形成螯合物，除降低食物的营养作用外，还可导致人体肠道黏膜的损伤，引起消化道疾病。也可利用螯合作用，将一些必需微量元素以螯合物形式加入食物或饮料中，可提高必需微量元素的吸收和利用率。

5.7 食物中其他物质

5.7.1 风味物质

天然食品中的风味物质有色素、呈香和呈味物质。风味物质多为生物次生代谢产物，其性质极不稳定，易挥发、降解，或发生氧化、中和等反应，造成食物变色、变味、失香等。对于食品的风味物质，烹饪工艺中采用化学方法和物理方法进行保护，例如，叶绿素护绿技术，可使用中和酸、离子置换等，也可以采用焯水、爆炒等方法使蔬菜保持绿色。

目前，随着色谱检测技术的发展，对食品风味物质的结构、性质、变化过程的研究，形成了食品风味化学(food flavor chemistry)，对植物组织中天然成分的研究已成为化学的一个热点领域。随着植物化学(phytochemicals)的兴起与发展，对食品中色素、呈香、呈味物质以及纤维素、植物胶的结构、性质、生理作用的研究在不断深入，食品科学家们已经发现，一

些植物化学成分虽然不是传统意义上的人体必需的营养素，但对于人体健康、生理功能的正常发挥具有重要作用。

5.7.2　有害物质

天然食品中除了营养物质、风味物质外，还存在一些有害物质。一类是对人体健康产生有害作用的毒性物质，另一类是抗营养物质。对于食品中的有害物质，必须在烹饪加工过程除去或破坏，以保证食用的安全。天然食品中常见有害物质及处理措施见表5-18。

表5-18　常见有害物质及处理措施

类别	来源	有害成分	处理措施
蛋白酶抑制剂	大豆等豆类、薯类	胰蛋白酶抑制剂、胰凝乳蛋白酶抑制剂	常压加热煮沸
血球凝集素	大豆、扁豆、豌豆、蓖麻籽	N-乙酰葡萄糖胺	100 ℃加热1 h
河豚鱼毒素	河豚鱼	氨基全氢间二氮杂萘	2%碳酸钠处理2～4 h后烹制
麻痹性贝类	海洋贝类	石房蛤毒素	不食用
组胺	红肉鱼类（金枪鱼、竹夹鱼等）	组氨酸	加醋处理
牲畜腺体	甲状腺、肾上腺、淋巴腺	含大量内分泌激素，淋巴腺含有害物质	去除腺体
蟾蜍毒素	各类蟾蜍	蟾蜍毒素	不食用
龙葵碱	发芽马铃薯	龙葵碱	不食用
秋水仙碱	鲜黄花菜（金针菜）	秋水仙碱	干制或浸泡、高温蒸煮
氰苷类	苦杏仁、苦桃仁、枇杷仁、李子仁、木薯等	氰苷类、硫氰酯类毒素	不生吃，加热使酶破坏
白果酸	白果	白果酸	剔除胚芽后煮熟，少吃
毒肽类	有毒蘑菇	鹅膏菌毒素、鬼笔菌毒素	不食用
棉酚	粗制棉籽油	游离棉酚等	油脂精炼，加热处理

第 6 章　食物质地与构建原理

食物的整体吸引力不仅取决于它的风味，在很大程度上也取决于它的质地，例如，不管风味有多好，有些食物需要酥脆，如果薯片吃起来是潮湿、软绵的感觉，大概就不合我们的口味；吃牛排时，大家都希望有嫩的质地，但如果吃起来像是豆腐的嫩，没有弹牙感，是不是会怀疑牛肉变质了？大冰晶的存在使冰淇淋不太丝滑，有一种沙砾感，就不太吸引人；而一份松软的沙拉会让食客望而却步。因此，食物质地的构建、保持和改善是烹饪中的一个重要任务，需要深入探讨。

不论是中餐厨师还是西餐厨师，都十分关注改变肉类的质地，使其产生多汁、嫩滑的质感。面点师能够精准控制好糕点的湿润度，制作出可口的蛋奶酥。多数情况下，他们需经过复杂、反复的尝试和测试过程来得到想要的结果，但如果对食物质地的形成及其稳定性原理有一定了解，就可以减少实验次数而获得较好的结果。在书店随处可见如何制作精美菜肴的烹饪书籍，看上去制作一道喜欢的菜品不是一件很难的事。一旦在家庭厨房按照书籍上面的步骤操作时，就会发现，怎么也做不出理想的菜品。原因是，书中只写出了原料、制作步骤，即使有加热方式等，但读者不清楚加工过程中可能涉及的有关乳化、起泡、凝胶、热量使用等基本知识。

因此，在开始制作食物前，对食物的质地有详细的了解是非常必要的，在此基础上再去设计、构建食物的质地。除了熟悉原料的化学成分，以及它们的物理、化学性质外，还要利用其性质来控制质地的变化。乳化、起泡、凝胶、玻璃态形成在制作食物方面，有着广泛的应用。

目前已经有大量知识从科学实验室进入厨房领域，例如当前非常流行的分子料理中的球化技术，就利用 Ca^{2+} 作为促凝剂，使海藻酸钠溶胶表面凝胶化形成“球形”，而内部保留其溶胶状态，以可控的方式保持和释放特定味道，产生新颖、出奇不意的感官享受。溶胶与凝胶的转化在果冻、肉冻、奶酪等食物制作中广泛应用，其制作原理和方法是本章的主要内容。

本章首先对食物体系与食物质地的一般性质、感官评价做一些介绍；其次，阐明传统烹饪过程中特定质地的形成所涉及的物理和化学变化，以及如何运用科学知识以不同的方法来制作食品；最后，对典型凝胶食物的制作原理、方法进行阐述。

6.1 食物体系与质地

6.1.1 食物体系

食物的质地不完全由其化学组成决定，还取决于食物体系的结构。许多食物的结构非常复杂，如人造黄油、面包则由大小不等、聚集状态不同的物质组成，因而两者质地大为不同。食物结构的复杂性与组成食物体系的复杂性是相关的。

6.1.1.1 食物多相分散系

首先，食物大多是由多种分子组成的混合物。食物的性质与单一成分的性质有较大的差异，例如一块鲜猪肉是由水、蛋白质、脂肪、糖及钙、铁、钾等元素组成的复杂体系，它不像纯净

物那样呈现出明显的物理、化学性质，其表现出的性质是各成分综合作用的结果。

用食物的组成成分的性质来描述食物某一阶段的特征通常是不准确的。蛋清，可以认为是 10%的水溶液，其溶质包含卵清蛋白、球蛋白、溶菌酶、卵黏蛋白等蛋白质以及少量盐和糖。红葡萄酒和白葡萄酒的主要溶质是乙醇，其他的次要溶质如酒石酸、类黄酮、单宁酸和醛类占比非常低，但形成了葡萄酒的风味。烹饪所用的各种烹调油实质上是多种液态甘油三酯的混合物，例如，橄榄油主要由油酸(O)、月桂酸(L)、棕榈酸(P)、硬脂酸(S)组成的四种甘油三酯混合物，结构分别是 OOO(3 分子油酸与甘油组成的酯)、LOO(1 分子月桂酸和 2 分子油酸与甘油组成的酯)、POO(1 分子棕榈酸和 2 分子油酸与甘油组成的酯)和 SOO(1 分子硬脂酸和 2 分子油酸与甘油组成的酯)。这些甘油三酯作为各种次要成分的溶剂介质，能够将短链醇、叶绿素、胡萝卜素、脂溶性维生素等溶解在其中。糖和盐是厨房中最常见的单相固体成分，糖经加热可以变成液态，然后经旋转并迅速冷却形成玻璃态，如棉花糖是通过旋转形成的玻璃态食物。玻璃态糖也可以作为溶剂，着色剂和风味分子溶解在无定形糖中形成不同风味的硬糖。

其次，食物具有多相性。绝大多数食物是液态、固态和气态的共存状态，界面特征明显。物质三态由于热力学性质不同，增加了食物的不稳定性，例如，面包中含有液体(水、液体脂肪)、固体(固体脂肪、淀粉、蛋白质)、气体(空气等)，因此不能简单地用固态、气态、液态来简单描述其性状，三态之间共同作用，形成了面包松软的，且有一定黏、弹、滑和耐咀嚼的组织状态。

绝大多数食物都是多相的。简单地将静止的白葡萄酒经过摇动，变成起泡的葡萄酒，相数会立即翻倍，如香槟装在瓶子中时，可以认为是一种加压的、过饱和的二氧化碳溶液，一旦开瓶，可将其视为快速成核的二氧化碳气泡的不稳定分散系，这些气泡构成物质的第二相。表 6-1 显示了常见食物的相组成情况，表中这些例子被简化了，因为一些相实际上可以扩展为更多相，例如，结晶脂肪实际上由几种结晶相组成(同质多晶现象)。

表 6-1　常见食物的相组成情况

相数	食物	组成相
一相	硬糖、无碳酸饮料	结晶糖、水
二相	醋汁调味品	液体脂肪和液体水
	搅打后的蛋清	空气和液体水
	蛋黄酱	液体脂肪和液体水
	啤酒泡沫	气体和液体水
三相	黄油	固体脂肪、液体脂肪、液体水
	黑巧克力	固体脂肪、结晶糖、可可粉
四相	冰淇淋	固体脂肪、气体、结晶水、液体水
	牛奶巧克力	固体脂肪、液体脂肪、结晶糖、可可粉
五相	奶油	固体脂肪、液体脂肪、结晶糖、液体水、空气
六相	软糖	结晶糖、糖水溶液、空气、液体脂肪、固体脂肪、可可粉

正是由于食物的多相性，大多数食物可以用分散相来描述，它们被一个连续的相或介质所包围，这类体系一般被称为胶体。根据连续相和分散相的性质不同，胶体可分为气体固溶胶、液体固溶胶、气体液溶胶、气体固溶胶、液体气溶胶、固体气溶胶。这些胶体在食物和烹饪中并非同样重要。分散在气体中的液体称为液体气溶胶，常见的是空气中的雾，但一般食物难形成液体气溶胶结构。然而，如果在一些食物上喷洒一种液体，就会产生一种类似雾的中间物质，它实际上是一种液体气溶胶。

再次，食物可看作一个分散系。分散系是指当一种或几种物质分散在另一种物质中所构成的体系，被分散的物质称为分散相（或分散质），另一种连续相的物质称为分散介质（或分散剂）。牛奶是由脂肪、蛋白质、水等组成的复杂体系，水和蛋白质组成分散介质，分散相为脂肪。啤酒是以气体为主要分散相分散在水溶液这种分散介质中形成的体系，是离散的粒子分散于连续相中的体系，当分散相呈气态时为泡沫，当分散相呈液态时为乳状液，当分散相呈固态时为悬浊液。

最后，食物分散系较为复杂，多数食物为乳状胶体，具有胶体和乳状液的性质。水是食物的主要成分，特别是新鲜食物，含水量高达70%～90%。水有明显溶剂化作用和增塑作用，在分散系中既可充当分散相，也可充当分散介质。食物基本体系是大分子蛋白质、糖、脂肪与水构成的胶体，各物质之间相互作用，如果有气体成分参与，则共同形成不同的胶体，赋予食物不同的流变性质，使食物呈现不同的质地和性状（图6-1）。

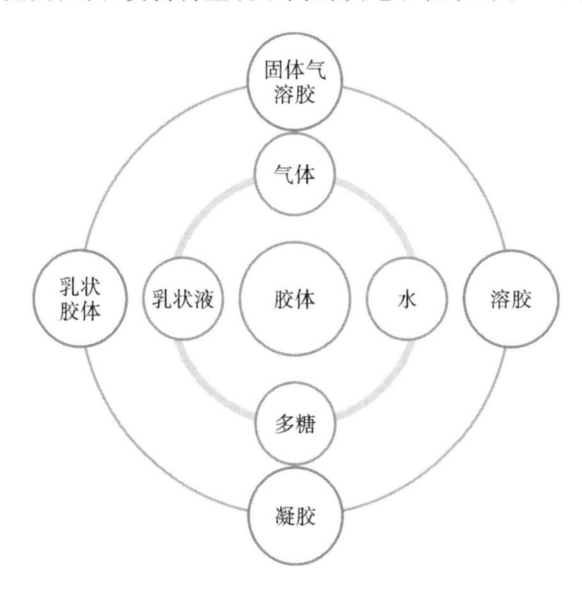

图6-1 食物不同体系的构成示意图

大家熟知的肉糜制品（肉丸、肉糕、火腿等），是由水、蛋白质、脂肪、淀粉、调味料等物质组成的一个水包油型（O/W）的乳胶体。其中蛋白质作为凝胶剂和乳化剂，通过胶凝作用形成三维网络结构，与水组成的连续相将脂肪、淀粉等物质均匀地分散，达到相对稳定状态。并且可以通过改变其主要物质的组成配比，实现其感官性状的多样化。这一过程在烹饪工艺中称为制胶（或胶凝）。

目前，物理学上对分散系有两类不同的分类方法。一是根据分散相的均匀度不同，将分散系分为均相分散系和多相分散系。均相分散系只有一个相，在连续相和分散相之间没有相界面，分离较难，属于热力学稳定体系，例如乙醇与水、食盐与水、葡萄糖与水以及许多

饮料所组成的分散系。如果两种液体互不相溶，一种液体以小液滴形式分散于另一种液体中构成的体系，则分散系中实际有两个相，则为多相分散系，例如油与水、淀粉与水、泡沫食品（水与气体）等组成的分散系。二是根据分散相在分散系中存在的粒子直径不同，将分散系分为分子分散系、胶体分散系和粗分散系（表 6-2）。

表 6-2　食品分散系的分类与性质

<table>
<tr><th>粒子直径</th><th colspan="2">类型</th><th>分散相</th><th>性质</th><th>实例</th></tr>
<tr><td><1 nm</td><td colspan="2">分子分散系</td><td>原子、离子、小分子</td><td>(1)均相、稳定体系
(2)扩散快，能透过滤纸、半透膜
(3)形成真溶液</td><td>蔗糖、食盐、醋酸等水溶液</td></tr>
<tr><td rowspan="2">1～100 nm</td><td rowspan="2">胶体分散系</td><td>高分子</td><td>高聚物大分子</td><td>(1)均相、稳定体系
(2)扩散慢，不能透过半透膜
(3)形成真溶液</td><td>肌肉、肉糜、蛋白质溶液</td></tr>
<tr><td>溶胶</td><td>胶粒（原子、分子聚集体）</td><td>(1)多相、不稳定体系
(2)扩散慢，不能透过半透膜
(3)形成真溶液</td><td>高汤</td></tr>
<tr><td>>100 nm</td><td colspan="2">粗分散系</td><td>粗粒子</td><td>(1)多相、不稳定体系
(2)扩散很慢或不扩散，发生分离，不能透过半透膜
(3)形成乳状液、悬浊液</td><td>牛奶、豆浆、沙拉酱</td></tr>
</table>

6.1.1.2　食物生物学特性

食物来源于植物组织和动物组织，在物质的组成上相似，都具有细胞结构，含有活性物质蛋白质。生物体在结构上是具有复杂性和有序性的统一体系，生物体内物质的变化不是简单的物理、化学变化，而是对环境因素高度敏感的复杂的生理、生化变化。生物细胞结构中细胞器和各种细胞膜有着重要的生物作用，细胞结构不仅保持组织的完整，而且对食物的稳定起着重要的作用。细胞结构也可以看作一个粒子，生物体实质是一个相对稳定的胶体分散系。在这个体系中，蛋白质作为高分子活性物质，有其特殊的生物性质、化学性质和物理性质，既是生物组织的结构物质、功能物质，也是稳定剂，对食物的结构、性质起着决定性作用。酶作为特殊的蛋白质，主导着食物的变化，例如，鲜肉虽然是死亡动物的生物组织，但细胞结构完整，仍可保持良好的相对稳定性，其生命大分子物质（特别是细胞内的酶）仍然具有生物活性，在储藏中它们能够使鲜肉产生僵硬、软化、溶解变化。

果蔬类植物细胞间由果胶将其黏合在一起。当细胞结构完整时，食物保持良好的硬度和脆度；当细胞结构受损时，细胞内的酶（果胶酯酶、多聚半乳糖醛酸酶等）流出，果胶分解，果蔬就出现溃烂。

6.1.1.3　食物非平衡体系

食物大多是多组分、多相分散系，各组分和相间在动力学和热力学上处于不稳定的状态，并受环境因素影响较大。除了物质之间的化学反应外，气相、液相、固相界面性质也非常不稳定。当某一食物在一定条件下达到平衡状态时，一旦环境条件发生变化，它们之间的相互作用也会发生变化，平衡将被打破而又重新建立新的平衡。在这个过程中，食物的质地、性状也会发生变化，例如，当食物中水的饱和蒸气压与环境水饱和蒸气压不相等时，水蒸气就会沿着使蒸气压差降低的方向运动，导致食品吸水或失水。食物中水分的变动，使食物中组分发生改变，又加剧了食物的变化，食物体系变得不稳定。当各种变化又达到新的平衡时，食物体系又趋于稳定。如果温度升高或降低，新的平衡又被破坏，食物又开始新一轮的平衡转化。煮好的米饭，放置一段时间后变硬了，原因就是失水，原本与淀粉、蛋白质结合的水分在放置过程中挥发了，淀粉分子重新聚集形成晶体，这就是淀粉的老化。米饭的质地发生变化，口感也就变差了。蛋白质分子失水后，其结构和性质也发生改变，这就是蛋白质变性。

6.1.2 食物状态与质地

6.1.2.1 食物状态

除了某些特殊的食物外(如蔗糖)，绝大多数食物是由水、蛋白质、糖、脂类以及其他少量物质组成的混合物，没有固定的熔点，通常表现出 3 种状态，即玻璃态、黏流态和处于两者之间的橡胶态或高弹态。如果简单地把食物看作由水和占支配地位的非水成分(溶质)组成的二元物质体系，绘制食物的状态图，在恒压下，以溶质的量为横坐标，以温度为纵坐标做二元体系状态图(图 6-2)。状态图中有 3 条实线，这 3 条曲线将食物分为 3 个区域，可以简单地将食物看作 3 种状态。

第Ⅰ区，由熔点曲线(T_m^L)，溶解度曲线(T_m^S)上部构成的区域，水分多溶质少，如同溶液，水分子自由移动，大分子聚合物链能自由运动，类似液体黏性流动，物性学上称为黏流态(液态)。此时食物处于最不稳定状态。

第Ⅱ区，由熔点曲线(T_m^L)、溶解度曲线(T_m^S)、玻璃化相变曲线(T_g)组成的区域，物质处于一种非平衡、非结晶态，当饱和条件占优势并且溶质保持非结晶态时，形成的固体就是无定形态。此形态下，大分子聚合物链运动被冻结，只允许在自由体积很小的空间运动，分子转动和平移降低至可以忽略水平，一些小分子(水分子)仍然有一定的平移和转动，由于大分子具有相当的形变，因而表现出较好的弹性和黏性，物性学上称为黏弹态(无定形态、高弹态或半固态)。

第Ⅲ区，玻璃化相变曲线(T_g)以下区域，无论是大分子还是小分子运动都受限制，整体呈现玻璃态(固态)，也是一种非晶体或无定形态，此时分子几乎没有运动，食物处于稳定态。因此，状态图反映了食物平衡状态和非平衡状态的信息。图 6-2 中实线为平衡状态，虚线代表亚稳定态。

干燥食物、半干燥食物以及冷冻食物不是以热力学平衡状态存在的，从图 6-2 可知，当溶质浓度为 0(即为纯水)时玻璃化转变温度是－135 ℃，故在状态图中，不同溶质对玻璃化转变温度曲线的影响是通过影响 T_g 和 T_m' 曲线，从而造成曲线的差异。

食物在不同状态下其动力学、物理和化学性质是不同的。从图 6-3 可以看到，不同状态下食物分子的移动性、动力学性质、黏性、化学反应速率之间的关系，分子移动性越小，其动力学性质、物理性质、化学性质越稳定；反之，其动力学性质、物理性质、化学性质越不稳定。

日常生活中，食物通常以其状态划分为固体食物、半固体食物、流质食物。如果以含水

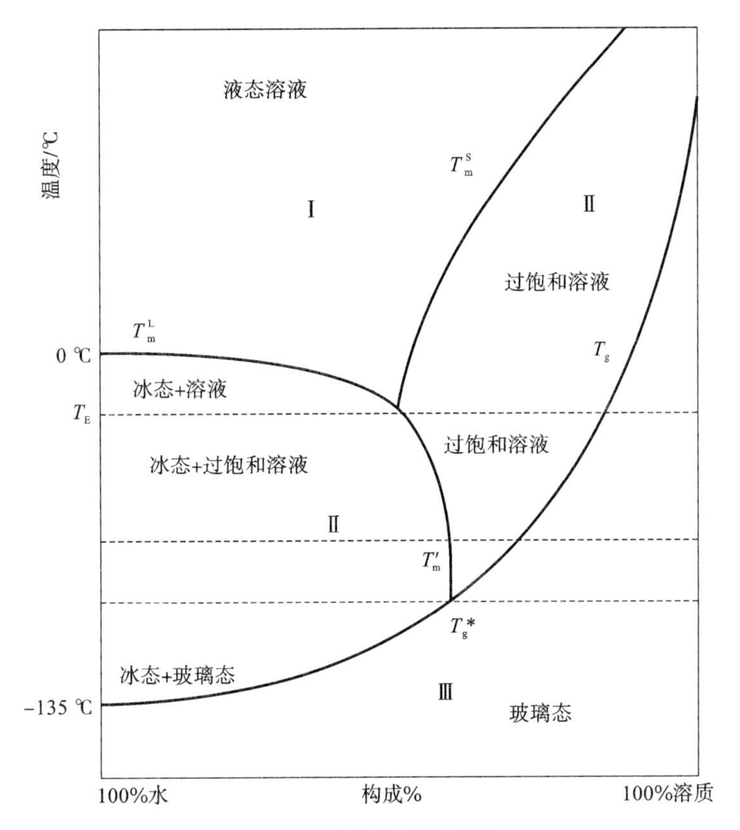

图 6-2　食物体系状态图

假设：最大冷冻浓缩，无溶质结晶，恒定压力，无时间相依性。T_m^L为熔点曲线，T_m^S为溶解度曲线，T_E为低共熔点温度，T_g为玻璃化相变曲线，T'_m为起始熔化温度，T_g^*是最大冷冻浓缩溶液的溶质特定玻璃化相变温度。

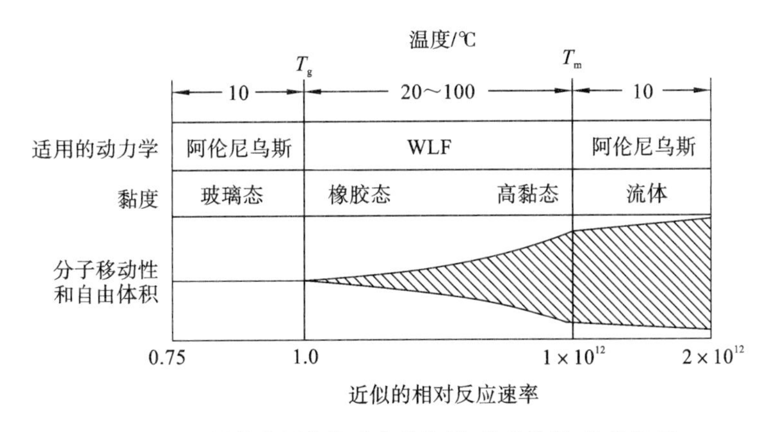

图 6-3　不同状态下食物动力学性质、物理性质、化学性质

量来划分，食物分为低水分食物、中等水分食物、高水分食物。日常食物中绝大多数为中等水分或高水分食物，具有良好的黏弹性。通常说食品“好吃”，会自然联想到食物的酸、甜、苦、咸、辣等化学因素。但最近一些研究表明，影响食物“好吃”的因素中，重要的不是其化学因素，而是食品的物理因素。

6.1.2.2 食物质地与质感

"质地"一词来源于拉丁文 texture，是纺织物的意思，原意是指纺织物的组织结构、手感和外观。后来 texture 一词用于描述与其自身组成或形成要素相关的物质的结构、属性等。1990 年食物质构研究领域的著名学者 Szczesniak 对质地做出了定义：质地是食物结构及其对施加外力反应方式的感官表现，包括特殊感觉如视觉、肌肉运动知觉和听觉。尔后，国际标准化组织(ISO)将质地定义为食品所有力学特性(包括几何性质和表面性质)，可用力学方法测定，可用触觉以及适当的视觉和听觉来感知。由此可见，食物质地是由食物结构产生的力学性质，食物质地的性质不是单一性质，而是诸多性质的集合。

对于食物来说，占最大比例的是半固体食物，表现出弹性和黏性，例如面包、面条、米饭、奶糖等。对于不同食物，有的弹性表现得比较明显，有的则黏性表现得较明显。适当的弹性和黏性是产生良好咀嚼感的关键。黏、弹性体的应力、形变与时间的关系可以通过将其组合成理想的弹性体和牛顿液体的模拟系统，分别测定黏性要素和弹性要素来进行描述。目前普遍使用 Szczesniak 创立的质地多面剖析法，质地评价的概念按机械特性、几何特性和其他特性分为三大类，机械特性又按进食的先后分为一次特性、二次特性(表 6-3)。

表 6-3 Szczesniak 质地多面剖析法

特性	一次特性	二次特性	表现词汇	特性定义
机械特性	硬度	—	柔软、坚硬	使食物达到一定变形所需的力，即食物保持形状的内部结合力
	凝聚性	酥脆性	酥、脆、嫩	与硬度和凝聚性有关的使食物断裂时所需的力
		咀嚼性	柔软、坚韧	与硬度、凝聚性、弹性有关的，使固体食物从咀嚼到吞咽需做的功
		胶黏性	酥松、粉状、糊状、橡胶状	与硬度、凝聚性有关的，使半固体食物从嚼碎到吞咽需做的功
	黏性	—	松散、黏稠	在一定力的作用下进行流动
	弹性	—	可塑性、弹性	外力作用时产生变形，去除外力后复原
	黏着性	—	发黏、易粘	食物表面与其他物质黏在一起的力
几何特性	粒子大小、形状、方向		粉状、粗粒状、纤维状、结晶状等	—
其他特性	含水量		干、湿、多汁	—
	脂肪含量		油腻、肥腻	—

6.1.2.3 食物质地评价

食物组成的多样性决定了其质地的复杂性，将在嘴里感知到的食物质地与可测量的物理性质(如固体食物的拉伸度、剪切模量和断裂应力及液体的黏度等)联系起来不是一件简单的事情。首先，很少有食物的机械特性可以用单值特性来表示。食物是复杂的混合物，具有复杂的物理性质。食物具有良好的黏弹性，因此，在研究感官质地和可测量的物理性质之间的关系之前，对质地理论知识有一定的了解是必要的。然而，大多数食物的质地与可测量的物理属性之间呈现出明显的非线性关系，这使得问题变得复杂。更棘手的是，当食物在口腔中咀嚼时，它会与唾液相互作用，改变其性质，导致其质地随时间的变化而不断变化，这在实验室中是难以模拟的。另外，每个人咀嚼食物的方式都不一样，所以他们对食物质地的感知也会不同。例如，考虑一种质地与可测量的物理属性呈明显非线性关系的食物，这种食物在低频和小振幅下剪切模量和剪切强度很低，但在高频和振幅较高时就变成了具有高剪切强度的刚性固体，这样的食物对一个咀嚼缓慢的人来说可能是柔软光滑的，而对一个急急忙忙要吃东西的人来说则是坚硬易碎的。因此，将人的主观感官评价与可测量的物理属性联系起来的很少，而且通常限于特定类型食物和特定质地的描述。因此，食物质地的评价通常采用人的主观感官评价和机械力学客观评价两套系统。有些食物，例如火腿肠等，两套系统的相关性较高。

（1）感官评价　目前在对食物质地感官评价中多采用 Szczesniak 创立的质地多面剖析法，对质地评价语进行定义、分类，使之成为可以进行交流的客观信息。专业人员经过必要的培训，可以得到较为准确的结果。但对于消费者而言，这是难以做到的，因此需将质地评价术语与日常用语相结合，两者用法和含义越接近，越有利于食物质地评价的最终结果。

质地的感官评价主要基于人体的视觉、触觉和听觉，例如，在挑选西瓜时，通常是先看，用手摸，再用手拍，听声音，来完成对西瓜质地的评价。当然，这需要反复感知学习，形成感觉记忆（经验）。准确地描述食物质地是很困难的，因为描述食物的词汇很多，而且由于语言习惯的差异，在词汇使用上也有差别。描述静止视觉的术语有颜色、大小、形状、状态（液体、固体、半固体）等；用手接触食物的触觉术语有软、硬、弹、韧、黏、滑等。将不同消费者描述食物质地的常见词汇总结如下。

老、嫩感觉：嫩、筋、韧、老、柴、皮等。

软、硬感觉：柔、绵、软、烂、脆、坚、硬等。

粗、细感觉：细、沙、粉、粗、渣、毛、糙等。

滞、滑感觉：润、滑、光、涩、滞、黏等。

爽、滑感觉：爽、利、糯、肥、腻等。

松、实感觉：疏、酥、散、松、实等。

稀、稠感觉：清、薄、稀、稠、浓、厚、干等。

食物感官评价往往采用上述的单个汉字进行组合来表示复合型质感，例如，嫩滑、软烂、酥脆、油腻等。在选择感官评价用语时要结合消费者的用语习惯。

（2）机械力学评价　一直以来，食物科技工作者不断努力探索研究各种质构测量方法，开发出各种各样的实验设备、仪器来测量食物在口腔中所发生的变化，从使用标准测试机器测量最简单的硬度和破坏应力，到专门模拟吃食物时下颌和牙齿运动的装置。目前应用较多的仪器有穿刺强度测试仪、挤压测定仪、剪切测试仪、压缩强度测定仪、拉伸测试仪、流变仪、质构仪等。

质构仪进行质构剖面分析（texture profile analysis，TPA），它是模拟人咀嚼食物时作用力与样品形变之间的关系，对样品进行二次压缩的机械过程，通过力的变化和食物形变

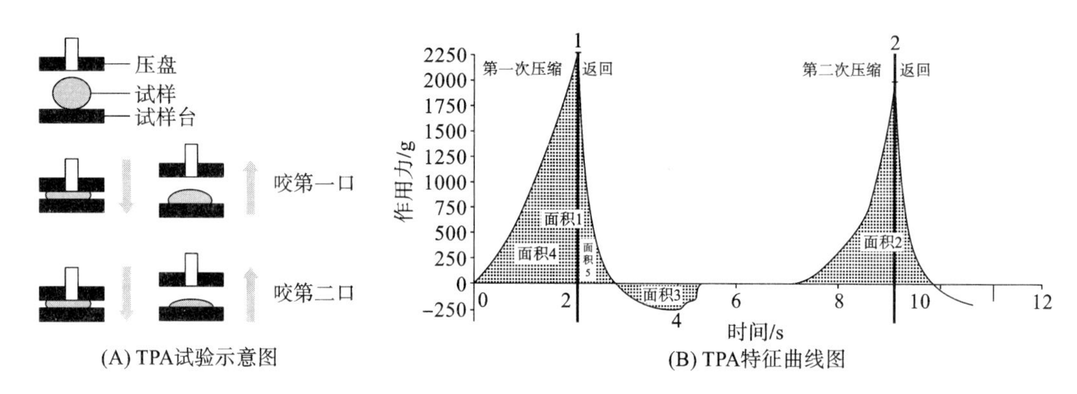

图 6-4 质构仪进行质构剖面分析

的关系形成了 TPA 特征曲线(图 6-4),计算相关参数并对参数进行定义(表 6-4)。

表 6-4 质构仪进行质构剖面分析参数定义

参数	定义
硬度	第一次压缩时的峰值,多数样品的硬度值出现在最大形变处
黏着性	第一次压缩曲线达到零点到第二次压缩曲线开始之间的曲线的负面积(面积 3)
黏聚性	表示测试样品经过第一次压缩变形后所表现出来的对第二次压缩的相对抵抗能力,在曲线上表现为两次压缩所做正功之比
弹性	变形样品在去除压力后恢复到变形前的高度比率,用第二次压缩与第一次压缩的高度比值表示
胶着性	只用于描述半固态测试样品的黏性特性,数值上用硬度和黏聚性的乘积表示
咀嚼度	只用于描述固态测试样品,数值上用胶着性和弹性的乘积表示
回复性	表示样品在第一次压缩过程中回弹的能力,是第一次压缩循环过程中返回样品所释放的弹性能与压缩时探头的耗能之比,在曲线上用面积 5 与面积 4 的比值表示

人的主观感官评价与机械力学客观评价之间的相关性,对于不同的食品来说是不同的。较普遍的看法是质构剖面分析(TPA)用于凝胶类食物测定与感官评价在某些参数上有较好的相关性。

虽然很难提供测量到的物理特性和口腔中感知到的质地之间的清晰预测关系,但 TPA 试验对于新产品的开发仍然有用,例如可以用来证明具有不愉快质地的产品或作为控制食品质量的技术参数。在这两种情况下,可以创建特定的测量值。在工业化食品生产中,质构的测定对同批次食品质量的控制、不同批次食品质量的比较以及食品配方的研制都有一定的指导意义。

6.2　食物复杂的组织结构

多数食物呈半固体态，食物从轻软的泡沫到丝滑巧克力，再到坚硬易碎的水果糖，范围很广，不可能全部列举出来。本节首先对食物可能存在的各种微观结构进行分类：泡沫、乳状液、胶体和更复杂的多相混合物。同时，试图展示不同的微观结构是如何形成的，以及这些微观结构与食物的物理特性、感官特性的相关性。

常见的分散系，如固体分散到液体中，这种体系称为溶液或溶胶，例如盐的水溶液盐水，糖的水溶液糖水，鸡蛋清分散在水中形成溶胶。多种调味料和汤类属于溶胶。对于厨师来说，溶胶最重要的属性是"浓稠感"和"油腻感"。一般来说，黏性较强的液体基质和浓度较高的固体颗粒会增加溶胶的浓稠感，而小颗粒比例较高则会增加其油腻感。

固体分散到另一种固体中构成固溶胶。黑巧克力是固溶胶的一个例子，因为两种固体物质（糖和可可粉）都分散到固体脂肪连续相中。油酥饼的制作是由面粉颗粒分散到固体脂肪连续相中（油面团或酥面团）。就固体食物而言，厨师往往关心它们是坚韧的、脆的、硬的还是软的。通常情况下，在一个基质体（连续相）中分散有一个或多个固体的体系中，基质体的性质占主导地位，因此，如果基质体具有高拉伸模量，则它将被认为是硬的；如果它具有韧性，则屈服应力较低，被认为是软的。然而，体系中固体颗粒的大小和浓度会影响口腔对食物整体的感知结果，特别是当固体颗粒较大、肉眼可见时，食用时牙齿（或舌头）可感觉粗糙；反之，固体颗粒较小，则感觉细腻。

气体分散在固体基质中称为固体泡沫。固体泡沫的性能主要与固体基质的性能有关。具有高屈服应力的硬基质可产生硬泡沫或坚韧泡沫（如不新鲜面包和烤面包），具有低屈服应力的基质倾向于产生较柔软的泡沫（如海绵蛋糕），脆性基质产生的泡沫在被咬时会爆裂（如蛋黄派），而韧性基质产生的泡沫在口中咀嚼时融化。虽然基质特性决定了产品的一般特性，硬、软、韧、脆等，但被分散气泡的大小和比例决定了产品"轻"的程度和感觉，越小的气泡越容易产生"轻"的感觉。

当气体分散到液体时，就会产生泡沫，最常见的例子就是苏打水、啤酒。烹饪中泡沫的应用是非常普遍的，可以在一个食物的制作步骤中产生，也可作为食物的一部分（蛋糕上的奶油），甚至是一个完整的食品。从厨师的角度来看，泡沫的关键特性与溶胶相似。泡沫是一种有趣的低黏度流体，空气是分散相，往往能以高体积分数进入高黏度的液体中。两相形成的泡沫有点像固体（一碗搅打过的蛋白通常可以倒过来）。然而，如果考虑其非线性流变特性，对泡沫更好的描述是一种超过其屈服应力极限可永久变形的塑性材料。

乳状液是在液体分散到另一液体时形成的。在烹饪学中，大多数汤汁和调味料都属于乳状液。鸡汤、肉汤、蛋黄酱等，主要是油脂分散在水中，基质（连续相）是水。对于厨师来说，汤汁的关键属性是浓稠、滑润、稳定。浓稠、滑润特性通常遵循基质性质，但在某些情况下，食物（如蛋黄酱）的特性可能与任何一种成分的特性都有很大不同。

分子烹饪学的创导者 Herve This 对食品中各式各样的结构进行分类。为此，他将食物的结构分成四个基本的连续相。气相（G），各种气体，例如水蒸气或酒精蒸汽，通常指空气；液态水相（W），纯水或水溶液，不考虑溶质的种类或数量；液态油基相（O），油、油的混合物等(将油视为亲脂液体);任何固相(S),不考虑其化学成分或内部结构,包括固体脂肪、冰等。

四个基本的连续相确定后,可根据这些相的排列方式来考虑食物的结构,从而提供了一种简明的对食物的内部结构的描述方法,极大地简化了对食物制作工艺的描述。例如,奶油(固体脂肪和液体油滴颗粒在液态水相中的混合物)可以描述为(O+S)/W,"/"表示液态油滴(O)和固体脂肪包含在液态水相(W)中;鲜奶油的生产是将气体加入奶油中,可以描述为G/[(O+S)/W]。另外,这种描述方法可以用来描述具体操作中发生的变化,因此鲜奶油的生产可以表示为

$$(O+S)/W+G \longrightarrow G/[(O+S)/W]$$

此外,通过使用上标和下标,可以表示不同相的大小(或数量范围)的信息,并表示多相包含物被分散在另一相的复杂情况,从而构建复杂的层次结构。表6-5根据This分类模式对食物进行分类。

表6-5 This的分类模式及应用

食物	This分类应用	描述
牛奶蛋羹	(G+O+S)/W	液态油滴、固体脂肪颗粒(来自煮熟的鸡蛋)和气泡(来自打蛋奶沙司时捕获的空气)都分散在液态水相中
海绵蛋糕	G/S	气体分散在固相中
蛋黄酥	(S/W)@9	九个同心层,每层由分散在液态水相中的固体组成。@表示层次
特定乳化液	O^{100}/W^{10}	100 g油在10 g液态水相中乳化,该实例说明了如何定量地进行分类描述

This分类模式的用途是可以查看大部分操作中使用的各种产品。Herve This根据这个分类模式仔细分析了所有经典的法国酱料,发现只使用了23类构成模式。更有趣的是,他发现传统的法国厨师没有使用过一些简单形式酱料,传统法国酱料中没有G/W(气体分散在液态水相中)的形式。然而,现在许多法国美食餐厅在甜食和开胃菜中却广泛使用。受到This分类模式的启发,未来厨师有可能通过研究现有菜式的分类来发现新菜式和对现有菜式进行改造。

6.2.1 乳状液

乳状液是两种或两种以上互不相溶的液体混合,其中一种液体以液滴形式分散到另一种液体形成的分散系。分散相称为内相,连续相称为外相。食物中典型乳状液有牛奶、奶油、蛋黄酱和色拉酱。

乳状液有着较大的液—液界面,热力学不稳定,放置一段时间,小液滴很快聚集形成较大的液滴,甚至出现分层现象。因此,为了稳定乳状液,必须降低分散系界面的自由能,让液滴不发生聚集。为此,向分散系中加入适当的表面活性物质(乳化剂)可以使其形成稳定的乳状液。两种互不相溶的液体在加入乳化剂后,一种液体分散在另一种不相溶的液体中,形成高度分散系统的过程称为乳化(emulsification)。乳化后得到的分散系称为乳化液(emulsified liquid)。

乳化剂的作用机理是其分子定向地吸附在分散相和连续相的液—液界面上，一方面降低了乳状液分散系统的界面张力，另一方面在分散相液面周围形成了具有一定机械强度的单分子保护膜或具有静电斥力的双电层，防止乳状液出现分层、絮凝、凝结等现象，从而使乳状液稳定(图 6-5)。

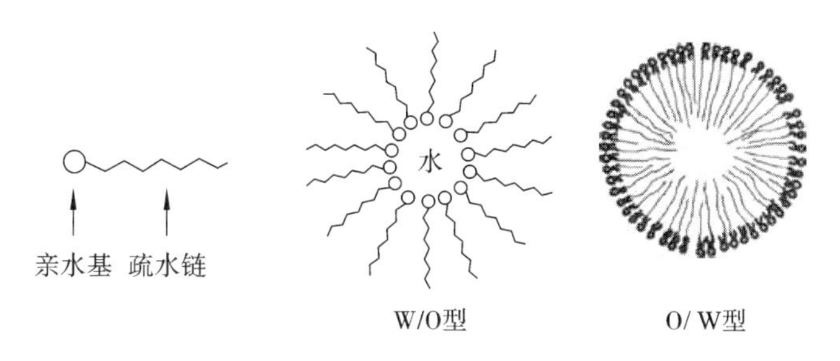

图 6-5　乳化剂的结构与作用示意图

6.2.1.1　乳状液类型

食物中乳状液可分为两种类型：一种是“油”分散在水中，通常称为水包油型，内相为“油”，外相为水，用 O/W 表示，例如牛奶；另一种是水分散在“油”中，称为油包水型，内相为水，外相为“油”，用 W/O 表示，例如奶油。除了这两种类型外，还有多重乳状液，如 W/O/W或 O/W/O。

O/W 型乳状液由于水作为连续相，其外观与牛奶相似，而 W/O 型乳状液连续相为油脂，外观像油或油脂。一种液体如果能与乳状液中的连续相混溶，那么它一定能与乳状液混溶。因此，一种颜料能使乳状液染色的原因是颜料能与乳状液中的连续相混溶。实验中常采用亚甲蓝染色 O/W 型乳状液，因为亚甲蓝溶于水；苏丹红染色 W/O 型乳状液，因为苏丹红溶于油脂。

食物加工中水与油按比例使用，形成不同的乳状液，往往根据内相所占比例的大小，分为低内相比乳状液、中内相比乳状液和高内相比乳状液(表 6-6)。

表 6-6　烹饪中食物加工中乳状液类型

O/W 型			W/O 型
低内相比乳状液(＜30%)	中内相比乳状液(30%～70%)	高内相比乳状液(＞70%)	低内相比(＜30%)
牛奶	重奶油	蛋黄酱	黄油
奶油、奶酪	液体起酥油	色拉酱	人造奶油
充气冰淇淋	肉类乳状液		
固体蛋糕	肉糜、香肠		

从表 6-6 中可以看出，乳状液的类型不是由油和水的比例决定的，作为 O/W 型乳状液，牛奶中油脂(乳脂肪)含量仅仅占总重量的 3.25%。重奶油也是一种 O/W 型乳状液，油脂含量是 36%。蛋黄酱也是一种典型 O/W 型乳状液，其油脂含量超过 80%。而黄油作为一种 W/O 型乳状液，油脂含量也是 80%。还有一些乳状液并不像牛奶、奶油那样简单、清晰可辨，例如火腿肠、香肠、肉糜等，它们属于哪类乳状液？

1913 年化学家班克罗夫特提出了乳状液的性质主要取决于乳化剂是易溶于油还是

水,即班克罗夫特规则(Bancroft's Rule)。作为O/W型乳状液的牛奶、鲜奶油、蛋黄酱中的乳化剂为易溶于水的物质,它们分别是酪蛋白、单甘油酯和卵磷脂。而黄油作为W/O型乳状液,其乳化剂为双甘油酯。按照班克罗夫特规则,火腿肠、香肠、肉糜等食物中起乳化剂作用的是蛋白质,蛋白质与水有良好的结合性,因此将这类食物归于O/W型乳状液。

乳状液的制备应遵循一定的顺序。首先,将乳化剂加入连续相(乳化剂更易溶解的相),当两者混合均匀后,再一边搅拌,一边添加分散相。例如,传统蛋黄酱的制作是将柠檬汁与蛋黄(其中卵磷脂为乳化剂)混合,蛋黄溶于水中(连续相),然后边搅拌边将油慢慢加入混合物中。虽然不遵循上述的顺序,也能得到相同的结果,但是,按照上述顺序得到的乳状液效果更好。

乳状液中液滴的直径对体系的稳定具有重要的影响。一般而言,液滴直径越小,乳状液的稳定性越高。制备高稳定性的乳状液需要的能量和乳化剂的用量随着液滴直径的减小而增加。典型的乳状液平均直径为1 μm,但乳状液体系的液滴直径可以从0.2 μm到若干微米。若液滴直径小于0.1 μm,称为微乳状液。制作微乳状液时乳化剂用量占总体积的20%～30%,而常规用量在1%～10%。微乳状液在大量乳化剂作用下,使油-水界面的张力降到极小(认为接近于0),因而体系的吉布斯自由能(ΔG)小于0,体系处于稳定状态。

值得一提的是乳状液的颜色变化。通常情况下乳状液为不透明的乳白色,这是由液滴直径决定的。当液滴半径的大小接近或者大于入射光线的波长(λ)时,大部分入射光线会沿着前进的方向散射,这种现象称为米氏散射。米氏散射的特征是所有波长的光均等发生散射,因此,各种波长的光混合在一起,使溶液呈现白色,正如看到的白色云朵一样。白云是由大量小水滴和小冰晶聚集形成的,形成云的液滴大小为0.01～0.1 mm。当液滴的半径足够小(小于0.1 λ),散射光的强度与入射光波长的四次方成反比,因此,较短波长光的散射程度要远远大于较长波长光,这被称为瑞利散射。发生瑞利散射时,可见光里面波长较短的蓝光更容易发生散射,使乳状液呈现蓝色,与天空呈现蓝色的原理一样(表6-7)。

表6-7 液滴直径与乳状液的颜色

液滴直径大小	外观
大液滴	两相体系
>1 μm	乳白色
0.1～1 μm	蓝白色
0.05～<0.1 μm	灰色半透明
<0.05 μm	透明

可以通过一个小实验来说明米氏散射和瑞利散射。首先准备两烧杯水,向其中一个烧杯中加入脱脂牛奶,另一烧杯中加入相同体积的高脂稀奶油。第一个烧杯中即使加入几滴脱脂牛奶,水也会呈现蓝色,而第二个烧杯中加入高脂奶油会呈现牛奶的白色,产生该变化的原因是加入高脂稀奶油的液滴直径较大,光通过时产生了米氏散射(图6-6)。

6.2.1.2 乳状液的形成与制备

制备乳状液的常用工艺方法是以分散原理为依据,需要油、水和乳化剂,通过外界向体系提供机械能。分散相在很大的速率梯度作用下,使液滴分裂成许多较小的液滴,液滴可

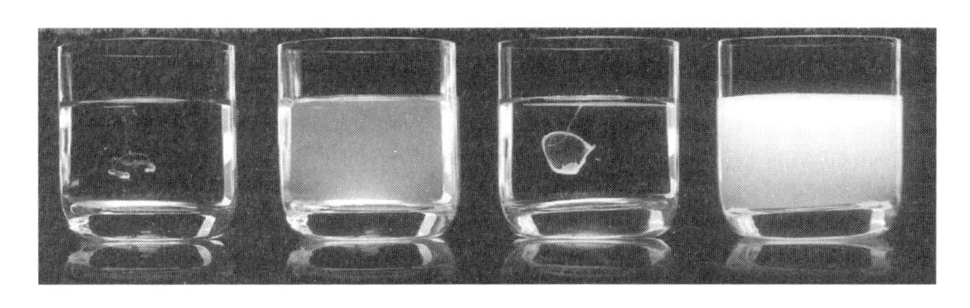

图 6-6　乳状液中液滴直径大小与颜色变化

以承受变形并因拉普拉斯压强(Laplace pressure)的作用而发生破裂。液滴越小,拉普拉斯压力越大,对于一个半径为 0.5 μm、表面张力为 0.01 N/m 的液滴,拉普拉斯压强值为 40 kPa,因此,只有外加相当大的机械能才能使其破裂,也可以通过使用乳化剂降低两相的界面张力来实现。搅拌可以产生足够的剪切应力,在制备 O/W 型乳状液时,搅拌是一种常用方法。搅拌速率越大,时间越长,得到的液滴直径越小,但一般液滴直径不会小于 1 μm。要得到更小直径液滴,必须采用高压均质机,可以使液滴直径小于 0.2 μm。

1. 拉普拉斯压力/曲形界面

对于曲率半径处处相等的球形液面,根据杨-拉普拉斯公式给出了附加压强(p_s)、表面张力(γ)、球形面半径(R')之间的定量关系(图 6-7)。

$$p_s = 2\gamma / R' \tag{6-1}$$

在拉普拉斯压力作用下,一个重要的结论是,液滴与气泡都趋于球形,这样就不容易发生形变,当液滴直径越小时,球形越稳定。如果一个液滴不呈球形,曲率半径将随位置不同而不同,其结果是液滴内存在压力差,必然会引起液滴内物质从高压区向低压区移动,使压力差消失,变为球形形状。对于一个半径为 0.5 μm、表面张力为 0.01 N/m 的乳状液液滴,拉普拉斯压力为 40 kPa,此时需要很大外力才能使其产生变形。而对于一个半径为 1 mm、表面张力为 0.05 N/m 的气泡,拉普拉斯压强为 100 Pa,变得很容易发生变形(图 6-8)。

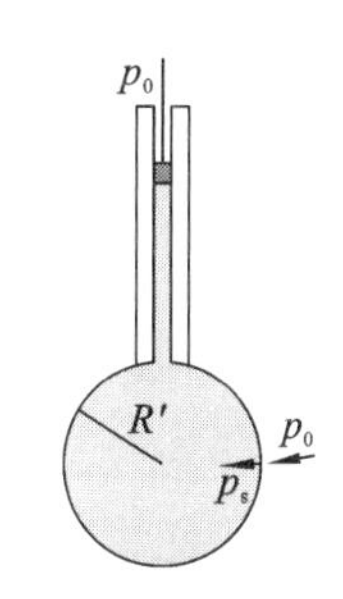

图 6-7　杨-拉普拉斯公式推导

拉普拉斯压力的第二个结果是毛细管上升,在一个垂直毛细管中,会形成一个弯曲凹陷液面。对于一个半径为 R 的毛细管,其半径越小,其管内液体上升的高度越高。管内液体上升产生的压强平衡了毛细压力就不再升高(图 6-7)。

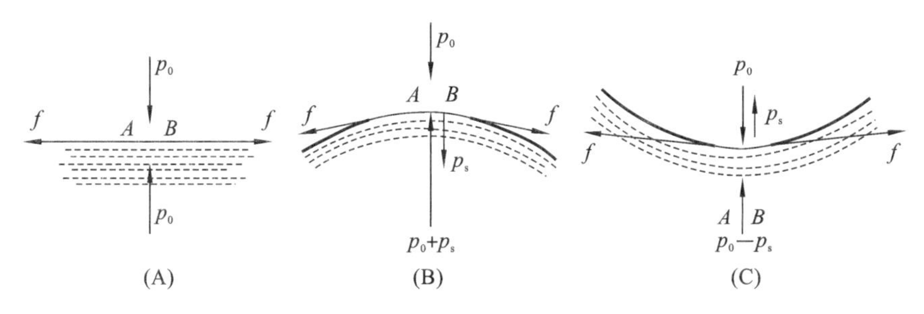

图 6-8　弯曲表面的附加压强

拉普拉斯压力的第三个结果是液体包围的气泡内气体的溶解度增加。当小气泡内的压力上升时,同时根据亨利法则,气体溶解度与压力成正比,溶解度的增加产生 Ostwald 熟化,即在分散系中,以牺牲小粒子(小气泡)为代价而出现了大粒子(大气泡),并最终导致小液滴消失。

2. 乳状液的制备

乳化过程分为两个阶段。第一阶段,将油分散到水中(或相反,将水分散到油中),并不断搅拌,这一阶段称为初步乳化(primary emulsion),这一阶段产生的液滴相当粗糙,不稳定。第二阶段将乳状液进一步击打、搅拌,使液滴分散得更小,这一阶段称为二次乳化(secondary emulsion)。要使形成的乳状液稳定,就得加入足量的乳化剂。通常液滴越小,所产生的乳状液越稳定,维持乳化状态的时间越长。

食物的 O/W 型乳状液系统由三部分组成:一是处于内相的物质,脂肪或脂质;二是界面物质,处于脂质与水相之间,起乳化剂作用,有蛋白质、磷脂、甘油一脂等;三是水相自身。制备乳化液的常用设备及乳化效果见表 6-8。

表 6-8 制备乳化液的常用设备及乳化效果

设备名称	作用力	应用举例	说明
手动搅拌器	中等	黄油白沙司	适合少量物料
家用搅拌器	中等	蛋黄酱、油醋汁	日常厨房应用
便携电动搅拌机	中等	低脂蛋黄酱	适合厨房现打现用的乳状液
商业搅拌机	高	蛋黄酱、油醋汁	适合大量物料,温度较低下使用
转子-定子均质机	极高	重组奶油、复杂乳状液	形成极稳定的乳状液
超声波均质机	极高	稳定蛋黄酱和油醋汁	当需要长期稳定时,最好用于二次乳状液
高压均质机	很高	超稳定冰淇淋、重组奶油	当需要长期稳定时,最好用于二次乳状液

6.2.1.3 乳状液的稳定性

从热力学角度来看,乳状液均不稳定。也就是说,在乳化状态下,食物的自由能比完全分离成两个(或更多)肉眼可见部分时要高,例如,简单的油醋汁,在一定的时间内,会分离成油和醋两个部分。造成油和醋分离的动力是什么?力量大小如何?

1. 表面张力

把一滴水或油放置在玻璃上时,就会发现水或油自然形成圆形,最典型的就是水银(图 6-9(A)),在固体表面形成小圆球,再如荷叶上的露珠,这就是表面张力作用的结果。

表面张力的测定如图 6-9(B)所示。在金属框上安可以滑动的铂丝,将铂丝固定于某位置后沾上一层液膜,这时放松铂丝,铂丝就会在液膜表面张力作用下向右移,使液膜面积缩小。这种沿着液体表面垂直作用于单位长度上平行于液体表面的收缩力,称为表面张力(surface tension),用符号 γ 表示,单位是牛顿/米(N/m)。

$$\gamma = F/2l \tag{6-2}$$

式中,γ——液体表面张力,N/m;

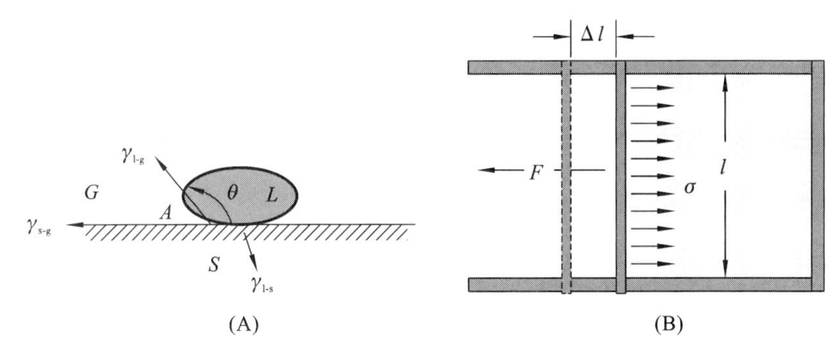

图 6-9　液体表面张力分析图

F——作用于液膜上的平衡外力，N；

l——单面液膜的长度，m。

从式中可知：液膜的长度越小，表面张力越大。对于球状液滴来说，半径越小，其表面张力越大。试验结果表明，制备油-水乳状液时，体积为 1 cm^3 的油滴（球表面积 4.83 cm^3，直径 1.24 cm）分散成直径为 2 μm 的微小油滴，表面积增大到 30000 cm^3，即增大了 6000 多倍。这些微小油滴较原油滴具有大得多的表面张力，它们与表面平行阻碍了油滴的分布。因此，对抗表面张力必须要做功，来消耗增大的表面能。所消耗的功 W 与表面积增大 ΔA 和表面张力 γ 成正比：

$$W = \Delta A \cdot \gamma \tag{6-3}$$

由式(6-3)可知，降低表面张力，可以使机械功明显减小；反之，所需要的机械功越大。单纯性以机械功制备乳状液，得到的乳状液是很不稳定的，容易被破坏。

表面扩展完成后，表面功转化为表面分子的能量。因此，表面分子比体相内部的分子具有更高的能量。若表面扩展过程可逆，在等温等压下，$W=\Delta G$，则界面区域（dA）生成表面多余吉布斯自由能（ΔG），可以写成：

$$\Delta G = \gamma(\Delta A) \tag{6-4}$$

式中，γ 是表面张力，$\gamma=((\partial G)/(\partial A))_{T,p}$。

表面张力总是正的（假设负表面张力会导致不稳定和表面的自发增长）。由于系统具有较大的表面积，相对于宏观相分离系统，从热力学角度分析，分散情况总是不稳定的，然而，也有可能构建乳状体使其处于自由能的局部（而非全局）最小值。为了使乳状液较长时间地保持稳定，需要加入乳化剂来降低表面张力或表面分子的吉布斯自由能，以抑制两相的分离，使乳状液在热力学上稳定。

2. 乳状液相分离或退化机制

液-液分离是一个很好的研究潜在热力学作用的领域。因此，从相分离的各种机制来看，溶胶和乳状液的稳定性可能是最好的反映。乳状液不稳定性有几种表现形式：分层或沉降、絮凝、聚结、破乳、Ostwald 熟化和相转变。

(1)分层或沉降(creaming or sedimentation)　乳状液乳化过程的本质很容易理解，如果没有乳化剂的稳定作用，只要液滴足够大，布朗运动本身不足以使液滴保持悬浮状态，由于两相之间的密度差异，液滴就会缓慢地向上或向下扩散。这是全脂牛奶长时间放置时所发生的情况——油脂慢慢浮到顶部。

分层或沉降是由于油相和水相的密度不同，在外力（重力、离心力等）作用下液滴上浮或下沉，在乳状液中建立平衡的液滴梯度的过程。虽然分层使乳状液的稳定性遭到破坏，液滴往往密集地排列在体系的一端(上层或下层)，两层之间可以是渐变式界限，也可以是明显的界限。一般情况下，液滴大小没有改变，只是乳状液内形成了平衡的液滴浓度梯度(图 6-10(A)和(B))。

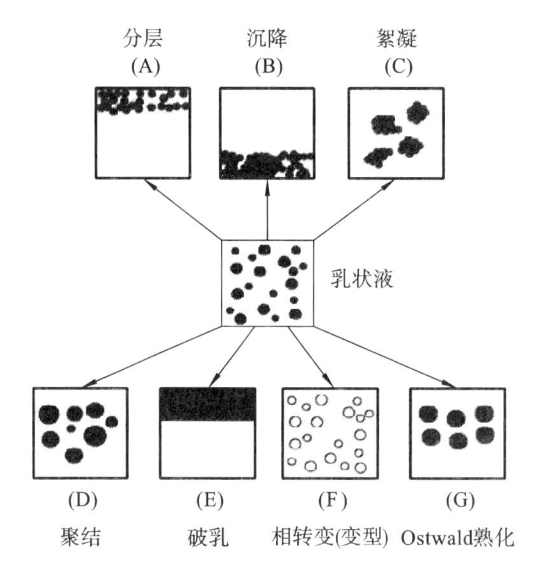

图 6-10　乳状液不稳定性的几种表现形式

通过纳维-斯托克斯方程来预测沉降的趋势，最简单的方法是求出沉降速率，当作用于球体上的净作用力与摩擦力相等时，纳维-斯托克斯沉降速率为

$$v_S = \frac{a(\rho_D - \rho_C)d^2}{18\eta_C} \tag{6-5}$$

式中，a——加速度，对于重力沉降，$a=g=9.81\ m/s^2$；

d——液滴直径；

ρ_D、ρ_C——分散相、连续相的密度；

η_C——连续相的黏度。

斯托克方程很少被定量使用，因为一些额外的影响导致偏离分散液滴的沉降速率估计，但对于提高烹饪中胶体和乳状液的稳定性具有一定的指导意义。

从式中可知：能减小沉降速率，就能提高稳定性。其中最简单的方法是减小颗粒大小(d)，将液滴直径减小到 1/10 将导致沉降速率降低到原来的 1/100，从而增强稳定性。对于厨师来说，一个简单的经验法则是更小的液滴(通常是做更多的功)会产生更稳定的调味汁。

在商业上减小液滴大小的一种方法是使用均质机。在原料奶中脂肪滴粒度直径分布较广，为 1～7 μm。经过 20 MPa 典型均质化后，粒径分布很窄，典型峰值在 0.25 μm。烹饪和家庭厨房可能受益于类似的机器，实现有效地均质化。或者，可以通过人工添加增稠剂(如淀粉、羧甲基纤维素钠、刺槐豆胶等)来控制连续相的黏度(η_C)，从而提高体系的稳定性。使用增稠剂，在许多情况下，胶体的黏度和稳定性可以提高几个数量级。

(2)絮凝(flocculation)　分散相的液滴聚集成团，形成液滴簇(絮凝物)，这一过程称为絮凝(图 6-10(C))。絮凝是由液滴间的吸引力引起的，主要有分子间作用力和氢键。这种

作用力较弱，因而絮凝过程是可逆的，搅拌可使聚集物分开，重新形成乳状液。

(3)聚结(coalescence)　在乳状液中，当两个液滴相接触时，液滴之间形成的液膜受到外界因素的影响，液膜厚度会发生变化，如果局部变薄，液膜易发生破裂形成较大的液滴，这一过程称为聚结(图 6-10(D))。聚结通常是不可逆的，根据油相的物理状态，将聚结分为两类。一是分散相完全是液体时，聚结的液滴溶进较大的脂肪球中，最终以游离的油脂出现在表面(即析油)；二是油相为半凝固状态时，存在一些液体油的扩散，形成的聚集物(结块)是不对称的，称为部分聚结。

液滴除了在重力作用下发生分离外，还可以聚集成大结构，由于体积增大，可能会增加液滴沉降/乳化的速率。聚结是过程中的一小步，导致两个或两个以上的粒子完全融合。例如，在醋/油的调味料中，典型聚结发生在液滴紧密地聚集在一起，液滴通过沉淀/乳化过程达到高浓度(无论是在容器的顶部还是底部)；在啤酒泡沫中，大量的液相在重力作用下回流到啤酒中，而气泡聚结成更粗糙、更大的结构，最终破灭。

部分聚结是处于完全融合和聚集的中间产物。在鲜奶油中，脂肪球达到部分聚结状态，形成固体状的网状结构，使鲜奶油具有物理稳定性。

(4)Ostwald 熟化　存在不同大小液滴的乳状液不易发生絮凝或聚结，可以保持稳定。但随着时间的推移会出现小液滴向大液滴的方向移动，液滴大小的分布曲线变得更集中，液滴大小趋向均匀化，这种现象称为 Ostwald 熟化(图 6-10(G))。Ostwald 熟化是由于拉普拉斯压力造成泡沫不稳定，在乳状液中不常见，但是 Ostwald 熟化过程一旦发生，较小的液滴合并成较大的液滴，就能进一步引发乳状液的不稳定。

(5)相转变(phase inversion)　相转变是乳状液分散相与连续相互相转变的现象。在乳状液制备过程中，分散相与连续相的添加顺序、乳化剂的性质、分散相与连续相的体积比、体系的温度等因素对相转变都会产生影响。当分散相的体积分数高时(如蛋黄酱)，易发生相转变(图 6-10(F))。

增加液滴上的电荷(如反复、猛烈地搅打)可以显著提高乳状液的稳定性，厨师从制作蛋黄酱的经验中应该了解这一点。虽然厨师可能不完全了解乳状液和泡沫的热力学作用，但他们都能充分认识到需要做的工作是对食物原料的搅拌、搅打、再搅打。通常使用功能强大的厨房机械来获得适当的分散度。

一个简单的例子说明了实现油水乳化所需的能量。假设油在水中乳化体积分数为 0.1，液滴大小是 0.30 mm，1 L 乳化液中液滴的表面积是 2×10^{3} m^{2}，甘油三酯水表面张力的典型值为 30 mN/m，因此产生的多余自由能(或所需功)为 60 J/L。所以要生产 1 L 这样的乳化液，至少需要对混合物做 60 J 的功。然而，由于乳状液本身不稳定，因此，这项工作需要在很短的时间内完成，要比液滴的“弛豫时间”短，通常要少于 1 s。任何用于制造乳化液的混合装置都需要有数百瓦的功率，并高速运转，以产生所需的高剪切力，从而使要分散的相发生改变，将其分散成液滴。这类工业设备包括带窄缝的转子、定子，使用大压力差的高压均质机，迫使液体以高速通过窄缝。它们本身都不会形成乳状液，只是将现有的乳状液分散成更细的液滴。到目前为止，没有专门为家庭厨房制造乳状液的设备，厨师倾向于使用低效的方法，如人工搅打，其中大部分能量被“浪费”在液体的热黏性上，而不是创造(和减少现有的)液滴的大小。

6.2.2 泡沫

6.2.2.1 食品泡沫

泡沫食品呈现方式较多，啤酒杯中的泡沫，拿铁咖啡中的泡沫，面包、蛋糕中的泡沫，冰淇淋、打发奶油中的气泡。泡沫具有非常有趣的结构，它们是由空气被包裹在液体薄膜中形成的。现代厨师利用泡沫特殊的结构性质，制作出了泡沫型马铃薯泥、干酪等食品。在食品中制作稳定的泡沫需要技巧，要在对其基础知识的理解上，加上耐心的试验，从而加快对新型泡沫食品的研发。

泡沫可看作一种水包气(G/W)型乳化液。空气中的氮气、氧气、二氧化碳等气体在水中有一定的溶解性，但其溶解度较小，在非常低的浓度下快速达到饱和状态。像乳化液一样，泡沫由两部分组成：分散相和连续相。在泡沫体系中，气体(通常是空气)起到分散相的作用，水基质的溶液或混合物作为连续相包裹在气泡的周围，不过泡沫中的气泡一般比乳状液中的油滴分散相更大。油包气(G/O)型泡沫也存在，例如打发黄油时产生的气泡，但这种类型的泡沫在工业上应用更多，例如冰淇淋、奶酪，细小均匀的气泡增加了细腻的口感(表6-9)。

表6-9 烹饪中常见泡沫食品及起泡方法

类型	案例	稳定剂	气体	泡沫形成方式	说明
脂肪泡沫	打发奶油	乳脂肪、乳蛋白	空气、N_2O	打发、虹吸	最常见泡沫
	冻糕	乳脂肪和明胶	空气、N_2O	打发、虹吸	用明胶作为稳定剂，以获得更长的保质期
淀粉泡沫	焙烤食品	淀粉、蛋白凝胶	空气、CO_2、水蒸气	发酵、化学剂起泡	淀粉凝胶通常与蛋白凝胶互为增补
	膨化小吃	淀粉＋稳定剂	空气、CO_2	油炸、化学剂起泡	油炸高温下产生
鸡蛋泡沫	沙巴雍	蛋黄凝胶	空气、水蒸气	打发	气体包裹在蛋白凝胶中
	蛋白酥皮	蛋白凝胶	空气	打发	
	蛋奶酥	混合鸡蛋凝胶	空气、水蒸气	打发	
其他蛋白泡沫	拿铁咖啡泡沫	牛奶蛋白	水蒸气	过饱和	—
	慕斯	明胶	空气	打发	主要用于冷藏或冷冻甜点

泡沫与乳状液相似，因为它们都是由互不相容的两相形成的。在乳状液中油和水不相溶，水包气型泡沫中气体和液体充当油与水的角色。一般情况下，泡沫的稳定性比乳状液的稳定性差，例如蛋黄酱可以保持数天甚至数月，但是泡沫只能保持几小时或更短。这主要是因为泡沫直径比乳状液液滴直径大，细小的气泡直径可能为0.01～0.1 mm，鲜有气泡直径为几微米。相反，大多数乳状液中的液滴直径为0.001～0.01 mm，是泡沫中气泡直径的1/100～1/10。在泡沫中，同样由于拉普拉斯压力的作用，气泡直径越小，其内部压力越大，即通常小的气泡更容易破裂。除了直径大小，密度也起着重要的作用。与乳状液的油

和水之间的密度差异相比，泡沫中液相和气相之间的密度差异更大，乳状液中分层、沉淀现象更容易在泡沫体系中发生，这一过程叫作排水(draining)。

另一个使气泡破裂的原因是泡沫中的气泡紧紧压在一起形成多边形结构，并由薄膜分隔开。气体更容易溶解在水中并扩散到气泡间的液体里，这相当于 Ostwald 熟化，会缩短泡沫的寿命(图 6-11)。

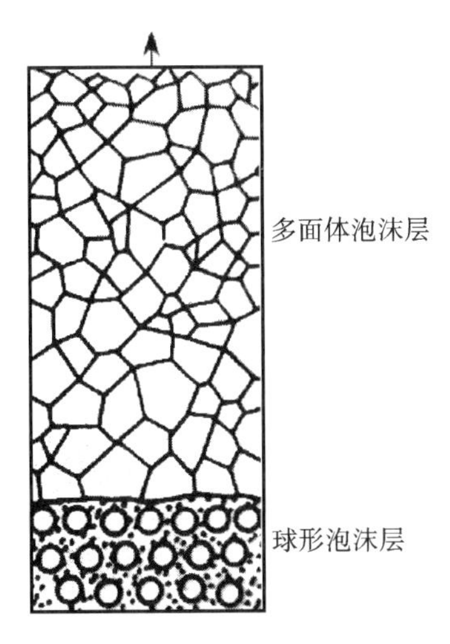

图 6-11　气泡被挤压在一起形成多面体形结构更易发生 Ostwald 熟化

6.2.2.2　起泡剂与稳定剂

凡是能降低界面表面张力和表面能的物质都具有起泡剂的作用，例如肥皂、烷基苯磺酸钠等，在洗涤中都有起泡作用。专门用于发泡的表面活性剂称为起泡剂，与乳化剂分子结构一样，属于双亲分子。起泡剂一方面降低水的表面张力，因为发泡时总表面积增加，表面张力降低后整个系统的总表面积可以不增加或增加很少，从而维持系统的稳定；另一方面，起泡剂在界面间形成的气泡膜有一定的机械强度和弹性。因此，作为起泡剂的分子需要有一定的长度，在起泡时分子做定向排列。疏水基团一部分朝向泡沫内空气，一部分朝向外面空气，而亲水基团都插在气泡的膜内(图 6-12)。

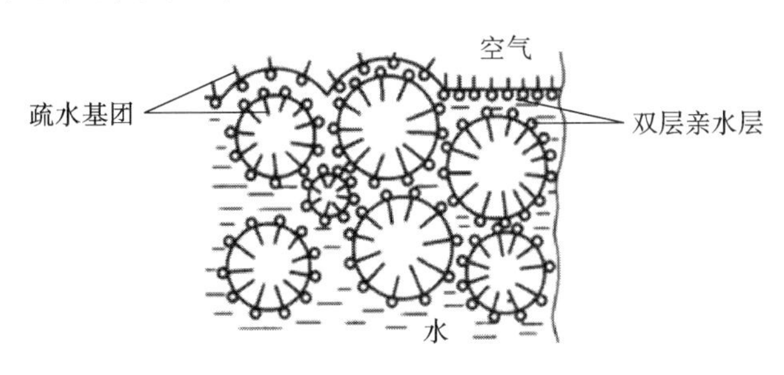

图 6-12　起泡剂作用示意图

馒头、面包、蛋糕等泡沫分散系，在加工过程中加入乳化剂和稳定剂，有利于泡沫形成，也可改善其稳定性，使食品中泡沫均匀而稳定，达到质地细腻、弹性好的效果(表 6-10)。乳化剂在面包等烘烤食品中的使用效果取决于乳化剂与面包各组分相互作用的结果，最重要的是与油脂、蛋白质和淀粉的相互作用。由于乳化剂本身的亲水、亲油性，能够增加食品中各组分的亲和力，降低界面张力，促进各组分(特别是油脂、水)混合在一起。面包中乳化剂的使用通常为了防止淀粉老化，改善面坯品质。

表 6-10 传统烹饪用于起泡食物中的起泡剂及应用情况

食物	起泡剂	典型浓度	应用案例	说明
蛋清	清蛋白	8%～100%	蛋白酥皮、蛋糕、蛋奶酥	蛋清中含有2.5%清蛋白
蛋黄	卵磷脂、清蛋白	3%～30%	荷兰酱、沙巴雍	
黄油	乳蛋白和乳脂肪	1%～75%	打发奶油	46 ℃和56 ℃之间与其他蛋白质合并形成稳定乳状液
大豆	卵磷脂、清蛋白	0.5%～2.5%	海绵蛋糕、素食慕斯	制作干的、粗糙泡沫
明胶	明胶	0.2%～2.0%	慕斯	只适用冷泡沫
牛奶	酪蛋白和乳清蛋白	5%～100%	牛奶泡沫	咖啡饮料
乳制品	酪蛋白和乳清蛋白	2%～100%	打发奶油	酸奶、奶酪

乳化剂防止面包老化的作用机理，主要是与淀粉形成络合物。一般认为面包等烘焙食品变硬是与淀粉老化结晶有关。在面团制作时面粉中的淀粉(直链、支链淀粉等)因吸水而膨胀，在发面和烘焙过程中，淀粉结晶结构被破坏，低分子直链淀粉先与水结合，从淀粉颗粒中溶出，与水形成饱和淀粉糊状物，使整个面团黏性增加。当面包放冷后，淀粉糊状物中处于饱和状态的直链淀粉分子重新结晶，面包出现老化变硬。在面团制作中添加乳化剂，乳化剂分子中的疏水基团进入直链淀粉螺旋结构中形成一种络合物，在烘烤阶段，淀粉被加热糊化，由于乳化剂与直链淀粉形成络合物，淀粉颗粒被固定下来，向周围排出的自由水的量减少。因而，当面包冷却时，可以阻止直链淀粉分子结晶，这就是乳化剂作为面团柔软保鲜剂的作用机理。乳化剂对面包所产生的柔软保鲜作用效果与乳化剂同淀粉形成络合物的能力相关，乳化剂的脂肪酸链构型越适合直链淀粉螺旋结构，形成络合物的能力越大。由测试各种乳化剂与直链淀粉络合指数得到，络合指数最大的是单硬脂酸甘油酯，其次是硬脂酸乳酸酯。而且，单甘油酯的结晶形态也影响与淀粉结合的能力，如 α-单甘油酯能够分散于水中与面团中淀粉颗粒充分结合，其效果较好。相反，β-单甘油酯水分散能力差，因而柔软保鲜效果欠佳。

面包面坯主要由面粉中蛋白质形成面筋，在和面和面团发酵过程中形成蛋白质三维网络结构，大量的气体(空气、二氧化碳等)储存在网络结构中，增大面包的体积和弹性。如果面粉中蛋白质含量不足，面筋形成量减少，或和面过程不均匀、大批量机械化搅拌和面，使面筋网络结构被破坏，就会造成面团体积小，而且硬、弹性差。乳化剂能与面粉中固有的脂类、蛋白质形成氢键或偶联络合物，起到加强面团网络结构的作用，增加面团的保气性、延伸性，使烘焙出的面包组织均匀、绵软。此外，乳化剂对面包胚中泡沫的稳定性也有较好的促进作用。

食品中的稳定剂是一些大分子、亲水性物质，大多数属于多糖，一般分为增稠剂和凝胶剂两大类。典型增稠剂有淀粉、改性淀粉、瓜尔豆胶、黄原胶以及改性纤维素(羧甲基纤维素)等，凝胶剂有果胶、淀粉等。海藻酸钠既是增稠剂也是凝胶剂，黄原胶和槐豆胶在单独使用时为增稠剂，两者配合使用时就成了凝胶剂。稳定剂作用的机制包括：①在水中有一

定的溶解度，能够增加液相的黏度；②在水中溶胀，在一定温度范围内迅速溶解或糊化；③其水溶液有较大黏度，具有非牛顿流体性质；④在一定条件下能够形成凝胶体和薄膜。

稳定剂具有乳化、稳定、胶凝等作用，对改善食品外观、组织结构、质感等有着重要的意义，几乎所有现代加工食品，例如饮料、奶酪、冰淇淋、果冻、各式馅料、汤料、酱类、罐头等都需要添加。

6.2.2.3　食品泡沫的制备

食品加工中泡沫的制备方法有物理方法和化学方法，物理方法有过饱和法和机械法。

(1)过饱和法　通常某一气体(CO_2或N_2O，因为它们的溶解度很高)在高压下，可溶解于液相中，当压力释放后，就会形成气泡，例如，碳酸饮料和啤酒，当加压的容器打开，过剩的压力被释放，溶液变得过饱和，它将渗入所有空穴中，气泡不断增长，当体积足够大时就会上升形成一个气泡层。发酵面团在形成CO_2过程中，同样过剩的CO_2聚集成小气泡，并不断增长，最后形成肉眼可见的气泡结构。

(2)机械法　当气流通过一个狭窄的开口被引入水相时(如喷射)会产生气泡，不过产生的气泡较大，直径为20～100 μm。搅打也可以使空气混入液相中获得较小的气泡，如蛋清经过搅打，随着剪切力(搅打速率)的增加，可以获得较小的气泡，这也是烹饪或工业生产中常用的制备泡沫方法。

化学方法根据其原理分为膨松剂发泡、生物发酵和蛋白质起泡。

(1)膨松剂发泡　在食品加工过程中加入膨松剂，在适当的温度和湿度条件下作用产生气体，使食品形成多孔组织，具有膨松、柔软或酥脆的分散系。该法广泛应用于焙烤食品中，如面包、饼干等发酵食品，其功效有增加食品体积，形成松、软、酥、脆的感觉。膨松剂类型有以下几种。

①碳酸氢钠，又称小苏打、重碱，溶于水，对热不稳定，170 ℃加热分解，产生CO_2气体。由于分解产物为碳酸钠，因而使用过量会产生碱化作用，食品出现苦味。同时，碳酸钠会与面粉中所含有的黄酮类色素反应，生成黄色。为了达到感官品质较好的目的，要注意小苏打的使用剂量。小苏打主要用于烘焙食品、油炸食品等高温加热方法制成品。

$$NaHCO_3 \xrightarrow{\triangle} Na_2CO_3 + CO_2\uparrow + H_2O$$

②碳酸氢铵，俗称臭粉、臭碱。其水溶液非常不稳定，在70 ℃分解产生NH_3和CO_2气体。碳酸氢铵产气量大，发泡能力强，但容易造成产品过松，内部和表面出现较大的空洞，表面还可能出现暴裂。此外，由于产生的NH_3具有强烈的氨味，会给食品口感带来不良影响。

$$NH_4HCO_3 \xrightarrow{\triangle} NH_3 + CO_2\uparrow + H_2O$$

③矾碱(硫酸铝钾)与碳酸钠的混合物，加热分解可产生CO_2气体，起到膨松作用，同时生成氢氧化铝。由于氢氧化铝具有酸碱两性，因此，该膨松剂能够较好保持食品的pH。但由于铝元素对人体有害，现行食品安全法规规定主要食品(如馒头、婴幼儿食品)不准使用硫酸铝钾。

$$AlK(SO_4)_2\cdot 12H_2O + Na_2CO_3 \xrightarrow{\triangle} K_2SO_4 + Na_2SO_4 + Al(OH)_3 + CO_2\uparrow + H_2O$$

混合膨松剂又称复合膨松剂，通常由碱剂、酸剂和填充剂组成。碱剂有碳酸氢钠、酸性盐(磷酸钙)等，酸剂多为有机酸，如酒石酸、柠檬酸，填充剂(也称助剂)由淀粉、脂肪等组成。碳酸氢盐起产气作用，酸性盐控制产气的速率，调节酸碱度，助剂防止膨松剂吸湿、失效，有利于储藏，例如碳酸氢钠-磷酸钙复合膨松剂作用原理。

$$NaHCO_3 + CaH_4(PO_4)_2 \xrightarrow{\triangle} Na_2CaH_2(PO_4)_2 + H_2O + CO_2\uparrow$$

食品中常用的复合膨松剂主要组成情况如下：

①22%酸式磷酸钙、35%碳酸氢钠、3%明矾、15%淀粉等。

②3%碳酸氢钠、44%酒石酸氢钾、3%酒石酸、30%淀粉等。

③19%碳酸氢钠、30%酒石酸氢钾、5%酒石酸、46%淀粉。

(2)生物发酵　利用酵母菌在一定条件(适量水、氧气、温度和 pH 等)下繁殖产生的酶对面粉中存在的单糖和某些低聚糖进行分解，随着发酵的进行，淀粉酶被激活，淀粉分解产生葡萄糖、麦芽糖，并在酶的作用下继续分解产生 CO_2 和水，使面团体积膨大，形成特有的风味过程。面团发酵过程包括两个方面：一是酵母菌在有氧条件下发生有氧氧化反应，将葡萄糖分解为 CO_2 和水，并产生热量；二是在发酵过程中，面团中心部分因缺氧而出现无氧酵解作用，生成少量的乙醇，使面团带有醇香味，同时乙醇也能提高面筋中的麦醇溶蛋白的溶解性和膨润性，从而增强面筋的黏弹性。

随着酵母数量的增长，淀粉酶不断产生并被激活，面粉在短时间完成发酵。为了保证品质良好，一是发酵过程中以有氧发酵为主，控制无氧酵解的程度；二是纯化酵母菌，控制杂菌(如乳酸菌、醋酸菌)生长，防止面团酸化。

(3)蛋白质起泡　蛋白质作为起泡剂的机理：蛋白质是高分子双亲物质，具有界面特性，在气-液混合物中，蛋白质分子快速吸附到气-液界面形成分子膜，且不断交联形成黏性膜，当在搅动过程中，膜包裹了空气，形成气泡。蛋白质的乳化作用有助于降低界面张力，有利于发泡，而表面成膜黏度大，又有利于提高气泡的机械强度，不易破裂(图 6-13)。

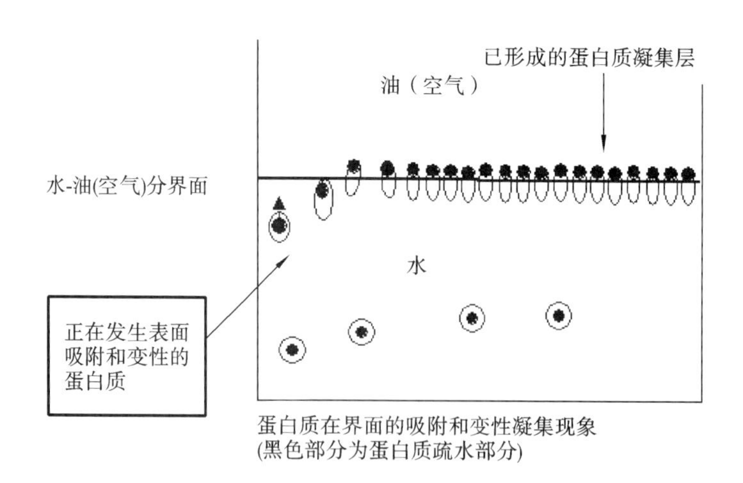

图 6-13　蛋白质的界面特性(界面成膜特性)

蛋白质起泡是烹饪中应用较为广泛的技术，除了蛋糕制作中利用蛋清蛋白起泡，在利用蛋白质制蓉、制胶的食品中，通常先用蛋清蛋白作为起泡剂。由于蛋白质结构、性质的原因，影响蛋白质起泡和泡沫稳定的因素较多。

①蛋白质类型和浓度。蛋白质的发泡能力与泡沫的稳定性之间通常是矛盾的，具有良好发泡能力的蛋白质泡沫稳定性一般较差，而发泡能力差的蛋白质泡沫稳定性较好。原因

是发泡能力与稳定性是由两类不同性质的分子决定的，发泡能力取决于分子的扩散速率、对界面张力的降低、疏水基团的分布等性质，主要由蛋白质溶解性、疏水性、肽链的柔软性等决定；泡沫的稳定性由蛋白质溶液的流变学性质决定，蛋白质的水合作用、浓度、适当的分子间作用力等。因此，同时具有发泡能力、泡沫稳定性的蛋白质是两方面性质平衡的结果。

研究表明，卵清蛋白是较好的蛋白发泡剂，血清蛋白、明胶、酪蛋白、谷蛋白、大豆蛋白等也有不错的发泡性质。蛋清和明胶虽然表面活性较差，但它们可以形成具有一定机械强度的薄膜，尤其是在其等电点附近，蛋白质分子间的静电相互吸引使吸附在空气-水界面上的蛋白质膜的厚度和硬度增加，泡沫的稳定性提高。

蛋白质浓度对泡沫稳定性也有影响。通常蛋白质浓度为 2%～8%时，液相具有良好的黏度，形成的膜具有适当的厚度和稳定性，当浓度大于 10%时，黏度过大，影响蛋白质的发泡能力，泡沫变小、变硬。

②糖类。糖有较好的水溶性和黏性，提高泡沫中主体液相的黏度，有利于气泡的稳定，但同时也会抑制气泡的膨胀。卵清中糖蛋白由于能吸附和保持泡沫薄层中的水分，有助于泡沫稳定。泡沫食品制作中通常加入一定比例的糖，就是起稳定泡沫的作用。但在蛋白质起泡（蛋奶酥、蛋糕、蛋白甜饼等）时打擦加糖，糖应在起泡后加入，过早加入糖的黏性会影响泡沫的形成，加糖量对泡沫稳定性有较大的影响。

③脂类。脂类会损害蛋白质的起泡能力，脂类干扰了蛋白质在界面的吸附，并且影响已被吸附蛋白质间的作用，从而使泡沫不稳定而破裂。因此，在打擦蛋白质起泡时，应避免接触到油脂。但由于蛋白质的起泡而影响加工工艺的操作时，要对蛋白质泡沫进行消除，工业上常用的方法就是加入消泡剂——硅油。

④热处理。泡沫形成前对蛋白质溶液进行适度的热处理可以提高蛋白质的起泡能力，过度的热处理会损害蛋白质的起泡能力。对已形成的泡沫加热，泡沫中的空气膨胀，往往导致气泡破裂。只有蛋清蛋白在加热时能维持泡沫结构，利用蛋清的这一特点，可以烹调出一些精制的菜点。

⑤盐类。盐类物质可以影响蛋白质的溶解、黏度、伸展和解离，也能影响其发泡能力，例如氯化钠一般能提高蛋白质的发泡能力，但会使泡沫的稳定性减弱（表 6-11）；Ca^{2+} 则能促进蛋白质形成盐桥的作用，提高泡沫的稳定性。

表 6-11　NaCl 对乳清分离蛋白质起泡能力和泡沫稳定性的影响

NaCl 浓度/(mol/L)	总界面面积(cm^2/mL 泡沫)	50%泡沫起始面积破裂时间/s
0.00	333	510
0.02	317	324
0.04	308	288
0.06	307	180
0.08	305	165
0.10	287	120
0.15	281	120

⑥pH。pH 接近等电点(pI)时,蛋白质泡沫体系很稳定,这是由于蛋白质分子间的排斥力很小,有利于蛋白质间的相互作用和蛋白质在膜上的吸附,形成黏稠的吸附膜,提高了蛋白质的发泡能力和稳定性。虽然蛋白质在 pI 时不溶解,只有很少的蛋白质参与泡沫的形成,所形成的泡沫数量少,但泡沫稳定性很高。

除此之外,蛋白质泡沫还与搅拌时间、强度、方向等有关。适当的搅拌有利于蛋白质伸展和吸附,过度地打擦会使蛋白质絮凝,降低膨胀度和泡沫的稳定性。

6.2.2.4 泡沫破裂

泡沫形成后,由于界面张力等因素,会在一定的时间段内破裂(实际与泡沫形成同时存在)。泡沫一般会显示三种类型的不稳定性。

(1)Ostwald 熟化(歧化反应) Ostwald 熟化是单个分子在连续相中扩散,从较小的、不稳定的液滴形成较大的液滴。这个过程由不稳定表面形成的自由能所驱动,这使得小液滴比大液滴具有更大的迁移化学势(拉普拉斯压力作用)。这种效应在连续相中产生了迁移的浓度梯度,从而形成了净扩散。Ostwald 熟化很好理解,并在一个广泛的相——分离系统已观察到。

将一个分散相部分溶于一个连续相系统中,温度(或压力)的微小波动将导致分散相数量的变化,重新达到新的分配平衡。当外界因素恢复到初始状态,并且分散相的净含量也恢复初始状态时,颗粒的粒径分布将向更大的尺度转变,这一现象可以看作 Ostwald 熟化过程的增强。这类过程对于冷冻甜点的储存尤为重要,因为冷库中的温度波动会导致大冰晶的不可逆生长。

Ostwald 熟化大多数情况下是泡沫不稳定性中最重要的类型,尤其在食品体系中,气泡的体积比其他种类的泡沫都要小。在泡沫的顶层,Ostwald 熟化发生最快,因为气体可以直接扩散到大气中,而气泡与大气之间的水层又非常薄。同时,在泡沫内部,Ostwald 熟化发生的速率也相当快,气泡从小气泡向大气泡扩散。产生的原因是小气泡中有较大的曲面压力,其内压比大气泡中的内压大,两者内压又都大于外部压力。小气泡通过液膜向大气泡中排气,小气泡不断变小直至消失,大气泡因此变大,其液膜变得更薄,最后破裂(图6-14)。

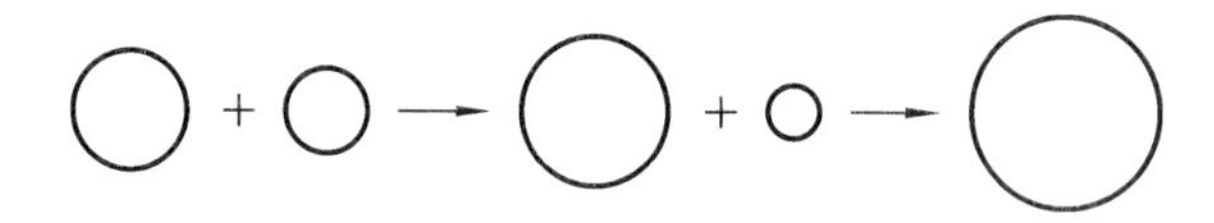

图 6-14 Ostwald 熟化示意图

(2)沥水(排液) 沥水(排液)是指由于重力作用,从泡沫层排出或经泡沫层排出液体。泡沫的存在是气泡之间有一层液膜相隔,由于气液两相的密度和性质有很大差异,气泡间的液膜在重力作用下产生向下的排液现象,使液膜变薄,同时膜的强度随之下降,如果加以外界的作用力更容易破裂,造成气泡的合并。

(3)表面张力作用 当 3 个气泡聚结在一起时,它们之间形成三角样液膜,这一液膜区称为 Plateau 区边界,简称 P 区(图 6-15)。如果 3 个气泡大小相同,则交界面之间形成 120°的夹角,因为每一交界面上具有相同的界面张力。但 P 区为 3 个气泡交界处,X 为 2 个气泡的交界处,P 区曲率较 X 区曲率大。根据开尔文公式,对于小液滴(泡沫)和小颗粒等具有凸面的物质,其饱和蒸气压与曲率半径成反比,即曲率半径越小,其饱和蒸气压越大。这就意味着 P 区的曲面压力小于 X 区,液体从 X 区流向 P 区而导致液膜变薄,泡沫的稳定性

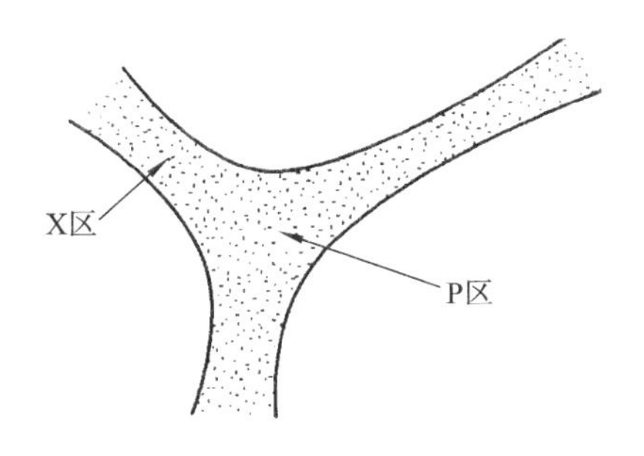

图 6-15　泡沫中存在的 Plateau 区和 X 区边界

下降。由于重力的作用，最终导致泡沫破裂。

泡沫稳定性主要通过三个方面维持：①适度降低表面张力、泡沫排液的速率和气泡液膜的交界处与正常界面（两个气泡接触面）之间的压力差，表面张力低则压力差小，排液速率慢，这有利于泡沫的稳定。但表面张力不宜过低，否则会使液膜机械强度减弱，不利于泡沫的稳定。②增加泡沫表面黏度，表面黏度是泡沫稳定的重要因素。表面黏度大可以增强液膜抵抗强度，降低液膜排液和气体跨膜扩散的速率，提高泡沫的稳定性。③增加相邻界面之间的静电和空间排斥作用。可以由离子和非离子表面活性剂、高聚物和其他助剂吸附在液膜表面，使气泡产生排斥效应，起到对抗排液作用、减少泡沫之间接触产生的 Ostwald 熟化反应。除此之外，影响泡沫稳定性的因素还有液相的黏度、温度等。图 6-16 为不同状态泡沫稳定性示意图。

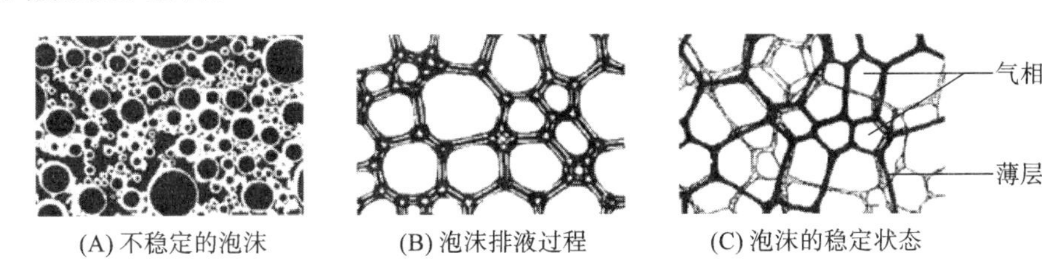

图 6-16　不同状态泡沫稳定性示意图

总而言之，尽管厨师有一些可用的方法来应对破坏产品稳定性的相分离过程，但要消除分散相中小液滴随时间延长而增大的趋势是不可能的，因此要做的就是掌握产品保持足够稳定性的时间范围，使用餐者能够最大限度地享受产品。也许正是因为这个原因，推广餐厅的美食可能会特别具有挑战性。在餐厅中，出锅的菜品的“生命”只有几十分钟，而商业或零售业则需要保质期为几天甚至几个月的产品。

在餐厅和家庭烹饪中，往往并不需要维持食品泡沫太长时间，只需要维持从厨房传送到餐桌享用的这段时间的稳定即可。因此，可以制备和使用处于亚稳态，甚至不稳定状态的食品。一个有趣的例子是制作绿茶泡沫清味剂。作为一种极好的口腔清洁剂，这个基本概念是在人们注意到绿茶和伏特加在蛋清泡沫中混合后产生的。作为一种泡沫，它会很快消失，所以可以在正餐开始前食用，而不会像食用大量、浓稠的食材那样，有降低食欲的风险。但泡沫存在一个稳定性问题，泡沫很快就会坍塌，在玻璃杯底部留下一些液体。因此，它必须在餐桌上准备好并立即食用，但并不是每位用餐者都愿意立即食用完，有些人会放一会儿再食用（或许是为了品味它）。最后，研究人员找到了一种解决方案：将泡沫冻在液氮中，制成一个小的硬壳球体，当放入口中，它会立即消失，清新上颚。

为了提高泡沫的寿命，通常需要引入额外的“稳定”化合物。这些稳定剂的添加会引入它们各自的风味和质地,这往往会改变原有菜肴的风味,反过来又会降低菜肴的吸引力。然而,一些厨师已经开始使用这些稳定剂来延长所烹饪菜肴的食用时间(表6-12)。

表6-12 常见食物及其稳定剂使用情况

食物	稳定剂
蛋黄酱、荷兰辣酱油、法式伯那西酱	蛋黄卵磷脂
色拉调味汁	可以用芥末来稳定
啤酒泡沫	大麦中的蛋白质
卡布奇诺泡沫	牛奶中的酪蛋白和乳清蛋白
浓缩咖啡(加奶)泡沫	在烘焙咖啡过程中形成的表面活性聚合物(蛋白质、多糖等)
面包心	复合泡沫在烘焙前由其蛋白质形成的面筋稳定,烘焙后的冷面包心由固体淀粉网络稳定
鲜奶油	通过磷脂表面活性部分和奶油脂肪球结合来稳定

6.3 食物基本组织结构——胶体

胶体分散系介于粗分散系和分子分散系之间,在生物界普遍存在,就生物体而言,其组织多为胶体分散系。大部分食物主要是由水、蛋白质、脂肪和糖等组成的胶体。胶体根据其组成和性质可分为三类:亲液胶体(亲溶剂)、疏液胶体(憎溶剂)和缔合胶体。

亲液胶体(lyophilic colloid):通常是在一种合适溶剂中溶解大分子物质(分子大小在胶体粒径范围)而形成的均匀溶液。从分散相与连续相形态上看,它们均匀地以分子形式混合,因此体系是平衡的,热力学上较稳定。由于分子本身较大,它们在介质中扩散速率小,不能透过半透膜,故称为溶胶。食物中大分子物质多糖(淀粉、果胶、黄原胶、卡拉胶等)、蛋白质等的水溶液就是亲液胶体。

疏液胶体(lyophobic colloid):体系中含有两相或多相,由气体、油脂、水或各种结晶物质组成。疏液胶体不能自发形成,它需要能量把一相分散到另一相(连续相)中,形成不平衡体系,因此热力学上是不稳定的。含有晶体、乳状液、泡沫的食物大多属于疏液胶体。

缔合胶体(associating colloid):以双亲分子(表面活性物质等)缔合形成的胶束分散在连续相中得到的液体,或由表面活性物质所保护的微小液滴(如油滴)均匀分散在连续相中形成的微乳状液,称为缔合胶体(也称乳胶体)。缔合胶体主要有乳化剂,在水环境中,亲油基团互相紧密靠在一起避开水相,而亲水部分则朝向水相,形成了胶束或微液滴结构,其胶束或微液滴大小为1～100 nm(图6-17)。这种胶束溶液和微乳溶液在热力学上属于稳定系统。

6.3.1 胶体分散系性质

胶体由于其特殊的粒子结构,具有光学性质、动力学性质和电化学性质。

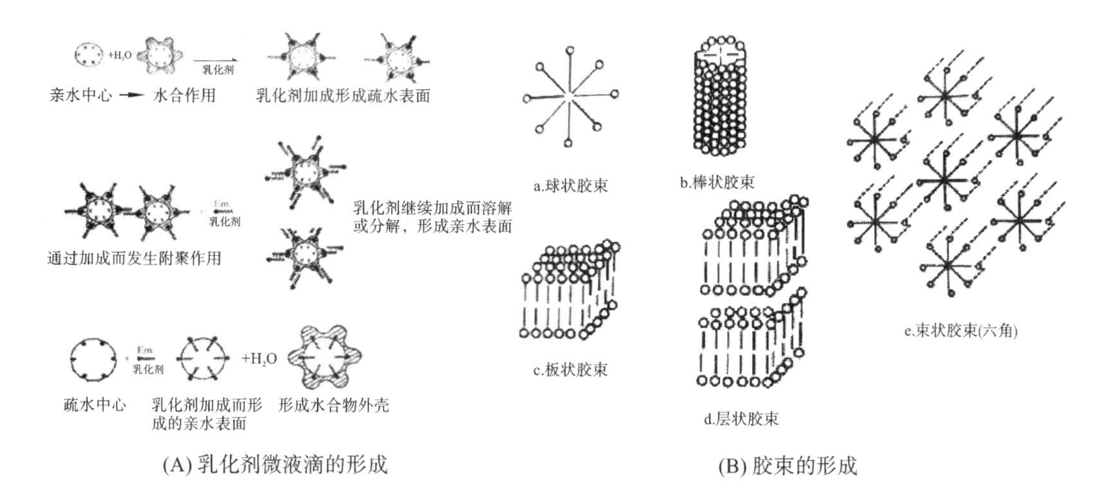

图 6-17　缔合胶体形成示意图

6.3.1.1　光学性质

1869 年，化学家丁铎尔将一束会聚的光线通过溶胶时，从侧面可以看到一个发光的圆锥体，这种现象称为丁铎尔现象(Tyndall phenomenon)。

丁铎尔现象的本质是光的散射。当光线射入分散系时，可能发生两种情况：一是分散系中分散相粒子直径大于入射光的波长，则主要发生光的反射或折射，所以能看到混浊现象，粗分散系属于这种情况；二是分散相粒子的直径小于入射光波长，则产生散射现象，此时光波绕过分散相粒子而向各个方向散射出去，因此可从侧面看到光。可见光波长在 400～700 nm 范围内，胶粒直径为 1～100 nm，胶粒直径略小于可见光波长。当光投射到胶粒上时，产生散射，利用瑞利散射可以很好地解释不同粒径的分散系为何呈现不同的颜色。

6.3.1.2　动力学性质

1827 年，英国植物学家布朗在显微镜下观察到悬浮在水中的花粉不断地做不规则运动，超显微镜发明后，观察到溶胶胶粒不断地做不规则的"之"字形连续运动，称为布朗运动(Brownian motion)(图 6-18)。布朗运动与溶胶的胶粒大小相关，胶粒越小，布朗运动越激烈。布朗运动的激烈程度不随时间而改变，但随着温度的升高而增加。

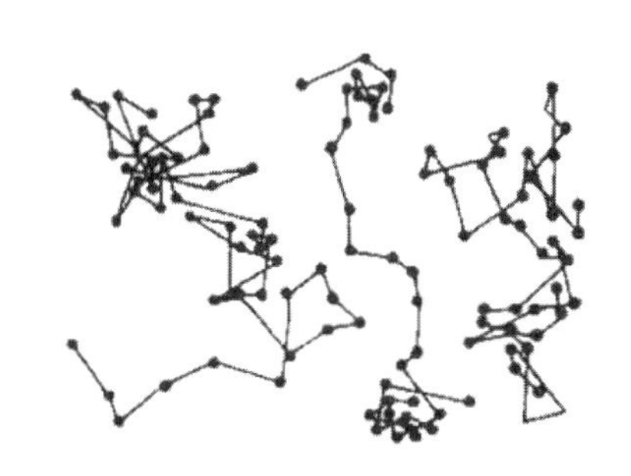

图 6-18　溶胶粒子布朗运动示意图

6.3.1.3　电化学性质

如果把溶胶放在电场环境中，胶粒在分散介质中做定向移动而趋向阳极或阴极，这种现象称为电泳(electrophoresis)。产生电泳的原因：溶胶的胶粒表面带有电荷，有的带正电荷，有的带负电荷，在电场作用下，电荷发生定向移动。

胶体带电界面呈现双电层结构。大多数固体物质与极性介质接触后，界面会带电，电荷可能来源于离子的吸附、固体物质的电离或溶液的电解，从而形成双电层(double electric layer)。根据斯特恩(Stern)模型(图 6-19)，若固体表面带正电荷，则双电层的溶液一侧由两层组成，第一层为吸附在固体表面的水化离子层(与固体表面所带电荷相反)，称为斯特

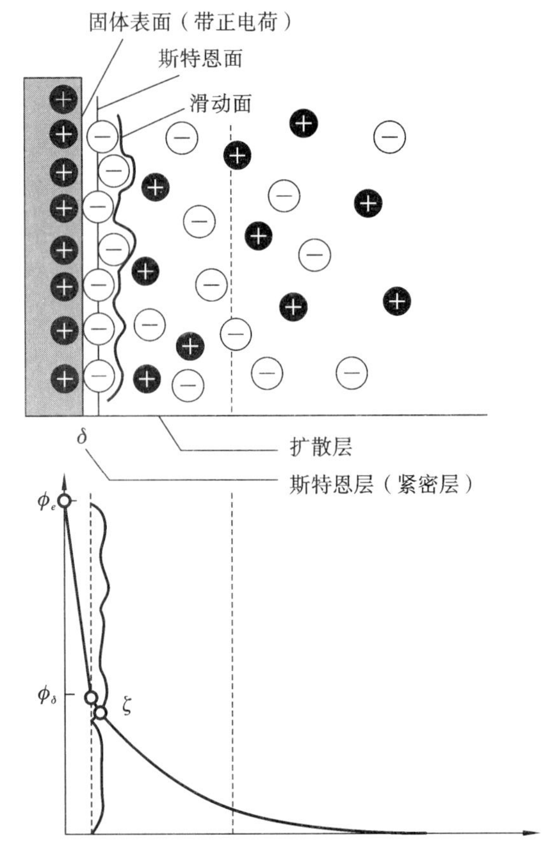

图 6-19　胶粒双电层斯特恩模型

恩层(Stern layer)，因水化离子与固体表面紧密靠近，又称为紧密层或吸附层，其厚度近似于水化离子的直径，用 δ 表示；第二层为扩散层(diffuse layer)，它是自第一层(紧密层)边界开始至溶胶本体由多渐少扩散分布的过剩水化反离子层。由斯特恩层中水化反离子中心线所形成的假想面称为斯特恩面(Stern section)。在外加电场作用下，它带着紧密层的固体颗粒与扩散层间做相对移动，其间的界面称为滑动面(movable section)。

固体表面至溶胶本体间的电势差 ϕ_e 称为热力学电势，由斯特恩面至溶胶本体间的电势差 ϕ_δ 称作斯特恩电势；由滑动面至溶胶本体间的电势差称为 ζ 电势，亦称为动电电势。

根据扩散双电层理论，胶粒周围存在着带相反电荷离子的扩散层，使整个胶粒周围形成了离子氛(图 6-20)。以 KI 加入 $AgNO_3$ 溶液形成 AgI 溶胶为例，图 6-21 显示了 AgI 胶团结构，胶核与紧密层在内的胶粒是带电的，胶粒与分散介质(扩散层和溶胶本体)间存在滑动面，滑动面两侧的胶粒与介质之间做相对运动。扩散层所带的电荷与胶粒所带电荷相反，整个溶胶呈电中性。

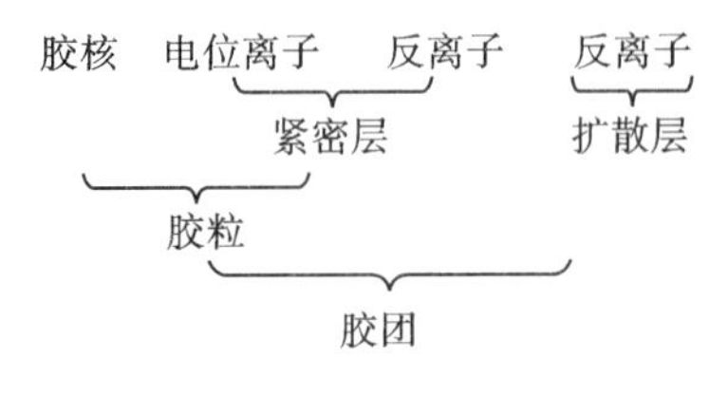

图 6-20　胶粒结构示意图

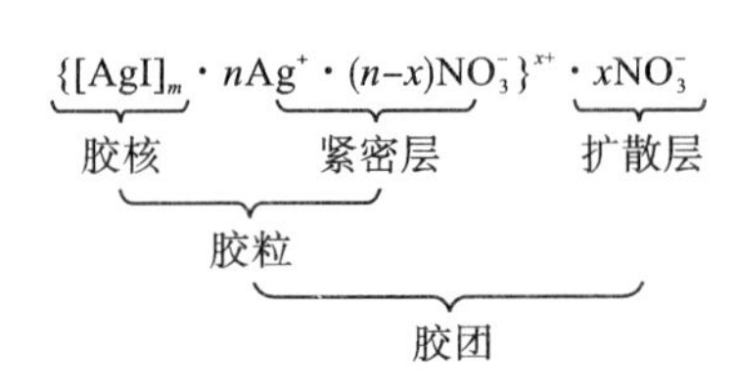

图 6-21　AgI 胶团带电分析图

6.3.2 溶胶稳定性

溶胶是固体分散相分散在液体中形成的分散系。分散相粒子半径为1～100 nm。溶胶是高度分散系，具有热力学不稳定性，但又具有动力学稳定性，这是一对矛盾的特征。在一定条件下，溶胶的胶粒能够保持相对稳定，其原因有以下几点。

6.3.2.1 动力学稳定性

溶胶的胶粒比较小，布朗运动激烈，布朗运动产生的动能足以克服胶粒重力的作用，使胶粒均匀分散而不聚沉。这是溶胶具有动力学稳定性的一个原因，但不是主要原因。另外，分散介质的黏度对溶胶的动力学稳定性有影响，介质的黏度越大，胶粒越难聚沉，溶胶的动力学稳定性越大；反之，介质黏度越小，胶粒越易聚沉，溶胶的动力学稳定性越小。

6.3.2.2 电化学稳定性

人们对溶胶稳定性进行了长期研究，在扩散双电层模型研究的基础上，由Derjaguin、Landau、Verwey、Overbeek等人发展提出溶胶稳定理论（即DLVO理论），该理论认为：溶胶在一定条件下的稳定性取决于胶粒间的相互吸引力和静电排斥力。若排斥力大于吸引力则溶胶稳定，反之则不稳定。

（1）胶粒间的吸引势能U_A　胶粒间的吸引力本质上是范德华力，胶粒间的吸引力是胶粒中所有分子引力之和，其吸引力产生的势能为

$$U_A \propto \frac{1}{x^2} \quad 或 \quad U_A \propto \frac{1}{x} \tag{6-6}$$

式中，x——两胶粒间平均距离。

吸引势能与粒子间的距离成反比。

（2）胶粒间的排斥势能U_R　在溶胶中相同胶粒带相同电荷，每个胶粒周围的扩散层也带同种电荷。当带相同电荷的胶粒相互靠近时，周围的扩散层相互重叠，产生静电排斥力，静电排斥力产生的势能为

$$U_R \propto \exp(-kx) \tag{6-7}$$

式中，x——两胶粒间平均距离；

k——胶粒双电层厚度。

排斥势能与粒子间的距离成反比。

此两种势能之和即系统总势能。

$$U_{总} = U_A + U_R \tag{6-8}$$

$U_{总}$的变化决定着系统的稳定性。静电排斥力大于吸引力时，胶粒运动时，即使互相碰撞也会重新分开，因此难以聚集成较大的颗粒而聚沉。溶胶中胶粒所带电荷越多，静电排斥力越大，溶胶越稳定（图6-22）。

由图6-22可知，随着两胶粒间的距离x缩小，$U_{总}$先出现一极小值F，在此处发生胶粒的聚凝（可逆的）；x继续缩小，$U_{总}$增大，直到最大值U_{max}，此处排斥力最大；x进一步缩小出现极小值C，在此处发生粒子间的聚沉（不可逆）。

6.3.2.3 溶剂化稳定性

溶剂和溶质分子或离子之间通过静电力结合称为溶剂化作用。溶胶中胶粒外层吸附

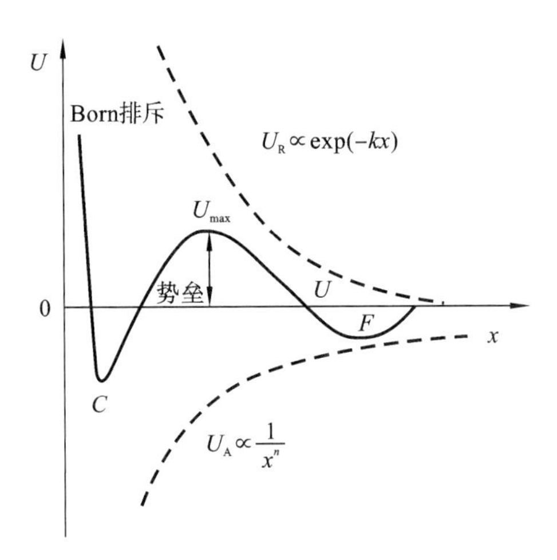

图 6-22　胶粒间吸引势能与排斥势能曲线

层上的电位离子和反离子与溶剂有很强的吸引作用，因此，在胶粒外层形成了一层溶剂化膜，如果溶剂为水，则形成水化膜。当胶粒相互靠近时，溶剂化膜将胶粒保护起来，胶粒间形成隔膜，起到阻止胶粒相互碰撞而聚沉的作用，增加了胶粒的稳定性，溶剂化膜的存在是溶胶稳定的又一因素。如蛋白质溶胶，蛋白质作为亲水胶体，在其胶粒外层就有一层水化膜，防止蛋白质分子碰撞而发生聚沉(图 6-23)。

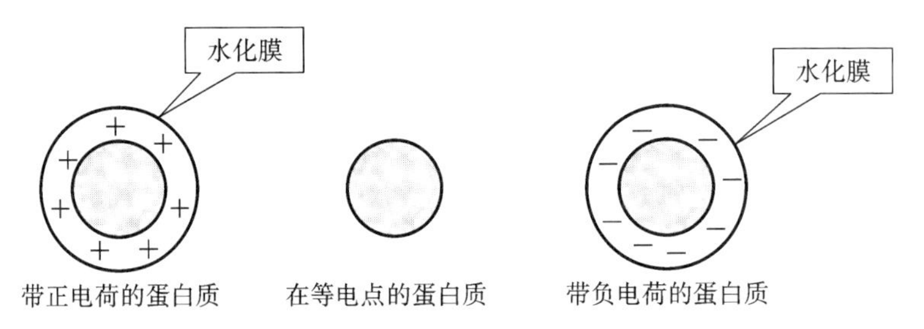

图 6-23　蛋白质溶胶外层水化膜示意图

6.3.3　溶胶的聚沉

溶胶是多相高度分散系，胶粒存在着巨大的表面积，体系界面吉布斯自由能较高，胶粒间的碰撞使其产生自发聚集的趋势。溶胶的胶粒聚集成较大颗粒从溶剂中沉淀的过程称为聚沉(coagulation)。能引起溶胶聚沉的因素有以下几个。

6.3.3.1　加入电解质

当往溶胶中加入少量电解质后，增加了溶胶中总粒子浓度，以及与胶粒带相反电荷的离子浓度，使扩散层中的反离子更多地进入吸附层，从而导致胶粒的电荷减少甚至被完全中和，最终导致溶剂化膜的消失，胶粒迅速聚集沉淀，例如，在豆浆中加入酸性或碱性物质，就会破坏溶胶中蛋白质分子的带电性，从而破坏其表面的水化膜，使蛋白质分子聚集成更大分子，迅速发生聚沉(图 6-24)。

使一定量溶胶在一定时间内完全聚沉所需要电解质的最小浓度，称为电解质对溶胶的聚沉值(coagulation value)。反离子对溶胶的聚沉起主要作用，其聚沉值与反离子的价数

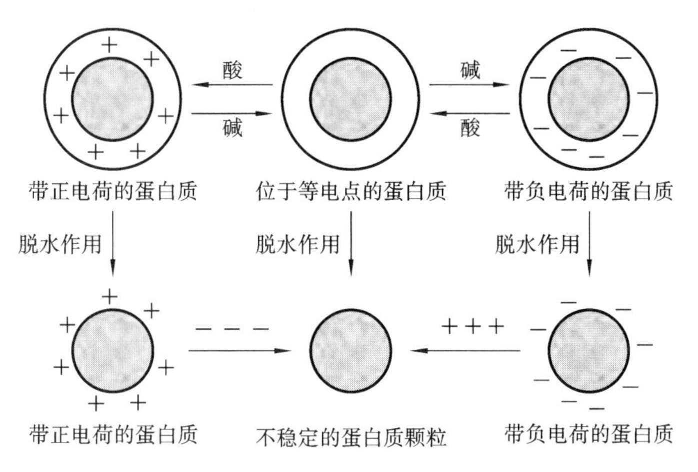

图 6-24　溶胶聚沉示意图

有关。反离子为 1 价、2 价、3 价的电解质的聚沉值之比为 $\left(\frac{1}{1}\right)^6 : \left(\frac{1}{2}\right)^6 : \left(\frac{1}{3}\right)^6 = 100 : 1.6 : 0.14$，即聚沉值与反离子价数的 6 次方成反比，此规律称为舒尔策-哈代（Schulze-Hardy）规则。反离子浓度越高，进入紧密层的反离子越多，降低了斯特恩电势 φ_δ，降低了扩散层重叠的斥力。

同性离子对聚沉亦有影响，同性离子因与胶粒间强烈的范德华力而产生吸附，从而改变了胶粒的表面性能，降低了反离子的聚沉作用。

6.3.3.2　溶胶之间的相互作用

如果将带相反电荷的两种溶胶适量混合，带异性电荷的两种胶粒相互吸引，中和彼此所带电荷，从而使两种溶胶都发生聚沉，例如，用明矾来净化水就是利用明矾溶于水后电解出来的 Al^{3+} 形成 $Al(OH)_3$ 胶体分散系，其胶粒带正电荷，与水中泥土胶体中带负电荷的胶粒相互作用，中和其电荷，破坏水化膜，当两者所带电荷量相等时，胶粒完全聚沉；如果两者电荷量不相等，则发生不完全聚沉。

6.3.3.3　加入高分子化合物

当往溶胶中加入极少量的高分子化合物溶液时，长链高分子化合物可以吸附很大的胶粒，并以搭桥的方式把这些胶粒连接起来，从而产生了疏松的棉絮状沉淀，这类沉淀称为絮凝物（flocculate）。高分子化合物对溶胶的这种沉淀作用称为高分子化合物的絮凝作用（polymer flocculation）。能产生絮凝作用的高分子化合物称为絮凝剂（flocculant），例如，烹饪中常常用水淀粉来勾芡，就是利用淀粉高分子的絮凝作用，达到胶凝收汁的效果。高分子化合物对溶胶的絮凝作用见图 6-25（A）。

如果在溶胶中加入大量高分子化合物，反而会增加溶胶的稳定性，称为高分子化合物对溶胶的保护作用。其机理是高分子化合物浓度过高，将胶粒表面完全覆盖，无法形成吸附架桥效应，此时不但不发生聚沉，相反会出现空间稳定效应（图 6-25（B））。

6.3.3.4　加热

加热可使溶胶发生聚沉。加热时胶粒获得了足够的能量，胶粒的热运动加快，胶粒间碰撞的机会增加；同时，温度升高，能削弱胶核对反离子的吸附作用，从而减弱了胶核所带

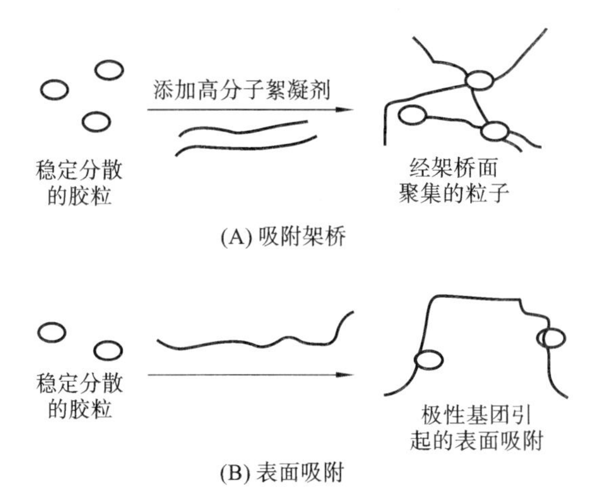

图 6-25　高分子化合物对溶胶的作用

电荷量，溶剂化程度也随之降低。因此，加热减弱了维持溶胶稳定的因素，其结果是使溶胶聚沉。

6.3.4　凝胶

通常把能够流动的胶体称为溶胶，而不流动的胶体称为凝胶。溶胶在一定条件下，整个结构失去流动性，形成稠厚、富有弹性的胶冻状态，这种性质称为胶凝性，例如，蛋清在加热下形成胶凝状态的蛋白质，失去了流动性，但增加了弹性。许多食物就是利用胶凝性制成的，如豆腐、水果布丁、鱼糕、肉糕等。

凝胶是一个复杂的分散系，其中大量的液体被固定在长链聚合物分子所形成的网络固态结构中。这些长链分子在整个体系中形成一个完整的三维网络，它具有类似固体的性质。凝胶的性质在很大程度上取决于聚合物网络的性质。由于这个网络通常由非常稀少的分子组成，或多或少具有随机性(尽管由于液体的存在而产生膨胀)，所以在许多情况下，将这个网络视为类似橡胶体。

凝胶是胶体分散系的一种特殊存在形式，其物理性质介于固体和液体之间。通常是由溶胶粒子或纤维状高分子分散相互相作用，或通过分子间作用力(范德华力、氢键等)作用，形成三维立体网络状结构，分散介质被保持或固定在网络结构中，失去了流动性。凝胶的形成与溶胶的聚沉是不同的，首先，溶胶的聚沉失去了一切胶体性质，而凝胶仍然是胶体，只是形态不同，呈现液态、固态(或半固态)；其次，溶胶的聚沉是不可逆的，而凝胶则存在可逆和不可逆两种情况，即加热条件下，热可逆性凝胶可恢复其流动性，例如，低温下明胶为凝胶，当对其加热后，又形成溶胶，恢复流动性。

6.3.4.1　凝胶的分类

凝胶按照不同的标准具有很多种分类法，根据其含水量、分散相质点的刚柔性或其物理性质分为弹性凝胶、刚性凝胶、冻胶、干胶和触变性凝胶。对于食品而言，分散相为多糖、蛋白质、明胶等，溶胶粒子具有柔性，故主要为弹性凝胶。含水量较多的凝胶为冻胶，有较好的弹性和触变性，如肉冻、果冻、豆腐脑等，其含水量可达 90% 以上。冻胶失去大量的水后形成干胶，如豆腐干、肉干等。刚性凝胶主要由无机盐或简单分子形成，其溶胶粒子本身

活动范围较小，具有刚性，一旦被破坏，自身不能复原，如麦芽糖。

6.3.4.2　凝胶的结构与形成

食品凝胶主要由大分子聚合物和粒子聚集成网络结构，分为聚合物凝胶和颗粒凝胶(图 6-26)。聚合物凝胶基质包括长的线性链状分子，它们在链的不同位点与其他分子发生交联(质点)，根据交联的性质可分为共价交联(图 6-26(A))和非共价交联(图 6-26(B))。在食品凝胶中以非共价交联为主，长链分子之间通过盐桥、微晶区域、氢键或特定的分子间缠结形成聚合物凝胶。与聚合物凝胶相比，大多数颗粒凝胶网络结构更加粗糙，具有更大的孔隙(图 6-26(C))。颗粒凝胶还可细分为硬质颗粒(如塑性脂肪中的甘油三酯)和变形颗粒(如牛奶胶体中的酪蛋白胶束(酸奶中))。聚合物分子之间的交联包括许多不同性质的力，在一个接合区内有范德华力、静电作用、疏水作用、氢键，一些蛋白质分子还可以通过共价键(如二硫键)交联。

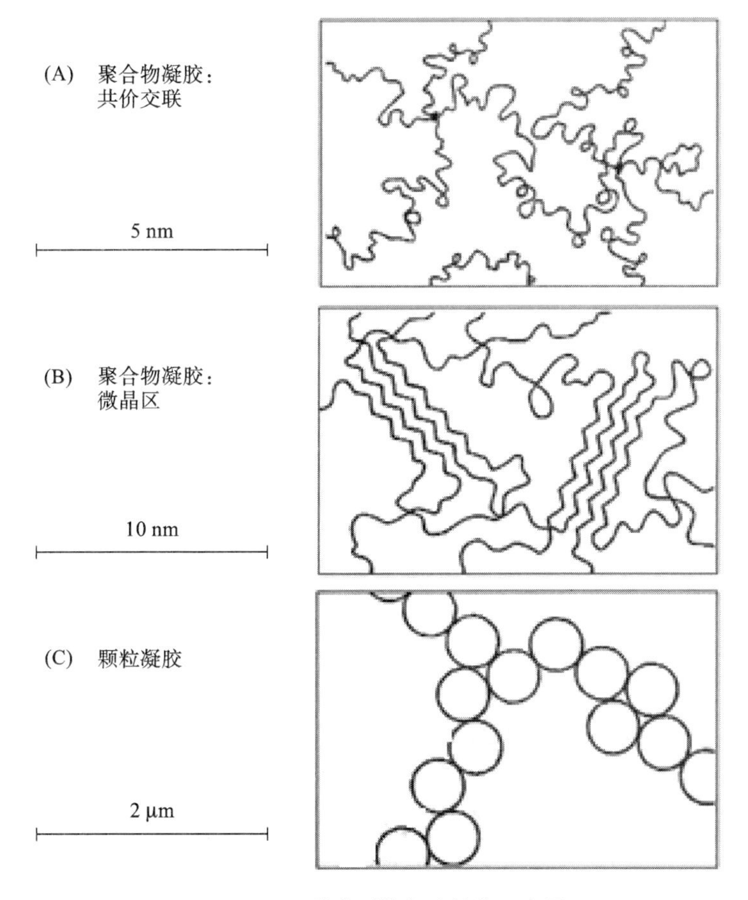

图 6-26　三种类型的凝胶结构示意图

食品凝胶根据形成的物质特性不同，可通过多种方式诱导，食品加工中主要有冷凝胶和热凝胶。

冷凝胶，当加热至一定温度时，形成网络结构的物质溶解或形成颗粒非常小的分散系，然后通过冷却工艺使网络结构内分子构象发生变化，物质间通过非共价键形成凝胶，例如明胶、塑性脂肪。通常，冷凝胶是热可逆的，明胶在加热的情况下，分子间排斥力增大，水合作用增强，形成水溶性溶胶。当冷却后分子间的排斥力降低，吸引力增加，分子构象发生变化并形成网络结构，水分子以及其他小分子被限制在网络结构中。一旦再加热，分子间排斥力增大，又形成水溶性溶胶。塑性脂肪主要由脂肪颗粒（晶体）堆积形成，当温度较高时，脂肪熔化；当温度低于熔点时，结晶的脂肪粒子凝聚形成凝胶。食品中一些多糖胶类，以及经过化学改性的多糖在高温时也可以形成可逆的凝胶，如纤维素酯（甲基纤维素）分子结构中含有可电离基团（—OCH_3），在高温下水解形成带电基团，分子间排斥力增加，形成溶胶，低温下形成疏水键，分子间吸引力增加，形成凝胶。

热凝胶，当球蛋白溶液加热至高于其变性温度，同时，蛋白质浓度达到凝胶所需浓度时，蛋白质分子间产生交联形成凝胶。通常热凝胶是不可逆的，并且随着温度的降低硬度增强，例如蛋清蛋白、大豆分离蛋白、乳清蛋白、肌球蛋白形成的凝胶，主要是加热过程中蛋白质分子通过共价交联形成了聚合物凝胶，凝胶一旦形成，分子间结构就不易破坏。

6.3.4.3 凝胶的流变性质

凝胶表现为塑性流体和黏性流体结合的特性（即具有黏弹性）。凝胶虽然有较好的稳定性，但放置较长时间或条件改变，也会发生性质的变化。通常食品凝胶具有以下特性。

（1）凝固性　凝胶由于失去了流动性，往往形成一定的形状。这正是烹饪中菜肴形成各式各样“形”的主要因素。凝胶因具有凝固性，可以根据菜品感官的需要来对原料进行加工，产生具有良好黏弹性的食品。最经典的是制作豆腐，利用大豆蛋白为原料制成溶胶（豆浆），再由溶胶制成凝胶（豆腐），还可以根据需要制作各式各样的干胶（豆干）。

（2）弹性　由柔性的线性高分子聚合物明胶、蛋白质、琼脂、黄原胶等形成凝胶网络结构，分散介质被“固定”在网格中不能“自由”移动，而相互交联网状高分子或胶粒仍有一定的柔顺性，使凝胶成为具有弹性的半固体。凝胶的弹性与组成分散相的高分子（胶粒）与分散介质的比例有较大的关系，当胶粒与分散介质的比例适中时，弹性较大；当分散介质的量过多或过少时，弹性降低。因此，在食品加工或烹饪过程中，非常重要的技术是食品配方的研制。

从流变学的角度看，与真正的固体相比，凝胶是一种具有弹性特性的物质，在屈服应力（σ）下凝胶发生瞬时变形（ε），当屈服应力撤消后立即恢复最初的形状（图 6-27）。

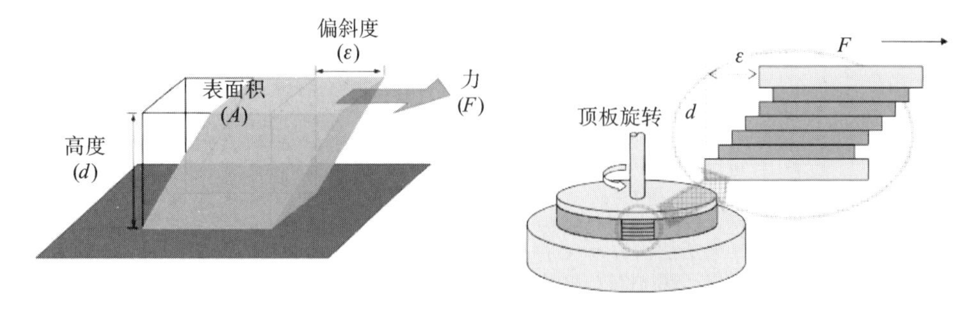

图 6-27　凝胶在应力作用下发生变形

（A 正应力作用产生的轴向变形，B 剪切应力作用产生剪切应变）

根据胡克定律，在弹性范围内，物体的应变与应力的大小成正比，其比例系数为弹性模量（或称为弹性率）。弹性变形有三种类型：①受正应力作用产生的轴向应变；②受表面压力作用产生的体积应变；③受剪切应力作用产生的剪切应变。食品凝胶的弹性测定通常采

用第一类正应力作用产生的轴向变形，称为拉伸（或压缩）变形。表示拉伸变形的模量称为杨氏模量。已知物体产生拉伸变形时所受正应力σ（N/m^2）、所产生的应变ε，则

$$\sigma = E \cdot \varepsilon \tag{6-9}$$

式中，E——应力与应变之比，N/m^2或Pa。

E为杨氏模量，也称为弹性模量。

在室温下，小麦面团弹性模量约为10^5 Pa，琼胶、明胶的弹性模量为$10^5 \sim 10^6$ Pa，硬质干酪弹性模量为$10^9 \sim 10^{10}$ Pa，意大利干挂面弹性模量约为10^{11} Pa。

剪切应力与剪切应变之比称为剪切模量（G）。剪切模量又称为刚性率。牛顿液体的剪切模量为0，果冻的剪切模量为2×10^5 Pa。一般来说，固体的剪切模量是弹性模量的1/3～1/2。

凝胶的剪切模量（刚性）和伸长性由交联分子的分子量和聚合物的等效片段长度决定。最简单的理论假设链的交联都是以结点形式出现的，而这些结点内键的数量和强度差别很大，交联之间的分子采用随机构型，其等效片段长度（l）为分子的总长度（L）。假设分子实际总长度与等效片段长度相同，这样确保分子端到端的距离是一个简单的随机可预测值，则其凝胶的刚度（G）为

$$G \approx 3\nu kT/(2Ll) \tag{6-10}$$

式中，ν——单位交联体积内链的数量；

k——常数。

因此，由刚性更强的分子制成的凝胶将具有更长的等效片段长度，对于相同的交联密度，其相应的刚性和可扩展性也会更差。同样地，对于相同的体系，如果交联密度较低，凝胶会更软，也更容易扩展。更复杂的是，并不是所有的交联都是稳定的。在一些凝胶中，它们是不稳定的，所以凝胶可能会在一定程度上流动，如果凝胶被破坏，也有机会重新形成。

凝胶的主要特性有硬度、弹性、脆性、流动性等，对于一个特定体系，这些性质大多是固有的。在一个凝胶体系中，联结的程度有时可以控制（在一定限度内），凝胶剂的浓度也可以改变。这两个变量通常决定了凝胶的强度，而不是凝胶的“脆性”或“弹性”，凝胶的脆性和弹性由凝胶剂本身的刚性决定。

（3）离浆性　又称为脱水性、收水性。新制备的凝胶久置后会出现液体介质从胶体中分离出来，使胶体的体积变小，弹性降低的现象，称为离浆。其实质就是水分的丢失。例如豆腐久置后，由于环境温度、湿度等变化，作为分散介质的水从蛋白质分子上释放，使豆腐出现变干、体积收缩现象。因此，做好的食品如果放置时间较长，都需要采取措施防止离浆现象的发生。

（4）溶胀性　弹性凝胶由线性高分子构成，因高分子的分子链具有柔性，故在吸收或释放液体介质时很容易改变自身的体积，这种现象称为溶胀作用。凝胶对吸收的液体是有选择性的，它只吸收与凝胶亲和性很强的液体。溶胀过程可分为两个阶段，第一阶段是介质分子钻入凝胶的网络结构中，与高分子相互作用形成溶剂化层，这一过程速率较快，并伴有热效应；第二阶段是液体介质的渗透作用，介质分子进入凝胶结构的速率比扩散到介质中的速率大得多，这样在凝胶的内外形成了浓度差，如同用大分子半透膜将大分子溶液与溶剂隔开，使得溶剂（介质）在膜内外的化学势差别很大，溶剂（介质）就大量进入凝胶结构内部，使其体积增大。

凝胶在溶胀时会产生一种对外的压强，称为溶胀压。这种压力有时相当可观，例如古

代采取“湿木裂石”，就是利用木质纤维吸水产生溶胀压的例子；再如医学上采用大豆溶胀的方法将人类头颅骨完整地拆分开，是利用蛋白质吸水产生较大的溶胀压。当溶胀作用发生在与凝胶有强烈作用的介质中时，过强的作用力使线性大分子彼此分开，凝胶网络结构被破坏，形成大分子溶液，变成溶胶。

可以说食品凝胶是介于液态（溶胶）和固态之间的一种形态，构成凝胶的高分子既可吸水又可脱水，吸水使其体积增大，黏性增加；脱水使其体积减小，弹性增加。因此在烹饪工艺中，各类蛋白质、多糖（胶）制品形成的凝胶，可以通过工艺（如盐溶、盐析）让其吸水溶胀或脱水离浆，使其变嫩、柔软，亦或变硬，富有弹性和咀嚼性。

6.3.4.4 胶体稳定剂

食物中有许多大分子物质可用于提高泡沫、乳状液和溶胶的稳定性。一般根据其分子结构分为两类：一类是乳化剂或表面活性稳定剂，它们广泛存在于食品原料中，典型的分子包括极性脂质（甘油一酯、甘油二酯、磷脂、糖脂等）和球状蛋白（如β-球蛋白）。乳化剂可减少液滴变形和将大液滴分解成小液滴，这通常会导致液滴直径分布向更小的方向转移，从而降低乳状液分层或沉淀过程的速率。这些分子的存在减少了相之间的表面张力，减少了过剩的表面能，降低了相分离的动力。表面张力的下降也减少了导致Ostwald熟化的浓度/压力差，其结果有利于乳状液的形成，也影响了最终产品的稳定性。乳化剂类稳定剂主要用于疏水性胶体和缔合性胶体。另一类是多糖（黄原胶、卡拉胶、琼胶、海藻酸盐、槐豆胶等），作为亲水大分子，其既有胶凝性，也有增稠性，具有提高亲水凝胶稳定性的作用（表6-13）。

表6-13 一些常用的增强胶体稳定性的化合物

类型	烹饪原料	在增强胶体稳定性方面的功能或作用
乳化剂	蛋黄	磷脂（卵磷脂）乳化剂
	蛋白	球蛋白乳化剂
	乳清粉	乳清蛋白乳化剂
	奶粉	酪蛋白和乳清蛋白乳化剂
	大豆	磷脂和蛋白质乳化剂
亲水多糖	芥菜胶	作为剪切变薄增稠剂，可用作乳化剂
	卡拉胶	亲水性强，产生高黏度
	黄原胶	产生高黏度，与魔芋胶、卡拉胶、羧甲基纤维素、瓜尔豆胶等混合使用时提高凝胶强度
	阿拉伯胶	与结冷胶混合使用时提高凝胶强度
	魔芋胶	提高黏度，与黄原胶、琼脂、卡拉胶混合使用时提高凝胶强度
	高甲氧基果胶	提高黏度
	低甲氧基果胶	加入海藻酸盐可提高凝胶强度

6.3.4.5 凝胶制备

食品凝胶形成前主要是聚合物分子水溶液。根据分子联结或交联的类型及其相对稳定性，凝胶形成机制有多种可能性。可以把这些联结分为两大类：化学联结和物理联结（包括分子间作用力、分子缠绕等）。化学联结是不可逆的，而物理联结通常是可逆的。随着交联的不断形成，溶液中聚合物分子的有效分子量不断增大，黏度也相应增大。当分子相互联结时，很快溶液中就可以建立一个完整的三维网络结构，在这个网络基础上就形成了凝胶。整个三维网络形成时，分子间交联的密度有时被称为渗流极限。

鸡蛋加热时形成凝胶就是一个最好的化学联结的例子。蛋清和蛋黄在加热时都会形成凝胶，在这种情况下，一旦蛋白质变性，共价交联就会在分子之间产生。变性和交联都是热效应过程，不同的蛋白质具有不同的变性温度。当温度高于52 ℃时，由于蛋白质变性和白蛋白交联（分子间—S—S—形成），蛋清将形成凝胶，而蛋黄中蛋白质变性需要更高的温度（>58 ℃）。

蛋白凝胶提供了一种制作完美软煮鸡蛋的方法：把鸡蛋放在一个温控水浴池中保持很长一段时间，温度控制在蛋清与蛋白发生交联的温度之上，让鸡蛋和水充分达到热平衡（约30 min），但是这个温度低于蛋黄与蛋白发生变性、交联的温度。从而可以得到蛋清形成了凝胶，而蛋黄没有形成凝胶的鸡蛋（溏心鸡蛋）。

然而，厨房里使用的大多数凝胶是通过物理联结形成的，而不是化学联结。最常见的是明胶凝胶。尽管明胶凝胶具有一些共同的性质，但对单个明胶分子相互作用机制的细节仍知之甚少。似乎大多数只是半有序的联结，可能实际上存在一系列不同类型的联结方式。简单分子纠缠是在某一区域分子通过相互缠绕、相互作用，以及少数分子聚集在一起形成半有序结构。此外，并不是所有的明胶都是一样的，由于它们的来源不同，分子量大小也有很大的差别，所以不同产品之间可能存在的联结类型、联结范围有很大的差异。

凝胶系统的形成所需的最低明胶浓度取决于其形成三维交联网络的能力。因此，较短分子（较低分子量）需要更高的浓度，而较大分子所需要的浓度则低一些。同时，明胶凝胶的形成和融化可以存在相当大的温度范围。因为明胶的浓度会影响熔融温度，越浓的凝胶熔融范围越大。溶液的其他性质（如pH）也会像温度一样影响联结点的形成。一些联结点只在相对较低的温度下形成，并且形成得非常缓慢，因此，凝胶可能在储存中发生性能的改变，通常通过增加交联密度使凝胶变得更硬，延展性更差。从食物的角度来说，这样提供了一种更坚硬的凝胶。使用的明胶越多，凝胶就会越硬。

其他形成凝胶的食物分子通过一系列的机制来建立联结。主要联结机制包括简单的分子缠绕、静电作用、使用反离子结合特定的位点（盐桥）、局部降低水分造成pH改变和结晶等。

近年来，国外将各种各样的凝胶剂应用于美食餐厅中。比较知名的是费兰·阿德里亚（Ferran Adria）通过改变反离子环境，使海藻酸盐被简单地制成凝胶，这一过程被烹饪界称为球化。这个方法可以用来制作有坚硬的外表皮和液体中心的小球体，其外观和质地看起来像鱼子酱，并有各种口味可供选择。具体做法：先准备好一种具有所需风味的海藻酸盐溶液，然后滴入盛有适当钙盐溶液的水浴器中，当海藻酸盐溶液下落时，海藻酸盐与钙离子结合形成凝胶，外层的凝胶迅速凝固形成小球体，而小球体中心仍为液体，形成所谓的“鱼子酱”（图6-28）。

图 6-28 海藻酸盐在钙盐溶液中球化

球化是将溶胶转化为凝胶圆球，当用勺子舀进嘴中时，凝胶圆球会瞬间迸裂，新鲜美味的液汁等风味物质就会浸润味蕾，产生一种新奇的体验。球化技术的原理：首先将风味物质制作成溶胶混合物（去离子化），然后将混合物滴加到含有促凝剂（反离子）的溶胶混合液中，表面张力使液滴形成球粒，两胶体溶液相遇，胶凝作用立即发生，在球粒表面立即凝固形成一层凝胶。如果溶胶混合物、促凝剂、温度和凝胶时间控制恰当，就可得到色彩斑斓的小球，并享受入口即化的奇妙感觉。也可以通过反向凝胶技术，将钙离子根据凝胶量先加入到可食用的溶胶中，通过滴管滴加到去离子的溶胶中（表 6-14）。反向凝胶技术有更好的应用性，一方面可以减少钙盐的用量，另一方面是凝胶会持续发展下去，最后形成结实的凝胶而不是包裹液体的凝胶膜。

表 6-14 常用食物球化原料与方法

方法	溶胶混合物（使用比例）	促凝剂（使用比例）	说明
海藻酸盐（直接）	海藻酸钠 1% 黄原胶 0.2%～0.5%	氯化钙 0.5%	黄原胶起增稠作用
	海藻酸钠 1% 黄原胶 0.2%～0.5%	葡萄酸钙糖 2.5%	
海藻酸盐（反向）	乳酸钙 3% 黄原胶 0.2%～0.5%	海藻酸钠 0.5% 柠檬酸钠 1.2%	同上，当溶液呈酸性或钙离子浓度高时，使用柠檬酸钠
卡拉胶（直接）	τ-卡拉胶 2%	磷酸钾 5%	低温下水合作用 5 h，也可以反向
结冷胶（直接）	低酰基结冷胶 0.2% 六偏磷酸钠 0.1%	葡萄糖酸钙 6%	最好在低酸度、中等钙离子浓度液体中制备，温度为 80 ℃
低甲氧基果胶（反向）	乳酸钙 5%	低甲氧基果胶 2%	可以采用直接方法

凝胶的另一个性能是它们可以耐高温，明胶凝胶一般在 30～40 ℃融化，而一些琼脂凝胶融化温度高达 100 ℃。这种耐高温凝胶被用作热菜的风味隔离层，以使不同的食物分开。然而，最引人注目的用途也许是在一些餐厅制作的燃烧冰糕。在冰糕里加入合适的凝胶（果胶）后，即使冰融化，也能保持形状。这样的冰糕就可以进行燃烧，提供一种表面高温、中间完全冻结的冰糕。

6.4 经典食物凝胶的构建

6.4.1 多糖凝胶

多糖种类很多，其分子结构中具有极性基团或可电离的基团，具有良好的亲水性（详见糖章节），其水溶液具有较高的黏度，可形成凝胶。大多数多糖凝胶具有一定刚性，原因之一是分子活动以主链为主，庞大的侧链连接在主链上。通常只有侧链单元结构（单糖残基）在10个以上时，才能出现弯曲，产生一定的弹性。凝胶的交联是以联结点的形式完成的，包含大量的氢键等弱键结合，这些使得多糖凝胶结构都比较短，甚至有一定的脆性。从热力学角度分析，这类凝胶是熵变与焓变共同作用的结果，多数为熵胶和焓胶的中间体。

6.4.1.1 多糖凝胶及其类型

目前，食品工业对多糖凝胶的开发和应用较多，一类是从微生物中提取的，主要有结冷胶、黄原胶、琼胶等，另一类是对淀粉和纤维素进行改性获得的。多糖凝胶根据多糖分子间交联方式，可分为微晶体结构型、双螺旋结构型和盒式连接型三种类型（图6-29）。

（1）微晶体结构型　微晶体结构型是最简单的形式。天然纤维素是线性结晶聚合物，是典型微晶体结构凝胶。天然直链淀粉为螺旋结构，不能形成线性链，但单个淀粉螺旋的堆积能在溶液中形成微晶体区域，当浓度足够高时，可以发生凝胶化，这种现象与糊化后淀粉老化有关（图6-29（A））。

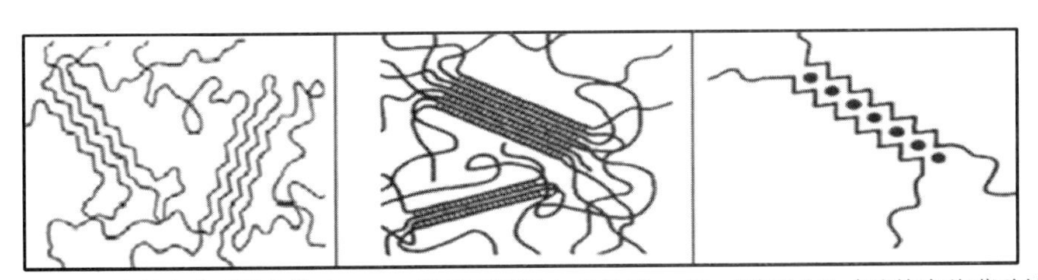

(A) 直链淀粉老化后微晶体区　(B) 堆积双螺旋(如卡拉胶)　(C) “鸡蛋盒”式连接(如海藻酸钠)图中黑点表示Ca^{2+}，折线表示螺旋

图6-29　多糖分子间交联模型

（2）双螺旋结构型　卡拉胶、结冷胶、琼脂等多糖，根据条件不同，可以形成双螺旋结构。每一螺旋通常包含2个分子，但螺旋结构只能在无侧链的区域形成，双螺旋结构通过交联形成凝胶。双螺旋结构也会有微晶体区形成（图6-29（B））。

（3）盒式连接型　这一类型多发生在带电多糖中，如海藻酸盐，其所带负电荷以一定间隔距离分布，使得二价阳离子（Ca^{2+}、Mg^{2+}）在平行的聚合物分子间形成桥联，分子间形成刚性连接（图6-29（C））。盒式连接也可以进一步重排形成微晶体结构。温度低于100 ℃时，联结点不会破坏。

影响多糖凝胶化的因素很多，包括分子结构、分子量、浓度、温度、环境pH和离子强度。常用于食品制备的凝胶见表6-15。因此，厨师有大量的凝胶可用，即使在非常炎热的情况下，也可以制造出可保持强度的凝胶（如琼脂），以及在小液滴上形成“外壳”的凝胶（如海藻酸盐）。

表 6-15　常用于食品制备的凝胶

凝胶	凝胶形成条件
海藻酸盐	在二价阳离子存在条件下形成
琼脂	骤然冷却;热可逆,包括形成双螺旋
卡拉胶	与蛋白质混合时形成凝胶
刺槐豆胶	添加各种反离子,包括硼酸盐
黄原胶	提供剪切变稀凝胶、热可逆凝胶
结冷胶	热可逆双螺旋结构形成
果胶	在低 pH 和二价离子存在条件下形成凝胶
改性纤维素	各种衍生物通过膨胀,甚至毛吸作用形成凝胶
明胶	热溶胶通过冷却形成凝胶

然而,形成凝胶的精确条件取决于特定分子的分子量,但通常使用者很少知道这一重要信息,所以厨师通常只能进行反复试验,为每一种具体的凝胶应用建立最佳的条件。

6.4.1.2　淀粉凝胶及应用

烹饪中使用最多的一类凝胶是由淀粉形成的,淀粉凝胶不仅可以利用淀粉来制作,而且更重要的是当烹饪食物时,食物本身含有的淀粉也可形成凝胶。

淀粉在许多植物体内以小颗粒形式存在,典型的颗粒直径只有几微米。在一个淀粉颗粒内,呈现连续的环状结构,每个环状物含有较高或较低比例的支链淀粉。在支链淀粉含量较低的环状物中,分子有序地紧密排列在一起,使颗粒的这部分更能抵抗酶的攻击,通常将这一结构称为“晶体”。淀粉颗粒不只含有淀粉,在颗粒形成的过程中,植物也会生成一些蛋白质加入其中。重要的是,不同植物的淀粉颗粒中蛋白质含量差异很大。

当烹饪淀粉类食物时,蛋白质的数量和它在淀粉颗粒中的部位至关重要。加入淀粉颗粒中的冷水会被蛋白质吸收,但很难渗透进入直链淀粉和支链淀粉的分子中。因此,与低蛋白淀粉颗粒相比,高蛋白淀粉颗粒在室温下吸收大量水分(如面粉)。

吸水对淀粉颗粒的使用有很大的影响,因此吸水非常重要。如果淀粉颗粒外部有足够的蛋白质,它们吸收足够的水分,就能将颗粒结合在一起。一旦大量颗粒聚集在一起,靠近中心的颗粒就不太可能被更多的水进一步膨胀,这可能是许多产品(如酱汁)出现中心“结块”的原因。

虽然冷水不会对淀粉中直链淀粉或支链淀粉产生很大影响,但热水能产生一定影响。当加热使淀粉颗粒温度超过 60 ℃时,颗粒中“晶体”开始熔化。实际熔化温度取决于支链淀粉和直链淀粉的相对含量,以及直链淀粉分子如何在颗粒内聚集形成细小的晶体。当淀粉颗粒结构变得无序或晶体打开后水得以渗透进入时,线性直链淀粉分子易溶于水,而具有分支结构的支链淀粉不易溶解。当分子相互重叠到一定程度时,它们不会完全溶于水,而是形成一种软凝胶。淀粉颗粒可以吸收大量的水分而不失去其完整性,这就是它们成为良好增稠剂的原因之一。例如,马铃薯淀粉颗粒可以膨胀到原来体积的 100 倍。在厨房中,淀粉的溶胀性提供了增稠效果。

加热温度是影响淀粉糊化的主要因素,温度必须高于其糊化的起始温度,还需经历一定的加热时间。淀粉糊化是一个吸热过程,只有热量达到一定程度,淀粉才能完全糊化。

利用旋转黏度计连续测定黏度变化，可以得到淀粉糊化程度与温度的关系(图 6-30)。随着加热的进行，淀粉颗粒体积逐渐增大，淀粉悬浮液的黏度也随之增加，然后淀粉颗粒崩解而体积变小，体系的黏度也明显下降。

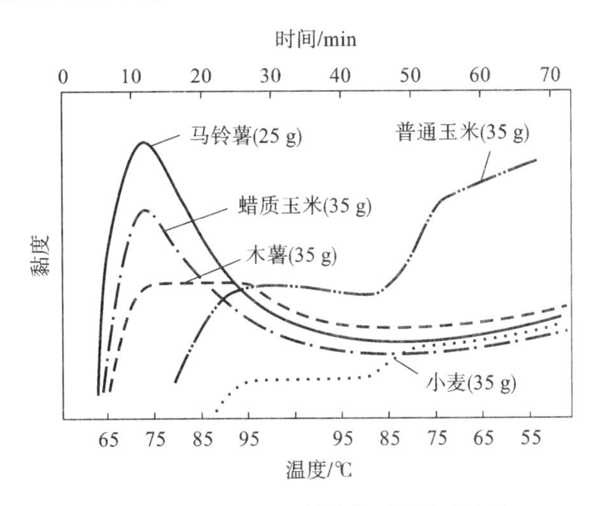

图 6-30　不同淀粉颗粒糊化后黏度的变化

用面粉或玉米淀粉等配料使酱汁(汤汁)变稠，是淀粉颗粒糊化达到最佳膨胀状态的一个例子。过熟的酱汁会导致颗粒的完全崩解，从而将支链淀粉和直链淀粉释放到溶液中，导致酱汁出现不希望的稀薄。将糊化淀粉的悬浮液冷却会形成凝胶，其中的结晶区域内支链淀粉和直链淀粉连接成一个整体的非液体结构，这种凝胶进一步储存通常会导致不希望的“回生”，这是由于直链淀粉达到热力学更稳定形式后再结晶。在此过程中，凝胶将水排出，使其密度增大，热稳定性增强。

面包的烘焙涉及淀粉颗粒的糊化，在新鲜面包冷却和最初储存过程中，直链淀粉部分结晶，将非常新鲜或仍然带有温热柔软质地的面包转化为更理想质地的鲜面包。进一步的储存会导致支链淀粉结晶，形成陈面包。尽管陈面包有一种干硬的感觉，但它的老化并不一定意味着水分的流失。

马铃薯是一个很好的研究系统，其淀粉凝胶系统能被用来做出各式花色食品。马铃薯经过简单的煮熟，然后捣碎成泥(破坏其结构)，这样淀粉分子就可以吸收液体。通常情况下，马铃薯可以很容易地保存超过自身重量 3 倍的液体，同时仍然保持固体结构(可以用叉子来食用)。这样，就可能做出各种口味的马铃薯菜肴，传统的脂肪(如黄油或牛奶)经常被添加其中，形成奶油的质地和风味。在实际操作中，或多或少地添加任何液体来制作马铃薯泥都是可行的，因此，从红色卷心菜中提取的红色液体提供了一种风味独特的粉色马铃薯泥，或者使用深色啤酒提供了一种略带苦味和麦芽味的棕色马铃薯泥。

6.4.2　蛋白质凝胶

蛋白质凝胶是传统食品烹饪中应用普遍的一种凝胶，常见的有鸡蛋蛋白凝胶、大豆蛋白凝胶(豆腐)、乳蛋白凝胶(凝乳)、肌球蛋白凝胶(肉糕、鱼糕)等。根据分子结构特点，蛋白质既可形成共价键聚合物凝胶，也可以通过分子间氢键形成微晶束聚集物凝胶和颗粒凝胶。

天然蛋白质分子具有如下的特点：①高分子化合物，其分子量很大，分子直径为1～100 nm；②分子表面有亲水性和疏水性基团，有较强的表面张力；③良好的乳化作用，易形成亲水胶体。蛋白质溶胶依靠分子表面一层完整的水化膜和分子间同种电荷产生的排斥作用保持其稳定，通常不会发生聚沉或凝集形成凝胶。但如果改变了分子表面性质或分子间的作用力，蛋白质很容易聚集形成凝胶。

蛋白质形成凝胶通常经过3个过程：①天然蛋白质胶体结构被破坏，蛋白质发生变性；②变性蛋白质分子构象发生改变，使蛋白质分子间产生聚集、交联，形成三维网络结构；③如果有外力作用，蛋白质分子逐步聚集并有序排列形成更稳定的网络结构。分子间产生聚集、交联的作用力有氢键、分子间作用力、二硫键等(图6-31)。

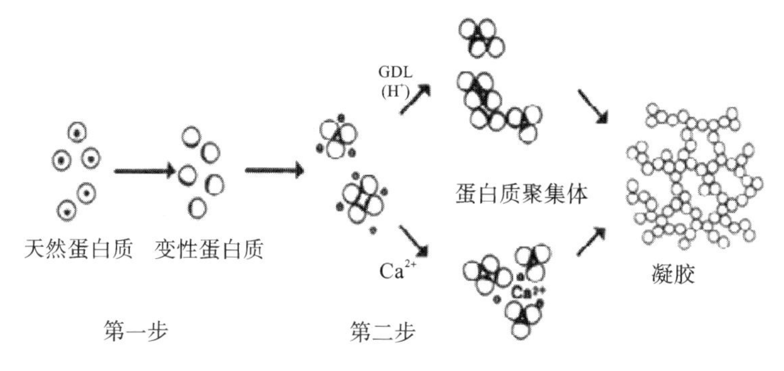

图6-31　蛋白质形成凝胶的路径

蛋白质形成凝胶的方法很多，重要的一点是使蛋白质分子之间交联形成三维空间的网络结构。促使蛋白质分子交联的方法有加热、化学交联和酶联。

蛋白质形成的凝胶有透明凝胶和不透明凝胶。透明凝胶是肽链的有序串联聚集排列，所形成的凝胶透明或半透明，例如卵清蛋白、大豆蛋白、血清蛋白等形成的凝胶；而不透明凝胶是肽链的自由聚集排列，形成的凝胶不透明，例如肌球蛋白、乳清蛋白等形成的凝胶(图6-32)。

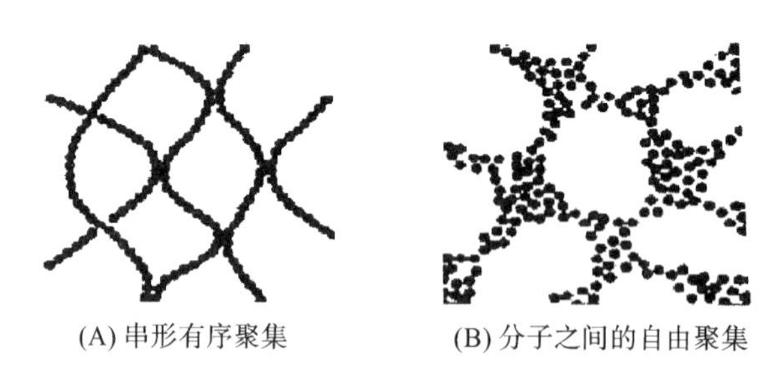

(A) 串形有序聚集
(B) 分子之间的自由聚集

图6-32　蛋白质形成的凝胶类型

蛋白质形成的凝胶类型还取决于它们的分子性质和溶液状态。含有大量非极性氨基酸残基的蛋白质在变性时发生疏水性聚集。不溶性蛋白质聚集物的无序网络结构产生的光散射造成这些凝胶的不透明。一般情况下凝结块凝胶较弱，且容易脱水收缩。在分子水平上，当蛋白质中Val、Pro、Leu、Ile、Phe、Trp残基的总和超过31.5%(物质的量分数)时，倾向于形成凝结块凝胶；当蛋白质中疏水性残基的总和低于31.5%且溶于水时，通常形成半透明凝胶(图6-33)。

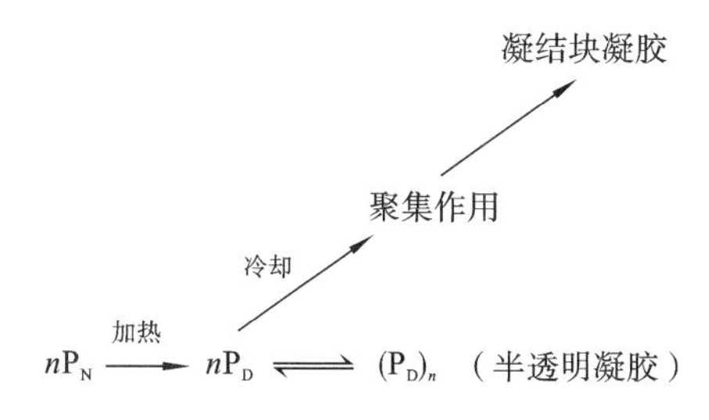

图 6-33　蛋白质凝胶形成状态

注：P_N为天然蛋白质，P_D为展开蛋白质，n 为参与交联蛋白质分子数目。

蛋白质形成的凝胶类型还受离子浓度的影响。例如，β-乳球蛋白含有 32％疏水性残基，它的水溶液形成半透明凝胶；当加入 50 mmol/L NaCl 时，它形成凝结块凝胶。这是因为 NaCl 中和了蛋白质分子上的电荷，从而促进了加热时的疏水性聚集作用。因此，胶凝机制和凝胶外形基本上由疏水性聚集作用和静电排斥作用之间的平衡所控制，也是这两股作用力控制着凝胶体系中蛋白质-蛋白质和蛋白质-水相互作用之间的平衡。如果前者占优势，形成沉淀或凝结块；如果后者占优势，体系可能不会凝结成凝胶。

蛋白质加热形成凝胶，加热一是使蛋白质产生变性，肽链延伸；二是增强水分子的运动，增加了蛋白质分子间的作用；三是使蛋白质内部的巯基暴露，促进二硫键的形成或交换，使分子间的网络得到加强，最终形成的凝胶称为热凝胶。热凝胶可分为可逆热凝胶和不可逆热凝胶。蛋白质溶胶加热，冷却后形成凝胶，再加热，凝胶又形成溶胶，称为可逆热凝胶，主要是分子间弱键（氢键等）作用。蛋白质溶胶加热冷却后形成凝胶，再加热，凝胶不被破坏，称为不可逆热凝胶，主要是分子间除了氢键外还有共价键的形成，如二硫键（—S—S—）、离子盐桥等。

蛋白质通过非加热方式形成凝胶是利用蛋白质的特殊性质，主要方法：①酶联作用，例如酪蛋白在凝乳酶作用下形成奶酪，血纤维蛋白在血凝酶作用下可发生血凝；②添加盐离子或相反电荷的粒子，如加钙、镁等离子，形成“盐桥”作用；③调节 pH，如对蛋白质先碱化，再酸化，使其恢复到中性或到达等电点，蛋白质发生胶凝作用形成凝胶。

6.4.2.1　明胶（肉冻制作）

明胶形成的凝胶具有热可逆性，是理想的凝胶剂。明胶是烹饪中最常见的凝胶剂，通过水解胶原蛋白得到。胶原蛋白广泛存在于动物性食物的肉皮、骨骼和肌腱组织中，胶原蛋白属于硬蛋白，是哺乳动物体内含量最多的蛋白质，占动物蛋白质的 25％～33％。动物真皮、软骨、韧带、骨、肌腱等组织胶原蛋白含量较高。胶原蛋白结构通常由 3 条肽链缠绕形成 α-螺旋结构。胶原蛋白不溶于水，但有较强的弹性和韧性，在酸、碱溶液中才胀发。

明胶的原始制作方法将动物胶原蛋白加热（50～90 ℃）水解，胶原蛋白 3 条螺旋肽链之间的氢键减弱，逐渐解螺旋，每条肽链伸展使其螺旋数减少，胶原蛋白结构发生改变，其溶解性增加。当 3 条肽链完全解螺旋后，形成单分子的肽链，其水溶性非常高，得到明胶。工业生产明胶根据生产方式不同，分为酸法、碱法两种。酸法是将动物皮和骨经过酸化（pH 3.5～4.5）处理 10～48 h 提取，其等电点为 6.8～8.5。碱法是将年龄较长动物的皮和骨经过碱处理 6～8 周提炼制得，其等电点为 4.5～5.3。

厨房炖汤、制作红烧肉的过程中，动物组织中胶原蛋白 α 螺旋结构水解，形成一些单分子的肽链，即明胶。明胶分子链非常长，分子与分子之间具有较强的吸引力，分子受热时，分子间排斥力增大，水溶性提高，形成黏性的溶胶。当温度降低时，分子间吸引力增大，分子倾向于形成三重螺旋，分子彼此嵌合形成三维网络结构(图 6-34)，溶胶状态时的水分子被限制在网络结构中，形成凝胶(俗称胶冻)。明胶分子呈现线性状态，长链结构使明胶具有非常好的延伸性，使其弹性非常突出。

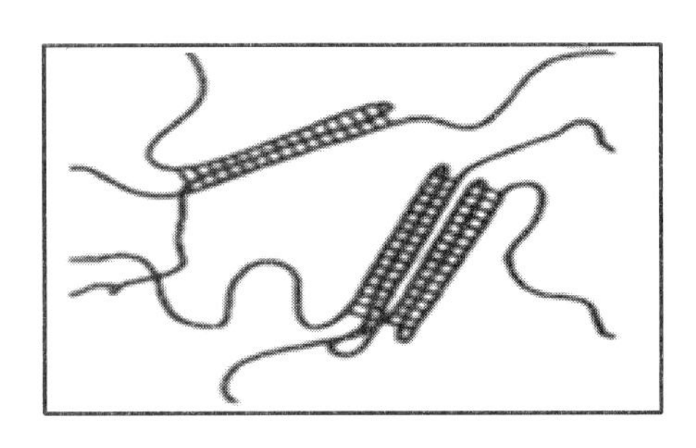

图 6-34　明胶分子形成三重螺旋结构

明胶形成溶胶、凝胶与温度有着独特的依存关系，为食品烹饪提供了各种可能。我国北方凉菜“肉皮冻”，在明胶溶胶中加入固体食品，冷却后形成各种花色的菜品。对明胶性质利用较经典的食物是扬州汤包，在肉馅凝胶的制作中加入事先制作的肉皮冻(明胶)，经过蒸制后形成黏性很大的溶胶，人们在吃汤包时，先喝汤再吃包子。食品加工中利用明胶对水的结合性，可以很好地控制食品中的水分，提高食品储藏的稳定性。

明胶具有良好的水溶性和成胶性，是一种优良的保护性胶体，当温度低于 25 ℃时，形成紧密的凝胶，其强度随浓度的增加而增大。加热时凝胶会变成溶胶，当温度升至35 ℃以上时，其黏度下降较显著；当温度升至 65 ℃以上时，明胶会发生降解。故明胶溶胶的使用温度最好控制在 25～65 ℃。

6.4.2.2　酪蛋白酸盐凝胶(酸奶、奶酪制作)

牛奶中蛋白质总量为 3.0～3.6 g/100 ml，其中 80%为酪蛋白，以蛋白胶束存在。酪蛋白根据其结构有 α_{s1}-酪蛋白、α_{s2}-酪蛋白、β-酪蛋白、κ-酪蛋白等，同钙离子、钙盐具有特别的作用。α_{s1}-酪蛋白、α_{s2}-酪蛋白、β-酪蛋白为钙敏感性酪蛋白，分子因带有负电荷形成阴离子簇，在钙离子存在的条件下溶解性极低。钙不敏感 κ-酪蛋白是由不同疏水区与极性区组成的双亲分子，在形成酪蛋白胶束中发挥重要的作用。它的双亲结构不被钙离子沉淀，在钙离子存在的情况下能够稳定钙敏感蛋白质。

酪蛋白胶束由水、蛋白质、盐组成，干基质中 94%为蛋白质，6%为胶状磷酸钙。酪蛋白胶束中 α_{s1}-酪蛋白、α_{s2}-酪蛋白、β-酪蛋白、κ-酪蛋白物质的量之比近似为 3∶1∶3∶1，在电子显微镜下呈孔“海绵”球状复合结构，粒径为 30～200 nm，球体内含有大量的空体积(图 6-35)，每克酪蛋白约有 4 ml 空体积，可以结合 3.7 g 的水。α_{s1}-酪蛋白、α_{s2}-酪蛋白、β-酪蛋白是胶束核心，κ-酪蛋白覆盖在表面，其 C-端亲水区域伸向外，疏水 N-端与内部酪蛋白作用，起到保护胶束的作用。

对于酪蛋白胶束而言，κ-酪蛋白的保护作用和胶束表面电荷是决定其稳定性的两个重要因素。一旦这两个因素被破坏，酪蛋白就会发生聚集、胶凝作用，形成凝胶。酪蛋白凝胶可分为酸凝胶和酶促凝胶。在酸性(pH<4.6)条件下，分子静电排斥力降低，就会形成胶束凝集体，进而形成凝胶。由于胶束之间的连接点具有灵活性，这种凝胶强度非常弱且柔

软。酸奶的制作正是利用酪蛋白这些性质，首先通过细菌发酵作用，将牛奶中乳糖转化为乳酸，pH 缓慢降低，胶束电荷分布改变，产生一系列解离，蛋白质发生聚集。其次是在凝乳酶作用下限制水解 κ-酪蛋白极性区专一的序列(N-端 105～106 位 Phe-Met 肽键)，释放出极性区(糖巨肽)，改变了胶束表面特性，使胶束空间排斥力降低，失去了对胶束的保护作用，酪蛋白与钙离子形成沉淀、聚集，最后形成酪蛋白凝胶。由凝乳酶产生的凝胶屈服应力较小，施加大于 10 Pa 的压力就会引起凝胶流动。酸奶和奶酪的制作通常是酸凝胶与酶促凝胶共同作用的结果，使牛奶中酪蛋白转化为凝胶。

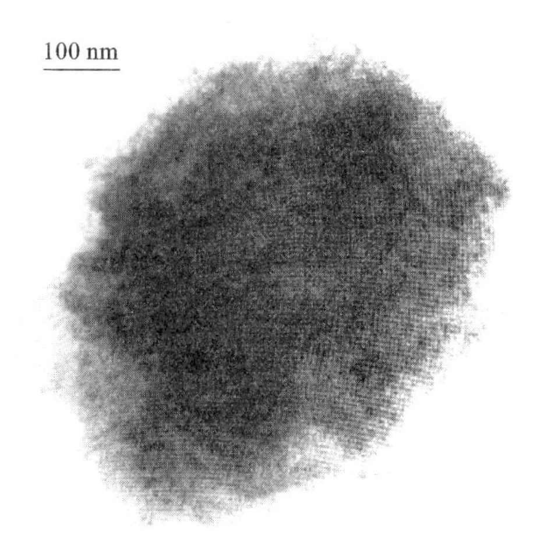

图 6-35　酪蛋白胶束的电子显微图像

6.4.2.3　大豆蛋白凝胶(豆腐的制作)

以豆腐的制作为例，来说明大豆蛋白凝胶的形成过程。①大豆经水胀发、磨碎，蛋白质解聚，分散于水中，形成蛋白质溶胶；②高温煮浆，使大豆蛋白适度变性并充分展开，其中的疏水基团暴露出来，有利于蛋白质分子之间在大的范围内产生疏水作用，同时，蛋白质分子表面的亲水基团增加，分子间的吸引力相对减小，形成一种新的相对稳定体系——前凝胶，即熟豆浆；③加入的卤水或石膏中的钙、镁离子，使蛋白质中的带电基团以静电相互作用形成桥联；④蛋白质交联后经过冷却，有利于蛋白质分子中氢键的形成。这些作用共同促进大豆蛋白凝胶的形成(图 6-36)。再根据需要对凝胶中水分进行控制处理，得到不同质感的豆制品。

蛋白质凝胶的膨润性或滑润性(即持水能力)取决于蛋白质-水的相互作用。蛋白质与水相互作用越大，水合作用越完全，持水性越好；蛋白质肽链之间的排斥力越大，蛋白质凝胶膨润的体积越大，凝胶的滑润性越好。在蛋白质等电点附近制备凝胶时，由于蛋白质胶粒带电性最差，蛋白质的水合作用较差，蛋白质凝胶的膨化度低，形成的凝胶硬度也较低。

葡萄糖酸内酯豆腐的制作是在豆浆阶段加入葡萄糖酸内酯，由于葡萄糖酸内酯在加热条件下水解为葡萄糖酸，使豆浆酸化。当 pH 达到大豆蛋白胶粒的等电点时，胶粒失去带电性而发生聚集形成凝胶，通过挤压失去多余的水分后形成豆腐。而经过冷却，葡萄糖酸又形成葡萄糖酸内酯，凝胶 pH 又恢复到原来的状态，使豆腐显现出更细腻的感觉。

6.4.2.4　肌球蛋白凝胶(蓉胶制作)

烹饪中利用动物性肌肉制胶时，按照原料的不同有鸡肉蓉胶、虾肉蓉胶、鱼肉蓉胶、猪肉蓉胶、牛肉蓉胶以及混合蓉胶，根据蓉胶的质地不同有硬质蓉胶、软质蓉胶和汤糊蓉胶。虽然蓉胶品质不同，但原理是相同的，就是利用肌球蛋白的胶凝性来制备凝胶，当蛋白质的浓度超过临界值(C_0)时，溶解性较好的肌球蛋白在加热时能够形成凝胶。凝胶的形成过程包括许多连续反应：①蛋白质分子变性，单个分子展开；②变性分子在疏水作用下聚集成球形或长形粒子；③蛋白质聚合体(粒子)形成三维空间网络结构。这些反应在一段时间内反复进行。肌球蛋白分子在结构、构象上存在差异，因此它们形成凝胶的过程和性质也会有

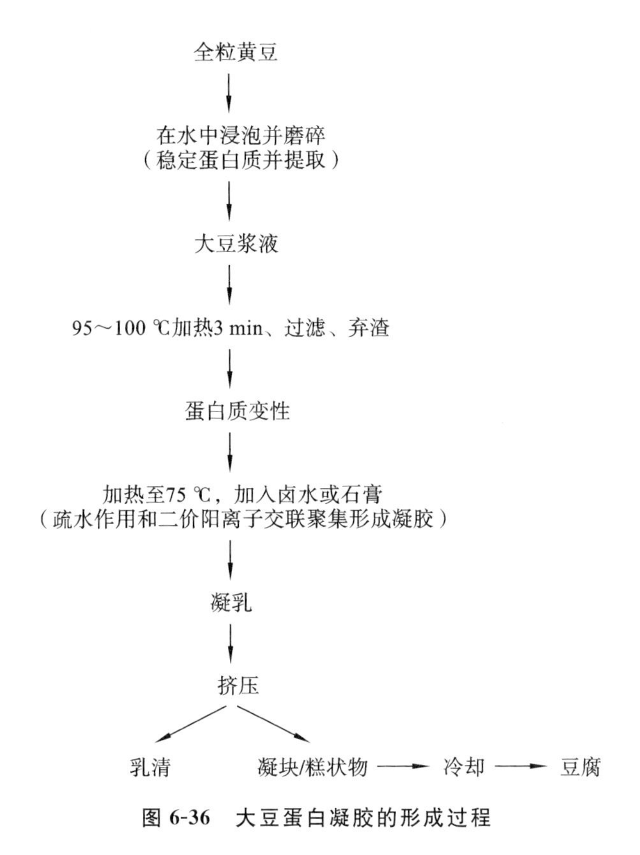

图 6-36　大豆蛋白凝胶的形成过程

所不同。与凝胶形成相关的作用力有二硫键、静电作用、范德华力、疏水作用和氢键等。

为了形成凝胶，肌原纤维蛋白必须先被提取出来，利用肌球蛋白的盐溶性，将碎肉（肉糜）与盐（NaCl 或磷酸盐）混合提取肌原纤维蛋白。肌原纤维蛋白中的肌球蛋白具有较大的长宽比，它们能形成具有很高黏弹性的凝胶。肌动蛋白也是一种球蛋白，长度为肌球蛋白的 1/10，相比肌球蛋白，其胶凝性较差。热诱导肌原纤维蛋白形成凝胶主要与肌球蛋白有关，在典型处理条件（pH 6.0，0.6 mol/L NaCl）下，当蛋白质加热到 35 ℃时，胶凝化首先以肌球蛋白重链（HMM）S-1 区域展开而发生，通过头对头连接形成疏水结合（图 6-37Ⅱ），48 ℃时低聚体会发生聚合，形成分子内二硫键，产生了弹性特性。当温度在 50～60 ℃时，肌球蛋白的轻链（LMM）发生结构变化，形成了一个开放式结构，暴露疏水区域和特定的侧链基团。结构的改变会导致凝胶的弹性暂时下降，原因与这个温度范围内肌球蛋白与肌动蛋白的分离有关。但是 LMM 通过尾对尾连接可以产生永久性的线状或丝状凝胶网络结构（图 6-37Ⅳ），具有高弹性和持水性，并以二硫键来稳定。应用谷氨酰胺转移酶能使谷氨酸与赖氨酸产生交联，对肌原纤维蛋白凝胶产生显著影响，可以使凝胶强度提高 10 倍。

肌球蛋白凝胶的质地除了受蛋白质浓度决定外，还受掺入的物质及其量的影响，因而食物蓉胶实际是一种混合凝胶。不同物质形成的凝胶结构和性质的差别非常大。浓度为 1 的％不同凝胶剂的模量（硬度）在 5 个数量级内变化，它们破裂时的应力也相差很大。因此，不同的体系表现出不同的流变性质，在食用中表现出不同的感官性状，这也是厨师在烹饪中追求的目标。

烹饪加工中混合凝胶应用较多的有由颗粒（乳状液滴）填充的凝胶，例如，为了改善蛋白质凝胶的性状，利用蛋白质的乳化性，在凝胶制作中添加油脂，油脂在蛋白质乳化作用下

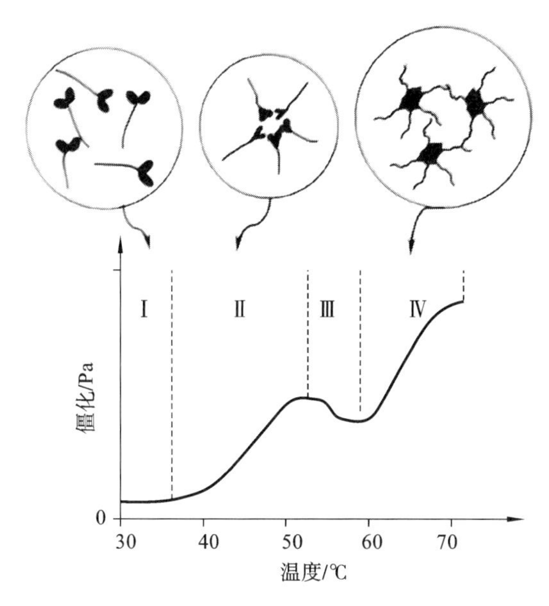

图 6-37　热处理肌原纤维蛋白凝胶胶化过程(0.6 mol/L NaCl、pH 6.0 溶液)

形成乳状液滴填充进入三维网络结构中,增强凝胶的结构。多糖混合物也经常用来制作不同性质的凝胶,例如,黄原胶单独形成凝胶时,为热不可逆凝胶,当黄原胶和刺槐豆胶相互作用时形成热可逆凝胶。

混合凝胶制作中要注意凝胶剂以及物质之间的性质,如果热力学不兼容会导致聚合物发生相分离,使凝胶稳定很差。聚合物之间存在强相互吸引有利于混合凝胶的形成。在设计混合凝胶时,要分别加以分析,可以加入乳化剂或增稠剂来增加凝胶的稳定性。

目前常见的蛋白质混合凝胶产品有肉丸、鱼丸、肉糕、鱼糕、肉饼、鱼饼、肉肠、鱼肠、模拟蟹肉棒等,因其蛋白质含量高、脂肪含量低、质感佳、弹性好、食用方便等优点,深受消费者的喜爱,近年市场占有率持续增长。

20 世纪,日本开始以狭鳕鱼为原料研究冷冻鱼糜工厂化生产,研制出冷冻鱼糜(无盐鱼糜和加盐鱼糜)加工工艺,解决了因地理位置、季节等因素而限制鱼糜制品生产的难题。从 20 世纪 80 年代开始,我国沿海省份相继引进日本技术和设备生产冷冻鱼糜以及模拟蟹肉棒等鱼糜制品。2007—2013 年,我国鱼糜制品产量由 74.94 万吨增长至 117.16 万吨,鱼糜制品占我国水产加工品的比例由 5.6%增长至 6.14%。

凝胶强度是衡量冷冻鱼糜品质最关键的指标。鱼肉蛋白质是形成热诱导弹性凝胶的基础。研究认为,肌球蛋白是形成鱼糜凝胶的重要成分,盐溶性蛋白质含量与鱼糜凝胶强度呈极显著正相关,盐溶性蛋白质含量越高,其凝胶强度越大、弹性越好;而水溶性蛋白含量与其强度呈负相关。

在混合凝胶结构中,蛋白质、水、淀粉、脂肪以及调味料组成一个整体,赋予蓉胶新鲜、嫩滑、细腻的质感,同时还兼具良好的弹性、黏性。对其研究最多的是各种物质添加比例对凝胶的感官性状的影响。

脂肪是一个重要组成部分,起到润滑和增加质感、风味的作用。脂肪被蛋白质乳化膜和蛋白质网络结构固定。在绞碎和乳化过程中,脂肪颗粒或脂肪组织会通过剪切粉碎成细小的颗粒,随着脂肪球的形成,它们被蛋白质覆盖。蛋白质具有天然的双亲结构,其非极性基团会埋入脂肪中，而极性基团会伸入水相中，从而形成了界面膜，可以将油相和水相形成两个不接触的相(图 6-38)。蛋白质在脂肪球表面的吸附会降低界面张力，同时吸附作用也使蛋白质变性，促进蛋白质凝胶网络形成，进一步增强了乳化能力。研究表明，肌肉中蛋白质乳化能力顺序为肌球蛋白＞肌动球蛋白＞肌浆蛋白＞肌动蛋白。肉丸中脂肪颗粒大小和稳定性直接影响肉丸质地、感官性和储藏性。脂肪球膜和连续蛋白质网络结构的物理化学性质和流变性质是凝胶乳状体稳定性的决定因素。

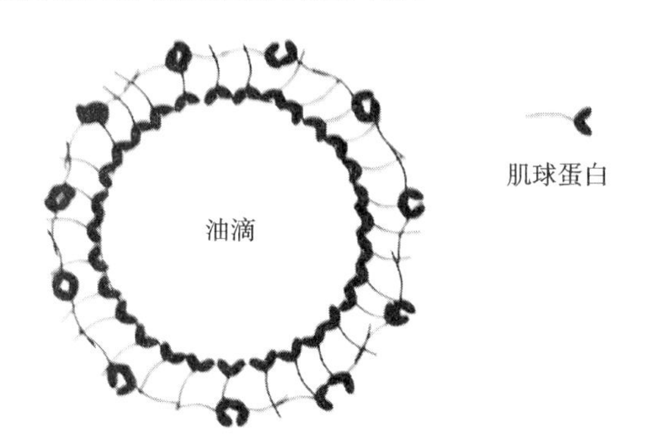

图 6-38　肌肉乳化油滴形成肌球蛋白单层结构示意图

淀粉作为增稠剂，分散于蛋白质凝胶网络结构中起填充作用，增加凝胶的硬度。加热后淀粉产生糊化，糊化后淀粉分子伸展，体积增大，黏性增强，硬度降低，有利于凝胶的稳定和质感保持。淀粉糊化过程中会吸收蛋白质热变性丢失的部分水分，使凝胶的黏弹性得到保持。这样由蛋白质、脂肪、淀粉形成高聚物，共同作用改变了蛋白质凝胶的物理性状，形成了特殊的黏弹体，增强了凝胶的适口性。需要指出的是，淀粉糊化后存在老化现象，老化后的淀粉颗粒对维持蛋白质凝胶的稳定性有一定的作用。如何控制好淀粉的老化程度是混合凝胶研究的另一个问题。

水和盐是蛋白质凝胶制作的重要成分。当加入低浓度盐离子(0.2%～0.4%)时，产生球蛋白盐溶作用，肌动蛋白与肌球蛋白解离，分子极性增大，水合能力增强。盐用量过少对盐溶性蛋白质的溶解能力提升不够，蛋白质水合能力提高不大，黏度不强，表现为“没上劲”；盐用量过多，则会产生蛋白质的盐析，致使蛋白质大量脱水，反而降低蛋白质的持水性，质地变硬。蛋白蓉胶的制作中，可以根据人们饮食需要制作不同质感的产品，主要是调节蛋白质、水、淀粉和油脂的比例得到硬质蓉胶、软质蓉胶和嫩质蓉胶。硬质蓉胶中水分加入较少，淀粉的添加量增加，凝胶的强度较大，适合油炸产品的制作。适当增加水量，采用水煮、水氽方法制作软质蓉胶。嫩质蓉胶在软质蓉胶的基础上加入蛋清，利用蛋清在搅打过程中产生气泡，使凝胶更加蓬松软滑，制作中宜采用 90 ℃热水水氽，防止气体过度膨胀。

6.4.2.5　面团的形成

将小麦面粉和水按一定的比例混合进行有效揉合时，形成了具有黏弹性的面团，用于制作面包和烘焙食品。小麦面粉中含有可溶性蛋白质，如清蛋白和球蛋白以及糖蛋白，这类蛋白质对面团形成和性质没有太多贡献。不溶性蛋白质麦谷蛋白和麦醇溶蛋白是面筋的主要成分，在与水混合时，面筋形成具有截留气体能力的黏弹面团。

面筋独特的黏弹性质与麦谷蛋白和麦醇溶蛋白的氨基酸组成相关，谷氨酸(Glu)和脯氨酸(Pro)占氨基酸残基总数的 40%以上。面筋中赖氨酸(Lys)、精氨酸(Arg)、谷氨酸

(Glu)和天冬氨酸(Asp)等水溶性强的氨基酸残基占氨基酸残基总数不到10%以下,大部分是疏水性氨基酸残基。这种结构使得面筋具有较弱的水溶性,疏水的氨基酸残基产生疏水作用使蛋白质形成聚集体,并结合脂类物质和其他非极性物质。面筋蛋白质的谷氨酰胺和羟基氨基酸残基具有结合水的作用,它们之间的氢键是面筋所具有的黏附-黏合性质的形成原因。胱氨酸和半胱氨酸残基占面筋氨基酸残基总数的2%~3%。在形成面团时,这些氨基酸残基中的巯基形成二硫键(2—SH→—S—S—),同时导致面筋蛋白的广泛聚合作用。

在室温下,水和面粉在混合揉搓过程中,发生了物理变化和化学变化。在剪切力和张力作用下,面筋蛋白吸收水分后,蛋白质分子开始取向排列成行和部分伸展。这样将增强蛋白质的疏水相互作用和巯基转换反应形成二硫键,导致线状聚合物形成。线状聚合物转而又互相作用,通过氢键、疏水作用、二硫键交联形成可以截留气体的片状膜,并形成三维空间上具有黏弹性的蛋白质网络。随着面筋中所发生的物理、化学变化,面团的抗性随时间而增强,直至达到最大值;接着抗性下降,表明网络结构破裂。影响面团形成的因素有很多,主要有以下几点。

(1)面筋蛋白质的种类与含量　其中麦谷蛋白和麦醇溶蛋白二者保持适当平衡非常重要。麦谷蛋白分子量大,分子中含有大量二硫键(链内与链间),它决定了面团的弹性、黏合性和强度;麦醇溶蛋白分子量较小,只含有链内二硫键,它决定了面团的流动性、伸展性和膨胀性。在面包的生产中,其强度与麦谷蛋白含量有关,但麦谷蛋白含量过高会抑制发酵过程中残留CO_2气体的膨胀,抑制面团的发泡;如果麦谷蛋白含量过低,麦醇溶蛋白含量过高,则会导致过度膨胀,结果会造成面筋膜破裂、易渗透,面团塌陷。

(2)蛋白质含量　面粉通常根据蛋白质含量的高低分为高筋面粉、中筋面粉、低筋面粉。高筋面粉需要长时间揉搓才能形成性能良好的面团,而低筋面粉的揉搓时间不能太长,否则会破坏网络结构的形成,而不利于面团的形成。

(2)油脂与乳化剂　极性的甘油一酯或甘油二酯有利于麦谷蛋白与麦醇溶蛋白的相互作用,提高面团的网络结构。中性脂肪加入后,由于成膜作用不利于蛋白质分子间的作用,难以形成黏弹性面团。油面团(也称酥面团)就是利用油脂的这一性质,降低了面团的黏弹性,具有更适宜的口感:利用油脂黏性,经过反复搓揉、打擦来形成面团,由于蛋白质无法交联,故油面团没有面筋形成;淀粉颗粒被油脂包裹,糊化后也无法形成黏聚体,造就了酥脆的质感。

(3)氧化剂与还原剂　还原剂(亚硫酸盐、半胱氨酸盐酸盐等)可引起二硫键的断裂,不利于面团的形成。相反,氧化剂有利于二硫键的形成,可增强面团的韧性和弹性,如溴酸盐。但需要指出的是,氧化剂的加入会导致面粉中维生素等营养素的破坏。

(4)面团发酵　利用酵母菌在一定条件(适量水、有氧、适宜温度等)下繁殖产生的酶对面粉中存在的单糖和某些低聚糖进行分解,随着发酵的进行,淀粉酶激活,淀粉被分解产生葡萄糖、麦芽糖等,葡萄糖、麦芽糖等在酶的作用下继续分解产生CO_2和水,使面团体积膨大,形成特有的风味。发酵过程中,面团中心部分缺氧而发生无氧酵解,生成少量乙醇,使面团带有醇香味,同时乙醇也能提高面筋中麦醇溶蛋白的溶解性和膨润性,增强面筋的流动性、伸展性,有利于面团膨胀。但乙醇浓度过高时,会造成强度不够,面团塌陷。

在传统的面团发酵中,为了控制面团的酸度,还要进行“打碱”工艺,以降低发酵过程中形成的碳酸的量,防止面团酸化。同时,碱具有增加蛋白质交联的作用,可以提高面团的筋力(刚性)。

6.5 食物结晶状态

烹饪使用原料除胶体外，还有许多是完全或部分结晶材料，例如糖、脂肪和盐。在食物的制备过程中，由于加热或溶解作用，这些物质通常会溶于其他液体或变成非晶体状态，在烘焙和烹饪过程中，经过干燥和热处理后冷却，最终可能会转变成新的物质，包括形成（新的）晶体。通常以多种晶体形态竞争性共存。这是从一种亚稳态形式到一种更稳定的热力学形式，再结晶（通常是不希望的）是食物老化的一部分。总的来说，了解食物成分的相转变可以使厨师正确组合原料，并完成加热和干燥，获得丰富的质地。

6.5.1 冰晶成核、生长动力学特性

在所有出现晶体形式的食物分子中，水是最常见的。冰晶被用于许多甜点中，如冰淇淋、果汁冰糕等。冰也存在于所有冷冻食物中，因此冰晶的生长在考虑长期储存食品时是很重要的因素。在冰糕和冰淇淋中，液相的存在是非常重要的，它可以提供足够的流动性，使甜品柔软和易于食用。没有液相，冰就会保持坚硬，不适口。为了在食品中保留一部分的液相，通过添加蔗糖或其他糖以及其他溶质（如乙醇）等亲水物质，创建一个远低于水的结冰点来实现，将结冰点的温度降到－13～－6 ℃，甚至可将传统食品的储存温度降到－20～－15 ℃。许多冰淇淋的含糖量高达15％，比其他典型甜点的含糖量高。然而，在低温下，味蕾对甜味变得不那么敏感。

一些冷冻甜点，如冰淇淋，是用限量的糖或其他溶质制成的，而这类甜品如雪一般的质感依赖于最初对坚实固体和坚硬冰的机械处理。目前，用于冷冻食品的新型搅拌机（如大功率搅拌机）已在餐厅应用，用于制造分散度很细的冰颗粒，使冷冻甜点制作范围得到了扩大。

在考虑冷冻食品的储存时，首先需要注意的是最初的冷冻会产生冰晶，而冰晶会破坏冷冻食品的质地。通常选择快速冷冻，以形成尽可能小的冰晶，因为结晶温度和速率对晶体大小都有影响。其次，要认识到这些小冰晶在热力学上是不稳定的，更大冰晶产生的代价是小冰晶的消失，类似前面所描述的Ostwald熟化过程。液相的存在也促进了这种再结晶。在大多数食物中，水相（液相）中都含有一些盐和糖。在冷冻时，由于水的结晶，糖和盐的浓度增加（冷冻浓缩效应），但由于大多数盐混合物的结晶温度低于家庭冰箱的冷冻温度，水溶液通常留在冷冻食品中。

食物系统中水结晶重要的问题是单晶的大小。总的结晶速率和晶体大小的分布由新晶体的成核速率和晶体的生长速率决定。这两种速率都随着过冷或过饱和的程度增大而增加，并且都随着分子流动性的降低而降低。其结果通常表现为温度是结晶速率的函数，变化图呈钟形曲线。结晶速率先增加，随着温度不断降低，达到最大值后再下降。然而，随着热力学动力的增加，成核速率相对于生长速率趋于增快，导致在最高过冷条件下形成明显较小的晶体（达到最高过饱和度时溶液结晶）。

一些经典传统美食通过固有制作方法控制着结晶速率。在制作方糖和巧克力的过程中，通常把热融化的糖液或部分融化的巧克力倒在大理石面板上揉制，这样可以保证快速

冷却，并形成非常小的晶体。当制作冰淇淋时，为达到最大限度的冷却，在冷却冰淇淋混合物的同时，进行剧烈搅拌，并将所有的大晶体破碎，生产出冰晶分散非常细腻的产品，这对于冷冻甜点来说是非常重要的感官质地。干蛋白糖饼经过长时间、足够低的温度的烘焙（≤105 ℃，远低于蔗糖熔点 185 ℃），是为了去除水分以确保蔗糖结晶。

在有些情况下，需要防止结晶，如在制作水果糖时，需要利用结晶可以被终止的原理，即在整体快速结晶的温度区间进行足够快的冷却，并进入一个动力学更加稳定的温度区域。然而，在结晶过程中，一些不纯物质的结晶必然涉及杂质的积累，并增加了远距离的扩散，最终形成玻璃态。

6.5.2　糖晶体

简单糖通常被提炼成晶体粉末和高化学纯度的颗粒。它们基本上是单组分物质，因此，原则上它们具有清晰的、非常明确的热力学熔融转变过程。然而，大多数糖是不稳定的，它们加热后发生脱水反应，影响熔融行为。

糖的焦糖化反应是许多食品（如焦糖布丁、硬糖）形成风味和颜色的主要结果。然而，有些情况下，厨师希望在需要加热时生产的糖产品没有焦糖的风味或颜色，例如棉花糖和果糖丝。有两种可能的解决方案。第一种方案，可以选择更稳定的糖，有一些糖，尤其是糖醇、木糖醇、山梨糖醇和麦芽糖醇，它们不具有还原性，可以在没有明显褐变的情况下熔化。第二种方案，可以使用混合糖来降低熔融温度范围，例如，硬果糖由蔗糖和葡萄糖（在一些国家是葡萄糖糖浆）的混合物加热熔化再结晶而成。制备方法包括升温下煮沸溶液（由于高浓缩溶液的沸点明显升高），升温过程温度在 146～154 ℃时停下，此时含水量很低。然而，由于存在两种或两种以上的糖（或葡萄糖寡聚体）以及大多数水被除去，在随后的冷却过程中，蔗糖和葡萄糖的结晶被动力学所抑制，因此，该过程直接提供了一个过冷（玻璃态）的糖熔体，而不进入糖熔化的高温区域，使糖的脱水反应被抑制或不发生。人们用差示扫描量热法（DSC）系统研究了葡萄糖、葡萄糖寡聚体或聚合物对蔗糖结晶的影响，得到了一致的结果。

糖也可以通过淬火形成玻璃态物质。结晶糖在许多糖果产品（如巧克力、方糖、乳脂软糖、干蛋白糖）中是理想的状态，而玻璃糖在其他糖果（如硬果糖）中是必需的。结晶糖的存在不仅有助于甜味，而且根据晶体的数量和大小分布可改变产品的质地，如传统酥糖的制作是将熔化的糖液反复地拉扯，实现快速冷却形成细小晶体；一些糖，主要是木糖醇和山梨糖醇，通过强烈的吸热过程在水中迅速溶解，可以用来产生口腔的清凉感觉。

淀粉存在于许多基本原料，如面粉和马铃薯等食物中，淀粉以细小的、部分结晶的、微米级颗粒形式存在。结晶部分主要由大分子支链淀粉和直链淀粉组成。由于水和热的共同作用，颗粒的结晶部分融化，颗粒吸收水分并膨胀，最终整个颗粒会分解。这个过程称为淀粉糊化。在水足量的条件下，马铃薯淀粉最低熔化温度平均约 58 ℃。

然而，如果水含量足够低，淀粉成分会变成玻璃态，产生“脆”的质地，如薯条或薯片。还可以进一步制作成玻璃质地的外部，奶油凝胶在内部（外酥内嫩）。也可以制作深加工的菜品，例如做油炸马铃薯丸子，第一阶段，将马铃薯泥滚成合适的形状，然后通过油炸除去外层水使其变成玻璃态。法国炸薯条的制作较为复杂，先在含有水的油中煎炸薯条，直到薯条快要炸干。这个阶段淀粉会吸收一些水，冷却时会形成结实的凝胶。第二阶段，将冷却的炸薯条放入真空干燥器中干燥，在这个阶段外层变得非常干燥，而内部仍然保留了大量的水。第三阶段，薯条放入 190 ℃热油中，在这一阶段，玻璃外层会暂时变软，由于内部凝胶中产生的蒸汽会将大部分已经变软的玻璃外层向内部推进，使薯条具有独特的膨胀性。在随后的冷却过程中，内部和外部之间的小空隙会减缓水的扩散，确保薯条至少在食客食用的过程中保持脆爽质地不变。

一个类似的有趣现象是谷物的爆裂，如爆玉米花。玉米的外层起初是玻璃状的，加热后会变软，变成橡胶状。与此同时，当微膨胀淀粉中的水变成蒸汽时，谷物内部的压力就会增加，那么颗粒内部有足够的压力使它们爆炸，就像玻璃状的外层足够柔软，不能再承受压力一样。这个过程的关键是确保颗粒的内部有足够的水分产生压力，而外层几乎没有足够的水保持玻璃态，直到温度足够高，足以将内部的水转化成蒸汽，使谷物“爆裂”。

6.5.3 脂肪晶体

脂肪和油是含多种成分的物质，它们具有多种晶型，可以共存，这使得它们的结晶和熔化行为明显比糖等简单体系复杂。液态甘油三酯混合物通常被称为油，而纯或以结晶为主甘油三酯的混合物被称为脂肪。甘油三酯具有丰富的多晶体，可分为三大类：α 型、β′型和 β 型。热力学上，这些多晶体的特点使稳定性增加(减少自由能)和熔点增加(依次 α 型、β′型和 β 型)。通过广角 X 射线衍射实验可知，其分子结构中亚甲基的排列方式不同，α 型排列无序，β′型部分有序，β 型为有序排列。

单晶体的大小通常只有几微米。在含有液态甘油三酯的脂肪中，脂肪的晶体可以形成网络结构、具有渗透性和塑性变形能力的凝胶状体系，像黄油、人造黄油和猪油一样具有良好的质地和延展能力。大多数亚稳态 β′型脂肪产生最优的晶体粒度分布和晶体网络，因此，是黄油、人造黄油和某些巧克力制作时的理想原料。

一般来说，脂肪可以被认为是多组分、多相混合物，对甘油三酯混合物的相图进行测定可以说明这一点。对于这样复杂的系统，推导出完整的组分温度相图几乎是不可能的。很明显，不同的甘油三酯晶体之间的不相溶性会导致共晶现象。脂肪中相的数量与不同甘油三酯的数量相当，对于大多数脂肪来说，甘油三酯数目较大(大于 10)，这使得脂肪的详细物质组成极其复杂。总的来说，脂肪通常有很宽的熔化范围。可可脂是一种化学性质简单的脂肪，含有三种主要成分：POS、POP 和 SOS。当可可脂处于所谓的 V 形状态(一种 β′型的同质异体，是巧克力所需的多晶体)时，它有一个低于体温的熔化温度。这种形式的可可脂与 3 种甘油三酯 POS、POP 和 SOS 组成调和系统的共晶成分很接近，解释了黑巧克力快速熔化过程。在此背景下，黄油和猪油非常宽的熔化范围可以理解为源于甘油三酯的组成，而不是相关甘油三酯的共晶成分。

亚稳态多晶体的存在使相行为的测量和观察更加复杂，因为熔化行为强烈地依赖于加热过程，例如物质的某些成分在加热时出现结晶并释放热量。不稳定的多晶体在相对较低的加热温度下熔化，形成过冷熔体，然后结晶形成更稳定的多晶体，最后再次熔化。

6.5.4 食物玻璃态

在前面讲述了食物存在的三种状态：黏流态、橡胶态和玻璃态。食物中的一些主要成分，如大分子的糖以及某些蛋白质，当它们熔化或含这些成分的食物溶液被快速地冷却或干燥时，可以避免结晶而形成玻璃态。玻璃态对于描述和理解水果糖、棉花糖、饼干、硬皮

甜点和薄脆饼干等的形成是很重要的。

从结构的角度来看，玻璃态是一种分子无序状态，而从简单的力学观点来说，其行为表现为固体，具有高剪切模量，其值可达 10^{12} Pa。然而，玻璃态食品往往更像是非常黏弹的液体，显示非常缓慢的弛豫过程(弛豫时间(τ)达几小时)。玻璃态也是易碎的，这对于制造易碎质地的食物来说非常重要。

弛豫过程的速率以及玻璃态食物的黏度在很大程度上依赖于温度。当冷却非晶体食物材料时，温度的急剧下降导致物质由液体行为向固体行为的转变，这种由液体行为向固体行为转化时的温度称为玻璃化转变温度(T_g)。差示扫描量热仪采用 5～10 ℃/min 的标准扫描速率是测定食物系统中玻璃化转变温度的首选。

玻璃相变附近黏度的温度依赖性很强，最常用的是 Williams-Landel-Ferry 方程(WLF 方程)：

$$\frac{\ln(\eta_T)}{\ln(\eta_{T_g})} = \frac{-C_1(T-T_g)}{C_2+T-T_g} \tag{6-11}$$

式中，η——黏度；

T——物质温度；

T_g——物质玻璃化转变温度；

C_1、C_2——玻璃态物质与参考温度组合的常数。在研究中，如果食物没有具体的数据提供，可以采用参考温度 T_g 和所谓常数值 C_1(17.44 K)和 C_2(51.6 K)的组合。

虽然在大多数情况下，烹饪结果与精确的数值预测是不相关的，但 WLF 方程给人的启示是在烹饪加工过程中，随着食物材料的冷却，其性能发生了变化。一组接近通用值的常数，预测到在温度间隔约 20 ℃时，黏度将改变 10 个数量级。

表 6-16 显示玻璃化转变温度强烈依赖于天然食物的成分。对于糖，测得木糖醇的玻璃化转变温度为－29 ℃，海藻糖的玻璃化转变温度是 110 ℃，干淀粉和干淀粉组成物的玻璃化转变温度从烹饪的角度看较高(大于 200 ℃)，水的玻璃化转变温度通常为－133 ℃左右。玻璃化转变温度的可变性给具有创造性的厨师通过交换食物成分和改变成分组成来获得所需要的食物质地带来了可能。

表 6-16　热力学方法测得的各种干食物成分的初始玻璃化转变温度

组成成分	T_g/℃
木糖醇	－29
山梨糖醇	－9
果糖	5
葡萄糖	31
蔗糖	62
海藻糖	110
乳糖	101
水	－133
淀粉	243
明胶	100

与表6-16中的纯食物成分不同，食物通常由混合物制成。这种混合物的玻璃化转变温度可以用各组分玻璃化转变温度的加权平均值来计算。

最重要的是，玻璃化转变温度较低的组分对混合物的玻璃化转变温度有较强的抑制作用，这种效应被称为塑化作用。在食物体系中，溶剂水是最突出、最有效的增塑剂。水分的吸收导致许多食物失去脆性，例如饼干。

在厨房里，许多甜食都需要把糖浆煮沸到不同的"阶段"（表6-17）。从本质上说，随着水被排出，溶液的浓度随着沸点的升高而增加（塑化作用降低）。这一过程的进展通过测量沸腾温度来监控，并在特定温度下终止，以获得所需的一致性（或"阶段"）。当然，热熔以及冷却产品的玻璃化转变温度和黏度都取决于含水量。糖浆的不同阶段通常被称为丝状、软球状态、实球状态、硬球状态、软裂和硬裂。

表6-17　糖浆不同阶段沸腾温度、含水量、玻璃化转变温度和黏度

阶段	T_b/℃	ω/(%)	T_g/℃	η(25 ℃)/(Pa·s)
丝状	110～111	20	−50	10^1
软球状态	112～115	15	−30	10^2
实球状态	118～120	13	−25	10^3
硬球状态	121～130	8	0	10^6
软裂	132～143	5	20	10^{10}
硬裂	146～154	1	50	10^{19}

注：利用Gordon-Taylor方程根据水和干蔗糖的玻璃化转变温度估算了糖浆玻璃化转变温度。利用WLF方程和一组通用常数对黏度进行了估计。

第 7 章　烹饪原理与新技术

烹饪一词最早见于《易经》,距今近3000年。大多数烹饪技术以这样或那样的形式存在了好几个世纪,但是使用的人往往不能很好地理解它们,这是目前烹饪科学发展受到制约的主要原因。火的运用是烹饪的基础,也是推动人类发展的关键。近代科学家从火的应用开始,研究其本质。厨师始终停留在对火的利用阶段,原因是掌握某一种烹饪技术的人通常不外传,而没有这方面技术的人也无法进行深入的研究。因此,即使是在科学技术发展的今天,烹饪科学技术的发展仍然缓慢。

本章试图阐明传统烹饪中煎、炸、蒸、煮、烧、炒等技艺的基本科学原理,一方面为烹饪技术运用提供可遵循的理论基础,另一方面让烹饪爱好者少走弯路,避免"重复"式的错误,并探讨如何运用科学理论和试验进行新的技术研究。

7.1 烹饪中热量传递

绝大多数烹饪方法或烹饪操作单元涉及对食物原料的加热,以诱导物理和(或)化学变化,产生令人愉快的风味和质地。然而,许多时候烹饪是为了提供一顿热饮食,即使没有特定的物理、化学或微生物原因,食物也常保持在室温以上。因为,适宜温度增强食物中香气化合物的释放,改变食物的感官,并产生温暖舒适的感觉。

在加热过程中,升高温度会改变食物成分的热力学稳定性,使分子运动加快,让相变成为可能(如融化、蒸发、凝胶化及蛋白质变性)。通过这样的转变,食物本身可以被转化。植物细胞壁被破坏后蔬菜变软;肉类蛋白质发生变性,肉变得更有口感;淀粉被糊化,变得有黏性等。对于厨师来说,重要的是意识到各种可能的转变,以及加热对食物的味道和质地的影响。

烹饪对火候的选择与控制一直以来被厨师视为最高机密。传统中式烹调师在实践中总结出近30种用火技法,并作为厨师学习的必备知识。每种技法都是建立在实践和感性认知的基础上,很难准确掌握,实践中仍然需要反复试验。火候的科学核心是热量,自然状态下,热量总是由高温向低温传递,物质热量变化决定了物质运动程度、化学反应方向和化学反应速率。热量传递与加热温度和时间相关,但三者是不同的物理量,很难将其直接联系起来。这一节主要说明通过加热实现物体间热量传递的方式和规律。

热量传递是由于温度差而引起的能量转移,又称传热。热量总是自发地由高温区传递到低温区,物体之间或一个物体不同部位由于温度的不同都会产生热量传递。食物在烹制过程中,典型的操作单元有煎炸、蒸煮、焙烤、煨炖、烧炒等,希望通过食物获得热量后达到令人满意的风味或质地。因此,传热是烹饪重要的基础科学,烹饪对传热的要求通常分为3种:第一种是快速传热,使食物迅速达到目的温度,烹饪工艺称之为"猛火",例如爆炒青菜,高温油炸;第二种是中速传热,要求食物受热均匀、稳定,烹饪工艺称之为"中火",例如食物蒸煮;第三种是慢速传热,烹饪工艺称之为"小火",例如小火煨汤。

自然界中热量传递由3种方式实现,即热传导、热对流和热辐射。烹饪中传热是一个非常复杂的过程,通常有2种或3种传热方式,例如煨汤过程中的传热,火源对容器(汤罐)加热方式是热传导,容器又以热传导的方式将热传递给罐中水,水获得热量后分子运动加快,将热量以热对流的方式传递给食物,食物不同分子获得足够的热量后,发生相应的转

化,如淀粉糊化、蛋白质水解、油脂乳化等。在这里仅对传热的规律及影响传热的因素进行讨论。

7.1.1　热传导

热传导是通过微观粒子(分子、原子、电子等)的运动实现热量的传递,导热过程没有物质的宏观位移。温度差是热传导的动力,传热过程与温度分布密切相关,如果空间某一点(或面)温度不随时间变化,相应的传热为稳定传热。反之,为不稳定传热。

一般来说,热传导是固体热能传递的主要方式。傅立叶定律是热传导的基本定律,其表达式为

$$Q = \lambda S \Delta T / \delta \tag{7-1}$$

式中,Q——传热流量,单位时间内传导的热量,W;

S——导热面积,m^2;

λ——比例系数,称为热导率,W/(m·K);

ΔT——物体两侧的温度差,K;

δ——物体的厚度,m。

从式(7-1)可以知道,在物体热导率不变的情况下,要提高传热流量(Q)可以通过增加导热面积(S)、降低物体的厚度(δ)以及增大物体两侧的温度差(ΔT)来实现。

热导率(λ)代表物质传热的快慢,是物质的物理性质之一。热导率的数值与物质的组成、结构、温度和压强有关。通常金属的热导率最大,数量级在 $10 \sim 10^2$ W/(m·K),如不锈钢 λ 值为17.4 W/(m·K);非金属固体次之,一般为 $10^{-1} \sim 1$ W/(m·K),如陶瓷制品 λ 值为0.93~1.05 W/(m·K);液体较小,在20 ℃时,液态水 λ 值为0.5984 W/(m·K);气体最小,λ 值为 $10^{-2} \sim 10^{-1}$ W/(m·K)。大多数食品物料的热导率数量级为 10^{-1} W/(m·K)。常见物质的热导率可以从有关工程手册中查得。

烹饪中热传导多发生在热源对烹饪器皿的热量传递过程,加热炉灶通过热传导对锅或罐等容器加热,锅、罐加热后再对其中食物进行热传导。提高热传导效率,可以采用金属材料容器,增加容器导热面积,降低容器的厚度以及加大火力(增大温度差)。铁锅炒菜是典型的热传导,热量由高温铁锅传导给菜,通过菜与铁锅的接触来实现。

7.1.2　热对流

热对流是指流体质点间发生相对位移而引起的热量传递过程。对流仅发生在液体中,运动着的液体起载热的作用。流体产生热对流的原因有两个方面:一是流体质点的相对位移,由于流体中各断面的温度不同而产生的密度差,使质量轻者上浮,重者下沉,这种对流为自然对流;另一种流体质点的运动是由于机械或手动的搅拌作用,这种对流为强制对流。热对流与热传导示意图如图7-1所示。

对流主要依靠质点的移动和混合来完成,而流体流经固体物壁面时存在静摩擦力,形成流动边界层,在这薄层内流体呈层流,无热对流,仅有热传导。层流体内热阻很大,影响了热对流的效率。因此,通过不断搅动可加速热的强制对流,增加流速来降低对流层的厚度。

热对流是一个传热过程,影响因素很多,热量的计算也相当复杂,目前,其传热速率由

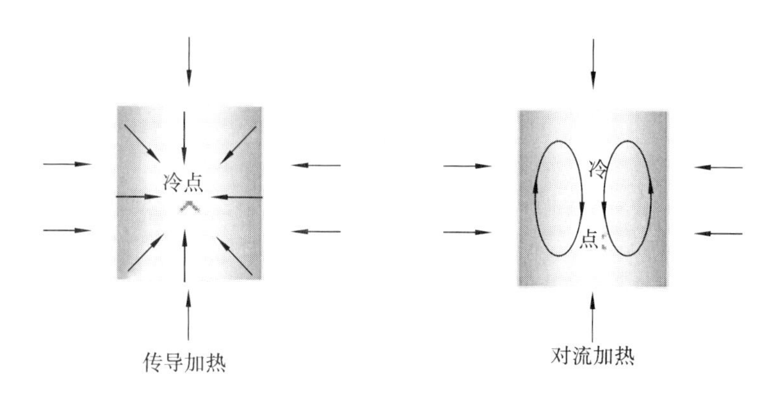

图 7-1　热传导与热对流示意图

牛顿冷却定律公式进行计算。

$$Q = \alpha S \Delta T \tag{7-2}$$

式中，Q——热对流中热流量，W；

S——导热面积，m^2；

α——对流传热系数，$W/(m^2 \cdot K)$；

ΔT——流体与物体壁面的平均温度差，K。

从式(7-2)可以看出，在对流传热系数不变的情况下，提高热对流中热流量(Q)可以通过增加导热面积，增大流体与物体壁面的平均温度差来实现。

在对流热传导中，对流传热系数(α)在数值上等于单位温度差下的热流量。它反映了热对流的快慢，α 值越大表示热对流越快；反之，则越慢。

对流传热系数(α)与热导率不同，它不是流体的物理性质，而是诸多因素影响的一个系数，受流体密度、黏度、热导率、比热容、流速、温度以及被加热物体的形状、大小、物理性质的影响。烹饪中通过空气、水、油进行热对流，不同的传热环境下，α 参考取值范围见表7-1。

表 7-1　α 参考取值范围　　单位：$W/(m^2 \cdot K)$

换热方式	空气自然对流	气体强制对流	水自然对流	水强制对流	水沸腾	油类的强制对流
α 值	5～25	20～100	200～1000	1000～15000	2500～25000	50～ 1500

烹饪中热对流多以空气、水、水蒸气、油作为传热介质，是发生在容器内的一种传热方式，通过传热介质进行热量传递。为了提高热量传递的效率，减少层流体内热阻，常采用不断搅拌、沸腾等手段。

7.1.3　热辐射

辐射是一种以电磁波传播能量的现象。物体会因各种原因发出辐射能，其中物体因热而以电磁波的形式向外辐射能量的过程称为热辐射。电磁波在空间传播，当遇到另一物体则部分或全部被吸收，重新转变为热能。热辐射与热传导和热对流不同，辐射不仅是能量的转移，而且伴有能量形式的转化。此外，辐射能可以在真空中传播，不需要任何物质作为媒介。烹饪中最重要的热辐射是固体间的热辐射，并且是在高温条件下的热辐射。

物体发出的电磁波，理论上是在整个波谱范围内分布，但在工业上，有实际意义的是波

长在 380～1×10^6 nm 范围的热辐射，而且大部分位于红外线（又称热射线）区段中 760～2×10^4 nm 的范围内。

热射线与光的特性相同，所以光的反射、折射等规律对热射线也同样适用。根据能量守恒定律有

$$Q=Q_R+Q_A+Q_D \tag{7-3}$$

则

$$1=R+A+D \tag{7-4}$$

式中，Q——辐射能；

R——反射率；

A——吸收率；

D——透过率。

当吸收率 $A=1$ 时，表明物体将投射到它表面的热射线全部吸收，称为绝对黑体，简称黑体。

当反射率 $R=1$ 时，表明物体将投射到它表面的热射线全部反射出去，称为绝对白体，简称白体。

当 $D=1$ 时，称为绝对透明体，简称透明体，又称介热体、透热体。

一般物体介于黑体和白体之间，为灰体，其黑度（ε）为 0～1。

烹饪中热辐射主要用于烘烤炉、电烤炉，食物与烤炉两个灰体构成了一个封闭的空间。对于食物来说，其表面积远小于炉体表面积，其热辐射中的热量交换计算公式如下：

$$Q_{12}=\frac{\sigma_0 S_1(T_1^4-T_2^4)}{\frac{1}{\varepsilon_1}+\left(\frac{S_1}{S_2}\right)\left(\frac{1}{\varepsilon_2}-1\right)} \tag{7-5}$$

式中，Q_{12}——炉体与食物的热量交换，W；

S——炉体表面积，m^2；

T——温度，K；

ε——黑度，无量纲；

σ_0——黑体辐射常数，5.67×10^{-8} W/(m^2 · K^4)；

其中，数字 1 代表炉体，2 为食物。

7.1.4 热容量

物体间由于存在温度差而发生热传递，直到两个物体之间温度相同而达到热平衡。物质最终放出或吸收的热量可以通过公式计算获得，但热量实质是能量转移的过程，是量度系统内能变化的物理量。此外，我们有必要弄清热量与温度的关系。虽然热量与温度之间有一定的联系，但它们是两个不同的物理量。热量是物质内能变化的量度，温度是反映系统内部分子做无规则热运动的剧烈程度。尽管物体间热传递必须要有温度差存在，但传递的是热量而不是温度。虽然受热物体获得热量后温度会升高，但热量不仅仅引起温度的变化，在很大程度上会引起物质相的变化，例如冰的熔化过程，通过传热获得能量只是完成了相的转变，而温度基本不改变。

热容量是物体在某一过程中，温度每升高 1 K 所吸收的热量。烹饪中经常使用不同的介质来传热，为什么会出现有的食物吸收热量多，但温度变化不大，而有些食物温度很高，放出的热量不大？这与物质的比热容相关。

比热容是指没有相变化和化学变化时,1 kg 均相物质温度升高 1 K 所需的热量。比热容是热力学中一个常用的物理量,表示均相物质升高温度所需热量的多少,而不是吸收或者散热能力。它指单位质量的某种物质升高(或下降)单位温度所吸收(或放出)的热量。其单位是焦每千克开尔文[J/(kg·K)],即令 1 kg 物质的温度上升 1 K 所需的热量。根据此定义,可得出以下公式

$$c = \frac{Q}{m(\Delta T)} \tag{7-6}$$

式中,Q——传热中吸收的热量,J;

m——物质的质量,kg;

c——比热容,J/(kg·K);

ΔT——温度差,K。

比热容越大,相同质量的物质,升高相同温度时,需要的热能越多,其热容量越大。以水和油为例,水和油的比热容分别约为 4200 J/(kg·K)和 2000 J/(kg·K),即把相同质量等温的水和油加热到相同的温度,水需要的热能比油多约 1 倍。若以相同的热能分别把相同质量等温的水和油加热的话,油上升的温度将比水上升的温度多。

综上所述,烹饪过程中加热,食物在热传递过程获得了热能,并以能量转化的方式转化为物质的内能,使物质的物理性质发生改变。同时,使物质体系内分子运动加剧,温度越高,分子运动越激烈,分子之间发生碰撞的概率增加,这样就使得分子间的化学反应有可能发生。

7.2 化学热力学

热力学是研究热能和其他形式的能量之间转化规律的科学。人们经过了长期的实践和科学实验,建立了热力学第一定律、热力学第二定律和热力学第三定律。用热力学理论和方法研究化学,产生了化学热力学。化学热力学可以解决化学反应中的能量变化问题,同时可以解决化学反应进行方向和如何控制等问题。

化学热力学在研究物质变化时着眼于宏观性质变化,不涉及微观结构,即不涉及具体分子变化,只需要知道研究对象的起始状态和终止状态,无需知道变化过程的机理,因此可对许多过程的一般规律进行研究。这对于烹饪研究来说是非常重要的。化学热力学内容既广且深,这里只能是介绍化学热力学最基本的理论,为研究烹饪中的化学变化提供一个思考维度。

7.2.1 热力学第一定律

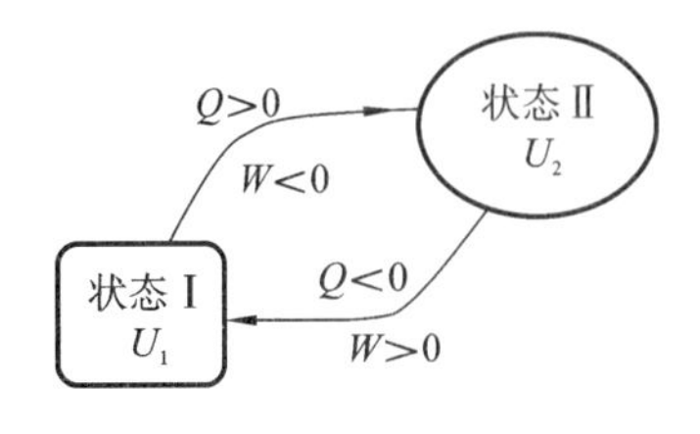

图 7-2 系统热力学能的变化图

物质体系与环境之间的能量交换有两种形式:一是热传导,二是做功(在体系中为体积功)。能量既不能创造,也不能消灭,只能从一种形式转变为另一种形式;在转变过程中,能量总量保持不变。这就是热力学第一定律,也称能量守恒定律。

某封闭系统,如图 7-2 所示,它处于状态Ⅰ

时，具有一定的热力学能 U_1。从环境中吸收热量 Q，并对环境做功 W，达到状态Ⅱ，此时的热力学能为 U_2。对于该封闭系统，根据能量守恒定律：

$$U_2 - U_1 = Q + W \tag{7-7}$$

或

$$\Delta U = Q + W \tag{7-8}$$

上式为热力学第一定律的数学表达式，其实质是能量守恒与转化定律。

对于隔离系统：没有传热和体积变化（对外做功），即 $Q=0$，$W=0$，故 $\Delta U=0$，即隔离系统的热力学能量是守恒的。

7.2.2　化学反应热效应

化学反应总是伴随热量的吸收和释放。化学反应的本质是旧的化学键断裂和新的化学键生成，化学键断裂需要消耗能量，而化学键生成能够释放能量，化学反应过程必然伴随着能量的吸收与释放。化学反应系统与环境进行能量交换的主要形式是热能。通常把只做体积功，且起始状态与终止状态具有相同温度时，系统吸收或放出的热量称为化学反应热（heat of reaction），吸收或放出的能量称为化学反应的热效应。

化学反应过程中，系统的热力学能改变量 ΔU 与反应物的热力学能 $U_{反应物}$ 和产物的热力学能 $U_{产物}$ 应有如下关系：

$$\Delta U = U_{产物} - U_{反应物} \tag{7-9}$$

按反应条件不同，反应热分为恒容反应热和恒压反应热。

（1）恒容反应热（Q_V）　对于封闭系统，在恒容过程中，$\Delta V=0$，$W=0$，非体积功为零。根据热力学第一定律：

$$\Delta U = Q + W = Q_V$$

即

$$Q_V = \Delta U \tag{7-10}$$

式中，Q_V——恒容反应热。

式(7-10)的意义：在恒容条件下的化学反应，其反应热等于该系统中热量的改变量。

即恒容反应过程中，体系吸收的热量全部用来改变体系的内能（$Q_V=\Delta U$）。

（2）恒压反应热（Q_p）　大多数化学反应是在恒压条件下进行的，绝大多数烹饪过程在恒压下进行。恒压条件下，体积功即膨胀功

$$W = -p \cdot \Delta V$$

$$\Delta U = U_2 - U_1 = Q + W = Q_p - p \cdot \Delta V = Q_p - p \cdot (V_2 - V_1)$$

因为恒压条件下，　$p_1 = p_2 = p_0$

则　$U_2 - U_1 = Q_p - (p_2V_2 - p_1V_1)$

$$Q_p = (U_2 + p_2V_2) - (U_1 + p_1V_1) \tag{7-11}$$

式中，U、p、V 是状态函数，$(U+pV)$ 的复合函数当然也是系统的状态函数。这一新的状态函数热力学定义为焓（enthalpy），用 H 表示，即

$$H = U + pV \tag{7-12}$$

将式(7-12)代入式(7-11)可得

$$Q_p = H_2 - H_1 = \Delta H \tag{7-13}$$

ΔH 为焓的改变量，称为焓变（enthalpy change）。即在恒压反应过程中，体系吸收的热量全部用来改变体系的焓。

焓（H）作为状态函数，与热力学能的单位相同，单位为 J、kJ 等，其绝对值也尚不可测

定。从焓的定义式可推出，热力学能只是温度的函数，故焓(H)也是温度的函数，当温度不变时，$\Delta H=0$。从焓的定义式可知，焓具有能量单位，因热力学能和体积都具有加和性，所以焓也有加和性。实际中系统焓的绝对值是无法确定的，但其改变量(ΔH)可以根据反应的进度来计算，$\Delta_r H_m$表示某反应按所给定的反应方程式进行 1 mol 反应时的焓变。因此，对于某反应来说只要知道状态变化时的焓变即可。

式(7-13)表明，恒压过程的反应过程中，系统吸收的热量全部用来改变系统的焓。当$\Delta H<0$时，表示恒压下反应系统向环境放热，是放热反应；$\Delta H>0$时，表明系统从环境吸热，是吸热反应。

如何判断一个化学反应能否发生，人们首先想到的是反应热效应。在反应过程中，系统有趋向于最低能量状态的倾向(最低能量原理)。最低能量原理是许多实验事实的总结，但有些吸热反应也能自发地进行，例如，冰融化过程是个自发过程，但又是吸热的。这种情况就不能用焓变来解释。

7.2.3 热力学第二定律(熵增原理)

一切化学反应中的能量转化都遵循热力学第一定律。但是，不违背第一定律的化学变化，却未必都能自发进行。那么，在什么条件下化学反应才能进行？这是第一定律所不能够回答的，需要热力学第二定律来解决。

人们了解大量的物理、化学过程，发现所有自发过程都遵循以下规律。

①从过程的能量变化看，物质系统倾向于取得最低能量状态。

②从系统中质点分布和运动状态来分析，物质系统倾向于取得最大混乱度。

③自发过程通过一定的装置都可以做功，如水力发电。

从上面的规律可以发现：自发过程就是在一定条件下不需要任何外力作用就能自动进行的过程，即无需外界能量而自然发生的过程。自发过程的共同特征是从有序到无序的转换。非自发过程如果没有外力作用，是不能自发进行的。

化学反应的反应方向除了取决于焓变这一重要因素外，还取决于另一因素——熵变。热力学上把描述体系混乱度的状态函数称为熵(entropy)，用S表示，若用Ω表示微观状态数，则

$$S=\kappa\ln\Omega \tag{7-14}$$

式中，κ为玻尔兹曼常数，$\kappa=1.38\times10^{-23}$ J/K。

熵表示系统内部质点在一个指定空间区域内排列和运动的无序程度的物理量，单位为J/(mol·K)。熵的大小对应的是物质的混乱度，混乱度(disordor)与有序度相反，即组成物质的质点在一个指定空间区域内排列和运动的无序程度。熵越大，对应的混乱度越大，物质无序程度越高；反之，物质无序程度越低。

热力学第二定律是根据大量的观察结果总结出来的热力学规律，由克劳修斯(Clausius)、开尔文(Kelvin)等人先后提出，其内容如下。

①热量总是从高温物质传递到低温物质，不可能做相反的传递而不引起其他变化。

②功可以转变为热能，但任何热机不能全部地、连续不断地把所接受的热能转变为功，而不产生其他任何影响。

③在孤立系统中，实际发生的过程总使整个系统的熵值增大。

对于孤立系统

$\Delta S_{孤立}>0$，自发过程；

$\Delta S_{孤立}<0$，非自发性过程；

$\Delta S_{孤立}=0$，平衡状态。

熵(S)与热力学能(U)、焓(H)一样是系统的一种性质，都是状态函数。物质状态一定，熵也一定；状态变化，熵也变化。熵也具有可加性，熵的大小与物质的量成正比。

7.2.4 热力学第三定律

1906 年，能斯特(Nernst)提出，任何理想晶体在热力学温度 0 K 时，其原子或分子只有一种排列形式，即只有唯一微观状态，其熵等于零，这一观点被称为热力学第三定律，即理想晶体在 0 K 时的熵为零。

$$S^{*}(\text{理想晶体},0\ \text{K})=0$$

当某一物质的理想晶体在压力 $p=100$ kPa，热力学温度从 0 K 开始升温至 T 时，系统熵的增加即为系统在 T 时的熵(S)，熵与系统内物质的量(n)的比为该物质在 T 时的摩尔熵 S_{m}，即

$$S_{\text{m}}=S/n \tag{7-15}$$

原则上人们根据热力学第三定律可以求得各种物质在标准状态下的摩尔绝对熵，并将这些物质在标准状态(298.15K，100.00 kPa)的熵列表以供计算查询。标准状态下的摩尔熵以符号 $S_{\text{m}}^{\ominus}$ 表示，单位为 J/(K · mol)。例如气态碳 $S_{\text{m}}^{\ominus}=159.99$ J/(K · mol)，气态 CO_2 $S_{\text{m}}^{\ominus}=213.64$ J/(K · mol)。

根据热力学第二定律，通过熵变确定化学反应的方向，在任何自发过程中，系统和环境熵变的总和是增加的。它指出了宏观过程进行的条件和方向。

$$\Delta S_{总}=\Delta S_{系统}+\Delta S_{环境}>0$$

即 $\Delta S_{总}>0$，自发变化；$\Delta S_{总}<0$，非自发变化；$\Delta S_{总}=0$，系统平衡状态。

但是，大多数化学反应并非孤立系统，如果用系统的熵增大来作为反应自发性判断的依据并不具有普遍意义。对于恒温、恒压，系统与环境有能量交换的情况下，化学反应自发性的判断依据是吉布斯函数变化。

7.2.5 化学反应

7.2.5.1 化学反应的方向

物质的自发过程与其焓(H)和熵(S)的变化相关。对于化学反应来说当 $\Delta H<0$ 时，就意味着放热反应，反应才能自发进行；$\Delta S>0$ 时，体系混乱度增加，意味着自发过程的发生。对于一个自发过程，在恒压下，

$$\Delta S \geqslant Q_p/T \tag{7-16}$$

将式(7-13)代入式(7-16)，在恒温和恒压条件下：

$$\Delta S \geqslant Q_p/T=\Delta H/T$$

于是得到

$$\Delta H-T\Delta S \leqslant 0 \tag{7-17}$$

这便是 1878 年美国化学家吉布斯(Gibbs)提出的化学反应自发性的判据，常称为吉布斯函数(Gibbs function)，用符号 G 表示，并将其定义为吉布斯自由能，单位和功一致。

在恒温、恒压条件下，当系统发生状态变化时，其函数的变化为

$$\Delta G=\Delta H-T\Delta S \tag{7-18}$$

即在恒温、恒压条件下，化学反应的自发过程满足如下条件：

$$\Delta G=\Delta H-T\Delta S<0 \tag{7-19}$$

$\Delta G<0$ 时，这样的化学反应过程是对外放热的过程；当 $\Delta G>0$ 时，化学反应过程不能自发进行，这样的变化过程是吸收能量的，它们必须在外来能量的驱动下进行；当 $\Delta G=0$ 时，化学反应处于平衡状态，正反应速率与逆反应速率相等。对于化学反应，大多数情况下，ΔG、ΔH、ΔS 是能够被测量的，但 G、H、S 是不能测其绝对值的。

从式(7-19)可知，一个化学反应过程，当 $\Delta H>0$ 时，只有当 $\Delta S>0$ 且足够大时才能自发进行。相反，当化学反应过程中的 $\Delta S<0$ 时，若要保证反应进行，必须 $\Delta H<0$ 且足够小(表 7-2)。

表 7-2 反应的自发性变化(ΔG)用 ΔH 和 ΔS 表征

ΔH	ΔS	$\Delta G=\Delta H-T\Delta S$
−	+	焓变(放热)和熵变两者都有利于自发反应。任何温度下，反应都能自发进行
−	−	焓变有利于自发反应，但熵变相反。只有当温度低于 $T=\Delta H/\Delta S$ 时，反应是自发的
+	+	熵变有利于自发反应，但焓变相反。只有当温度高于 $T=\Delta H/\Delta S$ 时，反应是自发的
+	−	焓变与熵变两者都对自发反应起相反作用，在任何温度下都不会发生自发反应

需要强调的是，通过 ΔG 可以判断自发反应的方向，但不能确定反应过程的速率。反应速率取决于反应的具体机理，与 ΔG 无关。

7.2.5.2 化学反应速率

化学动力学是研究化学反应速率和机制的科学。主要任务是研究反应条件(如浓度、温度、催化剂等)对化学反应速率的影响和反应的具体过程。

(1)化学反应速率的概念　不同的化学反应，化学反应速率极不相同，有的极快，在瞬间即可完成，如炸药的爆炸，酸碱的中和反应等；有的较慢，如金属的腐蚀，高聚物的老化等；有的则非常缓慢，甚至难以觉察，如岩石的风化等。

我们将单位时间、单位体积内化学反应的反应进度定义为化学反应速率。对于化学反应

$$a\mathrm{A}+b\mathrm{B}\longrightarrow y\mathrm{Y}+z\mathrm{Z}$$

其化学反应速率

$$v=-\frac{\mathrm{d}c_{\mathrm{A}}}{a\mathrm{d}t}=-\frac{\mathrm{d}c_{\mathrm{B}}}{b\mathrm{d}t}=\frac{\mathrm{d}c_{\mathrm{Y}}}{y\mathrm{d}t}=\frac{\mathrm{d}c_{\mathrm{Z}}}{z\mathrm{d}t} \tag{7-20}$$

化学反应速率的单位为 mol/(L·s)。反应物的化学计量数 a、b 取负值，产物的化学计量数 y、z 取正值。

例如，氨的合成反应 $N_2(g)+3H_2(g)\longrightarrow 2NH_3(g)$，则其化学反应速率表达式为

$$v=-\frac{\mathrm{d}c_{\mathrm{N_2}}}{\mathrm{d}t}=-\frac{\mathrm{d}c_{\mathrm{H_2}}}{3\mathrm{d}t}=\frac{\mathrm{d}c_{\mathrm{NH_3}}}{2\mathrm{d}t}$$

(2)化学反应速率的测定　化学反应速率的测定方法有化学法和物理法。化学法可通过测定不同时刻任一组分的浓度，得到组分浓度对时间的变化率，从而计算出化学反应速

率。如图 7-3 所示，由实验测得反应物 A 的浓度 c_A 与时间 t 的数据，以 t、c_A 为横纵坐标作图，得到一条曲线，曲线在某一时刻的切线斜率就是反应物 A 在 t 时刻的消耗速率，即

$$v=\frac{\mathrm{d}c_A}{\mathrm{d}t} \tag{7-21}$$

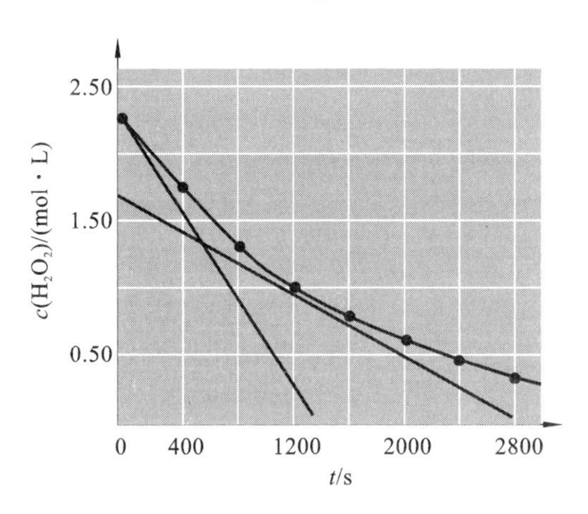

图 7-3　H_2O_2 分解 c-t 曲线

物理法：根据反应组分中某一物质的物理性质（如折射率、电导率、旋光度等），随着反应进行的程度而发生变化，且物理量的变化与该物质的浓度呈线性关系，通过物理量-时间关系，换算出浓度-时间关系，从而得到化学反应速率。

7.2.5.3　影响化学反应速率的因素

化学反应速率是由反应物本身性质和外部条件共同决定的。其主要影响因素有反应物的浓度、温度和催化剂。

（1）浓度与反应速率　实验证明，在一定温度下，增加反应物的浓度可以加快化学反应速率。对于一个系统来说，当增加反应物浓度时，单位体积内反应物分子数增多，活化分子数也增多，具有高能量的活化分子间碰撞次数也增多，化学反应速率加快。所以，浓度的增加可使单位时间内有效碰撞次数增加，导致化学反应速率加快。

基元反应：反应物分子只经过一步就直接转变为生成物分子的反应。对于化学反应：

$$a\mathrm{A}+b\mathrm{B} \longrightarrow c\mathrm{C}$$

基元反应的化学反应速率为　$v=k\cdot c_A^a\cdot c_B^b$　(7-22)

其化学反应速率与各反应物浓度的幂的乘积成正比，这个结论称为质量作用定律。式(7-22)中，k 为化学反应速率常数，单位为 $mol\cdot m^{-3}\cdot s^{-1}$。

当 $c_A=c_B=1\ mol/m^3$ 时，则 $v=k$。这表明，某基元反应在一定温度下，反应物为单位浓度时，化学反应速率在数值上就等于速率常数。因此，化学反应速率常数较大的基元反应，其化学反应速率较快，反之，化学反应速率较慢。对于某一基元反应来说，k 值与温度有关，而与浓度无关，不随浓度的变化而变化。

大多数化学反应不是基元反应，而是分步进行的复杂反应，质量作用定律虽然适用于其中每一步反应，但不适用于总反应。

对于非基元反应　$a\mathrm{A}+b\mathrm{B}\longrightarrow \mathrm{I}_1\longrightarrow \mathrm{I}_2\longrightarrow c\mathrm{C}$

化学反应速率方程式为　$v=k\cdot c_A^m\cdot c_B^n$　(7-23)

这里 I_1、I_2 表示反应中间物，每一个基元反应的特性构成了对总反应过程的机理描述。

非基元反应：$m \neq a, n \neq b$，m、n 需要经过实验测定。

食物化学反应速率的计算。对于食物而言，大多数化学反应符合一级反应，因此，主要讨论一级反应的化学反应速率方程的计算与应用。

对于某一反应 $A \longrightarrow C$

若反应的速率与反应物浓度的一次方成正比，该反应为一级反应，即化学反应速率方程：

$$-\frac{dc_A}{dt} = kc_A \tag{7-24}$$

$$-\frac{dc_A}{c_A dt} = k$$

积分得方程 $\ln \frac{c_{A,0}}{c_A} = kt$

即 $$\ln c_A = -kt + \ln c_{A,0} \tag{7-25}$$

其指数形式 $$c_A = c_{A,0} \exp(-kt) \tag{7-26}$$

式中，k——化学反应速率常数；

$c_{A,0}$——$t=0$ 时，反应物 A 的起始浓度；

c_A——反应进行到 t 时刻反应物 A 的浓度。

式(7-26)可用线性方程 $y=ax+b$ 描述，将 $\ln c_A$ 对 t 作图将产生一条斜率为 $-k$、截距为 $\ln c_{A,0}$ 的直线。由此可以求得化学反应速率常数 k，可以计算出不同时间反应物的浓度。

(2)温度与化学反应速率　大多数反应的化学反应速率随着温度的升高而增大。因为温度升高，分子平均能量增加，运动速率增大，单位时间内分子有效碰撞次数增加。更重要的是，更多的分子因温度升高获得能量而成为活化分子，因此活化分子百分数增大从而大大加快了化学反应的速率。

1884 年，荷兰科学家范霍夫(van't Hoff)指出，对于反应物浓度(或分压)不变的一般反应，温度每升高 10 K，化学反应速率一般增加 2～4 倍，即范霍夫理论。

$$Q_{10} = \frac{v_{(T+10)}}{v_T} = \text{常数}(2 \sim 4) \tag{7-27}$$

式中，Q_{10}——化学反应温度系数；

v——化学反应速率。

1889 年，瑞典化学家阿伦尼乌斯(Arrhenius)总结出反应速率对温度的依赖关系——阿伦尼乌斯方程(Arrhenius 方程)，反应速率常数与温度的关系如下

指数形式：

$$k = A\exp(-E_a/RT) \tag{7-28}$$

对数形式：

$$\ln k = -\frac{E_a}{RT} + \ln A \tag{7-29}$$

式中，A——指前因子或频率因子，单位与 k 相同；

E_a——活化能，J/mol 或 kJ/mol；

R——摩尔气体常数，J/(mol·K)；

T——热力学温度，K。

由公式(7-29)可见，k 与 T 的关系不是线性的，显然，$\ln k$ 与 $1/T$ 呈线性关系，直线的斜

率为 $-\frac{E_a}{R}$，直线的截距为 $\ln A$。由直线的斜率可求得活化能 E_a，由截距可得到指前因子 A。

对式(7-29)求导数，得

$$\frac{\mathrm{d}\ln k}{\mathrm{d}T}=\frac{E_a}{RT^2} \tag{7-30}$$

从式(7-30)可知，$\ln k$ 随温度 T 的变化与活化能 E_a 成正比。表明活化能大的反应，升高温度，化学反应速率增加显著，即升高温度有利于活化能大的反应，而降低温度有利于活化能小的化学反应。利用这一原则，选择适宜的反应温度或采取升高或降低温度的方法，可加快主反应的化学反应速率，而抑制副反应的化学反应速率。

阿伦尼乌斯方程在食品研究中应用较广，作为预测食品货架期的理论依据，阿伦尼乌斯方程描述货架寿命随研究食品所处的环境条件的变化而变化，是从动力学和统计学中衍生出来的。它的价值在于它可以在高温下进行加速破坏实验，即把食品储存于一个加速破坏的恶劣环境条件下，以一定的时间间隔检测食品品质的变化来确定此种条件下食品货架期，可以在高温($1/T$)下收集数据，然后将这些数据外推确定实际储存条件下的货架期。

(3)催化剂与化学反应速率　催化剂(catalysts)是指能够显著改变化学反应速率，而本身的化学性质、质量在反应前、后没有改变的物质，即少量就能显著改变化学反应速率而本身质量没有变化的物质。催化剂加快化学反应速率的作用称为催化作用。

催化剂可以提高化学反应速率，但其自身不会发生化学变化。催化剂只能影响化学反应速率，而不改变化学反应的平衡点，在热力学规律的限制下起催化作用。它们的作用是降低反应物转变为产物所需要的能量障碍。反应物(底物，S)向产物(P)转变的阶段，首先形成过渡态($S^{\#}$)。相对于非催化反应(ΔE_{uncat})，催化反应的活化能(ΔE)降低了(图7-4)。

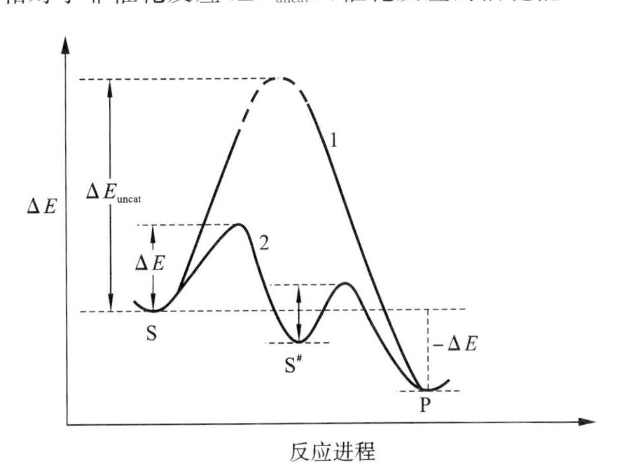

图7-4　催化反应与非催化反应活化能的比较

1—无催化剂的反应；2—有催化剂的反应

催化剂最后质量并不改变，但实际上它参与了化学反应，并改变了反应机理。催化剂的特征：①只能对热力学上可能发生的化学反应起作用；②改变反应途径，不能改变反应的始态和终态，可缩短达到平衡的时间，不能改变平衡状态；③催化剂有选择性，每个化学反应有它特定的催化剂；④只有在特定的条件下，催化剂才能表现活性。

生物酶催化反应：绝大多数食物作为生物体，酶是动植物和微生物产生的具有催化作用的蛋白质。酶分子的直径为3～100 nm，所以酶催化反应介于单相催化和多相催化之间，一般将其归为液相催化的范畴。生物体的化学反应几乎都是在酶的催化作用下进行的，例如，糖、蛋白质、脂肪在体内的消化、分解及合成都是在相应酶的催化作用下完成的。目前，发现的生物酶有3000种以上。

7.3 食物热效应

水是食物中最主要的成分，也是最活泼的成分，加热必然引起食物中水分的相变与量变。发生在烹饪中的相变大多是强吸热的，大多数食物含有较多的水分，会通过扰乱热量和水分的传输动力学而影响烹饪过程。了解食物中水分的热动力学，对掌握烹饪方法以及正确运用烹饪方法特别重要。

水的比热容较高，为4.2 kJ/(kg·K)。因此，将100 ml水从室温(25 ℃)加热到沸点(100 ℃)所需的能量约为31.5 kJ。然而，水蒸发的潜热也很高(2.26 MJ/kg)。因此，蒸发100 ml水所需的总能量约为226 kJ。蒸发水所需的热量大约是将水从室温加热到沸点所需要热量的7倍。这种巨大的热量需求是厨房中重要的限制因素之一，尤其是在食物量很多的时候。因此，在烹饪制作菜品时，要严格根据加热能量匹配食物的量，这样才能实现量变与质变的控制。

食物中水分蒸发现象对食物在制备过程中的温度分布有很大的影响。因为很多食物原料不仅含水量高，且水分活度高于0.9。食物中存在大量自由水，其热力学行为可以通过近似纯水的行为建立数学模型。在进行食物表面温度超过100 ℃的烹饪操作(如煎炸)时，为了形成干燥的外壳，必须使表面局部温度高于沸水的温度。食物表面因失水使温度升高，化学反应速率加快，例如特定油炸过程中的美拉德反应。

烹饪中另一个传热介质油，其比热容约为2 kJ/(kg·K)，远远低于水的比热容。将等质量等温的水和油加热达到同一温度时，油大约只需要水的一半热量，即采用相同加热方式，油的升温速率约是水的2倍。但是油具有较高的烟点(200 ℃)和燃点(300 ℃)，为水的相变提供了温度保证。

食物的比热容也是影响加热的一个重要因素，通常食物比热容由干物质(非水物质)的比热容和所含水分的比热容的平均值来计算。假设食物中含水量为ω，则食物的比热容可以通过下式进行计算。

$$c_{食}=[c_{干}(100-\omega)+c_{水}\omega]\div 100 \tag{7-31}$$

由于食物主要为生物组织，物质组成具有相似性，各种食物干物质的比热容为1.257～1.676 kJ/(kg·K)。可以看出，食物的比热容高低主要取决于它的含水量，且两者为线性关系。然而食物实际的比热容与其含水量并非单纯的线性关系，主要原因是水在不同温度下引起非水物质发生了不同物理变化。

7.3.1 加热食物温度、含水量的变化

食物加热过程中水的存在和蒸发影响着食物中热量的传递。它们往往会降低食物中心温度升高的速率，从而增加食物内部的温度梯度。

食物加热过程中，由于热量传递使食物温度升高，因水分蒸发而干燥。食物含水量曲线、食物温度曲线见图 7-5。食物含水量($\omega_{食}$)与干燥时间(t)之间关系的曲线 1 中，加热过程由于水分的持续失去，食物的含水量下降(ABC)，最后达到一个水分平衡的稳定状态(D)。食物温度上升的曲线 2 中，在开始加热很短的时间内，食物表面温度升高，并达到空气湿球温度($A'B'$)，在接下来的一段时间内，食物的温度保持在空气湿球水平，加热介质传递给食物的热量全部转化为水的蒸发能，食物不被加热，温度保持不变($B'C'$)。当食物中水分降低，介质传递的热量超过水分蒸发所需要热量时，食物的温度开始逐步升高($C'D'$)。

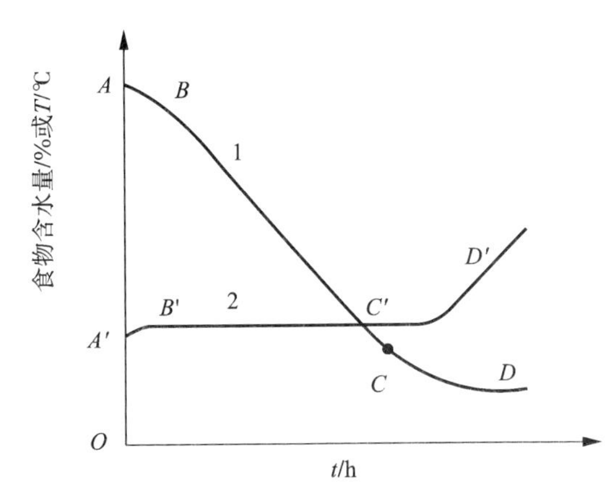

图 7-5　食物加热过程中温度、含水量变化曲线

1—食物含水量曲线；2—温度曲线

从曲线组合可以看出，食物在加热过程中只要保持热传导速率与水分蒸发速率达到平衡，即加热所传导的热量全部转化为水的汽化热，食物的温度不会发生改变。为了减少食物因温度过高而发生化学变化，烹饪中要保持足够的水分。

7.3.2　加热食物的水分移动规律

食物中水分的移动受温度和时间影响，水分子获得热量越多，其移动速率越大。因此，加热过程中传热速率是影响食物水分的主要因素。食物加热过程中传热速率方程为

$$Q = K_{传热} A \Delta T \tag{7-32}$$

式中，Q——传热速率，W；

$K_{传热}$——传热系数，W/(m^2 · K)；

A——传热面积，m^2；

ΔT——加热介质与食物的温度差，K。

从式(7-32)可知，在不考虑环境因素（空气温度、流速、大气压）的情况下，影响热传递的因素如下。

①食物组成与结构：食物组成与结构决定了传热系数($K_{传热}$)，通常食物中水分越多，传热越快；结构越疏松，传热越慢。

②传热面积(A)：传热面积取决于食物大小、形状，物料体积越小、面积越大，传热也就越快。

③加热介质与食物的温度差(ΔT)：温度差越大，热量交换也就越快。在加热过程中，食物大小均匀，是均匀传热、保证品质均匀的重要一步，通常体现在对食材处理的刀工上。

在加热过程中,食物中水分移动受到三方面动力作用(图 7-6),即食物表面水分饱和蒸气压与环境水分饱和蒸气压之间的压力差(Δp)、食物表面水分与内部水分的浓度差($\Delta\omega$);食物表面温度与内部温度的温度差(ΔT)。在热动力学作用下,食物中的水分发生移动,食品工程学将其定义为给湿过程、导湿过程和导湿温性。

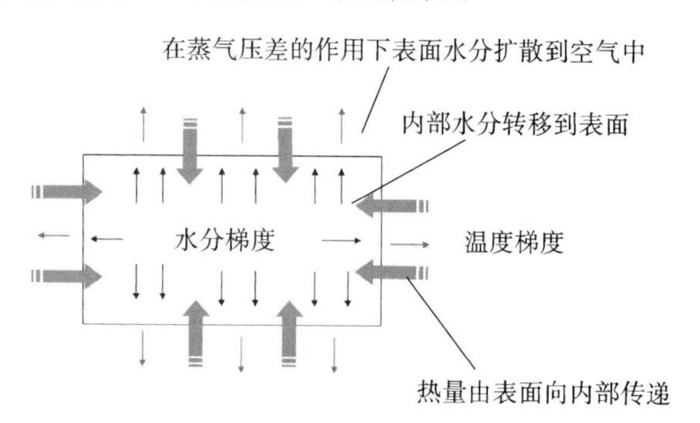

图 7-6 加热食物中水与热的传递(湿热传递)

7.3.2.1 给湿过程

给湿过程是食物中水分从食物表面向外界蒸发的过程。当食物表面水分浓度大于环境中水分浓度时,也就是表面水分饱和蒸气压($p_{饱}$)大于环境空气中水分饱和蒸气压($p_{空蒸}$)时,在压力差的作用下,食物表面的水分受热向周围介质中扩散,而食物表面又被其内部向外扩散的水分所湿润。给湿与自由水蒸发过程是相似的,但因食物表面不同和内部毛细管的多孔性,通常给湿过程强度大于自由水蒸发强度。给湿过程中的水分蒸发强度可以通过道尔顿公式计算。

$$W = \frac{760Cp_{饱} - p_{空蒸}}{p} \qquad (7\text{-}33)$$

式中,W——水分蒸发强度,$kg/(m^2 \cdot h)$;

C——食物给湿系数,$C=0.0229+0.0174v$(v 为介质流速);

$p_{饱}$——食物表面湿球温度相对应的水分饱和蒸气压,mmHg;

$p_{空蒸}$——热空气的水分饱和蒸气压,mmHg;

p——环境的大气压,mmHg。

从式(7-33)中可以看出,如果加热的介质是空气,则温度越高,环境相对湿度(环境空气中水分饱和蒸气压)越低,水分蒸发越快;如果处于真空环境,表面水分压力差加大,则表面水分蒸发大大加快;但如果加热介质是水蒸气,则食物表面水分压力差为负值,使环境中的水分移动转向食物,使食物中的水分增加,例如烹饪“蒸”的过程。

7.3.2.2 导湿过程

导湿过程是食物内部水分向表面扩散和向外界转移的过程。导湿过程产生的原因是在给湿过程作用下,食物表面与内部形成水分浓度梯度。食物内部水分浓度梯度形成以及给湿过程的不断进行,使得食物表面与内部水分饱和梯度得以保持(内部水分浓度大于表面水分浓度)。在水分饱和梯度作用下,水分从高浓度向低浓度扩散,即从食物内部不断向表面迁移(图7-7)。

假设:$\omega_{绝}$表示食物等湿面上的含水量或湿含量,沿法线方向相距 Δn 的另一等湿平面

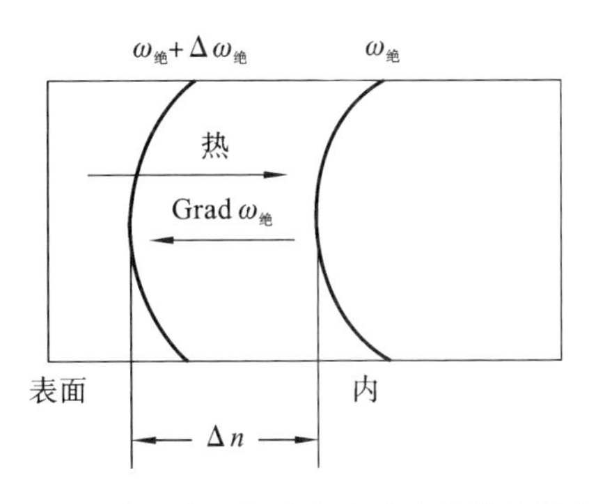

图 7-7　食物表面与内部产生水分饱和梯度

上的含湿量为$(\omega_{绝}+\Delta\omega_{绝})$，则

$$\text{Grad}\ \omega_{绝}=\lim\frac{(\omega_{绝}+\Delta\omega_{绝})-\omega_{绝}}{\Delta n}=\lim\frac{\Delta\omega_{绝}}{\Delta n}=\frac{\partial\omega_{绝}}{\partial n}(\text{kg 水分})$$

导湿过程中，在水分饱和梯度的作用下，水分迁移出食品的量是

$$S_{水}=-K\gamma_0\frac{\partial\omega}{\partial n}=-K\gamma_0\Delta\omega_{绝} \tag{7-34}$$

式中，$S_{水}$——食物中单位时间、单位面积上的水分迁移量，$kg/(m^{-2}\cdot h^{-1})$；

K——导湿系数，m^2/h；

γ_0——单位容积湿物料内干物质绝对质量，kg/m^3。

式(7-34)中，负号表示水分迁移方向与水分饱和梯度方向相反。水分饱和梯度越大，水分迁移量越大。导湿系数(K)是湿物料的水分扩散能力，它受食物的含水量和温度等因素的影响，与水分活度成正比。

7.3.2.3　导湿温性

食物对流传热过程中，环境温度高于食物表面温度，食物表面温度高于食物中心温度，在物料内部形成温度差。雷科夫证明，温度梯度会促进水分从高温处向低温处转移，这种现象称为导湿温性(图 7-8)。

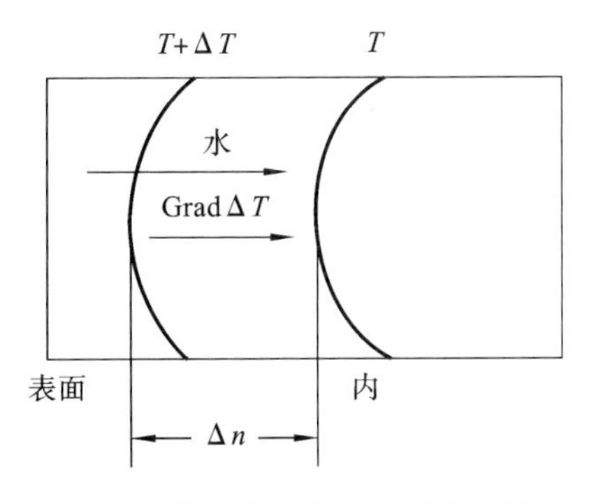

图 7-8　食物加热过程中的雷科夫效应

导湿温性引起的水分转移量与温度差成正比，与水分迁移方向相反。导湿温性引起的水分转移量为

$$S_{温}=-K\gamma_0\delta\frac{\partial T}{\partial n} \tag{7-35}$$

式中，$S_{温}$——食物内单位时间、单位面积上水分迁移量，$kg/(m^2 \cdot h)$；

K——导湿系数，m^2/h；

γ_0——单位食物容积内干物质绝对质量，kg/m^3；

δ——食物的导湿温系数，即温度梯度为1 K/m时，食物内部建立起来的水分浓度梯度；

$\frac{\partial T}{\partial n}$——温度梯度，$K/m^2$。

因此，当食物表面温度高于中心温度时，表面含水量低于中心含水量，即温度梯度与水分浓度梯度方向相反，使水分移动方向相反，则食物加热过程中水分转移总量为

$$S_{总}=-K\gamma_0\left(\frac{\partial W}{\partial n}-\frac{\partial T}{\partial n}\delta\right) \tag{7-36}$$

加热导致食物中水分的变化，这是烹饪中最重要的热效应。食物中的含水量影响食物的组成和质地。因此，对水分的增减决定了食物烹饪工艺的选择。

水分是食物的核心，食物有水分就嫩，水分多就鲜；水分少则硬，无水分则脆。要实现相应的质地，取决于烹饪工艺是增加水分还是减少水分。当所烹饪的食物需要满足嫩、鲜时，必须采用水作为传热介质。从水分移动动力学分析，在压力作用下水分向食物内部移动，食物内部水分得以增加，食物变嫩、变软。当所烹饪的食物需要满足硬、脆时，需要减少食物中的水分，甚至达到干燥状态，就需要以空气、油作为传热介质。在热力、动力学作用下，水分从食物向环境移动，食物变硬、变酥、变脆。

7.4 烹饪原理与技术

烹饪中对热的利用，表现在热的传导方式上。按照传热方式不同，热的利用分为浓度对流，如油烹、水烹；浓度传导，如盐烹、砂烹；热辐射，如火烹、电烹。而对热量的控制则是通过各种技术来完成的。千百年来，人类用智慧在实践中创造出多种烹饪技术（表7-3）。核心是热量，其精髓是通过控制热量、温度、时间来实现对食物水分、化学变化速率等的控制。

表7-3 烹饪中传热方式与烹饪技术

传热方式	烹饪方法	温度范围/℃	烹饪技法
传导	盐（炒）烹法	180～200	贴、焗
对流	水烹法	0～100	烧、煮、炖、烩、氽、涮、卤
	蒸汽烹法	105±2	干蒸、湿蒸
	油烹法	0～300	炸、烹、煎、爆、炒、熘
辐射	火（电）烹法	100～300	烤、烘、焙

当然，烹饪是一个复杂过程，有的传热方式比较单一，有的非常复杂，多数是3种传热方式的共同结果，例如烘焙面包，可以看成是热对流和热辐射过程；而用铁锅炒蔬菜，则存在3种传热方式，首先是火源对铁锅进行热传导，铁锅对锅内油进行热传导，其次是油与蔬

菜之间的热对流，当然还存在铁锅对蔬菜的热辐射。正是由于这些复杂性制约了人们对烹饪中热传递的深入研究。随着研究手段的发展，烹饪科学技术的研究必将有所突破。

7.4.1 烹饪原理与技术(水为传热介质)

利用水作为传热介质是常见而经济、科学的烹饪方法。其原理：①水有较高的比热容，具有良好的保热(温)性能，水导热率高，传热快；②水分子小，极性强，有良好的热动力学特性，通常作为分散剂，能够与极性基团结合，增强持水性，水可使高分子聚合物水解，以改善食物结构与质地；③水作为溶剂，具有促进物质发生化学反应的作用；④以水作为传热介质，在食物烹饪过程中，食物外部、内部的水形成浓度差($\Delta\omega$)，加热后食物表面水分饱和蒸气压高于食物内部水分饱和蒸气压，形成压力差(Δp)，有效保证食物在加热过程中水分子向食物内转移，水蒸气进入食物内部后由蒸汽转变为水，放出巨大的潜热使食物快速完成熟制。

以水作为传热介质的烹饪技术目的体现在三个方面。一是保持或增加食物的水分，实现烹饪对食物的增鲜、增嫩，例如生鲜类食物通过氽、涮、烫保持水分，通过蒸、煮、烧增加水分，食物晶体结构被破坏、凝胶溶胀，黏性增加，食物变得软嫩、多汁，得到理想的质感。二是利用水分散作用对食物中高分子物质(淀粉、蛋白质、脂质等)进行水解，产生低糖、氨基酸、多肽和酯等风味物质。三是采用水传热，防止物质的脱水反应，对不希望发生脱水硬化和变色的食物而言，水烹是一种有效的方法。水作为传热介质的烹饪技法有蒸、煮、煨、炖、烧、涮、氽、烩、卤等。

7.4.1.1 蒸

蒸是利用水蒸气来传热的。在蒸制过程中，食物(如蔬菜、鱼、肉、面团、米饭等)只与沸水以上的蒸汽接触。当气态水在食物表面凝结并释放其潜热时，热量被转移到食物上，并通过食物中的水分向内部传递。由于蒸汽是一种非常有效的传热介质，在标准大气压(0.1 MPa)、100 ℃时，水汽化潜热为2.26 MJ/kg，不同于相同温度下的热空气。因此，可以把蒸制看作烘焙的对立面，水在食物表面凝结而不是蒸发，并向食物内部传递热量。蒸制没有形成外壳，食物也没有脱水，与烘焙形成了非常不同的结果。用相同方法制作发酵面团，采用蒸制方法得到的是馒头；采用烘焙方法，得到的可能是面包。

在蒸制过程中，由于水的气态和液态处于平衡，温度保持在100 ℃左右。因此，蒸制在许多方面类似于煮制和煨制。但蒸制过程中食物没有浸在水里，所以从食物中流失的可溶性化合物可能更少。蒸制食物具有原型不动、原味不走、原质不变的特点。蒸制一般被认为能够产生更好质地，与煮制相比，它是一种更为温和的加热方式。

根据食材性质、食物熟制后性状要求不同，蒸制分为清蒸、旱蒸、粉蒸。清蒸适用于动物性食材，食材处理(调味、上色或加入汤汁)后装入蒸锅(蒸煮器)并加入适量汤汁，大火蒸至熟。旱蒸相对于清蒸，主要是不加汤汁，适合预制食物或含水量较高的食物。粉蒸则是在食材外拌上米粉，要求原料大小均匀，利用淀粉糊化后黏度增加使食物具有黏弹感，也能起到上色、增香的作用。依据蒸气压不同，蒸汽传热有高压蒸、常压蒸。

7.4.1.2 煮

煮是将食材放入汤汁或清水中，在沸腾状态中加热，它可能是所有烹饪技术中最简单的。对于大多数蔬菜、豆制品、肉类食材，煮的温度接近 100 ℃(盐的添加会影响沸腾温度)。因此，可以将此烹饪过程视为一个相对简单的传热过程，其边界条件为食物表面均匀恒温(100 ℃)。煮对于烹制相同的食物来说是可控的，烹饪效果将是可重复的。

一般情况下，煮不同食物所需的时间不同，不同食物所需的温度也不一致。对于果蔬类食物，在许多情况下，只是希望对其进行加热后达到安全杀菌或相应的质感。此时常常采用焯水，食物在沸水中煮很短的时间，在整个食物中产生一个明显的温度梯度。一般认为只需要煮 2～4 min(根据食材的量确定)，其表面温度为 100 ℃，中心温度仅为 30 ℃左右。这样即可达到安全杀菌目的，又不破坏果蔬细胞的结构。当食物放在盘子中时，再浇上调好的料汁，由于温度梯度作用，热量继续流动，以降低温度梯度直到最终消除，使得青菜有适宜的温度感。一道型好、色好、味好的青菜就完成了，营养物质也得到了最大的保护。当然有些生鲜类食物因安全原因，通常将食物的中心温度设定在 75 ℃，主要是为了消毒杀菌。

我们可以将水煮看作一个简单的实验过程，因为水的温度、传热方式一定，对于不同的食物只是根据其质量要求设定中心温度，这可以通过控制加热时间来完成。目前，电饭煲、电煮锅的使用，就是根据某一确定食物的热力学性质，通过设置加热温度、水量和时间等来实现。就煮米饭而言，目的是破坏大米中淀粉晶体结构，使淀粉糊化形成淀粉糊胶体，蛋白质变性。不同的淀粉，糊化的温度不同，含支链淀粉多的糯米，糊化的温度低，为 60 ℃左右；含直链淀粉少的籼米，糊化的温度高，为 70 ℃左右。用实验测量大米完全糊化所需要的热量和达到最佳质感需要的水量。将用米量、水量、温度、时间、压力、热量等参数与热传导方式建立数学模型，将数学模型转化为应用程序设置于电饭煲内，即可轻松完成米饭的熟制。当然，也可以根据淀粉糊化后的黏度，设置加水量，将大米煮制成稀饭、粥等不同质感的食物。

7.4.1.3 煨与炖

以最小的热量输入达到温和的沸腾，刚好足够保证水处于沸点，被称为煨，也就是常说的小火慢煨(或炖)，重要的是加热时间长。多数厨师认为慢炖肉比快煮肉更不易使肉变老(硬)，但没有实际证据表明这种效果。在煨与炖情况下，输入的热量不足以使水保持在沸点，而食材实际温度要低得多，从而有可能得到更柔软的产品。

另一种热量输入是使水达到“翻滚沸腾”。如果将食物添加到“沸腾”的容器里，热量输入足以避免温度显著下降，水的剧烈运动可以确保食物保持运动，防止食物沉淀于底部产生粘连。同时，水的“翻滚沸腾”有利于乳化，这在制汤的过程中是非常重要的，形成稳定的乳状液需要能量使液滴不断分散，翻滚沸腾的水起到能量输送和机械搅拌的作用。

食材在长时间煨与炖中，大分子物质不断水解，脂质乳化，风味物质不断生成，故此法被厨师称为储香保味制汤的主要技法。烹饪中使用的高汤多由动物组织煨制而成，低温下煨制为清汤，高温(翻滚沸腾)下炖制为浓汤(奶白汤)，其实质是 O/W 型的乳状液。高汤中内容物丰富而又复杂，肉汤中风味物质的溶出效果与肉汤的烹饪方式密切相关，不同的烹饪方式会产生不同程度的汤汁风味，从而突显汤汁特性。黄文垒等研究不同加热温度、时间和加热器皿对鸡清汤品质的影响，对汤品色泽、滋味、香气、形态、浮油进行感官评分和汤中粗蛋白、粗脂肪营养物质测定。研究发现，制汤温度 90 ℃，加热时间 180～240 min 时，其营养物质含量、综合感官评分最高。用陶制锅、铁制锅、不锈钢锅、铝制锅 4 种不同材料

的锅熬制鸡清汤时，陶制器皿所熬制的鸡清汤的综合感官评分最高。当然，汤汁的好与不好，没有统一的标准，除了煨（炖）的方法影响外，实验条件、原料处理都会影响其质量。

7.4.1.4 烧

烧是将预制好的食物加入一定量汤或水中，用大火烧沸后，改用中小火进行长时间的煮制。某些食品中，希望通过烧制达到某些物理或化学变化，需要获得足够多的能量。在这种情况下，烹饪过程的时间跨度可能比热传递时间长得多，导致烹饪过程中食物内部的温度梯度更小。烧制时间较长，过程中可能发生淀粉糊化、纤维素水解软化、水溶性蛋白质水解生成肽和氨基酸、部分脂肪水解成脂肪酸并完成酯化反应等。烧菜的目的就是实现菜品风味的多样化。使用的原料有禽畜、水产品、瓜果蔬菜及其干制品等，材料非常广泛。因此，烧制最考验厨师的烹饪水平。

烧菜根据其工艺和目的不同，可分为红烧（烧制过程中加入调味料、糖汁、酱油等上色）、白烧（不加入糖汁、酱油等）、葱烧（先用葱、蒜等香料在油锅中煸炒，使香味进入油中，再加料烧制）、酱烧（烧制过程中加入不同风味的酱料）、生烧（直接用生的原料进行烧制）、熟烧（用熟制后的食物进行烧制）等。

烧制过程中为了防止食物液汁烧干，通常加上锅盖，这使得整个烹饪过程变得复杂，水在锅内反复汽化和凝集，烹饪过程变成了蒸、煮、炒的组合。由于水的汽化，锅内的温度降低，保持在 100 ℃左右（加盖后锅内压力上升）的温和加热，可防止食物因失水而焦化。由于锅内温度很高，烧制过程中翻炒是必要的，以保证食物受热均匀。

烧制菜品中最经典是东坡红烧肉（图 7-9）。原料上采用上等猪五花肉，肥瘦比例均匀，经过慢火、少水，形成了油而不腻、酥糯兼具、香郁味透的佳品，流传千百年。现用科学原理来分析东坡红烧肉的制作方法。上等猪五花肉中，蛋白质、脂肪、水组成比例合适，红烧前对猪肉皮进行高温处理，使胶原蛋白结构被破坏（“晶体崩溃”），有利于水解生成明胶。将处理好的猪五花肉切分为大小一致的肉块，加入汤汁（或水）、糖、酱油、料酒等调料大火烧沸后，改用中小火保持沸腾状态，加热时间超过 2 h，整个过程中存在物理、化学变化。在长时间的烧制过程中，原料中的可溶性肌浆蛋白部分水解，产生氨基酸、多肽、核苷酸等鲜味物质，不溶性肌纤维蛋白则吸水溶胀，呈现嫩滑质感。处理后的胶原蛋白更容易发生水解，生成明胶，增加食物的液汁感、黏弹性，形成了酥糯感。熔化的脂肪在蛋白质作用下乳化，形成 O/W 型乳状胶体，消除了脂肪的油腻感，部分脂肪水解后的脂肪酸发生酯化反应，生成浓郁香味物质。烧制全过程是对热量、水、蛋白质、脂肪物理变化和化学变化的完美运用。

图 7-9 东坡红烧肉

7.4.1.5 汆、涮、烫

汆、涮与烫是将食物直接在沸水中摆动、翻滚加热，要求加热时间短，例如汆丸子、汆鱼片、涮羊肉、麻辣烫。沸腾状态下只要靠近热源的平底锅底部没有固体物质的堆积，温度就可保持，如果出现固体物质堆积，锅底就会“烧焦”，因此搅拌是必要的，以防止这种情况发生。汆或涮的目的是尽可能保持原料食物的质感，最大程度地保持食物的鲜度。食材的选用多为鲜活食物，处理上多为薄片，以利于受热快、均匀，使其在加热过程中不失水，不发生物理、化学变化。食物的风味主要依赖于汤汁和使用的蘸料(汁)。

有许多不同的方法来描述水的沸腾状态，主要的区别在于热量输入的速率，最小的热量输入是在水蒸气蒸发量最小的情况下，将温度保持在 100 ℃。随着热量输入的增加，蒸汽的产生速率和气泡上升到表面的速率也增加；在一定的热量输入下，气泡引起的流动变得混乱，导致剧烈的移动和食物在锅里的混合。在汆、涮、烫时，水的沸腾状态由食物量与热量传输量决定，在热输入功率一定的情况下，大多数情况下只有通过减少食物量才能保证汆、涮、烫达到理想的效果。

7.4.1.6 烩

烩就是把已准备好的各种物料加入沸腾的汤汁中，在大火下进行熟制。将多种食物放入汤汁中是在完全沸腾状态中进行的，可以把经烩后的食物简单地看作物料和调味汁的稀溶液。最典型的是北方羊肉烩面，在煮好的羊肉汤中加入湿面条、配料，大火快速煮制几分钟，出锅即为成品，鲜、香、软、滑俱全。

7.4.2 烹饪原理与技术(油为传热介质)

油作为传热介质也是烹饪中常见的技术。其原理：一是油的比热容约为水的一半，因此，油升温速率较快，约为水的 2 倍。油脂燃点高，平均在 300 ℃以上，热传递过程中热油与食物表面形成巨大的温度差(ΔT)，有利于表面水分的蒸发。二是以油作为传热介质，食物内部水分浓度高于介质油中水分浓度($\Delta\omega$)，导致食物表面水分饱和蒸气压高于介质(油)中水分饱和蒸气压，在蒸气压差(Δp)作用下，食物中的水分向油中转移，使食物失水形成硬、酥、脆的质感。三是油较水升温快，温度高，在油与食物表面形成较大的温度差(ΔT)，当食物加热过程中食物表面水分蒸发的速率远远大于食物内部水分向外迁移的速率时，伴随着食物表面水分快速丢失，食物表面热量聚集，温度迅速上升，物质间化学反应得以发生，食物表面变干结壳，产生香气和颜色。根据阿伦尼乌斯方程，温度升高，分子热运动加快，化学反应速率增加。温度每升高 10 ℃，化学反应速率增加 2～4 倍。四是高温下介质与食品温度差扩大，可加快传热速率，能够减少热传导的时间，提高烹制的速率。

采用油炸时，食物表面的温度远高于水的沸点，水会发生快速汽化，这种汽化需要大量的热量，如果热量的传递得不到保障，结果通常是食用油的温度迅速下降，导致食物表面水分的汽化减少，甚至停止。因此，在油炸锅中放入的食物量会极大地影响烹饪方式和食物质地。如果一次放入太多的食物，温度降低到 100 ℃以下，食物就不会变脆，反而在热力学和动力学作用下，油脂同样沿着压力差和浓度差向食物内部转移，食物变得软滑、油腻。对于油脂含量少的食物来说，油脂的增加提高了食物的质感，增加了其风味。但对于需要酥、脆质感的食品而言，达不到烹饪效果。油炸食品的控油水平是反映油炸技术的一个重要指

标。烹饪工艺中利用油烹饪的技术主要有炸、煎、炒、爆等。

7.4.2.1 油炸

油炸是将物料整体放入大量油中高温炸制的过程。油脂温度可高达200～240 ℃，为了保证食品安全，通常使用一些稳定性好的煎炸油（棕榈油等饱和度高的油脂），以确保良好的导热。油炸时食物表面的温度远高于水的沸点，水大量汽化，水汽化过程中又使食物表面的温度剧烈下降，最终食物表面温度由蒸发水所需的热量和提供的热量平衡控制。油的沸腾与水的沸腾不同，没有相变来控制油表面的温度。由于水的持续蒸发，整个油炸过程的温度保持不均匀。

食物炸制过程中主要进行“湿热转移”，一是物料表面热量向中心的传递，二是水的蒸发从内部向表面的传输。在湿热转移过程中，物料表面水分由以下两种因素控制，一个是表面水的蒸发速率（$v_{蒸}$），另一个是物料内部水分向表面移动的速率（$v_{转}$）。当蒸发速率大于转移速率时，结果是物料表面水蒸发，食物表皮因失水形成硬的外壳，如果内部水分来不及补充，表皮温度进一步上升，发生美拉德反应。而外壳以下水分无法向外移动，在热力学作用下水在液态和气态之间转化（内部相当于一个蒸笼），形成了对食物内部的加热熟制，其温度保持在100 ℃左右。因此，油炸食物往往得到外酥内嫩的效果。

要获得食物良好的感官享受，须在食物表面建立一个大的温度梯度，这个温度梯度是水传热无法实现的，只有油作为传热介质（油炸），或是通过辐射传热（烘焙）才能实现。只有在外壳温度足够高时，褐变反应才能以相当快的速率发生，而又保证内部水分不至于大量流失。由于水分汽化速率与温度下降速率具有相关性，随着水分汽化，食物表面的温度梯度下降或消失，这种关系又是非线性关系。为了保持温度梯度，必须不断增大热的传导，即增加加热功率（火力）。但加热时间过长，会使食物内部失水过多而变干变硬。因此，烹饪中为了保证外酥里嫩质感，常常采用复炸技术，即进行多次的表面加热，以达到良好感官效果。

油炸可分为裸炸和涂层后烹炸。中式烹饪中根据所用原料、制作工艺和成品质地要求，油炸可分为清炸、软炸、酥炸、生炸、干炸等。

酥炸是将食物直接投入热油中进行烹炸。淀粉含量高的食物，例如薯条、薯片等，需要通过酥炸产生酥脆质地。油炸的目的是使食物水分整体减少，变得酥脆或有特定的质感。这就要调整食物表面的温度梯度，防止表面过度快速失水而硬壳化。通常控制表面水分蒸发速率使其等于内部水分转移速率。供给的热量与水分蒸发需要的热量一致，食物的表面温度始终保持在一个可控的水平。随着水分向外转移，食物逐步干燥形成玻璃态，产生酥脆质感；如果温度梯度过大，表面水分蒸发过快，表皮容易形成硬壳，阻止水分移动，内部软化；如果温度梯度过小，表面水分蒸发慢，油在热力学作用和浓度差的作用下，向食物内部迁移，食物变软且油腻。目前，食品的裸炸技术已相当成熟，温度梯度通过自动化控制，如膨化食品的生产工艺技术、方便面的生产工艺技术等。

涂层后烹炸主要有涂裹面糊或面包屑（中式烹饪称其为上浆、挂糊、拍粉工艺，或添加风味物质）。涂层后烹炸目的有两个：一是油炸食物时，这些涂层是食物暴露在高温油里的唯一部分，油炸过程中，涂层很容易失水变成硬壳，并且将高温下发生化学反应（油脂分解、美拉德反应、焦糖化反应等产生风味物质）的部分也控制在涂层。二是在硬壳的保护作用下，包裹在涂层内的食物实际是利用自身液汁中的水分加热蒸煮。因此，当吃天妇罗虾

(图 7-10)时,其实是在吃水蒸虾,至于酥脆外层和芳香的气味则来自涂层物质的化学反应。

图 7-10 天妇罗虾的炸制(虾表面裹上一层淀粉)

7.4.2.2 煎

烹饪中煎是指用少油或中等量的油脂,将调理后的食物进行加热烤制。煎制过程中食物表面与锅之间存在巨大的温度差,同样发生湿热转移。一是物料表面热量向食物中心的传递,二是水的蒸发使水从食物内部向表面的传输。与炸不同的是,煎制通常是对食物单面进行加热。由于加热时的温度梯度集中在食物与加热器(锅)的表面,热量、水分的传递方向主要向非加热表面。在蒸汽、热力作用下食物逐渐成熟。

然而,当热量向食物内部传递时,食物中心的温度只会随着时间逐渐升高,例如,在牛排煎炸的过程中,当中心温度达到 40~60 ℃时,过程终止,使中心呈现适当的红色。这可能需要 5~12 min(对于一个 3 cm 厚的牛排)。

煎制过程中热量从锅传递到牛排的过程是非线性的,根据温度曲线分为 3 个区,脱水区、沸腾区和传导区,肉中的温度变化曲线见图 7-11。

脱水区,牛排与热锅接触时,由于温度梯度很大(可达到 200 ℃),表面的水分迅速汽化,内部的水分还没有及时地转移到表面,使表面蛋白质脱水,分子间热凝固形成了一层硬皮。随着水分的蒸发,脱水区逐步向内扩展,而硬皮的形成又起到了绝缘层的作用,阻止了热量和水的双向传递,在硬皮层又形成新的温度梯度。

在脱水区内,由于温度梯度可以超过 130 ℃,在一个很小的区间(0.5~1 mm)内发生美拉德反应。美拉德反应产生的芳香物质会扩散开来,并随水蒸气进入牛肉中,而硬皮层也产生了褐变。

沸腾区在脱水区的上层,由于这个区域集中了较多的水分,温度在 100 ℃左右,并保持相对的稳定,其厚度为 0.1~1 cm,这取决于区间内含水量和传热的速率。在这个区域内,水变成水蒸气,水蒸气穿透牛排的过程中将肌纤维束扩张撕裂,并沿着肌肉的纹理运动。沸腾区内,脂肪的熔化也增加了肌肉的多汁性、润滑性。所以,如果传热速率控制得当,沸腾区的肉质最为嫩滑。

传导区在沸腾区的上层,水蒸气沿着肌肉纹理或管道向上移动,使这一区域的温度上升到 50 ℃左右,蛋白质变性,肉类完成了熟制,脂肪也完成熔化。牛肉保持较高的含水量,具有良好的多汁感,并带有浓厚的芳香气味。

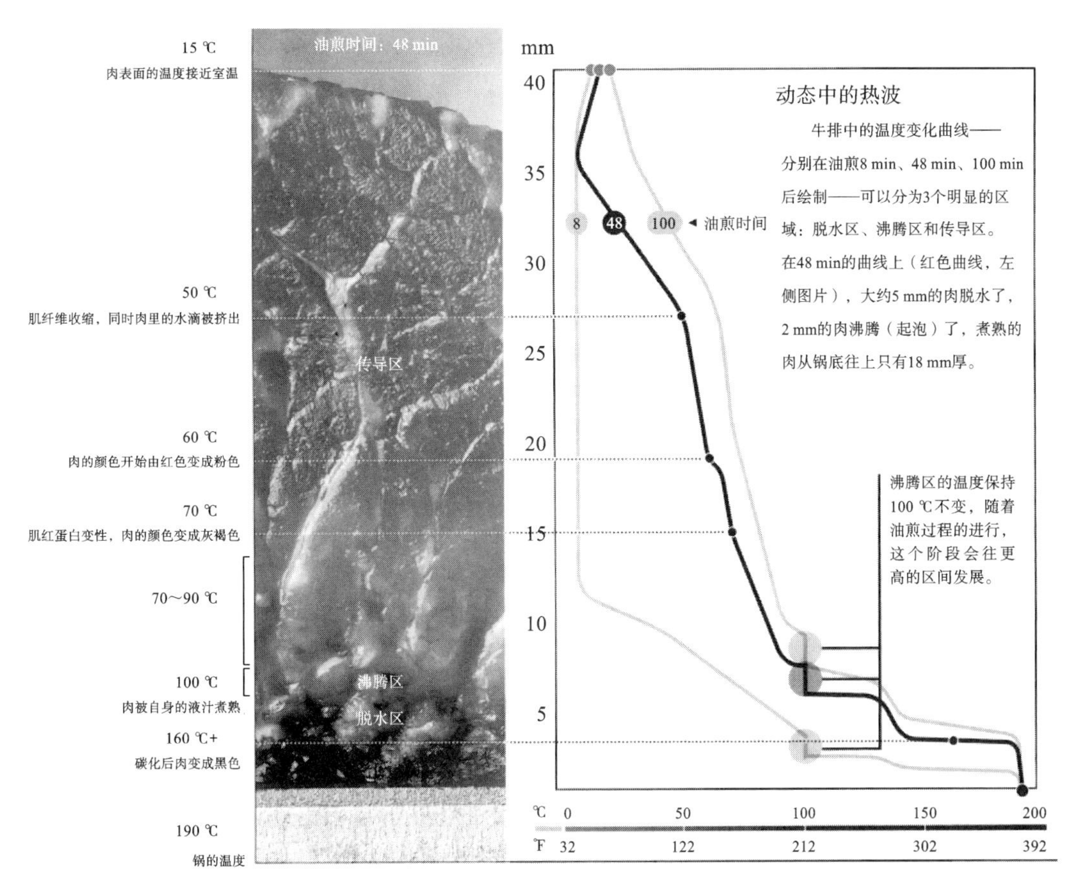

图 7-11　煎牛排过程中温度变化曲线

尽管一块牛排较厚(3～4 cm)，它的最底层已经被烤焦，温度远高于水的沸点，但是在传导区的温度却远低于水的沸点，只是通过水蒸气传热，靠自身的液汁(水、脂肪)煮熟。由于肌纤维传热较慢，水蒸气发挥加热的作用，在热锅中经过几十分钟的热力学作用，完成了牛排的熟制。

当然，食物往往进行双面煎，一是提高烹制的速率，二是增加色泽和风味，例如，煎饼。牛排也可进行双面煎制，其品质也会有相应的变化。

7.4.2.3　炒

炒是采用中等或少量的热油，以高温快速烹制的方法。炒制适用于含水量较高鲜嫩的食材，如蔬类、新鲜水产品和肉类。炒的目的是使菜品受热均匀。为了达到受热均匀的目的，首先，在物料的准备上要做到大小、粗细、长短均匀，以保证均匀受热。因此，刀工在这里尤其重要，通常采用片、丝、丁等刀法对食物进行切分。其次，不断翻炒或搅拌是控制受热均匀的一种重要手段。

对炒菜而言，时间一般要求很短，数分钟内完成，所以烹调结果主要取决于热量传递到食物表面的速率和热量进一步传递到中心的时间。降低食物厚度或半径成为炒出一份高品质菜的关键因素之一。此外，热油的利用也非常重要，油的用量和油温是炒菜的又一个关键因素。烹调油主要对食物受热均匀起到了良好作用，适宜量的热油在不断翻炒中分布均匀，由于油的升温速率快，有利于食物均匀受热。对于最简单的炒菜，大多数人感觉餐厅炒出来的菜比在家中厨房做的菜好吃，原因就在于餐厅中的厨师对刀工、用油量和油温的掌握较好。

翻炒或连续搅拌时，食物与锅接触的表面会短暂升温，由于水分的蒸发，远离锅的表面会很快冷却下来。因此，翻炒时表面的平均温度较低（低于 100 ℃）。所以，尽管锅的表面温度很高，但传递给蔬菜的热量是相当温和的。在不断翻炒的过程中，蔬菜的中心温度会比煮制的蔬菜低，蔬菜内糖等物质较少发生变化，可保证蔬菜的清脆、鲜嫩。否则，蔬菜与锅的接触时间过长，在高温作用下细胞壁被破坏，会导致严重脱水和酶促反应增强等，使蔬菜质地发生较大变化。

炒菜调味、增香也是赋予菜高品质的要素之一，厨师通常采用调料增香的方法，将需要的调料（葱、姜、蒜、辣椒、酱等）加入油中煸炒，使芳香、呈味物质溶于油中，让其通过油在传热过程中均匀附着在菜品的表面，从而芳香四溢，因此，炒菜在油的使用上因原料的不同而有所改变。植物性原料缺少油脂，炒菜用油适当加入猪油，可增加油脂的附着性（黏性）和润滑性；动物性原料脂肪含量高，宜选用黏度低的植物性油脂。有些食材（蔬菜）在加热过程中会出现液汁流出的现象，造成食物的形态发生变化，可以在起锅之前勾上薄薄的芡汁，稳定食物的形态。

有些菜品需要适度地将加热和脱水相结合，赋予产品质感或咬合力。如在肉类食物的炒制过程中，适度地减少翻炒的频率，使食材与锅接触的时间稍增加。高温作用伴随着表面蛋白质脱水变性和美拉德反应的发生，确保了风味和香气化合物的形成，故有“肉不炒不香”之说。当然，如果过度失水，肉会变硬，其质感就会变老（柴）。

水作为食物鲜嫩的一个指标，烹饪工艺中在炒肉之前为了防止失水，需要进行上浆、腌制等措施，以防止水丢失而失去鲜嫩质感。中式烹饪中还有一种技法——爆，是将食材（主要是动物性肌肉、内脏）切片，经花刀处理（打成网格刀痕），放入高温油锅中快速制熟，表面蛋白质在高温下快速变性、收缩，形成花状转筒，经浇汁、上芡而制成。也可以将食材加工成片、丁、丝、粒放入高温油锅中快速制熟。根据食材不同，爆的方式有油爆、酱爆、葱爆、宫爆。

食物在炸、煎、炒、爆中，油温是一个关键因素，而影响油温的主要是加热功率和一次烹调食物的量。由于食物加热过程中会释放大量的水分（温度高于蛋白质的变性温度，蛋白质发生变性所致），能量的输入必须与水分释放相匹配，这样才能快速蒸发掉所有的水分，从而使食物的表面温度保持在 100 ℃以上，达到化学反应所需要的温度。功率过小将导致烹饪过程中，表面温度低于 100 ℃，食物褐变程度低而形成不了理想的风味。人们在烹饪时有时忘记热量与食物量的关系，出于各种原因，总是尝试一次加工较多的食物，例如，一次烤太多的牛排（或其他的肉类食物），其结果自然是无法达到预期。烹饪食物的量受使用炉具上燃烧器的功率限制。良好的烹饪设备是燃烧器（或供热设备）功率明显大于将肉制熟释放出来的水全部沸腾蒸发所需要的功率。

现代家用炉灶燃烧器的加热功率一般可达 2.5 kW，而餐厅炉灶加热功率通常可达 8 kW。炉灶加热功率限制了一次将肉制熟的量。加热中能量与食物质量之间关系的研究，已广泛地应用到烹饪中。较为典型的电烤炉等设备取代了传统的炭火烤。

7.4.3 烹饪原理与技术（辐射传热）

辐射传热制熟方法主要运用热辐射、干热空气、水蒸气及烟气作为第一或第三层次导

热介质，是直接使食物受热成熟的一类技术。烤、烘、焙的原理是典型的“湿热传递”，通过热传导实现食物表面和(或)内部水分向外移动。

7.4.3.1 烤

烤是最古老的食物熟制方法，人类从会使用火时就开始了对食物的烤制。人们直接利用柴火、炭火燃烧加热以及电和远红外线辐射加热，使食物达到烹调的效果。用于烤制的食物主要是动物性食材，经过分切、腌制、码味处理，用火直接烤熟。烤具有温度高(可达300～400 ℃)、传热快的特点，高温下食物表面快速脱水变硬，一方面，表面温度迅速升高，各种物质(脂肪、蛋白质、糖以及维生素等有机物)组成的反应池发生连锁反应，根据食材组成不同形成各自特殊的风味；另一方面，食材组织中的水分由于无法转移到食物表面，保留在组织中并汽化，形成强大的膨胀压力，细胞结构破坏，肌纤维蛋白断裂、脂肪熔化、淀粉糊化、纤维素膨胀断裂，组织结构发生彻底的改变，形成了香味突出、多汁、松软的质感。目前，电烤炉已经走进家庭厨房，通过对加热功率、时间的控制，可以按个人的需要实现预期的烤制结果。

传统烤制使用的燃料为木炭，用木炭烧烤有多个方面的好处，一是消除了燃料燃烧过程中的烟气，更清洁安全；二是相同质量的木炭比木柴燃烧时间更长久，温度也比木柴燃烧时高且燃烧均匀，对食物的热传导主要通过辐射传热，传热效率高。但是，物质的燃烧都需要氧气，木炭也一样，要保持较高的温度，木炭需要充分燃烧，燃烧中氧气的供应成为控制烧烤的关键。通常利用空气的自然对流和采取强制通风的方式，但无论采用哪种方式，要烤出特有风味都需要经过多次实践。传统烤制中，食物与炭火的距离，受热面积、角度是影响辐射传热效率的重要因素。一般将食物与炭火的距离控制在10 cm左右，烧烤面为火源中心的60%范围内，其能量传递效率最大，在这个范围内食物受热最均匀。现代食物烤制中，电烤炉或远红外线烤箱取代了传统的炭烤，辐射传热控制变得更加容易操作，但烤制食物的品质也变得同质化。

中式烤制的食物较多，烤法也多，有明炉烤、暗炉烤。其中最著名的是北京烤鸭，起源于南北朝时期。《食珍录》中已记载有炙鸭，在当时是宫廷食品，用料为优质肉食鸭——北京鸭，果木炭火烤制，成品色泽红润，肉质肥而不腻，外脆里嫩。它具有色泽红艳、肉质细嫩、味道醇厚、肥而不腻的特色，被誉为“天下美味”。北京烤鸭的制作过程有两个关键技术：一是烫皮挂色，将鸭体用饴糖沸水浇烫，从上至下浇烫3～4次，主要目的是增加烤鸭的风味(美拉德反应、焦糖化反应等)；二是木炭选用的木材以枣木为好，其次为桃、杏、梨木。木炭点燃后，炉温升至200 ℃以上时，便可以烤制了。烤制时温度是关键，一般炉温控制在250～300 ℃。

7.4.3.2 烘焙

烘焙食物在专用烤箱中进行，温度通过恒温系统保持在150～250 ℃的范围内。传热方式由加热器产生红外线辐射，烤箱中空气作为介质通过自然对流或强制循环方式使热量从食物表面向中心传导，通过热对流和热传导完成了热的交换。烤箱加热元件的温度可能要比设定的温度高得多，因此也会发生热辐射。

面包、蛋糕、蛋奶酥是烘焙的典型食品。面包在西方国家作为重要的主食，其生产工艺可以追溯到公元前3200—2000年，古埃及人就开始用烘焙方法制作面包。发展到今天，烘焙食品的种类不断丰富。面包按照内外质地，分为软质面包、硬面包，其中软质面包组织柔软、质轻、膨大且有弹性，硬面包则组织结构结实、硬度大、弹性差、耐咀嚼。影响面包质感的因素除了原料的选用和配比外，主要取决于烘焙过程中组织中气体的膨胀性。面包、蛋糕、蛋奶酥等烘焙食物中的气体主要来源于发酵和(或)使用膨松剂产生的 CO_2，以及食物加热过程中产生的水蒸气。

(1)面包、蛋糕和蛋奶酥的膨胀　面包、蛋糕、蛋奶酥通过发酵、物理搅打等使面坯中包含有大量的气体(空气、CO_2等)或添加膨松剂。在烘焙中，膨松剂吸热分解成气态化合物，碳酸氢钠(小苏打)加热分解生成 CO_2，碳酸氢铵加热生成 CO_2 和 NH_3。面胚中溶解的气体在热作用下释放，水也会蒸发。在较高的温度下，平衡会转向形成更多的气态物质。因此，烘焙食品会随着气体含量的增加而体积膨胀。

工业烘焙食品中广泛使用膨松剂，在家庭烹饪中也有少量使用。膨松剂(如硫酸铝钠、二水磷酸氢钙、酒石酸钾或葡萄糖酸内酯)使碳酸盐在较低温度下分解生成气体，同时防止由于碳酸根离子的形成使食品 pH 升高而产生碱味。膨松剂的作用是由动力学决定的，可分为慢反应、中等反应和快速反应。

面团醒发时气泡的形成和分布对面包的体积和质地有很大的影响。0～0.1 mm^2 和 0.1～0.5 mm^2 范围内的气泡主要出现在醒发阶段前 30 min，在醒发的最后 10 min 内，中等大小的气泡(0.5～2 mm^2)和大的气泡(2～50 mm^2)增加，气泡的聚积发生在醒发的最后 10 min 内。

(2)水分蒸发对增大面包、蛋糕和蛋奶酥体积的作用　用于烘焙的生面团非常湿润，水分活度很高。因此，在许多方面，可以把它们当作水来对待，属于含有许多小气泡的泡沫胶体范畴。空气被困在柔软的面团中，因此受到的压力近似于外部压力，通常接近一个大气压。气体在和面过程中因机械处理、使用酵母发酵或使用膨松剂起泡进入面团。对于蛋奶酥来说，因制作中不使用酵母或膨松剂，水的蒸发是特别重要的，也是使蛋奶酥体积增大的主要原因(图 7-12)。

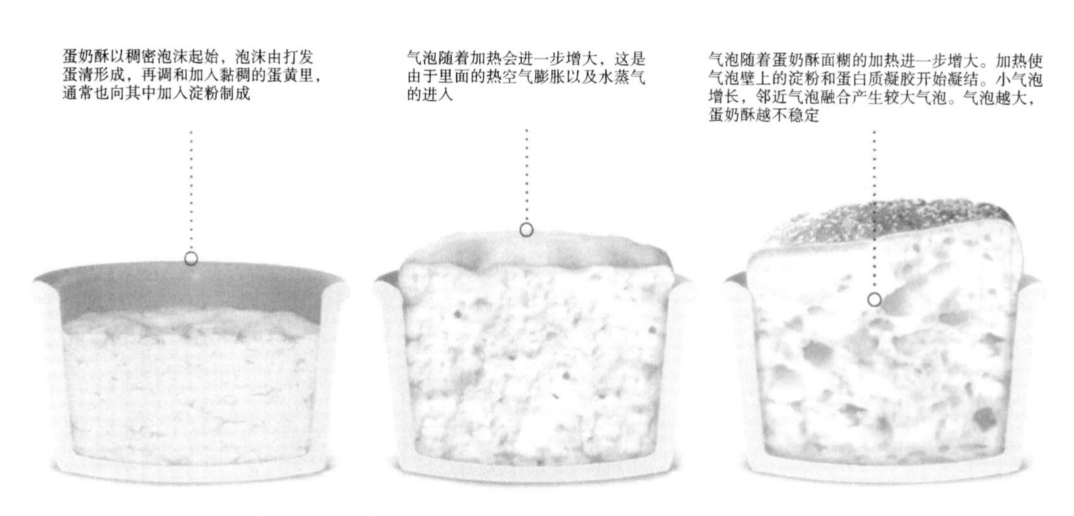

图 7-12　蛋奶酥加热过程中水蒸发作用下气泡体积增大

在烘焙过程中，面包、蛋糕、蛋奶酥的体积大小是受热量和水分宏观远距离传递速率限制的，这也决定了整个烘焙过程持续时间。可以期望在更短的时间内水蒸发到面团的气孔中，以达到气态和液态水之间的局部平衡。有些水会从蛋奶酥的表面流失，但蛋奶酥内部仍然是一个非常湿润的结构。假定水的压力在气泡内达到平衡饱和值是合理的。在较高的温度下，水的饱和压力会增加，最终接近外部压力（100 ℃时为1atm）。同样，气相中水的物质的量分数和体积分数也增加（最终增加到1）。在略为简化的假设下，当水的平衡分压接近外部压力时（在水的沸点温度），气体的体积原则上就会发散。

$$V_{g,total}(T) = V_g(T_0)\frac{T}{T_0(1-p_w^0(T)/p_{ex})} \tag{7-37}$$

式中，$V_g(T_0)$——干气体在低温（T_0）下的体积；

$p_w^0(T)$——温度为 T 时水的饱和蒸气压；

p_{ex}——外界压力；

T——绝对温度。

总气体体积与干气体的初始体积成正比。由水引起的膨胀机制只有在其他气体成分存在时才会起作用。换句话说，水分的蒸发会促进其他发酵机制。在蛋奶酥中，厨师在烹饪前搅打蛋清，使空气包裹在蛋白质中。在烘焙过程中，增加的空气量会因水的蒸发进一步提高。蛋奶酥理想模型中空气/水标准化气体体积与温度的函数如图7-13所示。干燥空气温度膨胀率很小，其本身的膨胀几乎可以忽略不计，而当接近沸点时，水的蒸发非常显著。

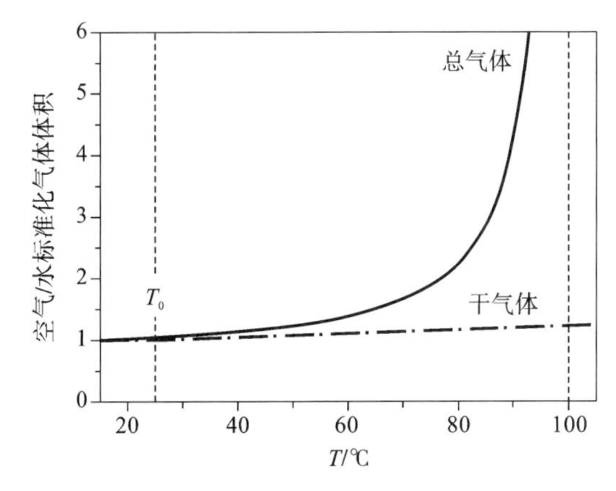

图7-13 由水蒸发引起的膨胀，表现为空气/水标准化气体体积作为温度的函数

图中气体体积是相对于 T=25 ℃时的干燥空气标准化体积。外部压力取1 atm，干燥空气的初始体积与绝对温度成正比，而当温度接近水的沸点时，气态水的体积会变大。蛋奶酥中心接近90 ℃（平均）时的膨胀，体积大约增加了3倍，这比白面包的典型中心温度略高（接近70 ℃）。

烘焙产品的各种热加工膨胀机理，并非相互独立的，而是相互促进的，例如，由于水蒸发而产生的膨胀会影响溶解的、化学结合的 CO_2 与游离的 CO_2 之间的平衡。水蒸发引起的膨胀降低了 CO_2 的分压，因此有利于溶解的、化学结合的 CO_2 释放，使气态 CO_2 恢复平衡。与此同时，释放的 CO_2 由于水的蒸发而加速膨胀。

烘焙中，加入面团中的油脂也会产生热力学和动力学变化。固体脂肪吸热熔化，液相的油脂向两相（气相、固相）间的界面移动。由于气体（CO_2、空气和水蒸气等）向油脂的界面聚集，在油相与固相间形成了很多层，成为层酥类面点的特有结构。在加热中，油脂的分配与水的流动规律是相似的。对于层酥类面点来说，外层和内层的蒸气压差很小，发生水和油脂的转移微乎其微。

7.5 肉类食物烹制

肉类食物是蛋白质的主要来源，其含量多少通常是人们“吃好”的重要标志。大多数时候烹饪肉类食物时希望它们鲜嫩，那么是什么决定了肉的嫩度？首先从了解动物肌肉组织结构开始，针对不同的肌肉组织结构采取正确的烹饪方法，才能做出令人满意的食物。

7.5.1 肌肉的组织结构

新鲜动物肌肉由水、蛋白质、脂肪、少量矿物质组成，其中水占绝大部分（70%左右），蛋白质含量大约20%，脂肪5%～10%。蛋白质的结构决定了肌肉组织的性状。肌肉组织中的蛋白质分为3种：肌原纤维蛋白、肌浆蛋白和基质蛋白。

7.5.1.1 肌原纤维蛋白

肌原纤维蛋白是肌肉组织的主要成分，占比50%～60%，主要由肌球蛋白和肌动蛋白组成。它们是粗肌丝和细肌丝的组成成分，占肌原纤维蛋白总量的65%或肌肉蛋白质总量的40%。这些蛋白质在稀盐溶液（>0.3 mmol/L）中可以溶解，因此，通常将这部分蛋白质称为肌肉蛋白“盐溶部分”。在肌原纤维蛋白中，肌球蛋白约占55%，其分子呈纤维状，不溶于水，等电点为5.4，对热不稳定，热凝固温度为43～51 ℃。胰蛋白酶可分解肌球蛋白，产物为轻酶解肌球蛋白和重酶解肌球蛋白两部分，轻酶解肌球蛋白为肌球蛋白的尾部。木瓜蛋白酶处理重酶解肌球蛋白，将其分解为头部和颈部。肌球蛋白头部具有ATP酶活性。肌动蛋白约占20%，其分子呈球形，不溶于水，可溶于中性盐溶液，等电点为4.7，热变性温度为30～35 ℃。许多（约400个）肌动蛋白单体相互连接，形成两条有极性的互相缠绕的螺旋链，称为F-肌动蛋白。除肌球蛋白和肌动蛋白外，肌原纤维蛋白中还有肌钙蛋白（5%）和原肌球蛋白（5%）等其他蛋白质（图7-14）。在肌动蛋白、肌球蛋白与肌钙蛋白的联合作用下，产生了肌肉的运动。

7.5.1.2 肌浆蛋白

肌浆蛋白占肌肉蛋白质总量的25%～30%，肌浆蛋白存在于肌细胞的肌浆中（细胞质部分）。大部分肌浆蛋白是与糖酵解、糖原合成与分解反应有关的酶。肌浆蛋白含量随物种、肌纤维类型、动物的年龄不同而差异较大。

肌浆蛋白分为肌溶蛋白和肌红蛋白。肌红蛋白为产生肉类色泽的主要色素，等电点为6.8，性质不稳定，在外界因素影响下所含Fe^{2+}被氧化为Fe^{3+}，导致肉制品色泽的异常。存在于肌纤维间的肌溶蛋白（清蛋白）性质也不稳定，可溶于水，50 ℃左右会变性，而各类酶在此温度下变化也较大，对肌肉的品质和风味影响较大，例如肉在加热过程中蛋白质与糖发生美拉德反应以及脂肪分解产生特有的风味。

7.5.1.3 基质蛋白

基质蛋白占肌肉蛋白质总量的10%～20%，是肌肉间的隔膜、肌腱等结构的主要成

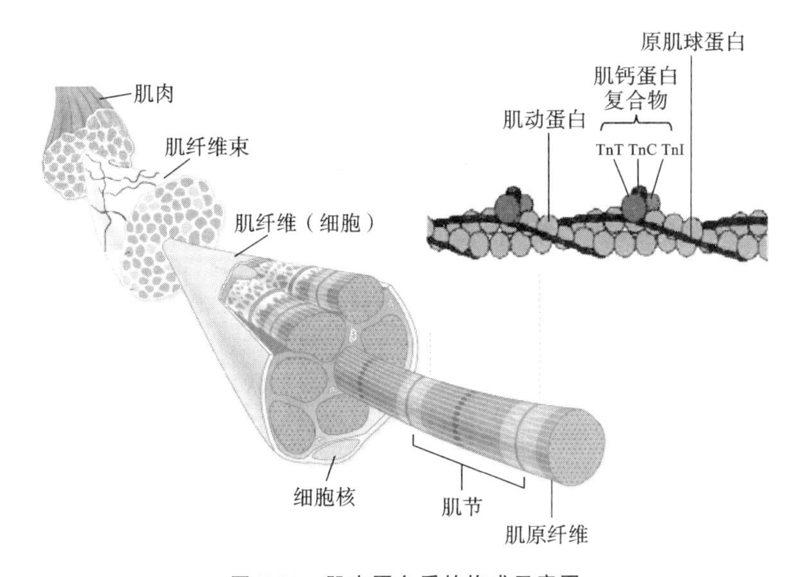

图 7-14 肌肉蛋白质的构成示意图

TnT——肌钙蛋白 T；TnC——肌钙蛋白 C；TnI——肌钙蛋白 I

分，主要由胶原蛋白、弹性蛋白、网状蛋白和黏蛋白等组成。

胶原蛋白属于硬蛋白，它是哺乳类动物体内含量较多的蛋白质，占动物蛋白质的 25%～33%。动物真皮、软骨、韧带、骨、肌腱等组织中胶原蛋白含量较高，分子量为 3×10^5，等电点为 7～8，经碱处理后等电点为 5。胶原蛋白中甘氨酸含量很高，几乎占 30%；脯氨酸和羟脯氨酸也各占 10%左右；其他氨基酸相对较少；含很少量的蛋氨酸、酪氨酸；不含半胱氨酸或色氨酸；营养价值较低。

胶原蛋白结构通常由 3 条肽链缠绕形成 α 螺旋结构，有较强的弹性和韧性，在酸、碱溶液中才胀发。

$$\text{单股肽链}\xrightarrow{\text{自绕}}\text{右旋大螺旋}\xrightarrow{\text{3 条链互绕}}\text{3 股螺旋（原胶原）}\xrightarrow[\text{分子间共价结合}]{\text{平行或交叉定向排列}}\text{胶原纤维}$$

（α 左螺旋）

胶原纤维不能溶于水，具有高度的结晶性，当加热到一定温度时会发生"晶体瓦解"形成明胶，明胶有较强的吸水性和热可塑性。

弹性蛋白是弹力纤维的主要成分，它被包裹在纤维内部，比胶原蛋白更难溶，在韧带、血管等组织中较多，约占弹性组织总固体量的 25%。

弹性蛋白的氨基酸组成具有如下特点：甘氨酸、丙氨酸、缬氨酸、脯氨酸、亮氨酸、异亮氨酸、苯丙氨酸等非极性氨基酸极为丰富，约占 90%，因此弹性蛋白对酸、碱、热等较稳定。

弹性蛋白和胶原蛋白具有相似的性质，在很多组织中与胶原蛋白共存。弹性蛋白的弹性很强，但强度则不如胶原蛋白。它的化学性质很稳定，一般不溶于水，即使在热水中煮沸也不能分解。胶原蛋白易被胃蛋白酶水解，而胰蛋白酶则不能水解它，相反弹性蛋白在胰蛋白酶的作用下易水解，而在胃蛋白酶的作用下不易水解，但两者都可被无花果蛋白酶、木瓜蛋白酶、菠萝蛋白酶和胰弹性蛋白酶水解。烹饪中常用这类酶作为嫩肉剂，对含基质蛋白较多的动物性食物进行嫩化。

动物肉类的嫩度通常与肌肉组织结构和蛋白质的组成有关，特别是基质蛋白的含量。"老肉"通常是动物体内运动较多部位的强壮肌肉，肌纤维短，肌节多，汁液含量少。动物体内运动较多部位的肌纤维在纵向上有更多的收缩连接，肌节有更多组粗肌球蛋白和肌动蛋白纤维，其直径变大了。同时，也变得难以咀嚼。嫩肉一般来自那些运动较弱的肌肉，这些肌肉含有长而瘦的肌节，咀嚼时汁液也较多。另一个影响肉类嫩度的主要因素是包裹各种肌纤维束的胶原蛋白（基质蛋白）。肉的嫩度随肌肉力量的不同而不同，也随胶原蛋白的厚度及含量而产生差异。动物的年龄、品种、性别、饲养的方式和饲料都影响着肉的嫩度。

分子间共价交联随动物年龄增大而增多，所以年幼的动物比年老的动物肌肉娇嫩。不同物种肌肉中蛋白质组成不同，其中胶原蛋白差异对肉的品质影响极大，例如牛肉、鸡肉和鱼肉的质感、嫩度不同。鱼肉组织比畜肉组织软，其原因是鱼肉基质蛋白中的胶原蛋白和弹性蛋白少（表 7-4）。

表 7-4　几种动物肌肉组织中 3 种蛋白质组成（占总蛋白质百分比）

肉源	肌原纤维蛋白/（%）	肌浆蛋白/（%）	基质蛋白/（%）
（老）马肉	48	16	36
（老）牛肉	51	24	25
（成）猪肉	51	20	29
（幼）猪肉	51	28	21
鸡肉	55	33	12
鱼肉	73	20	7

7.5.2　蛋白质变性与质地变化

开始烹调时，肉有一种松弛的感觉。在烹饪过程中，较明显的变化是肌肉体积的收缩，随之而来的是液体的损失，再发展到生肉软化缺乏硬度。肉质质地的变化与其各个阶段纤维和结缔组织蛋白的变性有关。

7.5.2.1　肌肉僵直与软化

对于新鲜肉类来说，宰杀不久的动物，在一段时间内肌肉丧失原有的柔软性和弹性，呈现僵硬的现象，通常称为僵直。产生僵直的主要原因是动物死后，在缺氧的条件下，肌细胞中的酶还具有很高活性，酶将糖（主要是糖原）酵解为乳酸，1 分子葡萄糖仅提供 3 分子 ATP。由于 ATP 供应减少，细胞内能量消耗仍在继续，肌肉中另一种高能物质——磷酸肌酸，在磷酸肌酸激酶的作用下，使二磷酸腺苷（ADP）再转化为 ATP，而磷酸肌酸转化为肌酸。随着细胞内能量的快速消耗，ATP 的合成速率下降，肌纤维中肌质网自体崩溃，贮留在肌质网中的 Ca^{2+} 被释放，当胞质的 Ca^{2+} 浓度升高时，Ca^{2+} 与细肌丝（主要由肌动蛋白、原肌球蛋白和肌钙蛋白组成）中的调节蛋白作用，使粗肌丝（肌球蛋白）与细肌丝肌动蛋白结合导致蛋白质构象改变，同时，肌球蛋白头部的 ATP 酶被激活，ATP 发生分解生成 ADP 和磷酸，释放能量，拉动细肌丝向肌节中央滑行，完成肌肉的收缩，肌节变短、变粗，肌肉失去了弹性而变硬。

在完成肌肉收缩的过程中，由于磷酸肌酸、ATP 的分解产生的乳酸、磷酸的积累，肌肉的 pH 下降，当 pH 下降到 5.6 左右时，接近肌球蛋白的等电点，是肌肉发生僵直的高峰期。

因此，肌肉僵直不仅使肌肉失去了柔软性、弹性，还使肌肉的保水性、持水性降低，使肌肉的烹煮性、质感、风味变差。

肌肉僵直达到最大程度并持续一段时间后，其僵直会缓慢解除，肌肉变得柔软多汁，肌肉的风味加强，食用感官达到最佳，这一阶段称为后熟。肌肉后熟是由于自溶酶的作用，故将这一现象称为蛋白质自溶。由于蛋白质、ATP 的分解，分子结构和分子量变小，蛋白质的水合作用增加，持水性和保水性增强，风味物质增加，此时的肌肉具有最佳的烹饪效果。目前，推广使用的低温冷鲜肉就是利用酶的活性，在销售之前达到最佳状态。

7.5.2.2　烹调温度与肌肉质地变化

新鲜肌肉用小火慢煮，可以提高酶的活性，使反应的速率加快，肉质变嫩。但要注意，首先要保持温度稍低于 40 ℃，有利于酶的分解作用，之后再加热到稍低于 50 ℃，使酶失去活性，这样保证肉质变嫩后仍具有良好的质地，避免蛋白质过度水解造成质地下降。

当温度达到 50 ℃时，肌球蛋白开始凝结，水分丢失，使肉变硬。肌球蛋白凝结挤压出一些水分子，接着这些水分子被收缩的结缔组织鞘膜(胶原蛋白)进一步挤压出细胞。在牛排和其他肉排中，水会从肌纤维的断端流出。在这个阶段，肉是结实、多汁的。

在 60 ℃以上，细胞内的蛋白质凝固，细胞隔离成由蛋白质凝固形成的固体核心和一个液体环境。在这个温度范围内，肉逐渐变硬、多汁。在 60～70 ℃，结缔组织中的胶原蛋白变性，胶原蛋白收缩并将液体挤出细胞。在这个阶段，肉会释放大量汁液，收缩使肌肉变得干燥，更有嚼劲。持续的烹饪会使肉变得更干、更紧密。

加热温度在 70 ℃以上，结缔组织中胶原蛋白开始溶解成明胶，肌肉纤维更容易分开。在这个阶段，肉看起来很嫩，虽然肌纤维仍然是僵硬和干燥的，但肌纤维不再形成实质性的集合体，而明胶形成提供了多汁性。在此温度下煮制不同部位肌肉，肌肉长度变化不同(表 7-5)。

表 7-5　70 ℃煮制肌肉长度的变化

煮制时间/min	肌肉长度/cm	
	腰部肌肉	腿部肌肉
0	12	12
15	7.0	8.3
30	6.4	8.0
45	6.2	7.8
60	5.8	7.4

在极限温度下，随着温度的升高，反应速率会持续加快。例如，通过提高水的沸点，使用压力锅让温度上升到 100 ℃以上，在这样的高温下，转变过程也会加速，胶原蛋白等硬蛋白在温度、压力的双重作用下发生水解，变成明胶。老肉也变嫩了。

肉的多汁性对于食物来说非常重要，烹饪中经常会发生要么过度煮肉至软化，缺少咀嚼感；要么煮肉至硬化，难以咀嚼。对于嫩肉或一些海鲜产品(如虾)，它们含水量高，胶原蛋白少，经过简单烹调之后就具有良好的多汁感。如果烹调时间过长使水分减少，多汁感会下降，呈现一种糊状质地。对于一些“老肉”，如果烹煮时间短，胶原蛋白收缩，将蛋白质中的水分挤压出来，造成自由水的永久丢失，咀嚼起来质地硬，缺少多汁感。但经过长时间的烹煮后，胶原蛋白形成明胶，明胶强大的吸水性增加了肉的多汁性。

烹调后熟肉的品质与咀嚼时各种肌纤维分散开来的难易程度、肉的含水量、润滑度(油脂含量)有很大关系。明胶、油脂、水分和咀嚼时产生的唾液,这些混合物提供了咀嚼食物的快感。明胶由胶原蛋白加热转变而来,在较老的肉以及一些海鲜产品中,胶原蛋白含量较高,充足的胶原蛋白加上长时间的烹煮,可使肉变得鲜嫩多汁。

咀嚼时,油脂的存在增加了食物的润滑性,提高了质感,而油脂来源于肉类本身。动物随着饲养时间的延长,肉类脂肪的含量也会丰富起来,与又瘦又嫩的肉相比,肥腻的老肉也具有一定的内在优势,进食油腻的食物能够刺激大脑中的愉悦中枢,刺激食欲,增加进食的快乐感。

7.5.2.3 肌肉嫩度与烹调方法

嫩度(tenderness)是肉的感官质量之一,是反映肉的质地的一项重要指标。从一般意义上讲,嫩度是感受器官对肌肉蛋白质性质的一个综合感知,它与肌肉蛋白质的组成、结构、变性、分解情况以及含水量、脂肪量等相关。对肌肉嫩度的感觉判断包括四个方面:①肉在口腔中由舌、颊、颚感受到的柔软性;②牙齿切入肉中时的抵抗力;③咬断肌纤维的难易程度;④肌肉咬碎的程度。理想的嫩度没有一个严格统一的标准,需要根据实际情况和肌肉的种类来确定,但不管哪种指标,嫩度仍是判断和评价肉类感官质量的标准。

理想的烹调方法是在最大限度地将胶原蛋白转化为明胶的同时,尽量减少肌纤维中的水分流失和增加纤维韧性。在普通的厨房实践中,这是较困难的,因此,通常通过烹饪方法来调整肉的嫩度。鲜嫩牛肉和不嫩牛肉的主要区别是结缔组织的相对数量不同。鲜嫩牛肉的结缔组织占比小,而不嫩牛肉结缔组织占比大。烹调结缔组织含量高的肉类时,关键是要使胶原蛋白水解,使肌纤维能够自由分解,这样肉质就显得柔嫩。这可以通过在有水的情况下烹饪肉来实现。如果加入少量酸,水解过程就会加快。汽蒸的效率甚至比水还高,因为在蒸汽压的作用下,温度高于沸点,就会使胶原蛋白迅速水解。使用水或蒸汽的方法包括炖和蒸煮。对于结缔组织非常少的牛肉,不需要去除任何结缔组织使肉变软,所以可以采用干热的方法,包括炙和烧烤。

烹煮嫩肉是一个挑战,因为所需的温度范围非常窄。当在高温下煎炸或烧烤肉时,会出现从外部到中心的温度梯度,这意味着肉在达到中心所需温度之前会使外部肉变干。通过在较低温度下长时间烹饪,这个问题可以解决;然而,要想食物外部得到理想的褐变,需要高温。解决这一问题的做法:先将肉在高温下短时间加热,以获得外部褐变(美拉德)反应,再在较低的温度下完成烹饪。厨师也可以在肉完全煮熟之前将火撤下,然后依靠余热来逐渐完成烹饪。理想的烹调时间受许多因素的影响,如肉的起始温度、烹调温度、肉的翻转、肉的脂肪含量和肉中骨头的大小。因此,无法准确预测理想的烹饪时间。

7.5.2.4 烹饪条件对肉质地的影响

为了科学地确定烹饪肉的最佳条件,有必要了解热诱导的过程,如各种蛋白质的变性以及造成的质地的变化。一些文章研究了时间和温度对肉质嫩度和组织变化的影响。差示扫描量热法(DSC)通过测量加热肉样品时的能量输入来研究蛋白质的变性。Warner Bratzler 法是一种测量鲜切肉时剪切力的方法,常被客观地用于测定嫩度。然而,其结果往往与感官评价结果之间存在不确定性。但是,剪切力仍然是肉类质量评价的常用方法(图7-15)。

(1)剪切力变化　随着温度的升高,剪切力的增大发生在两个不同的阶段。第一阶段

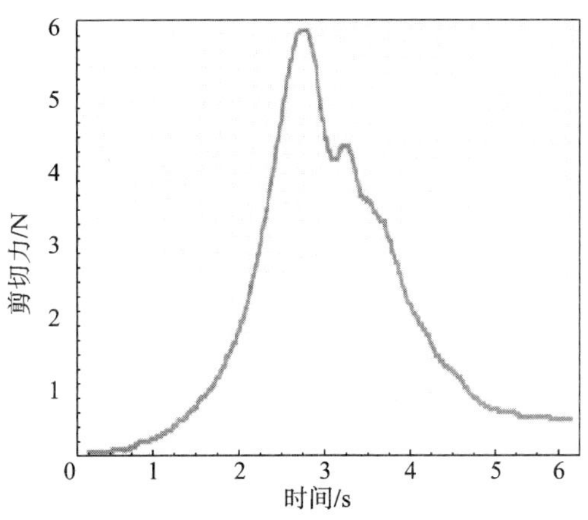

图 7-15　肌肉组织剪切力测量仪与剪切力变化曲线

温度范围为 45～50 ℃，与肌原纤维蛋白（肌动蛋白和肌球蛋白）变性有关。肌动球蛋白变性导致张力的释放和液体被挤出肌内膜和变性的肌原纤维之间的空间，这是在此温度区间观察到液体流失的原因。第二阶段发生在较高的温度（65～70 ℃），剪切力的增大是由于肌束膜胶原蛋白的收缩。这些纤维经过变性，可以看到从不透明带状特征的非弹性纤维转变为具有弹性的膨胀纤维。肌肉收缩和汁液损失的程度取决于分子间交联，而分子间交联能稳定肌束膜胶原纤维。由于这个原因，年老动物肌肉收缩程度更大。在温度超过 70 ℃下长时间加热，最终会导致剪切力的增小，这可能是由于分子中肽键的断裂。残余的纤维强度将肌肉结合在一起，使肉具有韧性。除此之外，由肌束膜胶原蛋白热收缩产生的张力也有助于肉产生韧性。总的来说，肉的质量取决于变性肌纤维蛋白的数量，而质地主要由肌束膜胶原纤维决定。这涉及到两个影响：胶原收缩过程中产生肌束的压缩和变性胶原纤维残余强度引起的肌束结合。每一种情况的效果取决于胶原蛋白交联的性质和程度。

（2）质地变化　Martens 等人研究了牛肉在烹饪过程中的质地变化。表 7-6 显示了 3 种主要蛋白质的热变性与牛肉质地变化的关系。

表 7-6　烹调过程中 3 种主要蛋白质的热变性与牛肉质地变化的关系

变化/指标	分子处理		
	肌球蛋白变性	胶原蛋白变性	肌动蛋白变性
硬度（firmness）	++	（−）	+++
纤维黏聚性（fiber cohesivity）	−	−−−	−
咀嚼力（bite-off force）	+	−−−	+
残渣（residual bolus）	−	−−	+
多汁性（juiciness）	（−）	−	−−−
总咀嚼功（total chewing work）	++	−−−	++
总质地感（total texture impression）	−	++	−−
变性温度（denaturation temperature）	40～54 ℃ LMM 53～60 ℃ HMM	56～62 ℃	66～73 ℃

注：感官评分随温度的升高而升高，用＋表示；随温度的升高而降低，用－表示。符号的数量表示各自纹理变化的相对大小。LMM、HMM 分别代表低物质的量肌凝蛋白和高物质的量肌凝蛋白。

从表7-6可以看出，肌球蛋白和肌动蛋白的变性都会导致肌肉硬度、咀嚼力和总咀嚼功(通常称为韧性)的增加。肌动蛋白变性导致形成小的蛋白块状物数量增加，并对肉质多汁性和总质地感产生负面影响(肉质变干，柔软度降低)。胶原蛋白的变性会降低纤维黏聚性、硬度、残渣、多汁性、总咀嚼功，增加总质地感(常说的柔软度增加)。这意味着为了达到最佳的食用体验，肉的加热温度应该达到胶原蛋白变性但肌动蛋白仍然保持天然状态的温度，即62～65 ℃之间。肌动蛋白变性的速率不仅与温度有关，而且与时间有关。在66 ℃下，10%的肌动蛋白变性约10 min，50%的变性约40 min，90%的变性约100 min。

(3)压力　Ma和Ledward研究了压力(0～800 MPa)对牛肉质构的影响。他们(通过质构剖面分析评估：稳定微系统型)测定发现，在60～70 ℃温度范围内，200 MPa的压力会导致牛肉硬度、咀嚼性和胶黏性显著降低。利用差示扫描量热法(DSC)对质地变化进行分析。正如预期的那样，胶原蛋白对压力反应较迟钝(具有抗压力性)，而肌球蛋白则是在压力和温度的作用下分子结构展开。结果表明，在60～70 ℃和200 MPa条件下，蛋白质结构上的诱导变化不太可能是造成牛肉硬度显著下降的主要原因。相反，在这种条件下蛋白质加速水解，导致牛肉硬度、咀嚼性和胶黏性显著降低。

(4)传热　一些研究对肉的传热模型进行了研究。大多数研究主要关注安全问题，即将肉的中心温度达到75 ℃。但是，建立肉的传热模型是一项极其困难的工作。肉的大小和形状很少一致；肉通常由多种蛋白质组成，每种蛋白质热力学性质不同，在加热过程中会出现各种各样的传热过程。这些过程会引起热力学性能的变化，如热容、导热系数等的变化，以及分子维度、持水量等的变化。此外，在加热过程中，水在肉中迁移，这就导致了热量的转移，如果温度足够高，表面的水就会蒸发。使问题进一步复杂化的是，肌纤维方向也在传热中起作用。了解肉传热的基本原理(烹饪时使用温度计)可以提高烹制肉的整体质量，因为这样可以减少过度烹饪的风险。

Califano等人模拟了牛肉蒸煮过程中的传热过程及其相关质构变化。他们提出了一个烹饪过程模型作为工具，分析烹饪操作对肉质地的影响，研究了传热系数、蒸煮介质温度、肉片大小对熟肉硬度的影响。蒸煮介质温度在85 ℃以上时，无论加工时间长短，平均硬度均较高。相反，低温会使产品更加柔软。

(5)肉的腌制(嫩化)　将肉浸泡在液体介质中腌制，多年来一直被家庭烹调用于调味和使肉变嫩。腌肉可以被认为是以一种化学方法使肉嫩化的过程，同时也改变了肉的味道。然而，关于这一主题的文献主要是由食品工业对肉质嫩化的需求推动的。腌料可以改善肉质的多汁性和嫩度，并增加产品的重量。然而，腌肉过程中，腌料往肉中渗透的速率很慢，因此往往只能在外层起作用。这个问题有时可以通过将腌料注入肉中来解决。机械方法现已广泛用于肉的腌制嫩化，将肌肉与腌料放入滚筒中，不断通过机械滚揉，让腌料、水进入肌肉内部。

已有多项研究对嫩化剂的性能进行了探讨，重点是在不影响色泽和风味的前提下，获得最佳的多汁性和嫩度。嫩化剂增加嫩度和多汁性的机制通常与较高的持水能力和肌原纤维膨胀有关。

酸(酸性物质)，如醋、柠檬汁或葡萄酒，是腌料中常见的成分。经研究发现，用酸腌制肉可以改善肉质的嫩度和多汁性，并且由于水分的潴留而增加产品的重量。然而，用酸腌制也被发现影响肉的味道，给人一种不愉快的酸味。酸腌制嫩化作用的机制被证明与促进蛋白质水解和胶原蛋白向明胶转化有关。pH对肉的膨胀性和持水能力有重要影响。无论

是在酸性条件还是在碱性条件下浸泡，对肉的质地均有积极影响，增强了肌原纤维蛋白的水结合能力和膨胀性。当pH远离等电点时，肉中蛋白质的负电荷量增加，可以增强与水的结合，蛋白质的水结合能力增强。例如酸泡凤爪就是将鸡爪放置在醋酸或乳酸中长时间浸泡，使胶原蛋白在酸性条件下发生电离，提高水结合能力。

由于肌原纤维蛋白pH处于等电点两侧时持水能力增加，因此，碱性溶液也具有嫩化作用。用碱腌渍是中国烹调中常用的一种嫩化方法，中餐工艺中称为"碱发"。

碱(碱性物质)，主要有碳酸氢钠、磷酸盐类等。Wynveen发现对屠宰后的猪注射碳酸氢钠和磷酸钠可以改善猪肉的持水能力和颜色。同样，在碳酸氢钠对酱牛肉嫩化效果的影响研究中发现，在肉中注射碳酸氢钠会增加肉的持水能力和肌原纤维蛋白的溶解度，同时降低汁液流失率、蒸煮失重和剪切力。Sheard比较了碳酸氢钠、盐和磷酸盐的作用，盐和磷酸盐也是食品工业中常用的增嫩剂。所有的溶液都能显著提高产量，降低剪切力。碳酸氢钠对剪切力和蒸煮损失的影响力与盐和磷酸盐一样大。然而，经过碳酸氢钠处理的样品在肌肉纤维之间充满气泡，这给人一种不寻常的外观，消费者可能不会喜欢。这个问题可能是烹饪过程中产生CO_2造成的，也可能是造成质地变化的一个因素。对碳酸钠在嫩化型风干牛肉中的应用效果研究表明，随着碳酸钠浓度升高，风干牛肉的pH、含水量、水分活度和出品率显著增加，剪切力下降，嫩度增加。但是，当碳酸钠浓度超过0.35 mol/L，风干牛肉的感观品质会明显变差，咀嚼性减弱，且有一定程度的碱味(肥皂味)。碳酸钠对牛肉嫩度的影响主要与肉中pH变化有关，pH的改变是牛肉嫩度与品质改善的主要原因。

磷酸盐是一大类弱酸强碱盐，其水溶液具有弱碱性，可作为缓冲剂调节溶液的pH。作为肉的嫩化剂和保水剂用得较多的有焦磷酸钠、六偏磷酸钠、三聚磷酸钠，在较低的浓度(0.05%～0.3%)中它们能够解离蛋白质并保持肌肉的纹理。磷酸盐应用于肉制品主要是提高肌肉的持水能力，在低温保鲜食品中降低结冰温度，其原理有以下几点。

①改变肉的pH，磷酸盐是一种具有缓冲作用的碱性物质，加到肉中后，能使肉中的pH向碱性方向移至7.2～7.6，促使肌肉中的肌球蛋白和肌动蛋白因偏离等电点(pH 5.4)而发生溶解，因而增强了肉的持水能力。②增大蛋白质的静电斥力，磷酸盐可结合二价金属离子，加入肉中后，夺取原来与肌肉中肌原纤维蛋白结合的Ca^{2+}、Mg^{2+}，使肌原纤维蛋白在失去Ca^{2+}、Mg^{2+}后释放出羧基。由于蛋白质羧基带有同种电荷，在静电斥力的作用下，肌肉结构松弛，提高了持水能力。③肌球蛋白溶解性增大，磷酸盐是具有多价阴离子的化合物，在较低的浓度下就有较大的离子强度。肌球蛋白在一定离子强度范围内，溶解性增强，成为胶溶状态，从而提高了持水能力。④肌动球蛋白发生解离，焦磷酸盐和三聚磷酸盐具有解离肌肉中肌动球蛋白的特殊作用，能将肌动球蛋白解离成肌球蛋白和肌动蛋白，提取大量的盐溶性蛋白质(肌球蛋白)，从而提高了持水能力。目前，食品工业中使用的磷酸盐多为焦磷酸盐、三聚磷酸盐和六偏磷酸盐的复合盐，作为化学合成的品质改良剂，这几种磷酸盐组合起来使用的效果较好。

酶也可以使肉变嫩。很久以前，墨西哥印第安人已经知道木瓜叶的乳胶在烹饪过程中对肉有软化作用。其中发挥作用的酶主要是木瓜蛋白酶(一种半胱氨酸蛋白酶)。它在室温下几乎没有作用，所以主要在烹饪时发挥作用。50 ℃以上胶原结构疏松，易受蛋白酶攻击；除非这种酶失去活性，否则它将一直攻击胶原蛋白，直到胶原蛋白完全分解，肉也就分解了。Ashie等人在2002年比较了木瓜蛋白酶和天冬氨酸蛋白酶(由米曲霉表达)对肉的嫩化作用。他们发现天冬氨酸蛋白酶比木瓜蛋白酶更有优势，因为天冬氨酸蛋白酶对肉类蛋白质的特异性不强，而且很容易在烹饪中灭活。此外，猕猴桃蛋白酶、菠萝蛋白酶和无花果蛋白酶在烹饪中也被广泛应用。

木瓜蛋白酶被认为在水解肽键时有广泛的选择性。研究显示，木瓜蛋白酶是一种蛋白质水解酶，由单肽链组成，含有 212 个氨基酸残基。木瓜蛋白酶的底物位点是肽链上的芳香基(Phe)/非极性残基。其断裂肽链氨基酸的位点集中在苯丙氨酸与丙氨酸位点。不同蛋白酶嫩化肉所需的酶量不同。在烹饪中嫩化肉所需酶量(U/g)，木瓜蛋白酶为 2.5 U/g、菠萝蛋白酶为 5.0 U/g、无花果蛋白酶为 5.0 U/g。

7.6 新烹饪技术

7.6.1 微波技术

水为偶极分子，所以水可用微波加热。在交变磁场(家用微波炉中通常为 2.45 GHz)中，偶极子发生旋转，由于偶极子不能与磁场同步，从而产生热效应。任何偶极物质都可以在微波炉中加热，但普通食品中只有偶极最强的水分子能产生最大的热效应。一般情况下，在微波场中，带有羟基的化合物都会表现出热效应；因此，油、蛋白质和糖等都可以用微波炉加热。

值得注意的是，微波能量总是由外向内被吸收(一般来说，介电常数越高，吸收程度越大)。在含水量大的食物中，微波的穿透深度一般是几厘米。常见的说法是微波从内向外加热(不正确的)，因为外部区域的含水量比中心低很多，所以中心会比外部加热温度更高。

1969 年，尼古拉斯·库尔蒂(Nicholas Kurti)在其颇具影响力的英国皇家学会(The Royal Society)烹饪讲座中，描述了一个利用微波炉制作新奇食物的有趣例子，这也许可以追溯到现代分子烹饪学的起源。在讲座中，他在低温下冷冻冰淇淋，只留下很少的液态水，并在中间放置一些含糖量很高的果酱，而果酱中含有大量液体。他使用微波炉加热，微波几乎不被冰吸收，但可以加热果酱中心，从而产生了一种新颖的甜点，外面冷，中心热。

尽管早期的微波应用很神奇，但微波设备还没有真正用于制作美食，或许是由于加热的不均匀性(在微波炉中，总是有一些波峰和波谷被隔开几厘米)，或者事实上很难达到 100 ℃以上的高温，褐变和美拉德反应通常不会发生。

值得注意的是，微波炉中的沸水(在某些情况下)与水壶中的沸水不同。在传统的水壶中，电子元件(或炉子底座上的水壶)被加热到高于 100 ℃的温度，水迅速沸腾。然而，在微波炉中，水是直接加热的，因此，如果没有气泡成核，它可以过热。实际上，自来水含有大量被溶解的空气，当水被加热(气体的溶解度在高温下降低)时，这些空气开始从溶液中析出，就导致了气泡的成核，当温度达到 100 ℃时，水就开始沸腾。然而，若已沸的水中没有溶解空气，水很可能会过热。如果发生这种情况，当从微波炉中取出一杯重新加热过的咖啡，已经过热但还没有开始沸腾，那么它可能会因最小干扰(例如添加一点糖)，以“爆炸性方式”沸腾。

利用微波加热也存在局限性，主要是加热不均匀，食物中的热点和冷点温度难以控制。内部水分较多的地方加热升温快，而油脂高(非极性)的地方微波难以产生热量。微波加热

不需要热传导，而是直接在食品内部产生热量，因此，不存在热传导加热过程中，食物表面干燥层（硬壳）对水的阻碍作用和雷科夫现象，食物水分蒸发较快，微波加热时间长很容易造成食物变干、变硬。为了解决这一问题，可将食物密封在容器中或在真空袋中进行加热，加热产生的蒸汽又反过来加热食物，消除食物温度不均匀状态。同时，蒸汽的良好穿透作用在食物熟制后又回到食物中，使食物保持多汁性，也防止加热中食物氧化变色。

目前微波炉已进入大多数家庭厨房，在美国70％家庭使用微波炉，在我国还没有看到这方面的数据。微波炉在烹饪中的应用主要集中在如下几个方面。

（1）解冻和加热　微波加热在食品工业上最普遍的应用是解冻和加热。对不同类型肉类经微波加热的行为和最后特征进行分析，加热的肉类表现出良好的最后特征，加工时间明显缩短。鱼类加工业的经济重要性以及对新鲜捕获产品进行快速冻结的需求，刺激了人们寻找更新的解冻技术。可利用微波对冷冻产品进行加热解冻，在最初阶段液态的水和冰解冻几乎吸收了所有的微波能量。微波加热由于内部与表面形成的温度梯度，导致产品从内向外解冻，加快了解冻速率，适合工业化大批量食品的解冻。此外，肉类中的血液和其他流体损失也明显减少，避免了加热解冻过程中的经济损失。

（2）烹调加热　微波炉用于食品烹饪主要体现在两个方面，预烹调产品加热和直接烹调。在家庭和公共餐厅，微波炉的主要实际应用是加热预烹调产品。因为微波加热快速、安全、卫生，并能获得理想质地的感官特性，而且操作过程简单，将调理好的食物放入微波炉加热（保持一定的气密性），能够获得均匀的热量。

用微波直接加热食物，在短时间内达到所需要的温度而不经过烹调，得到的食物是热的，保持原始的外观和风味，食物营养价值得到了很好的保持，但是没有烹调菜肴的典型风味。因此，直接烹调只用于对少数食物（海鲜、虾、蛋黄）进行加热后食用。

（3）烘焙　糕点产品的微波烘焙已在工业上规模化应用，而面团类产品的微波烘焙仍在实验阶段。例如，果酥馅饼的微波生产。微波烘焙与经典烘焙相比，除了营养素和维生素保护得更好外，最明显的效果是微波烘焙的点心获得较大的体积，比经典的烘焙方法得到的点心体积增加25％～30％，并且风味上没有明显的区别；另一个优点是微波烘焙的产品中霉菌生长较少。但是，对于生产面包而言，微波烘焙的主要问题是难以获得传统面包特有的色泽、风味和质构，需要额外地增加微波能。

（4）蔬菜漂烫　与传统的热水漂烫相比，微波蔬菜漂烫具有避免营养素（特别是维生素）和色素损失的优点。蔬菜经热水漂烫，大量的水溶性营养素进入水中，而经微波无水漂烫，则没有废水产生。对香蕉、马铃薯的微波漂烫研究表明：酶促褐变在一定程度上得到了抑制。但微波漂烫也存在一些缺点，一是产品表面脱水，尤其是一些叶菜类；二是水果的焦糖化。这些问题主要是由于产品大小、形状的不均匀，从而使微波加热不均匀。许多学者建议，将微波漂烫与蒸汽技术相结合，以减少产品的变化。

（5）食品灭菌和巴氏杀菌　固态产品通常在包装后灭菌。微波不能用于金属类包装材料的食品灭菌，但是可应用于玻璃、塑料和纸制品包装的食品进行巴氏杀菌。利用微波进行巴氏杀菌最好的食品是馅饼皮、预制菜、软干酪，微波也应用于果汁和牛奶的巴氏杀菌。

采用微波对食品进行灭菌的效果有不确定性，这与微波对食品加热存在不均匀性有关，微波杀菌不能保证食品的所有部位都能达到引起微生物死亡所需要的温度。

7.6.2 高压技术

在烹饪中可采用一些高压技术，如挤压、高压、均质化等。在高压下烹饪的效果是显而易见的，最常见的例子就是高压锅的使用。早在1899年，Hite就在牛奶中使用高压技术作为控制微生物的手段。高压对共价键没有影响，但使蛋白质变性，蛋白质溶解性发生改变。

高压在食品中的应用主要在食品保藏方面，作为一种冷杀菌技术，与传统的高温杀菌相比，能极大地减少热敏感性物质的破坏，食品风味得到了很好的保持。市面上销售的高压保藏食品包括初加工生鲜味道果汁，高压处理使其保质期延长；干腌火腿切片后残留微生物污染未经热处理就被取出，通过高压杀菌；鳄梨色拉酱通过高压处理，褐变酶因高压被灭活，防止变色反应。

高压设备的成本越来越低，将逐步进入餐厅，为制作新型菜肴开辟新的道路。肉类需要短时间热处理之前，如在锅中或在较低温度下进行热处理，可以先经过压力处理来去除污染的微生物。鸡蛋可以通过压力处理硬化，而不是通过煮沸，从而保持新鲜鸡蛋的味道。牛奶可以通过压力固化，而不需要酸化和添加糖，从而形成新的中性pH的沙拉。压力对脂肪结晶的影响值得进一步关注，以优化其延展性和光滑性。除了设备成本之外，其他缺点似乎很少。一个潜在的缺点是家禽肉在经过压力处理和随后的烹饪后显示出脂类氧化作用增强。因此，应该对压力处理的温度、时间进行规定，既能够达到微生物净化，又不引起脂类氧化。

压力对冰的影响是独特的，由于压力升高，正常冰的熔点在2000个标准大气压左右时降到－20 ℃。压力辅助冻结包括将压力提高到2000个标准大气压，然后冷却到0 ℃以下。当压力释放时，零度以下液态食品中的水会立即凝固，不仅是从外部凝固，而是形成比普通方法更小的冰晶。压力辅助解冻，已被用于制作冷冻鱼的生鱼菜肴，应用该技术无需在室温下长时间解冻或在高温下解冻。在压力辅助解冻期间，冰在低温下融化，然后控制压力释放，同时进行温度补偿，以达到环境压力和温度。该技术使鱼均匀解冻，没有高温区域。

我们将持续寻找新的高压技术，在厨房制作新菜肴，并在保持新鲜、原始风味和质地方面与其他技术有机结合。

7.6.3 温度控制技术

现代厨房已经使用了精确控制的加热器。只有精确地控制温度，才能顺利进行各种烹饪。例如，一个鸡蛋可以在52 ℃的水里煮熟，在这个温度下，蛋清会凝固，但蛋黄会保持液态。

温水浴的另一种用途是真空烹调肉类。肉被放在一个塑料袋里，并在真空下密封以排出空气，在肉和周围的水（或其他传热介质）之间形成一道屏障。当然，在低温烹饪之前，要确保所有的细菌都被杀死，要么在高温（85 ℃）水浴中快速消毒几分钟，要么在将肉放入袋子前用喷枪的火焰在肉表面进行灭菌，然后将肉在低温下烹调，此时肌球蛋白和肌动蛋白几乎没有变性，但在足够长的时间内，胶原蛋白会慢慢软化。烹调所需的温度和时间因肉的种类和切分大小的不同而不同，例如，羊肉片在56 ℃下可能需要烹饪90 min，而五花肉在60 ℃下可能需要6 h。使用该技术的厨师发现，在温度相差仅1 ℃的情况下烹制的相同

肉类，其质地和风味存在显著差异。

7.6.4　低温烹饪技术

现代设备在厨房中的另一个应用是冷却。厨房中使用的冰柜通常只能将温度降到 −20 ℃。然而，许多工艺要求较低的温度，例如，为了杀死寄生虫，有必要把鱼冷却到 −30 ℃以下；需要类似的低温来制备高酒精含量的冰和冷冻干燥食品。在这种情况下，冷冻干燥器也可能是厨房用具。

液氮在厨房中特别有用，它不仅提供了快速和容易接近的低温，而且在各种食品的快速冷却时可防止大冰晶的生长，而大冰晶往往会损害冷冻食品。液氮有两种特殊用途：一是使植物性食物易于研磨，只要在容器中加入液氮，植物就会迅速凝固成易碎的固体，然后用杵研磨，就可以把植物性食物变成粉末，可以用来在菜肴中提供即时的新鲜风味；二是使用液氮来制作冰淇淋，在冰淇淋混合物（液体）中加入液氮，并不断快速搅拌，20 s 即可做出非常光滑细腻的冰淇淋。

真空低温烹调嫩肉：其核心技术就是把加热温度升到预期值（通常在 50 ℃左右），低温下控制蛋白质变性程度，保持水分、风味和营养稳定，并可以按个人口味进行调味。

7.6.5　大功率混合剪切机应用

另外一组现代设备正在厨房中得到越来越多的使用，它们是大功率搅拌机、研磨机和剪切机。其中专门为厨房设计的剪切机的旋转速率可达 2000 r/min，每旋转一次能将食物切成厚度为 1 μm 的薄片。这种机器常用来生产冰淇淋和冰沙，它可以生产特别光滑的冰，确保晶体非常小。为了确保得到的冰晶都被切成小到几乎无法探测到的小块，冰块必须是完全固态的，即冷冻至溶质如糖和蛋白质共晶点以下的温度，对于大多数冰来说，这意味着温度低于 −18 ℃。

另一种有用的高功率技术是利用超声搅拌诱导乳化。将一个简单的超声波探头放在一个装有油和水的小容器中，就能使混合物迅速乳化；只要有合适的乳化剂，得到的乳化液就会非常稳定。

第 8 章　食品原料对风味与质地的影响

无论是准备一次盛大宴会还是家常饭菜,第一步工作都是对食材的选择与加工。而食材很多性质在食物开始加工之前就已发生变化,这是无法控制的。但是对于有经验的厨师来说,选择好食材是一项必备的技能,甚至一些厨师对食材特别挑剔。生活中,我们也首选新鲜的食材,这是从食材的营养性、感官性来考虑的。这一章将利用有限的研究数据简要探讨生产方式对食材的影响以及在多大程度上影响其风味。

人们常说好的食物需要好的食材。然而,如何定义好的食材?就蔬菜萝卜而言,如何判断一种萝卜比另一种萝卜更好?选择哪种萝卜,既有个人偏好,也有对烹饪方式的考虑。

许多人认为原生态食材可以制作出更好的食物,也可能有人认为关键因素是食材的"新鲜度"。但是几乎没有明确的科学证据来支持这些观点。然而,科学研究表明,动物肉类风味受到产肉动物所食用的饲料影响,乳制品的风味和颜色取决于奶牛食用的饲料;水果和蔬菜的风味主要受品种的影响,生长环境也会影响一些挥发性化合物的生成;动物屠宰方式以及储存方式不仅会影响肉的风味,还会影响肉的质地。

从生物学的角度来讲,一种生物对环境的适应性决定了该生物的特性。反过来来说,某一特定环境的特性,也会对生物的生长产生影响。最容易接受的理论是生物的食物链和富集作用。英国动物生态学家埃尔顿(C. S. Eiton)于 1927 年首次提出生态系统中储存于有机物中的化学能在生态系统中层层传递。通俗地讲,各种生物通过一系列吃与被吃的关系紧密地联系起来,这种生物之间以食物营养关系彼此联系起来的序列,就像一条链子一样,一环扣一环,在生态学上被称为食物链(food chain)。环境中的有害物质经过食物链的传递,在链的终端呈现出浓度放大性增高,即富集作用。环境中的一些物质通过食物链转移到植物、动物,可能对食物的性状有较大的影响。

8.1 农业种植方式对植物性食物风味的影响

联合国粮食及农业组织(FAO)和国际有机农业运动联盟(IFOAM)按照生产方式的不同,将农产品分为无公害农产品、绿色农产品和有机农产品。它们的主要区别是生产过程中对病虫害的防治、肥料的使用以及农作物种植的更替方式。

有机农产品,生产耕地近三年内未使用过农药、化肥等,绝对禁止使用激素等人工合成的物质;种子或种苗来自自然界,未经基因工程改造;以作物秸秆、畜禽粪肥、豆科作物、绿肥和有机废弃物作为土壤肥力的主要来源。无公害农产品,耕地环境符合无公害农产品的环境标准,严格控制使用农药,农药残留量控制在无公害农产品限定范围内,禁止使用高毒、高残留农药;以有机肥为主,其他肥料为辅,尽量限制化肥的使用。绿色农产品,耕地环境符合《绿色食品产地环境质量标准》要求;农药、生产用肥使用严格执行绿色食品农药、肥料使用准则,严禁使用剧毒、高毒、高残留农药。AA 级绿色食品,要求使用有机肥、农家肥、非化学合成商品肥料;开展作物轮作,采用生物或物理技术增肥土壤、控制病虫草害,以保证或提高农产品品质。

根据 FiBL-IFOAM(瑞士有机农业研究所-国际有机农业运动联盟)在 2018 年 5 月发布的《2018 世界有机农业概况与趋势预测》显示,2016 年以有机方式管理的农地面积为 57.80 万平方千米(包括处于转换期的土地),有机农地面积最大的两个洲分别是大洋洲

(27.30万平方千米，约占世界有机农地面积的一半)和欧洲(13.50万平方千米，23%)，接下来是拉丁美洲(7.10万平方千米，12%)、亚洲(4.90万平方千米，9%)、北美洲(3.10万平方千米，6%)和非洲(1.80万平方千米，3%)。

我国有机农地面积以及产品生产年均增长20%～30%，在农产品生产面积中占有1%～1.5%的份额。经过半个世纪的发展，全球有机农地面积仍只占到农作物种植面积的2%～5%。

大量研究表明，从安全角度来说，绝大多数有机农产品不含化学农药；有机蔬菜中硝酸盐含量比常规蔬菜含量少；有机谷物中真菌毒素含量与常规谷物无显著差异。从营养角度来说，有机植物产品中含有更多的干物质、矿物质（如铁、镁）和抗氧化物质（如多酚类物质和水杨酸等）；有机动物产品中含有更多的多不饱和脂肪酸；而关于有机食品中是否含有更多糖、蛋白质和维生素的有关数据不足。也有研究显示，经有机种植收获的番茄、小白菜、芹菜富含维生素C、可溶性糖、番茄红素等营养物质。有机种植的稻米在加工和外观品质上，精米率均高于常规种植的稻米，垩白率和白垩度分别较常规种植稻米降低31.3%和9.3%；在稻米营养上，矿物质Ca、Mg、Fe、Mn、Cu、Zn含量增加，有机种植稻米的直链淀粉含量显著降低了12.0%，蛋白质含量提高了3.4%，因此，认为有机种植稻米的口感更好。

现实生活中大家都认可有机食品、绿色食品，认为有机食品比常规种植的食品味道更好。然而，几乎没有真正的证据可以证明这一点。尽管部分的消费者曾预计有机蔬菜的味道会比常规蔬菜的好，但消费者无法分辨有机蔬菜和常规蔬菜的味道和风味。

波恩(Bourn)和普雷斯科特(Prescott)对有机食品和常规种植食品的营养价值、感官质量和食品安全等方面的文献进行了全面的综述，重点比较有机水果蔬菜和常规水果蔬菜种植方法，结果表明不仅是不确定的，而且是相互矛盾的。此外，他们还证明了其中许多研究方法的伪科学性。波恩等人也注意到，有些有机水果蔬菜比常规种植水果蔬菜含有更少的硝酸盐，他们认为，是传统农业中使用了大量的氮肥。然而，他们也指出，这是否对所有的有机农产品产生普遍性的影响还有待观察。硝酸盐含量是否对味觉有显著影响(以及这种影响是积极的还是消极的)尚不清楚，这可能成为未来研究的一个重要领域。

8.1.1　农业施肥对植物性食物风味的影响

相当多的研究证明，施用氮钾肥料对蔬菜品质有不同的影响。维生素是果蔬类重要的营养成分和风味物质。适量施用氮肥能提高蔬菜产品中维生素C的含量，但用量过多通常会降低维生素C的含量。对叶菜类蔬菜来说，增施氮肥有利于叶片中维生素C的形成。茄果类蔬菜，如番茄果实中的维生素C含量随着氮肥用量的增加而相应地提高，但当尿素(氮肥的一种)用量超过了6.25克/株后，维生素C含量则随用量的增加而降低。在氮肥基础上配施钾肥可增加番茄、洋葱、青萝卜、青椒、大白菜等蔬菜中维生素C的含量，产品品质得到了改善，其原因有待研究。

氮肥用量对蔬菜糖分含量的影响与其对维生素C含量的影响趋势基本相同。在适宜的范围内，保护番茄中还原糖含量，大白菜干物质量随着施氮量的增加而增加，钾肥的施用可以提高番茄、洋葱、青萝卜、豆角、大白菜、菠菜的总糖含量，马铃薯淀粉的含量也得到提高。

但是，氮肥的施用显著地提高了结球甘蓝、皱叶甘蓝和胡萝卜中硝酸盐的积累，增加氮肥用量，会迅速提高叶菜类蔬菜的硝酸盐积累量，龙葵、空心菜、菠菜中硝酸盐含量随着氮肥用量的增加而明显增加，黄瓜中硝酸盐含量也有类似的变化趋势。小白菜、番茄中 NO_3^- 的积累与氮肥施用水平呈正相关，相关系数达到了显著水平。在影响蔬菜硝酸盐积累的因素中，氮磷比过大被认为是造成叶菜类蔬菜硝酸盐积累的重要原因。钾肥的施用能降低蔬菜中硝酸盐的含量，主要是因为钾能提高植株体内硝酸还原酶的活性，促进蛋白质的合成，降低 NO_3^- 的含量。

8.1.2 农业种植方式对植物性食物风味的影响

农业种植方式由传统自然生长发展成大棚栽培与工厂化生长并行，由于植物生长环境、生长周期的不同，生长的要素也存在差异，导致植物性食物组成成分的差异。采用基质栽培的生产方式，对长江中下游地区栽培的 4 个白菜品种(抗病矮脚黄、苏州青、上海青、上海五月慢）进行普通冬季大棚栽培，以棚内恒温环境为对照，栽培 30 天后，4 种白菜品种的营养成分见表 8-1。大棚环境下不同品种白菜叶绿素含量均较对照组栽培相应品种低，大棚栽培环境下不同品种白菜维生素 C、可溶性糖含量大于对照组栽培相应品种，两种方式种植 4 种白菜可溶性蛋白质的含量没有变化。

表 8-1 冬季恒温大棚与普通大棚栽培环境下 4 种白菜生长 30 天后的营养成分

种植环境	品种	叶绿素 (μg/g)	维生素 C (mg/100 g)	可溶性蛋白质 (mg/g)	可溶性糖 (%)
恒温大棚	抗病矮脚黄	93.5	15.85	0.15	1.9
	苏州青	115.5	15.28	0.16	1.9
	上海青	81.2	13.4	0.15	1.8
	上海五月慢	102.9	14.72	0.15	2
普通大棚	抗病矮脚黄	76.8	20.94	0.16	2.1
	苏州青	113.8	27.55	0.15	3.6
	上海青	67.9	24.15	0.16	2.4
	上海五月慢	83.3	27.92	0.16	3.3

研究大棚和露地两种栽培对结球甘蓝营养成分的影响结果发现，两种栽培方式在产量上没有显著差异；大棚栽培结球甘蓝维生素 C 及总酚酸含量高于露地栽培；而露地栽培结球甘蓝可溶性总糖、异硫氰酸盐和总叶酸含量高于大棚栽培。原因可能是露地栽培过程中，植物在低温胁迫作用下会增加可溶性糖积累，植物细胞糖积累与基因的表达和光照有着密切的联系，并且植物叶片暴露于光照中叶酸合成和积累大幅增加。

农业种植方式对植物性食物营养和风味物质的影响存在着不确定性。植物生长过程中物质的新陈代谢主要由基因遗传内在动力决定，在不利环境因素的胁迫作用下产生应激反应。虽然能够改变某一植物特定的代谢速率，引起某一种或多种物质的增加或减少，但不可能改变其代谢方式。“歪瓜裂果更甜”就是这个道理。同时，植物新陈代谢过程中受到的最大影响是能量(光照)、养分的供应。

8.2　饲料和饲养方式对畜禽肉类和乳制品风味的影响

8.2.1　饲料对畜禽肉类风味的影响

肉质不仅指肉的新鲜度，还包括肉的外观、适口性、风味、营养价值等。对肉质的研究主要包括以下几个方面：常规肉质（肉色、pH、持水能力、嫩度等）、肌肉中的化学成分（水分、粗蛋白、粗脂肪、灰分等）、呈味物质（肌苷酸、氨基酸等）、肌纤维直径和微观结构等。

动物喂养方式会影响畜禽肉类的风味。然而，某种饲料是否会使畜禽肉类产生“更好”的味道，目前还不清楚。几项研究表明，动物脂肪组织中发现的脂肪酸组成反映了动物饲料脂质中脂肪酸的组成。如果喂给动物含有不饱和脂肪酸的食物，那么动物体内的脂肪组织所含的不饱和脂肪酸将比喂给正常饲料的动物更多。减少饱和脂肪酸可能对健康有益。研究表明，当人们食用添加了菜籽油饲料喂养的猪肉时，与吃用正常饲料喂养的猪肉相比，人体胆固醇水平相对较低。然而，由于不饱和脂肪酸通常在较低的温度下融化，它们更有可能在烹饪过程中丢失，导致潜在的质地干燥。重要的是，饱和脂肪酸比例的变化会导致肉类风味的显著变化，饱和脂肪酸含量较高的肉类，其风味通常更受欢迎，尽管这可能仅仅是一种已经习惯了的喜好。在羊肉和牛肉中，随着脂肪酸饱和度的变化，风味的变化最为明显，而在猪肉中，这种变化就不那么明显。

研究人员通过对不同饲料来源的猪肉、羊肉、牛肉、家禽的风味进行比较，得出的主要结论是，畜禽肉类的风味与饲料直接相关。高能量谷物饲料在红肉中产生一种更容易接受或强烈的风味。其他饲料成分，例如鱼类制品、大豆、牧草对肉的风味有不良影响。一些研究人员甚至尝试用马粪和腐烂的肉片喂猪，导致猪肉散发出难闻的气味，而这种气味并不受欢迎。不饱和脂肪酸比例较高的肉类在烹饪过程中，由于脂质氧化，通常更容易产生异味。

然而，值得注意的是，没有所谓单一的“牛肉”（或羊肉、猪肉）风味，相反，根据肉类的生产方式（以及后面的烹饪方式），可以实现多种风味。在实践中，好的厨师会尝试各种不同来源的肉类，并选择最适合特定目的的食材。为此，厨师应多了解动物饲养方面的细节，从而在未来尽可能地得到相同的产品。

在饲料中添加维生素、矿物质和抗氧化物质等，可以增加猪肉的营养特性和脂肪稳定性。尽管已有研究显示，添加抗氧化物质可以提升肉质，但是，人们更为关注的是饲料中添加的合成抗氧化物质的安全性。所以研究重点已转移到天然物质及天然物质提取物上。韩国科学家研究包括石榴皮提取物、银杏叶和甘草根在内的天然物质及其发酵产物的喂养实验。同时，研究天然物质添加对个体特征、背最长肌脂肪酸组成和稳定性的影响，天然物质的添加量为基料的 0.4%。结果表明：天然物质的添加降低了个体的采食量和背脂厚度，但增加了瘦肉率；采食发酵药草的个体表现为具有较高的血清免疫球蛋白；基料中添加药草，降低了个体背最长肌中醚提取物含量，增加了其含水量，同时采食非发酵药草的个体具有较低的胆固醇，增加了背最长肌 ω-3 脂肪酸的含量，明显降低了鲜肉及 2～3 周储存期猪肉的硫代巴比妥酸含量。

8.2.2 饲料对乳制品风味的影响

乳制品的颜色和风味受饲料的影响。草料含量高的饲料(如青贮饲料或新鲜牧草)使乳制品更黄,而富含玉米青贮饲料则产生白色产品。黄色是由于饲料中的β-胡萝卜素在干草消化过程中被氧化降解。给奶牛饲喂干草对乳制品颜色的影响与牧场放牧不同。在寒冷的北方,奶牛一般被关在室内以干草为食,用冬季牛奶制成的奶酪和黄油要比用夏季牛奶制成的产品白得多,原因是夏季奶牛在牧场上吃新鲜牧草,β-胡萝卜素含量较高。

因生长在高海拔和低海拔地区的植物种类不同,导致不同海拔地区奶牛奶中的挥发成分不同,有“山”奶酪和“谷”奶酪风味之分,两者差异显著,尤其是瑞士奶酪。乳制品的质地主要受脂肪饱和程度的影响。增加不饱和脂肪含量会导致奶酪和黄油等变软。牧场上的奶牛比用加工饲料喂养的奶牛产的奶含有更多的不饱和脂肪酸。在一项对食用不同饲料牛奶的化学和感官特性之间关系研究的结果表明:长链饱和脂肪酸含量高的牛奶脂肪分解程度高。

值得注意的是,新鲜乳制品(牛奶、奶油等)的性质取决于当地的条件,因此牛奶的质地、颜色和风味不仅取决于当地植被,还取决气候条件。因此,厨师应不时地调整食谱,以适应这种变化。

8.2.3 饲养方式对畜禽肉类风味的影响

动物的饲养方式大体上有 3 种:自由放养、圈养、放养+圈养。饲养方式在一定程度上对肉质有影响。在对鸡肉品质与饲养方式的关联性研究中,试验对常规喂养(圈养)、自由放养、圈养+放养相结合的 3 种饲养方式中鸡肉脂肪含量、鸡肉剪切力进行对比研究表明,圈养的肉鸡的脂肪含量最高,自由放养的肉鸡的肌肉剪切力要高于其他两种饲养方式。圈养最不利于鸡肉品质的提高,原因是肉鸡缺少锻炼,其剪切力在检测中最低;其次则为圈养+散养相结合的组群;最强的是自由散养的组群,由于活动范围大,肌肉组织得到了良好的锻炼。此外,影响肌肉组织剪切力的另一个关键因素是饲养时间。肉鸡的常规饲养时间非常短暂,导致鸡肉品质不高,口感不好。想要获得高品质的鸡肉,在饲养过程中必须保障肉鸡有足够的成长时间。值得注意的是,动物的饲养方式除了影响肌肉的剪切力外,对肌肉色泽的影响也较大。

8.3 蔬菜水果的风味变化

果蔬是人类食物的一个重要组成部分,主要提供人体每天所需的糖(包括淀粉、可溶性单糖和低聚糖,纤维素、果胶等膳食纤维),维生素和矿物质。中国居民膳食指南建议每人每日蔬菜类摄入量为 300~500 g。有专家机构计算各类可食性植物性食物每日提供营养贡献如表 8-2 所示。

表 8-2　各类可食性植物性食物每日提供的营养贡献(%)

食物	豆类、坚果	谷物	水果	蔬菜
能量	3.1	23.9	3.3	4.8
糖	2.1	38.5	6.2	8.4
膳食纤维	14.3	36.1	11.8	26.5
蛋白质	6.3	22.2	1.3	4.4
总脂肪	3.8	2.5	0.5	0.5
饱和脂肪酸	2.1	1.7	0.1	0.2
单不饱脂肪酸	4.0	1.3	0.5	0.1
多不饱脂肪酸	5.6	4.4	0.5	1.0
胆固醇	0	0	0	0
维生素 A	0.1	9.0	3.2	36.4
环状糊精	0.1	0.7	6.6	82.2
维生素 E	5.6	4.5	3.6	7.3
维生素 C	0	5.6	41.0	47.5
维生素 B_1	4.3	59.7	3.6	8.8
维生素 B_2	1.5	40.2	2.3	5.1
维生素 B_5	3.9	45.7	2.1	10.0
维生素 B_6	3.6	19.8	9.8	20.7
维生素 B_{11}	16.1	37.5	9.5	19.1
维生素 B_{12}	0	0.1	0	0
Ca	4.4	4.9	2.6	6.5
P	6.1	19.1	1.9	7.5
Mg	13.4	23.0	6.4	14.0
Fe	7.6	53.6	2.5	9.8
Zn	5.5	27.9	1.2	6.3
Cu	19.7	22.6	6.5	18.6
K	9.3	9.0	11.2	26.4
Na	0.3	0.8	1.8	27.7
Se	7.1	39.6	0.5	2.5

随着植物化学研究的深入，植物在生长、成熟、衰老过程中，产生了许多次级代谢产物，这些产物赋予了果蔬独特的风味。以马铃薯为例，经鉴定含有约 150 种不同的化学物质，包括生物碱、草酸、鞣酸、黄酮类、醌类以及烃类等，目前研究发现它们具有良好的抗氧化作用。橘子皮中已发现含有 40 多种化学成分，包括 12 种醇、9 种醛、2 种脂、4 种酮和 14 种烃等。这些物质与食物的颜色、风味等相关，人们每天从食物中摄取这类成分超过数百种，也为健康提供了必要的保障。

果蔬的风味取决于多种因素，其中最重要的因素是果蔬的具体种类和生长地。最好的例子是世界各地的葡萄酒，不同的葡萄品种或同一品种的葡萄生长在不同的地方，赋予其非常独特的风味特征。其他果蔬存在着类似变化，例如在对 89 个接骨木花品种的研究中，Kaack 等人发现不同接骨木花品种之间风味成分的浓度存在很大差异。类似的研究表明，西红柿的风味很大程度上取决于品种。这意味着选择正确的、合适的品种是至关重要的。

生长条件、土壤中的营养物质、矿物质以及温度和气候条件都会影响果蔬最终的风味。Chang 等人证明，罗勒属植物挥发油含量随着生长温度的不同而不同。挥发油中丁香酚、芳樟醇、1,8-桉树脑含量如表 8-3 所示。

表 8-3 罗勒属植物中所含风味成分的含量受生长温度的影响 单位：mg/kg

温度/℃	风味成分		
	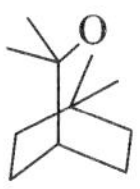 1,8-桉树脑	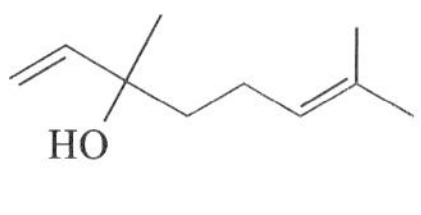 芳樟醇	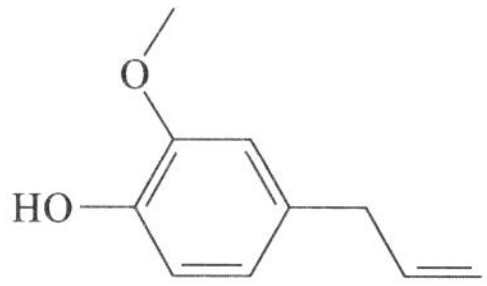 丁香酚
15	15.0	15.4	2.9
25	25	29.6	4.5

如何处理收获后的果蔬也对它们的风味有很大的影响。番茄通常储存在低于环境温度的低氧环境中。一项研究显示，存储在 6 ℃或低氧环境中可明显减少一些挥发组分的浓度。简单地说，西红柿在正常储藏条件下会失去风味。

胡萝卜在储藏过程中风味也发生了很大的变化，根据储藏温度的不同，会产生不同的效果。胡萝卜冷藏 4 个月后，类萜类化合物的浓度明显高于冷藏前，挥发性萜烯增加到一定浓度时，会产生一种更像“胡萝卜”的风味，但超过这个浓度，就会产生一种不受欢迎的、刺激性的气味。

8.3.1 果蔬采摘后风味的变化

为什么在超市购买的果蔬没有农家菜地采摘的好吃？它们之间有什么区别？要回答这些问题需要从果蔬的生长过程以及果蔬采摘后的生理变化，揭开果蔬风味变化之谜。

食物储藏中的变化与食品本身的特性有着密切的联系。果蔬、粮食类食物属于鲜活食物，采收后仍然具有呼吸等生命活动。果蔬、粮食采收前所消耗的水分、有机物可以通过光合作用、吸取土壤中的营养物质、水分来补充。采收后，其生命活动继续进行，所需要的物质完全依赖自身储藏的养料维持。当所需物质无法及时供给时，变质即开始。

植物生长过程分为三个主要阶段：生长、成熟、衰老。每一阶段各有其特点。生长阶段：细胞分裂增多、细胞生长膨大，直至达到细胞大小稳定，其特征是营养器官（茎、叶子等）和果实细胞生长快、细胞器发达，呼吸作用强，新陈代谢快，具有多汁、色艳、维生素含量丰富的特点，是重要的食物原料。成熟阶段：营养器官完成了生长，通常处于生长停滞期，果实完成了细胞、组织、器官分化发育的最后阶段，达到生理成熟（maturation，即绿熟或初熟）。果实停止生长后还需要进行一系列生物化学变化逐渐形成食物的色、香、味和质地特征，然后达到最佳食用阶段，称为完熟（ripening）。衰老阶段：果实中最佳食用阶段后，品质

劣变或组织崩溃阶段。衰老阶段是生物由合成代谢（同化作用）转入分解代谢（异化作用）的过程，从而导致组织的老化、细胞的崩溃及整个器官的死亡。

植物生长阶段与果蔬最佳食用阶段间存在着多样性，处于成熟阶段的植物并不一定是最佳食用阶段，反之，最佳食用阶段并不一定是植物生长的成熟阶段。对于植物性食物来说，最佳食用阶段是由其生长特性和食用性来决定的。例如，植物的芽或苗都是发育的早期，但就食用来讲进入了成熟期；而对于植物的叶、花、果实、茎、根来说，最佳食用阶段为植物的生长阶段；种子和坚果类的最佳食用阶段出现在生长的成熟阶段。果蔬园艺学成熟阶段与最佳食用阶段关系见图 8-1。

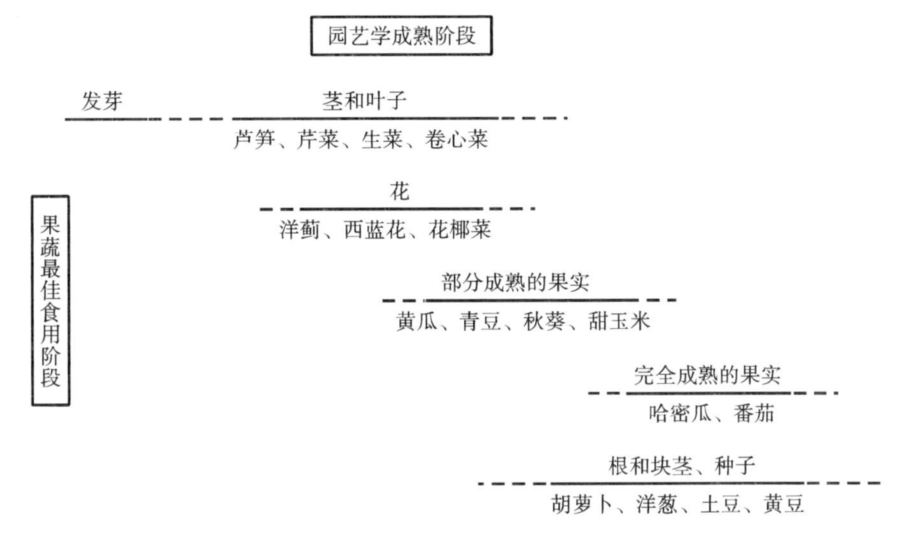

图 8-1　植物生长阶段相关的最佳食用阶段

8.3.1.1　呼吸作用对果蔬质量的影响

果蔬采收后，同化作用基本停止，但呼吸作用仍然进行。采收后呼吸作用的营养物在一系列酶参与的生物氧化作用下，将生物体内的复杂有机物分解为简单物质，并释放出能量。植物呼吸有两种类型，即有氧呼吸和无氧呼吸。以葡萄糖作为呼吸底物时，两种呼吸的总化学反应式如下。

有氧呼吸　$\underset{\text{葡萄糖}}{C_6H_{12}O_6} + 6O_2 \longrightarrow 6CO_2 + 6H_2O$

无氧呼吸　$\underset{\text{葡萄糖}}{C_6H_{12}O_6} \longrightarrow \underset{\text{乙醇}}{2C_2H_5OH} + 2CO_2$

（1）有氧呼吸　果蔬主要的呼吸方式，从空气中吸收氧，将糖、有机酸、淀粉等其他物质氧化分解为二氧化碳和水，同时放出能量的过程。处于正常生长情况下，这种生物氧化过程释放的能量并非全部以热量的形式散发，一部分形成生物能（三磷酸腺苷）供果实细胞的生长和大分子物质（蛋白质、糖、核酸等）的合成。对于采收后的果蔬来说，生物合成会停止或不能完全进行（没有足够的营养供给）。随着呼吸作用的进行，能量物质不断被消耗，品质也随之下降。

（2）无氧呼吸　在无氧条件下，细胞内糖、有机酸、淀粉等降解为不彻底的氧化物，同时释放出能量的过程。第一步是丙酮酸脱羧为乙醛：

$$CH_3COCOOH \xrightarrow{\text{丙酮酸脱羧酶}} CH_3CHO + CO_2$$

丙酮酸　　　　　　　　乙醛

第二步反应是乙醛还原为乙醇：

$$CH_3CHO + NADH^+ + H^+ \xrightarrow{\text{乙醇脱氢酶}} CH_3CH_2OH + NAD^+$$

乙醛　　　　　　　　乙醇

无氧呼吸有两个缺点：一是它释放的能量比有氧呼吸少，1 mol 葡萄糖无氧呼吸只能产生少量热量，此有氧呼吸少得多，因此为了获得同等能量需消耗更多的呼吸底物；二是在无氧呼吸过程中，乙醇和乙醛及其他有害物质会在细胞里累积，并输导到组织其他部分，使细胞中毒。乙醇和乙醛等物质的积累，也使果蔬的风味、颜色、口感发生改变，大大降低了其食用性和营养价值。

果蔬采收后呼吸作用必然会影响果蔬的品质、成熟、耐藏性、抗病性以及储藏寿命。呼吸作用越旺盛，各种生理生化过程进行得越快，采收后寿命就越短，因此在采收后储藏和运输过程中要设法抑制呼吸作用强度，但又不可过分抑制而发生无氧呼吸，应该在维持果蔬正常的生命过程的前提下，尽量使呼吸作用进行得缓慢一些。

(3)呼吸强度　在一定的温度下，呼吸强度用单位时间内单位质量产品放出的 CO_2 或吸收的 O_2 的量表示，常用单位为 mg(ml)/(kg・h)。呼吸强度是表征组织新陈代谢强度的一个重要指标，是估计产品储藏潜力的依据，呼吸强度越大说明呼吸作用越旺盛，营养物质消耗得越快，产品衰老越快，储藏寿命越短。

8.3.1.2　影响果蔬呼吸的因素

(1)种类、品种　在相同的温度条件下，不同种类、品种的果蔬呼吸强度差异很大，这是由它们本身的特性决定的。一般来说，夏季成熟的果蔬比秋季成熟的呼吸强度要大；南方生长的果蔬比北方生长的呼吸强度大；早熟品种的呼吸强度大于晚熟品种；贮藏器官，如根和块茎类蔬菜的萝卜、马铃薯呼吸强度较小，而营养器官，如叶和分生组织(花)的新陈代谢旺盛，呼吸强度较大，菠菜和其他叶菜呼吸强度的大小与易腐性成正比，果菜的呼吸强度介于根茎类和叶菜类之间，浆果类果实的呼吸强度大于柑橘类和果仁类果实(表 8-4)。

表 8-4　0～3 ℃下部分果蔬的呼吸强度

果蔬	呼吸强度/(CO_2 mg/(kg・h))
甜橙	2.0～3.0
苹果	1.5～14.0
柿子	5.0～8.8
葡萄	1.5～5.0
番茄	18.8
马铃薯	1.7～8.4
菠菜	21

(2)成熟度　在果蔬的个体发育和器官发育过程中，幼龄时期呼吸强度最大，随着生长过程的发展，呼吸强度逐渐下降。幼嫩蔬菜处于生长旺盛时期，各种代谢作用都很活跃，而且表皮保护组织尚未发育完全，组织内的细胞间隙也较大，便于气体交换，内层组织能获得较充足氧，因此呼吸强度较高，很难储藏保鲜。成熟的瓜果新陈代谢缓慢，表皮组织和蜡

质、角质保护层增厚，呼吸强度降低，耐储藏。块茎、鳞茎类蔬菜在田间生长期间呼吸强度减弱，进入休眠期，呼吸强度降至最低点，休眠结束，呼吸强度又增强。

(3)同器官的不同部位　果蔬的皮层组织呼吸强度大，柑橘果皮的呼吸强度大约是果肉组织的10倍，柿子的蒂端比果顶的呼吸强度大5倍，这是因为不同部位的物质基础不同，氧化还原系统的活性及组织的供氧情况不同。

(4)环境温度　在一定范围内，随着温度升高，酶活性增强，呼吸强度增强。当温度超过35 ℃时，呼吸强度反而减弱，这是因为呼吸作用中各种酶的活性受到抑制或破坏。此外，温度升高，果蔬呼吸强度增强，外部氧向组织内扩散的速率低于呼吸消耗的速率，导致内层组织缺氧，同时呼吸产生的CO_2来不及向外扩散，累积在细胞内危害代谢。

低温能够有效抑制呼吸强度，但不是温度越低越好，过低温度导致冷害。对冷敏感的果蔬在冷害温度下，糖酵解过程和细胞线粒体呼吸的速率相对加快，使它们的呼吸强度比非冷害温度时大。储藏环境的温度波动会刺激果蔬中水解酶的活性，促进呼吸作用，增加消耗，缩短储藏时间(表8-5)。

表8-5　在恒温和变温下蔬菜的呼吸强度　　单位：(CO_2 mg/(kg·h))

温度	洋葱	胡萝卜	甜菜
恒温5 ℃	9.9	7.7	12.2
2～8 ℃隔日互变(均5 ℃)	11.4	11.0	15.9

(5)环境气体成分　环境中的O_2和CO_2对果蔬呼吸作用、成熟和衰老有很大的影响，降低O_2浓度，提高CO_2浓度，可以抑制呼吸作用。当O_2含量低于10%时，呼吸强度明显降低，O_2含量低于2%有可能发生无氧呼吸，乙醇、乙醛大量积累，造成缺氧伤害。O_2和CO_2的临界浓度取决于果蔬种类、温度和在该条件下的持续时间。对于大多数果蔬而言，比较合适的CO_2浓度为1%～5%。

(6)应激反应　植物在生长周期内，会对来自外界的多种物理、化学刺激产生反应，这种反应是植物的自我保护作用。果蔬处于逆境(低温、干旱、缺氧等)、受到伤害或病虫害时所表现出来的一种积极的生理机能，激发细胞内氧化系统的活性，呼吸作用增强，抑制果蔬和侵染微生物所分泌的水解酶引起的水解作用；氧化破坏病原菌分泌的毒素，防止其积累，并产生一些对病原菌有毒的物质，如绿原酸、咖啡酸和醌类化合物；恢复和修补伤口，合成新细胞所需要的物质。当组织细胞不能成功地适应这些刺激时，可能形成超敏反应，结果在特定细胞群体的基因控制下定向死亡。植物中广泛存在的抗氧化物质，维生素C、类胡萝卜素、类黄酮、酚酸、花色苷、生物碱、双萜烯类等都是在这种状态下产生的。

8.3.2　果蔬成熟衰老的控制

8.3.2.1　果蔬成熟衰老过程的主要变化

采收后果蔬的化学变化受到各种生化机制的控制。在各种酶的作用下，生物化学反应相互促进或抑制，将风味前体物质最终转化为风味物质。微量元素也可能参与改变某些特定酶的活性而影响代谢作用。

(1)叶柄或果柄脱落　脱落是叶柄或果柄的分离区形成特殊细胞层的结果。脱落前形成一种石细胞，脱落时其代谢非常活跃，最终造成细胞与细胞间的分离，果实或叶片在重力作用下脱落。

(2)颜色变化　采收、储藏后，在酶的作用下，叶绿素不断分解，绿色渐渐消退，呈现类胡萝卜素或叶黄素、类黄酮的颜色，即变黄，如香蕉、柑橘、番茄、白菜等。花色苷为多酚类物质，是构成植物颜色的一类主要成分，其色彩随分子中甲基和含氧基团的不同呈现不同的颜色。酚类物质具有水溶性，受 pH 影响较大，在酸性条件下变红，在碱性条件下变蓝。萜类和类胡萝卜素是一类通过异戊二烯生物合成的物质，采收后在光、氧的作用下发生分解代谢失去色泽。

(3)组织软化与硬化　细胞壁是植物组织的基本结构要素，对植物性食物的质地有着特殊的作用，例如苹果、芹菜、莴苣希望得到脆的质地，而桃子、草莓、番茄希望得到柔软的质地，这些变化与细胞壁组分的变化是相关联的。果蔬的软化大多数由细胞壁多糖的解聚、去甲基化、钙离子的流失引起。硬化是由于细胞壁中本质素的形成。软化伴随着细胞壁中果胶的溶解和半乳糖醛酸的释放。果胶在果胶甲酯酶(PE)的作用下生成果胶酸，进一步在多聚半乳糖醛酸酶(PG)的作用下分解为半乳糖醛酸，使细胞出现分离，整体软化。在成熟阶段果蔬存在半纤维素酶和纤维素酶的作用，使整个细胞壁结构降解，导致植物溃烂。

(4)风味的变化　果蔬在食用成熟期后出现其特有的风味，多数果蔬由成熟向衰老转化的过程中，逐渐失去其风味。有机酸在果蔬采收后处于一个较高的水平，在衰老过程中含量会逐渐减少，使果蔬失去特有酸味，其含量减少主要是呼吸作用的结果。由莽草酸途径合成的芳香有机酸(如酪氨酸、咖啡酸、阿魏酸、芥子酸等)在采收后参与酶促褐变、本质素沉积等代谢过程，引起果蔬颜色和质地的变化。淀粉的合成与分解是采收后果蔬的重要代谢过程，植物组织中淀粉分解酶会使淀粉分解为低聚糖，产生甜味，例如马铃薯，采收后储藏中由于酶的作用，淀粉发生转化，烹饪后质地发生改变，由粉变成了脆，同时出现了甜味。而另一些果蔬(如豌豆、甜玉米、青豆、大豆等)，采收后主要发生的是单糖合成淀粉的反应，由于单糖的减少，甜味降低甚至消失，质地由脆变为硬(或软绵)。

8.3.2.2　乙烯与果蔬成熟衰老的关系

1900 年人们发现使用煤油炉加热取暖可使周围种植的柠檬由绿色变成黄色。研究发现，使柠檬褪绿的原因是煤油炉产生的乙烯在起作用，而不是加热的结果。1934 年甘恩(Gane)首先发现果实自身能产生乙烯，后来研究发现果蔬自身能够产生乙烯，并有加快果蔬后熟和衰老的作用。乙烯(C_2H_4)是最简单的链烯，在植物体内是一种调节生长、发育和衰老的植物激素。1979 年 Adams 和 Yang 发现了乙烯的生物合成途径：蛋氨酸→S-腺苷蛋氨酸→1-氨基环丙烷-1-羧酸→乙烯。

乙烯主要作用是提高呼吸强度。果蔬的呼吸作用分为跃变型和非跃变型两类。跃变型呼吸时幼果呼吸旺盛，随着果实细胞的膨大，呼吸强度逐渐下降；成熟时呼吸强度上升，果实完熟时达到呼吸高峰。此时果实的风味品质最佳，随后呼吸强度下降，果实衰老死亡，如苹果、香蕉、芒果等。非跃变型呼吸从幼果生长发育到成熟、衰老过程中，呼吸强度逐渐降低，不出现呼吸跃变现象，如葡萄、柑橘、草莓、荔枝、柠檬等。乙烯可以促进跃变型未成熟果蔬内源乙烯自动催化增强，果蔬呼吸高峰的提早到来和引起相应的成熟变化。利用这一性质，可以在水果尚未完全成熟时将其采收保藏，需要食用时用乙烯催熟，例如香蕉在绿硬时采收，其单宁含量高，具有很强的涩味，不能食用，但有利于储藏，储藏后须经乙烯催熟

后，使淀粉转化为小分子糖，涩味消失，才能食用。

8.3.2.3 果蔬成熟和衰老的控制方法

(1)低温储藏 为了减缓果蔬类食品采收后的成熟和衰老，首先要尽量控制呼吸强度。温度是影响果蔬类食品采收后寿命的重要因素，因为温度影响许多生理活动。在一定范围内，随温度升高，酶活性增强，乙烯生成加快，呼吸强度增大。反之，温度每降低 10 ℃，酶促反应的速率将变为原来的 1/3～1/2。

(2)气调储藏 适当降低环境中 O_2 浓度，提高 CO_2 浓度，可以抑制呼吸作用，但不会干扰正常的代谢。当 O_2 浓度低于 10%时，呼吸强度明显降低，如果 O_2 浓度过低有可能发生无氧呼吸，乙醇、乙醛大量积累，造成缺氧伤害。果蔬气调储藏技术有自发气调储藏和人工控制气调储藏。自发气调储藏是将果蔬密封在容器(袋)中，通过自身的呼吸作用，不断地消耗容器中的氧气，释放 CO_2，使容器中 O_2 浓度降低，CO_2 浓度升高，构成适宜的气调储藏环境(图 8-2)。人工调节气体储藏则是根据产品的需要和人的意愿调节储藏环境中各种气体成分的浓度并保持稳定的一种储藏方法。常见果蔬气调冷藏的储藏条件如表 8-6 所示。

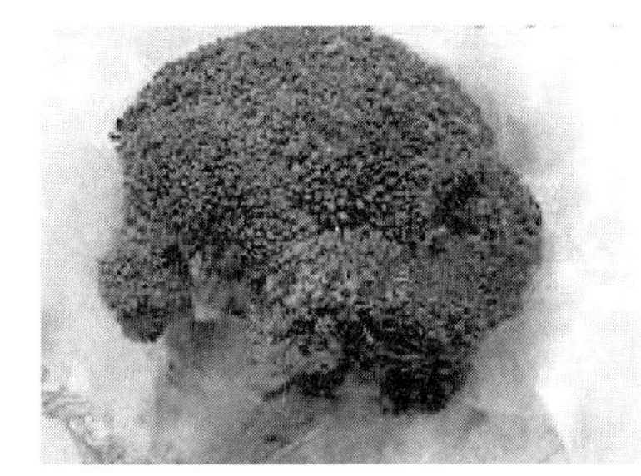
(A) 自发性气调袋包装

(B) 普通保鲜膜包装

图 8-2 20℃ 自发性气调袋和普通保鲜膜包装储藏 8 天后的变化

表 8-6 常见果蔬气调冷藏的储藏条件

果蔬品种	储藏温度/℃	气调条件		对低 O_2 和高 CO_2 耐受程度	
		O_2/(%)	CO_2/(%)	低 O_2/(%)	高 CO_2/(%)
红玉苹果	0	3	3～5	2	2
元帅苹果	−1.1～0	2～3	1～2	—	—
凤梨	10～15	5	10	3	7
甜樱桃	0～5	3～10	10～12	—	20
猕猴桃	0～5	2	5	2	—
桃	0～5	1～2	5	2	20
李	0～5	1～2	0～5	2	20
香蕉	12～14	5～10	5～10	—	—
蜜橘	3	10	0～2	—	5
豌豆荚	0	10	3	4	—
菠菜	0	10	10	1	—
马铃薯	3	3～5	2～5	—	—

续表

果蔬品种	储藏温度/℃	气调条件		对低 O_2 和高 CO_2 耐受程度	
		O_2/(%)	CO_2/(%)	低 O_2/(%)	高 CO_2/(%)
胡萝卜	0	2～4	5～8	4	5

8.4 转基因食品

1983 年第一例转基因植物培育成功，1985 年转基因鱼问世，从此揭开了转基因食品生产的序幕。目前常见的转基因食品有玉米、大豆、低毒油菜、西红柿、南瓜和番木瓜等。除转基因植物性食品外，还有转基因动物性食品，如乳制品、肉制品、海产品以及基因工程菌等。据国际有关组织统计，2000 年共有 13 个国家种植转基因作物，分布于六大洲，其中美国占 68%，阿根廷占 23%，加拿大占 7%，中国占 1%。2000 年转基因大豆占全球转基因作物种植面积的 58%，其次是转基因玉米，转基因棉花居第三位。

国际农业生技产业应用服务中心(International Service for the Acquisition of Agri-biotech Applications，ISAAA)的一项研究显示，2016 年，在全球范围内有 1.85×10^6 平方千米的土地用于转基因产品的种植，共有 26 个国家涉及 1800 万农业生产者。转基因种植面积的前五位国家是美国、巴西、阿根廷、加拿大和印度。4 种主要的转基因农业生产品种是大豆、玉米、棉花和油菜，世界上 78%的大豆属于转基因产品，3%的世界农业土地用于种植转基因产品。相对应地，生态农业种植面积在不断减少。

转基因食品是利用基因工程技术将一种微生物、动物或植物的基因植入另一种微生物、动物或植物中，接受一方由此而获得了一种它所不能自然拥有的品质，例如抗虫玉米需要一种单独基因，此基因可产生昆虫毒性物质；在黄金稻中，需要引入 4 个基因提供 β-胡萝卜素生物合成的能力。对于改善营养成分这样更加复杂的特性，则需要加入更多的基因以获得预期结果。

对于农业生产，转基因有以下优点。①提高农作物产量，减少环境污染。利用 DNA 重组、细胞融合等基因工程技术将多种抗病毒、抗虫害、抗干旱、耐盐碱的基因导入农作物体内，获得具有优良性状的转基因新品系，可以减少使用农药、化肥，避免环境污染。②延长果蔬产品的保鲜期。蔬菜、水果储藏中非常容易软化、过熟、腐烂变质，储藏期很短，通过转基因工程技术可直接生产耐储果蔬，例如，通过转基因技术使番茄中含有多聚半乳糖醛酸酶(PG)的反义基因，使 95%的 PG 基因的正常表达被阻断，推迟软化的进程。在普通番茄中加入一种在北极生长的海鱼中的抗冻基因，就能使它在冬天保存更长时间，大大延长保鲜期。③改善食品的风味和品质。通过转变或转移某些能表达某种特性的基因，从而改变食品的风味、营养成分，此外，还可以将一些动物基因转移到植物中，使植物性食品带有某些动物性的营养成分及风味。

目前世界范围内对转基因食物的接受程度不同，转基因食物已被美洲地区成功接受，也有不少国家反对利用这种技术生产食物，反对者从环境、伦理、经济及安全性等方面提出质疑。国际组织包括联合国食物及农业组织、世界卫生组织、经济合作与发展组织已建立

了通过农业生物技术生产的食物安全评价的背景，物质等价概念就是转基因食物安全性评价的一个主要特征。在物质等价概念中，将转基因食物与其对应的传统食物特性在新基因的来源、农艺学参数、主要营养物质、抗营养物质、过敏原和消费模式方面进行对比。在这样的比较中，对农作物以及其生产的食品或食品成分在蛋白质、糖、脂肪及脂肪酸组成、淀粉、氨基酸成分、纤维素、灰分、矿物质、维生素和其他因素进行分析。

目前，大量的转基因农产品已被直接或间接地制成食品。在美国和加拿大，软饮料、啤酒、早餐麦片都含有转基因成分。美国甚至有60%的零售食品中含有转基因成分，涉及蔬菜、谷类和饮料。英国的报告显示，该国超过7000种的婴儿食品、面包、人造奶油、香肠、肉类产品和代肉食品等，可能含有经过基因改造的大豆副产品。我国的转基因食品也越来越多，转基因大豆油已经占了90%以上，同时70%含有大豆成分的食品中都含有转基因成分，如酱油、膨化食品、蛋黄酱、面包、以及部分豆腐和豆奶等。转基因大豆提取豆油后的副产品——豆粕，有超过80%被用来制作牲畜和家禽的饲料。

然而，在一项针对北京居民关于转基因食品认知的调查中，2/3的居民处于一般了解状态，对转基因食品持正面态度的居民不到30%，有消费意愿者仅占26%。转基因食物——含有来自其他生物源的蛋白质，将如何影响人们的食物消费，如何影响食物的风味，以及如何在烹饪中降解或消除其DNA，这方面的研究将会是食品科学研究的新方向。

转基因还引发物种多样性问题。随着耐药性转基因产品种植的增加，含有草甘膦类成分的农药使用增加。人们将转基因产品扩展到其他作物上，影响了转基因产品之外的其他植物的生长。世界自然基金在2018年的年度报告中指出，由于农业过度开发，自16世纪以来75%的动物和植物物种消亡。

世界物种的减少，使人类食物变得越来越单一化，其结果必然引发人类健康问题。同时也使人类对自然灾害的抵御能力和应对各种危机的能力降低。为了人类的生存与发展，1992年多个国家签订了《生物多样性公约》。

第 9 章　烹饪营养与安全

考古学发现证实，北京周口店人开始有用火的痕迹。人类学研究表明，火用于加工食物极大地促进人类的进化与发展，特别是大脑智力的发展。食物经过火（热）加工后，其性质发生了巨大变化，食物变得更容易消化，与吃生食相比，极大地节约了能量，使更多的能量用于自身的发展，最为重要的是大脑容量得到了提高。同时，食物经过加热，消除了有毒食物的毒性，对病毒、细菌、寄生虫也有杀灭作用，延长了群体寿命。人类从远古一路走来，不同时期烹饪目的有所不同，但对食物安全、营养、愉悦的追求始终没有改变。今天人们依然希望通过烹饪来实现感官、生理和精神上的满足。

加热是实现食物安全、营养、愉悦三大目标有效的方法。加热可以直接杀死有害微生物和破坏有毒有害物质，改变食物组成和性状并产生新的风味物质。但是，人们期望的多样性与食物的复杂性交织一起，食物营养、安全与风味之间既统一又对立。表 9-1 列举了烹饪中常见化学反应对营养成分的破坏和可能存在的安全问题。

表 9-1　烹饪中常见化学反应对营养成分的破坏和可能存在的安全问题

反应种类	实　　例	营养安全问题
非酶促褐变	烘焙食物，烧烤食物	丙烯酰胺生成
酶促褐变	鲜切水果、蔬菜	营养素破坏
氧化反应	维生素降解、脂类与色素氧化	营养素破坏
水解反应	脂类、色素水解	油脂变质
脂类异构化	反式脂肪酸	营养性降低，有害健康
脂类环化	单环脂肪酸	营养性降低
脂类的氧化分解、聚合	油炸食物	杂环胺类
蛋白质变性	蛋白质凝聚、酶失活	降低蛋白质的消化利用
蛋白质交联	肌肉重组、面筋形成、蛋清起泡	降低蛋白质营养价值
果胶降解	果蔬变软、溃烂	维生素损失
淀粉老化	米面类食物回生	降低糖类营养性
碱化作用	皂化反应、氨基酸外消旋、蛋白质交联	营养性降低，有害物质
亚硝胺反应	食品腌渍	N-亚硝胺化合物

由于食物特殊性，影响其物质变化的因素很多，如温度、浓度、压力、酸碱度、水分活度、气体成分、添加物等。因此，对烹饪中安全问题的研究与控制也是现代食品科学研究的重要内容之一。烹饪过程中，人们往往习惯于依赖个人的经验、技能和传统的做法，存在对数量的模糊以及品质评定的主观性的现象。近几年来，对食物风味的过度追求使添加剂广泛应用，客观上增加了食物的复杂性，在一定程度上增加了烹饪行业安全的隐患。

烹饪是人类最基本的生产活动，每天有无数人在家庭厨房、餐厅操作间进行着烹调工作，也有很多学者和科学家加入烹饪行业从事研究工作，共同推动烹饪在传统与现代化的双向轨道上发展。崇尚传统者，遵循着特色性、个性化的发展方向；现代工业化的追随者则朝着生产标准化、程序化、规模化发展。但无论你选择哪一种烹饪方式，对于烹饪者来说，必要的安全、营养、愉悦是好食物的前提。

9.1 烹饪营养学基础

9.1.1 居民膳食结构

世界各国由于地域、民族、文化、宗教、生活习惯等不同，饮食上有非常大的差异。首先是膳食模式的不同，由此形成了烹饪方式、方法的差异。

膳食模式(dietary pattern)是指膳食中各类食物的数量及其在膳食中所占的比例。根据平衡膳食的概念和当今世界膳食结构的特点，营养学上将膳食结构分成以下四类。

(1)经济发达国家膳食模式　主要是以欧美国家为代表的发达国家膳食结构，以动物性食物为热量的主要来源，每天摄入的总热量约14.64 MJ(3500 kcal)，动物性食物摄入量较大，蛋白质100 g左右，其中动物性蛋白质占50%以上，脂肪占总能量的35%～48%。肉、蛋、奶人均年消费量达270 kg，而植物性食物较少，人均每天摄入量150～200 g。该模式属于营养过剩型膳食模式，是比较典型的三高型(即高油脂、高蛋白、高热量)膳食结构。食物烹饪方式多以煎、炸、烤、煮为主。

(2)日本膳食模式　以日本、新加坡为主，该膳食模式是一种动植物性食物较为平衡的膳食结构，谷物摄入量平均每天300～400 g，动物性食物每天100～150 g，其中海产品占比达到50%。奶及奶制品100 g左右，蛋类40 g左右。膳食中保持谷类为主要热量来源的优良传统，避免了欧美发达国家以动物性食物为主的弊端，合理地供给一定数量的动植物食物，以达到全面合理地摄取热量和各种营养素的目的，组成基本属于平衡膳食。居民每日总热量摄入达到10.46 MJ(2500 kcal)，其膳食结构基本符合平衡膳食的要求。烹饪方式多以烧、炒、蒸、煮、炖、烤为主。

(3)地中海膳食模式　该膳食模式以地中海命名，是居住在地中海地区居民所特有的膳食模式，以意大利、希腊等国为代表。膳食结构特点：淀粉类食物+蔬菜+水果+蛋奶。平均每天谷物类350 g左右，以及适量水果、蔬菜、豆类和果仁；动物性食物以鱼、禽、蛋、奶(奶酪和酸奶)为主，猪、牛、羊肉等红肉较少，脂肪提供能量占总能量25%～35%，饱和脂肪占比较低，且大多数人有饮葡萄酒的习惯。地中海地区的居民心血管发病率很低。

(4)东方膳食模式　该膳食模式以植物性食物为主，动物性食物为辅。大多数发展中国家(南亚、非洲等地区国家)属于此类型。其特点：谷物类食物摄入量大，平均每人每天550 g以上，动物性食物摄入较少，平均每天25～50 g，植物性食物提供能量比例接近90%，动物性食物蛋白质提供量占总蛋白10%～20%，甚至更低。脂肪仅30～40 g，平均热量摄入量不超过8.368 MJ(2000 kcal左右)。由于总热量摄入不足，人体处于长期饥饿状态，表现出营养不良，是典型的热量、蛋白质不足型膳食模式。

生活中还有一类特殊人群的膳食模式，主要是以“纯素食”，或个人“偏食”的膳食人群，尽管这类人群的热量需要能够得到满足，但由于长期饮食习惯和食物组成的不合理，有可能因膳食中一种以上营养素的不足、缺乏或过多，给人体的健康带来危害。长期吃纯素食的人群有可能导致维生素A等脂溶性维生素、钙及微量元素、优质蛋白质等营养素摄入不足，同时过量摄入膳食纤维，又有可能导致钙及微量元素、维生素等营养素吸收利用率降低，出现不足或缺乏。

我国膳食模式继承了东方膳食模式的结构特点，以植物性食物为主，谷类消费占食物总量的60%，并且占总热量的70%左右，而动物性食物所提供的热量仅占10%左右，具有高糖、高膳食纤维、低脂肪的特点。随着我国经济发展，人民生活水平的提高，传统的膳食结构也发生了变化。谷物类（米、面）摄入量在下降，平均每天约400 g；奶类、蛋类、畜禽肉类以及水产品、海产品摄入量呈上升趋势，蛋白质平均每天摄入量在70 g以上，其中动物性蛋白质占30%；脂肪摄入量平均每天42 g，平均每天能量摄入量10.042 MJ(2100 kcal左右)。由于我国地域辽阔，民族众多，东西南北生活习惯不同，烹饪方法较多，据不完全统计，烹饪方式有烧、炒、蒸、煮、炖、熘、炸、爆、煎、烩、汆、涮、烤、烘等。

我国于1959年、1982年、1992年、2002年进行了四次大规模全国营养调查，针对我国食物组成、生活饮食习惯，相应地制定了不同时期十年国家食物与营养发展纲要，2015年针对我国居民在新的经济发展条件下健康状况和食品营养需要，制定了中长期《中国食物与营养发展纲要2015—2035》，并相应出台不同时期《中国居民膳食指南》。2022年由中国营养学会组织编写发行《中国居民膳食指南(2022)》。为了直观说明和应用《中国居民膳食指南》，相应地制定了《中国居民平衡膳食宝塔》。平衡膳食宝塔共分5层（图9-1），包含每天分别应吃的主要食物种类。宝塔各层位置和面积不同，这在一定程度上反映出各类食物在膳食中的地位和应占的比重。

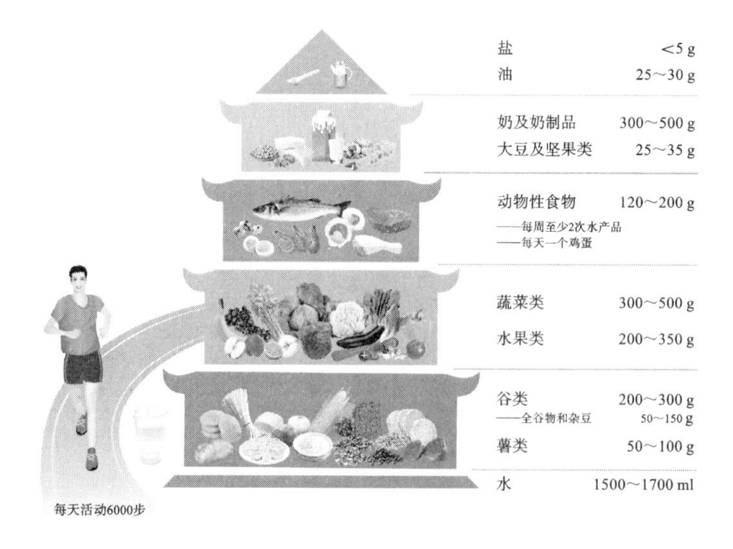

图9-1 中国居民平衡膳食宝塔(2022)

底层，谷类食物位居底层，谷类是面粉、大米、玉米粉、小麦、高粱等的总和，是膳食中能量的主要来源，往往也是膳食中蛋白质的重要来源。多种谷类掺着吃比单吃一种好，特别是以玉米或高粱为主要食物时，应当更重视搭配一些其他的谷类或豆类食物。加工的谷类食品如面包、烙饼、切面等应折合成相当的面粉量来计算。

第二层，蔬菜和水果，每天分别应吃300～500 g和200～350 g。蔬菜和水果经常放在一起，因为它们有许多共性，但两者终究是两类食物，各有优势，不能完全相互替代。尤其是儿童，不可只吃水果不吃蔬菜。蔬菜、水果的重量按市售鲜重计算。一般来说，深色蔬菜和深色水果含有较丰富的维生素，所以应多选用深色蔬菜和水果。

第三层，鱼、禽、肉、蛋等动物性食物，每天应吃120～200 g。鱼、禽、肉、蛋归为一类，主要提供动物性蛋白质和一些重要的矿物质和维生素。但它们彼此间也有明显区别。鱼、虾

及其他水产品含脂肪量很低，有条件可以多吃一些，这类食物的重量是按购买时的鲜重计算。肉类包含畜肉、禽肉及内脏，重量是按屠宰清洗后的重量来计算。这类食物尤其是猪肉含脂肪量较高，所以生活富裕时也不应吃过多肉类。蛋类含胆固醇量较高，一般以每天不超过1个为宜。

第四层，奶类和豆类食物，每天应吃奶及奶制品300～500 g和大豆类及坚果类25～35 g。当前奶及奶制品主要包含鲜牛奶和奶粉，豆类及坚果类包括许多品种。

第五层塔尖，是精纯食品，每天烹调油为25～30 g，食盐不超过5 g。中国居民平衡膳食宝塔没有建议糖的摄入量，因为我国居民糖的平均摄入量还不多，但多吃糖有增加龋齿的危险，尤其是儿童、青少年不应摄入太多的糖和含糖高的食物及饮料。《中国居民膳食指南(2022)》中建议，饮酒要适量。

新的中国居民平衡膳食宝塔(2022)增加了饮水量和身体活动量，强调足量饮水和增加身体活动量的重要性。建议在温和气候条件下，轻体力活动的成人每天至少饮水1500 ml，在高温或强体力劳动的条件下，应适当增加。饮水不足或过多都会对人体健康带来危害。我国大多数成人身体活动量不足或缺乏体育锻炼，应改变久坐少动的不良生活方式，养成天天运动的习惯，坚持每天多做一些消耗体力的活动。建议成人每天进行累计相当于步行6000步以上的身体活动，如果身体条件允许，最好进行30 min中等强度的运动。

9.1.2 中国居民营养素参考摄入量及食物来源

食物中所含的能够维持人体正常生理功能、生命活动和生长发育所必需的成分称为营养素(nutrient)。按照人体需要量将营养素分为宏量营养素和微量营养素。宏量营养素有蛋白质、脂类、糖，微量营养素有维生素、矿物质。根据《中国居民膳食指南(2022)》制定《中国居民膳食营养素参考摄入量》，我国居民日常每天营养素摄入以及食物来源参考如下。

9.1.2.1 能量

在生命活动中，人体不断从外界摄取食物，以获得所需要的能量和营养素，其中糖、蛋白质、脂肪在体内氧化可以释放能量，为产能营养素。人体每天能量消耗主要由基础代谢、体力活动和食物热效应组成。人体能量的供应与消耗必须保持平衡，一旦能量平衡失调将会出现营养过剩或营养不足，引起一系列的健康问题。我国居民成人膳食能量推荐摄入量(RNIs)见表9-2。

表9-2 中国18～59岁居民膳食能量推荐摄入量(RNIs)

年龄/状态	RNI/(MJ/d)		RNI/(kcal/d)	
成年(>18岁)	男	女	男	女
轻体力活动	10.03	8.80	2400	2100
中体力活动	11.29	9.62	2700	2300
重体力活动	13.38	11.30	3200	2700
4～6个月孕妇		+0.84		+200
7～9个月孕妇		+0.84		+200
乳母		+2.09		+500

国际上能量通用单位是焦(J),营养学上多采用千焦(kJ)或兆焦(MJ)为单位,生活中人们习惯使用卡路里(calories,cal)和千卡(kcal)作为能量单位。其换算关系:1 cal=4.186 J,1 J=0.239 cal。

1 g 糖的热量约为 16.7 kJ(4.0 kcal),1 g 脂肪的热量约为 37.6 kJ(9.0 kcal),1 g 蛋白质的热量约为 16.7 kJ(4.0 kcal),1 g 乙醇的热量约为 29.3 kJ(7.0 kcal)。通过对每天食物营养素的测量就可以计算出当天的总能量摄入量。

中国营养学会建议居民膳食中糖提供能量占总能量的比例为 55%~65%,蛋白质占 10%~15%,脂肪占 20%~30%为宜。年龄越小,蛋白质供能占总能量的比重越大,成人脂肪摄入量不要超过总能量的 30%。

9.1.2.2 蛋白质

从营养安全和消化吸收等方面考虑,成人按每天每千克体重摄入 0.80 g 蛋白质。食物蛋白质的摄入主要功能是获取人体合成蛋白质所需的氨基酸,其中,8 种氨基酸人体不能合成或合成速率不能满足机体需要,必须从食物中直接获得,称为必需氨基酸(essential amino acid,EAA)。它们是异亮氨酸、亮氨酸、缬氨酸、苏氨酸、赖氨酸、蛋氨酸、苯丙氨酸、色氨酸,对婴儿来说,组氨酸也是必需氨基酸。由于我国以植物性食物为主,蛋白质生物价较低,中国营养学会推荐成人每天每千克体重摄入 1.16 g 蛋白质,并通过食物中蛋白质的互补作用实现氨基酸的平衡。

蛋白质食物来源主要是各种肉类(主要肌肉)、蛋类、奶及其制品、大豆及其制品。此外,谷类也含有一定的蛋白质(6%~10%),谷物是我国膳食的主食,摄入量比较大,因此是蛋白质的一个重要来源。动物性蛋白质富含饱和脂肪酸和胆固醇,植物性蛋白质利用率较低。因此,我国膳食十分注意蛋白质互补,饮食上多采用荤素搭配,这也是我国餐饮中最具特色的一个方面。

9.1.2.3 糖(碳水化合物)

糖包括单糖、低聚糖和多糖。单糖和某些低聚糖为日常所食用的糖,如葡萄糖、果糖、蔗糖、麦芽糖等,具有甜味。食物中多糖主要有淀粉、纤维素和果胶。糖作为主要的供能营养素,提供总能量的 55%~65%。基于糖的生理作用(储存能量、节约蛋白质、抗生酮作用等),每人每天摄入量至少 50 g。糖的膳食来源应该多样化,以淀粉多糖为主,低聚糖、单糖的摄入比例要少,不超过 10%。膳食纤维的摄入量应该根据食物的总摄入量来确定,一般应保持在适宜范围,低能量膳食为 25 g/d,中等能量膳食为 30 g/d,高能量膳食为 35 g/d。

摄入糖过多是当前面临的重要营养问题之一,直接结果是体重增加,随之而来的是糖尿病、心血管疾病的多发。根据世界卫生组织公布数据,在 2019 年全球约 20 亿人体重超标,6.5 亿人属于肥胖。在 2~18 岁美国人中,每 6 人就有 1 人体重超标或肥胖。

糖来源非常丰富,其中谷类、薯类和豆类是淀粉的主要来源。水果、蔬菜主要提供膳食纤维素(纤维素和果胶)、单糖和低聚糖等,牛奶也能提供乳糖。

9.1.2.4 脂类

脂类是脂肪与类脂的总称。生活中常根据脂肪状态不同,将动物脂肪称为脂,而植物脂肪称为油,习惯上统称油脂。类脂为脂肪的衍生物,磷脂、卵磷脂、脑磷脂、胆固醇都属于类脂,是机体重要的功能性物质。脂肪主要生理作用是储存能量,提供人体所必需的活性

物质(白细胞介素、肿瘤坏死因子、雌激素、胰岛素样生长因子等)。中国营养学会对各类人群脂肪摄入量有详细推荐(表9-3)。每日膳食中新生儿脂肪适宜摄入量占总摄入能量的40%～50%,儿童和青少年占比为25～35%,成人为20%～30%。膳食中饱和脂肪酸、单不饱和脂肪酸、多不饱和脂肪酸供能分别为<10%、10%和10%。ω-6∶ω-3(亚油酸∶亚麻酸)适宜比值为(4～6)∶1。膳食中能量的3%～5%应该由必需脂肪酸,即亚油酸和亚麻酸提供。18岁以上人群每天摄入不超过300 mg胆固醇。

表9-3 中国营养学会对各类人群推荐脂肪摄入量(RNIs)

年龄	脂肪/(%)	饱和脂肪酸/(%)	单不饱和脂肪酸/(%)	多不饱和脂肪酸/(%)	ω-6∶ω-3	胆固醇(mg)
0～<0.5	45～50				4∶1	
0.5～<2	35～40				4∶1	
2～<7	30～35				(4～6)∶1	
7～<14	25～30				(4～6)∶1	
14～<18	25～30	<10	8	10	(4～6)∶1	
18～<60	20～30	<10	10	10	(4～6)∶1	<300
≥60	20～30	6～8	10	8～10	4∶1	<300

注:ω-6∶ω-3表示ω-6系列不饱和脂肪酸与ω-3系列不饱和脂肪酸的比例。

脂类物质来源主要有动物性食物,如猪肉、牛肉、羊肉及其制品都含有大量脂肪,蛋类、乳制品中也含有较多脂肪。植物性食物及其制品,如大豆、花生、芝麻等含油量丰富。根据营养调查,我国居民实际膳食脂肪总摄入量平均每天60～70 g,其来源可以分为两个部分,其一是烹调用油,占脂肪总量的40%;其二是各种食物(如坚果、动物性食物)含有的脂肪,约占脂肪总量的60%。因此,烹饪中控制油的使用量是未来烹饪技术研究、发展的方向。

9.1.2.5 维生素

中国营养学会推荐成人每人每天维生素摄入量:①维生素A,男性800 μgRE/d,女性700 μgRE/d;②维生素D,5 μg,50岁以上人群10 μg;③维生素E,14 mg生育酚当量;④维生素B_1,男1.4 mg,女1.3 mg;⑤维生素B_2,男1.4 mg,女1.2 mg;⑥维生素B_6,1.2 mg,50岁以上1.5 mg;⑦维生素B_{12},2.4 μg;⑧维生素C,100 mg;⑨泛酸,5.0 mg;⑩叶酸(维生素B_{10}),400 μg膳食叶酸当量;胆碱,500 mg;生物素,30 μg。

脂溶性维生素良好食物来源主要是动物性食物,尤其是动物内脏如肝、肾、心,以及蛋黄、乳类,其脂溶性维生素含量较为丰富,鱼类含脂溶性维生素含量也较高。水溶性维生素除了动物性食物,谷物类、绿叶蔬菜类、水果、豆类制品中含量较高。天然存在于谷类食物的核黄素水溶性维生素含量较高,但与其加工精度有关,加工精度较高的粮食水溶性维生素大量丢失,含量较低。多数维生素稳定性较差,食物供应应以新鲜为主,要求餐饮行业提高食物储藏保鲜技术和能力。

9.1.2.6 矿物质

中国营养学会推荐成年每人每天摄入量:①钙800 mg,50岁以上1000 mg;②磷700 mg;③钾2000 mg;④钠2200 mg;⑤镁350 mg;⑥铁,男15 mg,女20 mg;⑦碘150 mg;⑧锌,男15 mg,女11.5 mg;⑨硒50 μg;⑩铜2 mg;⑪氟1.5 mg;⑫铬50 μg;⑬钼60 μg;⑭锰3.5 mg。

各类食物中都含有矿物质，但含量分布不均匀，主要与饲料、生长土壤以及施肥有关，也与生物组织生理功能有关，例如肉、禽、鱼类及其制品是铁的良好来源，尤其是肌肉、肝、血液含铁量高，黑木耳含铁量也较高；牛乳中含钙较高，且有利于钙吸收；海产品中碘、锌含量较高，且吸收率也高。

9.2 烹饪对营养的促进作用

在汉语里，“营”是谋求的意思，“养”是养身或养生的意思，从字面上讲，“营养”是指通过食物谋求养生。因此，有了中医药上的“医食同源”理论。现代营养学把机体摄取、消化、吸收和利用食物中的成分以维持生命活动的整个过程，称为营养。烹饪对营养的促进作用具体体现在提高食物摄入、增加食物消化与增加营养的吸收三个方面。

9.2.1 风味对摄食的作用

中国烹饪对食物风味有着极致追求，有“一招鲜，走遍天”的情怀，也有“适口者珍”的实用，最重要的是有“风味”的包容。对食物“风味”追求融入在几千年的人文文化之中。良好的食物风味，首先能刺激人们的感觉器官，产生条件或非条件反射，提高食欲，在愉悦环境中食物的摄入、消化、吸收也会提高。其次，风味增强了人们对食物的新鲜感、好奇感，通过品尝、认识、对比作用，加深了人们的交流活动，更加丰富了营养的内涵，使人心情愉悦，促进健康。

9.2.1.1 颜色对摄食的促进作用

在食物风味对营养促进的影响研究中，颜色是研究比较多的一个指标。人们对食物颜色的要求由来已久，2000多年前孔子就说过，“色恶不食”。美国人Birren对食欲和颜色的关系做过调查研究，结果表明：最能引起食欲的颜色为红色到橙色，在橙色和黄色之间有一个低谷。然而，黄色之后的黄绿色却令人倒胃口，绿色又可以使人的食欲增强，紫色又使人难以接受(图9-2)。

当然，不同国家、地区与民族由于膳食结构的不同，对食物的颜色有不同的取向标准。日本人在食物颜色与人的感官印象研究上较为全面，其结果如表9-4所示。

表9-4 食物颜色与感官印象

颜色	感官印象	颜色	感官印象	颜色	感官印象
白色	营养、清爽、干净、柔和	深褐色	难吃、硬、暖	暗黄	不新鲜、难吃
灰色	难吃、脏	橙色	甜、滋养、味浓、美味	淡黄绿	清爽、清凉
粉红色	甜、柔和	暗橙色	不新鲜、硬、暖	黄绿	清爽、新鲜
红色	甜、滋养、新鲜、味浓	奶油色	甜、滋养、爽口、美味	暗黄绿	不洁
紫红	浓烈、甜、暖	黄色	滋养、美味	绿	新鲜

颜色对食物的滋味也有很大的衬托作用，无色或错色都可能导致对食物滋味评价的偏差。许多研究表明：对果汁的味感强度随颜色强度增加而增加。最为典型的是关于颜色对

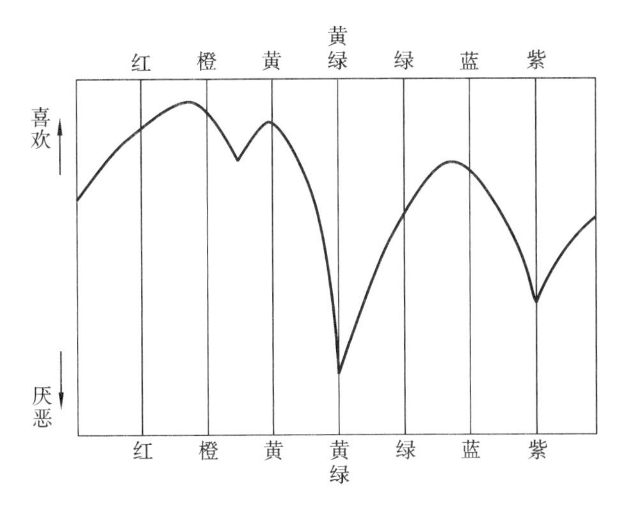

图 9-2 食物的颜色与食欲的关系

葡萄酒风味影响的实验，受试者会将添加红色色素的白葡萄酒误判断为红葡萄酒。说明受试者对葡萄酒的分辨受到颜色的影响。许多情况下颜色的缺乏将使嗅觉、味觉对食物的接受度下降。因此，无论是现代食品工业还是烹饪业，都把对食物的护色、增色等作为保证食物质量的重要手段。

9.2.1.2 气味对摄食的促进作用

嗅觉作为生物感受外界环境中化学物质的基础，构成了生物化学感觉系统，为生存、觅食、繁殖等活动提供了重要的保障。经过长期的进化，生物化学感受系统能够快速、灵敏、特异地检测识别复杂的气体和液体环境中大量不同的物质。

当人们进食时，首先通过食物的颜色和气味诱导产生食欲。气味引起食欲的信号汇集至大脑皮层，经处理后，反馈信息使人们作出相应的行为，例如加强唾液分泌、血液流速加快、寻找以及采食等行为。根据气体流经途径的不同，嗅觉分为鼻前嗅觉和鼻后嗅觉。气味物质随空气从鼻孔进入，直接与嗅觉细胞受体结合为鼻前嗅觉；经口腔咀嚼食物后散发出的气味到咽喉，再经鼻道上行到嗅觉感受器为鼻后嗅觉。人体以及动物能分辨出各种不同气味的气体，主要是气体进入鼻腔后与嗅觉神经元上的独特表面突起——嗅觉感受器(OR)与溶解于鼻腔分泌物中的气体分子结合，这种结合可以是多对一或一对多的形式。嗅觉感受器属于G蛋白偶联家族，受体与配体(挥发性气味分子)识别后，嗅觉细胞内的G蛋白被活化，进而激活腺苷酸环化酶，在腺苷酸环化酶作用下ATP变为环腺苷酸(cAMP)，cAMP大量生成打开了膜上的通道，Na^+内流，Ca^{2+}释放进而产生动作电位，神经纤维把气味相关的信息汇集传导至大脑皮层。小分子的气味分子与大分子的气味分子在哺乳动物的嗅觉系统中独立传导至杏仁核，在杏仁核经过汇集、编码形成气味记忆，并将处理后的信息再下传至下丘脑，并与下丘脑的味觉神经元建立连接，进而调控动物的进食行为。杏仁核还参与编码味觉价态信息功能，对酸味、苦味刺激产生厌恶反应，降低食欲；对甜味、鲜味、咸味产生喜欢反应，增进食欲。由嗅觉、味觉和触觉信息共同构成食物风味。

嗅觉在动物觅食、繁殖以及御敌等方面起到了重要作用。通过气味识别使动物远离被捕食的危险，并减少吸入有毒气体或采食有害食物。在咀嚼食物时，嗅觉可以分辨食物中挥发性物质，从而形成食物的特有气味。大脑嗅觉中枢对食物的气味具有一定记忆，储存食物是否可食、气味状况等相关信息。人们偏食性的选择不仅取决于食物气味、口感，还与吃这种食物的经历有关，例如孕妇多吃胡萝卜会使6月龄婴儿对胡萝卜气味食物的喜爱度明显提高。对于来自母体气味的偏爱是如何建立的，大部分机制还不清楚，可能是重复接触同一种气味，使得该种气味变得熟悉而更易被接受，也可能是化学感应系统在出生前受到影响，提高了出生后的接触反应。

很多研究发现，嗅觉对食欲具有调节作用。在对老鼠饥饿与饱腹两种状态下嗅球中僧帽细胞反应试验发现，饥饿状态下，僧帽细胞反应更强烈更快；饱腹状态下，僧帽细胞反应更弱。事实也是如此，如果我们感到饥饿时，食物的气味就会强烈刺激我们进食；当酒足饭饱后，气味就变得不再诱人了，反而会产生厌恶感。

9.2.1.3 味觉对摄食的调控作用

长期以来，对传统烹饪与营养关系的科学研究存在诸多不足，目前关于食物风味与人体摄食、营养、健康之间关系的研究开始活跃起来。1960年法国科学家斯蒂利亚诺斯·尼克拉依迪斯(Stylianos Nicolaidis)用甜味剂(糖精)刺激味觉感受器，结果发现会让身体产生一系列等同于摄入糖的预期反应，导致胰腺分泌胰岛素和胰高血糖素。研究人员还通过老鼠试验，将味精(谷氨酸钠)放入老鼠口腔或胃中，只会引起轻微的激素分泌。如果在进食前给老鼠口腔注入味精，就能显著增强其新陈代谢，进食诱发的"热生成"更多，也更快。这说明老鼠在感受到味精后使机体对新陈代谢做好了准备反应。过去味精一直是亚洲人烹饪中的调味品，现在西方食品工业广泛用于食物中作为提味剂。在我国广东地区人们在进餐之前就有喝汤的习惯，可能存在类似的作用。

随着分子生物学研究的深入，酸、甜、苦、咸、鲜味不仅带来吃的享受，在人体新陈代谢过程中起着重要的作用。味觉受体的分布不只限于口腔味蕾，在胃、胰腺、小肠、大脑、脂肪等组织细胞上都有发现。味觉受体可能是内分泌系统调节与介导者，味觉信号可以调节激素分泌，包括肾上腺素(adrenaline，AD)、食欲肽(orexigenic peptides)、多肽YY(peptide tyrosyl tyrosine YY，PYY)、胰高血糖素样肽-1/2(GLP-1/2)、大麻素类(cannabinoids)。对人和动物在选择食物种类、保证营养摄入、维持酸碱平衡、警惕毒害物质等方面起到调节和控制作用。

甜味诱发喜好反应，促进食欲。甜味受体除了分布于味蕾味觉细胞外，在胃肠道的胃饥饿素细胞(P细胞)、L细胞、肠嗜铬细胞(EC细胞)也有表达。L细胞主要分布于人体空肠、回肠和结肠，表达通过分泌GLP-1/2、PYY等重要的肽类激素，激活相应靶细胞和神经通路，参与糖及能量代谢的调控，进而影响肠胃内容物。EC细胞主要分布于胃窦、幽门、小肠及大肠黏膜，分泌5-羟色胺(5-HT)。5-HT的分泌在消化道生理与病理过程中有很大的作用。5-HT受体激活迷走神经的传入支，将信号传入大脑，引起恶心反应，与肠易激综合征密切相关。研究证实，EC细胞的表面存在T1R3与mGluR4受体、苦味受体T2R1和嗅觉受体OR1G1，其共同作用的结果是产生饱腹感而抑制摄食，对肠胃排空起到调节作用。

鲜味觉受体包括受体T1R1/T1R3、代谢型谷氨酸受体1/4(mGluR1/4)。除了表达在味蕾中Ⅱ型受体细胞、舌叶状乳头和轮廓乳头外，目前发现在人体多个组织、器官(胰腺、脂肪、膀胱、脑、乳腺等)也有表达，T1R1/T1R3特异性感知谷氨酸钠(MSG)。mGluRs感知MSG和核苷酸(5′-IMP)。已知鲜味受体(T1R1/T1R3)可以优先结合谷氨酸盐，而啮齿类动物的该受体则可以对多数L-氨基酸做出响应。哺乳动物雷帕霉素靶蛋白复合物1

(mTORC1)能够集成营养信息,特别是氨基酸营养,在蛋白质合成和细胞生长方面发挥重要作用。当氨基酸缺乏(饥饿)时,mTORC1 通过激活自吞噬作用为蛋白质合成提供氨基酸。这提示鲜味受体除感知味觉功能外,还有其他生物学功能,可能与饥饿感、饱腹感有关。

苦味受体(T2Rs)阈值最低,食物中苦味物质主要是多酚类、黄酮类、萜烯类和生物碱,这些物质具有抗氧化、抗肿瘤、调节免疫等功能。T2Rs 具有调节胃肠道激素分泌的功能。在人类和小鼠,苦味会增加肠内分泌细胞 Ca^{2+} 的内流,这将导致肠道激素的分泌,包括缩胆囊素(CCK)和 GLP-1。实验表明:苦味物质可以促进 Ca^{2+} 的细胞内流,使鼠科动物平滑肌松弛,可能是苦味受体激活电压依赖性 Ca^{2+} 通道作用的结果。因此,T2Rs 可能成为哮喘和慢性阻塞性肺病治疗性药物筛选的重要靶点。

Meyer-Gerspach 等人通过将苦(奎宁)、甜(葡萄糖)、酸(柠檬酸)、咸(NaCl)和鲜(谷氨酸钠,MSG) 5 种味觉物质添加至肠道,判断是否能通过肠道味觉感受器感受不同浓度的生理味觉刺激,发现与甜、咸和酸味相比,鲜味和苦味对大脑皮层与神经工作记忆有关区域的影响程度较大,表明与舌组织相似,肠-脑轴对苦味和鲜味的感知较敏感。

当辣椒素与辣椒素受体(TRPV1)结合后产生痛觉,辣椒素受体为“伤害性”受体,神经元被激活后从末梢释放 K^+、P 物质、缓激肽等神经肽样递质,产生强烈痛觉。由 P 物质释放引起的血管扩张、血流加速、皮肤潮红、腺体分泌增加,使人体循环系统、消化系统、免疫系统功能得到提高,极大地刺激了食欲。同时,疼痛作为人体应对伤害、损伤应激机制,刺激大脑吗啡肽类物质分泌,产生兴奋性快感。目前研究表明,TRP 家族是神经系统特异性受体,除广泛分布于三叉神经、迷走神经感觉神经元,也分布于胃肠道、肝、肺等组织和肥大细胞、巨噬细胞,在体内被高温和酸激活。辣椒素类是植物辣椒中的一类辣味成分,这类成分可减少体脂,并对血脂、血糖和血压的调节也有积极的作用。可通过与辣椒素受体(TRPV1)结合,调节脂肪组织和脂肪细胞因子,刺激迷走神经,作用于肌肉组织及改变肠道菌群等多途径调节机体的糖、脂代谢。David Julius 进一步研究还揭示 TRPV1 对炎症过程中产生的化学物质很敏感,这为疼痛性疾病的治疗开辟了新的潜在途径,也为食疗产品开发指明了新方向。

越来越多的研究证明,多数的味觉具有营养信息的传递作用,与嗅觉、触觉、温度觉、听觉和视觉在营养摄入、物质代谢、能量代谢方面通过 GPCRs 系统进行“Cross talking”,控制着摄食方式、营养吸收及定量化。食用甜味、鲜味、咸味具有“奖赏机制”;而苦味、酸味、辣味(痛)具有“警觉回避机制”;通过味觉系统形成了人体本能的食物营养、安全屏障机制。在进食量的控制方面,当进食量达到一定水平,就会产生饱腹感,吃的愉悦感就会消失,甚至出现厌食感,随之停止进食。

分子生物学对味觉的研究成果,为烹饪营养、食疗保健打开了一扇窗,对酸、甜、苦、咸、鲜的运用,皆为营养,在满足人体感官享受的同时,调节着人体的新陈代谢,并增强免疫功能。人类最早的中医药学著作,也是最早的营养学理论《黄帝内经》,在今天看来是超乎时空,它提出了五脏、五色、五味以及五谷、五果、五畜、五菜的营养、健康理论。“肝色青,宜食甘,粳米、牛肉、枣、葵皆甘。心色赤,宜食酸,小豆、犬肉、李、韭皆酸。肺色白,宜食苦,麦、羊肉、杏、薤皆苦。脾色黄,宜食咸,大豆、豕肉、栗、藿皆咸。肾色黑,宜食辛,黄黍、鸡肉、桃、葱皆辛。辛散、酸收、甘缓、苦坚、咸软。毒药攻邪,五谷为养,五果为助,五畜为益,五菜为充。气味合而服之,以补精益气。此五者,有辛、酸、甘、苦、咸,各有所利,或散,或收,或缓,或坚,或软。四时五脏,病随五味所宜也”。关于食物颜色、气味、味道与健康的关系给我们留下深远而又现实的研究空间。

在对食物风味追求与创新的背后,存在着诸多的营养与安全的隐忧,表现在过度的追求和过度的添加。现代工业化食品中对甜味和鲜味的使用表现得较为突出,两者可以刺激人体的进食欲望;其次,两者共有 T1R3 表达,鲜味物质的使用可以替代糖,产生所谓“低卡路里”,甚至“无卡路里”食品。鲜味受体的配体主要是氨基酸、肽类和嘌呤代谢物质(核苷酸),而这类物质过多摄入会带来危害。食物的风味与营养是对立的统一体,适当的风味有利于营养与健康,在风味上“纵欲”必然是以牺牲营养与健康为代价的。

9.2.2 烹饪对食物消化、吸收的促进作用

食物有两大类来源:动物性食物和植物性食物,它们都是生物体。生物体是由细胞组成。细胞是一个完整的功能单元,具有细胞膜,植物细胞膜外还有细胞壁,功能相同的细胞构成组织。动物组织分为上皮组织、结缔组织、肌肉组织和神经组织。各组织细胞中都含有不同类型的蛋白质、脂类和糖,其中肌肉组织是人类主要的蛋白质来源。植物组织较为复杂,有分生组织、基本组织、保护组织、输导组织、机械组织和分泌组织。其中基本组织分量最多,在营养器官根、茎、叶和生殖器官花、果实、种子中均含这种组织。基本组织负责吸收养分、合成大分子物质、储藏能量等,也称为营养组织,是植物性食物的主要部分。

人类在数百万年的进化过程中,消化器官的功能较先前发生了根本改变,例如胃的功能,不可能像猿人一样摄取食物并进行长时间消化,必须对食物进行热处理,提高消化的效率。烹饪在很大程度上是对天然蛋白质、淀粉、脂肪以及纤维素等进行再加工,以更好适应人体的消化系统完成消化、吸收。

9.2.2.1 烹饪对蛋白质消化、吸收的促进作用

蛋白质的加工是烹饪学中的重要技术,也是基本的工艺要求。因此,首先应对蛋白质的结构、性质、功能进行全面的了解。对于动物肌肉组织来说,蛋白质既是结构物质,也是功能物质;而植物组织中的蛋白质主要是功能物质。烹饪加工主要是对蛋白质进行变性处理,使蛋白质的空间构象发生改变,变性后的蛋白质的生物学性质、化学性质、物理性质会发生一系列变化。主要体现在:①蛋白质二、三、四级结构发生了改变,失去了生物活性。组织细胞中的酶、抗原失去其活性,抗体失去其功能,保证食用安全。例如,大豆中含有胰蛋白抑制酶,如果不对其进行失活处理,喝豆浆就会引起食物中毒;动物组织中的蛋白酶活性更高,对健康的危害更大。②蛋白质结构的改变,使原来被包裹的基团暴露在分子表面(特别是亲水基团),改变了蛋白质对水的结合能力,使蛋白质溶解度增加,增强食物的口感。③由于肽键的暴露,容易被人体蛋白酶识别,增加了蛋白酶对蛋白质的敏感性,有利于人体消化。④蛋白质的物理性质发生了改变,分子结构伸展,黏度增大,结晶能力丧失,分子电荷改变,有利于蛋白质的加工。因此,从分子科学的角度上讲,蛋白质变性就标志蛋白质类食物熟制完成。

由于蛋白质结构、性质的特殊性,烹饪中利用蛋白质的性质,得到丰富多彩的食物品种和不同的进食体验感。利用蛋白质的水合性质,通过上浆、腌制提高肉制品的鲜嫩度;利用蛋白质的凝胶性质(组织性),对蛋白质进行重组,生产各式各样的不同口感的凝胶;利用蛋白质的乳化性提高油脂在食物中的稳定性,增加滑润感,提高食物品质,促进消化;利用蛋白质起泡性在食物中形成一定量的气泡,创造柔软适口的泡沫食物。这些烹饪加工都是保

证人们对营养、安全、愉悦的需要。

制汤是非常具有营养价值的烹饪技术，无论家庭厨房还是餐馆酒店，都将对汤的制作看作是重要技术。食品科学史上也有两位巨人非常关注汤的营养作用。一位是“近代化学之父”拉瓦锡，意识到汤对病人的营养作用，确定汤中的成分主要来自动物肌肉组织，开创了定量化学和营养学。另一位是现代“食品化学开创者”李比希也是汤的研究者，通过对汤汁进行浓缩，专门生产“肉精”。蛋白质在加热的条件下发生水解反应，分子中酰胺键水解断裂，生成低聚肽或游离氨基酸的过程。其水解反应过程表示如下：

$$蛋白质\xrightarrow{酸、碱、酶}脲\longrightarrow胨\longrightarrow低聚肽\longrightarrow二肽\longrightarrow氨基酸$$

蛋白质水解过程中产生的氨基酸和低聚肽，有利于人体消化、吸收，水解后的蛋白产物在很大程度上节约了机体对蛋白质消化时能量的消耗，对于康复中的病人来说，营养作用显而易见。同时，水解产物氨基酸具有很好的呈味作用，通常极性氨基酸具有甜味、鲜味作用，增强食欲。因此，烹饪中对制汤原料的选择也是完成一份靓汤的关键。

9.2.2.2　烹饪对淀粉消化、吸收的促进作用

淀粉是能量的主要来源，也是中国人的“口粮”。然而，天然淀粉为不溶性晶体，不经过烹饪加工处理，人体无法对其进行消化、吸收。烹饪的目的是破坏天然淀粉的晶体结构，使其成为分散状态的糊化淀粉。大米、面粉中的淀粉经过烹饪加热(温度在60 ℃以上)，淀粉颗粒吸水膨胀，随着温度的升高，淀粉颗粒的体积不断增大，以致最后破裂，变成黏性很大的糊状物，这个过程称为淀粉的糊化(图9-3)。糊化后的淀粉结构和物理性质发生巨大变化：①晶体消失，组织膨松、软化，淀粉分子呈现伸展状态，有利于人体内淀粉酶的结合和酶解；②淀粉分子与水结合后，分子黏度增大，有利于凝胶形成，增强感官性状。因此，淀粉的糊化有利于人体对淀粉的消化、吸收，食物中淀粉完全糊化标志淀粉类食物的成熟。糊化后的淀粉经过干燥后复水较好，可以长时间保藏，例如方便面、米粉、藕粉等，其淀粉糊化程度要求达到80%以上。

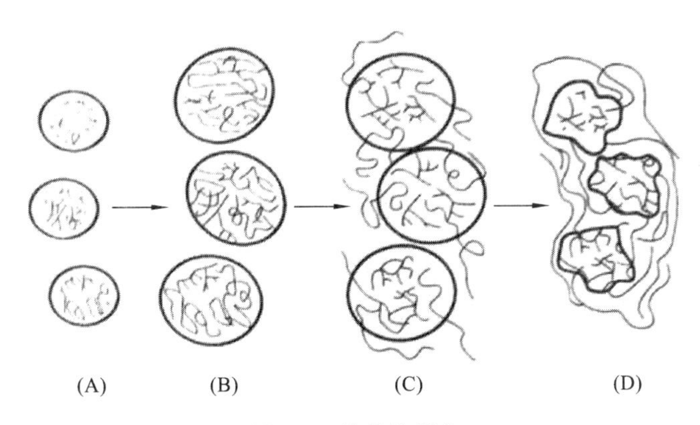

图9-3　淀粉的糊化

(A)天然淀粉颗粒由直链淀粉和支链淀粉组成；(B)淀粉吸水产生可逆性溶胀；(C)水破坏了淀粉的结晶与直链螺旋结构，直链淀粉扩散出来被分散；(D)直链淀粉分子、水形成分散系，表现为糊状凝胶，支链淀粉被包容其中。

淀粉是大分子高聚物，加热过程中会发生水解，生成糊精、麦芽糖，有利于人体消化、吸收。煮(熬)粥就是实现这一目的，传统的中医药就有食粥养生之法，特别是老年人，脾胃功

能变差,粥清淡、营养好。陆游在《食粥》诗中写道,“世人个个学长年,不悟长年在眼前,我得宛丘平易法,只将食粥致神仙”。

淀粉糊化过程中需要吸收大量水分,糊化后的淀粉黏度增加,吸附能力强。因此,淀粉在烹饪学中是最好的增稠剂,勾芡、挂糊、上粉等工艺,都是利用淀粉的糊化调节食物的黏稠度,调和菜品感官性状,也对烹饪加工中易流失的营养素具有重吸收的作用。除了淀粉外,多糖在食物加工中的应用也越来越广泛,其主要的功能:一是作为增稠剂,对食物起稳定作用;二是作为亲水胶体,对改善食物的质地有良好的作用,提高其感官性状。

9.2.2.3　烹饪对油脂消化、吸收的促进作用

油脂正常状态下以液滴或晶体状态存在,不利于人体的消化、吸收,甚至在摄取油脂时,因油腻感而厌食。当吃冰淇淋、喝肉汤时,却是另一番滋味,要知道冰淇淋、肉汤中含有大量油脂,为什么会出现两种截然不同的感受和进食的体验?原因就在于制作冰淇淋、肉汤时对油脂进行了处理——乳化。乳化改变了油脂液滴或晶体的大小和与其他物质共存的状态,使人们对油脂的体验感发生了变化。同时,乳化后的油脂,降低了油脂在肠道乳化所需要的能量,也有利于人体对油脂的消化、吸收。

乳状液根据其形式分为两大类,一类为油包水型(W/O),一类为水包油型(O/W)。常见的乳状液体系有奶油、人造黄油、冰淇淋、牛奶、豆浆、色拉调味料、汤汁等,可见美味离不开乳状液。乳状液还以肉制品的形式存在,如肉丸子、香肠、火腿、鱼糕等,其主要原料有蛋白质、水、脂肪与调味料,肉经过斩碎、搅拌形成稳定的乳状胶体,熟制后得到嫩、爽、滑的口感,赋予产品新的感官性状。其中蛋白质既是凝胶剂又是乳化剂,使水与油脂形成稳定的乳状液,保留了肉制品中的水分。

9.2.2.4　烹饪对果蔬消化、吸收的促进作用

植物性食物的质地主要由细胞壁和细胞内容物决定。细胞壁是一层坚韧的组织,由纤维素、半纤维素和果胶组成,纤维素、半纤维素为不可溶性物质,也不被人体消化,而位于细胞壁间的果胶具有可溶性,果胶分子的结构变化影响植物性食物的质地。细胞内容物包含水、可溶性糖、淀粉颗粒、有机酸、维生素、矿物质、色素和酚醛类等物质,这些物质影响食物的外观、口感、风味和营养价值。

正常情况下,细胞中水分越多,其饱和蒸气压越大,保持细胞的饱满坚硬,蔬菜呈现脆而嫩的口感;一旦水分降低,细胞萎缩,蔬菜出现枯萎,咀嚼起来就会干涩费劲。因此,蔬菜类食物的烹调也最能反映烹饪水平。蔬菜加热时间过长,可造成水分丢失较多或细胞壁的瓦解,从而软化植物组织,变得松软,失去脆嫩口感。同时,伴随着细胞中物质的外渗,酶促反应发生,出现变色、变味,营养物质(特别是维生素)氧化降解,矿物质流失。因此,烹饪蔬菜时十分注重“火候”,宜采用热油、猛火翻炒,以最短的时间达到杀菌、增香、上味的目的,最大程度保证细胞结构不被破坏,营养素得到最大化利用。

9.3　烹饪中营养素的损失与破坏

烹饪需要对食物进行必要的加热,加热必然发生能量的转移,适度的加热可带来期望

的物理、化学变化，而加热过度会引起不期望的化学变化的发生。在食物的物质组成成分中，维生素因其量少、结构复杂、稳定性差，在烹饪中损失也最大。其次是对热敏感的蛋白质、油脂及其衍生物，在加热下会发生结构、性质的变化，降低其营养价值，甚至产生有害物；糖类物质对热稳定，只有在极端高温(180 ℃以上)发生分子的脱水、断裂，丧失其营养价值。

烹饪中通常采用加酸、加碱来促进物质的物理、化学变化，以改善食物的质地、颜色和性状，酸和碱无疑也会造成食物中营养素的损失与破坏。营养学中有一句俗语，"宁加酸，不加碱"，因为加碱对食物营养成分会产生较大的破坏作用。

9.3.1　维生素的损失与破坏

9.3.1.1　维生素的稳定性

维生素是维持人体细胞生长和正常代谢所必需的一类有机物，它们存在于天然食物中，多数人体不能合成或合成不足，必须从食物中获取，由于需要量极其微小，且种类繁多、结构、性质各异，在烹饪加工过程中极易损失和破坏。

维生素从营养学的角度来讲，具有重要的生理作用，大多数维生素在体内作为辅酶或辅酶的前体物质，直接或间接参与细胞的物质代谢和能量转化。维生素的缺乏或供应不足都会造成相应的代谢障碍，出现相应的疾病。因此，烹饪中最大程度地保留维生素有着非常重要的意义。但从化学的角度来看，由于维生素结构复杂，性质活泼，在生物体内，多数维生素转化为极性更大、通常以阴离子形式存在的辅酶，且这些物质不易透过细胞膜，缺少细胞膜的保护，更容易被破坏。多数维生素作为电子的传递体，具有氧化还原性，直接参与自由基淬灭、食物褐变的反应中。如果不加以保护，烹饪后食物中维生素通常保留率较低，甚至少数维生素在烹饪加工中完全损失。

通常状态下，维生素对光、氧(氧化剂)、金属离子、酸、碱等不稳定，在加热条件下更加不稳定。关于维生素性质已经了解较多，但对于它们在复杂食物体系的性质却了解很少。目前，研究维生素的稳定性大多数采用模拟体系，这与食物体系有较大的差异性，不能完全反映食物中维生素真实的稳定状况。但这些研究对于了解食物的性质有重要意义。表 9-5 总结了维生素稳定性研究方面的结果及烹饪加工中可能存在的最大损失量。

表 9-5　维生素的稳定性及烹饪加工中损失情况

维生素	中性	酸性	碱性	空气或氧气	光	热	最大烹饪损失量/(%)
维生素 A	S	U	S	U	U	U	40
维生素 D	S	S	U	U	U	U	40
维生素 E	S	S	S	U	U	U	55
维生素 K	S	U	U	S	U	S	5
维生素 B_1	U	S	U	U	S	U	80
维生素 B_2	S	S	U	S	U	U	75
维生素 B_6	S	S	S	S	U	U	40

续表

维生素	中性	酸性	碱性	空气或氧气	光	热	最大烹饪损失量/(%)
维生素 B_5	S	U	U	S	S	U	50
维生素 B_3	S	S	S	S	S	S	75
维生素 B_9	U	U	U	U	U	U	100
维生素 B_{12}	S	S	S	U	U	S	10
维生素 C	U	S	U	U	U	U	100
维生素 H	S	S	S	S	S	U	60

注:S——稳定(未受重大破坏),U——不稳定(显著破坏)。

9.3.1.2 烹饪中维生素的损失与破坏

维生素在食物烹饪加工中的损失主要是沥滤流失和分解破坏两方面。最容易流失的是各种水溶性维生素,它们可在加工中随食物水分的流动而损失,特别是食物组织结构被破坏,食物原料被切得过小、过碎,在水中浸泡时间过长,都容易使水溶性维生素流失。维生素的破坏是因发生化学反应,特别是维生素在烹饪加工中会发生热分解,在储存中会发生氧化、分解,导致维生素的大量损失。

(1)原料处理阶段损失　果蔬中维生素含量随成熟期、生长地、气候和农业条件不同而变化。例如,地域对果蔬中维生素 C 和类胡萝卜素含量的影响特别大。果蔬为鲜活食物,采摘后储存过程中,由于它们还具有呼吸作用,储藏时间越长,细胞内维生素等物质消耗越多。如果细胞受到损伤后释放氧化酶和水解酶,还会导致收获后的维生素在含量、活性和不同化学构型之间比例上的变化。脂肪氧化酶的氧化作用会破坏很多脂溶性维生素及一些易被氧化的水溶性维生素,但维生素 C 氧化酶只能减少维生素 C 的含量。倘若采收后采取合适的处理方法,例如降低水分活度、通过气调包装保藏、低温下冷藏等措施,保护好果蔬的组织,果蔬中维生素损失和破坏的速率就会大大降低。

动物性食物中的维生素含量与动物种类和动物的饲料结构有关,也与动物生长周期和组织中留存的酶有关。以 B 族维生素为例,肌肉中 B 族维生素的浓度,取决于机体吸收 B 族维生素并将其转化为辅酶形式的能力,所以若在饲料中补充水溶性维生素,可使肌肉中的维生素含量迅速增加。

谷物类食物的维生素含量较为丰富,但分布的部位差异较大,主要集中在胚芽和糊粉层。在原料的加工过程中,加工精度的不同,随着胚芽的丢失、糊粉层的去除增加,维生素含量也大量降低(图 9-4)。

(2)烹饪加工阶段损失

①食物原料的清洗和蒸煮:食物原料的清洗、修整等必然会导致维生素的损失。果蔬的去皮造成茎皮中维生素的损失;谷物类食物在磨粉时去除麸皮和胚芽,会造成谷物中维生素 B_3、类胡萝卜素、维生素 B_1 等的损失。烹饪前对肌肉的切分、焯水等处理使肉汁流失,造成肉中 B 族维生素的损失,这是不可避免的。淘米过程中,大米搓洗次数越多,浸泡时间越长,淘米水温越高,各种营养素损失也越多。此外,米饭的制作方法不同,维生素损失的多少也不一样。有些地方居民习惯吃蒸米饭(捞米饭),先把米放在水中煮到半熟后将米捞

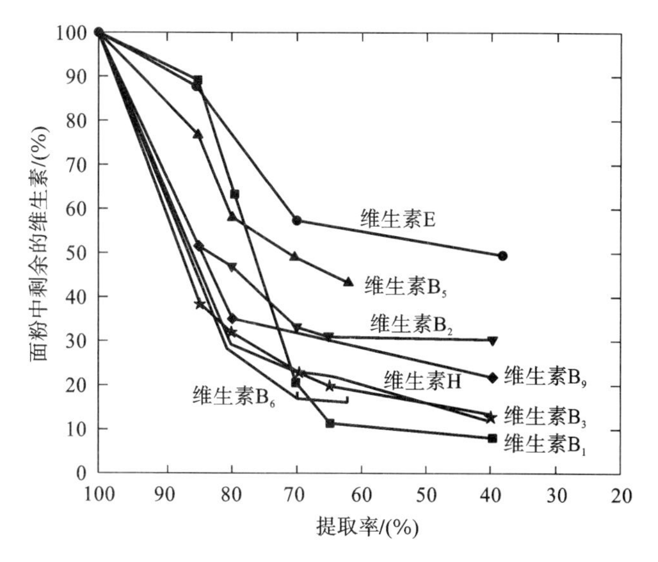

图 9-4　小麦面粉生产精度对维生素保留率的影响

出蒸熟，剩下的米汤大部分弃掉，米汤中含有大量的维生素、无机质、蛋白质和糖。表 9-6 列出了捞米饭与煮米饭部分营养成分检测结果，相较于煮米饭，捞米饭维生素的损失达到了一半。

表 9-6　捞米饭与煮米饭部分营养成分的比较(500 g)

营养成分	捞米饭	煮米饭	损失率/(%)
脂肪含量/g	0.5	2.5	80.0
糖含量/g	128.0	136.0	5.9
磷含量/mg	215.0	455.0	52.7
铁含量/mg	2.0	5.0	60.0
维生素 B_1 含量/mg	0.1	0.2	50.0
维生素 B_2 含量/mg	0.05	0.1	50.0
维生素 B_3 含量/mg	1.5	2.5	40.0

②采用烧、煮、炖的方式烹饪：食物中的水溶性维生素容易从组织流出而丢失，与空气接触、起催化作用的金属离子的浓度、加入酸、碱等因素都会影响维生素的稳定性。经过碱处理的食物会大大增加维生素 B_9、维生素 C 和维生素 B_1 等维生素的损失，加酸会提高维生素的稳定性。

生鲜蔬菜烹调时维生素的损失程度与原料的切分程度、加热温度、加热时间有关，切分越细、温度越高、时间越长，维生素损失就越多，特别是维生素 C。蒸煮烹饪方式对部分蔬菜中维生素 B_9 含量的影响见表 9-7。因此，为保留热敏性维生素，烹饪加工方法应采用旺火快炒。

表 9-7　蒸煮烹饪方式对部分蔬菜中维生素 B_9 含量的影响

蔬菜（水中煮 10 min）	总叶酸含量/（μm/100 g 新鲜质量）		
	新鲜	煮后	维生素 B_9 蒸煮后水中的含量
芦笋	175±25	146±16	39±10
花椰菜	169±24	65±7	116±35
芽甘蓝	88±15	16±4	17±4
卷心菜	30±12	16±8	17±4
花菜	56±18	42±7	47±20
菠菜	143±50	31±10	92±12

动物性食物可用多种烹调方法烹制，加热的温度和时间有很大的差别，所以不同的烹饪方式对营养素破坏的程度不一。为了减少肉类或其他动物性食物中维生素的损失，最好用急火快炒的烹调方法，例如爆炒肉丝和爆炒猪肝时，维生素 B_1 和维生素 B_2 损失较少；煮鸡蛋比油煎、炒鸡蛋维生素损失少得多。在烹调前对原料进行预处理，加入适量淀粉、水、盐进行上浆、挂糊，可以起到保护作用。烹饪后进行勾芡，除使汤汁浓稠外，也可减少各种营养素的丢失，还能使色、香、味、形俱佳，促进食欲，增加营养价值。

③食物的干燥、高温加热：食物的过分干燥会造成对氧敏感的维生素的明显损失。在无氧化性脂类存在时，低水分食物中水分活度是影响维生素稳定的首要因素。食物中水分活度若低于 0.3（相当于单分子水合状态），水溶性维生素一般只有轻微分解。若水分活度增大，则维生素分解增多。脂溶性维生素的降解速率在相当于单分子层水分的水分活度时达到最低，而无论水分活度升高或降低都会增加此类维生素的降解。

高温加热食物会极大地破坏其中的维生素。维生素的损失程度取决于食物组织结构、操作工艺，例如烘、烤、炸、烧等烹调方式，会使热敏性维生素，如维生素 C、维生素 B_1 损失较多。表 9-8说明了烘、烤、油炸 3 种不同烹调方式对 B 族维生素的影响。

表 9-8　烘、烤、炸对肉中 B 族维生素的影响

原料	加工生产方法	B 族维生素的保留值/（%）		
		维生素 B_1	维生素 B_2	维生素 B_3
猪肉	烘	40～70	74～100	65～85
	在烘架上烤	70	100	85
	油炸	50～60	77	75～97
牛肉	烘	41～64	83～100	72
	在烘架上烤	59～77	77～92	73～92
	油炸	89	98	92

烹饪中挂糊油炸是保护营养素、增加呈味的一种好方法。挂糊就是炸前在原料表面裹上一层淀粉或面粉调制的糊，使原料不与热油直接接触，从而减少原料的蛋白质和维生素损失。它可使油不进入原料内部，而原料所含的汁液、鲜味成分、维生素也不容易外溢。原料经过挂糊油炸，形成外焦里嫩的风味。

（3）化学物质使用对维生素的破坏　食物中的化学成分会强烈地影响一些维生素的稳

定性，例如动物肌肉中的血红素往往会导致易氧化的维生素的破坏，而植物中的多酚（如黄酮）可增加维生素C的稳定性。食物中的氧化剂直接使维生素C、维生素A、类胡萝卜素和维生素E分解，同时也间接影响其他维生素。具有还原性的维生素C、异抗坏血酸和硫醇可增加易被氧化的维生素的稳定性。

食品添加剂对维生素的影响更不容忽略，例如，抗氧化剂因能抑制脂肪的自动氧化，能显著改善食用油脂中脂溶性维生素的稳定性；褐变阻剂（二氧化硫、亚硫酸盐、偏亚硫酸盐）对维生素C有保护作用，而对其他维生素则有不利影响，亚硫酸根可直接作用于维生素B_1，使其失去活性；亚硫酸盐能与羰基发生反应，使维生素B_6（吡哆醛）转化为无活性的磺酸盐衍生物；亚硝酸盐能与维生素C发生氧化反应，生成2-亚硝基抗坏血酸酯；消毒剂常采用次氯酸（HClO）、分子氯（Cl_2）或二氧化氯（ClO_2），这些物质能与维生素发生氧化还原反应，造成维生素的损失，如果只局限于产品表面，可以预测其影响较小。因此，食物的消毒处理适合采取先消毒、沥干再切分的方式，有利于保护维生素。

总之，为了尽量减少维生素在加工储存中的损失，应该选用烹饪时间短、条件温和、工艺简便、副反应少的方法。

9.3.2 蛋白质、氨基酸的损失与破坏

9.3.2.1 蛋白质在高温下的热反应

适度对食物中蛋白质加热，使蛋白质变性，有利于人体的消化吸收，同时还可以防止食物颜色、质地、气味的变化，例如，加热使大豆中蛋白酶抑制剂、胰凝乳蛋白酶抑制剂变性失活，消除植物凝集素对蛋白质营养的影响，提高植物蛋白质的营养价值。适度加热还可以产生风味物质，有利于食物感官质量提高。

对蛋白质的热处理，如果进行过度处理或热处理条件不当时，就会引起蛋白质的脱水、脱羧、脱氨等反应和结构的异化，从而降低了蛋白质的营养价值，甚至产生有毒有害杂环胺类物质。因此，烹饪中要十分注意热处理的条件和温度。杂环胺是食物中蛋白质、肽、氨基酸等热分解时产生的一类具有致突变、致癌作用的芳香杂环化合物，属于氨基咪唑氮杂芳烃和氨基咔啉类化合物。其较强的致突变性和诱发动物多种组织肿瘤的作用，应引起人们的高度重视。

肉类食物在115 ℃加热27 h，50%～60%的半胱氨酸会被破坏，并产生难闻的硫化氢气体。150 ℃以上加热时，赖氨酸ε-氨基易与其他侧链羧基形成酰胺键，不仅影响氨基酸的吸收，还可能产生毒副作用。当蛋白质加热到200 ℃以上时，蛋白质还可生成环状衍生物，氨基酸残基热分解。从烧烤肉中分离和鉴定出几种热解产物，Ames试验污染物致突变性检测证实它们是强诱变剂，而色氨酸（Trp）、谷氨酸（Glu）残基形成的热解产物有较强致癌/诱变性。Trp热解形成α-咔啉、β-咔啉、γ-咔啉，它们有强烈的致突变作用。肉在高温度（190～220 ℃）下也可产生诱变物质，这类物质统称为咪唑喹啉类化合物（IQ），它们是肌酐、糖和一些氨基酸（甘氨酸、苏氨酸、丙氨酸、赖氨酸）的缩合产物。烧烤鱼中最强诱变剂主要是2-氨基-甲基咪唑喹啉类物质（图9-5），这类物质在动物实验中具有较强的致突变作用。

形成杂环胺的前体物是肌肉组织中的氨基酸和肌酸或肌酐，可能还原糖也参加了其生成反应。高肌酸或肌酐含量的食物比高蛋白质的食物更易产生杂环胺，这说明肌酸是形成杂环胺的关键。加热温度和时间也是影响杂环胺形成的重要因素。当温度从200 ℃升高

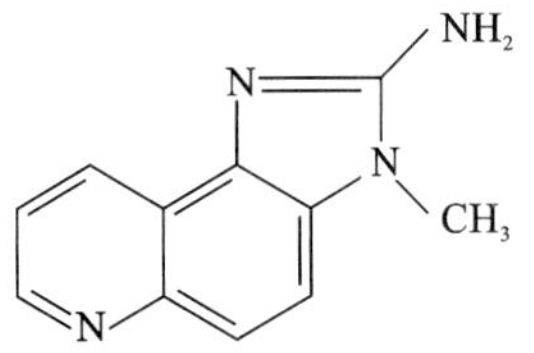

2-氨基-3-甲基咪唑基喹啉(IQ) 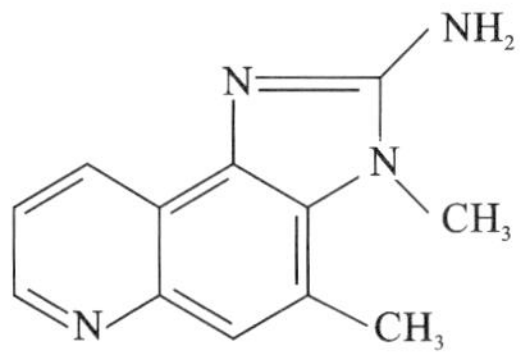　2-氨基-3,4-二甲基咪唑基喹啉(4-MeIQ) 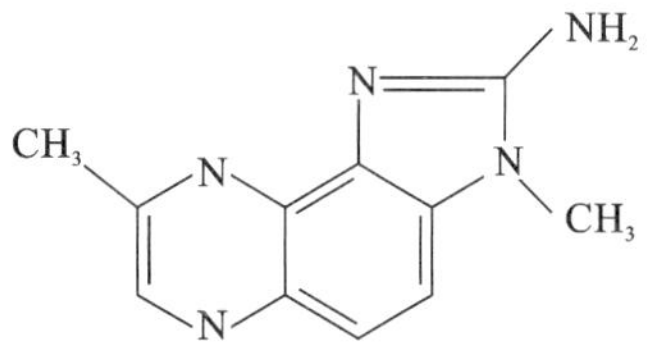　2-氨基-3,8-二甲基咪唑基喹啉(8-MeIQX)

图 9-5　蛋白质高温加热产生咪唑喹啉类化合物

到 300 ℃时，杂环胺生成量增加了 5 倍。200 ℃油炸食物，杂环胺主要在前 5 min 内生成，随着时间的延长，生成量逐渐下降。食物在较高温度下的火烤、煎炸、烘焙等过程中，生成杂环胺量多。食物与明火接触或与灼热的金属表面接触，都有助于杂环胺的生成。杂环胺的生成与食物成分也有关，食物中的水分也是影响杂环胺生成的一个因素，含水量与杂环胺生成量呈负相关。含水量少时，有利于杂环胺的生成。因此，相同温度下，煎、炸、烤烹饪方式产生的杂环胺远比炖、煮、煨多。

羰氨反应(也称美拉德反应、非酶褐变反应)，是由羰基化合物(包括醛、酮、还原糖等)和氨基化合物(包括氨基酸、蛋白质、胺、肽等)发生的复杂化学反应。羰胺反应在食物加工中有着复杂的作用。一方面它能给食物良好风味(颜色、香气)，反应的一些产物具有抗氧化作用，有利于食品的保藏；另一方面，羰氨反应破坏蛋白质的营养价值，由于赖氨酸的 ε-氨基是蛋白质中伯胺的主要来源，因此，发生羰氨反应过程中，赖氨酸的 ε-氨基最易损失，造成蛋白质利用率下降。同时，伴随着氨基酸、糖物质的重排、降解、缩合形成不溶解的褐色产物类黑精和吡嗪、吡啶、噻嗪等杂环物质，吡嗪与醛类物质可缩合为喹恶啉类化合物，吡啶形成咔啉类化合物。

正常烹饪食物中多含有一定量的杂环胺，但不同的食物中检出的杂环胺含量不同，鱼和肉类食物是膳食杂环胺的主要来源，尤其是我国常用煎、炸、烧烤来烹饪鱼类和肉类。许多流行病学研究发现，烹饪食物与癌症危险性相关，因此杂环胺污染是烹饪中应该引起重视的一个问题。常见烹饪食物中杂环胺的含量见表 9-9。

表 9-9　部分烹饪食物中杂环胺的含量　　单位：μg/kg

食品	IQ	4-MeIQ	8-MeIQx	4,8-DiMeIQx	Trp-p-1	Trp-p-2	AαC
烤牛肉	0.19		2.11		0.21	0.25	1.20
炸牛肉			0.64	0.12	0.19	0.21	
前牛肉饼			0.50	2.40	53.0	1.8	
炸鸡			2.33	0.81	0.12	0.18	0.21
炸羊肉			1.01	0.67		0.15	2.50
牛肉膏			3.10	28.0			
炸鱼	0.16	0.03	6.44	0.10			
烤沙丁鱼	158.0	720.0					

续表

食品	IQ	4-MeIQ	8-MeIQx	4,8-DiMeIQx	Trp-p-1	Trp-p-2	AαC
烤鸭					13.3	13.1	
汉堡包	0.02		0.05	1.0			180.4

注:IQ,2-氨基-3-甲基咪唑基喹啉;4-MeIQ,2-氨基-4-甲基咪唑基喹啉;8-MeIQx,2-氨基-8-甲基咪唑基喹啉;4,8-DiMeIQx,2-氨基-3,4,8-甲基咪唑基喹啉;Trp-p-1,3-氨基-1,4-二甲基-5H-吡啶并吲哚;Trp-p-2,3-氨基-1-甲基-5H-吡啶并吲哚;AαC,2-氨基-9H-吡啶并吲哚。

9.3.2.2 蛋白质在碱性条件下的反应

碱在食物加工中广泛用于各种蛋白质的提取和质构化。烹饪中加碱工艺也较多,例如传统面团制作中加碱、果蔬的去皮、肉类的嫩化、胶原蛋白的碱发、蛋白质的组织化(豆腐制作)等。蛋白质在碱性条件下经热加工,不可避免地导致L-氨基酸部分外消旋为D-氨基酸。

蛋白质消旋的第一步,在碱性条件下受热,氢氧根(OH^-)攻击所含的半胱氨酸、丝氨酸、苏氨酸发生β-消除反应,在β-消除反应中形成脱氢丙氨酸(DHA),脱氢丙氨酸的双键位置进行亲核加成,导致蛋白质发生交联,产生了非天然化合物(图9-6)。

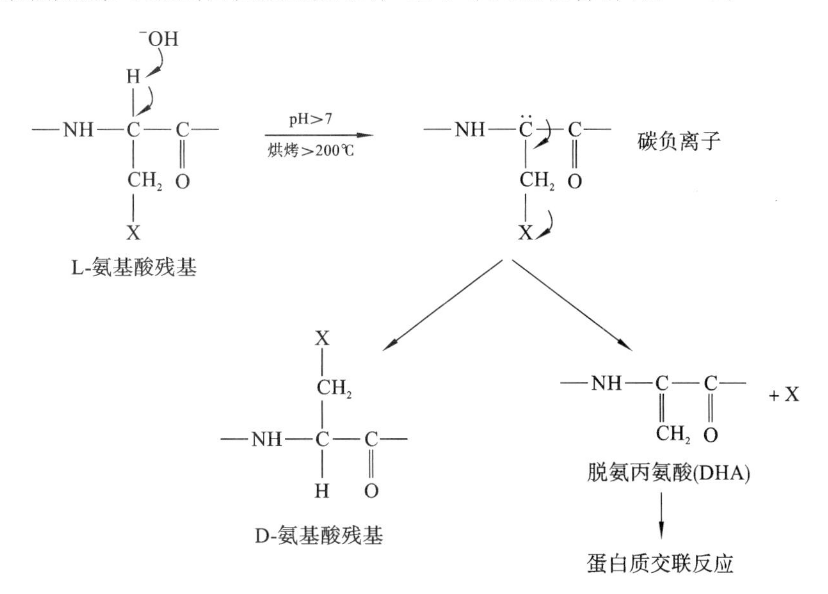

图9-6 蛋白质碱性条件下的外消旋反应

在碱性条件下加热蛋白质水解产物中,除了正常的L-氨基酸外,还存在着L-赖氨酸-L-丙氨酸、L-赖氨酸-D-丙氨酸的混合物,同时还有一些D/L氨基酸、D/D氨基酸的异构体、鸟氨酸-丙氨酸、甲硫氨酸-甲基甲硫氨酸的混合物。由于必需氨基酸的损失和外消旋现象,以及蛋白质的交联,使蛋白质的营养价值降低。与L-氨基酸相比,人体吸收D-氨基酸的速率要缓慢得多。而且,D-氨基酸在人体内不能用于合成蛋白质,只能氧化分解后产生氨。氨在体内是有毒物质,必须排出,从而增加肾的负担。研究发现,人体内的赖氨酰-丙氨酸在螯合Ca^{2+}、Cu^{2+}和Zn^{2+}后,可使金属酶失活,诱发肾小管处疾病。其他化合物,例如二氨基丙酸、D-丝氨酸也会引起肾损伤。

氨基酸获得电子的能力影响它的外消旋速率。天冬氨酸、丝氨酸、半胱氨酸、谷氨酸、苯丙氨酸、天冬酰胺、苏氨酸残基比其他氨基酸残基更易发生外消旋反应。有趣的是，蛋白质外消旋反应速率比游离氨基酸速率大 10 倍，这表明蛋白质分子内的作用降低了外消旋反应的活化能。

由于 D-氨基酸残基的肽链较难被胃和胰蛋白酶水解，因此氨基酸的外消旋反应使蛋白质的消化率降低。必需氨基酸的外消旋反应损失并损害蛋白质的营养价值。D-氨基酸交联后不易被小肠黏膜细胞吸收，也不能在体内被合成蛋白质，而且一些 D-氨基酸（如 D-脯氨酸）已经发现有神经毒作用。

9.3.2.3 亚硝酸盐反应

亚硝酸盐与仲胺（或伯胺、叔胺）反应生成 N-亚硝胺，N-亚硝胺是食物形成的具有致癌毒性的物质。在食物中加入亚硝酸盐通常是为了改善颜色和防止细菌生长。参与此反应的氨基酸主要有脯氨酸、组氨酸和色氨酸（图 9-7）。酪氨酸、精氨酸和半胱氨酸也可以与亚硝酸盐反应。亚硝酰胺化学性质活泼，在酸性或碱性条件下不稳定，在酸性条件和较高温度下发生分解反应生成相应的酰胺和亚硝酸，在碱性条件下迅速分解为重氮烷。

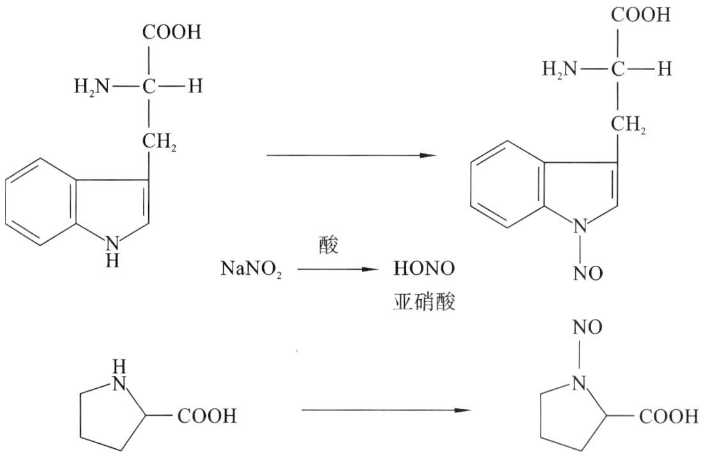

$$NaNO_2 \xrightarrow{\text{酸}} \underset{\text{亚硝酸}}{HONO}$$

图 9-7 色氨酸、脯氨酸亚硝酸反应

亚硝胺类化合物进入人体内后，经肝微粒体细胞色素 P450 代谢活化，生成烷基偶氮羟基化合物，此类代谢产物具有很强的致癌和致突变性。而亚硝酰胺类化合物为直接致癌和致突变物，不需要经过体内代谢活化。

9.3.3 糖的损失与破坏

9.3.3.1 羰氨反应

羰氨反应是还原性糖与氨类物质间发生的复杂的化学反应，在烹饪中有着重要的意义，给食品与菜肴的颜色、风味、营养价值等品质带来重要影响，这些影响有好有坏。

①羰氨反应是食品与菜肴褐变的主要原因，加热食物的上色机制主要就是羰氨反应，例如，烤面包、烤制干货、油炸、干煸类菜点，会不同程度上发生羰氨反应，出现颜色的褐变、产生气味，形成特殊风味。但是，一些食品也会因羰氨反应使品质下降，例如，奶粉、肉类干

制品等储藏久后颜色发生变化，同样由羰氨反应引起。

②羰氨反应是食品与菜肴风味产生的主要化学反应，烹饪中通过羰氨反应产生一些特征的风味食品。为了达到不同的风味效果，可对所参加的反应物进行调整。例如，焙烤风味，在焙烤面包、点心、烧饼时刷上蛋液，以促进其着色，并获得诱人的焙烤香气；面包风味，当还原糖同赖氨酸含量高的蛋白质一起加热时发生羰氨反应，得到面包皮颜色和特有气味；奶香风味，当还原糖与乳糖发生羰氨反应时，其产物使牛奶巧克力、焦香果糖、太妃糖等产生浓郁的奶香味；还有一些油炸食品，如油条、薯条等通过羰氨反应产生理想的香味。

③羰氨反应是烹饪工艺重要的化学反应，羰氨反应对食品质构（水溶性、黏着性和固定性等）起到一定作用。羰氨反应中分子脱水、分子缩合是主要反应，对食品质构有非常大的影响。例如，烤鸭过程中，对水分的控制与颜色的变化是紧密联系在一起的，水分丢失过多，鸭肉的质地变差，颜色也变深。只有当两者达到统一时，风味才完美，这也是长期以来人们对食品品质追求的结果。

现代食品化学研究发现，羰氨反应中间产物如醛、酚、酮，终产物类黑色素都具有还原性，在食品中具有一定的抗氧化作用，可抑制油脂的氧化。研究表明，在谷物油中加入类黑精能明显降低谷物油中的过氧化值。挥发性的杂环化合物也具有抗氧化作用。羰胺反应生成的呋喃、吡咯、噻吩、噻唑、吡唑、吡嗪等含硫、含氮化合物，硫醇类的杂环化合物对苹果中多酚氧化酶的褐变有抑制作用。其作用机理是硫醇为亲核基团，消除了过氧化物自由基和烷自由基，还可通过还原作用分解过氧化物而生成硫化物。羰胺反应生成的还原酮具有还原和螯合作用，通过提供电子破坏自由基的链式反应，达到抗氧化的目的。

④羰氨反应对食品营养价值、安全性的影响。在烹饪中羰氨反应的反应物主要是还原糖和氨基酸或蛋白质，这两类物质的反应，势必造成食品中糖和氨基酸、蛋白质的破坏和含量减少。从羰氨反应速率分析研究，作为必需氨基酸的赖氨酸化学反应速率最大，破坏性也最大，图 9-8 显示了 150 ℃条件下食品中赖氨酸的损失情况。除蛋白质外，糖、脂类的羰基也参与羰反应，其营养作用也发生了变化。

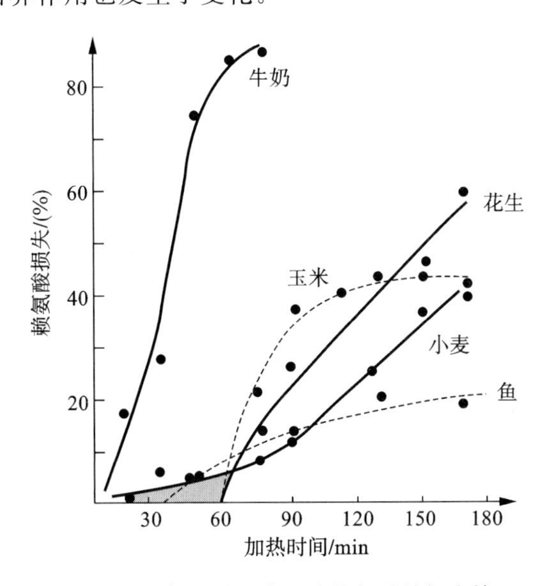

图 9-8　150 ℃条件下食品中赖氨酸的损失情况

羰氨反应中产生的各种物质，对人体毒害作用最大的是丙烯酰胺和杂环胺。2002 年瑞典国家食品管理局(NFA)和斯德哥尔摩大学研究人员报道,一些油炸和烧烤的淀粉类食品,如油炸马铃薯片、谷物、面包中检测出丙烯酰胺,之后挪威、英国、美国等国家也相继报道了类似结果。在油炸、焙烤、膨化、烤制等制备的食品中检测出丙烯酰胺,而未经热处理甚至煮沸的食品中(如煮熟的马铃薯)没有检测到丙烯酰胺,在罐藏或冷冻的水果、蔬菜及植物蛋白制品中不含或很少含有丙烯酰胺(表 9-10)。丙烯酰胺是一种公认的神经毒素,可能是人类微弱的致癌因子,但其致病浓度远高于从食品中的摄入量。

表 9-10　常见食品中丙烯酰胺的含量范围

食品种类	丙烯酰胺含量(μg/kg)①
烤制杏仁	236～457
硬面包圈	0～343
面包	0～364
谷物早餐	34～1057
可可	0～909
咖啡(未冲调)	3～374
含菊苣的咖啡	380～609
曲奇	36～432
饼干及相关产品	26～1540
油炸薯条	20～1325
薯片	117～196②
椒盐脆饼	46～386
玉米粉圆饼	10～33
片状玉米饼	117～196

注:①通常只有少量样品会出现极端值。

②甜的薯片含有 4080 μg/kg。

丙烯酰胺来自还原糖(羰基部分)和游离的 L-天冬酰胺的 α-氨基的二次反应(图 9-9)。这个反应可能始于席夫碱中间体,通过脱羧基反应,C—C 键断裂,从而生成丙烯酰胺。油炸马铃薯片或薯条非常适合丙烯酰胺的生成,因为马铃薯中含有游离的 D-葡萄糖和 L-天冬酰胺。

丙烯酰胺的产生至少需要加热到 120 ℃,也就是说含水量高的食品中不会产生;当温度接近 200 ℃时,反应最剧烈。200 ℃以上过度加热,丙烯酰胺的含量由于热降解作用而降低。食品中的丙烯酰胺也受 pH 的影响,当 pH 增加到 4～8 时,有利于丙烯酰胺的产生。在酸性条件下,丙烯酰胺的生成量减少,其原因可能是天冬酰胺的 α-氨基质子化,降低了它的亲核能力;而且,当 pH 降低时,丙烯酰胺的热降解速率也会增大。随着加热的进行,食品表面的水分逐渐挥发,表面温度升高至 120 ℃以上,丙烯酰胺含量快速增加。

防止食品中丙烯酰胺产生通常可以通过一个或多个途径实现:①去除一个或所有的反应底物;②改变反应条件,如温度、pH、水分等;③去除食品中生成的丙烯酰胺。对于马铃

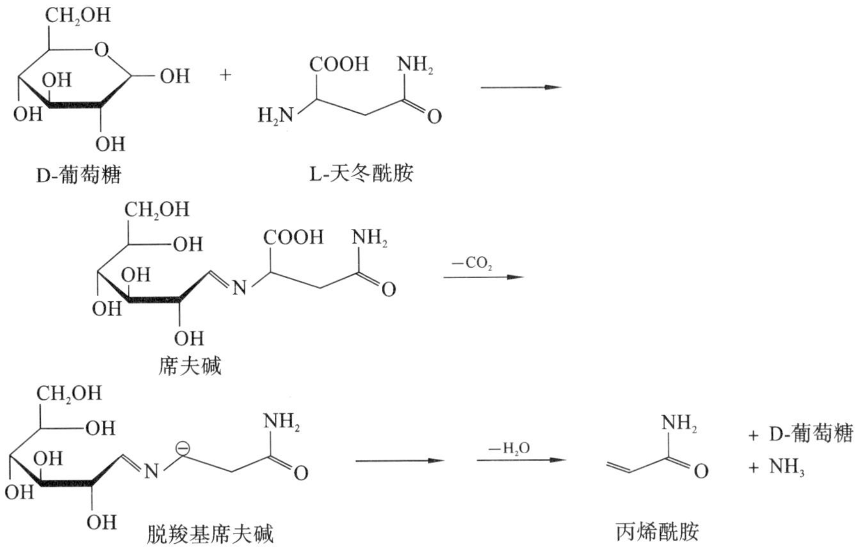

D-葡萄糖 + L-天冬酰胺 ⟶

席夫碱 $\xrightarrow{-CO_2}$

脱羧基席夫碱 ⟶ $\xrightarrow{-H_2O}$ 丙烯酰胺 + D-葡萄糖 + NH_3

图 9-9　油炸马铃薯片或薯条生成丙烯酰胺的途径

薯制品，在水中漂白或浸泡去除反应底物（游离的 D-葡萄糖和 L-天冬酰胺），可以去除 60% 以上的丙烯酰胺。

虽然研究表明食品中丙烯酰胺的摄入与致癌风险之间没有关联，但是人们正在研究它的长期致癌性、致突变性以及神经毒性方面的影响，同时也致力于减少食品烹饪、加工和制备中丙烯酰胺的产生。

9.3.3.2　淀粉的老化

在食品加工和烹饪过程中，还有一类是利用淀粉老化来制作的特殊食品，例如绿豆粉丝、豆粉皮等制品，就是选用含直链淀粉多、易于老化的绿豆淀粉为原料，经过先糊化再老化过程，淀粉分子形成有序结晶体，防止食品在加热过程中被完全糊化，这样可以提高产品的弹性、韧性，加热烹饪过程中不会完全糊化而发生断裂、稠汤等现象，以达到弹、韧、滑、亮的品质。

淀粉的老化（retrogradation），俗称回生，营养学上列为抗性淀粉（resistant starch），例如面包、馒头等在放置时变硬、干缩。淀粉的老化是由于糊化了的淀粉，在冷却和储存的过程中，淀粉分子的热运动减弱，分子趋于平行排列，以某些原有的氢键结合点为核心，相互靠拢、缔合，并排挤出水分，分子逐渐地、自动地由无序态排列成有序态，相邻淀粉分子间的氢键又逐步恢复，恢复成与原来淀粉结构类似的、致密的整体结构，通常称为 β-淀粉（图 9-10）。淀粉老化的实质是一个再结晶过程。直链淀粉比支链淀粉老化的速率快，老化后的直链淀粉非常稳定，即使加热、加压也很难使其再溶解。

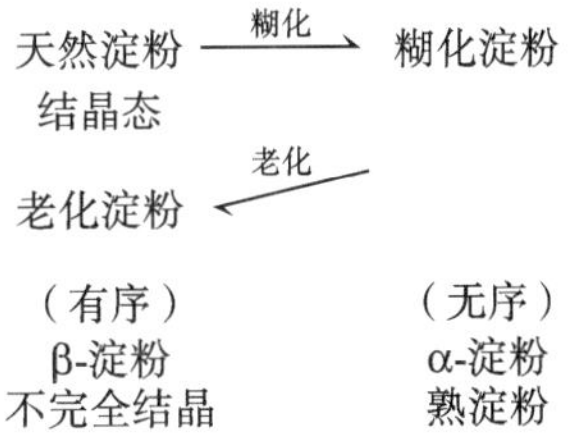

天然淀粉结晶态 $\xrightarrow{糊化}$ 糊化淀粉

老化淀粉 $\xleftarrow{老化}$

（有序）β-淀粉 不完全结晶　　（无序）α-淀粉 熟淀粉

图 9-10　淀粉糊化、老化时分子状态变化

但是，大多数食品是直链淀粉与支链淀粉的混合体，且支链淀粉所占比例高于直链淀粉，由于两种淀粉混合在一起，老化后的淀粉仍有加热使其糊化的可能。老化后的淀粉与原淀粉相比，结晶程度低，与水的亲和力下降，溶解度降低，不易被淀粉酶水解，消化吸收率降低，降低了淀粉的营养价值，故营养学上称之为抗性淀粉。

9.3.3.3 碱性条件下糖的变化

对于植物性食物来说，细胞壁主要由纤维素、半纤维素和果胶构成，果蔬用3%的碱液在60～82 ℃水中浸泡，加快植物细胞细胞壁中的果胶水解为果胶酸，稍加揉搓即可快速去皮。在碱性条件下，纤维素微晶结构中的氢键被破坏，纤维素溶解，细胞破溃，失去组织结构，造成营养物质的流失、破坏。另外，碱能够促进淀粉的糊化，因而烹饪中为了加快某些淀粉类食物的成熟，常加入食用碱剂，但这样也会使食物中的维生素被破坏。

9.3.4 油脂损失与劣变

9.3.4.1 油脂高温劣变

油脂在高温下烹饪或长时间的加热，可导致各种化学反应的发生，主要有热分解、热聚合、热氧聚合、缩合、水解等，生成的物质较复杂，有低级脂肪酸、羟酸、酯类、酮类、醛类等物质以及二聚体、三聚体，使油脂的颜色加深、黏度增大、酸价值升高、碘价值降低，并有刺激性气味，最终导致脂肪酸组成发生变化、营养价值降低，产生安全性问题。

(1)热分解　饱和油脂和不饱和油脂在高温下都会发生热分解反应。根据反应有无氧参与，又分为无氧热分解和有氧热分解，金属离子的存在可以催化热分解反应。油脂在无氧情况下，加热温度260～300 ℃，C—C键、C—H键发生断裂，产生小分子醛、酮、酸、醇等物质，并产生强烈的气味(图9-11)。

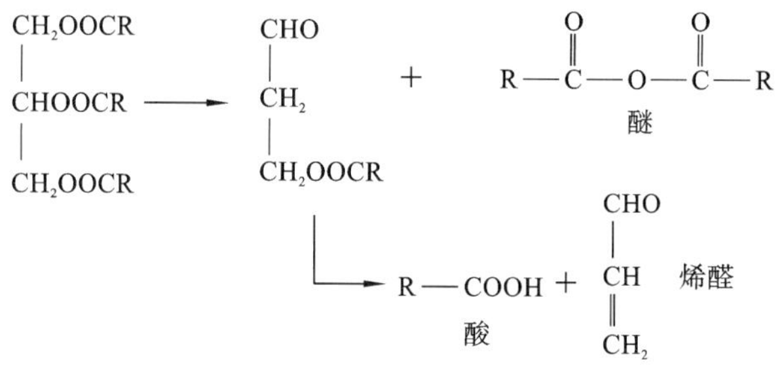

CH_2OOCR
|
$CHOOCR$ ⟶ CHO—CH_2—CH_2OOCR + R—C(=O)—O—C(=O)—R（醚）
|
CH_2OOCR

CHO—CH_2—CH_2OOCR ⟶ R—COOH（酸）+ CHO—CH=CH_2（烯醛）

图9-11　油脂的热分解反应

在有氧情况下，热分解反应较无氧情况下更易发生，反应时间缩短，反应温度下降。在150 ℃下油脂即可发生分解产生大量的酸、醛、酮、烃类等物质。热氧化时油脂的分解一般首先在羧基的α-碳、β-碳或γ-碳上形成过氧化物，过氧化物极不稳定，当浓度达到一定水平后开始分解。过氧化物诱导裂解生成醛、酮、烃等低分子化合物。如图9-12所示，当氧攻击β-碳时形成过氧化物，然后过氧化物引发H—C键断裂，再发生C—C键断裂，生成一系列化合物。

油脂的有氧热分解反应在金属离子(如铁离子、铜离子)的接触下起催化作用，与无氧热分解反应相比，所需温度更低、时间更短，饱和脂肪酸也发生热分解(图9-12)。有氧热分解反应产生的醛、酮和酸类物质参加二聚反应和缩合反应，例如三分子的己醛聚合为三戊基三蒽烷，具有强烈的臭味。

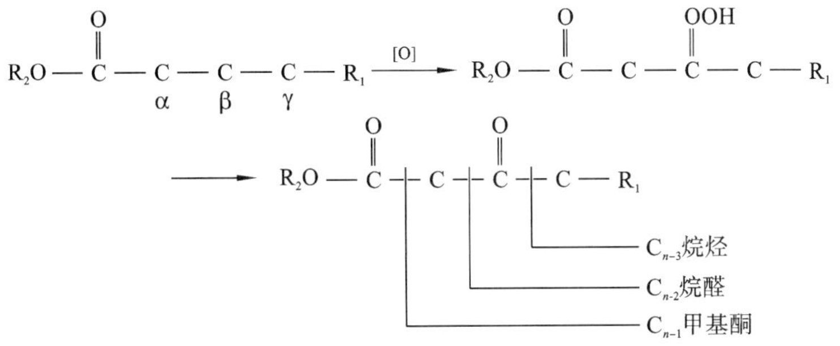

$$R_2O-\overset{\overset{\large O}{\|}}{C}-\underset{\alpha}{C}-\underset{\beta}{C}-\underset{\gamma}{C}-R_1 \xrightarrow{[O]} R_2O-\overset{\overset{\large O}{\|}}{C}-C-\overset{\overset{\large OOH}{|}}{C}-C-R_1$$

$$\longrightarrow R_2O-\overset{\overset{\large O}{\|}}{C}-|-C-|-\overset{\overset{\large O}{\|}}{C}-|-C-R_1$$

C_{n-3}烷烃

C_{n-2}烷醛

C_{n-1}甲基酮

图 9-12　饱和脂肪酸的有氧热分解反应

(2)热聚合　油脂经过加热后，特别是在加热到 300 ℃以上，或长时间反复加热，不仅会发生热分解反应，还会发生热聚合反应，其结果是油脂颜色变暗，黏度增加，严重时冷却后会发生凝固现象，油脂的起泡性也会增加，泡沫的稳定性增强。

热聚合反应可以发生在同一分子的酰基甘油的脂肪酸残基之间，形成二聚酸或多聚酸；也可以发生在不同的酰基甘油分子之间，形成二聚甘油酯、多聚甘油酯。热聚合与氧化聚合不同，它不会产生难闻的气味，消费者不易发现它们的存在，因此它的危害更大。

油脂在 200～300 ℃发生热聚合生成环状化合物，聚合的方式有分子间聚合和分子内聚合，通常分子间聚合程度大于分子内聚合，产物主要为二聚体和三聚体。油脂的热聚合反应一般有以下形式。

狄尔斯-阿德尔(Dieds-Alder)反应，即共轭二烯烃与双键的加成反应，生成环己烯类化合物。反应先是多不饱和脂肪酸的双键异构化生成共轭二烯烃，然后与不饱和脂肪酸反应生成环己烯类化合物(图 9-13)。狄尔斯-阿德尔反应不仅发生在分子间，也可以发生在同一脂肪分子的两个不饱和脂肪酸酰基之间。

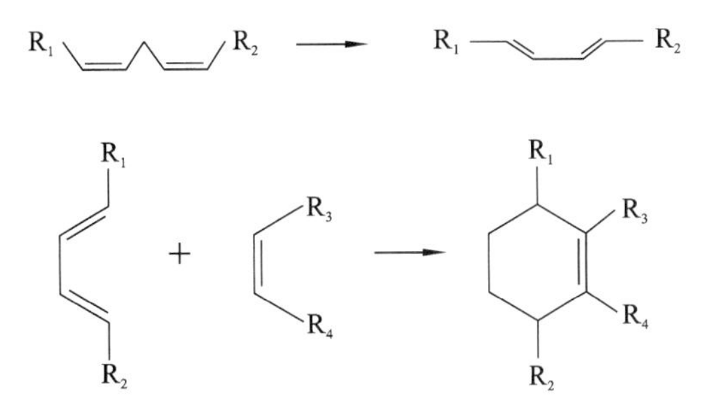

图 9-13　油脂分子间的热聚合反应

游离基之间结合形成非环状二聚体混合物。有氧情况下，油脂氧化双键均断裂生成自由基，自由基之间再经 C—C 结合产生非环状二聚体(图 9-14)。

游离基与一个双键的加成反应，产生环状或非环状化合物。在高温下油脂热氧化机理还不是非常清楚，油脂的热聚合，导致油脂黏度增大，泡沫增多，如油炸鱼、虾泡沫中含有较多二聚体，对人体有害。不饱和油脂中含有双键，很容易发生热聚合，形成各种聚合体。图 9-15 为油脂在高温条件下发生氧化、分解、聚合反应，形成不同产物的途径，因而烹饪加工中，一般食用调和油不宜作为煎炸油来煎炸食物。

(3)热缩合　在高温条件下，特别是在油炸条件下，食品中的水进入油中，首先，使油脂

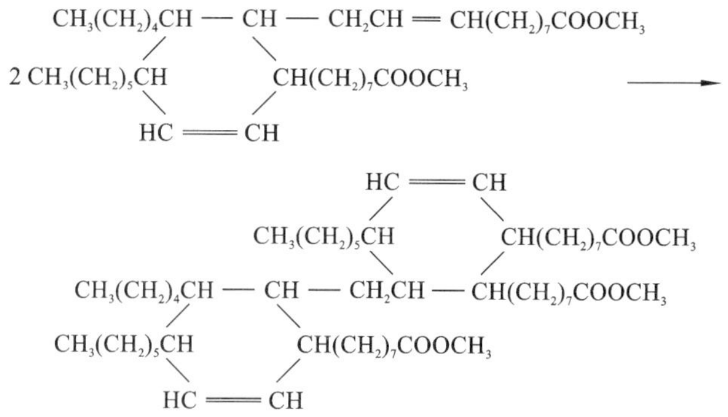

```
                CH3(CH2)4CH — CH — CH2CH ═ CH(CH2)7COOCH3
                         /      \
        2 CH3(CH2)5CH            CH(CH2)7COOCH3           ──→
                         \      /
                         HC ══ CH

                              HC ══ CH
                             /        \
                  CH3(CH2)5CH          CH(CH2)7COOCH3
                             \        /
         CH3(CH2)4CH — CH — CH2CH — CH(CH2)7COOCH3
                    /      \
        CH3(CH2)5CH         CH(CH2)7COOCH3
                    \      /
                    HC ══ CH
```

图 9-14　油脂分子间热聚合反应生成非环状二聚体

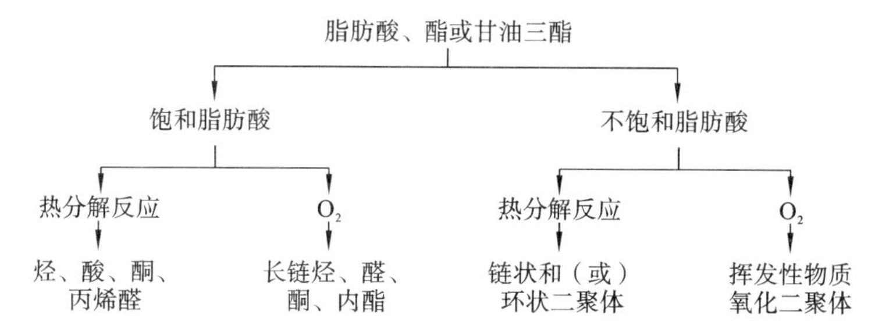

图 9-15　油脂在高温条件下发生氧化、分解、聚合反应的产物

发生部分水解，然后再缩合成分子量较大的环氧化合物(图 9-16)。

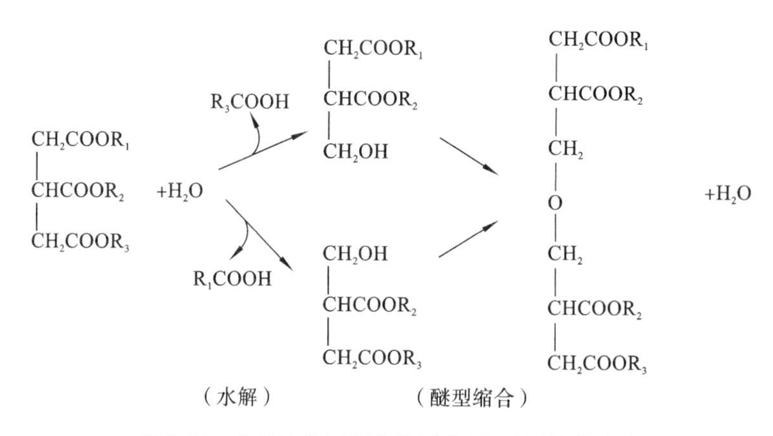

图 9-16　食品油炸过程中油脂水解、醚型缩合反应

一般来讲，油脂在油炸过程中的变化与油脂的组成，食物的成分，油炸时间、温度和使用的容器存在着较大的关系，例如，采用敞口锅油炸食物，因与空气接触面增大，氧化速率加快。

烹饪中，油脂在高温下的化学反应不全是负面的，通常油炸食品能够产生特有的香气，其主要成分是羰基化合物(烯醛类)和内酯，促进食品的羰氨反应。

(4)油脂劣变对健康的影响　油脂高温加热，特别是较长时间地加热或反复加热，会出现颜色变深、黏度增大、泡沫增加、发烟点下降等现象，这种现象称为油脂的劣变(或老化)。油脂劣变不仅使油脂的口感变差，营养价值降低，而且也使其风味、品质下降，并产生环状化合物质、二聚甘油酯、三聚甘油酯和烃等有毒有害成分，影响人体健康。油脂劣变主要表

现如下。①颜色变深，反复用过的油脂明显颜色变暗，烹饪原料在高温下除了发生焦糖化反应、羰氨反应等产生黑色素外，更主要的是油脂自身生成的高分子聚合物使油脂变色。②黏度增大，油脂加热时间越长，黏度越大。以棉籽油为例，加热后的黏度可增大几倍。黏度增大的主要原因是各种聚合反应，其中缩合反应使分子变大。③挥发性增强，油脂经长时间加热后，泡沫增多，且不易消失，并且热分解反应产生的物质会降低油脂的发烟点。油脂长时间加热后，会出现氧化酸败的气味。④安全性差，劣变油脂中的烃类、羟基脂肪酸、过氧化物、环状聚合物及酰基甘油的二聚物或多聚物对人体都有一定的毒副作用，劣变过程中热分解产生的环烃类物质有很高的毒性。例如，在大鼠的饲料中加入链长在9个碳以上的烃(占饲料的20%)，会导致受试动物死亡。劣变油脂产生的很多聚合物与代谢酶类结合，阻碍酶的作用，造成动物生长停滞、肝脏肿大、生殖功能障碍，并有致癌的可能性。近年来的研究表明，劣变油脂对动脉粥样硬化有促发作用，人若经常食用劣变油脂，会增加患动脉粥样硬化、胃癌、肝癌的可能性。

(5)油脂劣变的预防。

①控制加热温度。油温越高，油脂热氧化作用越剧烈，尤其温度超过200 ℃时，油脂劣变的速率加快。因此烹饪中油温应控制在150 ℃左右，不要超过200 ℃。对油温的判断非常重要，食品工业可以通过温度计测量油温，但烹饪时，温度只好通过感觉来判断。对于厨师来说，一般通过两个途径来确定油温，一是手掌心对热的感觉或手指的触觉；二是观察油表面的状态(表9-11)。

表9-11　油温与油表面状态的关系

油温/℃	油表面状态
50～100	少许气泡产生，油面平静
100～120	气泡消失，油面平静
120～170	油面出现油自中心向外翻滚
170～210	有少量青烟产生，油表面产生波纹
210～250	有明显的青烟产生

②采用高稳定性油脂。不饱和油脂因含有不饱和脂肪酸，加热中双键易受到氧原子的攻击而断裂，不饱和油脂比饱和油脂的稳定差，例如，大豆油、玉米油较易劣变，这类油脂不宜重复使用；而棕榈油、猪油饱和程度高，可以用来煎炸、烘烤食物，但也不能多次重复使用。而制作油炸食品，如方便面要使用专门的煎炸油，如氢化油和抗氧化油。

③减少与氧气的接触面积。在有氧气的情况下，油脂劣变的速率会大大增加，所以在高温油炸食物时要尽量减少油脂与氧气的接触面积。为了减少与空气的接触面积，在选择烹饪器具上既要考虑方便性，也要注意其科学性，例如，传统炸油条时采用大口径的敞口尖底铁锅，这样既不利于保温，与氧气接触面积较大，而且铁有催化作用。而新型的锅采用平底或宽底、长方形口不锈钢锅，并有温控设备，既利于保温和控制油温，又可减少与氧接触面积，同时避免了铁的催化作用，提高油条的质量。

④减小金属离子的催化作用。金属离子有催化油脂氧化的作用，可加快油脂氧化的速率，最常见的有铁离子、铜离子，如铁锅、铜锅等。因此，高温油炸食物时要采用不锈钢容器，以减少油脂的劣变。

⑤降低食物的含水量。食物的含水量也是影响油脂劣变的一个重要因素。油脂在高

温多水的环境下容易发生水解生成脂肪酸，使油脂劣变速率加快。因此，在油炸前要尽量预先去除水分，不能去除水分的采用挂糊、裹芡等方法。

⑥合理的加工工艺。为了减少加热时间，烹饪中常采取间歇法、复炸法。间歇法是将油脂加热到一定温度后，停止加热，待温度下降后再加热；复炸法是食物经过一轮加热后，待其冷却，再进行第二次、第三次油炸，例如，油炸肉丸子、鸡棒等，通过复炸使食物外酥里嫩。

9.3.4.2 反式脂肪酸

油脂氢化是对不饱和脂肪酸中双键加氢的化学反应过程，特别是多不饱和脂肪，在常温下常呈液态，加氢后增加了脂肪的饱和程度，从而使其在室温条件下呈固态，表现出不同的结晶性能（使甘油三酯组成更加接近），并具有更好的氧化稳定性。油脂氢化还有另一个作用，可以破坏胡萝卜素中的双键结构，从而使油脂脱色。氢化后的油脂由于具有良好的稳定性和塑性，广泛用于人造奶油等。

油脂氢化反应中，当氢不够时，反应进行的方向也可以发生改变，脂肪酸在催化剂的作用下，双键又重新形成，此时所形成的双键可以是顺式，也可以是反式，这就是油脂氢化过程中反式脂肪酸产生的原因。此外，油脂在高温加热的条件下，特别是在有金属离子催化的作用下，可以产生反式脂肪酸。

目前研究发现，膳食中反式脂肪酸与心血管疾病的发病风险存在关联，反式脂肪酸在体内可使低密度脂蛋白胆固醇增加，高密度脂蛋白胆固醇减少，反式脂肪酸通过对脱氢酶的竞争抑制作用干扰 γ-亚麻酸和 α-亚麻酸的代谢，从而造成体内必需脂肪酸的缺乏。反式脂肪酸对正常脂质代谢的干扰是使活性十二碳酸衍生物代谢失衡，活性二十碳酸衍生物过量，对心血管疾病和动脉粥样硬化有促进作用。因此世界卫生组织（WHO）建议限制或减少膳食中反式脂肪酸的摄入。

9.3.4.3 皂化反应

脂肪在碱性条件下能发生完全的水解反应，水解中生成的游离脂肪酸与碱中和生成相应的脂肪酸盐，此反应是工业制肥皂的主要化学反应，故称皂化反应（saponification reaction），其反应式如下：

$$\underset{\text{甘油三酯}}{\begin{array}{l} \qquad\qquad H_2C-O-\overset{O}{\overset{\|}{C}}-R_1 \\ R_2-\overset{O}{\overset{\|}{C}}-O-CH \\ \qquad\qquad H_2C-O-\overset{O}{\overset{\|}{C}}-R_3 \end{array}} + 3NaOH \longrightarrow \underset{\text{脂肪酸钠盐}}{\begin{array}{l} R_1-\overset{O}{\overset{\|}{C}}-O-Na \\ R_2-\overset{O}{\overset{\|}{C}}-O-Na \\ R_3-\overset{O}{\overset{\|}{C}}-O-Na \end{array}} + \underset{\text{甘油}}{\begin{array}{c} CH_2OH \\ | \\ HOCH \\ | \\ CH_2OH \end{array}}$$

工业上皂化反应以食品加工后的劣质油脂、餐后的潲水油经过加工处理，最终产物为肥皂。烘烤食品中为了起酥，常常会加入碳酸氢钠或乳化盐，在碱的作用下，油脂会发生皂化反应，生成脂肪酸盐，长链脂肪酸根改变了钠离子的咸味感，产生了肥皂味。

第 10 章　烹饪的传承与发展

读过前面的章节后会明显发现，一种单独的食物，更不用说一顿丰盛午餐，其整体效果受到一系列复杂多样的因素影响，这些因素从原料的生产开始，经过加工，无论是物理变化还是化学变化，都能产生风味物质，最终改变食物的质地和颜色。进食时所有的感受器官将感觉信号传递到大脑。食物的烹饪过程涉及物理学、化学、烹饪工艺学、分子生物学和神经生理学，当然也包括食品营养与卫生、饮食文化等。

烹饪科学中有些领域相对容易理解，如饮食文化、食品营养与卫生，但许多领域还不被普通大众了解。就食品化学而言，有些化学反应很容易被人理解并在实践中加以运用，如酸碱中和反应，而多数反应则不被人所知。即使有一个大概的了解，但由于这些反应的细节太复杂，无法做出完整的描述。让更多人了解烹饪中的变化正是烹饪科学希望达到的目的，前面的章节围绕烹饪中食物“色、香、味、形”的形成与发展进行深入探讨，面临的挑战是前所未有的，毕竟关于烹饪科学的理论研究还相当地零碎。

烹饪化学已受到越来越多人的尊重与理解，改变了过去人们对它的误解，一提到化学或化学反应就认为是无益于健康的。因此，化学和其他学科的应用对烹饪产生了积极的影响，使人们相信烹饪与科学是相互关联的。

然而，回到烹饪最基本、最重要的问题上来，所有对烹饪的这些研究和追求是不是值得的、必要的？还有一些更重要的社会问题，烹饪科学如何让人们选择更健康的饮食，以及如何鼓励更多的年轻人从事这个职业。

10.1 食物的复杂性：喜欢、饱腹感与摄入量

显然，人们喜欢食物的程度取决于许多因素，如食物本身以及自身的经历。如果有选择，人们会倾向于吃自己喜欢吃的东西。同样明显的是，人们愿意尝试新的感觉体验。

喜欢的食物是不是必然会导致更多的摄入量？好吃的与一定会多吃这两者间并不一定划等号。事实可能恰恰相反：如果吃饭既是一种获得快乐的活动，也是一种确保必要能量摄入的手段，那么一顿饭的高质量将体现在数量摄入的减少和营养成分的增加上，因为较小的份量就能获得足够的满足感。如果能证明这一点，使“数量”可以被“质量”取代，那么就有可能在食物供应充足的环境中鼓励更恰当的饮食行为。调查数据表明：当人们吃（喝）高品质食物时，比吃（喝）普通食物质量要少。美食学的研究主要针对食物高感官质量，例如，特定的感官维度可以通过分子烹饪的方法更精确地定义。在厨房和实验室中，使用新的物理和化学方法进行实验，可以获得许多有关个人感官对满足感、饱腹感贡献的新成果。

食物复杂程度与满足感和饱腹感之间的关系是一个具有潜力与挑战的领域，特别是以美味、真实、完整的膳食作为研究对象，而不是简单的、单一食物（如果汁）研究。食物复杂性对食物选择与摄入量产生直接影响最有力的证据：在过去的50年里，西方饮食发生了巨大的变化，与30年前相比，英国人少吃红肉，多吃家禽，多吃加工食品。尽管英国政府的统计数据显示，脂肪、糖和蛋白质的摄入量下降，果蔬的摄入量增加，但肥胖症的发病率仍呈上升趋势。来自美国的数据表明，肥胖率升高的一个关键因素是加工食品和“快餐”食品的消费。在英国，约30%的食品消费是在家庭以外的地方。外出就餐时，人们往往会摄入更

多的食物和热量。据世界卫生组织报告，2016年全球超过19亿18岁以上的成人超重，其中超过6.5亿人肥胖。《中国居民营养与慢性病状况报告(2020年)》显示，我国6岁以下儿童超重率和肥胖率分别为6.8%和3.6%。因此，我们应该关注烹饪是否可以提供改善饮食的途径，从而改善个人健康。

食物复杂性可以用多种方式定义。首先是食物能量密度的复杂性。进食时，往往需要预测摄入量，以满足当前和未来短期的需求。通常摄入量是由人体内一种简单反馈机制决定的，比如肠道激素(CCK)、胰高血糖素样肽-1、胰高血糖素样肽-2 (GLP-1、GLP-2)的分泌。当摄入了足够的能量物质后，或者达到一个临界水平，以上激素就会释放出来，产生饱腹感(甚至产生厌恶感)而停止进食。然而，该系统可通过人体感官学习和记忆来完善，具有很强的适应性。因为，在多数食物从胃被排到小肠充分吸收之前，进食活动就已经停止了。饱腹感除了与特定食物成分关联外，摄入量似乎还受到一系列其他因素的影响，包括食物的适口性、用餐人数以及就餐环境等，这些与所食用的特定食物无关。

食物复杂性也可定义为感觉体验，食物丰富的风味可以带来更多的享受和满足感。除味觉、嗅觉外，进食体验还有一个维度，即食物质地的复杂性和适口性。当吃了一顿“硬”午餐后，对再吃“硬”食物的欲望有所减弱。而良好的适口性(温度、软硬度、辣度等适宜)则增加进食的满足感。通常将味觉、嗅觉、触觉共同构成的进食时的复杂感觉体验称为味道。人们为什么会有饮食过量行为？原因在于人们被各种复杂的味道充斥着(来自餐厅、广告、美食家等)，而对味道作用以及产生味道的成分则知之甚少。大多数人一个重要的信念是，通过节食来控制摄入量，这至少是当前减肥的基本理念。然而，人们忽略了人体感觉机制对变化刺激(新的感觉)的敏感作用，这导致进食时即使受到前一种味道的过量刺激产生饱腹感，但对新味道仍然敏感。加之感觉的记忆性和情绪化，让食者难以抗拒喜欢的食物。

如果将复杂性定义为食物成分，对于加工食品(或功能食品)来说能量可能更低，味道也并不复杂，但它们的成分可能更加复杂。例如，一份在家中自制的简单面酱可能含有植物油、洋葱、大蒜、西红柿和调味料(盐、胡椒或一些香草等)。而加工预制好的面酱可能还含有糖、改性玉米淀粉、酸度调节剂(如柠檬酸)、白葡萄酒、醋、洋葱提取物和其他非指定的调味料、防腐剂等。关于食物成分的复杂性如何影响食物的摄入量、饱腹感和喜欢程度还需要进行更多的研究。

食物复杂性可能在不同方面决定了食物的饱腹感，复杂性的特殊影响可能是通过特定的感觉来调节的。近年来，年轻人对加工食品和人造食品的喜爱显著增加。然而，相对于“家庭自制”的相同食品，人们对这些加工食品的复杂性知之甚少。通过阐明复杂性的作用，可以更好地解释人们普遍持有的观点，即加工食品被过度消费，并在此基础上被视为不健康。当然，进食是一个非常简单的方法来享受食物和获得满足感，复杂性只是影响人们欣赏食物的众多因素之一。尽管如此，食物的复杂性与愉悦感、饱腹感、摄入量之间的联系，是值得进行科学研究的领域。

10.2　大师与厨师：享受烹饪的快乐

家庭烹饪中经常面临这样的困惑，按照烹饪书籍的指引，信心满满准备做一餐美食时，却怎么也达不到理想的效果。虽然市场上有各式各样的烹饪书籍，甚至已经有一些烹饪模型试图帮助人们在家享受美食的快乐，但一般来说，这些书籍、模型对家庭烹饪没有多大用处。因为，家庭烹饪往往需要最简单明确的指导，在最佳温度和时间熟制特定的食物。这种情况为烹饪研究提供了大量的机会，其目标是生产可以在家庭厨房中使用的简单易用的预测烹饪模型。例如可以设想一个计算机程序包，它根据一块肉的类型、尺寸和切片，可以建议一系列不同的烹饪方法(如烹饪时间、温度等)，从而提供一系列不同的质地、颜色和风味的成品。这样的工具在任何繁忙的厨房都是无价的。

对烹饪模型的研究可以从纯理论的方法或纯实验的方法来进行。然而，这两种研究方法面临的困难很多，纯理论的方法将发现很难处理肉的不同变化，肉不同的切法(厚度)、形状和切片大小等会产生不同的热传递结果。而纯实验的方法需要反复试验、大量测试来验证结果，如此大范围的不同示例，以致不太可能在真实厨房中提供能真正应用的实际案例。然而，预测烹饪模型不仅可以在肉类烹饪方面，还可以在其他方面应用。食物凝胶的制作上是一个较成熟的科学应用领域，可以开发一套详细的制作模型(各种凝胶剂在什么条件下会形成凝胶，凝胶具有的特性、稳定性等)。这些信息主要存在于研究文献中，在实践中应用较小，公众也不便获取。例如，对肉类的上浆，可以针对不同肌肉、不同类型淀粉在厨房或实验室设计制定一种模式，并进行简单的测量(如黏度)和评价。

烹饪科学在食物制作与消费者之间架起一座桥梁，烹饪中味道的调和，酸味物质为什么能使鲜味减弱，使甜味更优雅？有的人怕辣，有的人不怕辣，还有的人怕不辣。这些现象背后的感觉机制是什么？“风味”是否超越了“饮食文化”？为什么有些食物能够很快产生饱腹感，而有些食物感觉吃饱了还想再吃？“风味”是如何影响着“营养原则”？从科学的角度来解释这些问题不仅非常有趣，而且能在享受快乐的同时对调整饮食行为做出重大贡献。

10.3　味道语言属性:公众参与

味道与语言之间有着紧密联系。语言对于味道描述的重要性是惊人的，但经常会感到语绝词穷。单就嗅觉而言，一般认为人类鼻子理论上可以嗅辨10000亿种气味，在某网站上，带有气味的食物成分词汇就录编了700多种。味道可以唤起旧时的记忆及与之相关的情绪，并通过语言进行描述，在人与人交流时得以扩散。

因此，只制作食物是不够的，还需要尽可能将其美味、营养价值等描述出来。怎么描述味道呢？有没有可能创造一套味觉和味道的语言，让我们理解不同的人对同一种食物的不同欣赏？对味道的感觉不仅取决于食物中存在的原料和香气分子，还取决于它们在口中释放的方式，而这反过来又取决于进食的人。这些都是很难回答的问题，不仅涉及科学界、专业厨师，当然最重要的还涉及公众。感官科学在食物特征命名、感官感知描述和参考原料的选择等方面有了很大的进展，虽然主要是在感官实验室严格实验控制条件下，许多研究已经描述了食物中物理、化学刺激与感觉之间的关系。

与厨师、科学家以及对烹饪感兴趣的人进行交流时，了解烹饪(和消费)食物的过程中发生了什么，就能产生非常多有趣问题及互惠互利的效果。厨师会不断地提出难题，这可

能会带来新的研究机会:有没有方法可以预测某种食物是一种“好的”味道组合,或是一种好的食物搭配?虽然这只是一个简单的假设,科学家却对此有极大的兴趣。

接下来的问题是如何看待成分是“天然的”还是“人造的”。这些术语对科学家和公众可能有不同的含义。对于大多数科学家来说,似乎很明显,如果一种食物成分是健康的,并赋予一道菜令人满意的特性,那么,它是从水果中提取出来的,还是在实验室合成的,都是可以接受的。因此,科学家应该多与公众交流,帮助他们理解。例如,巧克力是一种经过高度加工的食物,它远非一般公众所认为的“天然”食物;谷氨酸钠(味精)存在于母乳、肌肉、西红柿、奶酪、米面中,是纯粹的天然成分,却饱受人们诟病,且常被认为是“人造的”。

10.4 烹饪教育:从学校开始

孙中山先生说过,“烹调之术本于文明而生,非深孕乎文明之种族,则辨味不精;辨味不精,则烹调之术不妙。中国烹调之妙,亦足表文明进化之深也。”我国有着世界独一无二的饮食文化和饮食体系,随着工业化进程,人们生活方式(家庭模式)、消费方式的改变,餐饮业得到了前所未有的高速发展,我国每年餐饮消费增速在10%以上。工业化的模式正在以前所未有的速率向烹饪餐饮业渗透,新兴的业态层出不穷,外卖等配送到家服务逐渐成为食品行业发展的主流。在带来方便、快捷的同时,侵蚀着传统以堂食、家庭为主的饮食、消费习惯以及饮食文化。除传统的风味、营养、安全问题外,食物成分变得越来越复杂和不可预测,以强烈的感官刺激吸引着年轻的消费者,其中最为突出的是糖、鲜味物质以及风味增效剂的使用。

在一个十几亿人口的国家里,吃饱饭已不成问题,但“吃好”似乎还没有引起民众的普遍关注。越来越多的年轻人和年轻的家庭很少有在厨房做饭的体验,对于吃什么,如何吃,变成了网络媒体的被动跟随者。烹饪教育、公众的参与在今天显得尤为重要。西方国家已经意识到这个问题的严重性,如英国中学化学课中经常采用来自食品科学领域的实例,越来越多来自英国学校的数据表明,学生发现这种改变使化学更加易于学习,而且明显很“酷”,除激发学生对化学的兴趣外,学生个人对食物也有更多的选择。

与英国等西方大众式教育不同,我国烹饪教育是以职业教育为主,设置有中职、高职以及应用型本科层次,目的是培养烹饪专业人才、高技能厨师和烹饪大师,以满足人们美好生活的需要,是推动烹饪科学发展的重大举措。但在这种教育体制下,首先厨师与公众之间的屏障没有破除,公众参与度低,行业信息透明度差,限制了人们对食物的选择,特别是“掌握某种烹饪技术的人不外传,没有这方面技术的人也无需研究”状况,成为烹饪科学发展的障碍。其次,长期以来,社会对烹饪科学与烹饪职业的错误理解,说到烹饪就等同厨师,真正将烹饪作为科学来研究的人少之又少,这也限制了烹饪科学的普及与发展。

科学是推动人类发展进步的力量,烹饪科学发展史是一部人类发展史,烹饪科学对人类发展与进步具有重要作用。从这个角度来说,我们有理由在更大范围内推动烹饪教育,借鉴日本《厨师法》经验,将科学研究、人员培训、公众参与、信息透明等纳入规范管理,在保证食品质量、安全的基础上,公众对食品的选择更加科学,健康水平得到提高。

10.5 分子烹饪学:更多科学家参与

近年来,在化学的基础上,法国物理化学家 Herve This 和牛津大学物理学教授 Nicholas Kurti 共同创造分子烹饪(Molecular Gastronomy),将化学、物理学神经医学、生命科学研究成果、技术应用到烹饪中,按照分子性质,找出最理想的烹调方法和条件,创造出独特感官风味的菜肴。Herve This 于 1988 年提出"分子与物理美食"理论,成立分子厨艺工作坊,并相继出版《厨房探秘》《分子厨艺》。耶鲁大学医学院神经学教授、著名杂志 *Journal of Neuroscience* 前主编 Gordon M. Shepherd 也出版了《神经美食学》。英国布里斯托尔大学的物理学教授 Peter Barham 等学者于 2010 年首次提出"分子烹饪学:一门新兴的学科"。

不同领域科学家的参与给烹饪科学带来了全新的视野,使这门学科又焕发出青春。将化学、物理学、神经医学研究成果、技术应用到烹饪中,创造出新颖的口感和味道组合,不仅彻底改变了用餐者在餐厅的体验,还带来了对食物新的享受和欣赏。所有这些都引出了一个基本的问题:这些新奇的质地和味道会给用餐者带来如此多乐趣的本质是什么?

分子烹饪这一术语在近几年应用广泛。一些厨师已经开始将他们的烹饪风格贴上分子烹饪的标签,并声称已将科学原理运用到烹饪中。分子烹饪学从分子的角度出发,研究为什么有些食物尝起来很糟糕,有些很普通,有些很好吃,还有些偶尔绝佳美味。不管是原料的选择及其生长方式,食物烹饪方法与呈现的方式,还是就餐环境,它们都将发挥各自的作用,而要阐明它们各自对最终结果的影响程度,还需要进行有效的科学研究,但化学是这些研究的核心学科。

分子烹饪学与传统食品科学的最大不同之处:分子烹饪学利用一些制备技术(先进设备、材料)背后的科学,对现有的原料进行加工,这些技术可以用于餐厅烹饪,也可用于家庭烹饪,目的是产生最佳的感官效果。分子烹饪学追求的是新颖性、个性化。相反,传统食品科学在很大程度上关注的是食品规模化生产以及营养和安全,追求的是标准化、同质化。另一个区别是,虽然分子烹饪学包括了烹饪科学,在遵循传统烹饪工艺时,有必要了解其更广泛的背景,例如生物学、美学以及食品历史和文化。

分子烹饪学一个重要方面,也是 Herve This 博士经常实践的一个内容,对传统食谱或加工程序进行系统化描述。Herve This 将食物的构成分解为四个基本的"相"(气相、水相、油相、固相),所有的食物都可以从四个基本"相"来对其内部结构进行简明的描述,有利于实践应用和操作,甚至有可能根据某道菜品使某个人产生的美味体验做出相应量化的测量。按照其程序(模式),在未来能够为参加宴会的每一位客人提供同一道菜的不同变体,使每个人都有自己独特的愉快体验。如果分子烹饪学能够实现这一目标,它将在很大程度上改变公众对烹饪的看法。

参考文献

[1] 雅克·阿塔利.食物简史[M].吕一民,应远马,朱晓罕,译.天津:天津科学技术出版社,2021.

[2] 埃尔韦·蒂斯.分子厨艺:探索美味的科学秘密[M].郭可,傅楚楚,译.北京:商务印书馆,2016.

[3] 王雪萍.《周礼》饮食制度研究[M].扬州:广陵书社,2010.

[4] 崔晓丽.文白对照黄帝内经[M].北京:中国纺织出版社,2012.

[5] 德里克·B.罗威.化学之书[M].杜凯,译.重庆:重庆大学出版社,2019.

[6] 朱大年.生理学[M].7版.北京:人民卫生出版社,2008.

[7] 魏跃胜.烹饪化学[M].武汉:华中科技大学出版社,2018.

[8] 赵新淮,徐红华,姜毓君.食品蛋白质——结构、性质与功能[M].北京:科技出版社,2009.

[9] 江波,杨瑞金.食品化学[M].2版.北京:中国轻工业出版社,2018.

[10] 张培青.物理化学教程[M].北京:化学工业出版社,2018.

[11] 胡德亮,陈丽花,黄恺.食品乳化剂[M].北京:中国轻工业出版社,2011.

[12] 黄来发.食品增稠剂[M].北京:中国轻工业出版社,2000.

[13] 高彦祥.食品添加剂[M].北京:中国轻工业出版社,2013.

[14] 内森·梅尔沃德,克里斯·杨,马克西姆·比莱.现代主义烹饪:烹调艺术与科学[M].北京:北京美术摄影出版社,2015.

[15] 张佳程.食品质地学[M].北京:中国轻工业出版社,2010.

[16] 李云飞,葛克山.食品工程原理[M].4版.北京:中国农业大学出版社,2018.

[17] 杨国堂.中国烹调工艺学[M].上海:上海交通大学出版社,2008.

[18] 孙长颢.营养与食品卫生学[M].6版.北京:人民卫生出版社,2008.

[19] 季鸿崑.烹饪学基本原理[M].北京:中国轻工业出版社,2016.

[20] J.曾普尔尼,H.丹尼尔.分子营养学[M].罗绪刚,吕林,李爱科,译.北京:科学出版社,2008.

[21] BARHAM P, SKIBSTED L H, BREDIE W L P. Molecular Gastronomy: a new emerging scientific discipline[J]. Chemical Reviews,2010, 110(4): 2313-2365.

[22] 王宏伟,屈展,张启东,等.化学感觉及其转导机制[J].化学通报,2013,76(5):420-424.

[23] 贾雨鑫,张文博,覃凯华,等.咸味觉信息的感受、转递机制及其影响因素[J].神经解剖学杂志,2021,37(4):465-469.

[24] 郑欣,徐欣,何金枝,等.哺乳动物味蕾发育与重建的研究现状[J].华西口腔医学杂志,2018,36(5):552-558.

[25] Lee A A, OWYANG C. Sugars, sweet taste receptors, and brain responses[J]. Nutrients,2017,9(7):653.

[26] Ogata T, OHTUBO Y. Quantitative analysis of taste bud cell numbers in the

circumvallate and foliate taste buds of mice[J]. Chemical Senses,2020,45(4): 261-273.

[27] MATSUMOTO K, OHISHI A, IWATSUKI K,et al. Transient receptor potential vanilloid 4 mediates sour taste sensing via type Ⅲ taste cell differentiation[J]. Scientific Reports,2019,9(1): 6686.

[28] 贾雨鑫,张文博,覃凯华,等.酸味觉信息的感受、转递机制及其影响因素[J],神经解剖学杂志,2021,37(1): 89-95.

[29] 张文博,覃凯华,贾雨鑫,等.甜味觉信息的产生、传递与调控机制[J],神经解剖学杂志,2021,37(2): 215-220.

[30] 张文博,覃凯华,贾雨鑫,等.鲜味觉信息的产生、传递与调控机制[J].神经解剖学杂志,2021,37(5): 584-588.

[31] 覃凯华,贾雨鑫,张文博,等.苦味觉信息的感受、传递和调控机制[J].神经解剖学杂志,2021,37(3): 342-346.

[32] MA Z, TARUNO A, OHMOTO M,et al. CALHM3 is essential for rapid ion channel-mediated purinergic neurotransmission of GPCR-mediated tastes[J]. Neuron,2018,98(3): 547-561.

[33] ROMANOV R A,LASHER R S,HIGH B,et al. Chemical synapses without synaptic vesicles: Purinergic neurotransmission through a CALHM1 channel-mitochondrial signaling complex[J]. Science signaling,2018,11(529): eaao1815.

[34] KASHIO M, GAO W Q, OHSAKI Y, et al. CALHM1/CALHM3 channel is intrinsically sorted to the basolateral membrane of epithelial cells including taste cells[J]. Scientific reports,2019,9(1): 2681.

[35] BUTETTNER A. Influence of human salivary enzymes on odorant concentration changes occurring in vivo. 1. Esters and thiols[J]. Journal of agricultural and food chemistry,2002,50(11): 3283-3289.

[36] LWEANDOWSKIB C, SUKUMARAN S K, MARGOLSKEE R F, et al. Amiloride-insensitive salt taste is mediated by two populations of type Ⅲ taste cells with distinct transduction mechanisms[J]. The Journal of Neuroscience: the Official Journal of the Society for Neuroscience,2016,36(6): 1942-1953.

[37] BRAND J G, TEETER J H, SILVER W L. Inhibition by amiloride of chorda tympani responses evoked by monovalent salts[J]. Brain research,1985,334(2): 207-214.

[38] CHANGR B, WATERS H,LIMAN E R. A proton current drives action potentials in genetically identified sour taste cells[J]. Proceedings of the National Academy of Sciences of the United States of America,2010,107(51): 22320-22325.

[39] DESIMONE J A, LYALL V, HECK G L, et al. Acid detection by taste receptor cells[J]. Respiration Physiology,2001,129(1-2): 231-245.

[40] RICHTER T A, CAICEDO A, ROPER S D. Sour taste stimuli evoke Ca^{2+} and pH responses in mouse taste cells[J]. The journal of Physiology,2003,547(Pt2): 475-483.

[41] YE W, CHANG R B, BUSHMAN J D, et al. The K^+ channel $KIR_{2.1}$ functions in tandem with proton influx to mediate sour taste transduction[J]. Proceedings of the National Academy of Sciences of the United States of America, 2016, 113(2): E229-E238.

[42] ROPER S D. Signal transduction and information processing in mammalian taste buds[J]. Pflugers Archiv: European Journal of Physiology, 2007, 454(5): 759-776.

[43] IWATA S, YOSHIDA R, NINOMIYA Y. Taste transductions in taste receptor cells: basic tastes and moreover[J]. Current Pharmaceutical Design, 2014, 20 (16): 2684-2692.

[44] LARSON E D, VANDENBEUCH A, VOIGT A, et al. The role of 5-HT_3 receptors in signaling from taste buds to nerves[J]. The Journal of Neuroscience : the Official Journal of the Society for Neuroscience, 2015, 35(48): 15984-15995.

[45] O'BRIEN P, HEWETT R, CORPE C. Sugar sensor genes in the murine gastrointestinal tract display a cephalocaudal axis of expression and a diurnal rhythm[J]. Physiol ogical Genomics 2018, 50(6): 448-458.

[46] DUTTA B D, MARTIN L E, FREICHEL M, et al. $TRPM_4$ and $TRPM_5$ are both required for normal signaling in taste receptor cells[J]. Proceedings of the National Academy of Sciences of the United States of America, 2018, 115 (4): E772-E781.

[47] ZHANG Y F, HOON M A, CHANDRASHEKAR J, et al. Coding of sweet, bitter, and umami tastes: different receptor cells sharing similar signaling pathways [J]. Cell, 2003, 112 (3): 293-301.

[48] MARGOLSKEE R F. Molecular mechanisms of bitter and sweet taste transduction [J]. The Journal Biological Chemistry, 2002, 277 (1): 1-4.

[49] LI X D, STASZEWSKI L, XU H, et al. Human receptors for sweet and umami taste[J]. Proceedings of the Nation Academy of Sciences of the Untied States of America, 2002, 99(7): 4692-4696.

[50] MOURITSEN O G, KHANDELIA H. Molecular mechanism of the allosteric enhancement of the umami taste sensation[J]. The FEBS Journal, 2012, 279(17): 3112-3120.

[51] CHOUDHURI S P, DELAY R J, DELAY E R. Metabotropic glutamate receptors are involved in the detection of IMP and L-amino acids by mouse taste sensory cells [J]. Neuroscience, 2016, 316: 94-108.

[52] GABRIEL A S, MAEKAWA T, UNEYAMA H, et al. Metabotropic glutamate receptor type 1 in taste tissue[J]. The American Journal of Clinical Nutrition, 2009, 90(3): 743S-746S.

[53] YASUO T, KUSUHARA Y, YASUMATSU K, et al. Multiple receptor systems for glutamate detection in the taste organ [J]. Biological and Pharmaceutical Bulletin, 2008, 31 (10): 1833-1837.

[54] BUCK L, AXEL R. A novel multigene family may encode odorant receptors: a molecular basis for odor recognition[J]. Cell, 1991, 65(1): 175-187.

[55] MOMBAERTS P, WANG F, DULAC C, et al. Visualizing an olfactory sensory map[J]. Cell, 1996, 87(4): 675-686.

[56] 张龙. 昆虫感觉气味的细胞与分子机制研究进展[J]. 昆虫知识, 2009, 46(4): 509-517, 659-660.

[57] SMALL D M, GERBER J C, MAK Y E, et al. Differential neural responses evoked by orthonasal versus retronasal odorant perception in humans[J]. Neuron, 2005, 47(4): 593-605.

[58] NISHIMURA T, GOTO S, MIURA K, et al. Umami compounds enhance the intensity of retronasal sensation of aromas from model chicken soups[J]. Food Chemistry, 2016, 196: 577-583.

[59] ANDERSON A K, CHRISTOFF K, STSPPEN I, et al. Dissociated neural representations of intensity and valence in human olfaction [J]. Nature Neuroscience, 2003, 6(2): 196-202.

[60] ROLLS E T. Emotion explained[M]. Oxford: Oxford University Press, 2005.

[61] 曾武威. 温度和触觉受体的发现: 2021 年诺贝尔生理或医学奖简介[J]. 解剖学报, 2022, 53(1): 3-4.

[62] GLUMAC M, QIN L, CHEN J, et al. Saliva could act as an emulsifier during oral processing of oil/fat [J]. Journal of Texture Studies, 2019, 50(1): 83-89.

[63] 刘登勇, 邓亚军, 韩耀辉, 等. 红烧肉咀嚼过程中唾液分泌对食团特性和吞咽动作的影响[J]. 食品工业科技, 2017, 38(13): 42-47, 52.

[64] 窦光朋, 杨腾腾, 邵先豹, 等. 低聚异麦芽糖在蛋糕中的应用[J]. 农产品加工, 2018(6): 10-11, 17.

[65] BAJEC M R, PICKERING G J. Astringency: mechanisms and perception [J]. Critical Reviews in Food Science and Nutrition. 2008, 48(9), 858-875.

[66] JORDT S E, MCKEMY D D, JULIUS D. Lessons from peppers and peppermint: the molecular logic of thermosensation[J]. Current Opinion Neurobiology 2003, 13(4): 487-492.

[67] NAWROT P, JORDAN S, EASTWOOD J, et al. Effects of caffeine on human health[J]. Food Additives and Contaminants, 2003, 20(1): 1-30.

[68] MESTRES M, MORAN N, JORDAN A, et al. Aroma release and retronasal perception during and after consumption of flavored whey protein gels with different textures. 1. in vivo release analysis[J]. Journal Agricultural and Food Chemistry, 2005, 53(2): 403-409.

[69] BRAUD A, BOUCHER Y. Intra-oral trigeminal-mediated sensations influencing taste perception: A systematic review[J]. Journal of Oral Rehabilitation, 2020, 47(2): 258-269.

[70] 王耀鑫, 赵仁勇, 崔言开, 等. 乳化剂对夹层蛋糕坯质地的影响[J]. 河南工业大学学报(自然科学版), 2015, 36(3): 39-44.

[71] INAGAKI S, IWATA R, IWAMOTO M, et al. Widespread inhibition, antagonism, and synergy in mouse olfactory sensory neurons in vivo[J]. Cell Reports, 2020, 31

(13)：107814.

[72] LAWLESS H T. Evidence for neural inhibition in bittersweet taste mixtures[J]. Journal of Comparative and Physiological Psychology,1979,93(3):538-547.

[73] RAHMAN Z, ZIDAN A S, BERENDT R T, et al. Tannate complexes of antihistaminic drug: sustained release and taste masking approaches [J]. International Journal of Pharmaceutics,2012,422(1/2)：91-100.

[74] RHYU M R, KIM Y, MISAKA T. Suppression of $hTAS_{2}R_{1}6$ signaling by umami substances[J]. International Journal of Molecular Sciences,2020,21(19)：7045.

[75] CLAPP T R, YANG R B, STOICK C L, et al. Morphologic characterization of rat taste receptor cells that express components of the phospholipase C signaling pathway[J]. The Journal of Comparative Neurology,2004,468(3)：311-321.

[76] HUANG Y A, DANDO R, ROPER S D. Autocrine and paracrine roles for ATP and serotonin in mouse taste buds[J]. The Journal of Neuroscience the Official Journal of the Society for Neuroscience,2009,29(44)：13909-13918.

[77] DVORYANCHIKOV G, TOMCHIK S M, CHAUDHARI N. Biogenic amine synthesis and uptake in rodent taste buds [J]. The Journal of Comparative Neurology,2007,505(3)：302-313.

[78] BARTEL D L, SULLIVAN S L, LAVOIE E G, et al. Nucleoside triphosphate diphosphohydrolase-2 is the ecto-ATPase of type Ⅰ cells in taste buds[J]. The Journal of Comparative Neurology,2006,497(1)：1-12.

[79] OGURA T, LIN W H. Acetylcholine and acetylcholine receptors in taste receptor cells[J]. Chemical Senses,2005,30(Suppl 1)：i41.

[80] LI W, GILLIS-SMITH S, PENG Y Q, et al. The coding of valence and identity in the mammalian taste system[J]. Nature,2018,558(7708)：127-131.

[81] 刘登勇,曹振霞.红烧肉口腔加工过程中的香气释放规律[J].食品科学,2020,41(4)：164-171.

[82] FRANK D, EYRES G T, PIYASIRI U, et al. Effects of agar gel strength and fat on oral breakdown, volatile release, and sensory perception using in vivo and in vitro systems[J]. Journal of Agricultural and Food Chemistry,2015,63(41)：9093-9102.

[83] 申丹宁,赵学玨,孙运,等.质子转移反应质谱在食品挥发性有机物检测分析中的应用[J].食品科学,2017,38(23):289-297.

[84] WISE R A. Brain reward circuitry: insights from unsensed incentives[J]. Neuron, 2002,36(2):229-240.

[85] BERRIDGE K C, ROBINSON T E. Parsing reward[J]. Trends in Neurosciences. 2003,26(9):507-513.

[86] 刘岩,张蔚,陈晶,等."心理理论"的神经机制:来自脑成像的证据[J].心理科学,2007,30(3):763-765.

[87] 罗扬眉.幸福感的神经机制——来自多模态神经成像的证据[D].重庆:西南大学,2014.

[88] BASSAREO V, DI CHIARA G. Modulation of feeding-induced activaton of mesolimbic dopamine transmission by appetitive stimuli and its relation to motivational state [J]. The European Journal of Neuroscience, 1999, 11 (2): 4389-4397.

[89] AVENA N M, RADA P, HOEBEL B G. Evidence for sugar addiction: behavioral and neurochemical effects of intermittent, excessive sugar intake[J]. Neuroscience Biobeha Viorad Reviews, 2008, 32(1): 20-39.

[90] BERTHOUD H R. Mind versus metabolism in the control of food intake and energy balance [J]. Physiology and Behavior, 2004, 81(5): 781-793.

[91] 邹婷婷,何天鹏,宋焕禄,等. 香气对饱腹感和味觉影响的研究进展[J]. 食品科学, 2017, 38(17): 306-311.

[92] WESTERTERP-PLANTENGA M S, SMEETS A, LEJEUNE M P G. Sensory and gastrointestinal satiety effects of capsaicin on food intake[J]. International Journal of Obesity, 2005, 29(6): 682-688.

[93] BIRCH L L, DAVISON K K. Family environmental factors influencing the developing behavioral controls of food intake and childhood overweight [J]. Pediatric Clinics North America, 2001, 48(4): 893-907.

[94] SCHAAL B, MARLIER L, SOUSSIGNAN R. Human foetuses learn odours from their pregnant mother's diet[J]. Chemicals Senses, 2000, 25(6): 729-737.

[95] 苏冬辉. 胎教对新生儿神经行为的影响[J]. 中国妇幼保健, 2010, 25(21): 2985-2986.

[96] 陈红,刘馨元. 中国人限制性饮食和食物渴求的认知神经机制[J]. 心理科学进展, 2021, 29(6): 951-958.

[97] BEJJANI C, EGNER T. Evaluating the learning of stimulus-control associations through incidental memory of reinforcement events[J]. Journal of Experimental Psychology: Learning, Memory, and Cognition, 2021, 47(10): 1599-1621.

[98] OGASAWARA T, SOGUKPINAR F, ZHANG, K N, et al. A primate temporal cortex-zona incerta pathway for novelty seeking[J]. Nature Neuroscience, 2022, 25 (1): 50-60.

[99] SCHULTZ W. Behavioral theories and the neurophysiology of reward[J]. Annual Review of Psychology, 2006, 57: 87-115.

[100] HICKEY C, MCDONALD J J, THEEUWES J. Electrophysiological evidence of the capture of visual attention[J]. Journal of Cognitive Neuroscience, 2006, 18(4): 604-613.

[101] 黄骐,陈春萍,罗跃嘉,等. 好奇心的机制及作用[J]. 心理科学进展, 2021, 29(4): 723-736.

[102] 刘莉丹,黄峰,周芳伊,等. 三种红烧肉挥发性风味成分的比较研究[J]. 食品工业科技, 2019, 40 (13): 141-147.

[103] BERDAGUE J L, MONTEIL P, MONTEL M C, et al. Effects of starter cultures on the formation of flavor compounds in dry sausage[J]. Meat Science, 1993, 35 (3): 275-287.

[104] 余华. 酸奶风味的形成及控制[J]. 成都大学学报(自然科学版),1999(4):19-21.

[105] 徐丹萍,蒲彪,陈安均,等. 传统四川泡菜中挥发性成分分析[J],食品与发酵工业,2014,40(11):227-232.

[106] 张其圣,陈功,余文华等. 四川泡菜香气预处理及其主要成分的研究[J]. 食品与发酵科学,2010,46(6):1-4.

[107] FAHEY J W, ZALCMANN A T, Talalay P. The chemical diversity and distribution of glucosinolatcs and isothiocyantes among plants[J]. Phytochemistry, 2001,56(1):5-51.

[108] FENWICK G R, HEANEY R K, MULLIN W J. Glucosinolates and their breakdown products in food and food plants[J]. Critical Reviews in Food Science and Nutrition,1983,18(2):123-201.

[109] 魏跃胜,王菁. 农村传统手工麦酱风味特点分析[J]. 中国调味品,2017,42(6):118-121.

[110] 韦友兵,吴香,周辉,等. 萨拉米香肠发酵成熟过程中蛋白质水解及脂质氧化规律[J]. 食品科学,2019,40(20): 67-73.

[111] 周蕾. 气相色谱-质谱联用分析冷藏-二次加热过程后猪肉中挥发性物质变化[J]. 食品科技,2021,46(6):256-262.

[112] 曲清莉,傅茂润,代红飞. 脂氧合酶(LOX)在脂肪酸氧化中的作用研究进展[J],食品研究与开发,2015,36(10):137-142.

[113] WHITFIELD F B. Volatiles from interactions of Maillard reactions and lipids[J]. Critical Reviews in Food Science Nutrition,1992,31(1/2):1-58.

[114] BLANK I,DEVAUD S, MATTHEY-DORET W,et al. Formation of odorants in maillard model systems based on l-proline as affected by pH[J]. Journal of Agriculture and Food Chemistry,2003,51(12):3643-3650.

[115] 田红玉,孙宝国,张洁,等. α- 二羰基类化合物与 L- 亮氨酸组成模型体系的 Strecker 降解反应研究[J]. 食品科学,2010,31(4):24-27.

[116] OTA M, KOHMURA M, KAWAGUCHI H. Characterization of a new Maillard type reaction product generated by heating 1-deoxymaltulosyl-glycine in the presence of cysteine[J]. Journal of Agricultural and Food Chemistry, 2006, 54(14): 5127-5131.

[117] 孙丽平,汪东风,徐莹,等. pH 和加热时间对美拉德反应挥发性产物的影响[J]. 食品工业科技,2009,30(4):123-125.

[118] 侯莉,梁晶晶,赵健,等. pH 值对“半胱氨酸-木糖-甘氨酸”体系肉香味形成的影响[J]. 食品科学,2017,38(8):129-138.

[119] 董胜强,杨少杰,朱叶梅,等. LC-MS/MS 法同时检测糕点类食品中 9 种 Amadori 化合物[J]. 食品科技,2019,445(5):340-344.

[120] CRAIG I D,PARKER R,RIGBY,N M,et al. Maillard reaction kinetics in model preservation systems in the vicinity of the glass transition:experiment and theory [J]. Journal and Agricultural and Food Chemistry,2001,49(10):4706-4712.

[121] BREDIE W L P,MOTTRAM D S, GUY R C E. Effect of temperature and pH on

the generation of flavor volatiles in extrusion cooking of wheat flour[J]. Journal of Agricultural and Food Chemistry,2002,50(5):1118-1125.

[122] MEINERT L, SCHÄFER A, BJERGEGAARD C,et al. Comparison of glucose, glucose 6-phosphate,ribose,and mannose as flavour precursors in pork;the effect of monosaccharide addition on flavour generation[J]. Meat Science,2009,81(3):419-425.

[123] 李河.美拉德反应中主要苦味物质的形成途径与调控机制研究[D].广州:华南理工大学,2019.

[124] 关海宁,徐筱君,孙薇婷,等.肉汤中特征风味体系的形成机理及分析方法研究进展[J].肉类研究,2021,35(1):66-73.

[125] MIKKELSEN A, JUNCHER D, SKIBSTED L H. Metmyoglobin reductase activity in porcinem longissimus dorsi muscle[J]. Meat Science. 1999,51(2):155-161.

[126] 王永辉,马俪珍.肌肉颜色变化的机理及其控制方法初探[J].肉类工业,2006(4):18-21.

[127] 朱彤,王宇,杨君娜,等.肉色研究的概况及最新进展[J].肉类研究,2008(2):11-18.

[128] 王甜甜,朱逸宸,谢勇,等.肌红蛋白在加工贮藏过程中结构与功能特性的变化及其对肉制品色泽的影响研究进展[J].食品科学,2023,44(3):393-399.

[129] ZHANG W G,LONERGAN S M,GARDNER M A,et al. Contribution of postmortem changes of integrin,desmin and μ-calpain to variation in water holding capacity of pork[J]. Meat Science,2006,74(3):578-585.

[130] 张同刚,韩斌,李静.基于拉曼光谱技术的冷鲜牛肉高铁肌红蛋白及其酶活性检测[J].食品研究与开发,2022,43(3):158-163.

[131] 付丽,孔保华.一氧化碳在冷却猪肉保鲜中的应用[J].食品科技,2005(08):82-85.

[132] 李素,赵冰,张顺亮,等.高氧及 CO_2 气调包装对冷鲜猪肉品质的影响[J].肉类研究,2016,30(11):16-21.

[133] ROWE L J,MADDOCK K R,LONERGAN S M,et al. Oxidative environments decrease tenderization of beef steaks through inactivation of mu-calpain[J]. Journal of Animal Science,2004,82(11):3254-3266.

[134] 王军工,徐志强,朱英莲.番茄红素对发酵香肠色度、亚硝基肌红蛋白形成及抗氧化特性的影响[J].食品科技,2021,46(9):130-135.

[135] WAKAMATSU J, NISHIMURA T, HATTORI A. A Zn-porphyrin complex contributes to bright red color in Parmaham[J]. Meat Science,2004,67(1):95-100.

[136] 胡宏海,张泓.无硝干腌肉制品中锌-原卟啉Ⅸ形成的研究进展[J].肉类研究,2014,28(5):37-40.

[137] 周小理,杨晓波,林晶,等.不同工艺条件对菠菜汁叶绿素含量的影响[J].食品科学,2003(6):93-96.

[138] 陈银岳,孙叶,赵国琦.类胡萝卜素在饲料中的应用研究进展[J].中国饲料,2015

(9):30-34.

[139] 郭思杙,张薇,吕远平.金属离子对紫甘蓝花青素颜色稳定性的影响[J].中国调味品,2017,42(6):152-158.

[140] 彭斌,李红艳,邓泽元.食品中花青素在热加工中的降解及其机制研究[J].食品安全质量检测学报,2016,7(10):3851-3858.

[141] 孙倩怡,任珅,鲁宝君,等.蓝莓花青素的稳定性研究[J].营养学报,2017,39(4):400-404.

[142] 匡凤军,刘群,曹倩蕾,等.质构仪在食品行业中的应用综述[J].现代食品,2020(3):112-115.

[143] 张秋会,宋莲军,黄现青,等.质构仪在食品分析与检测中的应用[J].农产品加工,2017(24):52-56.

[144] 魏跃胜,李茂顺,易中新.质构剖面分析与感官评定的相关性分析[J],食品研究与开发,2016,37(24):34-37.

[145] YOO Y H,LEE S,KIM Y,et al. Functional characterization of the gels prepared with pectin methylesterase (PME)-treated pectins [J]. International Journal of Biological Macromolecules,2009,45(3):226-230.

[146] 汪洋,孔维宝,张馨允,等.海藻酸钙凝胶包埋法制备固定化小球藻[J].生物学通报,2015,50(9):50-53.

[147] 胡楚桓.不同一价金属离子类型的海藻酸盐与钙离子络合行为及凝胶特性研究[D].武汉:湖北工业大学,2021.

[148] SIEW C K, WILLIAMS P A, YOUNG N W G. New insights into the mechanism of gelaton of alginate and pectin:charge annihilation and reversal mechanism[J]. Biomacromolecules,2005,6(2):963-969.

[149] 王卫芳,李丹丹,熊善柏,等.猪肉添加量对鱼糜凝胶制品品质的影响[J].食品科学,2006(12):531-534.

[150] 闵亚光,高大维,李国基,等.有机结晶过程动、静态交替育晶机理探索[J].华南理工大学学报(自然科学版),1993(4):1-6.

[151] 赵晓昱,沙作良,朱亮.葡萄糖醛酸内酯结晶过程研究[J].天津科技大学学报,2011,26(3):20-23.

[152] 赵婷婷,王欣,卢海燕,等.基于低场核磁共振(LF-NMR)弛豫特性的油脂品质检测研究[J].食品工业科技,2014,35(12):58-65.

[153] 赵学伟,毛多斌.玻璃化转变对食品稳定性的影响[J].食品科学,2007(12):539-546.

[154] BARHAM P,SKIBSTED L H, BREDIE W L P,et al. Molecular gastronomy: a new emerging scientific discipline [J]. Chemical Reviews, 2010, 110 (4): 2313-2365.

[155] 黄文垒,钱静,逢健.鸡清汤的制作工艺及影响因素分析[J],食品研究与开发,2017,38(11):122-127.

[156] 李伟莉,刘国琴,DOBRASZCZYK B J.在醒发和焙烤时面团中气泡的动力学变化[J].郑州工程学院学报,2014(3):6-8.

[157] COMBES S, LEPETIT J, DARCHE B, et al. Effect of cooking temperature and cooking time on Warner-Bratzler tenderness measurement and collagon content in rabbit meat[J]. Meat Science, 2003, 66(1): 91-96.

[158] PEACHEY B M, PURCHAS R W, DUIZER L M. Relationships between sensory and objective measures of meat tenderness of beef m. longissimus thoracis from bulls and steers[J]. Meat Science, 2002, 60(3): 211-218.

[159] TORNBERG E. Effects of heat on meat proteins-Implications on structure and quality of meat products[J]. Meat Science, 2005, 70(3): 493-508.

[160] MA H J, LEDWARD D A. High pressure/thermal treatment effects on the texture of beef muscle[J]. Meat Science, 2004, 68(3): 347-355.

[161] BERGE P, ERTBJERG P, LARSEN L M, et al. Tenderization of beef by lactic acid injected at different times post mortem[J]. Meat Science, 2001, 57(14): 347-357.

[162] 李劼,汤高奇. 碳酸氢钠对酱牛肉嫩化效果的影响[J]. 山西农业科学,2015,43(6): 754-756,768.

[163] SHEARD P, TALI A. Injection of salt, tripolyphosphate and bicarbonate marinade-solutions to improve the yield and tenderness of cooked pork loin[J]. Meat Science, 2004, 68(2): 305-311.

[164] 赵改名,郝婉名,祝超智,等. 碳酸钠在嫩化型风干牛肉中的应用效果研究[J]. 食品科学技术学报,2020,38(4): 103-110.

[165] CHEAH P B, LEDWARD D A. High pressure effects on lipid oxidation in minced pork[J]. Food Science, 1996, 43(2): 123-134.

[166] 臧芳波,吕蒙,付永杰,等. 高压静电场解冻技术在肉类及肉制品中的应用[J]. 食品与发酵工业,2021,47(5): 303-308.

[167] 周绪宝,夏兆刚,生吉萍. 有机食品质量安全与营养品质研究进展[J]. 中国食物与营养,2013,19(10): 9-12.

[168] 王磊,汪玉,田伟,等. 有机与常规农产品营养品质差异研究进展[J]. 安徽农业大学学报,2014,41(4): 569-574.

[169] 唐政,李虎,邱建军,等. 有机种植条件下水肥管理对番茄品质和土壤硝态氮累积的影响[J]. 植物营养与肥料学报,2010,16(2): 413-418.

[170] 王建湘,周杰良. 不同有机肥种类对小白菜品质及产量的影响[J]. 上海蔬菜,2007(1): 63-64.

[171] 黄涛. 有机栽培条件下生物有机肥对稻田肥力和稻米品质的影响[D]. 海口:海南大学,2011.

[172] 王强盛,甄若宏,丁艳锋,等. 钾肥用量对优质粳稻钾素积累利用及稻米品质的影响[J]. 中国农业科学,2004(10): 1444-1450.

[173] 薛琨,郭红卫,达庆东,等. 上海市民食品安全认识水平的调查[J]. 中国食品卫生杂志,2004(4): 362-365.

[174] BOURN D, PRESCOTT J. A comparison of the nutritional value, sensory qualities, and food safety of organically and conventionally produced foods[J]. Critical

Reviews in Food Science Nutrition,2002,42(1):1-34.

[175] 高祖明,张耀栋,张道勇,等.氮磷钾对叶菜硝酸盐积累和硝酸盐还原酶、过氧化物酶活性的影响[J].园艺学报,1989(4):293-298.

[176] 谢建昌,陈际型,等.菜园土壤肥力与蔬菜合理施肥[M].南京:河海大学出版社,1997.

[177] 丁泽峰.钾肥对蔬菜产量和品质的影响[J].农业技术与装备,2014(18):54-55,58.

[178] 任祖淦,邱孝煊,蔡元呈,等.施用化学氮肥对蔬菜硝酸盐的累积及其治理研究[J].土壤通报,1999(6):265-267.

[179] 高祖明,李式军,索长江,等.硝酸态氮及亚硝酸态氮在不同pH条件下对蔬菜生长的影响[J].南京农业大学学报,1986(2):69-75.

[180] 胡承孝,邓波儿,刘同仇.施用氮肥对小白菜、番茄中硝酸盐积累的影响[J].华中农业大学学报,1992(3):239-243.

[181] 何鑫,张存政,孙爱东,等.冬季大棚栽培环境对白菜生长与营养品质的影响[J].江苏农业科学,2016,44(7):201-204.

[182] 梁颖,李艺,孙爱东,等.不同栽培方式对结球甘蓝营养成分的影响[J].农产品质量与安全,2019(4):73-77.

[183] SCHEEDER M R, CASUTT M M, ROULIN M, et al. Fatty acid composition, cooking loss and texture of beef patties from meat of bulls fed different fats[J]. Meat Science,2001,58(3):321-328.

[184] 飞银,佘韶峰,赵天章,等.菜籽油和猪油对饲料营养成分和饲料发霉的影响[J].饲料研究,2022,45(9):81-84.

[185] 陈雪君.日粮添加植物油和V_E对湖羊肉质调控及机理的研究[D].杭州:浙江大学,2011.

[186] 张忠明,张似青,赵志龙,等.比利时长白猪、法国皮特兰猪的肌纤维超微结构和肌肉组织化学特性研究[J].上海畜牧兽医通讯,1993(6):2-3.

[187] OLSSON V,PICKOVA J,张金环.生产体系对肉产品(主要是猪肉)品质的影响[J].AMBIO——人类环境杂志.2005,34(Z1):333-337,419.

[188] 温学治,柏玉升,黄开华,等.扬州鹅规模化配套饲养技术[J].中国禽业导刊,2008,25(21):49.

[189] LAMBOOIJ E,HULSEGGE B,KLONT R E,et al. Effects of housing conditions of slaughter pigs on some post mortem muscle metabolites and pork quality characteristics[J]. Meat Science,2004,66(4):855-862.

[190] MOHAMMED R,STANTON C S,KENNELLY J J,et al. Grazing cows are more efficient than zero-grazed and grass silage-fed cows in milk rumenic acid production[J]. Journal of Dairy Science,2009,92(8):3874-3893.

[191] 孙小琴.放牧奶牛乳脂肪酸组成及瘤胃脂肪酸代谢规律的研究[D].咸阳:西北农林科技大学,2013.

[192] 康萍.鸡肉品质与饲养方式的关联性[J].畜牧兽医科技信息,2016(08):114.

[193] AUBERT C,CHANFORAN C. Postharvest changes in physicochemical properties and volatile constituents of apricot(Prunus armeniaca L.). Characterization of 28-

Cultivars[J]. Journal of Agricultural and Food Chemistry, 2007, 55(8): 3074-3082.

[194] 李宗泰.北京居民对转基因食品风险感知探讨[J].经济师,2019(9):171,173.

[195] BUCK L B. Unraveling the sense of smell (Nobel lecture)[J]. Angewandte Chemie(Internation ed. in English),2005,44(38): 6128-6140.

[196] 任宝军,郜发道.哺乳类两大嗅觉系统功能的研究进展[J].动物学杂志,2005(6): 129-136.

[197] MENNELLA J A, JAGNOW C P, BEAUCHAMP G K. Prenatal and postnatal flavor learning by human infants[J]. Pediatrics,2001,107(6): E88.

[198] HEPPER P G,WELLS D L. Perinatal olfactory learning in the domestic dog[J]. Chemical Senses,2006,31(3): 207-212.

[199] 庞广昌,陈庆森,胡志和,等.味觉受体及其对食品功能评价的应用潜力[J].食品科学,2016,37(3): 217-228.

[200] MARTIN B, MAUDSLEY S, WHITE C M, et al. Hormones in the naso-oropharynx: endocrine modulation of taste and smell[J]. Trends in Endocrinology and Metabolism:TEM,2009,20(4): 163-170.

[201] TONG J, MANNEA E, AIME P, et al. Ghrelin enhances olfactory sensitivity and exploratory sniffing in rodents and humans[J]. The Journal of Neuroscience: the Official Journal of the Society for Neuroscience,2011,31(15): 5841-5846.

[202] TRELLAKIS S, TAGAY S, FISCHER C, et al. Ghrelin,leptin and adiponectin as possible predictors of the hedonic value of odors[J]. Regulatory Peptides,2011, 167(1): 112-117.

[203] FIRESTEIN S, MENINI A. The smell of adrenaline[J]. Nature Neuroscience, 1999,2(2): 106-108.

[204] JANG H J, KOKRASHVILI Z, THEODORAKIS M J, et al. Gut-expressed gustducin and taste receptors regulate secretion of glucagon-like peptide-1[J]. Proceedings of the National Academy of Sciences of the United States of American,2007,104(38): 15069-15074.

[205] YOSHIDA R,OHKURI T, JYOTAKI M, et al. Endocannabinoids selectively enhance sweet taste[J]. Proceedings of the National Academy of Sciences of the United States of American,2010,107(2): 935-939.

[206] NAM Y,MIN Y S, SOHN U D. Recent advances in pharmacological research on the management of irritable bowel syndrome[J]. Archives of Pharmacal Research, 2018,41(10): 955-966.

[207] MORAN A W, AL-RAMMAHI M A, ARORA D K, et al. Expression of Na^+/glucose co-transporter 1 (SGLT1) is enhanced by supplementation of the diet of weaning piglets with artificial sweeteners[J]. The British Journal of Nutrition, 2010,104(5): 637-646.

[208] KAJI I, KARAKI S, FUKAMI Y, et al. Secretory effects of a luminal bitter tastant and expressions of bitter taste receptors,T2Rs,in the human and rat large

intestine [J]. American Journal of Physiology. Gastrointestinal and Liver Physiology, 2009, 296(5): G971-G981.

[209] WAUSON E M, ZAGANJOR E, Lee A Y, et al. The G protein-coupled taste receptor T1R1/T1R3 regulates mTORC1 and autophagy [J]. Molecular Cell, 2012, 47(6): 851-862.

[210] MEYERHOF W, BATRAM C, KUHN C, et al. The molecular receptive ranges of human TAS2R bitter taste receptors [J]. Chemical Senses, 2010, 35 (2): 157-170.

[211] 赵孟斌,张琦梦,宋明月,等.味觉感知的人体肠-脑轴信号传导机制研究进展[J].食品科学,2022,43(11): 197-203.

[212] JANSSEN S, LAERMANS J, VERHULST P J, et al. Bitter taste receptors and α-gustducin regulate the secretion of ghrelin with functional effects on food intake and gastric emptying[J]. Proceedings of the National Academy of Sciences of the United States of America, 2011, 108(5): 2094-2099.

[213] ZHANG C H, LIFSHITZ L M, UY K F, et al. The cellular and molecular basis of bitter tastant-induced bronchodilation [J]. PLoS Biology, 2013, 11 (13): e1001501.

[214] MEYER-GERSPACH A C, SUENDERHAUF C, BEREITER L, et al. Gut taste stimulants alter brain activity in areas related to working memory: a pilot study [J]. Neuro-Signals, 2016, 24(1): 59-70.

[215] 张瑜,王宏洁,赵海誉,等.辣椒素减肥调血脂活性及其机制的研究进展[J].中国现代中药,2022,24(7):1387-1394.

[216] 庞广昌,陈庆森,胡志和,等.味觉受体及其传感器研究与应用[J],食品科学,2017,38(5):288-298.

[217] 徐海泉,孙君茂,马冠生.优化社会环境-遏制儿童肥胖[J].中国学校卫生,2021,42(11):1601-1604.

[218] CHEN H J, WANG Y. Changes in the neighborhood food store environment and children's body mass index at peripuberty in the United States[J]. The Journal of Adolescent Health: Officical Publication of the Society for Adolescent Medicine, 2016, 58(1): 111-118.